# Essential Engineering Mathematics

# 포인트 공학수학

강남룡 지음

북스힐

# 머리말

자연과학은 자연현상의 시간이나 공간에 따른 변화와 원리를 이해하고자 하는 학문이고 공학은 자연과학에서 얻은 지식을 산업적으로 활용하고자 하는 학문이다. 디지털 기술을 기반으로 하여 공학, 자연과학, 인문학 등이 융합되는 4차 산업 시대에 새로운 모델링기술이나 빅테이터 분석기술 등을 개발할 수 있는 능력을 배양하기 위해서는 단순히 공식을 암기하는 문제풀이 기술을 습득하는 것이 아니라 논리적 사고를 익히는 것이 중요하다.

4차 산업시대에 필요한 공학지식을 이해하기 위해 수학의 역할이 더욱 중요해지고 있음에도 불구하고 대학 신입생들은 문제풀이 위주의 학습에 익숙해져 있어서 개념위주로 이루어지는 대학 강의를 이해하는데 힘들어 하고 그 결과 학년이 올라갈수록 학습의욕과 학습능력이 저하되는 일이 발생하고 있다. 이는 현재 대학에서 공학전공 학생들에게 사용되고 있는 대부분의 공학수학 교재들이 다루는 내용이 방대하고 기본원리를 수학적으로 너무 엄밀히 다루는 경우가 많은 것도 한 원인이다. 따라서 수학을 전공하지 않는 비전공 학생들을 위해 수학의 기본 개념들을 간명하게 이해시키고 응용문제를 많이 다루는 공학수학 교재가 필요하다.

공학전공 학생들은 보통 1학년 때는 대학수학과 공학미적분학 등을 수강하고 2학년 때 공학수학 I, II 또는 선형 대수학 등을 수강한다. 미적분은 변화 또는 운동을 다루는 수학의 한 분야로 공학을 전공하기 위해 반드시 배워야 할 매우 중요한 기초 수학이고 이것을 먼저 이해한 학생들이 미분방정식, 적분변환, 벡터와 행렬 등 고급 수학을 이해할 수 있다. 이 책은 미분적분학과 공학수학에서 다루는 내용을 두 학기 만에 이수할 수 있도록 핵심 부분만 정리한 교재이지만 벡터와 행렬 부분도 비중있게 다루어 따로 선형대수학을 수강하지 않아도 관련지식을 습득할 수 있도록 집필하였다.

이 책은 공학전공 학생들이 전공을 이수하는데 필요한 수학 내용들을 개념위주의 학습을 하면서도 지루하지 않게 학습할 수 있도록 집필하였다. 정의식이나 공식을 먼저 설명하고 증명이나 예 그리고 다양한 연습문제들을 통해 학생들이 스스로 학습할 수 있도록 편집하였고 직관적으로 이해할 수 있는 내용들을 엄밀하게 다루는 것은 지양하였다. 연습문제는 본문을 이해하는데 도움이 되는 중요한 문제들이니 반드시 풀어볼 필요가 있고 본문에서 다루지 못한 내용들은 각 장의 마지막 보충에 정리하였다. 내용을 집약해서 정리하여서 양은 많지 않지만 중요한 연습문제와 각 장의 보충도 강의에 포함하면 3학기 강의도 가능하다. 4차 산업 시대를 준비하는 공학 전공자들이 전공능력을 향상시키는데 이 책이 도움이 되길 바란다.

2024. 11<br>저자

# 차 례

## CHAPTER 05 미 분



## CHAPTER 06 적 분



## CHAPTER 07 무한급수



## CHAPTER 08 다변수 함수



## CHAPTER 09 상미분방정식

## CHAPTER 14 편미분방정식



## CHAPTER 15 급수해 방법



## CHAPTER 16 복소함수

CHAPTER

01

# 함수와 곡선



공학은 실제 자연에서 일어나는 현상을 다루므로 관측이 가능한 양(물리량)을 측정하고 분석하는 것으로부터 시작한다. 관측된 물리량을 그것에 영향을 미치는 요인과 상태로 표현한 것을 함수(function)라 한다. 이 장에서는 함수와 함수를 그래프로 표현하는 곡선을 다룬다.

## 1.1 함수

여기서는 함수와 역함수의 정의와 관련된 중요 공식들을 다룬다.

### (1) 좌표와 집합

물체의 운동을 기술하기 위해서는 먼저 위치를 정해야 한다. 1차원 운동인 직선상의 운동을 기술하기 위해서는 그림 1.1과 같은 직선(좌표축 $x$)이 필요하다. O는 위치를 측정하기 위한 기준점이고 O에서 거리 $x$되는 직선상의 한 지점(P)의 위치를 나타내는 것을 좌표(coordinate) $x$라 한다. $x$가 O의 오른쪽에 있을 때는 +값이고 왼쪽에 있을 때는 −값이다. 2차원과 3차원에 대해서는 뒤에 다룬다.

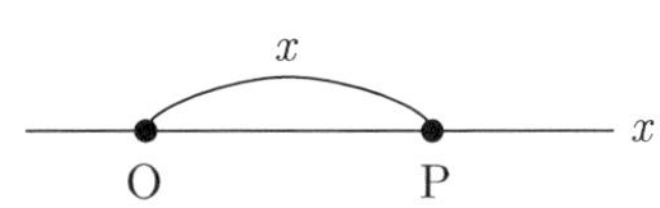


**그림 1.1** 1차원 좌표계

특정 조건에 따라 모아 놓은 집단을 집합(set)이라 한다. 예를 들어, 대한민국 성인 남성이나 대학의 전공 학과 학생들 등은 집합이 된다. 집합의 구성요소인 원소(element) $x$가 $a$보다 크고 $b$보다 작은 경우 $x$들의 집합 $X$는

$$X = \{x \mid a \le x \le b\} \tag{1.1}$$

로 나타내고 양 끝점을 포함하는 가에 따라 다음과 같이 정의한다.

$$(a,\ b) \equiv \{x \mid a < x < b\}, \qquad [a,\ b] \equiv \{x \mid a \le x \le b\}$$

$$(a,\ b] \equiv \{x \mid a < x \le b\}, \qquad [a,\ b) \equiv \{x \mid a \le x < b\} \tag{1.2}$$

여기서 $(a,\ b)$는 $a$와 $b$를 포함하지 않는 개구간, $[a,\ b]$는 $a$와 $b$를 포함하는 폐구간, $(a,\ b]$와 $[a,\ b)$는 반개구간 또는 반폐구간이라 한다.

### (2) 함수

원소 $x$들의 집합 $X$와 원소 $y$들의 집합 $Y$ 사이의 대응관계를 함수(function)라 한다. 함수 $f$는

집합 $X$의 각 원소 $x$에 집합 $Y$의 한 원소 $y$를 대응시키는 규칙이고 함수에 의해 결정된 함수값 $f(x)$도 줄여서 함수라 하기도 한다.

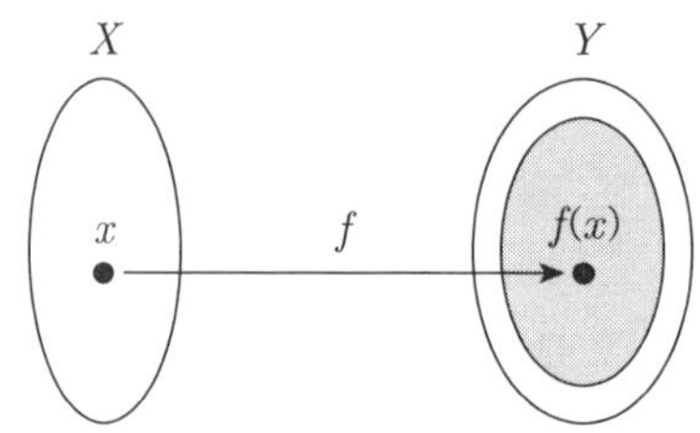


**그림 1.2** 함수의 정의역과 치역

집합 $X$의 영역을 정의역(domain), 집합 $Y$의 영역을 공역(codomain), 함수 $y=f(x)$에 의해 주어지는 공역의 일부를 치역(range)이라 한다. 예를 들어, 실수인 경우 다음과 같다($\pm\infty$는 유한하지 않으므로 수가 아니다).

| 함수 | 정의역 | 공역 | 치역 |
|---|---|---|---|
| $y=1/x$ | $x \neq 0$인 실수 | 실수 | $y \neq \infty$인 실수 |
| $y=\sqrt{1-x^2}$ | $-1 \leq x \leq 1$인 실수 | 실수 | $y \geq 0$인 실수 |

원소는 수(실수 또는 복소수)로 이루어지는데 일정한 값인 상수(constant)와 변하는 수인 변수(variable)로 구분한다. 독립적으로 변하는 변수를 독립변수(independent variable), 독립변수에 따라 정해진 규칙(함수)에 의해 변하는 변수를 종속변수(dependent variable)라 한다. 독립변수는 변수, 종속변수는 함수라고도 한다. 따라서 $y=f(x)$에서 $x$는 변수이고 $y$는 함수이다. 식으로 주어지는 함수의 의미는 그 식 속에 포함되어 있다. 예를 들어, 다음 함수는 변수 $x$에 2를 곱하고 1을 더하라는 것이다.

$$y=f(x)=2x+1 \tag{1.3}$$

방정식 $f(x, y)=0$ 형태로 되어 있어서 독립변수를 $x$ 또는 $y$로 선택할 수 있는 함수를 음함수(implicit function)라 한다. 예를 들어, $x^2+y^2=1\ (x,\ y \geq 0)$는 $y=\sqrt{1-x^2}$로 나타내면 변수는 $x$이고 $x=\sqrt{1-y^2}$로 나타내면 변수는 $y$이므로 음함수이다.

함수가 $y=f(x)$ 형태로 명확히 주어지면 양함수(explicit function) 또는 줄여서 함수라 한다. 변수를 수평축, 대응하는 함수값을 수직축으로 하여 2차원 평면상에 나타낸 것이 그래프(graph)이다(1.2절). 함수 $y=f(x)$는 그래프로는 그림 1.3 (a)와 같이 나타낸다. 그림 (b)는 하나의 $x$ 값에 두 개 이상의 $y$ 값이 대응하므로 함수가 아니다.

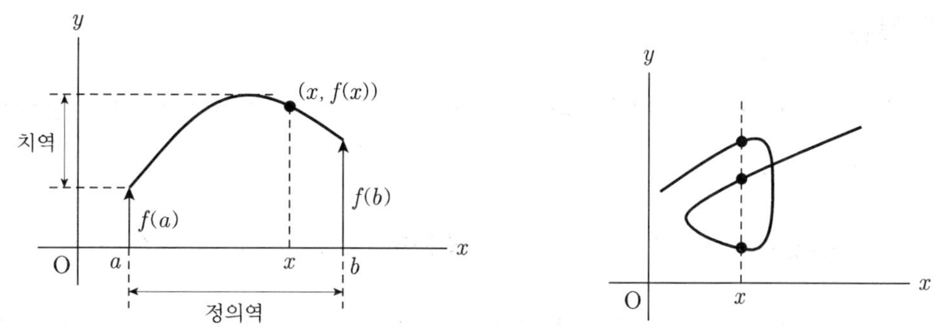


(a) 함수 $y=f(x)$ (b) 함수가 아님

**그림 1.3** 함수와 그래프

## 예 1.1

다음 함수들의 정의역과 치역을 구하고 그래프로 나타내라.

(a) $y=-2x+2$ (b) $y=x^2$ (c) $y=\sqrt{x}$

**풀이** (a) 정의역 : 모든 실수, 치역 : 모든 실수

(b) 정의역 : 모든 실수, 치역 : $y \geq 0$ 인 실수

(c) 정의역 : $x \geq 0$ 인 실수, 치역 : $y \geq 0$ 인 실수

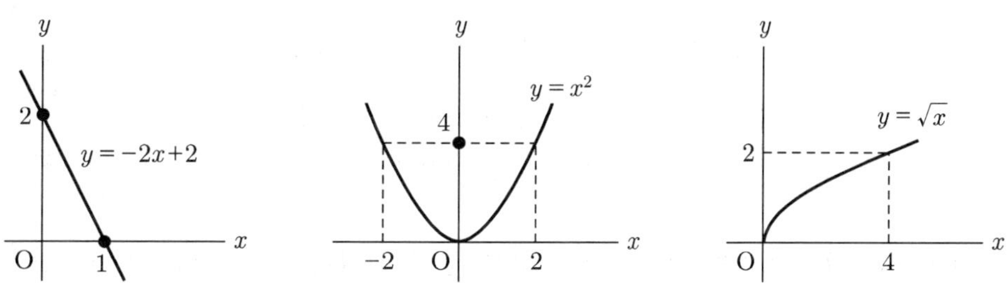


(a) (b) (c)

## 예 1.2

다음 그래프로 나타나는 함수를 수식으로 나타내라.

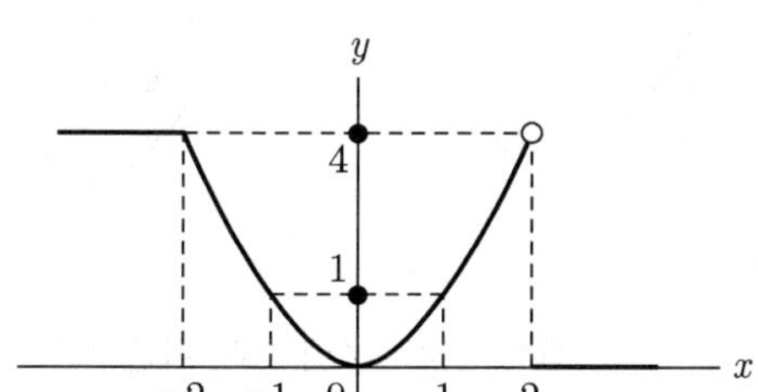


**풀이** $f(x)=x^2(-2 \leq x < 2)$, $f(x)=4(x \leq -2)$, $f(x)=0(x \geq 2)$

### (3) 함수의 분류

변수와 함수가 같은 함수를 항등함수(identity function), 모든 함수값이 같은 함수를 상수함수(constant function)라 한다.

$$\textbf{항등함수} : y = f(x) = x, \qquad \textbf{상수함수} : y = f(x) = a\,(\text{상수})$$

변수 $x$ 대신에 $-x$를 대입했을 때 함수가 다음과 같이 변하면 기함수(odd func tion) 또는 우함수(even function)라 한다.

$$\textbf{기함수} ; f(-x) = -f(x), \qquad \textbf{우함수} : f(-x) = f(x)$$

기함수× 우함수는 기함수이고 기함수× 기함수와 우함수× 우함수는 우함수이다.

**증명**

$f_1(x)$와 $f_2(x)$를 기함수, $g_1(x)$와 $g_2(x)$를 우함수라 하면 다음과 같다.

$$f_1(-x)\,g_1(-x) = -f_1(x)\,g_1(x) \ : \text{기함수}$$

$$f_1(-x)f_2(-x) = f_1(x)f_2(x) \ : \text{우함수}$$

$$g_1(-x)\,g_2(-x) = g_1(x)\,g_2(x) \ : \text{우함수}$$

우함수와 기함수는 그래프로는 그림 1.4와 같은 성질이 있다. 즉, 우함수는 $y$ 축에 대해 대칭이고 기함수는 원점(O)에 대해 대칭이다.

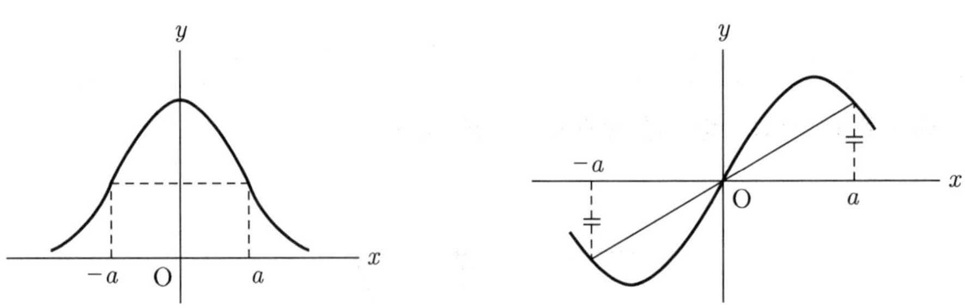


(a) 우함수 (b) 기함수

**그림 1.4** 우함수와 기함수

**예 1.3**

다음 함수들을 기함수와 우함수로 구분하라.

(a) $f(x)=x^3-x$ (b) $f(x)=x^2-1$ (c) $f(x)=x^2-x$

**풀이** (a) $f(-x)=(-x)^3-(-x)=-x^3+x=-f(x)$ : 기함수

(b) $f(-x)=(-x)^2-1=x^2-1=f(x)$ : 우함수

(c) $f(-x)=(-x)^2-(-x)=x^2+x\neq \pm f(x)$ : 기함수도 아니고 우함수도 아님

함수 $y=f(x)$가 다음을 만족하면 단사함수(injective function) 또는 일대일 함수(one-to-one function)라 한다.

$$x_1 \neq x_2 \text{일 때 } f(x_1)\neq f(x_2) \text{ (또는) } f(x_1)=f(x_2) \text{일 때 } x_1=x_2$$

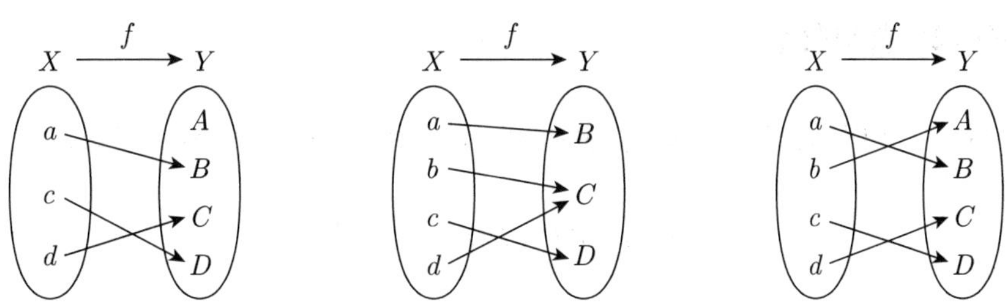


(a) 단사함수 (b) 전사함수 (c) 전단사함수

**그림 1.5** 함수의 분류

공역과 치역이 일치하면 전사함수(surjective function)이고 단사함수이면서 동시에 전사함수인 함수를 전단사함수(bijrctive function) 또는 일대일 대응함수(one-to-one correspondence function)라 한다. 뒤에 나오는 역함수는 일대일 대응함수일 때만 정의된다.

$x_1 < x_2$일 때 함수 $f(x)$는

$$f(x_1)< f(x_2) \text{ : 증가함수,} \quad f(x_1)> f(x_2) \text{ : 감소함수}$$

이고 $x_1 < x_2$일 때 $f(x_1)\leq f(x_2)$이면 단조증가함수, $f(x_1)\geq f(x_2)$이면 단조감소함수라고도 한다.

**예 1.4**

다음 함수들을 그래프로 나타내고 증가함수인지 감소함수인지 판정하라.

(a) $f(x) = x^3$ (b) $f(x) = -x^3$

**풀이** (a) 증가함수 (b) 감소함수

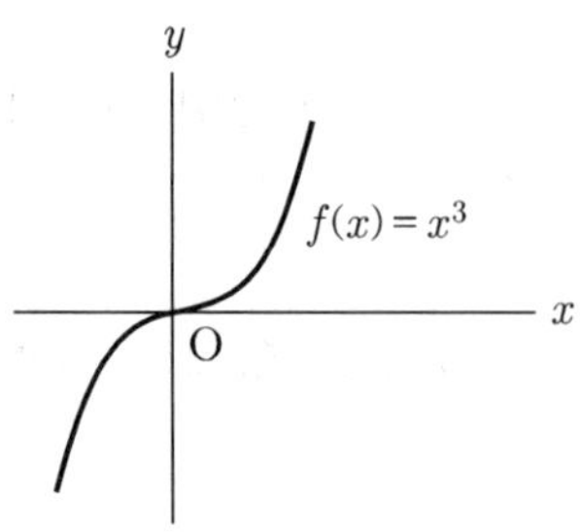


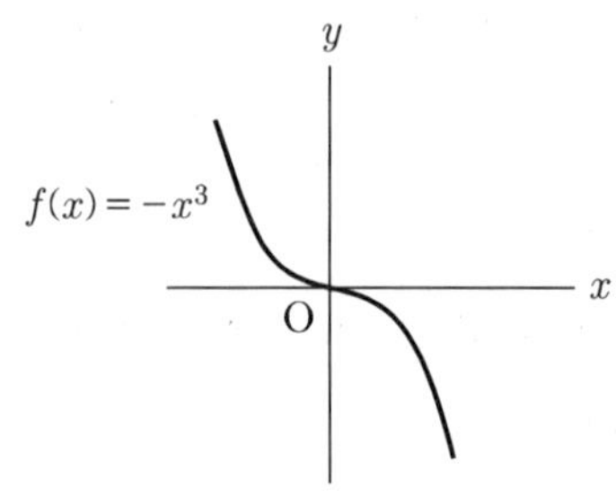


## (4) 함수의 연산과 합성함수

두 함수 $f(x)$와 $g(x)$의 더하기, 빼기, 곱하기, 나누기의 4칙 연산은 다음과 같다.

$$(f \pm g)(x) = f(x) \pm g(x)$$

$$(f \cdot g)(x) = f(x) \cdot g(x)$$

$$\left(\frac{f}{g}\right)(x) = \frac{f(x)}{g(x)} \quad [g(x) \neq 0]$$

함수 $y = f(x)$에 대해 함수 $z = g(y) = g(f(x)) = h(x)$ 를 두 함수의 합성함수(compo site function)라 하고 다음과 같이 나타낸다.

$$h(x) = (g \circ f)(x) = g(f(x)) \tag{1.4}$$

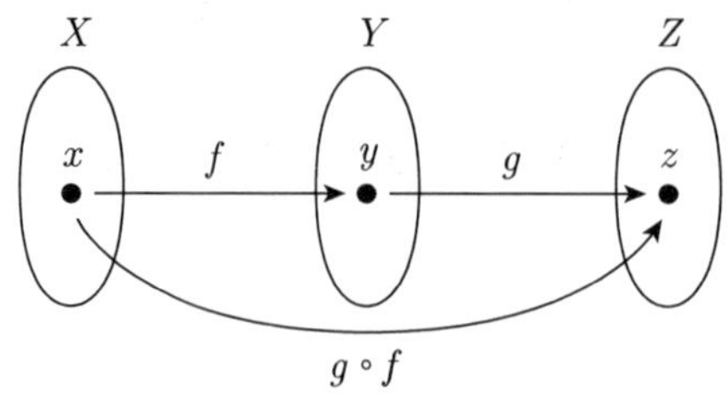


**그림 1.6** 합성함수

**예 1.5**

다음을 계산하라.

(a) 두 함수 $f(x)=2x+1$과 $g(x)=x-1$의 4칙 연산

(b) $f(x)=x^2$이고 $g(x)=x+2$일 때 $(f\circ g)(x)$와 $(g\circ f)(x)$

**풀이** (a) $(f+g)(x)=(2x+1)+(x-1)=3x$

$(f-g)(x)=(2x+1)-(x-1)=x+2$

$(f\cdot g)(x)=(2x+1)\cdot(x-1)=2x^2-x-1$

$\left(\dfrac{f}{g}\right)(x)=\dfrac{2x+1}{x-1}\quad(x\neq 1)$

(b) $(f\circ g)(x)=(x+2)^2,\quad (g\circ f)(x)=x^2+2$

## (5) 역함수

식 (1.3)은 다음과 같이 쓸 수 있다.

$$x=(y-1)/2=g(y) \tag{1.5}$$

함수 $x=g(y)$는 변수 $y$에서 1을 뺀 것을 2로 나눈 값을 의미한다. 예를 들어, $x=2$이면 식 (1.3)에 의해 $y=5$이고, 반대로 $y=5$이면 식 (1.5)에 의해 $x=2$이다. 따라서 함수 $f(x)$가 $x$에 대응하는 $y$를 결정하는 전단사함수이면 함수 $g(y)$는 반대로 $y$에 대응하는 $x$를 결정하므로 $g(y)$는 $f(x)$의 역함수(inverse func tion)이다. 즉, $f(x)=2x+1$의 역함수는 $g(x)=(x-1)/2$이고(변수는 $x$로 나타냄) 역함수는 $f^{-1}(x)$로 나타낸다. 따라서 그림 1.7과 같이 $g(y)=f^{-1}(x)$, $f(x)=g^{-1}(y)$이다.

**주의**

역함수 $f^{-1}(x)$는 $1/f(x)$이 아니다. $1/f(x)=[f(x)]^{-1}$이다.

그림 1.7에서 알 수 있듯이 변수에 함수(역함수)를 취하고 다시 역함수(함수)를 취하면 원래의 변수가 된다.

$$f^{-1}(f(x))=x,\qquad f\left(f^{-1}(x)\right)=x \tag{1.6}$$

예를 들어, $f(x)=2x+1$일 때 식 (1.6)은 다음과 같이 성립한다.

$$f\left(f^{-1}(x)\right)=f((x-1)/2)=2(x-1)/2+1=x$$

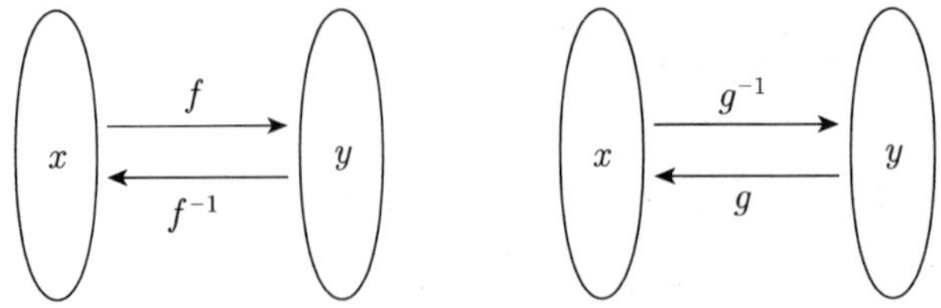


**그림 1.7** 함수와 역함수

### 예 1.6

$f(x)=x^3-2$의 역함수를 구하고 식 (1.6)를 확인하라.

**풀이** $y\equiv x^3-2$로 두면

$$x=(y+2)^{1/3}=g(y),\ f^{-1}(x)=(x+2)^{1/3}$$

이고 다음과 같다.

$$f^{-1}(f(x))=\left(x^3-2+2\right)^{1/3}=x$$

$$f\left(f^{-1}(x)\right)=\left[(x+2)^{1/3}\right]^3-2=x$$

$y=f(x)$와 $y=g(x)$가 역함수 관계일 때 두 함수는 직선 $y=x$에 대해 대칭이다. 직선 $y=x$에 대해 대칭은 그림 1.8과 같이 $x$와 $y$를 바꾼 그래프이다.

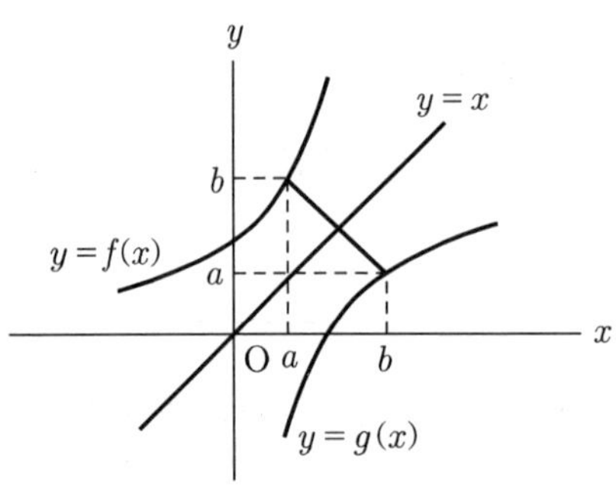


**그림 1.8** 역함수

**증명**

$y=g(x)=f^{-1}(x)$에서 $x$와 $y$를 바꾸면 $x=f^{-1}(y)$ 즉, $y=f(x)$이다.

## 1.2 직선과 곡선

여기서는 공학분야에서 자주 접하게 되는 직선과 곡선들을 다룬다.

### (1) 직선

평면상에서 다음 식으로 주어지는 점들의 집합이 직선(straight line)이다. 이것은 $x$에 대함 일차함수이다.

$$\textbf{직선의 방정식} : y = mx + c \tag{1.7}$$

$c$는 $x=0$일 때의 $y$ 값으로 $y$ 절편(intercept)이라 하고 $m$은 $y$의 증가량을 $x$의 증가량으로 나눈값으로 직선의 기울기(slope)이다. $m$의 크기가 클수록 직선이 가파르다.

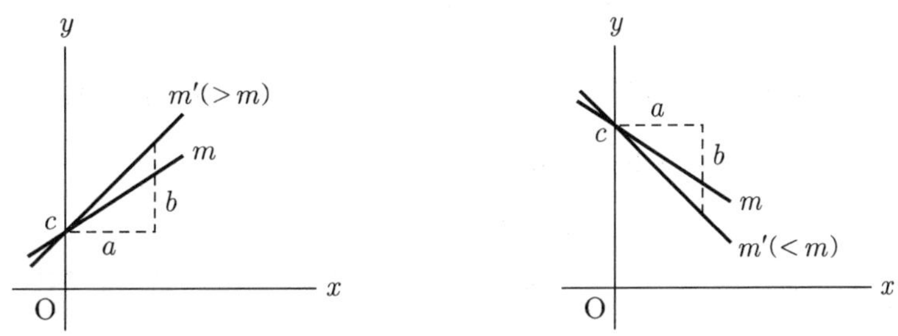


(a) $m = b/a > 0$ (b) $m = -b/a < 0$

**그림 1.9** 직선 $y = mx + b$

**예 1.7**

점 $(x_1, y_1)$과 점 $(x_2, y_2)$를 지나는 직선의 방정식은 식 (1.7)과 같음을 증명하라.

**풀이** 임의의 지점을 $(x, y)$라 하면 직선의 기울기는 일정하므로

$$\frac{y - y_1}{x - x_1} = \frac{y_2 - y_1}{x_2 - x_1} = m$$

로부터

$$y - y_1 = m(x - x_1) \tag{1.8}$$

이고 $y_1 - mx_1 = c$로 두면 식 (1.7)이 된다.

### (2) 포물선

평면상에서 다음 식으로 주어지는 점들의 집합을 포물선(parabola)이라 한다. 이것은 $x$에 대한 이차함수이다.

$$\textbf{포물선의 방정식} : y = a(x-b)^2 + c \tag{1.9}$$

점 $(b, c)$는 $a > 0$일 때는 $y$가 최소인 지점이고(아래로 볼록) $a < 0$일 때는 $y$가 최대인 지점이다(위로 볼록). $a$의 크기가 클수록 포물선이 가파르다. 식 (1.9)는 $y = ax^2$을 $x$축으로 $b$, $y$축으로 $c$ 이동한 것이다.

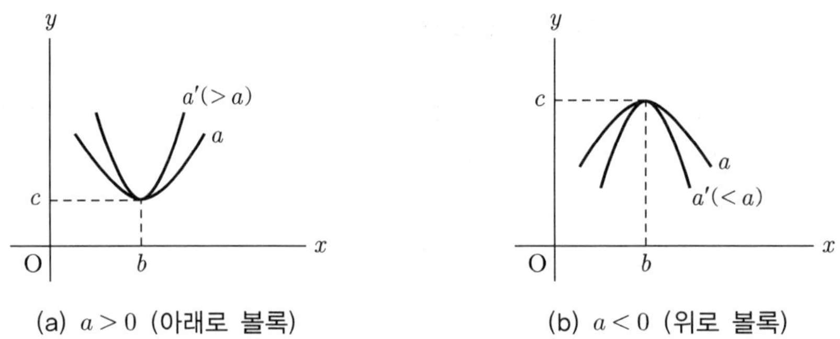


**그림 1.10** 포물선 $y = a(x-b)^2 + c$ $(c > 0)$

**예 1.8**

$y^2 = x - 1$과 $y^2 = -x$를 그래프로 나타내라.

**풀이** $y^2 = x - 1$은 $x = 1$일 때 $y = 0$, $x = 5$일 때 $y = \pm 2$이고 $y^2 = -x$은 $x = 0$일 때 $y = 0$, $x = -4$일 때 $y = \pm 2$이다.

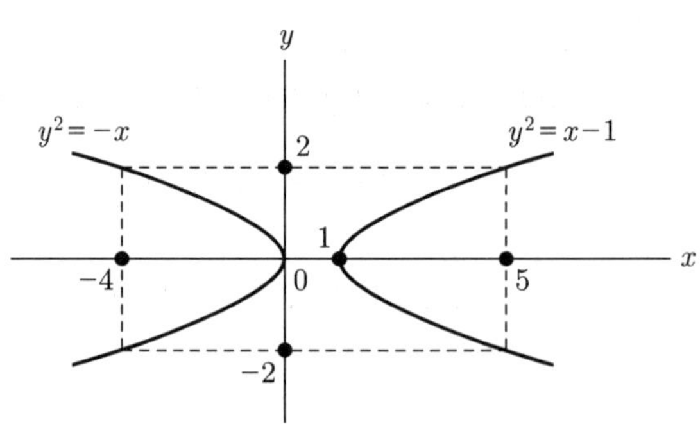

## (3) 원과 구

평면상의 한 점(중심) $(a, b)$ 에서의 거리가 $R$인 점들의 집합이 원(circle)이고 공간상의 한 점(중심) $(a, b, c)$에서 거리 $R$에 있는 점들의 집합은 구(sphere)이다.

$$\textbf{원의 방정식} : (x-a)^2 + (y-b)^2 = R^2 \tag{1.10}$$

$$\textbf{구의 방정식} : (x-a)^2 + (y-b)^2 + (z-c)^2 = R^2 \tag{1.11}$$

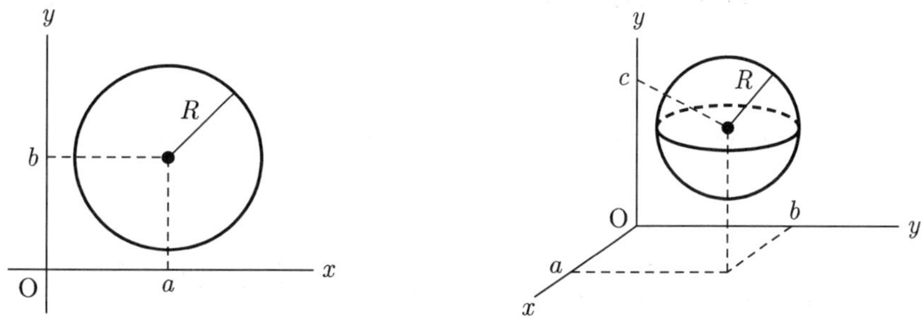


(a) 중심이 $(a, b)$인 원 (b) 중심이 $(a, b, c)$인 구

**그림 1.11** 반지름이 $R$인 원과 구

## (4) 타원

평면상의 두 고정점(초점 focus) $F_1$과 $F_2$에서의 거리의 합이 일정한 점들의 집합이 타원(ellipse)이다. 그림 1.12 (a)와 같이 길이가 $2a = l_1 + l_2$인 실의 양 끝을 못으로 초점 $F_1(-c, 0)$과 $F_2(c, 0)$에 고정하고 연필로 P점을 따라 그린 궤적은 중심이 $(0, 0)$인 타원으로 다음 식으로 표현된다(그림은 $a > b$일 때).

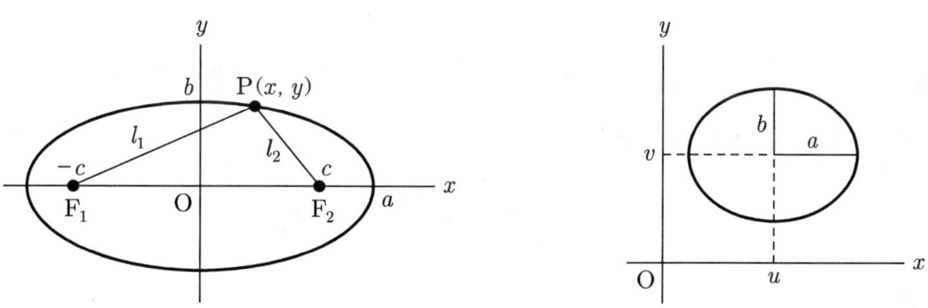


(a) 중심이 원점(O)인 타원 (b) 중심이 $(u, v)$인 타원

**그림 1.12** 타원

$$\textbf{타원의 방정식 I} : \frac{x^2}{a^2} + \frac{y^2}{b^2} = 1 \tag{1.12}$$

여기서 $b^2 \equiv a^2 - c^2$이고 점 $(\pm a, 0)$를 타원의 꼭지점이라 한다. 점 $(-a, 0)$와 $(a, 0)$를 잇는 선을 장축(major axis), 점 $(0, -b)$와 $(0, b)$를 잇는 선을 단축(minor axis)이라 하고 $a = b$이면 반지름이 $a$인 원이 된다.

그림 1.11 (b)와 같이 타원의 중심이 $(u, v)$이면 타원의 방정식은 다음이 된다.

$$\textbf{타원의 방정식 II} : \frac{(x-u)^2}{a^2} + \frac{(y-v)^2}{b^2} = 1 \tag{1.13}$$

**증명**

$l_2$를 고려하면

$$l_2 = \sqrt{(x-c)^2 + y^2} = 2a - l_1 = 2a - \sqrt{(x+c)^2 + y^2}$$

이므로 양변을 제곱하면

$$\begin{aligned} & x^2 - 2cx + c^2 + y^2 \\ & = 4a^2 + x^2 + 2cx + c^2 + y^2 - 4a\sqrt{(x+c)^2 + y^2} \\ & \Rightarrow a\sqrt{(x+c)^2 + y^2} = a^2 + cx \end{aligned}$$

이 되고 한 번 더 양변을 제곱하면 다음과 같다.

$$\left(a^2 - c^2\right)x^2 + a^2 y^2 = a^2\left(a^2 - c^2\right)$$

따라서 양변을 $a^2\left(a^2 - c^2\right) \equiv a^2 b^2$으로 나누면 식 (1.13)이 된다.

**예 1.9**

다음 방정식을 그래프로 나타내라.

$$\frac{(x-2)^2}{4} + \frac{(y-1)^2}{2} = 1$$

**풀이** $\frac{(x-2)^2}{2^2} + \frac{(y-1)^2}{(\sqrt{2})^2} = 1$이므로 그림과 같은 타원이다.

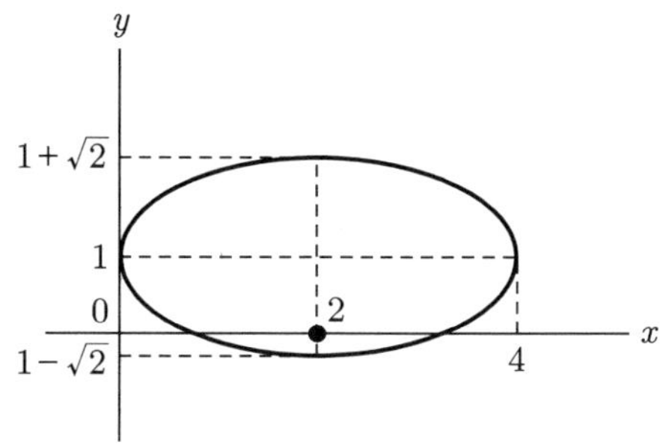


## (5) 쌍곡선

평면상의 두 고정점(초점) $F_1$과 $F_2$에서의 거리의 차가 일정한 점들의 집합이 쌍곡선(hyperbola)이다. 그림 1.13은 $l_1 - l_2 = \pm 2a$인 쌍곡선으로 중심은 (0, 0)이고 꼭지점은 점 $(\pm a, 0)$이다. 이를 식으로 나타내면 다음과 같다.

$$\textbf{쌍곡선의 방정식 I} : \quad \frac{x^2}{a^2} - \frac{y^2}{b^2} = 1 \tag{1.14}$$

여기서 $c^2 \equiv a^2 + b^2$이고 $x \to \infty$일 때는 그림과 같이 $y = \pm bx/a$에 접근한다. 이것을 접근선(asymptote)이라 한다.

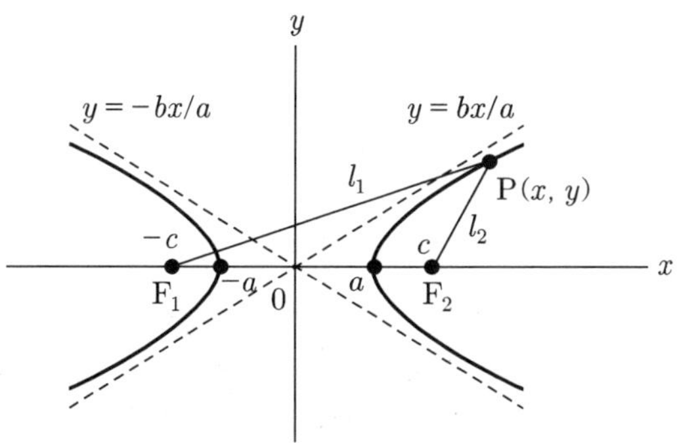


**그림 1.13** 중심이 원점인 쌍곡선

**증명**

쌍곡선의 오른쪽 부분에 대해 $l_1$을 계산하면

$$l_1 = \sqrt{(x+c)^2 + y^2} = 2a + l_2 = 2a + \sqrt{(x-c)^2 + y^2}$$

이므로 양변을 제곱하면

$$\begin{aligned} & x^2+2cx+c^2+y^2 \\ & = 4a^2+x^2-2cx+c^2+y^2+4a\sqrt{(x-c)^2+y^2} \\ & \Rightarrow\ a\sqrt{(x-c)^2+y^2} = cx-a^2 \end{aligned}$$

이 되고 한 번 더 양변을 제곱하면 다음과 같다.

$$\left(a^2-c^2\right)x^2+a^2y^2 = a^2\left(a^2-c^2\right)$$

따라서 양변을 $a^2\left(a^2-c^2\right) \equiv -a^2b^2$으로 나누면 식 (1.14)가 된다.

---

중심이 $(u,\ v)$이면 쌍곡선의 방정식은 다음이 된다.

$$\textbf{쌍곡선의 방정식 II} : \frac{(x-u)^2}{a^2} - \frac{(y-v)^2}{b^2} = 1 \tag{1.15}$$

**예 1.10**

다음 쌍곡선을 그래프로 나타내라.

$$\frac{y^2}{a^2} - \frac{x^2}{b^2} = 1$$

초점은 $(0,\ \pm c)$이고 $c^2 = a^2+b^2$이다.

**풀이** 꼭지점 : $(0,\ \pm a)$, 점근선 : $y = \pm\dfrac{a}{b}x$

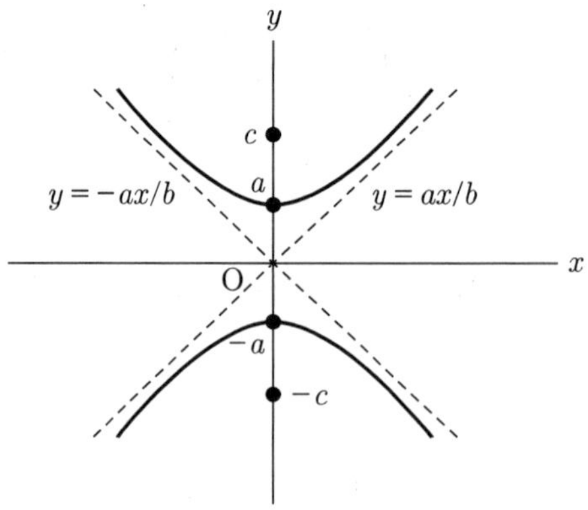


---

### (6) 유리함수와 무리함수

다음과 같이 변수 $x$에 대한 $n$차 다항식(우변)으로 주어지는 함수를 $x$의 $n$차 다항함수(polynomial function)라 한다.

$$y = f(x) = a_n x^n + a_{n-1} x^{n-1} + \cdots + a_1 x + a_0 \quad (a_n \neq 0) \tag{1.16}$$

$x$의 다른 다항함수 $g(x)$에 대해 다음과 같이 주어지는 함수를 유리함수라 하고

$$y = \frac{g(x)}{f(x)} \quad [f(x) \neq 0] \tag{1.17}$$

함수 $y = f(x)$에 대해 다음과 같이 주어지는 함수를 무리함수라 한다.

$$y = [f(x)]^{1/n} \tag{1.18}$$

일반적으로 $n$은 실수이지만 보통은 $\pm 1$이 아닌 정수를 많이 다룬다.

**예 1.11**

다음 함수를 그래프로 나타내라. $a,\ b,\ c > 0$이다.

(a) $y = \dfrac{b}{x-a} + c$ (b) $y = k\sqrt{a(x-b)} + c$

**풀이** (a) $x = a$일 때는 존재하지 않고 $b > 0$일 때와 $b < 0$일 때 다음과 같다.

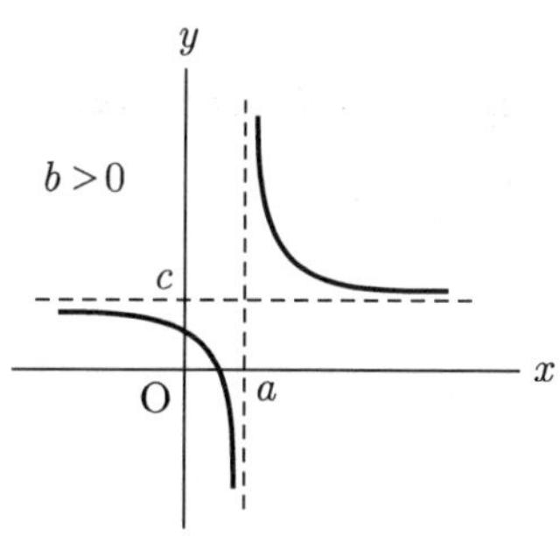


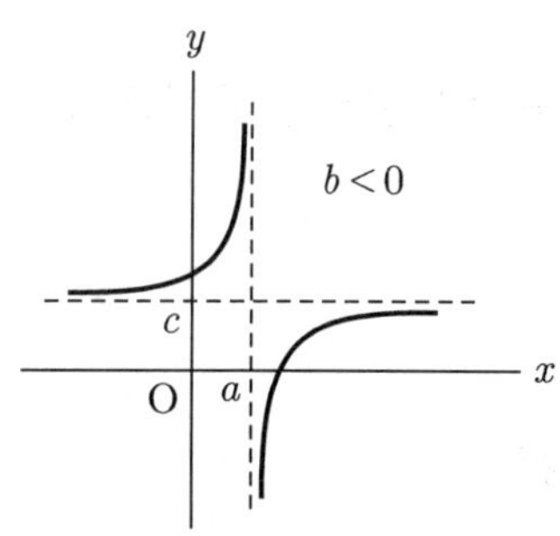


(b) $x < b$일 때는 존재하지 않고 $k > 0$일 때와 $k < 0$일 때 다음과 같다.

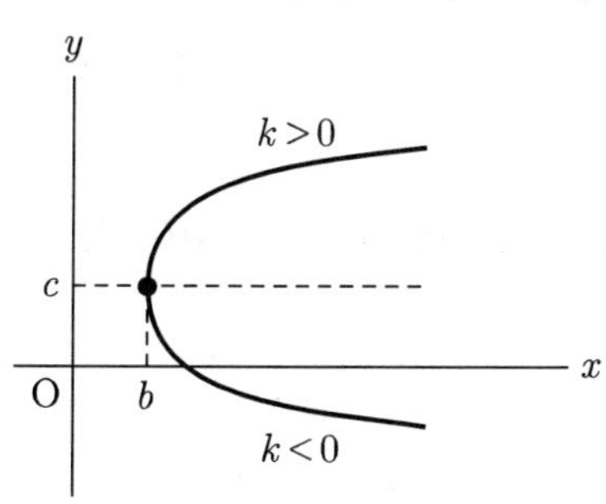

# 1.3 연습문제

## 1.1 함수

**[1.1]** 다음 함수들의 정의역과 치역을 구하라.

(a) $y = \sqrt{x-2}$　　(b) $y = \dfrac{1}{x^2 - x}$

**[1.2]** $f(x) = x^2 + x + 1$, $g(x) = \sqrt{x-1}$ 일 때 다음 함수들과 정의역을 구하라.

(a) $(f \circ g)(x)$　　(b) $(g \circ f)(x)$

**[1.3]** $f(x) = \sqrt{x}$, $g(x) = \sqrt{2-x}$ 일 때 다음 함수들과 정의역을 구하라.

(a) $(f \circ g)(x)$　　(b) $(g \circ f)(x)$　　(c) $(g \circ g)(x)$

**[1.4]** 다음을 구하라.

(a) $f(x) = x/(x+1)$, $g(x) = x^3$, $h(x) = x-2$ 일 때 $(f \circ g \circ h)(x)$

(b) $(f \circ g \circ h)(x) = \sqrt{\sqrt{x}-1}$ 일 때 $f(x)$, $g(x)$, $h(x)$

**[1.5]** 다음 함수들의 역함수를 구하고 함수와 역함수를 그래프로 나타내라.

(a) $y = x^2 + 1 \ (x \geq 0)$　　(b) $y = \sqrt{x-1} + 2$

## 1.2 직선과 곡선

**[1.6]** 다음 함수들을 그래프로 나타내라.

(a) $y = -3(x-1)^2 + 1$　　(b) $y = 2x^2 + 4x$

**[1.7]** (a) 다음 타원을 그래프로 나타내라. $b > a > 0$이다.

$$\frac{x^2}{a^2} + \frac{y^2}{b^2} = 1$$

(b) 다음 쌍곡선을 그래프로 나타내라.

$$\frac{(y-1)^2}{9} - \frac{(x-4)^2}{4} = 1$$

**[1.8]** 다음 함수들을 그래프로 나타내라.

(a) $y = \dfrac{-4x+2}{2x}$ (b) $y = -\sqrt{x+3}+1$

CHAPTER

02

# 초월함수



자연에서 일어나는 현상은 삼각함수, 지수함수, 로그함수 등 초월함수 형태로 나타나는 경우가 많다. 이 장에서는 초월함수들의 정의와 성질을 다룬다.

## 2.1 삼각함수

자연에서 일어나는 현상들은 주기적으로 일어나는 경우가 많다. 삼각함수는 자연과학과 공학 분야에서 자주 나오는 주기함수 중 하나이다.

### (1) 삼각함수의 정의

그림 2.1의 직각삼각형에 대해 다음과 같이 삼각함수를 정의한다. $\theta$는 빗변($c$ 직선)과 밑변($a$ 직선)이 벌어진 정도를 나타내는 양으로 각 또는 각도라 하고 단위는 도(degree)를 사용하는 육십분법과 rad (radian)을 사용하는 호도법이 사용된다. 이들 사이의 관계는 식 (2.2)와 같다.

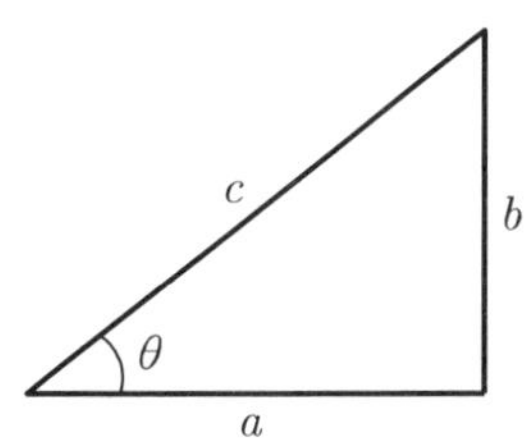


**그림 2.1** 삼각함수

**삼각함수**

$$\sin\theta = \frac{b}{c}, \qquad \cos\theta = \frac{a}{c}, \qquad \tan\theta = \frac{b}{a} = \frac{\sin\theta}{\cos\theta} \tag{2.1}$$

$$1\,\text{rad} \approx 57^\circ, \qquad 2\pi\,\text{rad} = 360^\circ \tag{2.2}$$

대표적인 삼각함수의 값들은 다음과 같다.

| | $\theta=0$ | $\theta=30^\circ$ | $\theta=45^\circ$ | $\theta=60^\circ$ | $\theta=90^\circ$ |
|---|---|---|---|---|---|
| $\sin\theta$ | 0 | $1/2$ | $\sqrt{2}/2$ | $\sqrt{3}/2$ | 1 |
| $\cos\theta$ | 1 | $\sqrt{3}/2$ | $\sqrt{2}/2$ | $1/2$ | 0 |
| $\tan\theta$ | 0 | $1/\sqrt{3}$ | 1 | $\sqrt{3}$ | $\infty$ |

$\sin x$와 $\cos x$는 그림 2.2와 같이 주기가 $2\pi$이고 정의역과 치역은 $-\infty < x < \infty$와 $-1 \leq \sin x$, $\cos x \leq 1$이다. $f(x)$가 주기함수일 때 $f(x+a) = f(x)$이면서 같은 상태인 양수 $a$중 가장 작은 수를 주기(period)라 한다. $\sin x$와 $\cos x$는 $\pi$마다 같은 값이 되지만 같은 상태(값이 같으면서 증가 또는 감소)는 $2\pi$마다 반복된다. 그림으로부터 알 수 있듯이 $\sin x$는 기함수이고 $\cos x$는 우함수이다.

$$\sin(x+2\pi) = \sin x \qquad \cos(x+2\pi) = \cos x$$

$$\sin(-x) = -\sin x \ : \text{기함수} \qquad \cos(-x) = \cos x \ : \text{우함수}$$

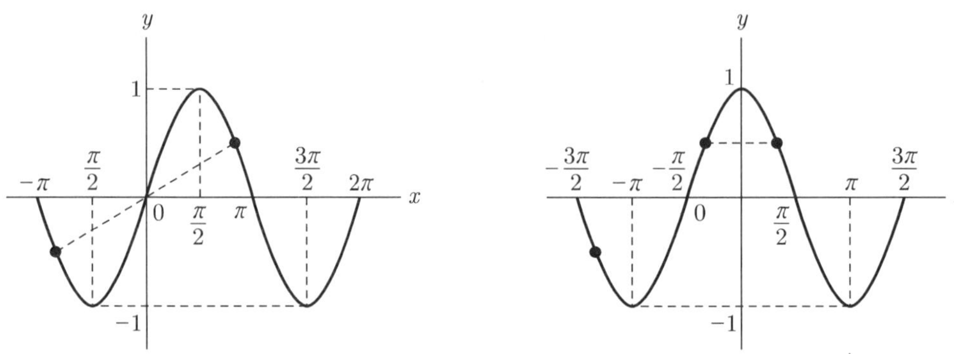


(a) $y = \sin x$ (b) $y = \cos x$

**그림 2.2** $\sin x$와 $\cos x$

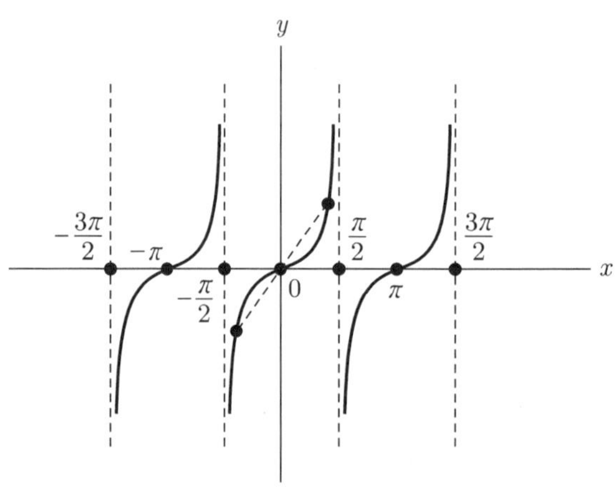


**그림 2.3** $y = \tan x$

$\tan x = \sin x / \cos x$는 그림 2.3과 같이 주기가 $\pi$이므로 $\tan(x+\pi) = \tan x$이다. 이것은 $\cos x = 0$인 $x = \pm\pi/2$, $\pm 3\pi/2$, $\cdots$에서는 정의되지 않으므로 이들은 정의역에서 제외되고 치역은 $-\infty < \tan x < \infty$이다. $\tan x$는 기함수이다.

**예 2.1**

$y=\sin 2x$를 그래프로 나타내라.

**풀이** $2a=2\pi$로부터 주기는 $\pi$이고 최댓값은 1이므로 다음과 같다.

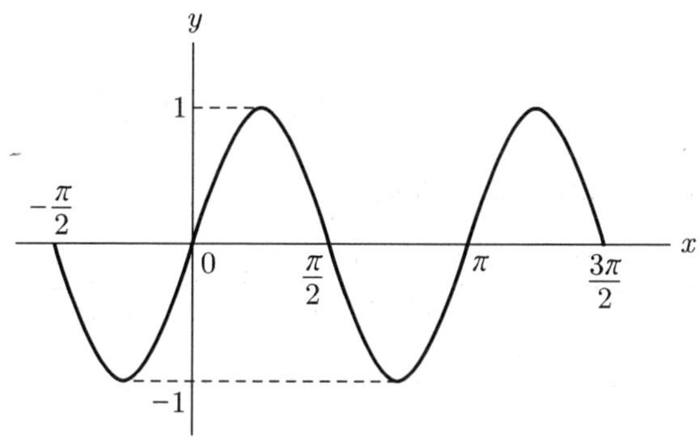


## (2) 삼각함수의 성질

삼각함수에는 다음의 덧셈정리가 성립한다.

$$\sin(\alpha\pm\beta)=\sin\alpha\cos\beta\pm\cos\alpha\sin\beta \tag{2.3}$$

$$\cos(\alpha\pm\beta)=\cos\alpha\cos\beta\mp\sin\alpha\sin\beta \tag{2.4}$$

**증명**

$\overline{OQ}=1$인 다음 그림으로부터

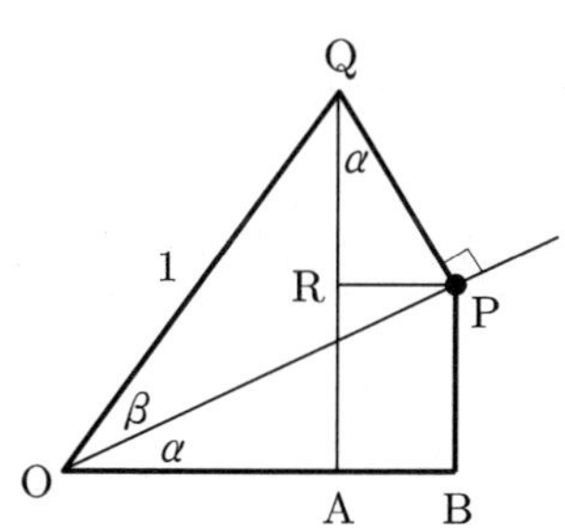


$\overline{RA}=\overline{PB}=\overline{OP}\sin\alpha=\cos\beta\sin\alpha$

$\overline{QR}=\overline{QP}\cos\alpha=\sin\beta\cos\alpha$

$\overline{OB}=\overline{OP}\cos\alpha=\cos\beta\cos\alpha$

$\overline{AB}=\overline{RP}=\overline{QP}\sin\alpha=\sin\beta\sin\alpha$

이므로 다음과 같이 증명된다.

$$\sin(\alpha+\beta) = \overline{\mathrm{QA}} = \overline{\mathrm{RA}} + \overline{\mathrm{QR}} = \sin\alpha\cos\beta + \cos\alpha\sin\beta$$

$$\cos(\alpha+\beta) = \overline{\mathrm{OA}} = \overline{\mathrm{OB}} - \overline{\mathrm{AB}} = \cos\alpha\cos\beta - \sin\alpha\sin\beta$$

$\sin(-\beta) = -\sin\beta$ 이므로 나머지 등식도 성립한다.

---

### 예 2.2

$y = a\sin x + b\cos x$ 의 최댓값을 구하라.

**풀이**

$$\begin{aligned} y &= \sqrt{a^2+b^2}\left(\frac{a}{\sqrt{a^2+b^2}}\sin x + \frac{b}{\sqrt{a^2+b^2}}\cos x\right) \\ &= \sqrt{a^2+b^2}\,(\cos\alpha\,\sin x + \sin\alpha\,\cos x) \\ &= \sqrt{a^2+b^2}\,\sin(x+\alpha) \end{aligned}$$

따라서 최댓값은 $\sqrt{a^2+b^2}$ 이고 $\sin\alpha \equiv b/\sqrt{a^2+b^2}$ 이다.

---

### 예 2.3

다음을 계산하라.

(a) $\cos 210^\circ$ (b) $\sin 75^\circ$

**풀이** (a)
$$\begin{aligned} \cos 210^\circ &= \cos(180^\circ + 30^\circ) \\ &= \cos 180^\circ \cos 30^\circ - \sin 180^\circ \sin 30^\circ \\ &= -1\cdot\frac{\sqrt{3}}{2} - 0\cdot\frac{1}{2} = -\frac{\sqrt{3}}{2} \end{aligned}$$

(b)
$$\begin{aligned} \sin 75^\circ &= \sin(30^\circ + 45^\circ) = \sin 30^\circ \cos 45^\circ + \cos 30^\circ \sin 45^\circ \\ &= \frac{1}{2}\cdot\frac{\sqrt{2}}{2} + \frac{\sqrt{3}}{2}\cdot\frac{\sqrt{2}}{2} = \frac{1}{2\sqrt{2}}(1+\sqrt{3}) \end{aligned}$$

---

### 예 2.4

삼각함수의 다음 공식들을 증명하라.

(a) $\sin^2\theta + \cos^2\theta = 1$ (2.5)

(b) $\sin^2\theta = \dfrac{1-\cos(2\theta)}{2}, \quad \cos^2\theta = \dfrac{1+\cos(2\theta)}{2}$ (2.6)

**풀이** (a) 그림 2.1에 피타고라스의 정리 $a^2 + b^2 = c^2$ 을 적용하면 다음과 같다.

$$\sin^2\theta + \cos^2\theta = \left(\frac{b}{c}\right)^2 + \left(\frac{a}{c}\right)^2 = 1$$

(b) 식 (2.4)와 (2.5)로부터 다음과 같이 유도된다.

$$\cos(2\theta) = \cos^2\theta - \sin^2\theta = 1 - 2\sin^2\theta = 2\cos^2\theta - 1$$

---

식 (2.1)의 역수인 $\sec x$ (시컨트 $x$), $\operatorname{cosec} x$ (코시컨트 $x$), $\cot x$ (코탄젠트 $x$)는 다음과 같이 정의한다. $\operatorname{cosec} x$는 $\csc x$로도 쓴다.

$$\sec x = \frac{1}{\cos x}, \quad \csc x = \frac{1}{\sin x}, \quad \cot x = \frac{1}{\tan x} \tag{2.7}$$

$\cot x = \cos x / \sin x$는 그림 2.4와 같이 주기가 $\pi$이므로 $\cot(x+\pi) = \cot x$이다. 이것은 $\sin x = 0$인 $x = 0$, $\pm\pi$, $\pm 2\pi$, $\cdots$에서는 정의되지 않으므로 이들은 정의역에서 제외되고 치역은 $-\infty < \cot x < \infty$이다. $\cot x$는 기함수이다.

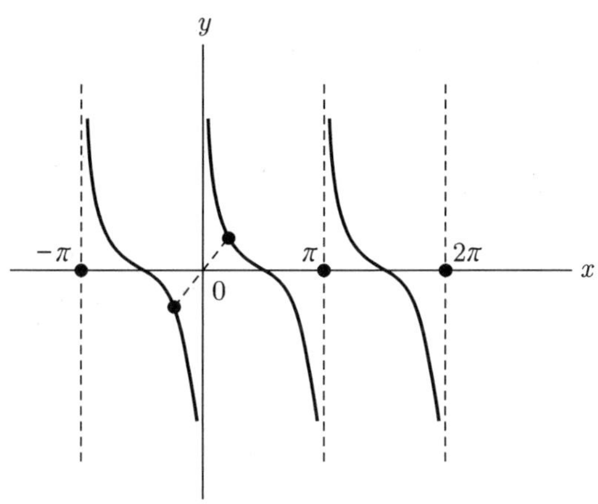


**그림 2.4** $y = \cot x$

삼각함수에 대해 다음이 성립한다.

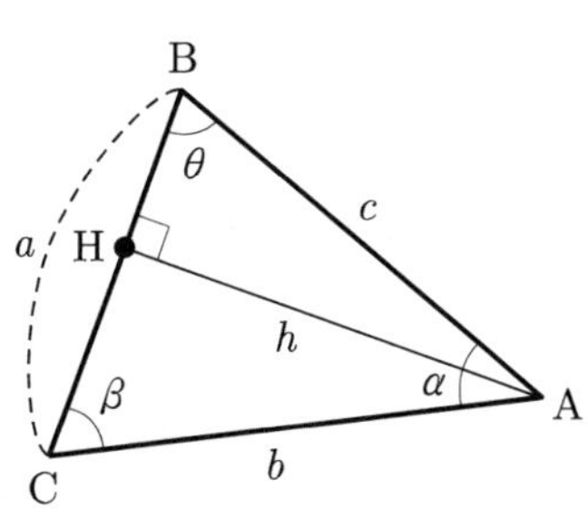


$$b^2 = a^2 + c^2 - 2ac\cos\theta \tag{2.8}$$

$$\frac{a}{\sin\alpha} = \frac{b}{\sin\theta} = \frac{c}{\sin\beta} \tag{2.9}$$

**증명**

식 (2.8)은 그림의 삼각형을 고려하면 다음과 같이 증명된다.

$$\begin{aligned} b^2 &= h^2 + (\overline{\mathrm{CH}})^2 = h^2 + (a - \overline{\mathrm{BH}})^2 \\ &= c^2 \sin^2\theta + (a - c\cos\theta)^2 \\ &= a^2 + c^2 - 2ac\cos\theta \end{aligned}$$

식 (2.9)는 $h = c\sin\theta = b\sin\beta$ 등으로부터 증명된다.

### (3) 합을 곱으로 곱을 합으로 바꾸는 공식

삼각함수에는 다음의 합을 곱으로 바꾸는 공식이 성립한다.

$$\sin A + \sin B = 2\sin\left(\frac{A+B}{2}\right)\cos\left(\frac{A-B}{2}\right) \tag{2.10}$$

$$\sin A - \sin B = 2\cos\left(\frac{A+B}{2}\right)\sin\left(\frac{A-B}{2}\right) \tag{2.11}$$

$$\cos A + \cos B = 2\cos\left(\frac{A+B}{2}\right)\cos\left(\frac{A-B}{2}\right) \tag{2.12}$$

$$\cos A - \cos B = -2\sin\left(\frac{A+B}{2}\right)\sin\left(\frac{A-B}{2}\right) \tag{2.13}$$

**증명**

식 (2.3)으로부터

$$\sin(\alpha+\beta) + \sin(\alpha-\beta) = 2\sin\alpha\cos\beta$$

이므로 $\alpha = (A+B)/2$, $\beta = (A-B)/2$로 두면 식 (2.10)이 되고 식 (2.11)은 $\sin(\alpha+\beta) - \sin(\alpha-\beta)$로부터 증명된다. 식 (2.12)와 (2.13)은 식 (2.4)로부터 증명된다.

식 (2.10)-(2.13)에서 $(A+B)/2 = \alpha$, $(A-B)/2 = \beta$로 두면 $A = \alpha+\beta$, $B = \alpha-\beta$이므로 다음과 같이 곱을 합으로 바꾸는 공식이 성립한다.

$$\sin\alpha\cos\beta = \frac{1}{2}\left[\sin(\alpha+\beta)+\sin(\alpha-\beta)\right] \tag{2.14}$$

$$\cos\alpha\sin\beta = \frac{1}{2}\left[\sin(\alpha+\beta)-\sin(\alpha-\beta)\right] \tag{2.15}$$

$$\cos\alpha\cos\beta = \frac{1}{2}\left[\cos(\alpha+\beta)+\cos(\alpha-\beta)\right] \tag{2.16}$$

$$\sin\alpha\sin\beta = -\frac{1}{2}\left[\cos(\alpha+\beta)-\cos(\alpha-\beta)\right] \tag{2.17}$$

### 예 2.5

다음을 계산하라.

(a) $\sin(75^\circ)+\sin(15^\circ)$  (b) $\sin(75^\circ)\cos(15^\circ)$

**풀이** (a) $\sin(75^\circ)+\sin(15^\circ) = 2\sin\left(\frac{75^\circ+15^\circ}{2}\right)\cos\left(\frac{75^\circ-15^\circ}{2}\right)$

$$= 2\cdot\frac{\sqrt{2}}{2}\cdot\frac{\sqrt{3}}{2} = \frac{\sqrt{6}}{2}$$

(b) $\sin(75^\circ)\cos(15^\circ) = \frac{1}{2}\left[\sin(75^\circ+15^\circ)+\sin(75^\circ-15^\circ)\right]$

$$= \frac{1}{2}\left(1+\frac{\sqrt{3}}{2}\right)$$

### 예 2.6

다음을 증명하라.

$$\sin(x+y)\sin(x-y) = \sin^2 x - \sin^2 y = \cos^2 y - \cos^2 x$$

**풀이** $\sin(x+y)\sin(x-y)$

$= (\sin x\cos y+\cos x\sin y)(\sin x\cos y-\cos x\sin y)$

$= \sin^2 x\cos^2 y-\cos^2 x\sin^2 y$

$= \sin^2 x(1-\sin^2 y)-(1-\sin^2 x)\sin^2 y$

$= \sin^2 x-\sin^2 y = (1-\cos^2 x)-(1-\cos^2 y)$

$= \cos^2 y-\cos^2 x$

**예 2.7**

$0 \le x \le 2\pi$ 에서 다음 방정식들의 해를 구하라.

(a) $2\sin x - 1 = 0$ (b) $\cos^2 x - 3\cos x + 2 = 0$

(c) $\sin 2x - \cos x = 0$

**풀이** (a) $\sin x = \frac{1}{2} \Rightarrow x = \frac{\pi}{6}, \frac{5\pi}{6}$

(b) $(\cos x - 1)(\cos x - 2) = 0 \Rightarrow x = 0, 2\pi$

(c) $2\sin x \cos x - \cos x = \cos x(2\sin x - 1) = 0$

$\cos x = 0 \Rightarrow x = \frac{\pi}{2}, \frac{3\pi}{2}, \quad \sin x = \frac{1}{2} \Rightarrow x = \frac{\pi}{6}, \frac{5\pi}{6}$

## (4) 역삼각함수

앞에서 살펴본 바와 같이 주기함수인 삼각함수는 일대일 대응함수가 아니므로 역함수를 정의할 수 없다. 삼각함수의 역함수를 정의하기 위해 정의역을 다음 표와 같이 제한한 것을 삼각함수의 주치(principal value)라 한다.

| 삼각함수 | 역삼각함수 | 주치 |
|---|---|---|
| $y = \sin x$ | $x = \sin^{-1} y$ | $-\frac{\pi}{2} \le x \le \frac{\pi}{2}$ |
| $y = \cos x$ | $x = \cos^{-1} y$ | $0 \le x \le \pi$ |
| $y = \tan x$ | $x = \tan^{-1} y$ | $-\frac{\pi}{2} < x < \frac{\pi}{2}$ |
| $y = \sec x$ | $x = \sec^{-1} y$ | $0 \le x \le \pi,\ x \ne \pi/2$ (또는)<br>$0 \le x < \pi/2,\ \pi \le x < 3\pi/2$ |
| $y = \operatorname{cosec} x$ | $x = \operatorname{cosec}^{-1} y$ | $-\frac{\pi}{2} \le x \le \frac{\pi}{2},\ x \ne 0$ (또는)<br>$0 < x \le \pi/2,\ \pi < x \le 3\pi/2$ |
| $y = \cot x$ | $x = \cot^{-1} y$ | $0 < x < \pi$ |

삼각함수의 역함수는 $\sin^{-1} x$, $\cos^{-1} x$, $\tan^{-1} x$ 로 나타내고 각각 역사인(arcsine)함수, 역코사인(arccosine)함수, 역탄젠트(arctangent)함수라 한다. $\sin x$ 와 $\sin^{-1} x$ 는 역함수이므로 식 (1.6)에

의해 다음이 성립한다. $\cos x$, $\tan x$도 마찬가지이다.

$$\sin(\sin^{-1}x) = x, \qquad \sin^{-1}(\sin x) = x \tag{2.18}$$

**예 2.8**

다음을 계산하라.

(a) $x = \sin^{-1}\left(\frac{1}{2}\right)$ (b) $x = \cos^{-1}\left(\frac{\sqrt{2}}{2}\right)$

(c) $x = \tan^{-1}(\sqrt{3})$

**풀이**

(a) $\sin x = \frac{1}{2} \Rightarrow x = \frac{\pi}{6}$

(b) $\cos x = \frac{\sqrt{2}}{2} \Rightarrow x = \frac{\pi}{4}$

(c) $\tan x = \frac{\sin x}{\cos x} = \frac{\sqrt{3}/2}{1/2} = \sqrt{3} \Rightarrow x = \frac{\pi}{3}$

## 2.2 지수함수와 로그함수

화학반응, 방사능 붕괴, 에너지 흡수 등 자연에서 일어나는 현상은 지수함수와 로그함수 형태로 나타나는 경우가 많고 지수함수로부터 쌍곡선 함수가 정의된다.

### (1) 지수함수

임의의 실수 $a\,(>0)$에 대해 다음의 함수를 밑(base) 또는 바탕이 $a$이고 지수(exponent)가 $x$인 지수함수(exponential function)라 한다.

**지수함수**

$$y = a^x \tag{2.19}$$

지수함수는 다음과 같은 성질이 있다.

$$a^m = a \times a \times a \times \cdots \times a \quad (m \text{ 개의 } a \text{ 의 곱}) \tag{2.20}$$

$$a^0 = 1, \quad a^m a^n = a^{m+n}, \quad (a^m)^n = a^{mn} \tag{2.21}$$

$$a^{-p} = 1/a^p, \quad a^{m/n} = \sqrt[n]{a^m} = (\sqrt[n]{a})^m \tag{2.22}$$

$$(a/b)^n = a^n/b^n \tag{2.23}$$

지수함수 $y = a^x$는 (0, 1)를 지나는 연속함수이고 $a$ 값에 따라 그림 2.5와 같이 변한다. $0 < a < 1$일 때는 감소함수, $a > 1$일 때는 증가함수이고 $a = 1$이면 항상 1이다. 지수함수의 정의역은 모든 실수이고 치역은 $0 < a^x < \infty$이다.

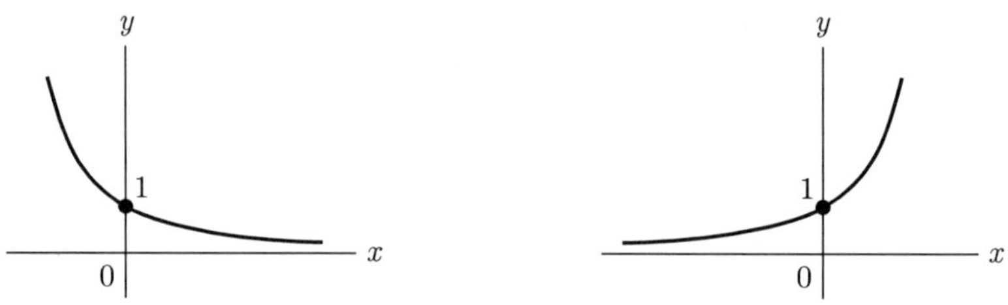


(a) $0 < a < 1$　　(b) $a > 1$

**그림 2.5** $y = a^x$

그림 2.5로부터 $a > 1$일 때 $x \to \infty$이면 $a^x \to \infty$, $x \to -\infty$이면 $a^x \to 0$이고 $0 < a < 1$일 때 $x \to \infty$이면 $a^x \to 0$, $x \to -\infty$이면 $a^x \to \infty$이다. 자연상수 $e \approx 2.72$를 밑으로 하는 지수함수 $y = e^x$를 자연지수함수(natural exponential function)라 한다. $f(x)$가 복잡한 함수일 때는 다음과 같이 표기한다.

$$e^{f(x)} \equiv \exp[f(x)] \tag{2.24}$$

### 예 2.9

다음을 계산하라.

(a) $\left(\dfrac{a^{1/3}}{a^{1/4}}\right)^{1/2}\left(\dfrac{\sqrt{a}}{\sqrt[3]{a}}\right)^{1/4}$　　(b) $\dfrac{e^{3x}+e^{-3x}}{e^x+e^{-x}} = 1$일 때 $e^{2x}$

**풀이** (a) $\left(\dfrac{a^{1/3}}{a^{1/4}}\right)^{1/2}\left(\dfrac{\sqrt{a}}{\sqrt[3]{a}}\right)^{1/4}=\left(a^{1/3-1/4}\right)^{\frac{1}{2}}\left(a^{1/2-1/3}\right)^{\frac{1}{4}}=a^{\frac{1}{24}}\cdot a^{\frac{1}{24}}=a^{\frac{1}{12}}$

(b) $\dfrac{e^{3x}+e^{-3x}}{e^{x}+e^{-x}}=\dfrac{\left(e^{x}+e^{-x}\right)\left(e^{2x}-1+e^{-2x}\right)}{e^{x}+e^{-x}}=1$에서 $y=e^{2x}$로 두면

$y-1+\dfrac{1}{y}=1$, $y^2-2y+1=(y-1)^2=0$이므로 $y=e^{2x}=1$

---

$y=a^{-x}$는 $y=a^{x}$에서 $x\to -x$로 둔 것이므로 $y=a^{x}$와는 $y$축에 대해 대칭이고 $y=-a^{x}$는 $y=a^{x}$에서 $y\to -y$로 둔 것이므로 $y=a^{x}$와는 $x$축에 대해 대칭이다. $y=-a^{-x}$는 $y=a^{x}$에서 $x\to -x$, $y\to -y$로 둔 것이므로 $y=a^{x}$와는 원점에 대해 대칭이다.

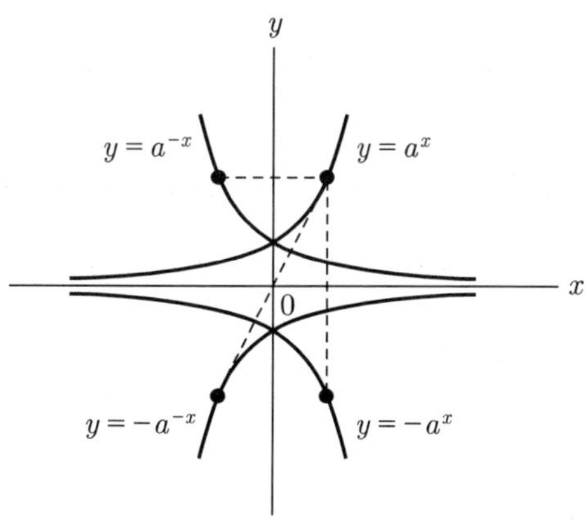


**그림 2.6** $y=\pm a^{\pm x}$

지수함수의 크기는 밑을 같게 두어 비교한다. 밑이 1보다 크면 지수가 큰 것이 큰 수이고 밑이 1보다 작은 양수면 지수가 큰 것이 작은 수이다(그림 2.5).

### 예 2.10

다음 두 수의 크기를 비교하라.

(a) $\sqrt[3]{9}$, $\sqrt[6]{27}$ (b) $\sqrt{0.4}$, $\sqrt[3]{0.16}$

**풀이** (a) $\sqrt[3]{9}=3^{2/3}>\sqrt[6]{27}=3^{1/2}$

(b) $\sqrt{0.4}=(0.4)^{1/2}>\sqrt[3]{0.16}=(0.4)^{2/3}$

---

### (2) 지수방정식과 지수부등식

지수에 변수(미지수)가 포함된 방정식과 부등식을 지수방정식과 지수부등식이라 한다. $a^{f(x)}= a^{g(x)}$로 밑이 같은 지수방정식은 $f(x)= g(x)$이고 $a^{f(x)}= b^{f(x)}$로 지수가 같은 지수방정식은 $a=b$이거나 $a \neq b$이면 $f(x)= 0$이다. 일반적으로 지수방정식의 해는 치환해서 구할 수 있다.

**예 2.11**

다음 방정식들의 해를 구하라.

(a) $2^x + 2^y = 12,\ 2^{x+y} = 32$　　(b) $x+y=3,\ 3^x + 3^y = 12$

**풀이** (a) $2^x \equiv \alpha,\ 2^y \equiv \beta$로 두면 $\alpha+\beta=12,\ \alpha\beta=32$이므로 다음과 같다.

$$\alpha=4,\ \beta=8 \Rightarrow x=2,\ y=3$$

$$\alpha=8,\ \beta=4 \Rightarrow x=3,\ y=2$$

(b) $3^x + 3^{3-x} = 12$이므로 $3^x \equiv t$로 두면 $t+27/t=12$로부터

$$t^2 - 12t + 27 = (t-3)(t-9) = 0$$

이므로 $t=3^x=3,\ 9$이다. 따라서 $x=1,\ y=2$ 또는 $x=2,\ y=1$

지수부등식은 밑을 같게 두어 해를 구한다. $a^{f(x)} > a^{g(x)}$일 때 $a>1$이면 $f(x)>g(x)$이고 $0<a<1$이면 $f(x)<g(x)$이다(그림 2.5).

**예 2.12**

다음 지수부등식의 해를 구하라.

(a) $\left(\frac{1}{3}\right)^{2x+3} > \sqrt[3]{3}$　　(b) $2^{x-3} < \left(\frac{1}{4}\right)^{x-3}$

**풀이** (a) $3^{-2x-3} > 3^{1/3}$, $a=3>1$이므로 $-2x-3>1/3 \Rightarrow x<-5/2$

(b) $\left(\frac{1}{2}\right)^{3-x} < \left(\frac{1}{2}\right)^{2x-6}$, $a=\frac{1}{2}<1$이므로 $3-x>2x-6 \Rightarrow x<3$

### (3) 로그함수

지수함수 $y = a^x$의 역함수는 $x = \log_a y$이고 밑(base)이 $a$인 로그함수(logarithmic function)라 한다($a > 0$, $a \neq 1$). $y(> 0)$를 진수(antilogarithm)라 하고 $a^0 = 1$이므로 $\log_a 1 = 0$이다. 밑이 $a = e$인 자연로그(natural logarithm) ln와 $a = 10$인 상용로그(common logarithm) log는 다음과 같이 쓴다.

| | | |
|---|---|---|
| **자연로그** | $f(x) = e^y \ : \ y = \log_e[f(x)] \equiv \ln[f(x)]$ | (2.25) |
| **상용로그** | $f(x) = 10^y \ : \ y = \log_{10}[f(x)] \equiv \log[f(x)]$ | (2.26) |

몇몇 로그값들은 $\log 2 = 0.301$, $\log 3 = 0.477$, $\log e = 0.4343$이다. 지수함수와 로그함수는 역함수이므로 식 (1.6)에 의해 다음과 같고 $y = x$에 대해 대칭이므로 그림 2.7과 같다.

$$\log_a[a^{f(x)}] = f(x), \quad a^{\log_a[g(y)]} = g(y) \tag{2.27}$$

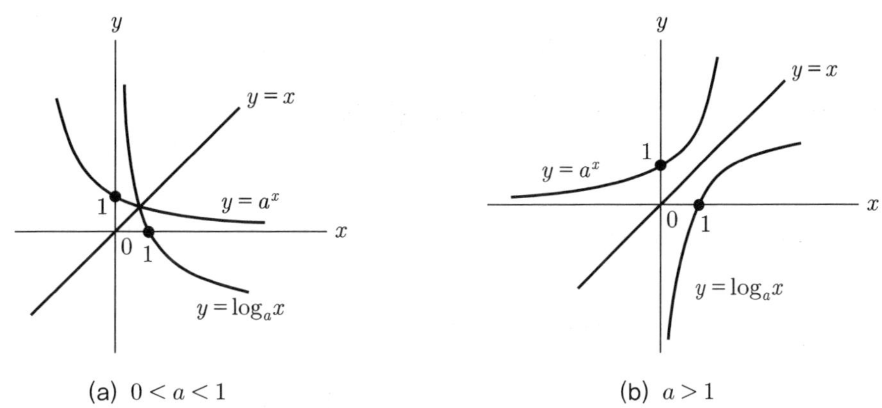


**그림 2.7** $y = a^x$와 $y = \log_a x$

$y = \log_a(-x)$는 $y = \log_a(x)$에서 $x \to -x$로 둔 것이므로 $y = \log_a(x)$와는 $y$축에 대해 대칭이고 $y = -\log_a(x)$는 $y = \log_a(x)$에서 $y \to -y$로 둔 것이므로 $y = \log_a(x)$와는 $x$축에 대해 대칭이다. $y = -\log_a(-x)$는 $y = \log_a(x)$에서 $x \to -x$, $y \to -y$로 둔 것이므로 $y = \log_a(x)$와는 원점에 대해 대칭이다. $\log_a(-x)$의 정의역은 $x < 0$이다. 로그함수의 크기는 밑을 같게 두어 비교한다. 밑이 1보다 크면 진수가 큰 것이 큰 수이고 밑이 1보다 작은 양수이면 진수가 큰 것이 작은 수이다(그림 2.7).

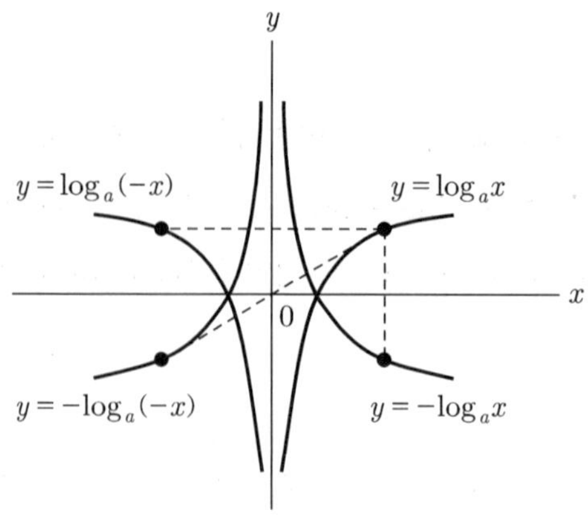


**그림 2.8** $y=\pm\log_a(\pm x)$

**예 2.13**

다음 두 로그값을 비교하라.

$$\log_5\sqrt{0.3}\,,\qquad \log_5\sqrt{0.027}$$

**풀이** 밑이 1보다 작을 때 지수함수의 성질에 의해

$$\sqrt{0.3}=(0.3)^{1/2}>\sqrt{0.027}=(0.3)^{3/2}$$

이고 밑 5가 1보다 크므로 $\log_5\sqrt{0.3}>\log_5\sqrt{0.027}$ 이다.

로그함수에는 다음의 공식들이 성립한다.

$$\log_a(xy)=\log_a x+\log_a y \tag{2.28}$$

$$\log_a(x/y)=\log_a x-\log_a y \tag{2.29}$$

$$\log_a(x^y)=y\log_a x \tag{2.30}$$

$$\log_x y=\frac{\log_z y}{\log_z x}\quad (z\neq 1) \tag{2.31}$$

$$\ln x=2.303\log x \tag{2.32}$$

**증명**

$x=a^m$, $y=a^n$으로 두면 $xy=a^{m+n}$, $x/y=a^{m-n}$, $a^{ym}=x^y$이므로 다음과 같이 증명된다.

(2.28) $\log_a(xy)=m+n=\log_a x+\log_a y$

(2.29) $\log_a(x/y)=m-n=\log_a x-\log_a y$

(2.30) $\log_a(x^y)=ym=y\log_a x$

(2.31) $\log_x y\equiv c$로 두면 $y=x^c$이므로 다음과 같다.

$\log_z y=\log_z(x^c)=c\log_z x$

(2.32) $\ln x=y$로 두면 $x=e^y$, $\log x=y\log e$이므로 다음과 같다.

$$\ln x=\frac{\log x}{\log e}=\frac{\log x}{0.4343}=2.303\log x$$

---

**예 2.14**

다음을 계산하라.

(a) $\log 0.3$ (b) $\ln 1.5$

**풀이** (a) $\log 0.3=\log(3/10)=\log 3-\log 10=\log 3-1=-0.523$

(b) $\ln 1.5=2.303\log 1.5=2.303(\log 3-\log 2)=0.405$

---

### (4) 로그방정정식과 로그부등식

로그에 변수(미지수)가 포함된 방정식과 부등식을 로그방정식과 로그부등식이라 한다. $\log_a[f(x)]=\log_a[g(x)]$로 밑이 같은 로그방정식은 $f(x)=g(x)$이고 로그가 없는 항을 포함하는 $\log_a[f(x)]=b$ 형태는 양변에 지수를 취한 $f(x)=a^b$의 해 중에서 $f(x)>0$인 해만 선택하면 된다.

**예 2.15**

다음을 만족하는 $x$를 구하라.

(a) $e^{3x}=2$ (b) $\log_x 4=4$

(c) $3^{x-1}=2^{3x}$ (d) $\log(2x-1)+\log(x-9)=2$

**풀이** (a) $3x = \ln 2 = 2.303 \log 2 = 0.6909 \Rightarrow x = 0.2303$

(b) $4 = \log_x 4 = \log_x (\sqrt{2})^4 = 4 \log_x \sqrt{2} \Rightarrow x = \sqrt{2}$

(c) $(x-1)\ln 3 = 3x \ln 2 \Rightarrow x = \dfrac{\log 3}{\log 3 - 3\log 2}$

(d) $(2x-1)(x-9) = 10^2 = 100 \Rightarrow x = 13$

---

로그부등식은 밑을 같게 두어 해를 구한다. $\log_a[f(x)] > \log_a[g(x)]$일 때 $a > 1$이면 $f(x) > g(x)$이고 $0 < a < 1$이면 $f(x) < g(x)$이다(그림 2.7). 복잡한 부등식은 로그를 취하여 해를 구할 수 있다.

### 예 2.16

다음 부등식의 해를 구하라.

(a) $\log_{0.5}(x+2) < \log_{0.5}(2x+2)$

(b) $\log_3(2x+3) < \log_3(x-1)$

(c) $3^{x+1} > 2^{2+3x}$

**풀이** (a) 진수조건과 1보다 작은 밑수임을 고려하면

$$x+2 > 0 \Rightarrow x > -2, \quad 2x+2 > 0 \Rightarrow x > -1$$

$$x+2 > 2x+2 \Rightarrow x < 0$$

이므로 해는 $-1 < x < 0$

(b) 진수조건과 1보다 큰 밑수임을 고려하면

$$2x+3 > 0 \Rightarrow x > -3/2, \quad x-1 > 0 \Rightarrow x > 1$$

$$2x+3 < x-1 \Rightarrow x < -4$$

이므로 해가 존재하지 않는다.

(c) 양변에 상용로그를 취하면

$$(x+1)\log 3 > (2+3x)\log 2$$

이고 정리하면

$$x(\log 3 - \log 2^3) > \log 2^2 - \log 3$$

이므로 $x > \log(4/3)/\log(3/8)$

---

### (5) 쌍곡선함수

지수함수 $e^{x}$와 $e^{-x}$를 사용하여 쌍곡선함수(hyperbolic function)들을 다음과 같이 정의한다.

$$\sinh x = \frac{e^{x} - e^{-x}}{2}, \qquad \cosh x = \frac{e^{x} + e^{-x}}{2}$$

$$\tanh x = \frac{\sinh x}{\cosh x} = \frac{e^{x} - e^{-x}}{e^{x} + e^{-x}}, \qquad \operatorname{sech} x = \frac{1}{\cosh x} = \frac{2}{e^{x} + e^{-x}}$$

$$\operatorname{csch} x = \frac{1}{\sinh x} = \frac{2}{e^{x} - e^{-x}}, \qquad \coth x = \frac{\cosh x}{\sinh x} = \frac{e^{x} + e^{-x}}{e^{x} - e^{-x}} \tag{2.33}$$

이들은 각각 쌍곡선 사인(코사인, 탄젠트, 시컨트, 코시컨트, 코탄젠트)함수 또는 하이퍼볼릭 사인(코사인, 탄젠트, 시컨트, 코시컨트, 코탄젠트)함수라 하고 $\operatorname{csch} x$는 $\operatorname{cosech} x$로도 쓴다. 쌍곡선함수는 다음의 성질이 있다.

$$\sinh(-x) = -\sinh x, \qquad \cosh(-x) = \cosh x \tag{2.34}$$

$$\cosh x \pm \sinh x = e^{\pm x}, \qquad \cosh^2 x - \sinh^2 x = 1 \tag{2.35}$$

$$\sinh(x+y) = \sinh x \cosh y + \cosh x \sinh y \tag{2.36}$$

$$\cosh(x+y) = \cosh x \cosh y + \sinh x \sinh y \tag{2.37}$$

**증명**

$$\begin{aligned}
&\sinh x \cosh y + \cosh x \sinh y \\
&= \frac{e^{x} - e^{-x}}{2} \cdot \frac{e^{y} + e^{-y}}{2} + \frac{e^{x} + e^{-x}}{2} \cdot \frac{e^{y} - e^{-y}}{2} \\
&= \frac{e^{x+y} - e^{-(x+y)}}{2} = \sinh(x+y)
\end{aligned}$$

**예 2.17**

(a) $1 - \tanh^2 x = \operatorname{sech}^2 x$, $\cosh^2 x - 1 = \operatorname{cosech}^2 x$를 증명하라.

(b) $\sinh x = 2/3$일 때 $\cosh x$를 구하라.

**풀이**

(a) $1-\tanh^2 x = 1-\left(\dfrac{e^x - e^{-x}}{e^x + e^{-x}}\right)^2 = \dfrac{4}{(e^x + e^{-x})^2} = \text{sech}^2 x$

$\cosh^2 x - 1 = \left(\dfrac{e^x + e^{-x}}{2}\right)^2 - 1 = \left(\dfrac{e^x - e^{-x}}{2}\right)^2 = \text{cosech}^2 x = \text{sech}^2 x$

(b) $\cosh x = \sqrt{1+\sinh^2 x} = \sqrt{1+(2/3)^2} = \sqrt{13}/3$

## 2.3 연습문제

### 2.1 삼각함수

**[2.1]** $y = 1.5\sin[2(x-\pi)] + 1$를 그래프로 나타내라.

**[2.2]** 반지름이 $8\,\mathrm{cm}$인 부채꼴 AOB에 대해 그림의 사각형 AOQP의 넓이 $A$를 구하라.

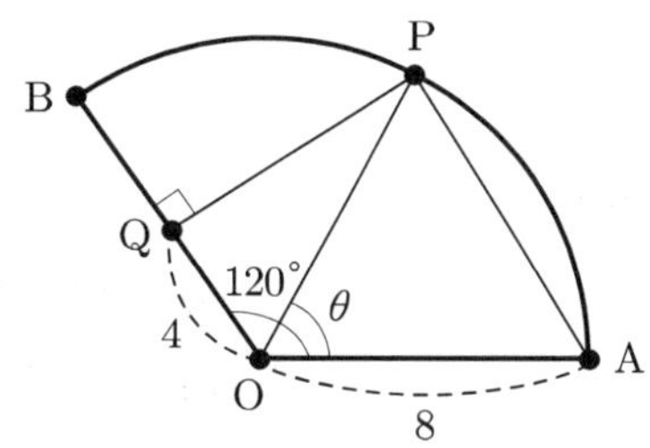


**[2.3]** 다음 공식들을 증명하라.

(a) $\tan(\alpha \pm \beta) = \dfrac{\tan\alpha \pm \tan\beta}{1 \mp \tan\alpha\tan\beta}$　　(b) $1 + \tan^2\theta = \sec^2\theta$

**[2.4]** $3\cos x + 4\sin x = 5\sin(x+\alpha)$를 만족하는 $\alpha$를 구하라.

**[2.5]** (a) $\cos(x+y)\cos(x-y) = \cos^2 x - \sin^2 y = \cos^2 y - \sin^2 x$를 증명하라.

(b) $a\sin\theta - b\cos\theta = -A\cos(\theta+\alpha)$를 증명하라.

$A = \sqrt{a^2+b^2}$, $\sin\alpha = a/A$이다.

(c) $\sin\alpha = 13/14$, $\sin\beta = 11/14$, $0 \le \alpha, \beta \le 90°$ 일 때 $\alpha+\beta$를 구하라.

**[2.6]** 다음 방정식들의 해를 구하라.

(a) $\cos 2x - 5\cos x + 3 = 0$　　(b) $\sqrt{3}\sin x - \cos x = \sqrt{2}$

(c) $\sin x + \sin y = 1$, $\cos x + \cos y = \sqrt{3}$

**[2.7]** $\sin x + \cos x = (1+\sqrt{3})/2$일 때 $\sin(2x)$구하라.

**[2.8]** 다음을 계산하라.

(a) $\tan^{-1}(1)$ (b) $\sec^{-1}(-\sqrt{2})$

(c) $\cos\left[\sin^{-1}\left(\frac{4}{5}\right)+\tan^{-1}\left(\frac{3}{4}\right)\right]$

**[2.9]** 다음을 증명하라.

(a) $\sin^{-1}x+\cos^{-1}x=\pi/2$ (b) $\sin(\cos^{-1}x)=\sqrt{1-x^2}$

(c) $\sin^{-1}(-x)=-\sin^{-1}x$

## 2.2 지수함수와 로그함수

**[2.10]** 다음 방정식들의 해를 구하라.

(a) $3^{x+1}=6$ (b) $(1/9)^x=3\sqrt[4]{3}$

(c) $\ln(x+5)=3$ (d) $e^{x+4}=7$

(e) $9^x-3^{x+1}+2=0$ (f) $\log_3(x-3)=\log_9(x-1)$

(g) $x-2y=8$, $\log x-\log y=1$

**[2.11]** 다음을 계산하라.

(a) $2^\alpha=9$, $18^\beta=27$ 일 때 $2/\alpha-3/\beta$ (b) $4^x>9$ 의 해

(c) $2^x>3$ 의 해 (d) $(\log x)^2<\log x^2$의 해

**[2.12]** 다음 두 수를 비교하라.

(a) $\log_5\sqrt[3]{5}$, $\log_5\sqrt[8]{25}$ (b) $\log_{0.2}\sqrt[3]{3}$, $\log_{0.2}\sqrt[4]{9}$

**[2.13]** 다음 부등식의 해를 구하라.

(a) $\log_3 x+\log_3(x+6)<3$

(b) $\log_{0.2}(x+1)+\log_{0.2}(x-1)<-1$

(c) $x^{\log x}<100x$ (d) $x^x<x^5$

**[2.14]** (a) $\cosh x=3/2$ 일 때 $\tanh x$를 구하라.

(b) $(\sinh x+\cosh x)^n=\sinh(nx)+\cosh(nx)$ 를 증명하라.

**[2.15]** 역쌍곡선함수와 정의역은 다음과 같다.

| 쌍곡선함수 | 역쌍곡선함수 | 정의역 |
|---|---|---|
| $y = \sinh x$ | $x = \sinh^{-1} y$ | $-\infty < y < \infty$ |
| $y = \cosh x$ | $x = \cosh^{-1} y$ | $y \geq 1$ |
| $y = \tanh x$ | $x = \tanh^{-1} y$ | $-1 < y < 1$ |
| $y = \text{sech}\, x$ | $x = \text{sech}^{-1} y$ | $0 < y \leq 1$ |
| $y = \text{csch}\, x$ | $x = \text{csch}^{-1} y$ | $y \neq 0$ |
| $y = \coth x$ | $x = \coth^{-1} y$ | $\lvert y \rvert > 1$ |

다음을 증명하라.

(a) $\sinh^{-1} x = \ln\left(x + \sqrt{x^2 + 1}\right) \quad (-\infty < x < \infty)$

(b) $\cosh^{-1} x = \ln\left(x + \sqrt{x - 1}\right) \quad (x \geq 1)$

(c) $\tanh^{-1} x = \dfrac{1}{2} \ln\left(\dfrac{1+x}{1-x}\right) \quad (\lvert x \rvert < 1)$

(d) $\coth^{-1} x = \dfrac{1}{2} \ln\left(\dfrac{x+1}{x-1}\right) \quad (\lvert x \rvert > 1)$

(e) $\text{sech}^{-1} x = \ln\left(\dfrac{1 + \sqrt{1 - x^2}}{x}\right) \quad (0 < x \leq 1)$

(f) $\text{csch}^{-1} x = \ln\left(\dfrac{1}{x} + \dfrac{\sqrt{1 + x^2}}{\lvert x \rvert}\right) \quad (\lvert x \rvert > 0)$

CHAPTER

# 03

# 벡터와 복소수



공학에서 다루는 관측가능한 양인 물리량은 크기만 갖는 스칼라(scalar)량과 크기와 방향을 갖는 벡터(vector)량으로 구분하고 함수는 복소수를 사용하면 편리할 때가 있다. 이 장에서는 벡터와 복소수를 다룬다.

## 3.1 벡터의 기초

벡터는 방향이 있으므로 미분, 적분 등의 수학 연산이 스칼라에 비해 복잡하다. 거리, 속력, 에너지 등은 크기만 갖는 스칼라량들이고 위치, 속도, 운동량, 힘 등은 크기와 방향을 모두 갖는 벡터량들이다. 여기서는 벡터의 기초를 다루고 벡터함수의 미분 등은 12장에서 다룬다.

### (1) 벡터

벡터는 $\mathbf{A}$ 또는 $\vec{A}$로 나타내고 스칼라인 벡터의 크기는 $|\mathbf{A}|$, $|\vec{A}|$ 또는 $A$로 나타낸다. 쉽게 이해하기 위해 벡터를 화살표로 표현하면 화살표의 길이는 벡터의 크기를 나타내고 벡터의 방향은 화살표가 가리키는 방향으로 정의한다. 이렇게 정의하면 그림 3.1에서 벡터 $\mathbf{A}$와 벡터 $\mathbf{B}$는 같은 벡터이고 벡터 $\mathbf{C}$는 벡터 $\mathbf{A}$와는 크기는 갖지만 방향은 반대이다.

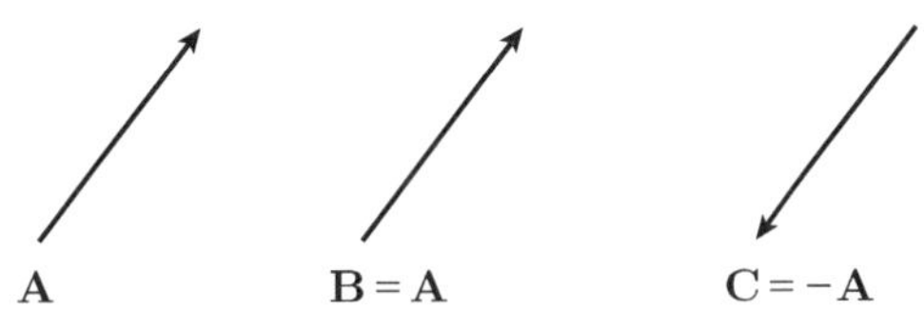


**그림 3.1** 벡터의 화살표 표시

같은 벡터는 $\mathbf{A} = \mathbf{B}$로 나타내고 크기는 같지만 방향은 반대인 벡터는 $\mathbf{C} = -\mathbf{A}$(−는 반대 방향을 의미)로 나타낸다. 따라서 벡터는 공간상에서 평행이동해도 같은 벡터가 되지만 회전하면 다른 벡터가 된다.

### (2) 벡터의 덧셈 I

벡터를 그림으로 더하는 방법은 그림 3.2와 같이 평행사변형 방법과 삼각형 방법이 있다.

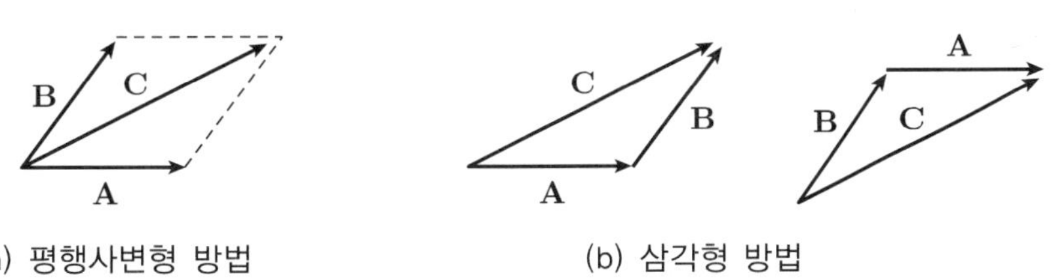


(a) 평행사변형 방법 (b) 삼각형 방법

**그림 3.2** 벡터의 덧셈 : $\mathbf{C} = \mathbf{A} + \mathbf{B}$

따라서 벡터는 교환법칙[그림 3.2 (b)]과 결합법칙(그림 3.3)이 성립한다. 벡터의 뺄셈은 $\mathrm{C} = \mathrm{A} - \mathrm{B} = \mathrm{A} + (-\mathrm{B})$이므로 그림 3.4와 같이 계산한다.

$$\textbf{교환법칙}: \mathrm{C} = \mathrm{A} + \mathrm{B} = \mathrm{B} + \mathrm{A} \tag{3.1}$$

$$\textbf{결합법칙}: \mathrm{D} = (\mathrm{A} + \mathrm{B}) + \mathrm{C} = \mathrm{A} + (\mathrm{B} + \mathrm{C}) \tag{3.2}$$

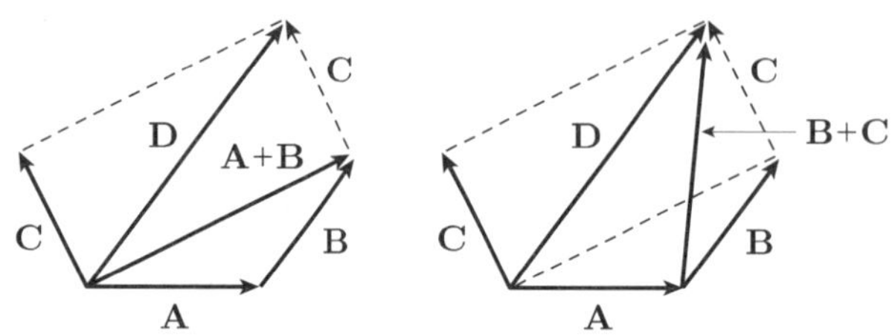


**그림 3.3** 벡터의 결합법칙

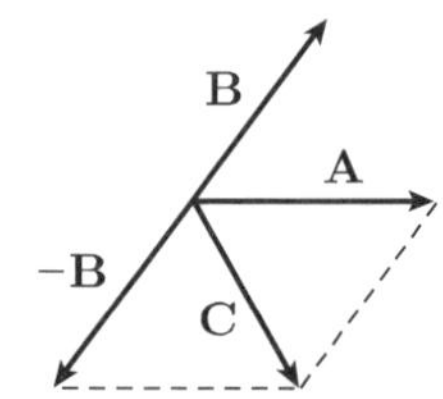


**그림 3.4** 벡터의 뺄셈

## (3) 2차원 좌표계

2차원 평면에서는 물체의 위치를 결정하기 위해 두 개의 위치변수(좌표)가 필요하고 직각좌표계와 극좌계가 주로 사용된다. 직각좌표계는 그림 3.5 (a)와 같이 두 개의 수직인 좌표축인 직선 $x$와 $y$를 사용한다. 평면상의 무한히 많은 점들 중에 $x$ 값이 정해지면 수직선(1)의 점들이 정해지고 $y$ 값이 정해지면 수평선(2)의 점들이 정해진다. 따라서 $x$와 $y$가 동시에 정해지면 두 직선이 만나는 P 점의 위치가 정해진다. 3차원 직각좌표계인 경우 지면에 수직 방향의 좌표축($z$축)을 추가하면 되고 또 다른 3차원 좌표계인 구면좌표계와 원통좌표계는 6장에서 다룬다.

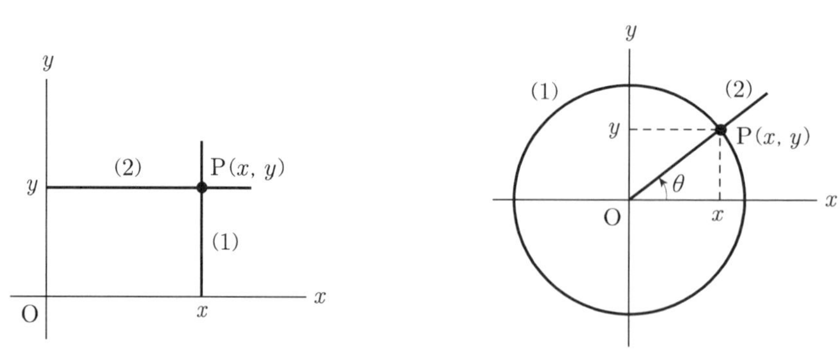


(a) 직각좌표계

(b) 극좌표계

**그림 3.5** 2차원 좌표계

극좌표계는 그림 3.5 (b)와 같이 두 개의 위치 변수로 $r$과 $\theta$를 사용한다. $r$은 중심으로부터의 거리이고 $\theta$는 수평축에서 시계반대방향으로 측정한 각이다. 평면상의 무한히 많은 점들 중에 $r$ 값이 정해지면 반지름이 $r$인 원(1)의 점들이 정해지고 $\theta$ 값이 정해지면 $x$ 축과의 각이 $\theta$인 직선(2)의 점들이 정해진다. 따라서 $r$과 $\theta$가 동시에 정해지면 두 곡선이 만나는 P 점의 위치가 정해진다. 직각좌표계와 극좌표계 사이에는 다음의 관계가 있다.

$$x = r\cos\theta, \quad y = r\sin\theta, \quad r = \sqrt{x^2 + y^2}, \quad \theta = \tan^{-1}(y/x) \tag{3.3}$$

**예 3.1**

다음을 구하라.

(a) 직각좌표에서 (1, 1)인 점의 극좌표

(b) 극좌표에서 $(2, \pi/3)$인 점의 직각좌표

**풀이** (a) $r = \sqrt{1^2 + 1^2} = \sqrt{2}$, $\tan\theta = y/x = 1$, $\theta = \pi/4$

(b) $x = r\cos\theta = 2\cos(\pi/3) = 1$, $y = r\sin\theta = 2\sin(\pi/3) = \sqrt{3}$

## (4) 단위벡터

크기가 1인 벡터를 단위벡터(unit vector)라 한다. 3차원 직각$(x, y, z)$좌표계에서 단위벡터들은 $(\hat{\mathbf{i}}, \hat{\mathbf{j}}, \hat{\mathbf{k}})$ 또는 $(\hat{\mathbf{x}}, \hat{\mathbf{y}}, \hat{\mathbf{z}})$를 주로 사용한다. 따라서 벡터 $\mathbf{A}$는 크기 $|\mathbf{A}| = A$와 단위벡터 $\hat{\mathbf{A}}$의 곱

$$\mathbf{A} = A\,\hat{\mathbf{A}} \tag{3.4}$$

로 쓸 수 있고 3차원 직각좌표계에서의 벡터는 수식으로는 식 (3.5)와 같이 나타낸다.

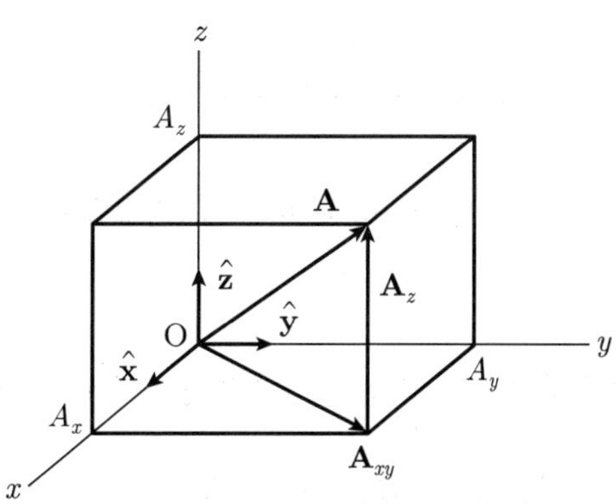


**그림 3.6** 직각좌표계에서의 벡터

$$\mathbf{A} = \mathbf{A}_{xy} + A_z\hat{\mathbf{z}} = A_x\hat{\mathbf{x}} + A_y\hat{\mathbf{y}} + A_z\hat{\mathbf{z}} \tag{3.5}$$

여기서 $A_i(i = x,\ y,\ z)$는 벡터 $\mathbf{A}$의 $i$ 성분이고 O는 $x$, $y$, $z$가 모두 0인 좌표원점이다. 벡터 $\mathbf{A}$가 가리키는 지점은 $(A_x,\ A_y,\ A_z)$이다.

3차원 공간상의 점 $\mathrm{A}(A_x,\ A_y,\ A_z)$에서 점 $\mathrm{B}(B_x,\ B_y,\ B_z)$로 향하는 벡터는

$$\overrightarrow{\mathrm{AB}} = (B_x - A_x)\hat{\mathbf{x}} + (B_y - A_y)\hat{\mathbf{y}} + (B_z - A_z)\hat{\mathbf{z}} \tag{3.6}$$

이다. 예를 들어, 2차원 평면상의 점 A(1, 0)에서 점 B(3, 3)로 향하는 벡터는 다음 그림과 같고 식 (3.7)이 된다.

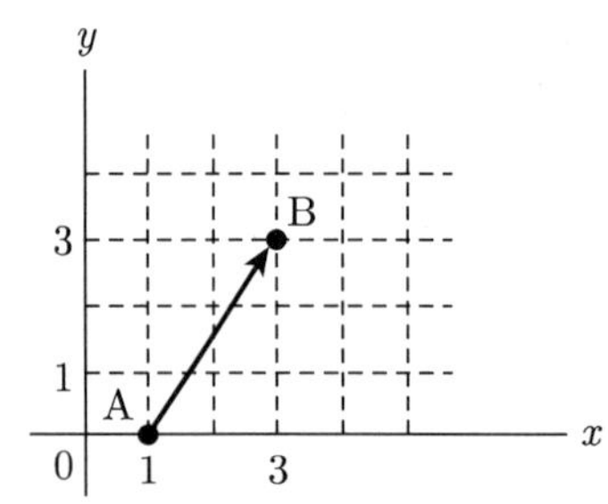


$$\begin{aligned}\overrightarrow{\mathrm{AB}} &= 2\hat{\mathbf{x}} + 3\hat{\mathbf{y}} = (3-1)\hat{\mathbf{x}} + (3-0)\hat{\mathbf{y}} \\ &= (B_x - A_x)\hat{\mathbf{x}} + (B_y - A_y)\hat{\mathbf{y}}\end{aligned} \tag{3.7}$$

### (5) 벡터의 덧셈 II

두 벡터 $\mathbf{A} = A_x\hat{\mathbf{x}} + A_y\hat{\mathbf{y}} + A_z\hat{\mathbf{z}}$와 $\mathbf{B} = B_x\hat{\mathbf{x}} + B_y\hat{\mathbf{y}} + B_z\hat{\mathbf{z}}$는 대수적으로는 다음과 같이 성분끼리 더하고 빼기를 한다.

$$\mathbf{A} \pm \mathbf{B} = (A_x \pm B_x)\hat{\mathbf{x}} + (A_y \pm B_y)\hat{\mathbf{y}} + (A_z \pm B_z)\hat{\mathbf{z}} \tag{3.8}$$

예를 들어 $\mathbf{A} = 3\hat{\mathbf{x}} + \hat{\mathbf{y}}$이고 $\mathbf{B} = 2\hat{\mathbf{x}} + 3\hat{\mathbf{y}}$인 경우 다음 그림으로부터 $\mathbf{A} + \mathbf{B}$는 식 (3.9)와 같이 계산된다.

$$\mathbf{A} + \mathbf{B} = (3+2)\hat{\mathbf{x}} + (1+3)\hat{\mathbf{y}} = 5\hat{\mathbf{x}} + 4\hat{\mathbf{y}} \tag{3.9}$$

벡터의 세 성분이 모두 같을 때 즉, $A_x = B_x$, $A_y = B_y$, $A_z = B_z$일 때 두 벡터는 $\mathbf{A} = \mathbf{B}$로 같다.

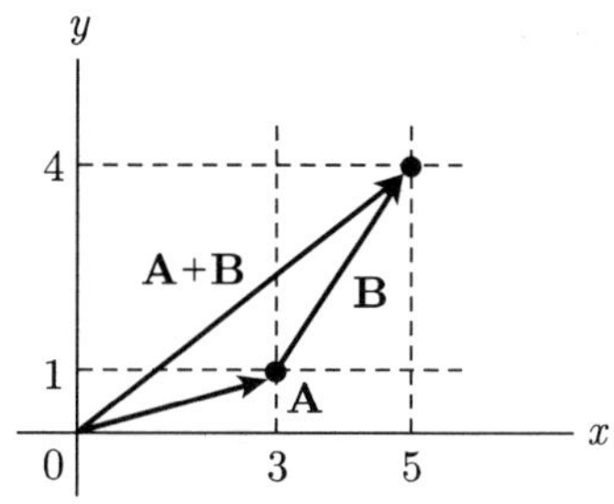


## (6) 벡터의 곱셈

사잇각이 $\theta$ 인 두 벡터 **A**와 **B**에 대해서 곱이 스칼라가 되는 스칼라 곱(scalar product) $\mathbf{A}\cdot\mathbf{B}$와 벡터가 되는 벡터 곱(vector product) $\mathbf{A}\times\mathbf{B}$는 식 (3.10)-(3.13)과 같이 정의한다. ($\mathbf{A}\cdot\mathbf{B}$는 A dot B라고 읽고 $\mathbf{A}\times\mathbf{B}$는 A cross B라고 읽는다.) 스칼라 곱은 점 곱(dot product), 벡터 곱은 가위 곱(cross product)이라고도 한다. 두 벡터가 직교(수직)일 때는 $\theta = 90°$ 이므로 $\mathbf{A}\cdot\mathbf{B}=0$이고 두 벡터가 평행일 때는 $\theta=0$이므로 $\mathbf{A}\times\mathbf{B}=0$이다. 단위벡터들 사이에는 다음의 관계가 있다.

$$\hat{\mathbf{x}}\cdot\hat{\mathbf{x}}=\hat{\mathbf{y}}\cdot\hat{\mathbf{y}}=\hat{\mathbf{z}}\cdot\hat{\mathbf{z}}=1,\qquad \hat{\mathbf{x}}\cdot\hat{\mathbf{y}}=\hat{\mathbf{y}}\cdot\hat{\mathbf{z}}=\hat{\mathbf{z}}\cdot\hat{\mathbf{x}}=0$$

$$\hat{\mathbf{x}}\times\hat{\mathbf{x}}=\hat{\mathbf{y}}\times\hat{\mathbf{y}}=\hat{\mathbf{z}}\times\hat{\mathbf{z}}=0,\qquad \hat{\mathbf{x}}\times\hat{\mathbf{y}}=-\hat{\mathbf{y}}\times\hat{\mathbf{x}}=\hat{\mathbf{z}}$$

$$\hat{\mathbf{y}}\times\hat{\mathbf{z}}=-\hat{\mathbf{z}}\times\hat{\mathbf{y}}=\hat{\mathbf{x}},\qquad \hat{\mathbf{z}}\times\hat{\mathbf{x}}=-\hat{\mathbf{x}}\times\hat{\mathbf{z}}=\hat{\mathbf{y}} \tag{3.14}$$

**벡터의 곱 I**

**스칼라 곱**

$\mathbf{A}\cdot\mathbf{B}$

$= AB\cos\theta$ (3.10)

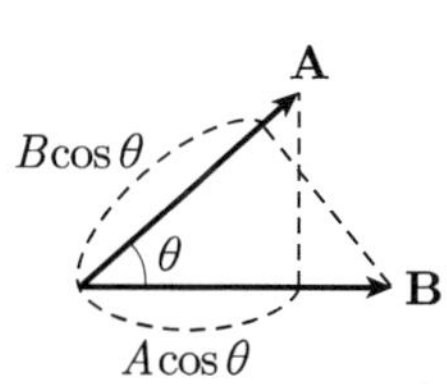


$\mathbf{A}\cdot\mathbf{B}=\mathbf{B}\cdot\mathbf{A}$ (3.11)

**벡터 곱**

$\mathbf{A}\times\mathbf{B}$

= 크기 : $AB\sin\theta$ (**A**와 **B**로 이루어진 평행사변형의 넓이)

방향 : **A**에서 **B**로 오른손 네 손가락을 감을 때 엄지손가락 방향. **A**와 **B**에 수직) (3.12)

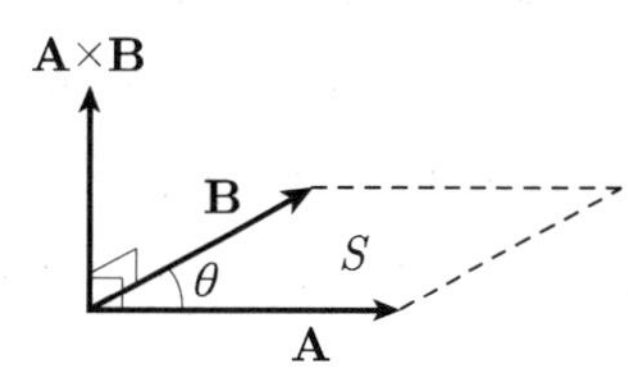


$\mathbf{B}\times\mathbf{A}=-\mathbf{A}\times\mathbf{B}$ (반대 방향) (3.13)

식 (3.14)을 사용하면 스칼라곱과 벡터곱은 식 (3.15)와 (3.17)이 되고 그림 3.6으로부터 피타고라스의 정리에 의해 식 (3.16)이 된다.

<table>
<tr><th colspan="2">벡터의 곱 II</th></tr>
<tr><td>

**스칼라 곱**

$$\mathbf{A}\cdot\mathbf{B} = A_xB_x + A_yB_y + A_zB_z \quad (3.15)$$

$$A = \sqrt{\mathbf{A}\cdot\mathbf{A}} \text{ (벡터의 크기)} = \sqrt{A_x^2 + A_y^2 + A_z^2} \quad (3.16)$$

</td><td>

**벡터 곱**

$$\mathbf{A}\times\mathbf{B} = (A_yB_z - A_zB_y)\,\hat{\mathbf{x}} + (A_zB_x - A_xB_z)\,\hat{\mathbf{y}} + (A_xB_y - A_yB_x)\,\hat{\mathbf{z}} \quad (3.17)$$

</td></tr>
</table>

식 (3.15)와 (3.17)로부터 식 (3.11)과 (3.13)이 증명되고 식 (3.17)의 벡터곱은 실제 계산에서는 다음과 같이 행렬식 형태로 계산하는 것이 편리하다.

$$\mathbf{A}\times\mathbf{B} = \begin{vmatrix} \hat{\mathbf{x}} & \hat{\mathbf{y}} & \hat{\mathbf{z}} \\ A_x & A_y & A_z \\ B_x & B_y & B_z \end{vmatrix} = \hat{\mathbf{x}}\begin{vmatrix} A_y & A_z \\ B_y & B_z \end{vmatrix} - \hat{\mathbf{y}}\begin{vmatrix} A_x & A_z \\ B_x & B_z \end{vmatrix} + \hat{\mathbf{z}}\begin{vmatrix} A_x & A_y \\ B_x & B_y \end{vmatrix} \quad (3.18)$$

여기서 2차 행렬식은 다음과 같이 계산한다(행렬은 11장에서 다룸),

$$\begin{vmatrix} a & b \\ c & d \end{vmatrix} = ad - bc \quad (3.19)$$

### 예 3.2

다음을 계산하라.

(a) 점 A(1, 2, 3)에서 점 B(−1, 2, −1)로 향하는 단위벡터 $\hat{\mathbf{n}}$

(b) 두 벡터 $\mathbf{A} = -7\hat{\mathbf{x}} - \hat{\mathbf{y}}$와 $\mathbf{B} = -3\hat{\mathbf{x}} - 4\hat{\mathbf{y}}$ 사이의 각 $\theta$

(c) 두 벡터 $\mathbf{A} = 2\hat{\mathbf{x}} + 3\hat{\mathbf{y}} - 2\hat{\mathbf{z}}$와 $\mathbf{B} = \hat{\mathbf{x}} + 2\hat{\mathbf{y}} + B_k\hat{\mathbf{z}}$가 직교할 때 $B_k$

(d) 세 점 $P_1(1, 1, 1)$, $P_2(2, 3, 4)$, $P_3(3, 0, -1)$로 이루어진 삼각형의 넓이 $A$

**풀이** (a) 점 A에서 점 B로 향하는 벡터를 **V**라 하면

$$\mathbf{V} = (-1-1)\,\hat{\mathbf{x}} + (2-2)\,\hat{\mathbf{y}} + (-1-3)\,\hat{\mathbf{z}} = -2\hat{\mathbf{x}} - 4\hat{\mathbf{z}}$$

이므로 단위벡터 $\hat{\mathbf{n}}$ 은 다음과 같다.

$$\hat{\mathbf{n}} = \frac{\mathbf{V}}{|\mathbf{V}|} = -\frac{1}{\sqrt{5}}\hat{\mathbf{x}} - \frac{2}{\sqrt{5}}\hat{\mathbf{y}}$$

(b) $\cos\theta = \dfrac{\mathbf{A}\cdot\mathbf{B}}{|\mathbf{A}|\cdot|\mathbf{B}|} = \dfrac{21+4}{\sqrt{50}\sqrt{25}} = \dfrac{1}{\sqrt{2}}$ 이므로 $\theta = 45°$.

(c) $0 = \mathbf{A}\cdot\mathbf{B} = 2+6-2B_k$ 이므로 $B_k = 4$.

(d) $\overrightarrow{\mathrm{P}_1\mathrm{P}_2} = \hat{\mathbf{x}} + 2\hat{\mathbf{y}} + 3\hat{\mathbf{z}}$, $\overrightarrow{\mathrm{P}_2\mathrm{P}_3} = \hat{\mathbf{x}} - 3\hat{\mathbf{y}} - 5\hat{\mathbf{z}}$

$$\begin{aligned}\overrightarrow{\mathrm{P}_1\mathrm{P}_2} \times \overrightarrow{\mathrm{P}_2\mathrm{P}_3} &= \begin{vmatrix}\hat{\mathbf{x}} & \hat{\mathbf{y}} & \hat{\mathbf{z}} \\ 1 & 2 & 3 \\ 1 & -3 & -5\end{vmatrix} \\ &= \hat{\mathbf{x}}\,[2\times(-5)-3\times(-3)] - \hat{\mathbf{y}}\,[1\times(-5)-3\times1] \\ &\quad + \hat{\mathbf{z}}\,[1\times(-3)-2\times1] \\ &= -\hat{\mathbf{x}} + 8\hat{\mathbf{y}} - 5\hat{\mathbf{z}}\end{aligned}$$

$$\begin{aligned}A &= \frac{1}{2}\left|\overrightarrow{\mathrm{P}_1\mathrm{P}_2} \times \overrightarrow{\mathrm{P}_2\mathrm{P}_3}\right| = \frac{1}{2}\sqrt{(-1)^2+8^2+(-5)^2} \\ &= \frac{3\sqrt{10}}{2}\end{aligned}$$

---

## 예 3.3

벡터 삼중곱에 대한 다음 공식들을 증명하라.

(a) 스칼라 삼중곱 : $\mathbf{A}\cdot(\mathbf{B}\times\mathbf{C}) = \mathbf{B}\cdot(\mathbf{C}\times\mathbf{A}) = \mathbf{C}\cdot(\mathbf{A}\times\mathbf{B})$ (3.20)

(b) 벡터 삼중곱 : $\mathbf{A}\times(\mathbf{B}\times\mathbf{C}) = \mathbf{B}(\mathbf{A}\cdot\mathbf{C}) - \mathbf{C}(\mathbf{A}\cdot\mathbf{B})$ (3.21)

**풀이** (a)

$$\begin{aligned}\mathbf{A}\cdot(\mathbf{B}\times\mathbf{C}) &= A_x(\mathbf{B}\times\mathbf{C})_x + A_y(\mathbf{B}\times\mathbf{C})_y + A_z(\mathbf{B}\times\mathbf{C})_z \\ &= A_x(B_yC_z - B_zC_y) + A_y(B_zC_x - B_xC_z) + A_z(B_xC_y - B_yC_x) \\ &= B_x(C_yA_z - C_zA_y) + B_y(C_zA_x - C_xA_z) + B_z(C_xA_y - C_yA_x) \\ &= B_x(\mathbf{C}\times\mathbf{A})_x + B_y(\mathbf{C}\times\mathbf{A})_y + B_z(\mathbf{C}\times\mathbf{A})_z = \mathbf{B}\cdot(\mathbf{C}\times\mathbf{A})\end{aligned}$$

이것은 그림과 같이 세 벡터 $\mathbf{A}$, $\mathbf{B}$, $\mathbf{C}$ 가 만드는 육면체의 부피이고 식 (3.18)처럼 다음과 같이 행렬식으로 표현된다.

$$\begin{aligned}\mathbf{A}\cdot(\mathbf{B}\times\mathbf{C}) = A\cos\phi\cdot|\mathbf{B}\times\mathbf{C}| &= \begin{vmatrix}A_x & A_y & A_z \\ B_x & B_y & B_z \\ C_x & C_y & C_z\end{vmatrix} \\ &= A_x\begin{vmatrix}B_y & B_z \\ C_y & C_z\end{vmatrix} - A_y\begin{vmatrix}B_x & B_z \\ C_x & C_z\end{vmatrix} + A_z\begin{vmatrix}B_x & B_y \\ C_x & C_y\end{vmatrix}\end{aligned}$$

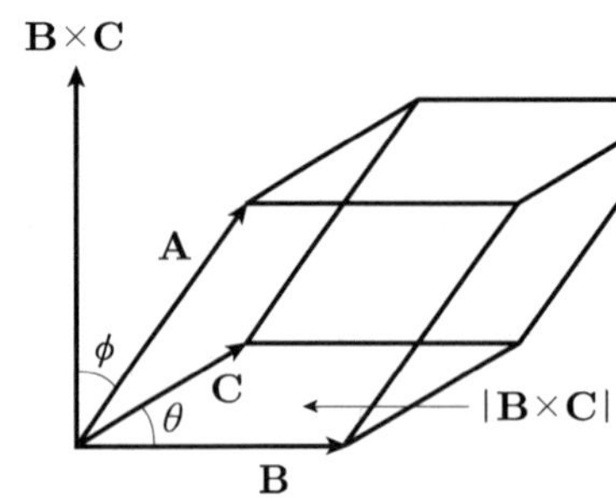


(b) $x$ 성분을 고려하면 다음과 같이 성립하고 같은 방법으로 계산하면 $y$ 성분과 $z$ 성분에 대해서도 성립함을 보일 수 있다.

$$\begin{aligned}[\mathbf{A}\times(\mathbf{B}\times\mathbf{C})]_x &= A_y\times(\mathbf{B}\times\mathbf{C})_z - A_z\times(\mathbf{B}\times\mathbf{C})_y \\ &= A_y(B_xC_y - B_yC_x) - A_z(B_zC_x - B_xC_z) \\ &= B_x(A_xC_x + A_yC_y + A_zC_z) - C_x(A_xB_x + A_yB_y + A_zB_z) \\ &= B_x(\mathbf{A}\cdot\mathbf{C}) - C_x(\mathbf{A}\cdot\mathbf{B})\end{aligned}$$

## (7) 방향코사인과 사영

벡터 $\mathbf{A} = A_x\hat{\mathbf{x}} + A_y\hat{\mathbf{y}} + A_z\hat{\mathbf{z}}$가 $x$, $y$, $z$축과 이루는 각이 각각 $\alpha$, $\beta$, $\gamma$일 때 $\cos\alpha$, $\cos\beta$, $\cos\gamma$를 벡터 $\mathbf{A}$의 방향코사인(direction cosine)이라 한다.

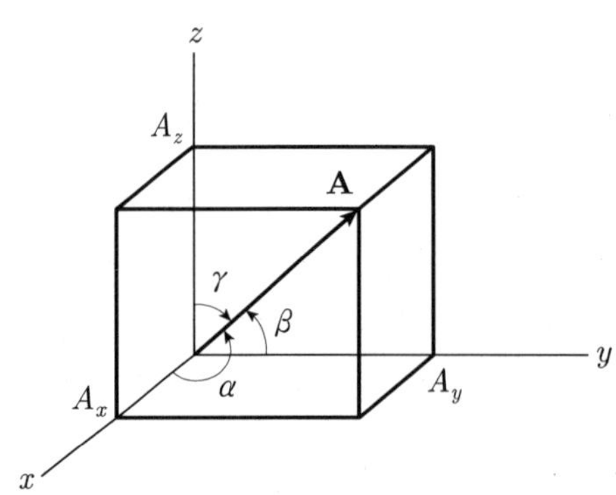


**그림 3.7** 방향코사인

$$\cos\alpha = \frac{A_x}{|\mathbf{A}|},\quad \cos\beta = \frac{A_y}{|\mathbf{A}|},\quad \cos\gamma = \frac{A_z}{|\mathbf{A}|} \tag{3.22}$$

$$\cos^2\alpha + \cos^2\beta + \cos^2\gamma = 1 \tag{3.23}$$

$$\mathbf{A} = |\mathbf{A}|(\cos\alpha\,\hat{\mathbf{x}} + \cos\beta\,\hat{\mathbf{y}} + \cos\gamma\,\hat{\mathbf{z}}) \tag{3.24}$$

식 (3.10)에서 $B\cos\theta$ 는 벡터 B 의 벡터 A 방향의 성분(component)이므로 벡터 B 의 벡터 A 로의 스칼라사영(scalar projection)이라 하고 $B\cos\theta = \text{comp}_{\mathbf{A}}\mathbf{B}$ 로 나타낸다. 이것은 벡터 A 방향에 나타나는 벡터 B 의 그림자로 이해할 수 있다. 마찬가지로 $A\cos\theta$ 는 벡터 A 의 벡터 B 방향의 성분이므로 $A\cos\theta = \text{comp}_{\mathbf{B}}\mathbf{A}$ 이다. 스칼라 사영에 방향을 부여한 것이 사영 $\text{proj}_{\mathbf{A}}\mathbf{B}$ 이고 $\text{proj}_{\mathbf{A}_\perp}\mathbf{B}$ 는 벡터 B의 벡터 A 방향에 수직인 성분이다. 따라서 식 (3.10)으로부터 다음과 같다.

$$\text{comp}_{\mathbf{A}}\mathbf{B} = \frac{\mathbf{A}\cdot\mathbf{B}}{|\mathbf{A}|} \tag{3.25}$$

$$\text{proj}_{\mathbf{A}}\mathbf{B} = \frac{\mathbf{A}\cdot\mathbf{B}}{|\mathbf{A}|}\cdot\frac{\mathbf{A}}{|\mathbf{A}|} = \frac{\mathbf{A}\cdot\mathbf{B}}{|\mathbf{A}|^2}\mathbf{A} \tag{3.26}$$

$$\text{proj}_{\mathbf{A}_\perp}\mathbf{B} = \mathbf{B} - \text{proj}_{\mathbf{A}}\mathbf{B} \tag{3.27}$$

**예 3.4**

(a) 풍선이 바닥에 고정된 줄에 매달려 그림과 같이 공중에 떠 있을 때 풍선의 방향각을 구하라.

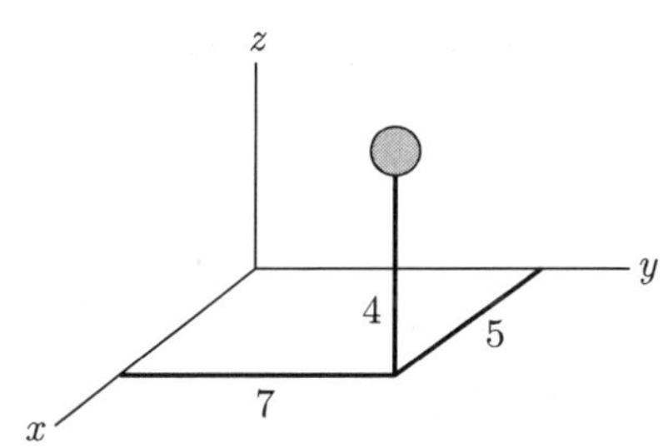


(b) 두 벡터 $\mathbf{A} = \hat{\mathbf{x}} - 2\hat{\mathbf{y}} - 2\hat{\mathbf{z}}$ 와 $\mathbf{B} = 6\hat{\mathbf{x}} + 3\hat{\mathbf{y}} + 2\hat{\mathbf{z}}$ 에 대해 $\text{comp}_{\mathbf{A}}\mathbf{B}$, $\text{proj}_{\mathbf{A}}\mathbf{B}$, $\text{proj}_{\mathbf{A}_\perp}\mathbf{B}$를 구하라.

**풀이** (a) $\cos\alpha = \dfrac{5}{\sqrt{5^2+7^2+4^2}} = \dfrac{5}{3\sqrt{10}}$, $\cos\beta = \dfrac{7}{3\sqrt{10}}$, $\cos\gamma = \dfrac{4}{3\sqrt{10}}$

$\Rightarrow \alpha = 58.19°$, $\beta = 42.25°$, $\gamma = 65.06°$

(b) $\text{comp}_{\mathbf{A}}\mathbf{B} = \dfrac{\mathbf{A}\cdot\mathbf{B}}{|\mathbf{A}|} = \dfrac{1\cdot 6 - 2\cdot 3 - 2\cdot 2}{\sqrt{1^2+(-2)^2+(-2)^2}} = -\dfrac{4}{3}$

$$\text{proj}_{\mathbf{A}}\mathbf{B} = \frac{\mathbf{A}\cdot\mathbf{B}}{|\mathbf{A}|^2}\mathbf{A} = \frac{1\cdot 6 - 2\cdot 3 - 2\cdot 2}{1^2+(-2)^2+(-2)^2}(\hat{\mathbf{x}} - 2\hat{\mathbf{y}} - 2\hat{\mathbf{z}})$$
$$= -\frac{4}{9}\hat{\mathbf{x}} + \frac{8}{9}\hat{\mathbf{y}} + \frac{8}{9}\hat{\mathbf{z}}$$

$$\text{proj}_{\mathbf{A}_\perp}\mathbf{B} = \mathbf{B} - \text{proj}_{\mathbf{A}}\mathbf{B} = \left(6+\frac{4}{9}\right)\hat{\mathbf{x}} + \left(3-\frac{8}{9}\right)\hat{\mathbf{y}} + \left(2-\frac{8}{9}\right)\hat{\mathbf{z}}$$

$$= \frac{58}{9}\hat{\mathbf{x}} + \frac{19}{9}\hat{\mathbf{y}} + \frac{10}{9}\hat{\mathbf{z}}$$

---

## 3.2 복소수

공학에서 다루는 양은 관측가능한 양이므로 실수이지만 많은 공학 문제들이 복소수를 사용하면 수학적으로 편리하고 또 쉽게 해결되는 경우가 있다. 허수(ima ginary number) $i = \sqrt{-1}$ 를 포함하는 수를 복소수(complex number)라 한다. 이것은 제곱했을 때 $i^2 = -1$이 되므로 실수가 아니다. 여기서는 복소수의 기초만 소개하고 복소함수는 16장에서 다룬다.

### (1) 복소수

실수 $x$와 $y$에 대해 복소수 $z$는 다음과 같이 정의한다.

$$z = x + iy \tag{3.28}$$

$x$와 $y$는 각각 복소수 $z$의 실수 부분(real part : Re)과 허수 부분(imaginary part : Im)이므로 $\text{Re}(z) = x$, $\text{Im}(z) = y$이고 복소수 $z$의 결레복소수(conjugate comp lex number) 또는 복소공액수(complex conjugate number)는 $\bar{z}$로 나타내고 허수 $i$ 앞에 $-$를 붙여서

$$\bar{z} = x - iy \tag{3.29}$$

로 정의한다. 따라서 복소수와 복소공액수를 곱하면

$$z\bar{z} = (x+iy)(x-iy) = x^2 + y^2 = \bar{z}z \tag{3.30}$$

이 되어 실수가 된다. 또한, $z+\bar{z} = 2x$, $z-\bar{z} = 2iy$이므로 다음과 같다.

$$x = \text{Re}(z) = \frac{z+\bar{z}}{2}, \qquad y = \text{Im}(z) = \frac{z-\bar{z}}{2i} \tag{3.31}$$

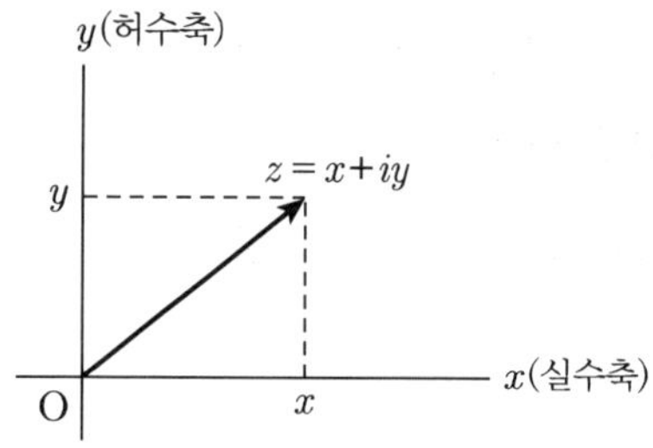


**그림 3.8** 복소평면

복소수 $z = x + iy$는 실수축을 $x$축, 허수축을 $y$축으로 하는 복소평면에 그림 3.8과 같이 나타낸다. 따라서 복소수의 크기 $|z|$는 $|z| = \sqrt{x^2 + y^2} = \sqrt{z\bar{z}}$로 정의한다.

### (2) 복소수의 연산규칙

두 복소수 $z_1 = x_1 + iy_1$과 $z_2 = x_2 + iy_2$가 같을 때는 실수부분은 실수부분끼리 같아야 하고 허수부분은 허수부분끼리 같아야 한다. 즉,

$$z_1 = z_2 \ : \ x_1 = x_2, \ y_1 = y_2 \tag{3.32}$$

이어야 하고 두 복소수의 더하기와 빼기도 실수부분은 실수부분끼리 허수부분은 허수부분끼리 한다. 이것은 2차원 두 실수벡터를 성분끼리 더하는 것과 같다.

$$z_1 \pm z_2 = (x_1 \pm x_2) + i(y_1 \pm y_2) \tag{3.33}$$

복소수는 다음과 같은 성질이 있다.

**교환법칙** : $z_1 + z_2 = z_2 + z_1, \quad z_1 z_2 = z_2 z_1$ (3.34)

**결합법칙** : $z_1 + (z_2 + z_3) = (z_1 + z_2) + z_3$

$z_1(z_2 z_3) = (z_1 z_2) z_3$ (3.35)

**분배법칙** : $z_1(z_2 + z_3) = z_1 z_2 + z_1 z_3$ (3.36)

복소수는 허수를 포함하므로 $z_1 > z_2$ 또는 $z_1 < z_2$가 성립하지 않지만 복소수의 크기는 실수이므로 비교할 수 있다. 예를 들어 $z_1 = 1 + i$이고 $z_2 = 2 - i$이면 $|z_1| = \sqrt{2}$, $|z_2| = \sqrt{5}$이므로 $|z_1| < |z_2|$이고 이것은 $z_1$이 $z_2$보다 원점에 가깝다는 의미이다.

## 예 3.5

$|z_1 + z_2| < |z_1| + |z_2|$를 증명하라.

**풀이** 삼각형의 한 변의 길이는 나머지 두 변의 길이의 합보다 클 수 없으므로 그림으로부터 증명된다.

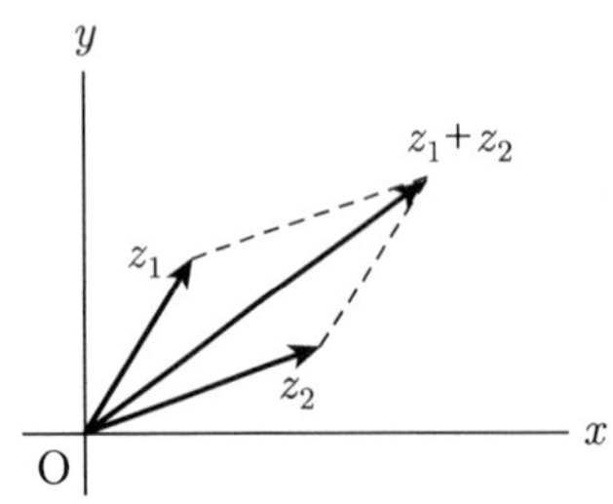


분수형태의 복소수는 분모의 복소공액수를 분자와 분모에 각각 곱하여 다음과 같이 분모를 실수로 만들 수 있다.

$$\frac{z_2}{z_1} = \frac{z_2 \bar{z}_1}{z_1 \bar{z}_1} = \frac{(x_2 + iy_2)(x_1 - iy_1)}{(x_1 + iy_1)(x_1 - iy_2)}$$

$$= \frac{(x_1x_2 + y_1y_2) + i(x_1y_2 - x_2y_1)}{x_1^2 + y_1^2} \tag{3.37}$$

$\overline{z_1 \pm z_2} = \bar{z}_1 \pm \bar{z}_2$이고 두 복소수가 곱으로 되어 있거나 분수로 되어 있는 복소수의 복소공액수는 각각의 복소공액수의 곱이나 분수와 같다.

$$\overline{z_1 z_2} = \bar{z}_1 \cdot \bar{z}_2, \qquad \overline{\left(\frac{z_2}{z_1}\right)} = \frac{\bar{z}_2}{\bar{z}_1} \tag{3.38}$$

**증명**

(i) $\overline{z_1 z_2} = \overline{(x_1 + iy_1)(x_2 + iy_2)} = (x_1x_2 - y_1y_2) - i(x_1y_2 + x_2y_1)$

$= (x_1 - iy_1)(x_2 - iy_2) = \bar{z}_1 \cdot \bar{z}_2$

(ii) $\overline{\left(\frac{z_2}{z_1}\right)} = \overline{\left(\frac{x_2 + iy_2}{x_1 + iy_1}\right)} = \frac{(x_1x_2 + y_1y_2) - i(x_1y_2 - x_2y_1)}{x_1^2 + y_1^2}$

$= \frac{(x_2 - iy_2)(x_1 + iy_1)}{(x_1 - iy_1)(x_1 + iy_1)} = \frac{\bar{z}_2}{\bar{z}_1}$

### 예 3.6

다음을 계산하라.

(a) $(2+i)+(3-2i)$ (b) $(5+i)(3-2i)$

(c) $(9-8i)/(5+2i)$

**풀이** (a) $5-i$

(b) $(15+2)+i(3-10)=17-7i$

(c) $\dfrac{(9-8i)(5-2i)}{(5+2i)(5-2i)}=\dfrac{29-58i}{29}=1-2i$

### 예 3.7

(a) 예 3.6의 (b)와 (c)의 복소공액수들을 직접 계산하라.

(b) 식 (3.38)을 사용하여 (a)를 계산하라.

**풀이** (a) $\overline{(5+i)(3-2i)}=\overline{17-7i}=17+7i$

$\overline{\left(\dfrac{9-8i}{5+2i}\right)}=\overline{1-2i}=1+2i$

(b) $(5-i)(3+2i)=17+7i$

$\dfrac{(9+8i)(5+2i)}{(5-2i)(5+2i)}=\dfrac{29+58i}{29}=1+2i$

## (3) 복소수의 극형식

복소수 $z=x+iy$ 의 크기를 $|z|=r$ 로 두면 극좌표로는 그림 3.9와 같다. $\theta$ 는 $z$ 의 편각(argument)이라 하고 $\theta=\arg(z)$로 표기한다.

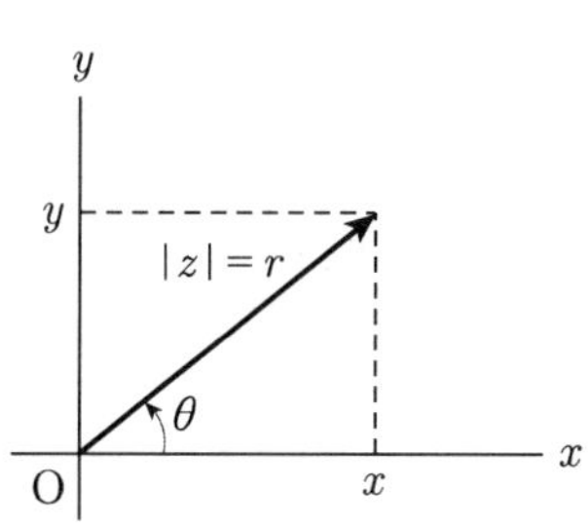


$$z=r(\cos\theta+i\sin\theta)=re^{i\theta} \tag{3.39}$$

$$x=r\cos\theta,\ \ y=r\sin\theta \tag{3.40}$$

$$\tan\theta=y/x \tag{3.41}$$

**그림 3.9** 복소수의 극좌표 표현

식 (3.39)의 두 번째 식은 오일러(Euler) 공식이다(미분을 배운 후 7장 멱급수에서 증명). 따라서 $\theta_0$가 편각이면 $\theta_0 + 2n\pi\,(n = 1, 2, 3, \cdots)$도 편각이 되므로 유일하지 않다. $-\pi < \theta \le \pi$ 내의 편각을 복소수 $z$의 주편각(principal argument)이라 하고 $\mathrm{Arg}(z)$로 표기한다. 예를 들어, $\mathrm{Arg}(1+i) = \pi/4$이다.

**예 3.8**

(a) $z = 1 + i$를 극형식으로 나타내라.

(b) $z = 2\left[\cos(\pi/3) + i\sin(\pi/3)\right]$를 $xy$ 좌표 형식으로 나타내라.

**풀이** (a) $r = \sqrt{z\bar{z}} = \sqrt{(1+i)(1-i)} = \sqrt{2}$, $\tan\theta = y/x = 1 \Rightarrow \theta = \pi/4$

$\Rightarrow z = r(\cos\theta + i\sin\theta) = \sqrt{2}\left[\cos(\pi/4) + i\sin(\pi/4)\right]$

(b) $x = 2\cos(\pi/3) = 1$, $y = 2\sin(\pi/3) = \sqrt{3}$

$\Rightarrow z = x + iy = 1 + \sqrt{3}\,i$

## (4) 복소수의 거듭제곱

두 복소수 $z_1 = r_1(\cos\theta_1 + i\sin\theta_1)$과 $z_2 = r_2(\cos\theta_2 + i\sin\theta_2)$에 대해 다음이 성립한다.

$$z_1^n = r_1^n\left[\cos(n\theta_1) + i\sin(n\theta_1)\right] \tag{3.42}$$

$$z_1 z_2 = r_1 r_2\left[\cos(\theta_1 + \theta_2) + i\sin(\theta_1 + \theta_2)\right] \tag{3.43}$$

$$\frac{z_1}{z_2} = \frac{r_1}{r_2}\left[\cos(\theta_1 - \theta_2) + i\sin(\theta_1 - \theta_2)\right] \tag{3.44}$$

$r_1 = 1$이면 식 (3.42)는 드 무아브르(DeMoivre)의 공식이라 한다.

**증명**

$$z_1 = r_1 e^{i\theta_1}, \quad z_2 = r_2 e^{i\theta_2}, \quad z_1^n = r_1^n e^{in\theta_1}, \quad z_1 z_2 = r_1 r_2 e^{i(\theta_1+\theta_2)}$$

$$\frac{z_1}{z_2} = \frac{r_1}{r_2}\cdot\frac{e^{i\theta_1}}{e^{i\theta_2}} = \frac{r_1}{r_2}e^{i(\theta_1-\theta_2)}$$

### 예 3.9

두 복소수 $z_1$과 $z_2$에 대해 다음을 증명하라.

(a) $|z_1 z_2| = |z_1| \cdot |z_2|, \quad \text{arz}(z_1 z_2) = \text{arz}(z_1) + \text{arz}(z_2)$

(b) $\left|\dfrac{z_1}{z_2}\right| = \dfrac{|z_1|}{|z_2|}, \quad \text{arz}\left(\dfrac{z_1}{z_2}\right) = \text{arz}(z_1) - \text{arz}(z_2)$

**풀이** (a) 식 (3.43)으로부터 다음과 같다.

$$|z_1 z_2| = r_1 r_2 = |z_1| \cdot |z_2|$$

$$\text{arz}(z_1 z_2) = \theta_1 + \theta_2 = \text{arz}(z_1) + \text{arz}(z_2)$$

(b) 식 (3.44)로부터 다음과 같다.

$$\left|\frac{z_1}{z_2}\right| = \frac{r_1}{r_2} = \frac{|z_1|}{|z_2|}$$

$$\text{arz}(z_1/z_2) = \theta_1 - \theta_2 = \text{arz}(z_1) - \text{arz}(z_2)$$

## (5) 복소수의 거듭제곱근

$w^n = z$인 복소수 $w$를 복소수 $z$의 $n$ 제곱근이라 하고 $z = r(\cos\theta + i\sin\theta)$일 때

$$w = \rho(\cos\phi + i\sin\phi)$$

로 두면 식 (3.42)로부터(밑첨자 1 생략) $\rho^n = r$, $\cos(n\phi) = \cos\theta$, $\sin(n\phi) = \sin\theta$이므로 다음과 같다.

$$n\phi = \theta + 2m\pi \quad (m = 0, 1, 2, \cdots, n-1)$$

따라서 $w^n = z$인 $w$를 $w = w_m$로 두면 다음이 된다.

$$\begin{aligned} w_m &= r^{1/n}\left[\cos\left(\frac{\theta + 2m\pi}{n}\right) + i\sin\left(\frac{\theta + 2m\pi}{n}\right)\right] \\ &= r^{1/n}\exp\left(i\,\frac{\theta + 2m\pi}{n}\right) \end{aligned} \tag{3.45}$$

### 예 3.10

다음을 구하라.

(a) $\sqrt{4i}$

(b) 1의 3승근

**풀이** (a) $z=4i=4e^{i\pi/2}$로 두면

$$w=z^{1/2}=4^{1/2}\exp\left(i\,\frac{\pi/2+2m\pi}{2}\right)\quad(m=0,\,1)$$

이므로 다음과 같다.

$$w_0=2e^{i\pi/4}=2\,[\cos(\pi/4)+i\sin(\pi/4)]=\sqrt{2}\,(1+i)$$

$$w_1=2e^{i5\pi/4}=2\,[\cos(5\pi/4)+i\sin(5\pi/4)]=-\sqrt{2}\,(1+i)$$

(b) $z=1=e^{i0}$로 두면

$$w=z^{1/3}=\exp\left(i\,\frac{0+2m\pi}{3}\right)\quad(m=0,\,1,\,2)$$

이므로 다음과 같다.

$$w_0=e^{i0}=1$$

$$w_1=e^{i2\pi/3}=[\cos(2\pi/3)+i\sin(2\pi/3)]=-(1-i\sqrt{3}\,)/2$$

$$w_2=e^{i4\pi/3}=[\cos(4\pi/3)+i\sin(4\pi/3)]=-(1+i\sqrt{3}\,)/2$$

---

## (6) 복소평면

복소평면상의 고정된 점 $z_0=x_0+iy_0$에 대해 $|z-z_0|=\sqrt{(x-x_0)^2+(y-y_0)^2}$는 $z=x+iy$와 $z_0$ 사이의 거리이므로 다음과 같다.

$|z-z_0|=r$ : 중심이 $z_0$이고 반지름이 $r$인 원

$|z-z_0|<r$ : 중심이 $z_0$이고 반지름이 $r$인 원의 내부.
원상의 점들은 제외하는 열린 원판(open circular fisk)

$|z-z_0|\le r$ : 중심이 $z_0$이고 반지름이 $r$인 원과 내부.
원상의 점들을 포함하는 닫힌 원판(closed circular fisk)

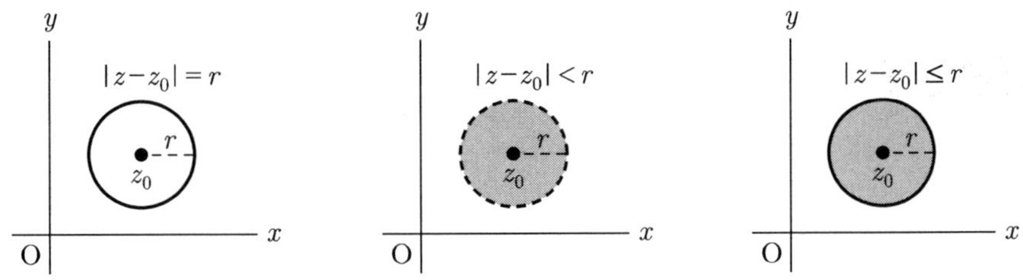


예를 들어 $|z|=1$은 중심이 원점에 있는 단위 원상의 점들을 나타내고 $|z-1-2i|<5$는 중심이 $1+2i$이고 반지름이 5인 원의 내부 점들을 나타낸다. $|z-z_0|>r$이면 반지름이 $r$인 원의 외부를 나타내고 $r_1<|z-z_0|<r_2$는 영역이 경계를 포함하지 않는 가락지 모양의 열린 영역, $r_1 \le |z-z_0| \le r_2$는 영역이 경계를 포함하는 닫힌 영역이다. $z=x+iy$에서 $y>0$이면 상반평면, $y<0$이면 하반평면이고 $x>0$이면 우반평면, $x<0$이면 좌반평면이다.

# 3.3 연습문제

## 3.1 벡터

**[3.1]** 다음 극방정식들을 그래프로 나타내라.

(a) $r = 2\cos\theta$ (b) $x = \cos\theta$, $y = \cos 2\theta$

**[3.2]** (a) $(\mathrm{A}\times\mathrm{B})\cdot(\mathrm{C}\times\mathrm{D}) = (\mathrm{A}\cdot\mathrm{C})(\mathrm{B}\cdot\mathrm{D}) - (\mathrm{A}\cdot\mathrm{D})(\mathrm{B}\cdot\mathrm{C})$를 증명하라.

(b) 벡터 $\mathrm{C} = a\hat{\mathrm{x}} + b\hat{\mathrm{y}} + \hat{\mathrm{z}}$ 가 두 벡터 $\mathrm{A} = 3\hat{\mathrm{x}} + \hat{\mathrm{y}} - \hat{\mathrm{z}}$ 와 $\mathrm{B} = -3\hat{\mathrm{x}} + 2\hat{\mathrm{y}} + 2\hat{\mathrm{z}}$ 에 수직일 때 $a$, $b$, $c$를 구하라.

(c) 두 벡터 $\mathrm{A} = 2\hat{\mathrm{x}} + 7\hat{\mathrm{y}} - 4\hat{\mathrm{z}}$ 와 $\mathrm{B} = \hat{\mathrm{x}} + \hat{\mathrm{y}} - \hat{\mathrm{z}}$ 에 수직인 단위벡터를 구하라.

**[3.3]** (a) 벡터 $\mathrm{A} = \hat{\mathrm{x}} + 2\hat{\mathrm{y}} + 2\hat{\mathrm{z}}$ 의 방향코사인을 구하라.

(b) 벡터 $\mathrm{A} = -2\hat{\mathrm{x}} + 3\hat{\mathrm{y}} + \hat{\mathrm{z}}$ 와 벡터 $\mathrm{B} = \hat{\mathrm{x}} + \hat{\mathrm{y}} + 2\hat{\mathrm{z}}$ 에 대해 $\mathrm{comp}_{\mathrm{A}}\mathrm{B}$와 $\mathrm{proj}_{\mathrm{A}}\mathrm{B}$를 구하라.

(c) 벡터 $\mathrm{B} = 2\hat{\mathrm{x}} + \hat{\mathrm{y}} - 3\hat{\mathrm{z}}$ 를 벡터 $\mathrm{A} = 3\hat{\mathrm{x}} - \hat{\mathrm{y}}$ 에 평행한 성분 $\mathrm{B}_{\parallel}$과 수직 인 성분 $\mathrm{B}_{\perp}$으로 나타내라.

## 3.2 복소수

**[3.4]** 다음을 계산하라.

(a) $(2+3i)(3-2i)$ (b) $(3-2i)/(2+3i)$

**[3.5]** 두 복소수 $z_1$과 $z_2$에 대해 $|z_1 + z_2| > |z_1| - |z_2|$를 증명하라.

**[3.6]** 다음을 $a + ib$ 형태로 써라.

(a) $2i^3 - 3i^2 + 5i$ (b) $(2+3i)^2$ (c) $(2-4i)/(3+5i)$

**[3.7]** $z = a + ib$일 때 다음을 $a$와 $b$의 함수로 써라.

(a) $\mathrm{Re}(1/z)$ (b) $\mathrm{Im}(2z + 4\bar{z} - 4i)$ (c) $|z - 1 - 3i|$

[3.8] (a) $z = \sqrt{3} + i$ 를 극형식으로 나타내라.

(b) $z = \cos(3\pi/4) + i\sin(3\pi/4)$ 를 $xy$ 좌표 형식으로 나타내라.

(c) $(x+iy)^2 = 2i$를 만족하는 $x$와 $y$를 구하라.

[3.9] 다음을 계산하라.

(a) $8^{1/3}$ (b) $i^{1/2}$

(c) $\left(-1+\sqrt{3}\,i\right)^{1/2}$ (d) $(1+i)^{1/3}$

[3.10] 다음을 복소평면에 나타내라.

(a) $0 < |z| < 1$ (b) $-1 < \mathrm{Im}(z) < 1$ (c) $\mathrm{Re}(2/z) < 1$

CHAPTER

# 04

# 극한과 연속



물리량의 변화량을 다룰 때 미분이 사용되고 물리량의 누적된 효과를 다룰 때 정적분이 사용된다. 예를 들어, 속도는 위치의 시간에 따른 변화량이고 일은 힘을 위치에 대해 적분한 것이다. 이 장에서는 미분과 적분 등을 이해하는데 필요한 함수의 극한 및 연속을 다룬다.

## 4.1 함수의 극한

미분과 적분을 다루기 위해서는 먼저 함수의 극한을 이해해야 한다.

### (1) 극한

변수($x$)가 특정한 값($a$)으로 한없이 접근할 때 함수값[$f(x)$]가 특정한 값($L$)에 한없이 가까워지면 그 값(극한값, 수렴값)에 수렴한다(converge)고 하고 변수 $x$가 $a$에 한없이 접근한다는 것은 $\lim_{x \to a}$로 나타낸다. lim은 limit(극한)를 의미한다.

$x > a$일 때의 극한인 우극한은 $\lim_{x \to a^+}$로 나타내고 $x < a$일 때의 좌극한은 $\lim_{x \to a^-}$로 나타낸다. 따라서

$$\lim_{x \to a^+} f(x) = \lim_{x \to a^-} f(x) = L \tag{4.1}$$

일 때 극한값이 $L$이다. 이 경우 함수 $f(x)$는 $x = a$에서 반드시 정의될 필요는 없다. $x \to a$일 때 $f(x)$가 한없이 커지거나 작아지면

$$\lim_{x \to a} f(x) = \pm\infty \tag{4.2}$$

로 나타내고 $f(x)$는 $x \to a$일 때 양의 무한대($\infty$) 또는 음의 무한대($-\infty$)로 발산한다(diverge)고 한다. 또한, $x \to \pm\infty$일 때 $f(x)$가 유한한 값 $L$에 수렴하면

$$\lim_{x \to \pm\infty} f(x) = L \tag{4.3}$$

로 나타내고 $f(x)$의 $x = \pm\infty$에서의 극한값은 $L$이라고 한다.

식 (4.2)에서 $x = a$를 수직 점근선(vertical asymptote)이라 하고 식 (4.3)에서 $y = L$을 수평 점근선(horizontal asymptote)이라 한다(그림 4.1).

극한값은 유한하고 확정적일 때만 존재한다. 예를 들어, $-1 \le \sin x \le 1$이므로 $\lim_{x \to \infty} \sin x$는 확정적이지 않고 $\lim_{x \to 0}(1/x^2) = \infty$에서 $\infty$는 유한하지 않으므로(실수가 아님) 둘 다 극한값이 존재하지 않는다. 자연상수 $e$는 다음과 같은 극한값으로 정의한다.

$$e = \lim_{h \to 0}(1+h)^{1/h} = \lim_{h \to \infty}(1+1/h)^h \approx 2.72 \tag{4.4}$$

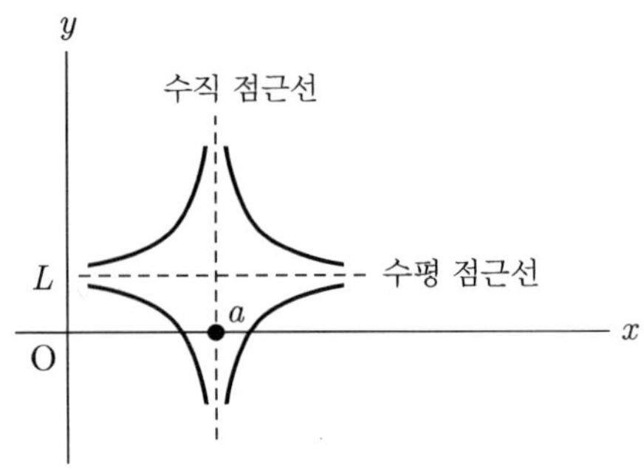


**그림 4.1** 점근선

극한값이 $0/0$, $\infty/\infty$, $\infty-\infty$, $0\cdot\infty$ 인 형태를 부정형(indeterminate form)이라 한다. 0은 숫자 0이 아니라 극한값이 0이므로 어느 것이 더 빨리 0 또는 $\infty$ 로 접근하는 가에 따라 극한값이 결정된다.

**설명**

예를 들어 $A=x$, $B=x^2$, $C=3x$일 때는 다음과 같다.

$\lim_{x\to 0}\frac{B}{A}=0$ : $B$가 $A$보다 훨씬 빨리 0으로 접근함

(또는) $1/A$가 $\infty$로 발산하는 것보다 $B$가 훨씬 빨리 0으로 접근함

$\lim_{x\to \infty}\frac{B}{A}=\infty$ : $B$가 $A$보다 훨씬 빨리 $\infty$로 발산함

(또는) $1/A$가 0으로 접근하는 것보다 $B$가 훨씬 빨리 $\infty$로 발산함

$\lim_{x\to 0}\frac{C}{A}=3$ : $A$와 $C$가 비슷하게 0으로 접근함

$\lim_{x\to \infty}\frac{C}{A}=3$ : $A$와 $C$가 비슷하게 $\infty$로 발산함

$\lim_{x\to \infty}(B-A)=\infty$ : $B$가 $A$보다 훨씬 빨리 $\infty$로 발산함

**설명**

극한의 개념은 직관적으로 받아드릴 수 있을 지라도 "한없이 접근한다" 또는 "한없이 가까워진다"라는 말은 모호하게 느껴질 수도 있다.

(i) $x=a$에서 $f(x)$의 극한값이 존재하는 경우에는 그림 (a)와 같이 $\delta$를 점점 작게 하여 $x$와 $a$의 차이를 줄여나가면(한없이 접근하면) $\epsilon$도 점점 줄어들어서 $f(x)$와 $L$의 차이도 사라진다(한없이 가까워진다).

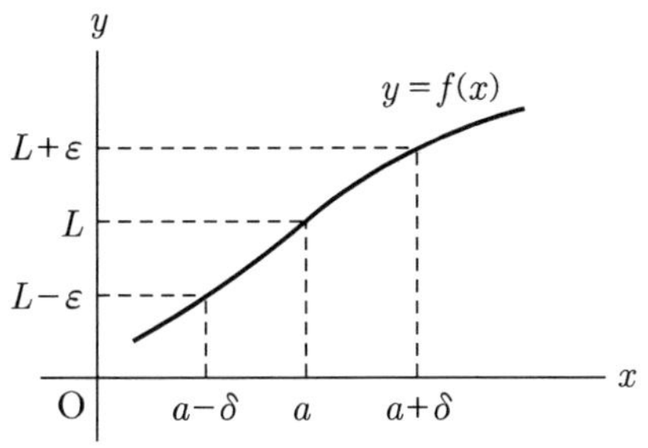


(a) $\lim_{x \to a} f(x) = L$인 경우

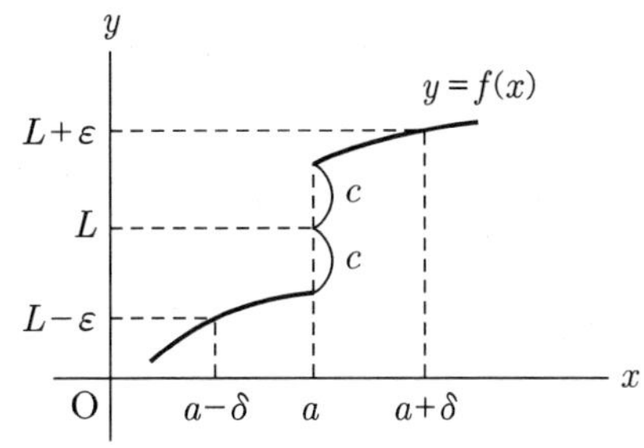


(b) $\lim_{x \to a} f(x)$이 존재안하는 경우

(ii) 근한값이 존재하지 않는 경우에는 그림 (b)와 같이 $\epsilon$을 $c(\neq 0)$보다 작게 만들 수 있는 $\delta$가 존재하지 않는다. 즉, $\delta$를 아무리 작게 하더라도 $\epsilon$을 $c$보다 작게 할 수 없다.

(iii) 극한값이 $+\infty$(또는 $-\infty$)로 발산하는 경우에는 그림 (c)와 같이 $M$ 값이 아무리 크더라도 $\delta$ 값을 작게 하면 $M$보다 큰 $f(x)$가 존재한다.

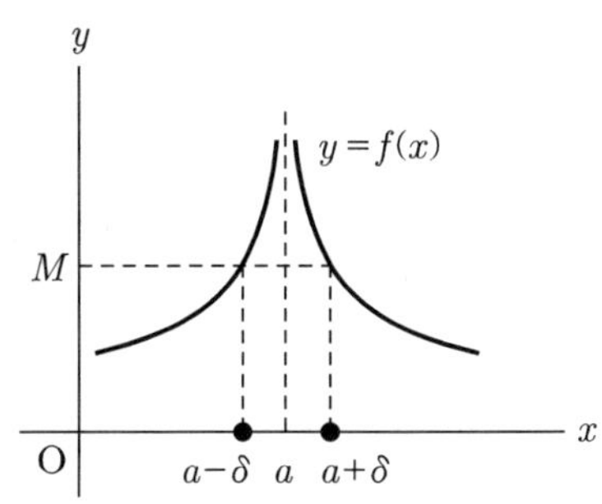


(c) $\lim_{x \to a} f(x) = \infty$인 경우

---

**예 4.1**

다음의 극한값들을 구하라.

(a) $\lim_{x \to 1} \frac{x^2 - 1}{x - 1}$ (b) $\lim_{x \to 0} |x|$ (c) $\lim_{x \to \infty} \frac{3x^2 + 7}{9x^3 - 1}$

(d) $\lim_{x \to 0} \frac{1}{x}$ (e) $\lim_{x \to \infty} \frac{5x - 9}{4x + 3}$ (f) $\lim_{x \to 0} \frac{|x|}{x}$

(g) $\lim_{x \to \infty} \frac{2x^2 + 2}{3x + 1}$

**풀이**

(a) $\lim_{x \to 1} \frac{x^2 - 1}{x - 1} = \lim_{x \to 1} \frac{(x-1)(x+1)}{x - 1} = 2$

: $x = 1$은 포함하지 않으므로 $x - 1$로 나눌 수 있다.

(b) $\lim_{x\to 0^+}|x| = \lim_{x\to 0^+} x = 0$, $\lim_{x\to 0^-}|x| = -\lim_{x\to 0^+} x = 0$ : 극한값 0

(c) $\lim_{x\to\infty}\frac{3x^2+7}{9x^3-1} = \lim_{x\to\infty}\frac{3/x+7/x^3}{9-1/x^3} = \frac{0}{9} = 0$

(d) $\lim_{x\to 0^+}\frac{1}{x} = \infty$, $\lim_{x\to 0^-}\frac{1}{x} = -\infty$ : 극한값 존재 안함

(e) $\lim_{x\to\infty}\frac{5x-9}{4x+3} = \lim_{x\to\infty}\frac{5-9/x}{4+3/x} = \frac{5}{4}$

(f) $\lim_{x\to 0^+}\frac{|x|}{x} = \lim_{x\to 0^+}\frac{x}{x} = 1$, $\lim_{x\to 0^-}\frac{|x|}{x} = -\lim_{x\to 0^-}\frac{x}{x} = -1$ : 극한값 존재 안함

(g) $\lim_{x\to\infty}\frac{2x^2+2}{3x+1} = \lim_{x\to\infty}\frac{2+2/x^2}{3/x+1/x^2} = \frac{2}{0} = \infty$ : 존재하지 않음

## (2) 연산규칙과 조임정리

실수 $L$과 $M$에 대해 $\lim_{x\to a} f(x) = L$, $\lim_{x\to a} g(x) = M$일 때 다음과 같은 성질의 있다($c$는 상수).

$$\lim_{x\to a} c = c \qquad \lim_{x\to a}[cf(x)] = cL$$

$$\lim_{x\to a}[f(x)\pm g(x)] = L \pm M \qquad \lim_{x\to a}[f(x)\,g(x)] = L\cdot M$$

$$\lim_{x\to a}\frac{f(x)}{g(x)} = \frac{L}{M}\quad (M\neq 0) \qquad \lim_{x\to a} g(f(x)) = g\left(\lim_{x\to a} f(x)\right)$$

**예 4.2**

다음의 극한값들을 구하라.

(a) $\lim_{x\to 1}(x^3+2x-1)$ (b) $\lim_{x\to 1}\frac{x+2}{x^2+2}$ (c) $\lim_{x\to a} x^3$

(d) $\lim_{x\to 1}\frac{x^3+x^2-2x}{x-1}$ (e) $\lim_{x\to 2}\sqrt{x^2-2}$ (f) $\lim_{x\to 0}\frac{(3+x)^2-9}{x}$

(g) $f(x) = \begin{cases}\sqrt{x-3} & (x>3)\\ 6-2x & (x<3)\end{cases}$일 때 $\lim_{x\to 3} f(x)$

**풀이** (a) $\lim_{x\to 1}(x^3+2x-1) = 1+2-1 = 2$

(b) $\lim_{x \to 1} \frac{x+2}{x^2+2} = \frac{3}{3} = 1$

(c) $\lim_{x \to a} x^3 = \lim_{x \to a} x \cdot \lim_{x \to a} x \cdot \lim_{x \to a} x = a^3$

(d) $\lim_{x \to 1} \frac{x^3+x^2-2x}{x-1} = \lim_{x \to 1} \frac{x(x+2)(x-1)}{(x-1)} = \lim_{x \to 1} x(x+2) = 1 \times 3 = 3$

(e) $\lim_{x \to 2} \sqrt{x^2-2} = \sqrt{\lim_{x \to 2}(x^2-2)} = \sqrt{2}$

(f) $\lim_{x \to 0} \frac{(3+x)^2-9}{x} = \lim_{x \to 0} \frac{x(6+x)}{x} = \lim_{x \to 0} x(6+x) = 6$

(g) $\lim_{x \to 3^+} f(x) = \lim_{x \to 3^+} \sqrt{x-3} = 0$, $\lim_{x \to 3^-} f(x) = \lim_{x \to 3^-} (6-2x) = 0$ : 극한값 0

---

극한값을 직접 계산할 수 없을 때 다음의 조임(압축, 샌드위치)정리를 사용하여 함수의 극한값을 구할 수 있다.

**조임정리**

어떤 구간 안의 모든 $x$에 대해 $f(x) \le g(x) \le h(x)$일 때 이 구간 안의 한 지점 $a$에 대해 다음과 같다.

$$\lim_{x \to a} f(x) = \lim_{x \to a} h(x) = L \text{ 이면 } \lim_{x \to a} g(x) = L$$

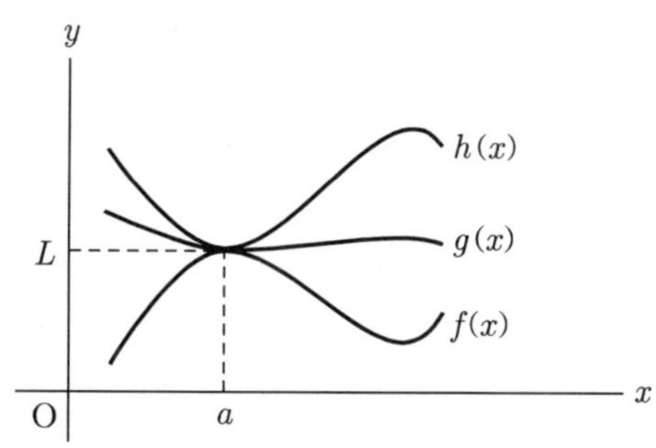


**그림 4.2** 조임정리

조임정리를 사용하면 다음이 성립한다.

$$\lim_{\theta \to 0} \frac{\sin\theta}{\theta} = 1 \tag{4.5}$$

$$\lim_{\theta \to 0} \frac{\cos\theta - 1}{\theta} = 0 \tag{4.6}$$

**증명**

사잇각이 $\theta$ 이고 반지름이 $r$ 인 부채꼴의 면적은 $\theta r^2/2$ ($\theta = 2\pi$ 인 원의 면적은 $2\pi r^2/2$)이므로 그림으로부터 다음과 같다.

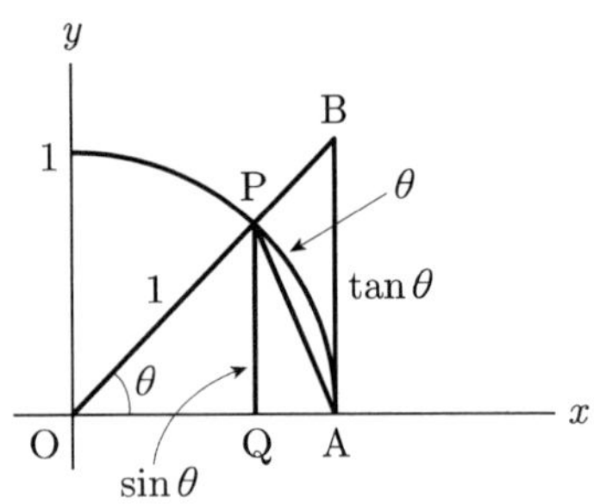


삼각형 AOP의 면적 $= \frac{1}{2}\sin\theta$

부채꼴 AOP의 면적 $= \frac{1}{2}\theta$

삼각형 AOB의 면적 $= \frac{1}{2}\tan\theta$

따라서 $\sin\theta \le \theta \le \tan\theta$이므로 $1 \le \theta/\sin\theta \le 1/\cos\theta$ 또는

$$1 \ge \frac{\sin\theta}{\theta} \ge \cos\theta$$

이다. $\lim_{\theta \to 0} \cos\theta = 1$이므로 조임정리에 의해 식 (4.5)가 되고 식 (4.6)은 다음과 같이 증명된다.

$$\begin{aligned}
\lim_{\theta \to 0} \frac{\cos\theta - 1}{\theta} &= \lim_{\theta \to 0} \left( \frac{\cos\theta - 1}{\theta} \cdot \frac{\cos\theta + 1}{\cos\theta + 1} \right) \\
&= \lim_{\theta \to 0} \frac{-\sin^2\theta}{\theta(\cos\theta + 1)} \\
&= -\lim_{\theta \to 0} \frac{\sin\theta}{\theta} \cdot \lim_{\theta \to 0} \frac{\sin\theta}{\cos\theta + 1} \\
&= -1 \cdot 0 = 0
\end{aligned}$$

**예 4.3**

다음을 계산하라.

(a) $\lim_{x \to 0} \frac{\sin(2x)}{5x}$

(b) $\lim_{x \to 0} \frac{\sin(\sin x)}{x}$

(c) $\lim_{x \to \infty} \frac{\cos x}{x^2}$

**풀이** (a) $\lim_{x\to 0}\frac{\sin(2x)}{5x}=\frac{2}{5}\lim_{x\to 0}\frac{\sin(2x)}{2x}=\frac{2}{5}$

(b) $\lim_{x\to 0}\frac{\sin(\sin x)}{x}=\lim_{\sin x\to 0}\frac{\sin(\sin x)}{\sin x}\cdot\lim_{x\to 0}\frac{\sin x}{x}=1$

(c) $-1\le\cos x\le 1$이므로 $-\frac{1}{x^2}\le\frac{\cos x}{x^2}\le\frac{1}{x^2}$이고

$\lim_{x\to\infty}\left(\pm\frac{1}{x^2}\right)=0$이므로 조임정리에 의해 $\lim_{x\to\infty}\frac{\cos x}{x^2}=0$이다.

---

### 예 4.4

다음 극한값들을 구하라.

(a) $\lim_{x\to 0}(1+2x)^{1/x}$ (b) $\lim_{x\to 0}\frac{\ln(\sin x)}{\ln x}$ (c) $\lim_{h\to 0}\frac{a^h-1}{h}$

**풀이** (a) $\lim_{x\to 0}(1+2x)^{1/x}=\lim_{x\to 0}\left[(1+2x)^{1/2x}\right]^2=e^2$

(b) $\lim_{x\to 0}\frac{\ln(\sin x)}{\ln x}=\lim_{x\to 0}\frac{\ln(\sin x/x)+\ln x}{\ln x}=1\ \left(\because\ \lim_{x\to}\frac{\sin x}{x}=0\right)$

(c) $a^h-1\equiv u$로 두면 $h=\log_a(u+1)$이고 $h\to 0$일 때 $u\to 0$이므로

$$\begin{aligned}\lim_{h\to 0}\frac{a^h-1}{h}&=\lim_{u\to 0}\frac{u}{\log_a(u+1)}\\&=\lim_{u\to 0}\frac{1}{\log_a(u+1)^{1/u}}=\frac{1}{\log_a e}\end{aligned}$$

이다. 마지막 단계에서는 식 (4.4)을 고려했고 식 (2.31)로부터

$$\log_a e=\frac{\log_e e}{\log_e a}=\frac{1}{\ln a}$$

이므로 결과는 다음과 같다.

$$\lim_{h\to 0}\frac{a^h-1}{h}=\ln a$$

---

## 4.2 함수의 연속

미분과 적분은 함수가 연속인 구간에서 이루어지므로 함수의 연속성을 조사하는 것은 중요하다.

### (1) 연속

$x=a$에서의 극한값이 실제 함수값과 같을 때 함수는 $x=a$에서 연속이다. 이것은 다음 3개의 조건을 모두 만족해야 한다.

(1) $x=a$ 에서의 함수값 즉, $f(a)$가 존재해야 한다.

(2) 극한값 $\lim_{x \to a} f(x)$가 존재해야 한다.

(3) $\lim_{x \to a} f(x) = f(a)$ 즉, 극한값과 함수값이 같아야 한다.

$f(x)$가 구간 $a < x < b$ 에서 연속이고 $\lim_{x \to a^+} f(x) = f(a)$, $\lim_{x \to b^-} f(x) = f(b)$이면 $f(x)$는 구간 $a \le x \le b$ 에서 연속이다.

**예 4.5**

다음 그림에서 함수의 극한값을 구하고 연속성을 논하라.

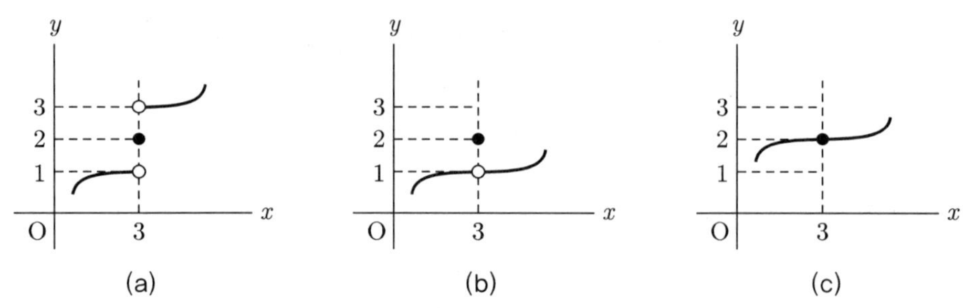

**풀이** (a) $\lim_{x \to 3^-} f(x) = 1$, $\lim_{x \to 3^+} f(x) = 3$이므로 $x=3$ 에서의 극한값은 존재하지 않고 실제값 2와도 다르므로 불연속

(b) $\lim_{x \to 3^-} f(x) = 1 = \lim_{x \to 3^+} f(x)$이므로 $x=3$ 에서의 극한값은 1이지만 실제값 2와는 다르므로 $x=3$ 에서 함수는 불연속

(c) $\lim_{x \to 3^-} f(x) = 2 = \lim_{x \to 3^+} f(x)$이므로 $x = 3$에서의 극한값은 2이다.

이것은 실제값 2와도 같으므로 $x = 3$에서 함수는 연속

**예 4.6**

다음 함수들의 연속성을 구하라.

(a) $f(x) = \dfrac{1}{x}$ (b) $f(x) = \begin{cases} 1 & (x < 0) \\ -1 & (x \geq 0) \end{cases}$ (c) $f(x) = \begin{cases} \dfrac{x^2 - 1}{x - 1} & (x \neq 1) \\ 1 & (x = 1) \end{cases}$

**풀이** (a) $\lim_{x \to 0} \dfrac{1}{x}$가 존재하지 않으므로 $x = 0$에서 불연속

(b) $\lim_{x \to 0^-} f(x) = 1 \neq \lim_{x \to 0^+} f(x) = -1$이므로 $x = 0$에서 불연속

(c) $\lim_{x \to 1} f(x) = \lim_{x \to 1} \dfrac{(x-1)(x+1)}{(x-1)} = 2 \neq 1$이므로 $x = 1$에서 불연속

**예 4.7**

$\lim_{x \to 0} \dfrac{\sqrt{\alpha + x} - \sqrt{2}}{x} = \beta$를 만족하는 $\alpha$와 $\beta$를 구하라.

**풀이** $x \to 0$일 때 분모가 0이므로 분자도 0이 되어야 극한값이 존재하므로 $\alpha = 2$이고 $\beta$는 다음과 같다.

$$\begin{aligned} \beta &= \lim_{x \to 0} \frac{\sqrt{x+2} - \sqrt{2}}{x} \cdot \frac{\sqrt{x+2} + \sqrt{2}}{\sqrt{x+2} + \sqrt{2}} \\ &= \lim_{x \to 0} \frac{1}{\sqrt{x+2} + \sqrt{2}} = \frac{1}{2\sqrt{2}} \end{aligned}$$

## (2) 중간값 정리

그림 4.3으로부터 다음의 중간값 정리가 성립한다.

**중간값 정리**

$f(x)$가 연속함수일 때 $f(a) < y_0 < f(b)$이면 $y_0 = f(c)$를 만족하는 $c$가 $a$와 $b$ 사이에 적어도 한 개는 존재한다(그림에서는 3개).

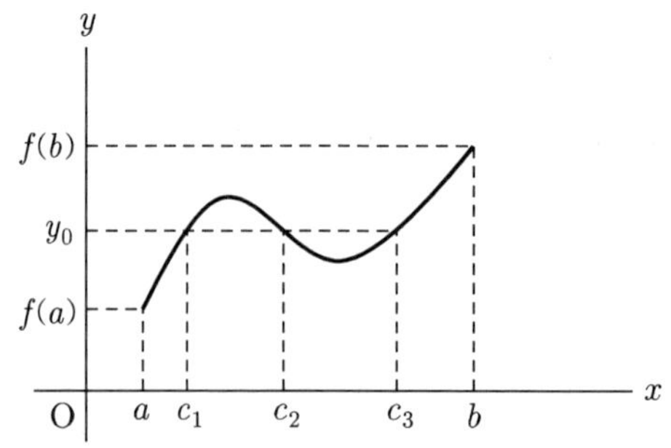


**그림 4.3** 중간값 정리

**예 4.8**

$0 < x < \pi / 2$ 에서 $x - \cos x = 0$ 의 해가 존재함을 증명하라.

**풀이** $f(x) = x - \cos x$ 로 두면 연속함수이고

$$f(0) = -1 < 0, \quad f(\pi/2) = \pi/2 > 0$$

이므로 중간값정리에 의해

$$f(x) = x - \cos x = 0$$

인 $x$가 $0 < x < \pi/2$ 에서 존재한다.

## 4.3 연습문제

### 4.1 함수의 극한

**[4.1]** 다음의 극한값들을 구하라.

(a) $\lim_{x \to 1} \frac{x-1}{x^2-1}$  (b) $\lim_{x \to 2} \frac{x^2+x-6}{|x-2|}$

(c) $\lim_{x \to 1} \frac{\sqrt{3x-1}-\sqrt{x+1}}{\sqrt{2x+1}-\sqrt{2+2}}$  (d) $\lim_{x \to 0} \frac{\sqrt{4+x}-2}{x}$

(e) $\lim_{x \to 0} \frac{1}{x}\left(\frac{1}{\sqrt{x+2}}-\frac{1}{\sqrt{2}}\right)$

**[4.2]** 다음을 계산하라.

(a) $\lim_{x \to 0}(x\cot x)$  (b) $\lim_{x \to 0}\left(x^2\cos\frac{1}{x}\right)$  (c) $\lim_{x \to 0}\frac{1-\cos(2x)}{x^2}$

(d) $\lim_{x \to \alpha}\frac{\sin x-\sin\alpha}{\sin(x-\alpha)}$  (e) $\lim_{x \to 1}\frac{\sin(\pi x)}{x-1}$

**[4.3]** (a) $\lim_{x \to 0}\frac{\alpha x\sin x+\beta}{1-\cos x}=1$를 만족하는 $\alpha$와 $\beta$를 구하라.

(b) $\lim_{x \to 0}\frac{x^2+\alpha x+\beta}{\sin x}=1$를 만족하는 $\alpha$와 $\beta$를 구하라.

(c) $f(x)=\begin{cases}\frac{\alpha x+\beta}{\cos x} & \left(x\neq\frac{\pi}{2}\right)\\ 2 & \left(x=\frac{\pi}{2}\right)\end{cases}$가 연속일 때 $\alpha$와 $\beta$를 구하라.

**[4.4]** (a) $\lim_{x \to 0}\left(1+\frac{2}{x}\right)^x$의 극한값을 구하라.

(b) $\lim_{x \to 0}\frac{\log_a(1+x)}{x}=\log_a e$를 증명하라.

(c) $\lim_{x \to 0}\frac{\ln(\alpha+x)}{\sin x}=\beta$을 만족하는 $\alpha$와 $\beta$를 구하라.

## 4.2 함수의 연속

**[4.5]** 다음 함수들의 연속성을 구하라.

(a) $f(x)=\dfrac{x^2+1}{x^2+x-2}$ (b) $f(x)=\dfrac{\sqrt{x-1}}{\sqrt{3-x}}$

(c) $f(x)=\sqrt{x}+\dfrac{x}{x-1}$

**[4.6]** 다음 함수들의 연속성을 구하라.

(a) $f(x)=\dfrac{\sin(x-3)}{e^x-1}$ (b) $f(x)=\ln(x-5)$

**[4.7]** (a) $1<x<2$ 에서 $\log x+x-2=0$ 의 해가 존재함을 증명하라.

(b) 다음 함수가 $x=0$ 에서 연속일 때 $\alpha$를 구하라.

$$f(x)=\begin{cases}[\ln(1+\alpha x)]/x & (x\neq 0)\\ 3 & (x=0)\end{cases}$$

(c) $y=f(x)=3\cdot 2^{x-1}$의 역함수를 구하라.

CHAPTER

05

# 미 분



자연현상을 분석하거나 새로운 첨단 역학기계나 전자기기 등을 개발하기 위해서는 시간이나 공간의 변화에 따라 물리량들이 어떻게 변하는 지를 먼저 이해해야 한다. 시간에 따라 변하는 위치 또는 속도, 온도 차이에 의한 열전달, 전류의 시간 변화 등이 그 예이다. 미분은 변화 또는 운동을 다루는 수학의 한 분야로 기본적으로는 함수를 쪼개고 극한의 개념을 적용하여 수렴값을 찾는 것이다. 이것은 자연과학 및 공학계열 전공 교과목을 이수하기 위해서는 반드시 배워야 할 매우 중요한 내용이다.

## 5.1 도함수

도함수는 한 물리량이 다른 물리량의 변화에 따라 어떻게 변하는 지를 나타내는 것으로 자연현상을 이해하고 분석하는데 매우 중요하다.

### (1) 변화율

$x=a$ 와 $x=b=a+h$ 에서의 함수값이 $f(a)$와 $f(b)$일 때 $x$ 의 변화량 $\Delta x=b-a=h$ 와 $y$ 의 변화량 $\Delta y=f(b)-f(a)=f(a+h)-f(a)$에 대해 평균 변화율 $\overline{m}$을 다음과 같이 정의한다.

$$\overline{m}=\frac{\Delta y}{\Delta x}=\frac{f(b)-f(a)}{b-a}=\frac{f(a+h)-f(a)}{h} \tag{5.1}$$

이것은 그림 5.1과 같이 곡선 $y=f(x)$상의 두 지점 P와 Q를 잇는 직선의 기울기이다. 그림과 같이 $b\rightarrow a$ 또는 $h\rightarrow 0$ 로 선택할 때 $\Delta y/\Delta x$ 가 일정한 값 $m$ 으로 수렴하면 이 직선은 $x=a$ 에서 곡선에 접한다고 하고 수렴값 (극한값) $m$ 은 접선의 기울기 또는 $x=a$ 에서의 $f(x)$ 의 순간 변화율이 된다. 4장에서도 언급했듯이 극한값은 $a$ 의 좌 · 우에서 $a$ 로 접근했을 때 같은 값이라야 존재한다.

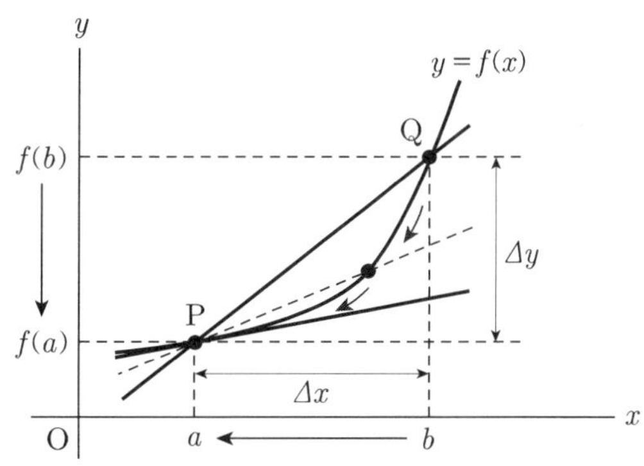


**그림 5.1** 변화율

**순간 변화율**

함수 $y=f(x)$ 의 $x=a$ 에서의 순간 변화율

$$m=\lim_{b\rightarrow a}\frac{f(b)-f(a)}{b-a}=\lim_{h\rightarrow 0}\frac{f(a+h)-f(a)}{h} \tag{5.2}$$

: 함수 $y=f(x)$ 의 $x=a$ 에서의 접선의 기울기

식 (5.2)에서 분모가 $b-a \to 0$ 이므로 분자도 $f(b)-f(a) \to 0$ 일 때 극한값이 존재한다. 이 극한값을 함수 $y=f(x)$ 의 $x=a$ 에서의 미분계수(differential coeffi cient)라 하고 $f'(a)$로 쓴다. 미분계수가 존재할 때 함수 $y=f(x)$는 $x=a$ 에서 미분가능하다.

**미분계수**

$$f'(a)=\lim_{b \to a}\frac{f(b)-f(a)}{b-a}=\lim_{h \to 0}\frac{f(a+h)-f(a)}{h} \tag{5.3}$$

따라서 함수 $y=f(x)$ 의 $x=a$ 에서의 접선의 방정식은 기울기가 $f'(a)$이고 점 $(a,\ f(a))$를 지나는 직선의 방정식이므로 다음과 같다.

$$y-f(a)=f'(a)(x-a) \quad : \text{접선의 방정식} \tag{5.4}$$

**예 5.1**

다음을 구하라.

(a) $x=1$과 $x=3$ 사이의 함수 $y=x^2$의 평균 변화율

(b) $x=1$에서의 함수 $y=x^2$의 접선의 방정식

(c) $x=0$ 에서 함수 $y=|x|$의 미분계수

**풀이**

(a) $\overline{m}=\dfrac{f(3)-f(1)}{3-1}=\dfrac{9-1}{2}=4$

(b) $f'(1)=\lim\limits_{h \to 0}\dfrac{f(1+h)-f(1)}{h}=\lim\limits_{h \to 0}\dfrac{(1+h)^2-1}{h}=\lim\limits_{h \to 0}(h+2)=2$

이고 식 (5.4)로부터 $y-f(1)=f'(1)(x-1)$ 이므로 다음과 같다.

$$y=2(x-1)+1=2x-1$$

(c) $\lim\limits_{h \to 0^-}\dfrac{f(0+h)-f(0)}{h}=\lim\limits_{h \to 0^-}\dfrac{-h}{h}=-1$

$\lim\limits_{h \to 0^+}\dfrac{f(0+h)-f(0)}{h}=\lim\limits_{h \to 0^+}\dfrac{h}{h}=1$ : 미분계수 존재안 함

## (2) 도함수

식 (5.3)에서 $a$가 $x$ (변수)일 때의 미분계수를 도함수(derivative)라 하고 다음과 같이 정의한다.

도함수는 변수 $x$ 에 대한 함수 $y=f(x)$ 의 미분이라고도 하고 함수 $y=f(x)$의 도함수를 구하는 것을 $y=f(x)$를 미분한다고 한다.

**도함수**

$$f'(x)=\lim_{\Delta x \to 0}\frac{\Delta y}{\Delta x}=\lim_{h \to 0}\frac{f(x+h)-f(x)}{h} \qquad (5.5)$$

함수 $y=f(x)$를 $x$ 에 대해 한 번 미분하는 1계 미분 $f'(x)$와 두 번 미분하는 2계 미분 $f''(x)$은 다음과 같이 쓰기도 한다.

$$y'=f'(x)=\frac{dy}{dx}=\frac{df(x)}{dx} \quad : \text{1계 미분}$$

$$y''=f''(x)=\frac{d^2y}{dx^2}=\frac{d^2f(x)}{dx^2} \quad : \text{2계 미분} \qquad (5.6)$$

**예 5.2**

다음 함수들의 도함수를 구하라.

(a) $f(x)=x^2$ (b) $f(x)=1/x$ (c) $f(x)=\sqrt{x}$

**풀이**

(a) $f'(x)=\lim_{h \to 0}\frac{f(x+h)-f(x)}{h}=\lim_{h \to 0}\frac{(x+h)^2-x^2}{h}$

$=\lim_{h \to 0}\frac{2hx+h^2}{h}=2x$

(b) $f'(x)=\lim_{h \to 0}\frac{f(x+h)-f(x)}{h}=\lim_{h \to 0}\frac{1/(x+h)-1/x}{h}$

$=\lim_{h \to 0}\frac{-h}{hx(x+h)}=-\frac{1}{x^2}$

(c) $f'(x)=\lim_{h \to 0}\frac{f(x+h)-f(x)}{h}=\lim_{h \to 0}\frac{\sqrt{x+h}-\sqrt{x}}{h}$

$=\lim_{h \to 0}\frac{(\sqrt{x+h}-\sqrt{x})(\sqrt{x+h}+\sqrt{x})}{h(\sqrt{x+h}+\sqrt{x})}=\frac{1}{2\sqrt{x}}$

### 예 5.3

$f'(1)=2$일 때 다음을 계산하라.

(a) $\lim_{h\to 0}\frac{f(1+2h)-f(1)}{h}$ (b) $\lim_{x\to 1}\frac{f(x)-f(1)}{x^2-1}$

**풀이** (a) $\lim_{h\to 0}\frac{f(1+2h)-f(1)}{2h}\cdot 2=2\cdot 2=4$

(b) $\lim_{x\to 1}\frac{f(x)-f(1)}{(x-1)}\cdot\frac{1}{(x+1)}=2\cdot\frac{1}{2}=1$

함수의 미분과 연속 사이에는 다음의 관계가 성립한다.

**미분과 연속**

$f(x)$가 $x=a$에서 미분가능하면 $f(x)$는 $x=a$에서 연속이고 그 역이 반드시 성립하지는 않는다.

**증명**

(a) 함수 $y=f(x)$가 $x=a$에서 미분가능하면

$$f'(a)=\lim_{x\to a}\frac{f(x)-f(a)}{x-a}$$

가 존재한다. 따라서 $x\neq a$일 때

$$f(x)-f(a)=\frac{f(x)-f(a)}{x-a}(x-a)$$

이고 극한을 취하면

$$\begin{aligned}\lim_{x\to a}[f(x)-f(a)] &= \lim_{x\to a}\frac{f(x)-f(a)}{x-a}\cdot\lim_{x\to a}(x-a)\\ &=f'(a)\cdot 0=0\end{aligned}$$

이므로 $\lim_{x\to a}f(x)=f(a)$로 연속이다.

(b) $y=|x|$는 $x=0$에서 연속이지만 [예 5.1]의 (c)와 같이 미분계수는 존재하지 않는다. 따라서 함수가 연속이라도 미분 불가능한 경우가 있다.

### (3) $x^n$의 미분

$n \geq 0$ 인 정수인 경우 $x^n$의 미분은 다음과 같다. 이것이 모든 실수에 대해 성립하는 것을 증명하는 것은 뒤에서 다룬다.

**$x^n$의 미분**

$$\frac{dx^n}{dx} = n\,x^{n-1} \quad (n \geq 0\text{인 정수}) \tag{5.7}$$

**증명**

$y = c$(상수)의 미분은 $dc/dx = 0$이므로 $n = 0$일 때 성립하고 $n \geq 1$인 정수일 때는 이항전개

$$(a+b)^n = a^n + n\,a^{n-1}b + \frac{n(n-1)}{2}a^{n-2}b^2 + \cdots + n\,a\,b^{n-1} + b^n$$

를 고려하면 다음과 같다.

$$\begin{aligned}\frac{dx^n}{dx} &= \lim_{h \to 0}\frac{(x+h)^n - x^n}{h} \\ &= \lim_{h \to 0}\frac{1}{h}\left[n x^{n-1}h + \frac{n(n-1)}{2}x^{n-2}h^2 + \cdots + n x h^{n-1} + h^n\right] \\ &= n\,x^{n-1}\end{aligned}$$

**예 5.4**

(a) $\frac{d}{dx}[c f(x)] = c\frac{df(x)}{dx}$를 증명하라.

(b) $\frac{d}{dx}[f(x) \pm g(x)] = \frac{df(x)}{dx} \pm \frac{dg(x)}{dx}$를 증명하라.

(c) $f(x) = 2x^3 + x^{5/3} + 3$의 도함수를 구하라.

**풀이**

(a) $\frac{d}{dx}[c f(x)] = \lim_{h \to 0}\frac{c f(x+h) - c f(x)}{h} = c\frac{df(x)}{dx}$

(b) $\frac{d}{dx}[f(x) \pm g(x)] = \lim_{h \to 0}\frac{f(x+h) \pm g(x+h) - [f(x) \pm g(x)]}{h} = \frac{df(x)}{dx} \pm \frac{dg(x)}{dx}$

(c) $\frac{df(x)}{dx} = \frac{d}{dx}(2x^3 + x^{5/3} + 3) = 6x^2 + \frac{5}{3}x^{2/3}$

### (4) 곱함수와 분수함수의 미분

두 함수의 곱함수 $f(x)g(x)$와 분수함수 $f(x)/g(x)$의 미분은 다음과 같다.

| | | |
|---|---|---|
| 곱함수의 미분 | $\frac{d}{dx}[f(x)g(x)] = f'(x)g(x) + f(x)g'(x)$ | (5.8) |
| 분수함수의 미분 | $\frac{d}{dx}\left[\frac{f(x)}{g(x)}\right] = \frac{f'(x)g(x) - f(x)g'(x)}{[g(x)]^2}$ | (5.9) |

**증명**

(a) $$\begin{aligned}\frac{d}{dx}[f(x)g(x)] &= \lim_{h\to 0}\frac{f(x+h)g(x+h) - f(x)g(x)}{h} \\ &= \lim_{h\to 0}\frac{f(x+h)g(x+h) - f(x)g(x+h) + f(x)g(x+h) - f(x)g(x)}{h} \\ &= \lim_{h\to 0}\frac{f(x+h) - f(x)}{h}\cdot\lim_{h\to 0}g(x+h) + f(x)\cdot\lim_{h\to 0}\frac{g(x+h) - g(x)}{h} \\ &= \frac{df(x)}{dx}g(x) + f(x)\frac{dg(x)}{dx}\end{aligned}$$

(b) $$\begin{aligned}\frac{d}{dx}\left[\frac{f(x)}{g(x)}\right] &= \lim_{h\to 0}\frac{1}{h}\left[\frac{f(x+h)}{g(x+h)} - \frac{f(x)}{g(x)}\right] \\ &= \lim_{h\to 0}\frac{f(x+h)g(x) - f(x)g(x) + f(x)g(x) - f(x)g(x+h)}{hg(x+h)g(x)} \\ &= \lim_{h\to 0}\frac{f(x+h) - f(x)}{h}\cdot\lim_{h\to 0}\frac{g(x)}{g(x+h)g(x)} \\ &\quad - \lim_{h\to 0}\frac{f(x)}{g(x+h)g(x)}\cdot\lim_{h\to 0}\frac{g(x+h) - g(x)}{h} \\ &= \frac{df(x)}{dx}\cdot\frac{g(x)}{[g(x)]^2} - \frac{f(x)}{[g(x)]^2}\cdot\frac{dg(x)}{dx}\end{aligned}$$

**예 5.5**

다음 함수들의 도함수를 구하라.

(a) $f(x) = \frac{1}{x}\left(x^2 + \frac{1}{x}\right)$ (b) $f(x) = \frac{x^2 - 1}{x^2 + 1}$

**풀이** (a) $\dfrac{d}{dx}\left[\dfrac{1}{x}\left(x^2+\dfrac{1}{x}\right)\right] = \dfrac{-1}{x^2}\left(x^2+\dfrac{1}{x}\right)+\dfrac{1}{x}\left[2x-\dfrac{1}{x^2}\right] = 1-\dfrac{2}{x^3}$

(b) $\dfrac{d}{dx}\left(\dfrac{x^2-1}{x^2+1}\right) = \dfrac{2x(x^2+1)-(x^2-1)2x}{(x^2+1)^2} = \dfrac{4x}{(x^2+1)^2}$

식 (5.9)를 사용하면 식 (5.7)은 다음과 같이 모든 정수에 대해 성립함을 증명할 수 있다.

**$x^n$의 미분**

$$\frac{dx^n}{dx} = nx^{n-1} \quad (n \ : \ 정수) \tag{5.10}$$

**증명**

$n<0$인 정수인 경우 $-n=m>0$으로 두면

$$\frac{d}{dx}x^n = \frac{d}{dx}\left(\frac{1}{x^m}\right) = \frac{-mx^{m-1}}{x^{2m}} = -mx^{-m-1} = nx^{n-1}$$

이므로 모든 정수 $n$에 대해 성립한다.

**예 5.6**

(a) $y=x^2$에 접하고 기울기가 4인 직선의 방정식을 구하라.

(b) 직선 $y_1 = 4x$와 곡선 $y_2 = x^3-\alpha x-2$이 접할 때 $\alpha$를 구하라.

**풀이** (a) $y' = 2x = 4$, $x=2$, $y=4 \Rightarrow y-4=4(x-2)$, $y=4x-4$

(b) $y_1' = 4$, $y_2' = 3x^2-\alpha$, $x_0$에서 접한다고 하면

$$\alpha = 3x_0^2-4, \quad x_0^3-x_0(3x_0^2-4)-2=4x_0, \quad 2x_0^3+2=0$$

이므로 $x_0=-1$, $\alpha=-1$이다.

## (5) 합성함수의 미분

$u=g(x)$가 $x$에 대해 미분가능하고 $y=f(u)$가 $u$에 대해 미분가능할 때 합성함수 $(g \circ f)(x)$

$= g(f(x))$에 대해 다음 연쇄법칙(chain rule)이 성립한다.

**연쇄법칙**

$$\frac{d}{dx} f(g(x)) = f'(g(x))\, g'(x) \tag{5.11}$$

$$\frac{dy}{dx} = \frac{dy}{du} \cdot \frac{du}{dx} \tag{5.12}$$

**증명**

$u = g(x)$가 $x$에 대해 미분가능하므로 $h \to 0$ 일 때 $g(x+h) \to g(x)$이므로 다음과 같이 증명된다.

$$\begin{aligned}\frac{d}{dx} f(g(x)) &= \lim_{h \to 0} \frac{f(g(x+h)) - f(g(x))}{h} \cdot \frac{g(x+h) - g(x)}{g(x+h) - g(x)} \\ &= \lim_{g(x+h) \to g(x)} \frac{f(g(x+h)) - f(g(x))}{g(x+h) - g(x)} \cdot \lim_{h \to 0} \frac{g(x+h) - g(x)}{h} \\ &= \frac{df(g(x))}{dg(x)} \cdot \frac{dg(x)}{dx}\end{aligned}$$

**예 5.7**

$f(x) = (x^3 + 2x^2 + 1)^3$의 도함수를 구하라.

**풀이** $u \equiv x^3 + 2x^2 + 1$로 두면 다음과 같다.

$$\frac{df}{dx} = \frac{du^3}{du} \cdot \frac{d(x^3 + 2x^2 + 1)}{dx} = 3(3x^2 + 4x)(x^3 + 2x^2 + 1)^2$$

## (6) 음함수와 역함수의 미분

음함수 $f(x, y) = 0$의 형태일 때 미분 $dy/dx$는 $f(x, y) = 0$의 $x$에 대한 미분 $df(x, y)/dx = 0$에 연쇄법칙

$$\frac{df(y)}{dx} = \frac{df(y)}{dy} \cdot \frac{dy}{dx}$$

를 적용하여 구하고 [예 5.10(a)] 역함수 $x = f^{-1}(y)$가 존재하고 $dy/dx \neq 0$일 때 $dx/dy$는 $y = f(x)$

를 $y$로 미분하고 연쇄법칙을 적용하면

$$1 = \frac{df}{dy} = \frac{df}{dx} \cdot \frac{dx}{dy}$$

이므로 다음과 같다.

$$\frac{dx}{dy} = \frac{1}{df/dx} = \frac{1}{dy/dx} \quad \left(\frac{dy}{dx} \neq 0\right) \tag{5.13}$$

**예 5.8**

식 (5.10)은 $n$이 유리수일 때도 성립함을 증명하라.

**풀이** 정수 $p$와 $q$에 대해 $y = x^{p/q}$는 $y^q = x^p$이므로 연쇄법칙을 적용하여 양변을 $x$로 미분하면

$$q\,y^{q-1}\frac{dy}{dx} = p\,x^{p-1}$$

이므로 다음과 같다.

$$\frac{dy}{dx} = \frac{p}{q} \cdot \frac{x^{p-1}}{y^{q-1}} = \frac{p}{q} \cdot \frac{x^{p-1}}{x^{p(q-1)/q}}$$

따라서 $n \equiv p/q$(유리수)로 두면 다음과 같이 성립한다.

$$\frac{dx^n}{dx} = \frac{p}{q}x^{p/q-1} = n\,x^{n-1}$$

**예 5.9**

다음 함수들의 도함수를 계산하라.

(a) $f(x) = \sqrt{x}\,/\left(1 + x^2\right)$

(b) $f(x) = \sqrt[3]{x^2} + 3\sqrt{x}$

(c) $f(x) = \sqrt{x^2 + 1}$

(d) $f(x) = \left(\sqrt{x} + x^2 + 1\right)^3$

**풀이** (a) $$\frac{d}{dx}\left(\frac{\sqrt{x}}{1+x^2}\right) = \frac{(1+x^2)/2\sqrt{x} - \sqrt{x} \cdot 2x}{(1+x^2)^2} = \frac{1-3x^2}{2\sqrt{x}\,(1+x^2)^2}$$

(b) $$\frac{d}{dx}\left(\sqrt[3]{x^2} + 3\sqrt{x}\right) = \frac{d}{dx}\left(x^{2/3} + 3x^{1/2}\right) = \frac{2}{3\sqrt[3]{x}} + \frac{3}{2\sqrt{x}}$$

(c) $u \equiv x^2 + 1$로 두면 다음과 같다.

$$\frac{d}{dx}\sqrt{x^2+1} = \frac{du^{1/2}}{du} \cdot \frac{d\left(x^2+1\right)}{dx} = \frac{1}{2\sqrt{u}} \cdot 2x = \frac{x}{\sqrt{x^2+1}}$$

(d) $u \equiv \sqrt{x} + x^2 + 1$로 두면 다음과 같다.

$$\begin{aligned}\frac{d}{dx}\left(\sqrt{x} + x^2 + 1\right)^3 &= \frac{du^3}{du} \cdot \frac{d\left(x^{1/2} + x^2 + 1\right)}{dx} \\ &= 3u^2\left(\frac{1}{2\sqrt{x}} + 2x\right) \\ &= 3\left(\sqrt{x} + x^2 + 1\right)^2\left(\frac{1}{2\sqrt{x}} + 2x\right)\end{aligned}$$

---

**예 5.10**

$dy/dx$를 구하라.

(a) $x^2 + y^2 = 5$ (b) $x = \sqrt{1-y}$ (c) $x = y\sqrt{y+1}$

**풀이**

(a) $\frac{d}{dx}\left(x^2 + y^2\right) = \frac{dx^2}{dx} + \frac{dy^2}{dy} \cdot \frac{dy}{dx} = \frac{d5}{dx} = 0$

$\Rightarrow \frac{dy}{dx} = -\frac{2x}{2y} = -\frac{x}{y}$

(b) $\frac{dx}{dy} = \frac{d}{dy}(1-y)^{1/2} = \frac{1}{2}(1-y)^{-1/2} \cdot (-1)$

$\Rightarrow \frac{dy}{dx} = \frac{1}{dx/dy} = -2\sqrt{1-y} = -2x$

(c) $1 = \frac{dx}{dx} = \left(\sqrt{y+1} + \frac{y}{2\sqrt{y+1}}\right)\frac{dy}{dx} = \frac{3y+2}{2\sqrt{y+1}}\frac{dy}{dx}$

$\Rightarrow \frac{dy}{dx} = \frac{2\sqrt{y+1}}{3y+2} \quad \left(y \neq -\frac{2}{3}\right)$

---

## (7) 선형 근사

식 (5.4)로 주어지는 직선은 $x = a$에서 곡선에 접하므로 $x$가 $a$에 가까울수록 곡선에 가깝게 된다. 따라서 $f(x)$를 다음과 같이 근사할 수 있고 이것을 $x = a$에서의 선형근사(linear approximation)라 한다.

$$f(x) \approx L(x) = f(a) + f'(a)(x-a) \tag{5.14}$$

그림 5.2에서는 점선으로 된 영역에서 선형근사를 적용할 수 있다

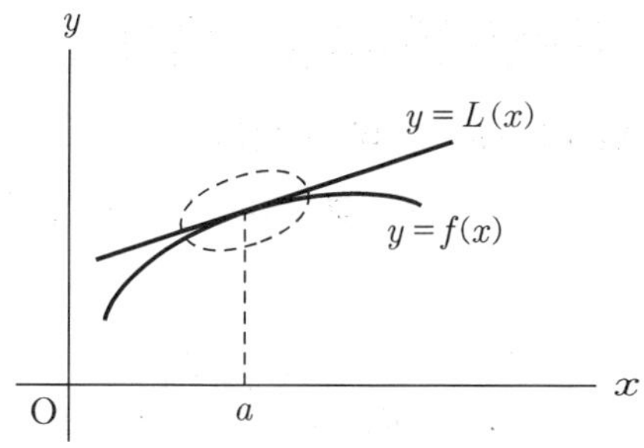


**그림 5.2** 선형근사

**예 5.11**

$f(x)=\sqrt{1+x}$ 를 $x=0$에서 선형근사하라.

**풀이** $f(0)=1$, $f'(x)=\dfrac{1}{2\sqrt{1+x}}$, $f'(0)=\dfrac{1}{2}$이므로 다음과 같다.

$$f(x)\approx f(0)+f'(0)(x-0)=1+\frac{1}{2}x$$

## (8) 매개변수 방정식과 미분

$x$와 $y$가 제 3의 변수(매개변수 parameter) $t$의 함수로

$$x=f(t), \quad y=g(t) \tag{5.15}$$

와 같이 주어지는 방정식을 매개변수 방정식(parametric equation)이라 하고 매개변수 $t$가 변할 때 $(x, y)=(f(t), g(t))$로 주어지는 곡선을 매개변수 곡선(para metric curve)이라 한다. $t$를 시간으로 두면 $(x, y)=(f(t), g(t))$는 2차원에서 물체의 위치로 사용할 수 있다. $a\le t\le b$일 때 $(f(a), g(a))$는 시점(initial point)이고 $(f(b), g(b))$는 종점(terminal point)이다.

$y$가 $x$에 대해 미분가능한 함수이고 $x$와 $y$가 $t$에 대해 미분가능한 함수일 때 연쇄법칙을 사용하면 접선의 기울기는 다음과 같다.

**접선의 기울기**

$$m=\frac{dy}{dx}=\frac{dy/dt}{dx/dt} \quad \left(\frac{dx}{dt}\neq 0\right) \tag{5.16}$$

**예 5.12**

(a) $x=2t$, $y=t^2+t+1$일 때 $dy/dx$를 구하라.

(b) 매개변수 방정식 $x=t^2-2t$, $y=t+1$를 $x=x(y)$ 형태의 함수로 나타내고 그림으로 나타내라.

**풀이** (a) $\frac{dx}{dt}=2$, $\frac{dy}{dt}=2t+1 \Rightarrow \frac{dy}{dx}=\frac{dy/dt}{dx/dt}=\frac{2t+1}{2}$

(b) $x=(y-1)^2-2(y-1)=y^2-4y+3=(y-2)^2-1$

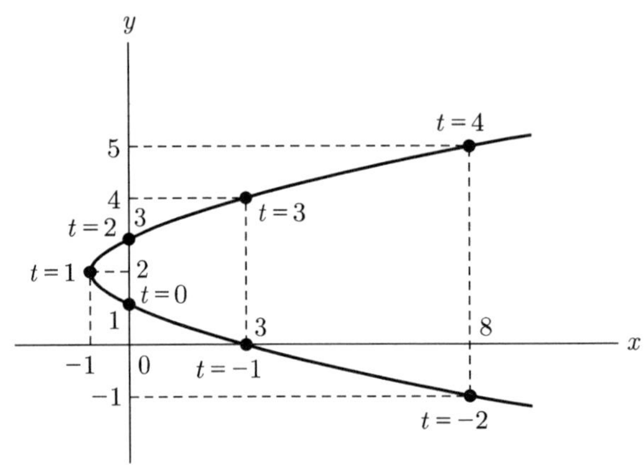


## 5.2 초월함수의 미분

이 절에서는 삼각함수, 지수함수, 로그함수의 미분을 다루고 쌍곡선 함수의 미분은 연습문제에서 소개한다.

### (1) 삼각함수의 미분

삼각함수의 미분공식은 다음과 같다.

| 삼각함수의 미분 | | | |
|---|---|---|---|
| $\frac{d\sin x}{dx}=\cos x$ | (5.17) | $\frac{d\csc x}{dx}=-\csc x\cdot\cot x$ | (5.20) |

| | |
|---|---|
| $$\frac{d\cos x}{dx} = -\sin x \qquad (5.18)$$ | $$\frac{d\sec x}{dx} = \sec x \cdot \tan x \qquad (5.21)$$ |
| $$\frac{d\tan x}{dx} = \sec^2 x \qquad (5.19)$$ | $$\frac{d\cot x}{dx} = -\csc^2 x \qquad (5.22)$$ |

**증명**

식 (4.5)와 (4.6)을 고려하면 식 (5.18)은

$$\begin{aligned}\frac{d\cos x}{dx} &= \lim_{h\to 0}\frac{\cos(x+h)-\cos x}{h} \\ &= \lim_{h\to 0}\frac{\cos x\cdot\cos h - \sin x\cdot\sin h - \cos x}{h} \\ &= \cos x\lim_{h\to 0}\frac{\cos h - 1}{h} - \sin x\lim_{h\to 0}\frac{\sin h}{h} = -\sin x\end{aligned}$$

이고 식 (5.21)은 식 (5.9)와 (5.18)을 적용하면 다음과 같다.

$$\frac{d\sec x}{dx} = \frac{d}{dx}\left(\frac{1}{\cos x}\right) = \frac{\sin x}{\cos^2 x} = \sec x\cdot\tan x$$

나머지 공식들도 같은 방법으로 증명된다.

**예 5.13**

다음 함수들을 미분하라.

(a) $\cos^3 x$  (b) $\cos(x^3)$  (c) $\cos(3x)$

(d) $[\sin^2 x]/x$  (e) $\sin(ax^2+b)$

**풀이**

(a) $$\frac{d\cos^3 x}{dx} = \frac{d\cos^3 x}{d\cos x}\cdot\frac{d\cos x}{dx} = -3\cos^2 x\cdot\sin x$$

(b) $$\frac{d\cos(x^3)}{dx} = \frac{d\cos(x^3)}{dx^3}\cdot\frac{dx^3}{dx} = -3x^2\sin x^3$$

(c) $$\frac{d\cos(3x)}{dx} = \frac{d\cos(3x)}{d(3x)}\cdot\frac{d3x}{dx} = -3\sin 3x$$

(d) $$\begin{aligned}\frac{d}{dx}\left(\frac{\sin^2 x}{x}\right) &= \frac{1}{x^2}\left(\frac{d\sin^2 x}{d\sin x}\cdot\frac{d\sin x}{dx}\cdot x - \sin^2 x\cdot\frac{dx}{dx}\right) \\ &= \frac{1}{x^2}\left(2x\sin x\cdot\cos x - \sin^2 x\right)\end{aligned}$$

(e) $u \equiv ax^2+b$, $$\frac{d\sin u}{du}\cdot\frac{d(ax^2+b)}{dx} = 2ax\cos(ax^2+b)$$

### 예 5.14

(a) $x = \sin\theta$, $y = \cos\theta\ (0 \le \theta \le 2\pi)$를 그림으로 나타내고 접선의 기울기를 구하라.

(b) 매개방정식 $x = 2\cos t + \sin 2t$, $y = 2\sin t + \cos 2t$로 주어지는 곡선의 $t = 0$ 일 때 접선의 기울기를 구하라.

**풀이** (a) $x^2 + y^2 = \cos^2\theta + \sin^2\theta = 1$ : 원

$$\frac{dy}{dx} = \frac{dy/d\theta}{dx/d\theta} = -\frac{\sin\theta}{\cos\theta} = -\tan\theta$$

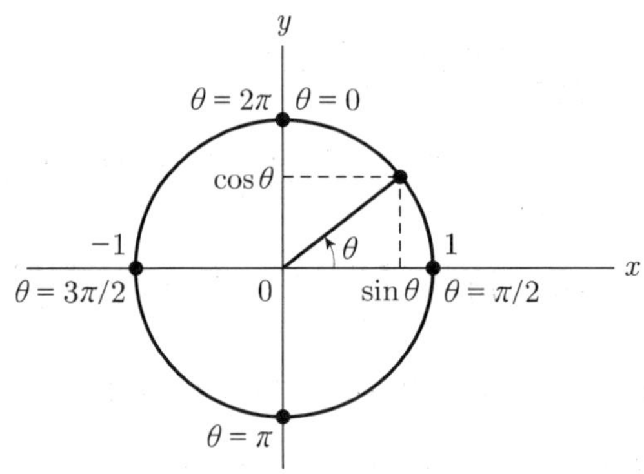


(b) $$\frac{dx}{dt} = -2\sin t + 2\cos(2t),\quad \frac{dy}{dt} = 2\cos t - 2\sin(2t)$$

$$\Rightarrow\ m = \left.\frac{dy/dt}{dx/dt}\right|_{t=0} = \left.\frac{2\cos t - 2\sin 2t}{-2\sin t + 2\cos 2t}\right|_{t=0} = 1$$

역삼각함수의 미분은 다음과 같다.

**역삼각함수의 미분**

$$\frac{d\sin^{-1}x}{dx} = \frac{1}{\sqrt{1-x^2}} \tag{5.23}$$

$$\frac{d\cos^{-1}x}{dx} = -\frac{1}{\sqrt{1-x^2}} \tag{5.24}$$

$$\frac{d\tan^{-1}x}{dx} = \frac{1}{1+x^2} \tag{5.25}$$

$$\frac{d\csc^{-1}x}{dx} = -\frac{1}{x\sqrt{x^2-1}} \tag{5.26}$$

$$\frac{d\sec^{-1}x}{dx} = \frac{1}{x\sqrt{x^2-1}} \tag{5.27}$$

$$\frac{d\cot^{-1}x}{dx} = -\frac{1}{1+x^2} \tag{5.28}$$

**증명**

식 (5.23)은 $y=\sin^{-1}x$ 로 두면 $x=\sin y$ 이고

$$\cos y=\sqrt{1-\sin^2 y}=\sqrt{1-x^2}$$

이므로 다음과 같다,

$$\frac{d\sin^{-1}x}{dx}=\frac{dy}{dx}=\frac{1}{dx/dy}=\frac{1}{\cos y}=\frac{1}{\sqrt{1-x^2}}$$

식 (5.27)은 $y=\sec^{-1}x$ 로 두면 $x=\sec y$ 이므로

$$\tan y=\sqrt{\sec^2 y-1}=\sqrt{x^2-1}$$

이다. 따라서 $dx/dy=\tan y\sec y$ 이므로 [식 (5.21)] 결과는

$$\frac{d\sec^{-1}x}{dx}=\frac{dy}{dx}=\frac{1}{dx/dy}=\frac{1}{\tan y\cdot\sec y}=\frac{1}{x\sqrt{x^2-1}}$$

이고 나머지 공식들도 같은 방법으로 증명된다.

**예 5.15**

다음 함수들을 미분하라.

(a) $\sin^{-1}(5x)$ (b) $\tan^{-1}\sqrt{x}$ (c) $\sec^{-1}(x^3)$

**풀이**

(a) $$\frac{d\sin^{-1}(5x)}{dx}=\frac{d\sin^{-1}(5x)}{d(5x)}\cdot\frac{d(5x)}{dx}=\frac{5}{\sqrt{1-25x^2}}$$

(b) $$\frac{d\tan^{-1}\sqrt{x}}{dx}=\frac{d\tan^{-1}\sqrt{x}}{d\sqrt{x}}\cdot\frac{d\sqrt{x}}{dx}=\frac{1}{2\sqrt{x}\,(x+1)}$$

(c) $$\frac{d\sec^{-1}(x^3)}{dx}=\frac{d\sec^{-1}(x^3)}{dx^3}\cdot\frac{dx^3}{dx}=\frac{3x^2}{x^3\sqrt{x^6-1}}=\frac{3}{x\sqrt{x^6-1}}$$

## (2) 지수함수와 로그함수의 미분

지수함수와 로그함수의 미분은 다음과 같다.

| 지수함수의 미분 | | 로그함수의 미분 | |
|---|---|---|---|
| $\dfrac{da^x}{dx} = a^x \ln a$ | (5.29) | $\dfrac{d\log_a x}{dx} = \dfrac{1}{x \ln a}$ | (5.31) |
| $\dfrac{de^x}{dx} = e^x$ | (5.30) | $\dfrac{d\ln x}{dx} = \dfrac{1}{x}$ | (5.32) |

**증명**

(a) $a \neq 1$인 양수 $a$에 대하여 지수함수 $f(x) = a^x$의 미분은

$$f'(x) = \lim_{h \to 0} \frac{f(x+h) - f(x)}{h} = \lim_{h \to 0} \frac{a^{x+h} - a^x}{h} = a^x \lim_{h \to 0} \frac{a^h - 1}{h}$$

이고 [예 4.4] (c)를 고려하면 결과가 된다. $\ln e = 1$이다.

(b) $y = \log_a x$는 $x = a^y$의 역함수이므로 다음과 같다.

$$\frac{dy}{dx} = \frac{1}{dx/dy} = \frac{1}{a^y \ln a} = \frac{1}{x \ln a}$$

**예 5.16**

다음 함수들을 미분하라.

(a) $a^{x^2}$ (b) $\log_{10}(3x)$ (c) $x^2 e^{3x}$

(d) $\ln(2x)/x$ (e) $\cos(x^2) \cdot \ln x$ (f) $\ln(\ln x)$

**풀이**

(a) $\dfrac{da^{x^2}}{dx} = \dfrac{da^{x^2}}{dx^2} \cdot \dfrac{dx^2}{dx} = a^{x^2} \ln a \cdot 2x$

(b) $\dfrac{d\log_{10}(3x)}{dx} = \dfrac{d\log_{10}(3x)}{d(3x)} \cdot \dfrac{d(3x)}{dx} = \dfrac{3}{3x \log 10} = \dfrac{1}{x \log 10}$

(c) $\dfrac{d(x^2 e^{3x})}{dx} = \dfrac{dx^2}{dx} e^{3x} + x^2 \dfrac{de^{3x}}{d(3x)} \cdot \dfrac{d(3x)}{dx} = 2x e^{3x} + 3x^2 e^{3x}$

(d) $\dfrac{d}{dx}\left(\dfrac{\ln(2x)}{x}\right) = \dfrac{1}{x^2}\left[\dfrac{d\ln(2x)}{d(2x)} \cdot \dfrac{d(2x)}{dx} \cdot x - \ln(2x) \cdot \dfrac{dx}{dx}\right] = \dfrac{1 - \ln(2x)}{x^2}$

(e) $\dfrac{d}{dx}[\cos(x^2) \cdot \ln x] = \dfrac{d\cos(x^2)}{dx^2} \cdot \dfrac{dx^2}{dx} \cdot \ln x + \cos(x^2) \dfrac{d\ln x}{dx}$

$$= -2x \sin(x^2) \cdot \ln x + \cos(x^2) \cdot \frac{1}{x}$$

(f) $\dfrac{d\ln(\ln x)}{dx} = \dfrac{d\ln(\ln x)}{d\ln x} \cdot \dfrac{d\ln x}{dx} = \dfrac{1}{x \ln x}$

### (3) 로그 미분법

곱이나 거듭제곱 등을 포함하는 함수의 미분은 로그함수를 사용하면 간단히 구할 수 있는 경우가 있다. 로그미분법이라는 이 방법은 함수 $y=f(x)$의 양변에 로그를 취하여 음함수미분을 한 후 도함수를 구하는 방법이다.

**예 5.17**

(a) $x \neq 0$일 때 실수 $r$에 대해 [예 5.8] 또는 식 (5.10)이 성립함을 증명하라.

(b) $\dfrac{d \ln|x|}{dx} = \dfrac{1}{x}$ $(x \neq 0)$를 증명하라.

(c) $y = (\ln x)^x$를 미분하라.

**풀이** (a) $y = x^r$로 두고 양변에 로그를 취하면 $\ln y = r \ln x$이므로 연쇄법칙을 사용하여 양변을 $x$로 미분하면 $(1/y)\,dy/dx = r/x$이므로 다음과 같다.

$$\frac{dx^r}{dx} = \frac{r}{x} x^r = r x^{r-1}$$

(b) $\ln|x| = \begin{cases} \ln x & (x>0) \\ \ln(-x) & (x<0) \end{cases}$이므로 다음과 같다.

$$\frac{d \ln|x|}{dx} = \begin{cases} \dfrac{1}{x} & (x>0) \\ \dfrac{1}{-x}(-1) = \dfrac{1}{x} & (x<0) \end{cases}$$

(c) $y \equiv (\ln x)^x$, $\ln y = x \ln(\ln x)$로 두고 양변을 $x$로 미분하면

$$\begin{aligned} \frac{1}{y} \cdot \frac{dy}{dx} &= \ln(\ln x) + x \frac{d \ln(\ln x)}{d(\ln x)} \cdot \frac{d \ln x}{dx} \\ &= \ln(\ln x) + \frac{1}{\ln x} \end{aligned}$$

이므로 다음과 같다.

$$\frac{dy}{dx} = (\ln x)^x \ln(\ln x) + (\ln x)^{x-1}$$

## 5.3 미분의 응용

자연에서 일어나는 현상을 이해하기 위해서는 물리량의 최댓값, 최솟값 그리고 변곡이 일어나는 지점을 구하는 것이 중요할 때가 있다. 이 절에서는 미분을 이용하여 극대 · 극소, 최대 · 최소, 0/0 형태의 부정형을 구하는 방법들을 다룬다.

### (1) 평균값의 정리

미분가능한 함수 $f(x)$에 대해 다음의 롤(Rolle)의 정리가 성립한다.

**롤의 정리**

폐구간 $[a, b]$에서 연속이고 개구간 $(a, b)$에서 미분가능한 함수 $f(x)$에 대해 $f(a) = f(b)$이면 $f'(c) = 0$인 $c$가 $(a, b)$ 사이에 최소한 한 개는 존재한다.

**설명**

다음 그림과 같이 직관적으로 이해할 수 있다. 연속변수가 0을 지나갈 때는 +값에서 −값으로 변하거나 −값에서 +값으로 변해야 한다. 따라서 $c_1$은 감소하다가 $[f'(x) < 0]$ 증가하는 $[f'(x) > 0]$ 지점이므로 $f'(c_1) = 0$이고 $c_2$는 증가 하다가 감소하는 지점이므로 $f'(c_2) = 0$이다.

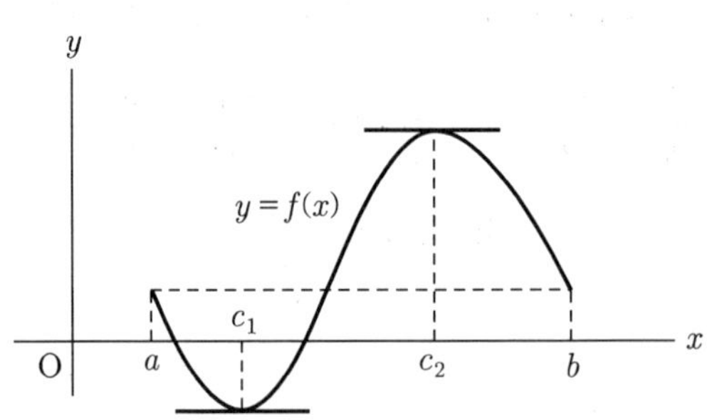


롤의 정리를 일반화하면 미적분학에서 매우 중요한 정리중 하나인 다음의 평균값의 정리가 성립한다(엄밀한 증명은 연습문제 [5.28] 참조).

**평균값의 정리**

폐구간 $[a, b]$에서 연속이고 개구간 $(a, b)$에서 미분가능한 함수 $f(x)$에 대해 다음을 만족하는 $c$가 $(a, b)$ 사이에 최소한 한 개는 존재한다.

$$f'(c) = \frac{f(b)-f(a)}{b-a} \tag{5.33}$$

**설명**

식 (5.33)도 다음 그림으로부터 직관적으로 이해할 수 있다. 그림에서 $m$은 두 지점 $(a, f(a))$와 $(b, f(b))$를 연결하는 직선의 기울기이다. 연속변수 $x$가 $c$값을 지나갈 때는 기울기 $f'(c)$가 $m$보다 큰 값에서 작은 값으로 변하거나 $m$보다 작은 값에서 $m$보다 큰 값으로 변해야 한다. 그림에서 $c_1$은 $f'(x) < m$에서 $f'(x) > m$으로 변하는 지점이므로 $f'(c_1) = m$이고 $c_2$는 $f'(x) > m$에서 $f'(x) < m$으로 변하는 지점이므로 $f'(c_2) = m$이다.

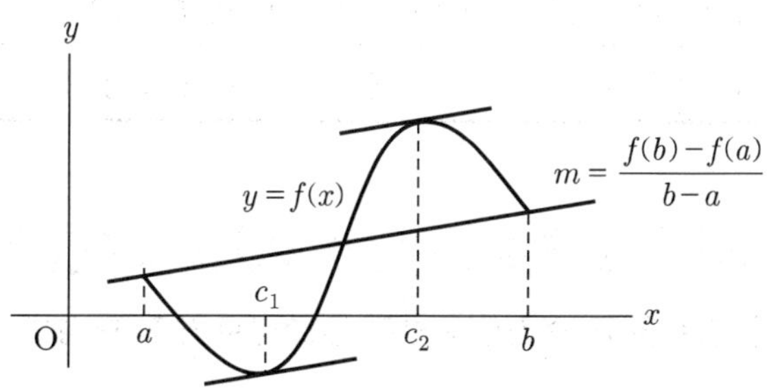


**예 5.18**

(a) 폐구간 $[0, 1]$에서 함수 $f(x) = x^3 - 3x^2 + 2x + 2$가 롤의 정리를 만족하는 $c$을 구하라.
(b) 폐구간 $[-2, 3]$에서 함수 $f(x) = x^2 + 2x - 3$가 평균값의 정리를 만족하는 $c$을 구하라.

**풀이** (a) $f'(x) = 3x^2 - 6x + 2$이므로 $3c^2 - 6c + 2 = 0$인 $c$는 다음과 같다.

$$c = \frac{3 \pm \sqrt{3^2 - 6}}{3} = 1 - \frac{1}{\sqrt{3}}$$

(b) $f'(c) = 2c + 2 = \dfrac{f(3) - f(-2)}{3-(-2)} = \dfrac{12-(-3)}{5}$이므로 $c = \dfrac{1}{2}$

### (2) 극값

함수 $y=f(x)$가 $x=a$에서 미분가능할 때 다음과 같다.

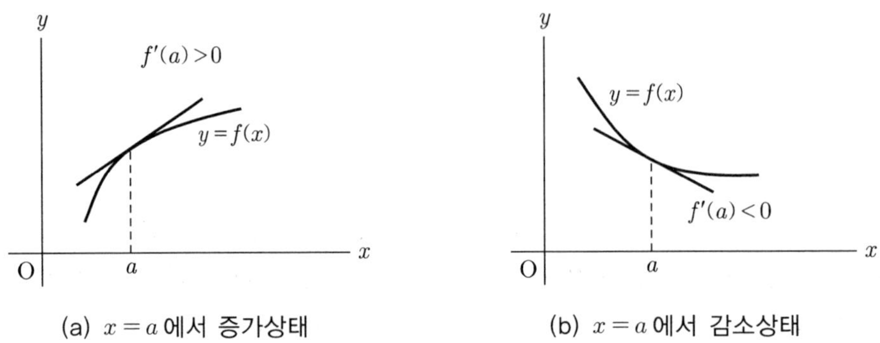


**그림 5.3** 증가상태와 감소상태

| $f'(a)>0$ | $x=a$에서 $f(x)$는 증가상태 |
|---|---|
| $f'(a)<0$ | $x=a$에서 $f(x)$는 감소상태 |

**예 5.19**

주어진 구간에서 다음 함수들이 증가함수인지 감소함수인지 판정하라.

(a) $f(x)=\dfrac{e^x}{x}\quad(0<x<1)$

(b) $f(x)=x\cos x-\sin x\quad\left(0<x<\dfrac{\pi}{2}\right)$

**풀이**

(a) $f'(x)=\dfrac{e^x(x-1)}{x^2}<0$이므로 감소함수

(b) $f'(x)=-x\sin x<0$이므로 감소함수

함수 $y=f(x)$가 $x=a$를 포함하는 작은 구간 안의 모든 $x$에 대해 다음과 같다.

| $f(x)\le f(a)$ | $x=a$는 $f(x)$의 극대점 |
|---|---|
| $f(x)\ge f(a)$ | $x=a$는 $f(x)$의 극소점 |

극대점에서의 함수값을 극댓값(local maximum), 극소점에서의 함수값을 극솟값(local minimum)

이라 하고 극대점과 극소점을 극점, 극댓값과 극솟값을 극값(extreme value)이라 한다.

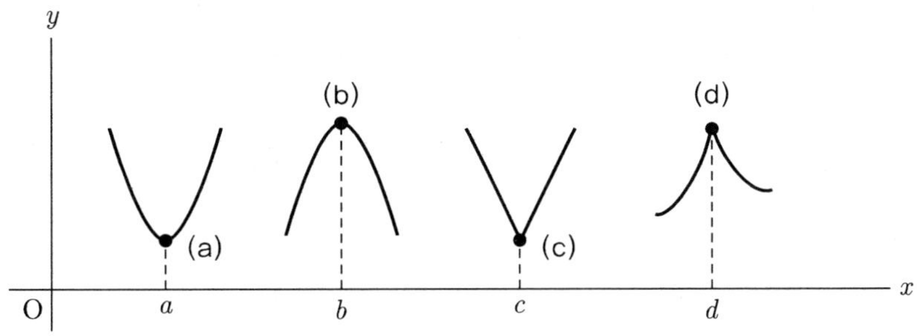


**그림 5.4** 임계점

그림 5.4에서 (a)와 (c)는 극소점들이고 (b)와 (d)는 극대점들이다. (a)와 (b)는 $f'(a)=f'(b)=0$이고 (c)와 (d)에서는 미분계수가 존재하지 않는다. $f'(x<c)<0$, $f'(x>c)>0$이고 $f'(x<d)>0$, $f'(x>d)<0$이므로 $f(c)$와 $f(d)$는 존재하지 않는다. 미분계수가 0이거나 존재하지 않는 지점(특이점)을 임계점(critical point)이라 한다. 그림 5.4에는 없지만 함수값이 무한대인 점도 임계점이다.

**임계점**

$f'(a)=0$ 또는 $f'(a)$가 존재하지 않는 지점

극점은 임계점이지만 임계점이 반드시 극점일 필요는 없다. 예를 들어, 증가함수 $f(x)=x^3$은 $f'(0)=0$ 이므로 $x=0$ 은 임계점이지만 극점은 아니다. 이런 경우까지 고려하여 극대 · 극소를 구하는 방법은 다음과 같다. $f'(a)$는 존재하지 않아도 된다

**극대와 극소**

함수 $f(x)$가 임계점 $x=a$를 포함하는 작은 구간에서 미분가능할 때 다음과 같다.

(1) $x=a$에서 $f'(a)$가 $+$에서 $-$로 바뀌면 극대점
(2) $x=a$에서 $f'(a)$가 $-$에서 $+$로 바뀌면 극소점
(3) $x=a$에서 $f'(a)$의 부호가 변하지 않으면 극점이 아님

이것을 도표로 나타내면 다음과 같다. ↗는 함수가 증가상태, ↘는 감소상태를 나타내고 × 는 $f'(x)$가 존재 안함을 의미한다. $x=d$ 에서는 미분계수가 존재하지 않지만 극대이다.

| $x$ | $\cdots$ | $a$ | $\cdots$ | $b$ | $\cdots$ | $c$ | $\cdots$ | $d$ | $\cdots$ |
|---|---|---|---|---|---|---|---|---|---|
| $f'(x)$ | $+$ | 0 | $-$ | 0 | $-$ | 0 | $+$ | $\times$ | $-$ |
| $f(x)$ | ↗ | 극대 | ↘ | 극점 아님 | ↘ | 극소 | ↗ | 극대 | ↘ |

## 예 5.20

다음 함수들의 극값을 구하라.

(a) $f(x) = 2x^3 - 3x^2 - 12x + 3$　　(b) $f(x) = |x|$

(c) $f(x) = x^3 + 2$　　(d) $f(x) = 3x^{1/3}$

(e) $f(x) = x + 2\sin x\ (0 \le x \le 2\pi)$

**풀이** (a) $f'(x) = 6x^2 - 6x - 12 = 6(x-2)(x+1)$

| $x$ | $\cdots$ | $-1$ | $\cdots$ | 2 | $\cdots$ |
|---|---|---|---|---|---|
| $f'(x)$ | $+$ | 0 | $-$ | 0 | $+$ |
| $f(x)$ | ↗ | 10 (극대) | ↘ | $-17$ (극소) | ↗ |

(b) $f'(0)$은 존재안하지만 $f'(x) = -1\ (x < 0)$, $f'(x) = 1\ (x > 0)$이므로 $x = 0$은 극소점이고 극솟값은 $f(0) = 0$이다.

(c) $f'(x) = 3x^2$, $f'(0) = 0$, $f'(x) = +\ (x \ne 0)$이므로 $x = 0$은 임계점이지만 극점은 아니다.

(d) $f'(x) = x^{-2/3} > 0\,(x \ne 0)$이므로 $x = 0$은 미분계수가 존재하지 않는 임계점이지만 극점은 아니다.

(e) $f'(x) = 1 + 2\cos x$

| $x$ | $\cdots$ | $2\pi/3$ | $\cdots$ | $4\pi/3$ | $\cdots$ |
|---|---|---|---|---|---|
| $f'(x)$ | $+$ | 0 | $-$ | 0 | $+$ |
| $f(x)$ | ↗ | $\frac{2\pi}{3} + \sqrt{3}$ (극대) | ↘ | $\frac{4\pi}{3} - \sqrt{3}$ (극소) | ↗ |

연속함수의 어떤 구간 안에서의 절대극값(최댓값 또는 최솟값)은 임계점 또는 양 끝점에 존재한다.

## 예 5.21

주어진 구간 안에서 다음 함수들의 절대극값을 구하라.

(a) $f(x) = x^3 - 3x^2 + 2\ (-2 \le x \le 4)$

(b) $f(x) = x^{2/3}$ $(-2 \le x \le 3)$

**풀이** (a) $f'(x) = 3x^2 - 6x = 3x(x-2)$, 임계점 : $x = 0, 2$

: $f(-2) = -18$ (최소), $f(0) = 2$, $f(2) = -2$, $f(4) = 18$ (최대)

(b) $f'(x) = \dfrac{2}{3}x^{-1/3}$, 임계점 : $x = 0$

: $f(-2) = 4^{1/3}$, $f(0) = 0$ (최소), $f(3) = 9^{1/3}$ (최대)

---

### (3) 곡선의 볼록성(오목성)과 2계 도함수

함수 $f(x)$가 미분가능할 때 다음과 같이 정의한다.

| 곡선의 오목성(볼록성) |
|---|
| (1) $f''(x) > 0$ [$f'(x)$ 증가] : 아래로 볼록(위로 오목) |
| (2) $f''(x) < 0$ [$f'(x)$ 감소] : 위로 볼록(아래로 오목) |

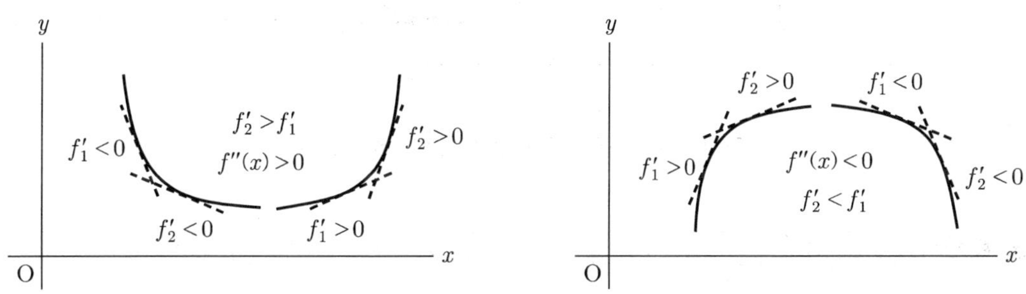


(a) 아래로 볼록 (b) 위로 볼록

**그림 5.5** 곡선의 볼록성

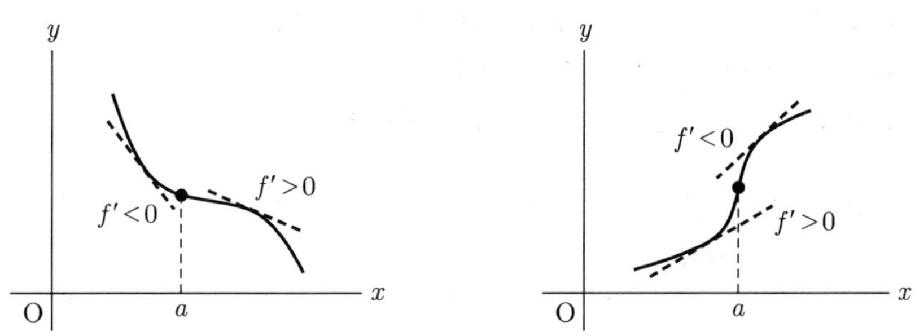


**그림 5.6** 변곡점

그림 5.5 (a)의 두 곡선은 모두 아래로 볼록(위로 오목)이고 그림 5.5 (b)의 두 곡선은 모두 위로 볼록(아래로 오목)이다(음수는 크기가 큰 쪽이 작음). 함수의 볼록성이 변하는 지점을 변곡점(inflection point)이라 한다. 그림 5.6에서 $x=a$는 모두 변곡점이다. 변곡점에서는 미분 불가능할 수도 있다. 즉, $f'$과 $f''$이 존재 안할 수도 있다.

그림 5.7과 같이 2계 도함수를 이용하면 다음과 같이 극값을 판정할 수 있다. 이 방법은 $f''$이 0이거나 존재하지 않으면 적용할 수 없다.

**2계 도함수를 이용한 극값 판정**

$x=a$에서 함수 $f(x)$의 2계 도함수가 존재할 때 다음과 같다.

(1) $f'(a)=0$, $f''(a)<0$ : 극대
(2) $f'(a)=0$, $f''(a)>0$ : 극소

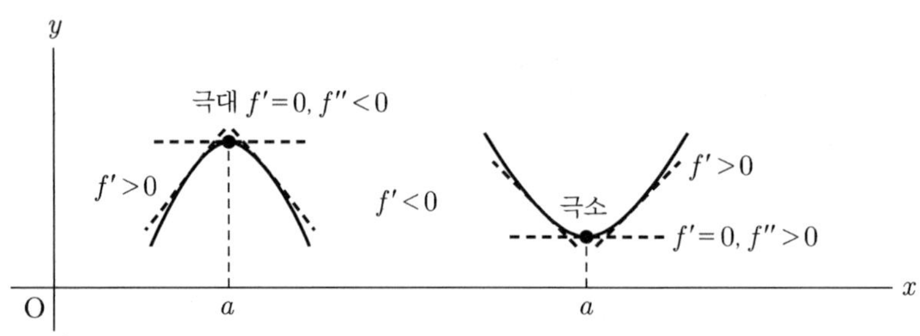


**그림 5.7** 2계 도함수를 이용한 극값 판정

### 예 5.22

2계 도함수를 이용하여 다음 함수들의 극값을 구하라.

(a) $f(x)=x^4-8x^2+5\ (-3\le x\le 3)$

(b) $f(x)=x\,e^x$

**풀이** (a) $f'(x)=4x^3-16x=4x(x-2)(x+2)$, $f''(x)=12x^2-16$

$f''(0)=-16$ (극대) : $f(0)=5$ (극댓값)

$f''(\pm 2)=32$ (극소) : $f(\pm 2)=-11$ (극솟값)

(b) $f'(x)=(1+x)e^x$, $f''(x)=(2+x)e^x$, $f''(-1)=1/e>0$ (극소)

$f(-1)=-e^{-1}$ (극솟값)

### (4) 로피탈의 법칙

미분을 이용하면 0/0 또는 ∞/∞ 형태 부정형 극한을 다음의 로피탈(L'Hôpital)의 법칙으로부터 구할 수 있다. [주의 : 반드시 0/0 또는 ∞/∞일 때만 적용해야 한다.]

**로피탈의 법칙**

두 함수 $f(x)$와 $g(x)$가 $c$를 포함하는 개구간에서 미분가능하고($c$는 제외될 수 있음) $\lim_{x \to c} f(x) = \lim_{x \to c} g(x) = 0$ 또는 $\lim_{x \to c} f(x) = \lim_{x \to c} g(x) = \infty$일 때 $g'(x) \neq 0$이면 다음과 같다.

$$\lim_{x \to c} \frac{f(x)}{g(x)} = \lim_{x \to c} \frac{f'(x)}{g'(x)} \tag{5.34}$$

**증명**

$f, f', g, g'$가 연속인 경우 $\lim_{x \to c} f(x) = \lim_{x \to c} g(x) = 0$일 때는

$$\lim_{x \to c} \frac{f'(x)}{g'(x)} = \frac{f'(c)}{g'(c)} = \lim_{x \to c} \frac{\dfrac{f(x)-f(c)}{x-c}}{\dfrac{g(x)-g(c)}{x-c}} = \lim_{x \to c} \frac{f(x)-f(c)}{g(x)-g(c)}$$

에서 $f(c) = g(c) = 0$이다. $\lim_{x \to c} f(x) = \lim_{x \to c} g(x) = \infty$일 때는

$$\lim_{x \to c} \frac{g(x)}{f(x)} = \lim_{x \to c} \frac{1/f(x)}{1/g(x)} = \lim_{x \to c} \frac{-f'/f^2}{-g'/g^2} = \lim_{x \to c} \frac{g^2}{f^2} \cdot \frac{f'}{g'}$$

에서 $\lim_{x \to c} [g(x)/f(x)] \neq 0$이면 양 변을 $\lim_{x \to c} (g^2/f^2)$으로 나누면 된다. 이것의 일반적인 증명은 고급 미적분학 교재를 참조 바란다.

**예 5.23**

다음 극한값들을 구하라.

(a) $\lim_{x \to 0} \frac{\sin x}{x}$ (b) $\lim_{x \to 0} \frac{1-\cos x}{x^2}$ (c) $\lim_{x \to 1} \frac{\ln x}{x-1}$

(d) $\lim_{x \to \infty} \frac{e^x}{x}$ (e) $\lim_{x \to \infty} \frac{\ln x}{\sqrt{x}}$ (f) $\lim_{x \to \pi} \frac{\sin x}{1-\cos x}$

**풀이**

(a) $\lim_{x\to 0}\frac{\sin x}{x}=\lim_{x\to 0}\frac{\cos x}{1}=1$

(b) $\lim_{x\to 0}\frac{1-\cos x}{x^2}=\frac{1}{2}\lim_{x\to 0}\frac{\sin x}{x}=\frac{1}{2}$

(c) $\lim_{x\to 1}\frac{\ln x}{x-1}=\lim_{x\to 1}\frac{1/x}{1}=1$

(d) $\lim_{x\to \infty}\frac{e^x}{x}=\lim_{x\to \infty}\frac{e^x}{1}=\infty$

(e) $\lim_{x\to \infty}\frac{\ln x}{\sqrt{x}}=\lim_{x\to \infty}\frac{1/x}{1/2\sqrt{x}}=0$

(f) $\lim_{x\to \pi}\frac{\sin x}{1-\cos x}=\frac{\sin \pi}{1-\cos \pi}=0$ (로피탈 정리 적용 불가능)

---

$\infty-\infty$, $0\times\infty$ 등의 형태들도 식 (5.34)를 변형하여 적용할 수 있다.

**예 5.24**

다음 극한값들을 구하라.

(a) $\lim_{x\to 0} x\ln x$ (b) $\lim_{x\to\infty} x^{1/x}$ (c) $\lim_{x\to\pi/2}(\sec x-\tan x)$

**풀이**

(a) $\lim_{x\to 0} x\ln x=\lim_{x\to 0}\frac{\ln x}{1/x}=\lim_{x\to 0}\frac{1/x}{-1/x^2}=0$

(b) $y\equiv x^{1/x}$, $\lim_{x\to\infty}\ln y=\lim_{x\to\infty}\frac{\ln x}{x}=\lim_{x\to\infty}\frac{1/x}{1}=0$

$\Rightarrow \lim_{x\to\infty} y=\lim_{x\to\infty} x^{1/x}=1$

(c) $\lim_{x\to\pi/2}(\sec x-\tan x)=\lim_{x\to\pi/2}\frac{1-\sin x}{\cos x}=\lim_{x\to\pi/2}\frac{-\cos x}{-\sin x}=0$

---

## (5) 기타 응용

물체가 직선상(1차원)에서 움직이는 경우 시간 $\Delta t$ 동안의 물체의 위치($x$)변화인 변위(displacement)가 $\Delta x$일 때 평균속도 $v_{av}$(av : average)와 $\Delta t\to 0$을 취하여 순간으로 만들었을 때의 (순간)속도(velocity) $v$는 다음과 같이 정의한다.

$$v_{av} = \frac{\Delta x}{\Delta t} \quad [단위 : m/s] \tag{5.35}$$

$$v = \lim_{\Delta t \to 0} \frac{\Delta x}{\Delta t} = \frac{dx}{dt} \quad [단위 : m/s] \tag{5.36}$$

또한, 속도가 변할 때 속도의 변화량 $\Delta v$를 시간 $\Delta t$로 나눈 값인 평균가속도 $a_{av}$와 $\Delta t \to 0$을 취하여 순간으로 만들었을 때의 (순간)가속도(acceleration) $a$는 다음과 같이 정의한다.

$$a_{av} = \frac{\Delta v}{\Delta t} \quad [단위 : m/s^2] \tag{5.37}$$

$$a = \lim_{\Delta t \to 0} \frac{\Delta v}{\Delta t} = \frac{dv}{dt} = \frac{d^2 x}{dt^2} \quad [단위 : m/s^2] \tag{5.38}$$

직선운동에서 가속도가 $+$이면 속도의 증가(가속)를 나타내고 가속도가 $-$이면 속도의 감소(감속)를 나타낸다. 즉, 가속도의 방향은 물체의 운동 방향과 반드시 일치하지는 않는다. 예를 들어, 속도가 $-5$ m/s ($-$방향 운동)에서 일정하게 변하여 2초 후에 $-1$ m/s ($-$방향 운동)가 되었다면 운동방향은 계속 $-$방향이지만 가속도는 $[-1-(-5)]/2 = +2$ [m/s$^2$]로 $+$ 방향이다. 따라서 속도는 위치변화이므로 물체의 진행방향과 같지만 가속도는 속도변화이므로 물체의 진행방향과 다를 수 있다.

**예 5.25**

물체의 위치 $x$가 시간 $t$에 대해 $x = 2t^2 + 3$으로 주어진다.

(a) 2초와 3초 사이의 평균속도를 구하라.

(b) 2초일 때의 순간속도와 순간가속도를 구하라.

**풀이**

(a) $v_{av} = \dfrac{x(3) - x(2)}{3-2} = (2 \times 3^2 + 3) - (2 \times 2^2 + 3) = 10$ [m/s]

(b) $v(2) = \left[\dfrac{d}{dt}(2t^2 + 3)\right]_{t=2} = [4t]_{t=2} = 8$ [m/s]

$a(2) = \left[\dfrac{d}{dt}(4t)\right]_{t=2} = 4$ [m/s$^2$]

**예 5.26**

압력이 $P$이고 부피가 $V$인 기체의 상태방정식이 다음의 반데르 발스(van der Waals) 방정식으로 주어진다. $dV/dP$를 구하라. $a, b, c$는 상수이다.

$$\left(P + \frac{a}{V^2}\right)(V - b) = c$$

**풀이** $\dfrac{d}{dP}\left[\left(P+\dfrac{a}{V^{2}}\right)(V-b)\right]$

$$=\left(1-\frac{2a}{V^{3}}\cdot\frac{dV}{dP}\right)(V-b)+\left(P+\frac{a}{V^{2}}\right)\frac{dV}{dP}=0$$

$$\Rightarrow \frac{dV}{dP}=(b-V)\left(P+\frac{a}{V^{2}}-\frac{2a}{V^{2}}+\frac{2ab}{V^{3}}\right)^{-1}$$

## 5.4 연습문제

### 5.1 도함수

**[5.1]** $x=3$ 에서 $y=3/x$ 의 접선의 방정식을 구하라.

**[5.2]** $f'(1)=2$ 일 때 다음을 계산하라.

(a) $\lim_{h\to 0}\frac{f(1+h^3)-f(1)}{h}$

(b) $\lim_{x\to 1}\frac{f(x^2)-f(1)}{x-1}$

(c) $\lim_{h\to 0}\frac{f(1+ah)-f(1+bh)}{h}$

**[5.3]** 다음 함수들의 도함수를 구하라.

(a) $f(x)=(2x^6+3\sqrt{x})$

(b) $f(x)=(-2x+3)^4$

(c) $f(x)=(x^3+x)\left(x^2+\frac{1}{x}\right)$

(d) $f(x)=\frac{1}{\sqrt{(x^2+3)^3}}$

(e) $y=\sqrt{1+1/\sqrt{x}}$

**[5.4]** $dy/dx$를 구하라.

(a) $x^3+y^3=9xy$

(b) $x^2y^2-2x=4-4y$

(c) $\sqrt{x}+\sqrt{y}=2$

(d) $x=\sqrt{y^2+y+1}\ \ (x>0)$

**[5.5]** $f(x)=(1+x)^k$ 를 $x=0$ 에서 선형근사하라.

**[5.6]** (a) $x^2/a^2+y^2/b^2=1$ 위의 점 $(x_1,\ y_1)$에서 접선의 방정식을 구하라.

(b) $x=1$에서 $y=\sqrt{x^2+x+3}$ 의 $dx/dy$를 구하라.

**[5.7]** 매개변수 방정식 $x=t^2$, $y=t^3-3t$로 주어지는 곡선이 있다.

(a) 이 곡선을 그림으로 그려라.

(b) $t\neq 0$일 때 $y=0$ 인 지점에서의 접선의 기울기 $m$ 을 구하라.

**[5.8]** 다음 매개변수 방정식으로 주어지는 곡선을 그려라.

(a) $x=\sin\theta,\ y=\sin^2\theta,\ \theta \ge 0$　　(b) $x=2+4\cos t,\ y=3+4\sin t$

## 5.2 초월함수의 미분

**[5.9]** 다음 함수들을 미분하라.

(a) $\sin x \cdot \cos x$　　(b) $\sin(x^2+x)$　　(c) $\sin\left(\frac{2x}{x+1}\right)$

(d) $\tan[3-\sin(2x)]$　　(e) $\sqrt{1+\sin x}$　　(d) $\sin(\cos x)$

**[5.10]** $y' = dy/dx$ 를 구하라.

(a) $\sin(x+y)=y^2\cos x$　　(b) $\sin(xy)=\cos(x+y)$

**[5.11]** 미분을 사용하여 $\tan^{-1}x+\cot^{-1}x=\pi/2$를 증명하라.

**[5.12]** 다음을 구하라.

(a) $\theta=\pi/4$ 에서 곡선 $x=(\theta-\sin\theta),\ y=1-\cos\theta$ 의 접선의 방정식

(b) $x=\cos(2t),\ y=\sin(4t)$로 주어지는 곡선의 $(x,\ y)=(1/\sqrt{2},\ 1)$에서 접선의 기울기

**[5.13]** 도함수를 구하라.

(a) $\sin^{-1}(2x+1)$　　(b) $\cos^{-1}(2x^2)$　　(c) $(\sec^{-1}x)^2$

**[5.14]** 도함수를 구하라.

(a) $a^{\sin x}$　　(b) $x/3^x$　　(c) $\sqrt{\ln x}$

(d) $\ln\left(x+\sqrt{x^2+1}\right)$　　(e) $\log_a(\tan x)$　　(f) $(\ln x)^3$

(g) $\ln(\sin x)$　　(h) $\sin^{-1}(\ln x)$

**[5.15]** $dy/dx$를 구하라.

(a) $y=x^{\sin x}$　　(b) $y=(\cos x)^{\cos x}$

**[5.16]** $y''=d^2y/dx^2$을 구하라

(a) $y=e^x\sin x$　　(b) $y=x^3\ln x$

**[5.17]** 다음 함수들을 $x=0$에서 선형근사하라.

(a) $\sin x$　　(b) $\cos x$　　(c) $\tan x$　　(d) $e^{kx}$

**[5.18]** 다음의 함수 $f(x)$가 미분가능할 때 $\alpha$와 $\beta$를 구하라.

$$f(x)=\begin{cases}\alpha e^{-x} & (x \le 1) \\ x^2+\beta x-1 & (x \ge 1)\end{cases}$$

## 5.3 미분의 응용

**[5.19]** 주어진 구간에서 평균값의 정리를 만족하는 $c$를 구하라.

(a) $f(x)=x^3-x^2-x+1 \ [0, 2]$　　(b) $f(x)=\sqrt{x} \ [1, 4]$

(c) $f(x)=\ln x \ [1, e]$

**[5.20]** 주어진 구간에서 다음 함수들이 증가함수인지 감소함수인지 판정하라.

(a) $f(x)=\dfrac{\sin x}{x} \ \left(0<x<\dfrac{\pi}{2}\right)$

(b) $f(x)=x-\sin x \ \left(-\dfrac{\pi}{2} \le x \le \dfrac{\pi}{2}\right)$

(c) $f(x)=\ln\left(\dfrac{1+x}{1-x}\right) \ (-1<x<1)$

(d) $f(x)=\sqrt{x+1}-\sqrt{x-1} \ (x \ge 1)$

**[5.21]** 다음 함수들의 극값을 구하라.

(a) $f(x)=-2x^3-3x^2+12x+5$　　(b) $f(x)=x^{5/3}-3x^{2/3}$

(c) $f(x)=\cos x+\sin x \ (0 \le x \le 2\pi)$　　(d) $f(x)=\dfrac{2x^2}{(x+2)}$

**[5.22]** (a) $f(x)=x+\alpha \sin x+\beta \cos x$가 $x=\pi/3, \pi$에서 극값을 가질 때 $\alpha$와 $\beta$를 구하라.

(b) $0<x<\pi/2$에서 $x=\cos x$는 하나의 근을 가짐을 증명하라.

**[5.23]** 주어진 구간 안에서 다음 함수들의 절대극값을 구하라.

(a) $f(x)=x-2\sin x \ (0 \le x \le 2\pi)$

(b) $f(x)=x+1/x \ (0.2 \le x \le 2)$

**[5.24]** 2계 도함수 방법으로 다음 함수들의 극값을 구하라.

(a) $f(x)=x^3$ (b) $f(x)=x^4$

(c) $f(x)=e^x\sin x \quad (0\le x\le 2\pi)$

**[5.25]** 다음 극한값들을 계산하라.

(a) $\lim_{x\to\infty}\frac{x^2}{e^x}$ (b) $\lim_{x\to\infty}\frac{\ln x}{x}$ (c) $\lim_{x\to 0}\frac{x-\sin x}{x^3}$

(d) $\lim_{x\to 0^+}\frac{\ln(\sin x)}{\ln x}$ (e) $\lim_{x\to 0}x^x$ (f) $\lim_{x\to 0^+}(\sin x)^x$

(g) $\lim_{x\to 0}\left[\frac{1}{\ln(x+1)}-\frac{1}{x}\right]$

**[5.26]** 다음을 계산하라.

(a) $2000\pi\,\text{cm}^3$ 의 물을 담을 수 있는 원통형 깡통을 만들 때 비용을 최소화 하는 원통의 반지름 $r$과 높이 $h$의 비율을 구하라.

(b) 그림 (a)와 같이 높이가 $H$인 가로등 바로 아래에 있던 키가 $h$인 소년이 지면을 따라 속력 $v_0$로 걸어갈 때 그림자의 끝 P가 움직이는 속력 $v$를 구하라.

(c) 그림 (b)와 같이 반지름이 $R$이고 높이가 $H$인 원뿔을 잘라서 반지름이 $x$이고 높이가 $y$인 원통을 만들 때 원통의 부피 $V$가 최대가 되는 $x$ 값을 구하라.

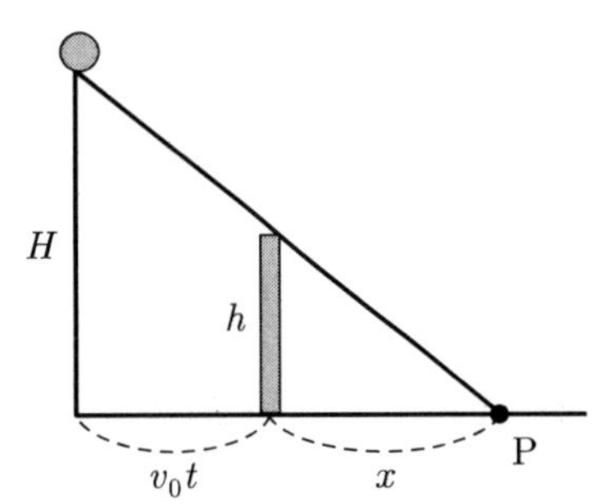

그림 (a)

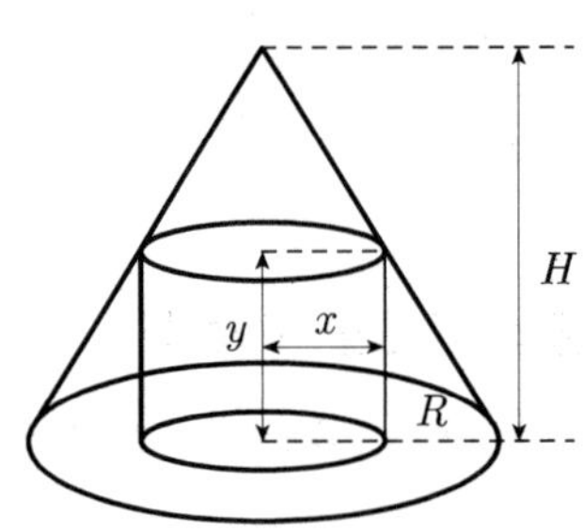

그림 (b)

**[5.27]** 다음 쌍곡선함수들의 미분공식들을 증명하라.

(a) $\frac{d\sinh x}{dx}=\cosh x$ (b) $\frac{d\cosh x}{dx}=\sinh x$

(c) $\frac{d\tanh x}{dx}=\text{sech}^2 x$ (d) $\frac{d\,\text{sech}\,x}{dx}=-\text{sech}\,x\cdot\tanh x$

(e) $\frac{d\coth x}{dx}=-\text{csch}^2 x$ (f) $\frac{d\,\text{csch}\,x}{dx}=-\text{csch}\,x\cdot\coth x$

**[5.28]** 식 (5.33) 설명의 그림에서 두 지점을 연결하는 직선의 방정식은 다음과 같다.

$$y-f(a)=\frac{f(b)-f(a)}{b-a}(x-a)$$

함수 $h(x)\equiv f(x)-y$에 롤의 정리를 적용하여 식 (5.33)을 증명하라.

**[5.29]** $x^4+y^4=16$일 때 2계 도함수 $y''=d^2y/dx^2$를 구하라.

**[5.30]** 다음 역쌍선함수들의 미분공식들을 증명하라.

(a) $\dfrac{d\sinh^{-1}x}{dx}=\dfrac{1}{\sqrt{x^2+1}}$ (b) $\dfrac{d\cosh^{-1}x}{dx}=\dfrac{1}{\sqrt{x^2-1}}$

(c) $\dfrac{d\tanh^{-1}x}{dx}=\dfrac{1}{1-x^2}$ (d) $\dfrac{d\operatorname{sech}^{-1}x}{dx}=-\dfrac{1}{x\sqrt{1-x^2}}$

(e) $\dfrac{d\operatorname{csch}^{-1}x}{dx}=-\dfrac{1}{|x|\sqrt{1+x^2}}$ (f) $\dfrac{d\coth^{-1}x}{dx}=\dfrac{1}{1-x^2}$

**[5.31]** 극좌표계에서 $r=1+\sin\theta$에 대해 다음을 구하라.

(a) $\theta=\pi/3$에서의 접선의 기울기

(b) 접선이 수직이 되는 지점

**[5.32]** 물체가 반지름이 $R$인 원운동을 한다.

(a) 물체의 속도는 원의 접선방향임을 증명하라.

(b) 등속원운동일 때의 가속도를 구하라.

**[5.33]** 물체가 $xy$ 평면에서 운동한다.

(a) 극좌표계를 사용하여 물체의 속도와 가속도를 구하라.

(b) 반지름이 $r$인 원운동일 때 속도와 가속도를 구하라.

## 보충 A 뉴턴의 방법

컴퓨터기술이 발전함에 따라 수치해를 구하는 계산이 편리해지고 있다. 여기서는 수치해를 계산하는 한 방법인 뉴턴(Newton)의 방법을 소개한다.

함수 $f(x)=0$의 해(근)를 구하기 위해 그림 A.1과 같이 $y=f(x)$의 그래프(해 $a$)로부터 대략적으로 추정한 해 근방의 값(초기값)을 $x_1$이라 하면 직선 $\mathrm{L}_1$은 기울기가 $f'(x_1)$이고 점 $(x_1, f(x_1))$을 지나는 직선이므로 이 점에서의 접선의 방정식은 다음과 같다.

$$y-f(x_1)=f'(x_1)(x-x_1) \tag{A.1}$$

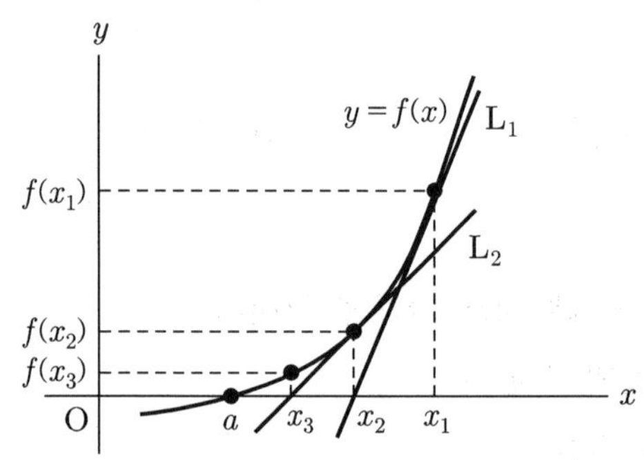


**그림 A.1** 뉴턴의 방법

식 (A.1)의 $y=0$일 때의 해인 $x_2$는 $x_1$보다 좀 더 근접한 방정식의 해가 되고 식 (A.1)의 $x_1$을 $x_2$로 대체하면 직선 $\mathrm{L}_2$를 나타내는 접선의 방정식을 구할 수 있다. 이 방법을 계속하여 적용하면 점 $(x_{n-1}, f(x_{n-1}))$에서의 접선의 방정식은 다음이 된다.

$$y-f(x_{n-1})=f'(x_{n-1})(x-x_{n-1}) \tag{A.2}$$

식 (A.2)의 $y=0$일 때의 해가 다음 근사값 $x_n$이다.

$$-f(x_{n-1})=f'(x_{n-1})(x_n-x_{n-1}) \tag{A.3}$$

따라서 $n$이 증가함에 따라 $x_n$이 특정값($a$)에 가까워지면 이것이 방정식의 근이 되고 이렇게 방정식의 해를 구하는 방법을 뉴턴의 방법이라 한다.

**뉴턴의 방법**

$$x_n = x_{n-1} - \frac{f(x_{n-1})}{f'(x_{n-1})} \qquad [f'(x_{n-1}) \neq 0] \tag{A.4}$$

$$f(x)=0\text{의 해 : } \lim_{n\to\infty} x_n = a \tag{A.5}$$

특정값을 찾는 것은 7장에서 다루는 수열의 극한을 찾는 방법을 적용할 수 있고 수열의 극한을 구할 수 없으면 컴퓨터를 이용하여 수치해를 구해야 한다. 이 경우 초기값을 잘못 선택하면 해를 구할 수 없거나 계산과정이 길어질 수 있다. 그림 A.2에서 $x_1$은 올바른 초기값이고 $x_2$와 $x_3$는 잘못 석택한 초기값이다.

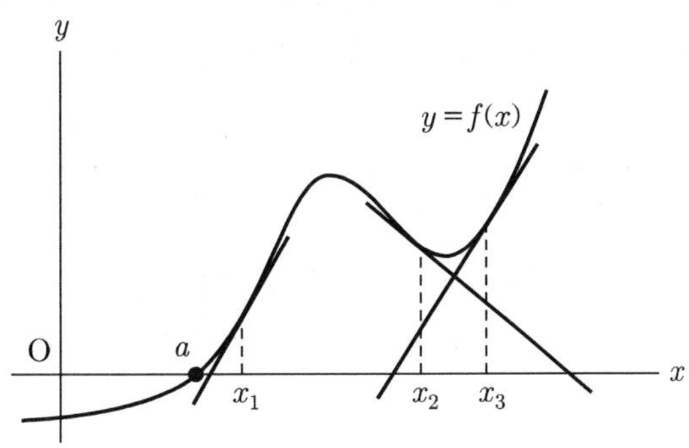


**그림 A.2** 초기값의 선택

### 예 A.1

(a) 초기값이 $x_1 = 2$ 일 때 방정식 $x^3 - 2x - 5 = 0$ 의 두 번째와 세 번째 해인 $x_2$와 $x_3$를 구하라.
(b) 뉴턴의 방법을 사용하여 $\sqrt{2}$ 의 근사값을 구하라.

**풀이** (a) $f(x) = x^3 - 2x - 5$로 두면 $f'(x) = 3x^2 - 2$이므로 식 (A.4)로부터 다음 과 같이 계산된다.

$$x_2 = x_1 - \frac{f(x_1)}{f'(x_1)} = 2 - \frac{2^3 - 2\cdot 2 - 5}{3\cdot 2^2 - 2} = 2.1$$

$$x_3 = x_2 - \frac{f(x_2)}{f'(x_2)} = 2.1 - \frac{(2.1)^3 - 2\cdot 2.1 - 5}{3\cdot (2.1)^2 - 2} \approx 2.095$$

(b) $f(x) = x^2 - 2 = 0$의 해를 구한다. $f'(x) = 2x$이므로 식 (A.4)로부터

$$x_n = x_{n-1} - \frac{x_{n-1}^2 - 2}{2x_{n-1}} = \frac{x_{n-1}}{2} + \frac{1}{x_{n-1}}$$

이다. $x_1 = 1$로 선택하면

$$x_2 = \frac{1}{2} + \frac{1}{1} = 1.5\ , \qquad x_3 = \frac{1.5}{2} + \frac{1}{1.5} \approx 1.41667$$

$$x_4 = \frac{1.41667}{2} + \frac{1}{1.41667} \approx 1.41422$$

이고 계속 계산하면 $\sqrt{2} = 1.41421$ 에 근접한 값을 얻을 수 있다.

---

### 예 A.2

(a) 곡선 $y = x^3 - x$ 와 직선 $y = 1$의 교점의 $x$ 값을 구하라.

(b) $x = \cos x$ 의 근을 구하라.

**풀이** (a) $f(x) = x^3 - x - 1 = 0$의 근을 구하는 문제이다. $f'(x) = 3x^2 - 1$이고 다음 그림으로부터 $x_1 = 1$로 선택하면 식 (A.4)로부터 다음과 같이 계산된다.

$$x_2 = x_1 - \frac{f(x_1)}{f'(x_1)} = 1 - \frac{1^3 - 1 - 1}{3 \cdot 1^2 - 1} = 1.5$$

$$x_3 = x_2 - \frac{f(x_2)}{f'(x_2)} = 1.5 - \frac{(1.5)^3 - 1.5 - 1}{3(1.5)^2 - 1} \approx 1.3478$$

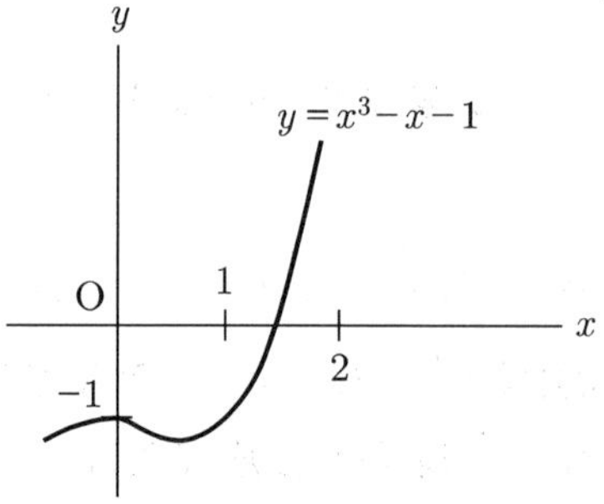


(b) $f(x) = \cos x - x = 0$의 근을 구하는 문제이다. $f'(x) = -\sin x - 1$이고 다음 그림으로부터 $x_1 = 1$로 선택하면 식 (A.4)로부터 다음과 같이 계산된다.

$$x_2 = x_1 - \frac{f(x_1)}{f'(x_1)} = 1 - \frac{\cos(1) - 1}{-\sin(1) - 1} \approx 0.75$$

$$x_3 = x_2 - \frac{f(x_2)}{f'(x_2)} = 0.75 - \frac{\cos(0.75) - 1}{-\sin(0.75) - 1} \approx 0.739$$

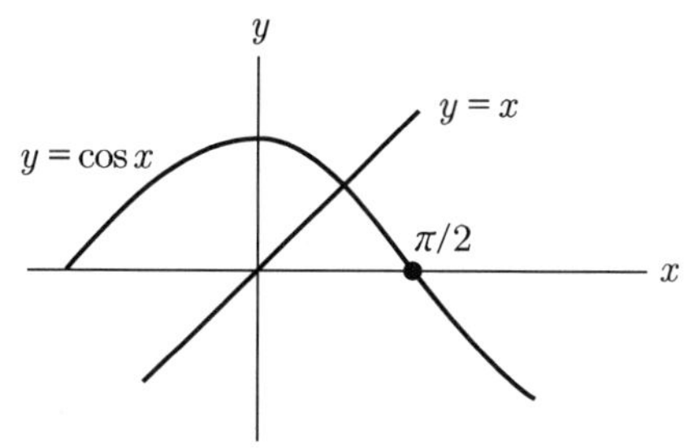
$y$
$y = x$
$y = \cos x$
$\pi/2$
$x$

CHAPTER

06

# 적 분



적분(integral)은 미분의 반대 즉, 미분하기 전의 함수를 찾는 것이다. 적분은 면적과 부피를 구하는 문제로부터 출발하여 위치에 따라 변하는 힘이 한 일 등을 구하는데 적용된다. 미적분학의 기본정리로부터 정적분을 구할 때 극한의 개념이 적용되고 미분과 마찬가지로 적분도 자연과학 및 공학계열 전공 교과목을 이수하기 위해서는 반드시 배워야 할 매우 중요한 내용이다.

## 6.1 부정적분

함수 $F(x)$를 미분한 것이 $f(x)$일 때 즉, $dF(x)/dx = f(x)$일 때 $F(x)$를 $f(x)$의 역도함수(antiderivative) 또는 원시함수(primitive function)라 하고 상수 $c$의 미분은 0이므로 $F(x)+c$의 미분도 $f(x)$이다. 이와 같이 $x$로 미분한 것이 함수 $f(x)$가 되는 함수를 $f(x)$의 부정적분(indefinite integral)이라 하고 다음과 같이 정의한다. $f(x)$의 부정적분을 구하는 것을 $f(x)$를 적분한다고 한다.

**부정적분**

$$\int f(x)\,dx = F(x) + c \tag{6.1}$$

여기서 $\int$는 적분기호(integral), $f(x)$는 피적분함수, $dx$는 적분변수가 $x$임을 의미하고 $c$는 적분상수이다. $\int 1 \cdot dx$는 $x$로 미분해서 1이 되는 함수이므로 $\int 1 \cdot dx = x + c$이고 마찬가지로 $\int 1 \cdot d\sin x$는 $\sin x$로 미분해서 1이 되는 함수이므로 $\int 1 \cdot d\sin x = \sin x + c$이다.

### (1) 기본 공식

적분은 미분의 반대이므로 제 5 장의 미분공식들로부터 [표 6.1]의 부정적분에 대한 기본 공식들을 얻을 수 있다.

**예 6.1**

다음 부정적분들을 계산하라.

(a) $\int \left(x\sqrt{x} + \frac{1}{2x} + \sin x\right) dx$   (b) $\int (2 - \sin x)\, d\sin x$

**풀이** (a) $\int x^{3/2}\,dx + \frac{1}{2}\int \frac{1}{x}\,dx + \int \sin x\,dx$

$= \frac{2}{5}x^{5/2} + \frac{1}{2}\ln|x| - \cos x + c$

(b) $2\sin x - \frac{1}{2}\sin^2 x$

**표 6.1** 부정적분의 기본 공식

| 도함수 | 부정적분 |
|---|---|
| [예 5.17] (a) $\frac{dx^n}{dx} = nx^{n-1}$ | $\int x^n dx = \frac{x^{n+1}}{n+1} + c \ (n \neq -1)$ (6.2) |
| (5.17) $\frac{d\sin x}{dx} = \cos x$ | $\int \cos x\, dx = \sin x + c$ (6.3) |
| (5.18) $\frac{d\cos x}{dx} = -\sin x$ | $\int \sin x\, dx = -\cos x + c$ (6.4) |
| (5.19) $\frac{d\tan x}{dx} = \sec^2 x$ | $\int \sec^2 x\, dx = \tan x + c$ (6.5) |
| (5.20) $\frac{d\csc x}{dx} = -\csc x \cdot \cot x$ | $\int \csc x \cdot \cot x\, dx = -\csc x + c$ (6.6) |
| (5.21) $\frac{d\sec x}{dx} = \sec x \cdot \tan x$ | $\int \sec x \cdot \tan x\, dx = \sec x + c$ (6.7) |
| (5.22) $\frac{d\cot x}{dx} = -\csc^2 x$ | $\int \csc^2 x\, dx = -\cot x + c$ (6.8) |
| (5.30) $\frac{de^x}{dx} = e^x$ | $\int e^x dx = e^x + c$ (6.9) |
| (5.29) $\frac{da^x}{dx} = a^x \ln a$ | $\int a^x dx = \frac{a^x}{\ln a} + c$ (6.10) |
| [예 5.17] (b) $\frac{d\ln\lvert x\rvert}{dx} = \frac{1}{x}$ | $\int \frac{1}{x} dx = \ln\lvert x\rvert + c$ (6.11) |

같은 방법으로 하면 역삼각함수[식 (5.23)-(5.28)]의 부정적분은($u = x/a$로 치환)

$$\int \frac{1}{\sqrt{a^2 - x^2}}\, dx = \sin^{-1}\frac{x}{a} + c \tag{6.12}$$

$$\int \frac{1}{a^2 + x^2}\, dx = \frac{1}{a}\tan^{-1}\frac{x}{a} + c \tag{6.13}$$

$$\int \frac{1}{x\sqrt{x^2 - a^2}}\, dx = \frac{1}{a}\sec^{-1}\frac{x}{a} + c \tag{6.14}$$

이고 다음이 성립한다.

$$\int [f(x) \pm g(x)]\, dx = \int f(x)\, dx \pm \int g(x)\, dx \tag{6.15}$$

쌍곡선 함수의 적분공식도 유도할 수 있다(연습문제 [5.27]과 [5.30]).

### (2) 치환적분

식 (5.11)을 적분하면 다음 공식이 성립한다. 이것은 $u \equiv g(x)$일 때 $du/dx = g'(x)$를 $du = g'(x)\,dx$로 둔 것과 같다.

**치환적분**

$$\int f[g(x)]\,g'(x)\,dx = \int f(u)\,du \tag{6.16}$$

**증명**

식 (5.11)로부터 $dF(g(x))/dx = F'(g(x))\,g'(x)$이고 이것을 적분하면

$$\int F'(g(x))\,g'(x)\,dx = F(g(x)) + c = \int F'(u)\,du$$

이 되므로 $F'(u) = f(u)$로 두면 된다.

**예 6.2**

다음 부정적분들을 계산하라.

(a) $\int \sin(3x-1)\,dx$　(b) $\int e^{-3x+1}\,dx$　(c) $\int \frac{1}{2x+3}\,dx$

(d) $\int x^3\sqrt{x^4+5}\,dx$　(e) $\int \sin^2 x\,dx$　(f) $\int \sin 4x \cdot \cos 5x\,dx$

(g) $\int \frac{1}{x\ln x}\,dx$　(h) $\int \frac{1}{x^2+4}\,dx$　(i) $\int \sec x\,dx$

**풀이** (a) $u \equiv 3x-1,\ du = 3\,dx$

$$\Rightarrow \int \sin(3x-1)\,dx = \frac{1}{3}\int \sin u\,du = -\frac{1}{3}\cos(3x+1) + c$$

(b) $u \equiv -3x+1,\ du = -3\,dx$

$$\Rightarrow \int e^{-3x+1}\,dx = -\frac{1}{3}\int e^u\,du = -\frac{1}{3}e^{-3x+1} + c$$

(c) $u \equiv 2x+3,\ du = 2dx$

$$\Rightarrow \int \frac{1}{2x+3}\,dx = \frac{1}{2}\int \frac{1}{u}\,du = \frac{1}{2}\ln|2x+3| + c$$

(d) $u \equiv x^4+5,\ du = 4x^3\,dx$

$$\Rightarrow \int x^3\sqrt{x^4+5}\,dx = \frac{1}{4}\int u^{1/2}du = \frac{1}{6}(x^4+5)^{3/2} + c$$

(e) $\int \sin^2 x\, dx = \int \frac{1-\cos(2x)}{2}\, dx = \frac{x}{2} - \frac{1}{4}\sin(2x) + c$

(f) $\sin\alpha \cdot \cos\beta = \frac{1}{2}[\sin(\alpha+\beta) + \sin(\alpha-\beta)]$ : 식 (2.14)

$$\Rightarrow \int \sin 4x \cdot \cos 5x\, dx = \frac{1}{2}\int [\sin(9x) - \sin x]\, dx$$

$$= \frac{1}{2}\left[\cos x - \frac{1}{9}\cos(9x)\right] + c$$

(g) $u = \ln x$, $du = \frac{dx}{x}$ $\Rightarrow \int \frac{1}{x \ln x}\, dx = \int \frac{1}{u}\, du = \ln|\ln x| + c$

(h) $\int \frac{1}{x^2+4}\, dx = \frac{1}{4}\int \frac{1}{(x/2)^2+1}\, dx = \frac{1}{4}\int \frac{2du}{u^2+1}$

$$= \frac{1}{2}\tan^{-1}\left(\frac{x}{2}\right) + c$$

(i) $\int \sec x\, dx = \int \frac{\sec^2 x + \sec x \cdot \tan x}{\sec x + \tan x}\, dx$

$[u \equiv \sec x + \tan x,\ du = (\sec x \cdot \tan x + \sec^2 x)\, dx]$

$$\Rightarrow \int \sec x\, dx = \int \frac{1}{u}\, du = \ln|\sec x + \tan x| + c$$

## (3) 부분적분

곱함수의 미분공식[식 (5.8)]에서 $u = f(x)$, $v = g(x)$로 두고 적분하면 다음 공식이 성립한다.

**부분적분**

$$\int uv'\, dx = uv - \int u'v\, dx \tag{6.17}$$

**예 6.3**

다음 부정적분들을 계산하라.

(a) $\int x e^{-2x}\, dx$

(b) $\int \ln x\, dx$

(c) $\int x \cos(2x)\, dx$

(d) $\int x \sec^2 x\, dx$

**풀이** (a) $u \equiv x,\ v' \equiv e^{-2x},\ u' = 1,\ v = -e^{-2x}/2$

$$\Rightarrow \int x e^{-2x}\,dx = x \cdot \frac{-e^{-2x}}{2} - \frac{-1}{2}\int e^{-2x}\,dx$$

$$= -\frac{1}{4}e^{-2x}(2x+1) + c$$

(b) $u \equiv \ln x,\ v' \equiv 1,\ u' = 1/x,\ v = x$

$$\Rightarrow \int \ln x\,dx = \ln x \cdot x - \int \frac{1}{x} \cdot x\,dx = x\ln x - x + c$$

(c) $u \equiv x,\ v' \equiv \cos(2x),\ u' = 1,\ v = (\sin 2x)/2$

$$\Rightarrow \int x\cos(2x)\,dx = \frac{x\sin(2x)}{2} - \frac{1}{2}\int \sin(2x)\,dx$$

$$= \frac{x\sin(2x)}{2} + \frac{1}{4}\cos(2x) + c$$

(d) $u \equiv x,\ v' \equiv \sec^2 x,\ u' = 1,\ v = \tan x$

$$\Rightarrow \int x\sec^2 x\,dx = x\tan x - \int \tan x\,dx$$

$$\int \tan x\,dx = \int \frac{\sin x}{\cos x}\,dx = -\int \frac{1}{u}\,du = -\ln|\cos x| + c$$

$$\Rightarrow \int x\sec^2 x\,dx = x\tan x + \ln|\cos x| + c$$

## (4) 삼각치환법

피적분함수가 $\sqrt{a^2 - x^2}$, $\sqrt{a^2 + x^2}$ 또는 $\sqrt{x^2 - a^2}$ 형태의 항을 포함하면 다음과 같이 치환하여 적분할 수 있다. 적분구간은 각각 $\cos\theta \geq 0$, $\cos\theta > 0$, $\tan\theta \geq 0$이 되도록 선택한다.

| 함수 | 치환 | 구간 |
|---|---|---|
| $\sqrt{a^2 - x^2}$ | $x = a\sin\theta$ (6.18) | $-\pi/2 \leq \theta \leq \pi/2$ |
| $\sqrt{a^2 + x^2}$ | $x = a\tan\theta$ (6.19) | $-\pi/2 < \theta < \pi/2$ |
| $\sqrt{x^2 - a^2}$ | $x = a\sec\theta$ (6.20) | $0 \leq \theta < \pi/2,\ \pi \leq \theta < 3\pi/2$ |

**예 6.4**

다음 부정적분들을 계산하라.

(a) $\int \frac{1}{x^2\sqrt{4-x^2}}\,dx$  (b) $\int \frac{1}{\sqrt{x^2-9}}\,dx$

(c) $\int \frac{1}{\sqrt{x^2+4}}\,dx$

**풀이** (a) $x \equiv 2\sin\theta,\ dx = 2\cos\theta\, d\theta,\ \sqrt{4-x^2} = 2\cos\theta$

$$\Rightarrow \int \frac{1}{x^2\sqrt{4-x^2}}\,dx = \int \frac{2\cos\theta}{4\sin^2\theta \cdot 2\cos\theta}\,d\theta = \frac{1}{4}\int \csc^2\theta\, d\theta$$

$$= -\frac{1}{4}\cot\theta + c = -\frac{\sqrt{4-x^2}}{4x} + c$$

(b) $x \equiv 3\sec\theta,\ dx = 3\sec\theta \cdot \tan\theta\, d\theta,\ \sqrt{x^2-9} = 3\tan\theta$

$$\Rightarrow \int \frac{1}{\sqrt{x^2-9}}\,dx = \int \frac{3\sec\theta \cdot \tan\theta}{3\tan\theta}\,d\theta = \int \sec\theta\, d\theta \ : [\text{예 } 6.2]\ (\text{i})$$

$$= \ln|\sec\theta + \tan\theta| + c = \ln\left|\frac{x}{3} + \frac{\sqrt{x^2-9}}{3}\right| + c$$

(c) $x \equiv 2\tan\theta,\ dx = 2\sec^2\theta\, d\theta,\ \sqrt{x^2+4} = 2\sec\theta$

$$\Rightarrow \int \frac{1}{\sqrt{x^2+4}}\,dx = \int \frac{2\sec^2\theta}{2\sec\theta}\,d\theta = \int \sec\theta\, d\theta \ : [\text{예 } 6.2]\ (\text{i})$$

$$= \ln|\sec\theta + \tan\theta| + c = \ln\left|\frac{\sqrt{x^2+4}}{2} + \frac{x}{2}\right| + c$$

## (5) 유리함수 적분

분자와 분모가 다항식 형태인 유리함수의 적분은 우선 분자의 차수를 분모의 차수보다 작게 만든 다음 계산한다. 분자의 차수가 분모의 차수보다 작고 분모가 $x$의 1차 함수의 곱의 형태로 되어 있는 경우는 다음과 같이 부분분수로 바꾸고 $A_n$ 값들을 구한 후 적분한다.

$$\frac{f(x)}{(a_1x+b_1)(a_2x+b_2)\cdots(a_nx+b_n)} = \frac{A_1}{a_1x+b_1} + \frac{A_2}{a_2x+b_2} + \cdots + \frac{A_n}{a_nx+b_n} \tag{6.21}$$

분모가 $(ax+b)^n$ 형태를 포함하는 경우는

$$\frac{f(x)}{(ax+b)^n}=\frac{A_1}{ax+b}+\frac{A_2}{(ax+b)^2}+\cdots+\frac{A_n}{(ax+b)^n} \tag{6.22}$$

로 두고, 분모가 인수분해되지 않는 $x$의 2차 항까지 포함하면 다음과 같이 둔다.

$$\begin{aligned}&\frac{f(x)}{(a_1x^2+b_1x+c_1)(a_2x^2+b_2x+c_2)\cdots(a_nx^2+b_nx+c_n)}\\&=\frac{A_1x+B_1}{a_1x^2+b_1x+c_1}+\frac{A_2x+B_2}{a_2x^2+b_2x+c_2}+\cdots+\frac{A_nx+B_n}{a_nx^2+b_nx+c_n}\end{aligned} \tag{6.23}$$

**예 6.5**

다음 함수들의 부정적분들을 계산하라.

(a) $\dfrac{1}{(x-a)(x-b)}$ (b) $\dfrac{3x^2-4x+1}{(x-2)(x^2+1)}$ (c) $\dfrac{2x+4}{x^3-2x^2}$

**풀이**

(a) $\dfrac{1}{(x-a)(x-b)}=\dfrac{1}{a-b}\left(\dfrac{1}{x-a}-\dfrac{1}{x-b}\right)$

$\Rightarrow \displaystyle\int\frac{1}{(x-a)(x-b)}\,dx=\frac{1}{a-b}\ln\left|\frac{x-a}{x-b}\right|+c$

(b) $\dfrac{3x^2-4x+1}{(x-2)(x^2+1)}=\dfrac{1}{x-2}+\dfrac{2x}{x^2+1}$

$\Rightarrow \displaystyle\int\frac{3x^2-4x+1}{(x-2)(x^2+1)}\,dx=\ln|(x-2)(x^2+1)|+c$

(c) $\dfrac{2x+4}{x^3-2x^2}=\dfrac{2x+4}{x^2(x-2)}=-\dfrac{2}{x}-\dfrac{2}{x^2}+\dfrac{2}{x-2}$

$\Rightarrow \displaystyle\int\frac{2x+4}{x^3-2x^2}\,dx=2\ln\left|\frac{x-2}{x}\right|+\frac{2}{x}+c$

## (6) 기타 적분

피적분함수가 $\sqrt[m]{ax+b}$와 $\sqrt[n]{ax+b}$ 항을 포함하면 $m$과 $n$의 최소 공배수 $k$에 대해 $u\equiv\sqrt[k]{ax+b}$로 치환하고 분수가 $\sin x$ 또는 $\cos x$를 포함할 때는 $u=\tan(x/2)$로 치환하면 적분이 가능한 경우가 있다.

**예 6.6**

다음 부정적분들을 계산하라.

(a) $\int \frac{dx}{2+2\sqrt{x}}$ (b) $\int \frac{dx}{\sqrt{x}\,(1+\sqrt[3]{x}\,)}$

(c) $\int \frac{dx}{1+\sin x}$

**풀이** (a) $u \equiv x^{1/2},\ x \equiv u^2,\ dx = 2u\,du$

$$\Rightarrow \int \frac{1}{2+2\sqrt{x}}\,dx = \int \frac{u}{1+u}\,du = \int \left(1-\frac{1}{1+u}\right)du$$
$$= \sqrt{x} - \ln|1+\sqrt{x}\,| + c$$

(b) $u \equiv \sqrt[6]{x}\,,\ x = u^6,\ dx = 6u^5\,du$

$$\Rightarrow \int \frac{dx}{\sqrt{x}\,(1+\sqrt[3]{x}\,)} = \int \frac{6u^5}{u^3(1+u^2)}\,du = 6\int \left(1-\frac{1}{u^2+1}\right)du$$
$$= 6\,(u-\tan^{-1}u) + c = 6\left[\,\sqrt[6]{x} - \tan^{-1}(\sqrt[6]{x}\,)\right] + c$$

(c) $u \equiv \tan(x/2),\ du = \sec^2(x/2)\,dx/2$

$$\Rightarrow \int \frac{dx}{1+\sin x} = \int \frac{2\cos^2(x/2)\,du}{\sin^2(x/2)+\cos^2(x/2)+2\sin(x/2)\cos(x/2)}$$
$$= 2\int \frac{du}{1+\tan^2(x/2)+2\tan(x/2)} = 2\int \frac{du}{(1+u)^2}$$
$$= -\frac{2}{1+u} + c = -\frac{2}{1+\tan(x/2)} + c$$

## 6.2 정적분

물체의 위치가 시간의 함수로 주어질 때 위치를 시간으로 미분하면 속도를 구할 수 있다. 이와는 반대로 정적분을 사용하면 속도가 주어질 때 위치를 구할 수 있고 정적분은 면적이나 부피를 구할 때도 사용된다.

### (1) 정적분

$f(x) \geq 0$ 인 연속함수에 대해 곡선 $y = f(x)$와 $x$축, 직선 $x = a$와 $x = b$로 둘러쌓인 면적을 정적분

$\int_a^b f(x)\,dx$ 라 하고 다음과 같이 주어진다. $F(x)$는 $f(x)$의 역도함수이다. $f(x) < 0$일 때는 결과에 −를 붙이면 실제 면적이 된다.

**정적분(미적분학의 기본정리 I)**

$$\int_a^b f(x)\,dx = F(b) - F(a) \equiv [F(x)]_{x=a}^{x=b} \tag{6.24}$$

**증명**

그림과 같이 구간을 $n$개의 구간($\Delta x_i = x_i - x_{i-1}$)으로 쪼갠다($x_0 = a$, $x_n = b$).

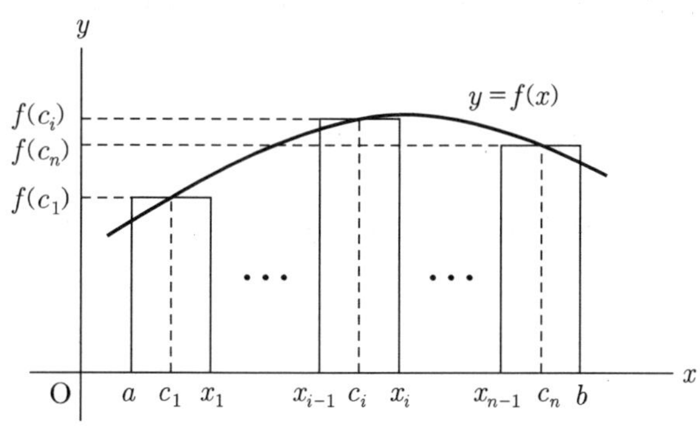


$f(x) \geq 0$ 일 때 그림과 같이 각 구간의 임의의 지점 $c_i$의 함수값 $f(c_i)$를 높이로 하는 사각형의 면적의 합은 다음과 같다.

$$A_n = \sum_{i=1}^{n} A_i = \sum_{i=1}^{n} f(c_i)\,\Delta x_i \tag{*1}$$

식 (*1)은 그림에서 보는 바와 같이 실제 면적 $A$와 차이가 나지만 $n \to \infty$로 선택하면 $c_i \to x_i$가 되고 각 구간에서의 차이가 사라지므로 실제 면적과 같아진다.

$$\int_a^b f(x)\,dx \equiv A = \lim_{n \to \infty} A_n = \sum_{i=1}^{\infty} f(c_i)\Delta x_i \tag{6.25}$$

즉, 위 식의 극한값이 존재하면 그 값이 실제 면적이 된다. $dF(x)/dx = f(x)$이면 평균값의 정리[식 (5.33)]에 의해

$$F'(c_i) = [F(x_i) - F(x_{i-1})]/(x_i - x_{i-1})$$

를 만족하는 $c_i$가 각 구간 안에 존재하므로 다음과 같이 증명된다.

$$\int_a^b f(x)\,dx = \sum_{i=1}^{\infty} F'(c_i)(x_i - x_{i-1}) = \sum_{i=1}^{\infty} [F(x_i) - F(x_{i-1})]$$
$$= [F(x_1) - F(x_0)] + [F(x_2) - F(x_1)]$$
$$+ \cdots + [F(x_n) - F(x_{n-1})]$$
$$= F(x_n) - F(x_0) = F(b) - F(a)$$

각 구간의 간격을 일정하게 두거나($\Delta x_i = \Delta x$) 각 구간에서 최솟(댓)값으로 된 사각형을 고려해도 결과는 같다.

**설명**

식 (6.25)는 다음과 같이 증명된다. $i$ 번째 구간 $\Delta x_i = x_i - x_{i-1}$에서 다음 그림과 같이 $f(x)$가 증가하는 경우 곡선 아래 면적 $A_i$는 큰 사각형 면적보다는 작고 작은 사각형 면적보다는 크므로 다음과 같다.

$$f(x_{i-1})\Delta x_i \le A_i \le f(x_i)\Delta x_i \tag{*1}$$

최대 오차는 왼쪽 그림의 흐린 4각 영역이고 이것은 $f(x)$가 $f(x_{i-1})$로 일정한 데 $f(x_i)$로 선택한 경우이다.

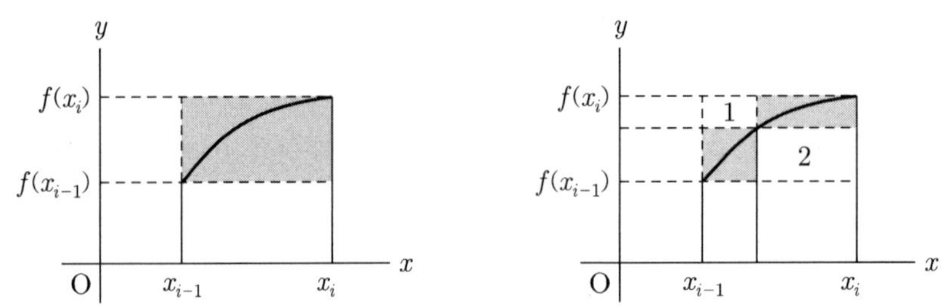


오른쪽 그림과 같이 구간을 두 배로 더 쪼개면 최대 오차는 흐린 부분이므로 1번 영역과 2번 영역만큼 오차가 줄어들고 쪼개는 구간을 증가시키면 이 오차는 사라져 식 (*1)은 모두 같게 된다. 따라서 구간을 무한히 증가시키면 $x_i \to x_{i-1}$이 되므로 구간 안에서의 함수값은 임의로 성택해도 된다.

**예 6.7**

다음 정적분을 식 (6.24)와 (6.25)로 계산한 결과가 같음을 보여라.

$$\int_0^2 (x^2 - 2x)\,dx$$

**풀이** (a) 식 (6.25)를 사용하기 위해 적분 구간을 일정한 간격 $\Delta x = (2-0)/n = 2/n$의 $n$개의 구간으로 일정하게 쪼개면 $x_0 = 0$, $x_1 = 2/n$, $\cdots$, $x_n = 2$이고 $c_i$를 각 구간의 오른쪽 끝으로 선택하면

$$A_n = \sum_{i=1}^{n} f(c_i)\Delta x = \sum_{i=1}^{n}\left(c_i^2 - 2c_i\right)\Delta x$$
$$= \sum_{i=1}^{n}\left[\left(\frac{2i}{n}\right)^2 - 2\cdot\frac{2i}{n}\right]\cdot\frac{2}{n} = \frac{8}{n^3}\left(\sum_{i=1}^{n} i^2 - n\sum_{i=1}^{n} i\right)$$

이다. 따라서 수열의 합 공식 (식 (7.9)와 연습문제 [7.6] 참고)

$$\sum_{i=1}^{n} i = \frac{n(n+1)}{2},\quad \sum_{i=1}^{n} i^2 = \frac{n(n+1)(2n+1)}{6}$$

를 고려하면

$$A_n = \frac{8}{n^3}\cdot\frac{n(n+1)}{6}(2n+1-3n) = -\frac{4\left(n^2-1\right)}{3n^2}$$

이므로 결과는 다음과 같다.

$$\lim_{n\to\infty} A_n = -\frac{4}{3}\lim_{n\to\infty}\frac{n^2-1}{n^2} = -\frac{4}{3}$$

(b) 식 (6.24)를 사용해도 다음과 같이 결과가 같다.

$$\int_0^2 \left(x^2 - 2x\right)dx = \left[\frac{1}{3}x^3 - x^2\right]_{x=0}^{x=2} = \frac{8}{3} - 4 = -\frac{4}{3}$$

---

정적분은 다음과 같은 성질이 있다.

$$\int_a^b \left[a_1 f(x) \pm a_2 g(x)\right]dx = a_1\int_a^b f(x)\,dx \pm a_2\int_a^b g(x)\,dx \tag{6.26}$$

$$\int_a^b f(x)\,dx = \int_a^c f(x)\,dx + \int_c^b f(x)\,dx \tag{6.27}$$

$$\int_a^b f(x)\,dx = -\int_b^a f(x)\,dx \tag{6.28}$$

**증명**

(a) $$\int_a^b [a_1 f(x) \pm a_2 g(x)]\,dx = \sum_{i=1}^{\infty} [a_1 f(c_i) \pm a_2 g(c_i)] \triangle x$$
$$= a_1 \sum_{i=1}^{\infty} f(c_i) \triangle x \pm a_2 \sum_{i=1}^{\infty} g(c_i) \triangle x$$
$$= a_1 \int_a^b f(x)\,dx \pm a_2 \int_a^b g(x)\,dx$$

(b) 식 (6.27)은 면을 두 부분으로 쪼갠 것이므로 식 (6.24)의 증명의 그림으로 부터 알 수 있다.

(c) $\triangle x = \dfrac{b-a}{n} = -\dfrac{a-b}{n}$이므로 식 (6.28)이 된다.

**예 6.8**

다음 정적분들을 계산하라.

(a) $\displaystyle\int_0^2 x\sqrt{x}\,dx$ (b) $\displaystyle\int_0^{\pi/2} \sin x\,dx$

(c) $\displaystyle\int_0^{\infty} e^{-3x}\,dx$ (d) $\displaystyle\int_1^{10} \frac{1}{x}\,dx$

(e) $\displaystyle\int_0^{\pi/4} \sqrt{1+\cos(4\theta)}\,d\theta$ (f) $\displaystyle\int_0^1 \frac{1}{(x+1)(x+3)}\,dx$

**풀이**

(a) $$\int_0^2 x^{3/2}\,dx = \left[\frac{2}{5}x^{5/2}\right]_{x=0}^{x=2} = \frac{2}{5}\cdot 2^{5/2} = \frac{8\sqrt{2}}{5}$$

(b) $$\int_0^{\pi/2} \sin x\,dx = [-\cos x]_{x=0}^{x=\pi/2} = 1$$

(c) $$\int_0^{\infty} e^{-3x}\,dx = \left[-\frac{1}{3}e^{-3x}\right]_{x=0}^{x=\infty} = \frac{1}{3}$$

(d) $$\int_1^{10} \frac{1}{x}\,dx = [\ln x]_{x=1}^{x=10} = \ln 10$$

(e) $$\int_0^{\pi/4} \sqrt{2\cos^2(2\theta)}\,d\theta = \sqrt{2}\left.\frac{\sin(2\theta)}{2}\right|_{\theta=0}^{\theta=\pi/4} = \frac{1}{\sqrt{2}}$$

(f) $$\frac{1}{2}\int_0^1 \left(\frac{1}{x+1} - \frac{1}{x+3}\right) dx = \frac{1}{2}\left([\ln(x+1)]_{x=0}^{x=1} - [\ln(x+3)]_{x=0}^{x=1}\right)$$
$$= \frac{1}{2}(\ln 2 - \ln 4 + \ln 3) = \frac{1}{2}\ln\left(\frac{3}{2}\right)$$

### (2) 연속함수의 평균

연속함수 $f(x)$의 구간 $a \le x \le b$에서의 평균 $f_{\text{avg}}$(average)은 다음과 같다.

**연속함수의 평균**

$$f_{\text{avg}} = \frac{1}{b-a}\int_a^b f(x)\,dx \tag{6.29}$$

**증명**

구간을 $\Delta x = (b-a)/n$ 간격으로 $n$ 등분한

$$x_0 = a,\ x_1 = a+\Delta x,\ x_2 = a+2\Delta x,\ \cdots,\ x_n = a+n\Delta x = b$$

에서의 함수값들의 평균은

$$\begin{aligned}\overline{f}_{\text{avg}} &= \frac{1}{n}\left[f(x_1)+f(x_2)+\cdots+f(x_n)\right] = \frac{1}{n}\sum_{i=1}^{n} f(x_i)\\ &= \frac{1}{b-a}\sum_{i=1}^{n} f(x_i)\left(\frac{b-a}{n}\right) = \frac{1}{b-a}\sum_{i=1}^{n} f(x_i)\Delta x\end{aligned}$$

이 되고 식 (6.25)와 같이 $n \to \infty$로 취하여 극한값을 구하면 실제값이 된다.

$$f_{\text{avg}} = \frac{1}{b-a}\lim_{n\to\infty}\sum_{i=1}^{n} f(x_i)\Delta x = \frac{1}{b-a}\int_a^b f(x)\,dx$$

**예 6.9**

$x=0$과 $x=\pi/2$ 사이의 $\cos x$의 평균값을 구하라.

**풀이** $(\cos x)_{\text{avg}} = \dfrac{2}{\pi}\displaystyle\int_0^{\pi/2}\cos x\,dx = \dfrac{2}{\pi}\left[\sin x\right]_{x=0}^{x=\pi/2} = \dfrac{2}{\pi}$

연속함수 $f(x)$에 대해 다음 식을 만족하는 $c$가 구간 $a \le x \le b$ 안에 존재한다.

**적분의 평균값 정리**

$$f(c) = \frac{1}{b-a}\int_a^b f(x)\,dx \quad (a \le c \le b) \tag{6.30}$$

**증명**

구간 $a \le x \le b$ 에서 $f(x)$ 의 최솟값을 $m$, 최댓값을 $M$ 이라 하면

$$\int_a^b m\,dx \le \int_a^b f(x)\,dx \le \int_a^b M\,dx$$

이므로 $a \le x \le b$ 에서의 평균값은

$$m \le \frac{1}{b-a}\int_a^b f(x)\,dx \le M$$

이고 중간값 정리[그림 4.3]에 의해 식 (6.30)을 만족하는 $c$ 가 존재한다.

---

식 (6.30)의 의미는 그림 6.1에서 곡선 아래의 면적과 같은 직사각형의 면적이 되는 높이가 $f(c)$ 이다. 그림 6.1에서는 $c$ 가 $c_1$, $c_2$ 두 개다.

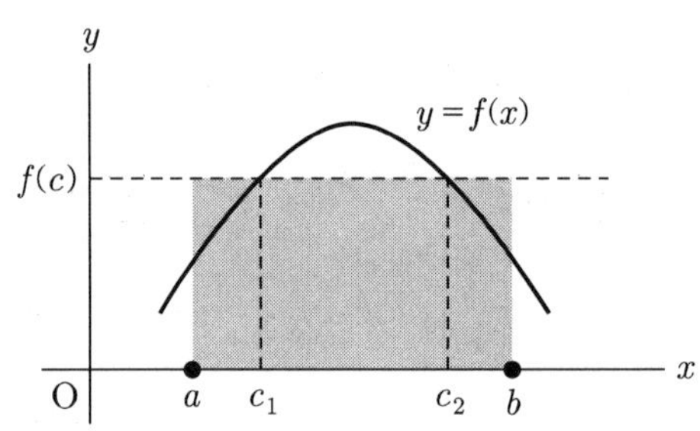


**그림 6.1** 적분의 평균값 정리

### 예 6.10

$f(x) = x^2$ 에 대해 구간 $0 \le x \le 2$ 에서 평균값 정리를 만족하는 $c$ 값을 구하라.

**풀이** $c^2 = \frac{1}{2-0}\int_0^2 x^2\,dx = \frac{8}{6} \Rightarrow c = \frac{2}{\sqrt{3}}$

---

함수 $f(x)$ 가 폐구간 $[a, b]$ 에서 연속이면 $a \le x \le b$ 인 $x$ 에 대해 다음 정리가 성립한다.

**미적분학의 기본정리 II**

$$\frac{d}{dx}\int_a^x f(t)\,dt = f(x) \tag{6.31}$$

**증명**

$g(x)=\int_a^x f(t)\,dt$ 로 두면 $h>0$ 에 대해

$$g(x+h)-g(x)=\int_a^{x+h} f(t)\,dt-\int_a^x f(t)\,dt=\int_x^{x+h} f(t)\,dt$$

$$g'(x)=\lim_{h\to 0}\frac{g(x+h)-g(x)}{h}=\lim_{h\to 0}\frac{1}{h}\int_x^{x+h} f(t)\,dt$$

이고 평균값의 정리에 의해 $\frac{1}{h}\int_x^{x+h} f(t)\,dt=f(c)$ 인 $c$ 가 $x$ 와 $x+h$ 사이에 존재한다. 따라서 $h\to 0$ 일 때 $c\to x$ 이므로 다음과 같다.

$$g'(x)=\lim_{h\to 0} f(c)=f(x)$$

**예 6.11**

$g(x)=\int_1^{x^2}\cos t\,dt$ 일 때 $g'(x)$를 구하라.

**풀이** $u=x^2$ 으로 두면 다음과 같다.

$$g'(x)=\frac{du}{dx}\cdot\frac{d}{du}\int_1^u \cos t\,dt=2x\cos\left(x^2\right)$$

## (3) 이상적분

미적분학의 기본정리를 사용하면 피적분함수가 연속이어야 정적분을 계산할 수 있다. 이 조건이 만족되지 않을 때, 예를 들어 $\int_0^1 \frac{1}{\sqrt{1-x}}\,dx$ 는 그림 6.2와 같이 $x=1$ 에서 $1/\sqrt{1-x}$ 가 $\infty$ 이므로 앞에서 배운 방법으로 정적분을 계산할 수 없다.

이 적분은 $0<c<1$ 인 $c$ 에 대해 $\int_0^c \frac{1}{\sqrt{1-x^2}}\,dx$ 를 계산한 후 $c\to 1$ 일 때의 극한값을 계산하여 적분을 계산할 수 있다. 이와 같이 적분 구간 안에 함수값이 무한이 되는 지점을 포함하거나 적분구간이 무한대인 적분을 이상적분(improper integral)이라 하고 다음과 같이 정의한다. 극한값이 존재하면 이상적분은 수렴한다고 하고 존재하지 않으면 발산하다고 한다.

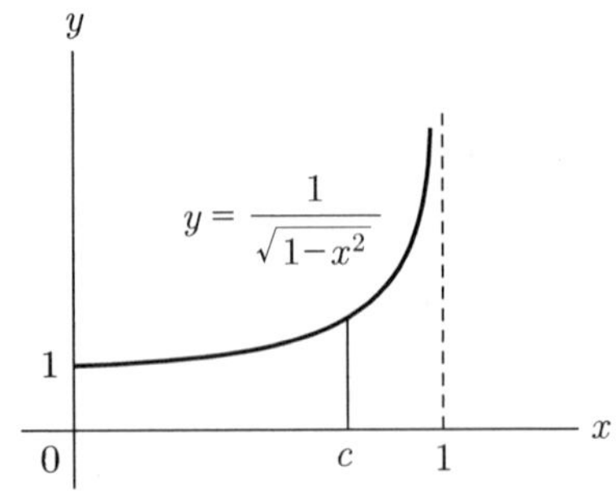


**그림 6.2** 이상적분

| 조건 | 이상적분 |
|---|---|
| $f(x)$ : $(a, b]$에서 연속 $\lim_{x\to a^+} f(x)=\pm\infty$ | $\int_a^b f(x)\,dx=\lim_{c\to a^+}\int_c^b f(x)\,dx$ (6.32) |
| $f(x)$ : $[a, b)$에서 연속 $\lim_{x\to b^-} f(x)=\pm\infty$ | $\int_a^b f(x)\,dx=\lim_{c\to b^-}\int_a^c f(x)\,dx$ (6.33) |
| $f(x)$ : $(-\infty, b]$에서 연속 | $\int_{-\infty}^b f(x)\,dx=\lim_{c\to -\infty}\int_c^b f(x)\,dx$ (6.34) |
| $f(x)$ : $[a, \infty)$에서 연속 | $\int_a^\infty f(x)\,dx=\lim_{c\to\infty}\int_a^c f(x)\,dx$ (6.35) |

## 예 6.12

다음 적분들을 계산하라.

(a) $\int_1^\infty \frac{dx}{x}$ (b) $\int_1^\infty \frac{dx}{x^2}$ (c) $\int_1^4 \frac{dx}{(x-2)^{2/3}}$

(d) $\int_0^\infty x e^{-x}\,dx$ (e) $\int_{-\infty}^\infty \frac{dx}{1+x^2}$

**풀이**

(a) $\int_1^\infty \frac{dx}{x}=\lim_{c\to\infty}\int_1^c \frac{dx}{x}=\lim_{c\to\infty}[\ln c-\ln 1]=\infty$

(b) $\int_1^\infty \frac{dx}{x^2}=\lim_{c\to\infty}\int_1^c \frac{dx}{x^2}=\lim_{c\to\infty}\left[-\frac{1}{c}+1\right]=1$

(c) $$\int_1^4 \frac{dx}{(x-2)^{2/3}}=\lim_{c\to 2^-}\int_1^c \frac{dx}{(x-2)^{2/3}}+\lim_{c\to 2^+}\int_c^4 \frac{dx}{(x-2)^{2/3}}$$
$$=3\lim_{c\to 2^-}\left[(x-2)^{1/3}\right]_{x=1}^{x=c}+3\lim_{c\to 2^+}\left[(x-2)^{1/3}\right]_{x=c}^{x=4}=3+3\cdot 2^{1/3}$$

(d) $u \equiv x,\ v' \equiv e^{-x},\ u' = 1,\ v = -e^{-x}$

$$\lim_{c\to\infty}\int_0^c x e^{-x}\,dx = \lim_{c\to\infty}\left(-\left[x e^{-x}\right]_{x=0}^{x=c} + \int_0^c e^{-x}\,dx\right)$$

$$= \lim_{c\to\infty}\left(-\frac{c}{e^c} - \frac{1}{e^c} + 1\right) = \lim_{c\to\infty}\left(-\frac{1}{e^c}\right) + 1 = 1 \text{ (로피탈의 정리)}$$

(e) $$\int_{-\infty}^{\infty}\frac{dx}{1+x^2} = \lim_{c\to-\infty}\int_c^0\frac{dx}{1+x^2} + \lim_{c\to\infty}\int_0^c\frac{dx}{1+x^2}$$

$$= \lim_{c\to-\infty}\left[\tan^{-1}x\right]_{x=c}^{x=0} + \lim_{c\to\infty}\left[\tan^{-1}x\right]_{x=0}^{x=c}$$

$$= 0 - (-\pi/2) + \pi/2 - 0 = \pi$$

## (4) 비교판정법

적분을 직접 계산할 수 없을 때 정적분의 수렴성은 다음과 같이 판정할 수 있다.

**비교판정법**

두 함수 $f(x)$와 $g(x)$가 구간 $[a, \infty)$에서 연속이고 $x \geq a$인 모든 $x$에 대해 $0 \leq f(x) \leq g(x)$이면 다음이 성립한다.

$$\int_a^{\infty} g(x)\,dx \text{가 수렴하면 } \int_a^{\infty} f(x)\,dx \text{도 수렴하고}$$

$$\int_a^{\infty} f(x)\,dx \text{가 발산하면 } \int_a^{\infty} g(x)\,dx \text{도 발산한다.}$$

**예 6.13**

다음 정적분들의 수렴성을 조사하라.

(a) $\displaystyle\int_1^{\infty}\frac{x}{1+x^3}\,dx$　　(b) $\displaystyle\int_1^{\infty}\frac{1+e^{-x}}{x}\,dx$

**풀이** (a) $\dfrac{x/(1+x^3)}{1/x^2} = \dfrac{x^3}{1+x^3} < 1$이므로 $\dfrac{x}{1+x^3} < \dfrac{1}{x^2}$이고 $\displaystyle\int_1^{\infty}\frac{1}{x^2}\,dx = 1$로 수렴하므로 답은 수렴한다.

(b) $\dfrac{1+e^{-x}}{x} > \dfrac{1}{x}$이고 [예 6.12] (a)에서 $\displaystyle\int_1^{\infty}\frac{dx}{x}$가 발산하므로 답은 발산한다.

## 6.3 정적분의 응용

앞 절에서는 정적분을 사용하여 곡선 아래의 면적을 구하는 방법을 배웠다. 이 절에서는 정적분을 사용하여 좀 더 일반적인 면적 등을 구하는 방법을 다룬다.

### (1) 면적

$f(x) \geq 0$일 때 식 (6.24)는 $x=a$와 $x=b$의 두 직선과 곡선 $y=f(x)$ 그리고 $x$축으로 둘러쌓인 면적을 의미한다. 이것을 이용하면 구간 $[a, b]$에서 $f(x) \geq g(x)$일 때 $x=a$와 $x=b$의 두 직선과 두 곡선 $y=f(x)$와 $y=g(x)$로 둘러싸인 면적은 다음과 같다.

**면적**

$f(x) \geq g(x)$일 때 $x=a$와 $x=b$의 두 직선과 두 곡선 $y=f(x)$와 $y=g(x)$로 둘러싸인 면적

$$A = \int_a^b [f(x) - g(x)]\, dx \tag{6.36}$$

**증명**

$h(x) = f(x) - g(x)$로 두고 그림과 같이 구간을 $n$개의 구간($\Delta x_i = x_i - x_{i-1}$)으로 쪼갠다 ($x_0 = a$, $x_n = b$). $c_i$는 각 구간의 임의의 지점이다.

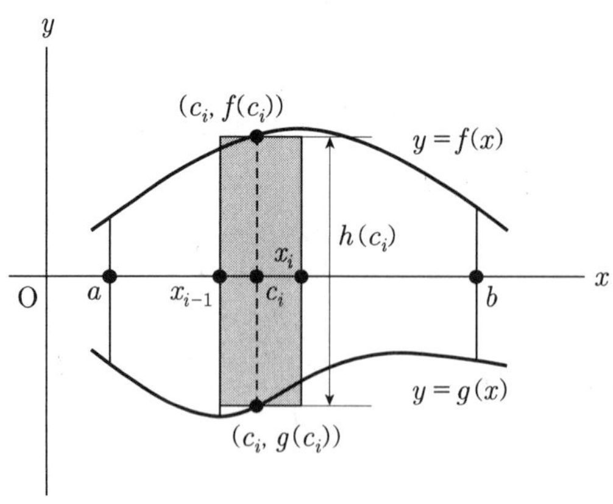


따라서 $f(c_i) - g(c_i)$를 높이로 하는 사각형들의 면적의 합은 다음과 같다.

$$A_n = \sum_{i=1}^{n} A_i = \sum_{i=1}^{n} h(c_i)\,\Delta x_i = \sum_{i=1}^{n} [\,f(c_i) - g(c_i)\,]\,\Delta x_i$$

$n \to \infty$로 선택하면 위 식은 식 (6.25)와 같은 형태이므로 결과가 된다.

---

$y=f(x)$와 $y=g(x)$로 둘러싸인 면적을 구할 때는 $f(x)=g(x)$인 두 지점의 $x$값들 중에 작은 것을 $a$, 큰 것을 $b$로 선택하면 된다.

### 예 6.14

다음을 구하라.

(a) $x=0$, $x=2$, $y=x^2$, $y=2-x^2$으로 둘러싸인 면적

(b) $y=x-2$, $y=\sqrt{x}$ 그리고 $x$축으로 둘러싸인 면적

(c) $y=x$와 $y=x^2$으로 둘러싸인 면적

(d) $x=y^2$과 $x=2-y^2$으로 둘러싸인 면적

**풀이** (a) 두 곡선은 그림 (a)와 같다.

$$x<1\ :\ 2-x^2 > x^2, \qquad x>1\ :\ 2-x^2 < x^2$$

$$A = \int_0^1 (2-x^2-x^2)\,dx + \int_1^2 [\,x^2-(2-x^2)\,]\,dx$$
$$= \left[2x - \frac{2x^3}{3}\right]_{x=0}^{x=1} + \left[\frac{2x^3}{3} - 2x\right]_{x=1}^{x=2} = 4$$

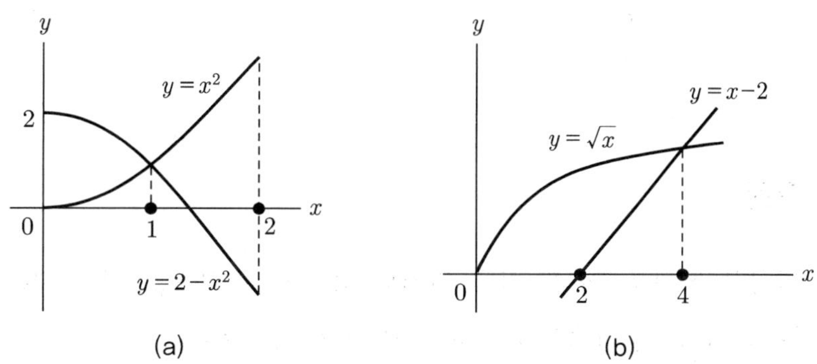


(a) (b)

(b) 두 곡선은 그림 (b)와 같다. 따라서 구하는 면적은 $y=\sqrt{x}$ 아래의 면적에서 $y=x-2$ 아래의 면적을 뺀 값이다.

$$A=\int_0^4 \sqrt{x}\,dx-\int_2^4 (x-2)\,dx$$
$$=\left[\frac{2}{3}x^{3/2}\right]_{x=0}^{x=4}-\left[\frac{x^2}{2}-2x\right]_{x=2}^{x=4}=\frac{10}{3}$$

(c) 그림 (c)와 같이 적분구간 $a$와 $b$를 먼저 구하여 결과를 구한다.

$$x^2=x\ :\ a=0,\ b=1$$
$$A=\int_0^1 (x-x^2)\,dx=\left[\frac{x^2}{2}-\frac{x^3}{3}\right]_0^1=\frac{1}{6}$$

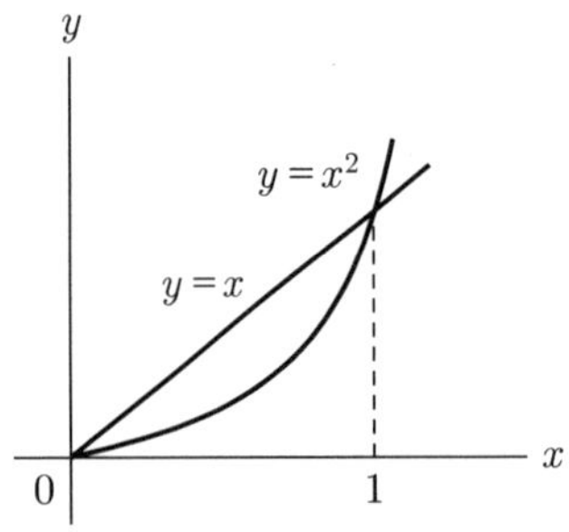

(c)

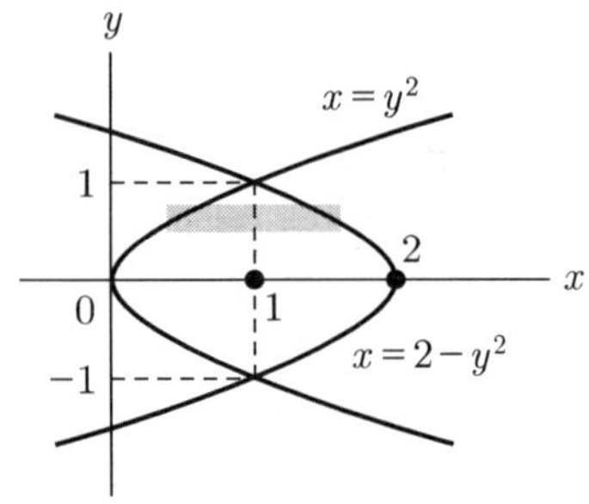

(d)

(d) 그림 (d)와 같은 사각형들을 고려하고 $y$에 대해 적분한다.

$$y^2=2-y^2\ :\ y=\pm 1,\quad 2-y^2>y^2$$
$$A=\int_{-1}^1 [(2-y^2)-y^2]\,dy=\left[2y-\frac{2}{3}y^3\right]_{y=-1}^{y=1}=\frac{8}{3}$$

## (2) 등가속도 운동

가속도가 $a$로 일정한 직선운동에서 처음 위치와 속도를 $x_0$와 $v_0$, 시간 $t$일 때의 위치와 속도를 $x$와 $v$라 하면 다음과 같은 등가속도운동의 식을 얻을 수 있다.

$$v=v_0+at \tag{6.37}$$

$$x=x_0+v_0t+\frac{1}{2}at^2 \tag{6.38}$$

**증명**

가속도의 정의인 식 (5.38) $a = dv/dt$의 적분($a=$ 상수)

$$\int_{t_0}^{t} \frac{dv}{dt}\, dt = \int_{v_0}^{v} dv = \int_{0}^{t} a\, dt$$

을 계산하면 식 (6.37)이 유도되고 속도의 정의인 식 (5.36) $v = dx/dt$의 적분에 식 (6.37)을 대입하여 다음 적분을 계산하면 식 (6.38)이 유도된다.

$$\int_{t_0}^{t} \frac{dx}{dt}\, dt = \int_{x_0}^{x} dx = \int_{0}^{t} (v_0 + at)\, dt$$

**예 6.15**

다음을 구하라.

(a) 100 m/s 의 일정한 속력으로 달리는 과속 자동차가 단속 경찰을 지나간 후 1 초 후에 경찰관이 5 $\mathrm{m/s^2}$의 일정한 가속도로 추적한다. 경찰관이 과속 자동차를 붙잡는데 걸리는 시간 $t_0$를 구하라.

(b) 지표면 근방의 물체는 지구 중심방향으로 일정한 중력가속도 $g = 9.8\ \mathrm{m/s^2}$로 등가속도 운동을 한다. 지면에서 높이 $H$ 인 지점으로부터 정지상태에서 자유낙하하는 물체가 지면에 도달하는데 걸리는 시간 $T$와 지면에 도달하기 직전의 속도 $v$을 구하라.

**풀이** (a) 과속 자동차는 등속도 운동($a = 0$)이고 경찰관은 등가속도 운동이므로 과속 자동차의 위치를 $x_1$, 경찰관의 위치를 $x_2$라 하면 이 둘이 $t_0$에서 같아야 하므로 식 (6.38)로부터

$$x_1(t_0) = 100 + 100\, t_0 = x_2(t_0) = 5t_0^2/2$$

이다. 이것의 해는 $t_0 = 20 + \sqrt{440}$ [s]이다.

(b) 연직상방향을 $+x$축으로 선택하면 $x_0 = H$, $v_0 = 0$, $a = -g$($-$는 아래 방향)이므로 식 (6.38)로부터

$$0 = H - \frac{1}{2} g T^2$$

이므로 $T = \sqrt{2H/g}$ 이고 식 (6.37)로부터

$$v = -gT = -\sqrt{2gH}$$

이다. $-$는 아래 방향을 의미한다.

## (3) 일

고전물리학에서 다루는 물리현상은 힘[단위 : N (newton)]을 사용하여 분석할 수도 있지만 일과 에너지의 개념을 사용하면 편리한 경우가 많다. 물체에 힘을 가하여 물체가 움직일 때 일(work)을 했다고 하고 일정한 크기의 힘 **F**에 의한 물체의 변위가 **s**일 때의 일 $W$는 식 (6.39)와 같이 정의한다. 일의 단위는 J(joule) = N · m이다.

**일정한 크기의 힘이 한 일**

$$W = \mathbf{F} \cdot \mathbf{s} = Fs\cos\theta \quad [\text{단위 : J}] \qquad (6.39)$$

$\cos\theta > 0$ : 일을 함

$\cos\theta < 0$ : 일을 받음

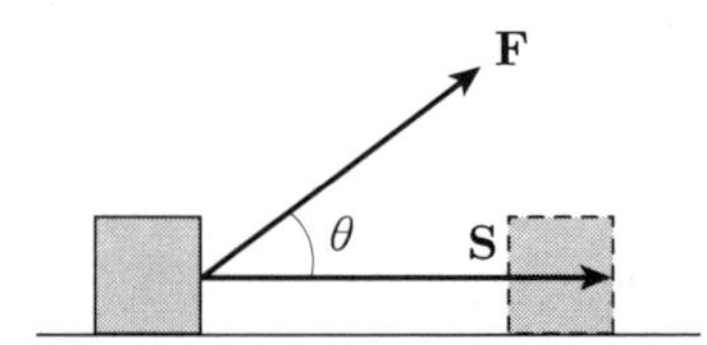


$x$ 방향으로 작용하는 일정한 크기의 힘 $F_0$에 의해 물체가 $x$ 방향으로 거리 $d$ 만큼 이동했을 때 한 일 $W = F_0 d$는 그림 6.3의 면적과 같다.

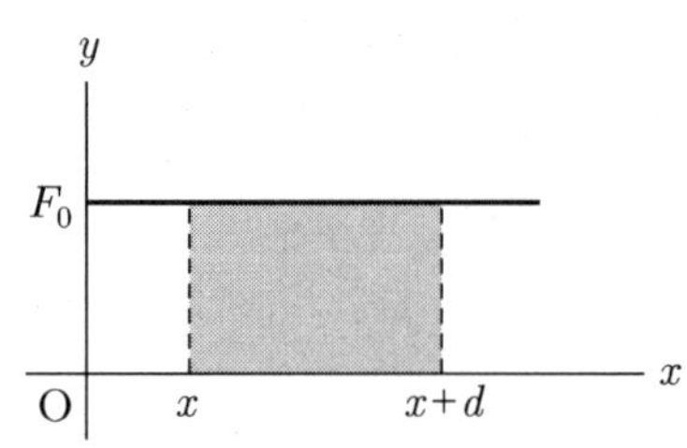


**그림 6.3** 일정한 크기의 힘에 의한 일

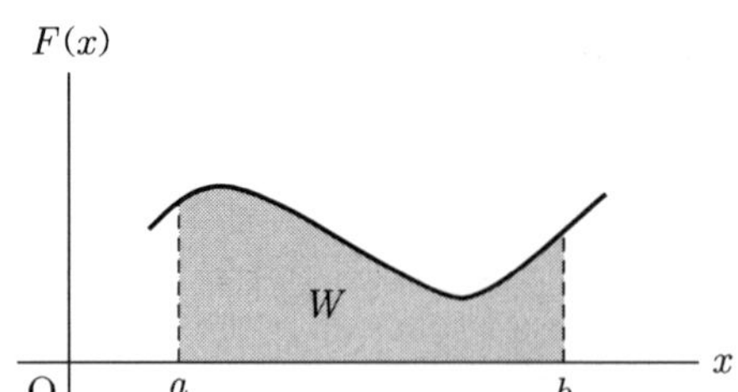


**그림 6.4** 크기가 변하는 힘에 의한 일

그림 6.4와 같이 위치에 따라 크기가 변하는 힘 $F(x)$에 의해 물체가 $x = a$에서 $x = b$까지 움직이는 동안 한 일은 정적분의 정의인 식 (6.24)에 의해 다음과 같다.

$$W = \int_a^b F(x)\,dx \tag{6.40}$$

힘이 크기뿐만 아니라 방향도 변할 때 한 일은 다음이 된다.

**크기가 변하는 힘이 한 일**

$$W = \int_a^b \mathbf{F} \cdot d\mathbf{r} \quad [\text{단위 : J}] \tag{6.41}$$

**예 6.16**

다음의 각각의 경우에 힘이 한 일을 구하라.

(a) 3N의 일정한 힘을 가하여 물체를 힘의 방향과 60° 각도 방향으로 2m 이동시켰다.

(b) $F(x) = 3x^2$의 힘을 가하여 물체를 $x = 1\,\text{m}$ 지점에서 $x = 3\text{m}$ 지점까지 이동시켰다.

**풀이** (a) $W = Fs\cos\theta = 3 \times 2 \times \cos 60^\circ = 3\,[\text{J}]$

(b) $W = \int_1^3 3x^2\,dx = \left[x^3\right]_{x=1}^{x=3} = 26\,[\text{J}]$

## (4) 부피

단면적을 이용하면 입체의 부피를 다음과 같이 구할 수 있다.

**부피**

단면적이 $A(x)$인 입체의 $x = a$에서 $x = b$ 사이의 부피

$$V = \int_a^b A(x)\,dx \tag{6.42}$$

**증명**

면적을 구하는 방법인 식 (6.36)의 증명과 유사한 방법으로 유도한다. 그림과 같이 구간을 $n$개의 구간($\Delta x_i = x_i - x_{i-1}$)으로 쪼개고($x_0 = a$, $x_n = b$) 각 구간에 임의의 지점 $c_i$에 대해 단면적이 $A(c_i)$이고 높이가 $\Delta x_i$인 원통을 만들면 (단면은 원이 아니라도 상관없다) 원통의 부피의 합은 다음과 같다.

$$V_n = \sum_{i=1}^{n} V_i = \sum_{i=1}^{n} A(c_i)\Delta x_i$$

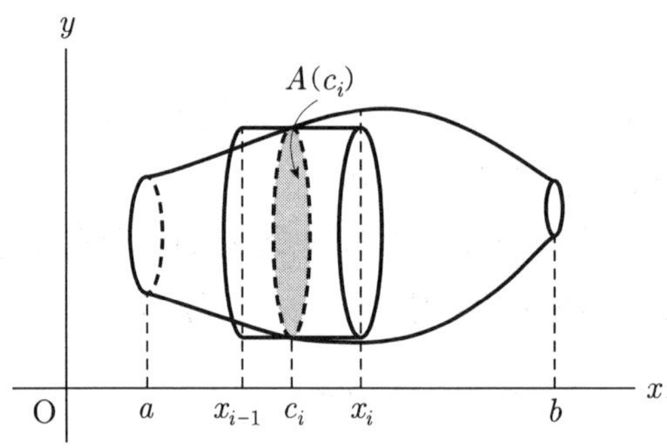


$n \to \infty$로 선택하면 위 식은 식 (6.25)와 같은 형태이므로 결과가 된다.

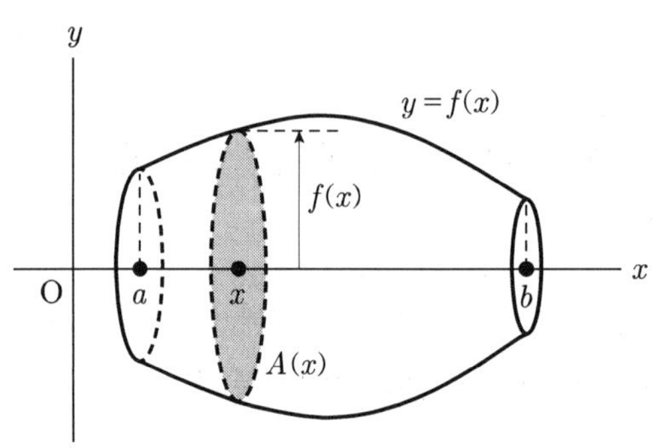


**그림 6.5** 회전체의 부피

그림 6.5와 같이 연속함수 $y = f(x)$와 $x$축, 직선 $x = a$와 $x = b$로 이루어진 영역을 $x$축 둘레로 회전시킨 회전체의 부피를 구할 때의 단면은 반지름이 $f(x)$인 원이므로 단면적은 다음과 같다.

**회전체의 단면적**

$$A(x) = \pi[f(x)]^2 \tag{6.43}$$

**예 6.17**

다음을 구하라.

(a) 수면의 높이가 $x$ 일 때 단면적이 $A = 3x^2 + 4x$ 인 높이가 $20\ \mathrm{cm}$ 인 그릇 안에 가득 차 있는 물의 양

(b) 물이 가득 차 있는 반지름이 $r = 1\ \mathrm{cm}$ 인 반 구 모양의 그릇 밑에 구멍을 뚫어 물을 빼낼 때 그릇 바닥으로부터 수면의 높이가 $h$일 때 그릇에 남아있는 물의 양

(c) $x = 0,\ x = 3,\ y = 1 + x/3,\ x$ 축으로 이루어진 부분을 $x$ 축 둘레로 회전시킨 입체의 부피

(d) $+x$ 축, $+y$ 축, $y = 2 - x^2/2$으로 둘러싸인 영역을 $y$ 축 둘레로 회전시킨 입체의 부피

**풀이**

(a) $V = \int_0^{20} (3x^2 + 4x)\,dx = \left[x^3 + 2x^2\right]_0^{20} = 8.8 \times 10^3\ [\mathrm{cm}^3]$

(b) 그림 (i)의 단면을 선택하면 $A(x) = \pi y^2 = \pi(r^2 - x^2)$ 이다.

$$V = \int_{r-h}^{r} A(x)\,dx = \pi \int_{1-h}^{1} (1 - x^2)\,dx = \pi\left(h^2 - \frac{h^3}{3}\right)$$

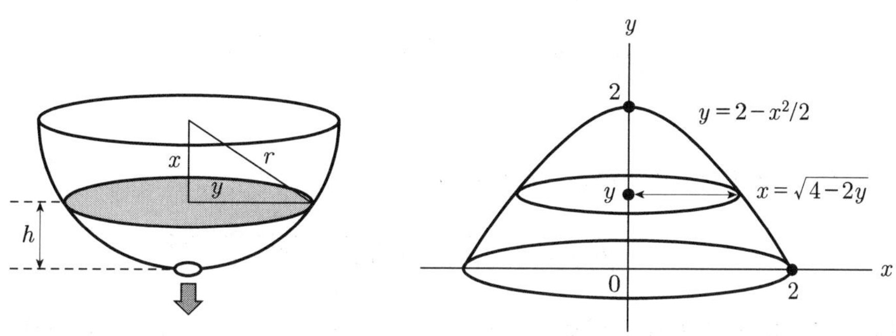


(i) (b)　　(ii) (d)

(c) $V = \int_0^3 \pi\left(1 + \frac{x}{3}\right)^2 dx = \pi\left[x + \frac{x^2}{3} + \frac{x^3}{27}\right]_{x=0}^{x=3} = 7\pi$

(d) 구하고자 하는 부피는 그림 (ii)와 같다.

$$V = \pi \int_0^2 \left(\sqrt{4 - 2y}\right)^2 dy = \pi\left[4y - y^2\right]_{y=0}^{y=2} = 4\pi$$

## (5) 곡선의 길이

정적분을 이용하면 곡선의 길이는 다음과 같이 주어진다.

**곡선의 길이**

$y=f(x)$에 의해 주어지는 곡선의 $x=a$에서 $x=b$ 사이의 길이

$$L=\int_a^b \sqrt{1+[f'(x)]^2}\,dx \tag{6.44}$$

**증명**

곡선의 길이를 구하기 위해 그림과 같이 구간을 $n$개의 구간$(\Delta x_i = x_i - x_{i-1})$으로 쪼갠다$(x_0=a,$ $x_n=b)$.

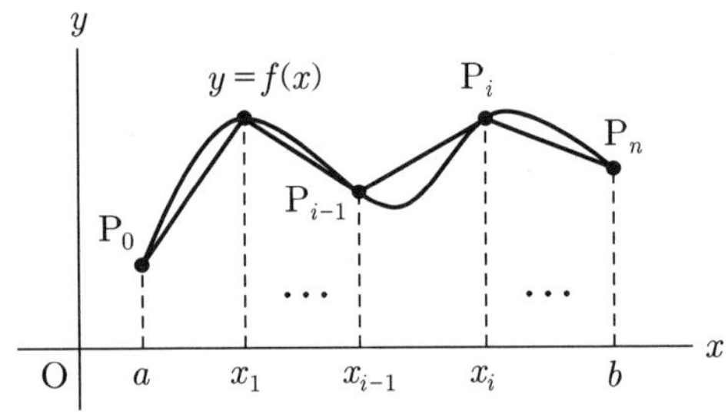


$i$ 번째 구간 $\mathrm{P}_{i-1}$과 $\mathrm{P}_i$를 연결하는 직선의 길이 $L_i$는

$$L_i=\sqrt{(x_i-x_{i-1})^2+[f(x_i)-f(x_{i-1})]^2}$$

이고 평균값의 정리[식 (5.33)]에 의해 $[f(x_i)-f(x_{i-1})]/(x_i-x_{i-1})=f'(c_i)$를 만족하는 $c_i$가 $x_{i-1}$과 $x_i$ 사이에 존재하므로

$$L_i=\sqrt{(\Delta x_i)^2+[\Delta f(x_i)]^2}=\sqrt{1+[f'(c_i)]^2}\,\Delta x_i$$

이다. 따라서 모든 구간의 직선의 길이의 합은 다음과 같다.

$$L_n=\sum_{i=1}^{n} L_i=\sum_{i=1}^{n}\sqrt{1+[f'(c_i)]^2}\,\Delta x_i$$

이것은 실제값과 차이가 나지만 $n\to\infty$로 선택하면 차이가 사라지고 $c_i\to x_i$가 되므로 위 식은 식 (6.25)와 같은 형태가 되어 결과가 된다.

물체의 위치가 매개변수 $t$로 주어질 때 곡선의 길이는 12장에서 다룬다[식 (12.10].

**예 6.18**

$x=4$와 $x=8$ 사이의 곡선 $y=x^{3/2}$의 길이를 구하라.

**풀이** $y'=\frac{3}{2}x^{1/2}$, $L=\int_4^8\sqrt{1+\frac{9x}{4}}\,dx$이므로 $u\equiv 1+\frac{9x}{4}$로 두면 다음과 같다.

$$L=\frac{4}{9}\int_{10}^{19}u^{1/2}du=\frac{8}{27}\left[u^{3/2}\right]_{u=10}^{u=19}=\frac{8}{27}\left[(19)^{3/2}-(10)^{3/2}\right]$$

## 6.4 연습문제

### 6.1 부정적분

**[6.1]** 다음 부정적분들을 계산하라.

(a) $\int \frac{x^3-1}{x-1}\,dx$ (b) $\int \cos^2 x\,dx$ (c) $\int (1+\sin x)^2 \cos x\,dx$

(d) $\int \frac{\ln x}{x}\,dx$ (e) $\int x\sqrt{2-x}\,dx$ (f) $\int \frac{x}{\sqrt{1-x^4}}\,dx$

(g) $\int x(x^2+1)^{100}\,dx$ (h) $\int \frac{x}{\sqrt{x+2}}\,dx$ (i) $\int \frac{x}{\sqrt{x+1}+1}\,dx$

(j) $\int x\sqrt{1-x}\,dx$ (k) $\int \frac{e^x}{1+e^{2x}}\,dx$ (l) $\int \frac{x}{\sqrt{1-x^4}}\,dx$

(m) $\int \sin^2(ax)\cos(ax)\,dx$

**[6.2]** 다음 부정적분들을 계산하라.

(a) $\int x^2 \sin x\,dx$ (b) $\int e^{2x}\sin x\,dx$ (c) $\int \sec^3 x\,dx$

(d) $\int \tan^{-1} x\,dx$ (e) $\int (\ln x)^2\,dx$

**[6.3]** 다음 부정적분들을 계산하라.

(a) $\int \frac{\sqrt{9-x^2}}{x^2}\,dx$ (b) $\int \frac{\sqrt{x^2-25}}{x}\,dx$

(c) $\int \frac{x+1}{\sqrt{x^2+2x+2}}\,dx$ (d) $\int \frac{1}{x^2\sqrt{1-x^2}}\,dx$

(e) $\int \frac{dx}{\sqrt{(9+x^2)^3}}$

**[6.4]** 다음 부정적분들을 계산하라.

(a) $\int \frac{1}{x^2+x-2}\,dx$ (b) $\int \frac{-2x+4}{(x^2+1)(x-1)^2\,dx}$

(c) $\int \frac{2x^3 - 4x^2 - 15x + 5}{x^2 - 2x - 8}\,dx$ (d) $\int \frac{2x^2 - x + 4}{x^3 + 4x}\,dx$

**[6.5]** 다음 부정적분들을 계산하라.

(a) $\int \frac{\sqrt{x+4}}{x}\,dx$ (b) $\int \frac{1}{x + \sqrt{x-1}}\,dx$

(c) $\int \frac{1 - \sqrt{x}}{1 + \sqrt[4]{x}}\,dx$ (d) $\int \frac{1}{\sin x + \cos x}\,dx$

## 6.2 정적분

**[6.6]** 다음 정적분들을 계산하라.

(a) $\int_1^2 \frac{1}{x^2}\,dx$ (b) $\int_0^{2\pi} \cos x\,dx$ (c) $\int_0^{\pi/6} \tan(2x)\,dx$

(d) $\int_1^2 \frac{1}{x+2}\,dx$ (e) $\int_0^{15} x\,e^{-x^2/2}\,dx$ (f) $\int_1^2 x^2 \ln x\,dx$

**[6.7]** 함수 $f(x) = 2x - x^2$에 대해 구간 $0 \le x \le 1$에서 적분의 평균값 정리를 만족하는 $c$를 구하라.

**[6.8]** $g'(x)$를 구하라.

(a) $g(x) = \int_{2x}^{x^2} \sqrt{t^2 + 1}\,dt$ (b) $g(x) = \int_1^{x^4} \sec t\,dt$

**[6.9]** 다음 정적분들을 계산하라.

(a) $\int_0^1 \frac{dx}{1-x}$ (b) $\int_1^{\infty} \frac{dx}{\sqrt{x}}$

(c) $\int_{-\infty}^{\infty} x\,e^{-x^2}\,dx$ (d) $\int_0^1 \ln x\,dx$

**[6.10]** 다음 정적분들의 수렴성을 조사하라.

(a) $\int_0^{\infty} \frac{\sin^2 x}{1 + e^x}\,dx$ (b) $\int_1^{\infty} \frac{2 + \sin x}{\sqrt{x}}\,dx$

## 6.3 정적분의 응용

**[6.11]** 다음을 구하라.

(a) $x=0$, $x=3$, $y=4-x^2$, $x$축으로 둘러싸인 면적

(b) $y=x^2$, $y=2-x$, $x$축으로 둘러싸인 면적

(c) $x=0$, $x=\pi/2$, $y=\sin x$, $y=\cos x$로 둘러싸인 면적

(d) $y=-x$와 $y=2-x^2$으로 둘러싸인 면적

(e) $y=x-1$과 $y^2=2x+6$으로 둘러싸인 면적

**[6.12]** 지면에서 처음속도 $v_0$로 연직상방향으로 던져진 물체가 최고점까지 올라가는데 걸리는 시간 $T$와 최고점의 높이 $H$를 구하라.

**[6.13]** 힘상수(용수철상수)가 $k$인 용수철의 변위가 $x$일 때 탄성력 $-kx$가 작용한다. 용수철의 변위가 $x_2(>0)$ 지점에서 $x_1(<x_2)$ 지점까지 변하는 동안 용수철이 용수철 끝에 매달린 물체에 한 일 $W_s$를 구하라.

**[6.14]** 다음을 구하라.

(a) 높이가 $a$이고 밑변은 한 변의 길이가 $a$인 정사각형 피라미드의 부피

(b) $y=1$, $x=4$, $y=\sqrt{x}$로 둘러싸인 영역을 $y=1$ 주위로 회전한 부피

(c) 반지름이 $R$인 구의 부피를 적분으로 구하라.

(d) $y=x^2$, $x=0$, $y=1$로 둘러싸인 영역을 $x$축 둘레로 회전시킨 입체의 부피

**[6.15]** $x=0$과 $x=1$ 사이의 곡선 $y=x^2$의 길이를 구하라.

# 보충 B 정적분의 수치해

보충 A에서 다룬 바와 같이 뉴턴의 방법과 컴퓨터를 활용하여 방정식의 근을 수치적으로 구할 수 있었다. 여기서는 원시함수를 구할 수 없어서 정적분을 직접 계산할 수 없을 때 수치적으로 계산하는 방법을 소개한다.

## (1) 사다리꼴 방법

정적분을 직접 계산할 수 없을 때 수치적으로 계산하기 위해 식 (6.24)의 유도과정처럼 적분구간을 간격이 $\Delta x = (b-a)/n = h$ 인 $n$ 개의 소구간으로 쪼갠다. 식 (6.24)는 각 구간을 직사각형으로 만들고 극한을 취한 것으로 소구간의 개수에 따라 오차가 생길 수 있다. 여기서는 이러한 오차를 줄이기 위해 각 구간의 곡선 위의 점들을 그림 B.1과 같이 연결하여 사다리꼴을 만든다.

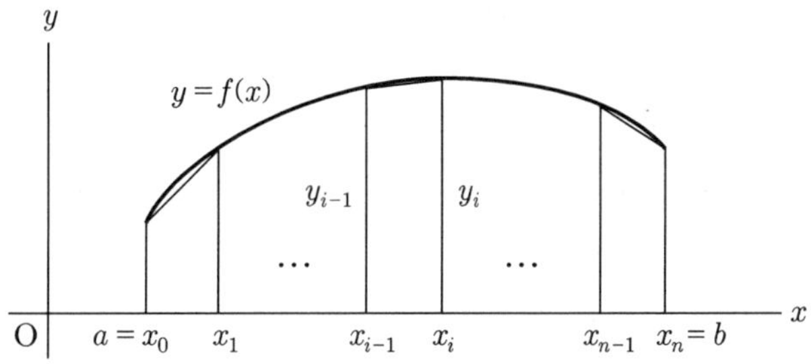


**그림 B.1** 사다리꼴 공식

사다리꼴의 면적은 (윗변의 길이+ 아랫변의 길이)× 높이/2이므로 그림 B.1의 사다리꼴들의 면적의 합은 $n$을 크게 선택하면 곡선 아래의 면적으로 근사할 수 있으므로 다음의 근사 공식이 유도된다.

**사다리꼴 공식**

$$\int_a^b f(x)\,dx \approx T_n = \frac{h}{2}(y_0 + 2y_1 + 2y_2 + \cdots + 2y_{n-1} + y_n) \qquad \text{(B.1)}$$

$$h = (b-a)/n,\ y_i = f(x_i),\ x_0 = a,\ x_1 = a+h,\ \cdots,\ x_n = a+nh = b$$

그림 B.2와 같이 곡선의 굴곡이 일정하지 않을 때는 오차와 계산 시간을 고려하여 쪼개는 개수를 구간마다 다르게 선택할 수 있다. 즉, 그림 B.2와 같이 굴곡이 심하지 않은 구간 A에서는 쪼개는 개수를 작게 하고 굴곡이 심한 구간 B에서는 쪼개는 개수를 많게 하는 것이 효과적이다.

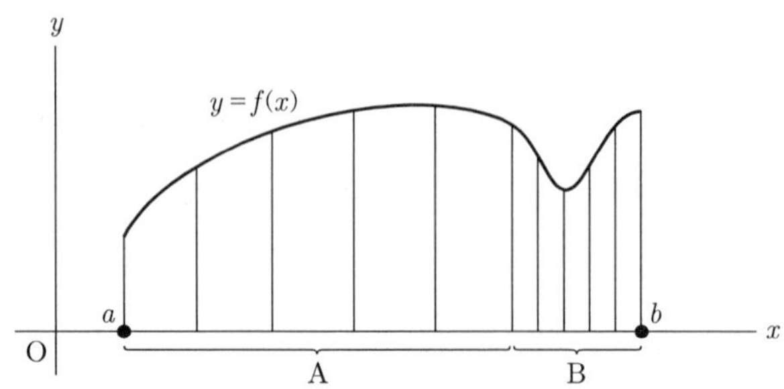


**그림 B.2** 구간의 선택

**예 B.1**

$\int_1^2 x^2 dx$를 $n=4$인 사다리꼴 공식으로 계산하고 실제값과 비교하라.

**풀이** $h=(2-1)/4=1/4$

$$T_4=\frac{1}{8}\left[1+2\left(\frac{25}{16}\right)+2\left(\frac{36}{16}\right)+2\left(\frac{49}{16}\right)+4\right]\approx 2.344$$

$$\int_1^2 x^2\, dx=\left[\frac{1}{3}x^3\right]_{x=1}^{x=2}\approx 2.333$$

## (2) 심프슨 방법

사다리꼴 방법을 사용하면 굴곡이 심한 경우 쪼개는 개수에 따라 오차가 많이 발생할 수 있다. 이를 보완한 것이 심프슨(Simpson) 방법이다. 심프슨 방법은 그림 B.3과 같이 각 구간을 직선 대신에 곡선에 가깝게 포물선으로 연결하는 것이다.

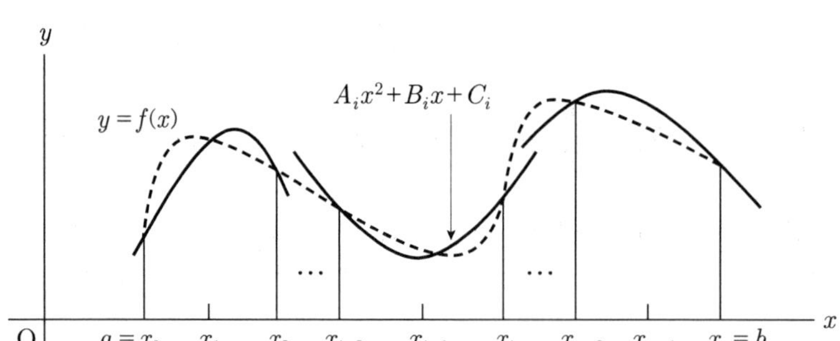


**그림 B.3** 심프슨 방법

**심프슨 공식**

$$\int_a^b f(x)\,dx \approx S_n = \frac{h}{3}\left(y_0 + 4y_1 + 2y_2 + 4y_3 + \cdots + 2y_{n-2} + 4y_{n-1} + y_n\right) \qquad \text{(B.2)}$$

$h = (b-a)/n, \quad y_i = f(x_i)$

$x_0 = a,\ x_1 = a + h,\ \cdots,\ x_n = a + nh = b$

그림 B.3과 같이 적분구간을 간격이 $\Delta x = (b-a)/n = h$인 짝수개의 $n$ 개의 소구간으로 쪼개고 각 구간을 $A_i x^2 + B_i x + C_i$ 형태로 근사하면 식 (B.2)가 된다. 첫 항과 마지막 항은 $y_0$와 $y_n$이고 $i$가 홀수일 때는 $y_i$에 4를 곱하고 $i$가 짝수일 때는 $y_i$에 2를 곱한다.

**증명**

그림과 같이 $x_i = -h,\ x_{i+1} = 0,\ x_{i+2} = h$인 경우를 고려하면 곡선 아래의 면적은 다음과 같다.

$$S = \int_{-h}^{h} (Ax^2 + Bx + C)\,dx = \frac{h}{3}(2Ah^2 + 6C)$$

$$y_i = Ah^2 - Bh + C,\ y_{i+1} = C,\ y_{i+2} = Ah^2 + Bh + C$$

$$y_i + 4y_{i+1} + y_{i+2} = 2Ah^2 + 6C$$

$$S = \frac{h}{3}(y_i + 4y_{i+1} + y_{i+2}) \qquad (*1)$$

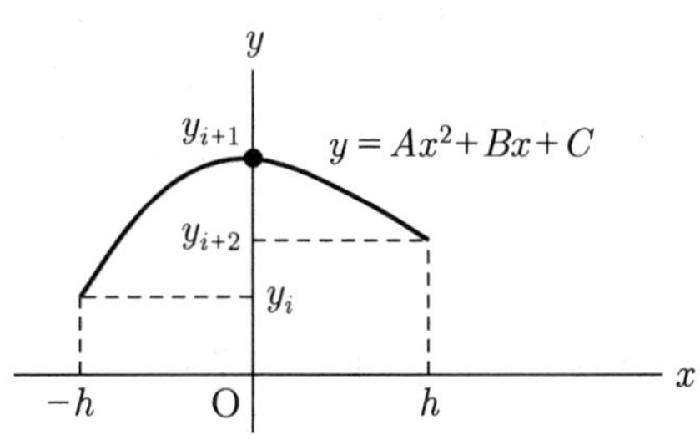


따라서 식 (*1)을 그림 B.2의 모든 구간에 대해 적용하면

$$\int_a^b f(x)\,dx \approx \frac{h}{3}(y_0 + 4y_1 + y_2) + \frac{h}{3}(y_2 + 4y_3 + y_4) + \cdots + \frac{h}{3}(y_{n-2} + 4y_{n-1} + y_n)$$

이 되므로 이것을 정리하면 결과가 된다.

### 예 B.2

예 B.1를 $n=4$인 심프슨공식으로 구하고 비교하라.

**풀이** $h=(2-1)/4=1/4$

$$S_4=\frac{1}{12}\left[1+4\left(\frac{25}{16}\right)+2\left(\frac{36}{16}\right)+4\left(\frac{49}{16}\right)+4\right]\approx 2.333$$

: 실제값에 더 가깝다.

### 예 B.3

정적분 $\int_1^2 \frac{1}{x}\,dx$을 (a) $n=10$인 사다리꼴 공식 (b) $n=10$인 심프슨 공식 (c) $n=10$이고 $c_i$가 중앙인 경우의 식 (6.25)로 구하고 (d) 실제값과 비교하라.

**풀이** (a) $h=\frac{2-1}{10}=\frac{1}{10}$

$$T_{10}=\frac{1}{20}\left[1+\frac{2}{1.1}+\frac{2}{1.2}+\frac{2}{1.3}+\frac{2}{1.4}+\frac{2}{1.5}+\frac{2}{1.6}+\frac{2}{1.7}+\frac{2}{1.8}+\frac{2}{1.9}+\frac{1}{2}\right]\approx 0.693771$$

(b) $$S_{10}=\frac{1}{30}\left[1+\frac{4}{1.1}+\frac{2}{1.2}+\frac{4}{1.3}+\frac{2}{1.4}+\frac{4}{1.5}+\frac{2}{1.6}+\frac{4}{1.7}+\frac{2}{1.8}+\frac{4}{1.9}+\frac{1}{2}\right]\approx 0.69315$$

(c) 식 (6.25) $$\approx\frac{1}{10}\left(\frac{1}{1.05}+\frac{1}{1.15}+\frac{1}{1.25}+\frac{1}{1.35}+\frac{1}{1.45}+\frac{1}{1.55}+\frac{1}{1.65}+\frac{1}{1.75}+\frac{1}{1.85}+\frac{1}{1.95}\right)\approx 0.692835$$

(d) $\int_1^2 \frac{1}{x}\,dx=\ln 2\approx 0.693147$. $S_{10}$에 제일 가깝다.

CHAPTER

# 07

# 무한급수



함수를 그대로 사용하면 문제가 너무 복잡하여 근사해서 사용해야 하는 경우가 자주 발생한다. 이 때 많이 사용하는 근사방법이 함수를 테일러급수 등 무한급수로 전개하는 것이다. 이 장에서는 무한급수에 대해 먼저 살펴본 후 이를 이용하여 함수를 테일러급수로 전개하여 근사하는 방법을 다룬다. 공학수학에서 다루는 미분방정식의 해는 간단한 방법으로 해를 구할 수 있는 경우도 있지만 일반적으로는 무한급수 형태로 주어진다(15장).

## 7.1 수열

수들을 나열한 것을 수열(sequence)이라 하고 수열의 항의 수가 무한개($\infty$)이면 무한수열(infinite sequence)이다. 따라서 무한수열의 정의역은 자연수(양의 정수)이고 각 항은 실수 함수이지만 $f(n)$으로 쓰지 않고 $a_n$으로 쓴다.

### (1) 수열

다음과 같이 수 $a_i$들을 일정한 순서로 나열한 것이 수열이다. 수열은 $\{a_i\}_{i=1}^{\infty}$ 또는 $\{a_i\}$ 등으로 나타낸다. $a_1$은 첫 항, $a_2$는 둘째 항, $a_n$은 $n$ 번째 항 또는 일반항이고 $n=\infty$이면 무한수열이다.

$$\{a_i\} = a_1,\ a_2,\ \cdots,\ a_n,\ \cdots \tag{7.1}$$

**예 7.1**

다음 수열들의 일반항 $a_n$을 구하라.

(a) $2,\ \frac{3}{2},\ \frac{4}{3},\ \frac{5}{4},\ \cdots$ (b) $\frac{3}{5},\ -\frac{4}{25},\ \frac{5}{125},\ \cdots$

**풀이**

(a) $a_n = \dfrac{n+1}{n}\quad (n=1,2,3,\cdots)$

(b) $a_n = (-1)^{n-1}\dfrac{n+2}{5^n}\quad (n=1,2,3,\cdots)$

### (2) 수열의 극한

함수의 극한과 유사하게 $n$이 증가할 때 $a_n$이 특정한 값($L$)으로 접근하면 수열은 수렴한다고 하고 수열의 극한은 $L$이라 한다.

**수열의 극한**

$$\lim_{n\to\infty} a_n = L \tag{7.2}$$

함수의 극한[식 (4.3)] $\lim_{x \to \infty} f(x) = L$ 에서 $x$ 는 실수이지만 수열의 극한에서 $n$ 은 양의 정수라는 것이 차이이다. 수열 $\{a_n\}$과 $\{b_n\}$이 모두 수렴하는 수열이고 $c_1$과 $c_2$가 상수일 때 다음이 성립한다.

$$\lim_{n \to \infty}(c_1 a_n \pm c_2 b_n) = c_1 \lim_{n \to \infty} a_n \pm c_2 \lim_{n \to \infty} b_n \tag{7.3}$$

$$\lim_{n \to \infty}(a_n b_n) = \left(\lim_{n \to \infty} a_n\right) \cdot \left(\lim_{n \to \infty} b_n\right) \tag{7.4}$$

$$\lim_{n \to \infty}\left(\frac{a_n}{b_n}\right) = \frac{\lim_{n \to \infty} a_n}{\lim_{n \to \infty} b_n} \left(\text{단, } \lim_{n \to \infty} b_n \neq 0\right) \tag{7.5}$$

$$\lim_{n \to \infty} f(a_n) = f\left(\lim_{n \to \infty} a_n\right) \tag{7.6}$$

$$f(n) = a_n \text{이고 } \lim_{x \to \infty} f(x) = L \text{이면 } \lim_{n \to \infty} a_n = L \tag{7.7}$$

**주의**

식 (7.7)의 역은 반드시 성립하지는 않는다. 예를 들어, $\cos(2\pi n)$ 은 모든 정수 $n$에 대해 $\cos(2\pi n) = 1$이므로 $\lim_{n \to \infty} \cos(2\pi n) = 1$이지만 $\lim_{x \to \infty} \cos(2\pi x)$는 계속 진동하므로 발산한다.

$n \geq n_0$인 모든 $n$에 대해 $a_n \leq c_n \leq b_n$이고 $\lim_{n \to \infty} a_n = \lim_{n \to \infty} b_n = L$ 이면 $\lim_{n \to \infty} c_n = L$ 이다. 이것을 수열의 조임정리라 한다.

### 예 7.2

다음 극한들을 계산하라.

(a) $\lim_{n \to \infty} \frac{3n+5}{2n-1}$ (b) $\lim_{n \to \infty} \frac{n^2-3}{2n+5}$ (c) $\lim_{n \to \infty} (-1)^n$

(d) $\lim_{n \to \infty} \sin\left(\frac{2\pi}{n}\right)$ (e) $\lim_{n \to \infty} \frac{\ln n}{n}$ (f) $\lim_{n \to \infty} \frac{3^n}{e^n+2}$

**풀이**

(a) $\lim_{n \to \infty} \frac{3+5/n}{2-1/n} = \frac{3}{2}$

(b) $\lim_{n \to \infty} \frac{n-3/n}{2+5/n} = \infty$

(c) $\{a_n\} = -1, 1, -1, 1, \cdots$ 이므로 발산

(d) $\lim_{n\to\infty} \sin\left(\frac{2\pi}{n}\right) = \sin\left(\lim_{n\to\infty} \frac{2\pi}{n}\right) = \sin(0) = 0$

(e) 로피탈의 정리를 사용하면 $\lim_{x\to\infty} \frac{\ln x}{x} = \lim_{x\to\infty} \frac{1/x}{1} = 0$ 이므로 식 (7.7)에 의해 답은 0

(f) $e \approx 2.72 < 3$ 이므로 $\lim_{n\to\infty} \frac{1}{(e/3)^n + 2/3^n} = \infty$

---

**예 7.3**

(a) $\lim_{n\to\infty} |a_n| = 0$ 일 때 $\lim_{n\to\infty} a_n = 0$ 을 증명하라.

(b) $\lim_{n\to\infty} \frac{(-1)^n}{n}$ 를 계산하라.

(c) 수열 $\{x^n\}$ 이 수렴하는 $x$ 값을 구하라.

**풀이** (a) $-|a_n| \le a_n \le |a_n|$, $\lim_{n\to\infty} (-|a_n|) = -\lim_{n\to\infty} |a_n| = 0$ 이므로 조임정리에 의해 성립

(b) $\lim_{n\to\infty} \left|\frac{(-1)^n}{n}\right| = \lim_{n\to\infty} \frac{1}{n} = 0$ 이므로 (a)에 의해 답은 0

(c) (i) $x = 1$ 일 때는 1로 수렴하고 $x \le -1$ 일 때는 ±가 반복되므로 발산

(ii) $x > 1$ 일 때는 발산하고 $0 < x < 1$ 일 때는 0으로 수렴(그림 2.5)

(iii) $-1 < x < 0$ 은 $0 < |x| < 1$ 이므로 (a)에 의해 0으로 수렴

---

### (3) 증가, 감소, 유계 수열

$n \ge 1$ 인 모든 정수에 대해

$$a_{n+1} > a_n \text{이면 증가수열}$$

$$a_{n+1} < a_n \text{이면 감소수열}$$

이라 하고 증가수열과 감소수열을 단조수열(monotonic sequence)이라 한다. 또한, $n \ge 1$ 인 모든 정수에 대해 $m$ 과 $M$ 이 존재하여

$$a_n \ge m \text{ 이면 아래로 유계(bounded below)}$$

$$a_n \le M \text{ 이면 위로 유계(bounded above)}$$

라 하고 이러한 수열을 유계수열(bounded sequence)이라 한다.

**예 7.4**

다음 수열은 감소수열인지 증가수열인지 판정하라. $n=1, 2, 3, \cdots$ 이다.

(a) $\left\{\dfrac{2}{n+3}\right\}$ (b) $\left\{\dfrac{n}{n+1}\right\}$ (c) $\left\{\dfrac{2^n}{n!}\right\}$

**풀이**

(a) $a_n = \dfrac{2}{n+3} > \dfrac{2}{n+4} = a_{n+1}$ : 감소수열

(b) $\dfrac{a_{n+1}}{a_n} = \dfrac{n+1}{n+2} \cdot \dfrac{n+1}{n} = \dfrac{n^2+2n+1}{n^2+2n} = 1 + \dfrac{1}{n^2+2n} > 1$ : 증가수열

(c) $\dfrac{a_{n+1}}{a_n} = \dfrac{2^{n+1}}{(n+1)!} \cdot \dfrac{n!}{2^n} = \dfrac{2}{n+1} < 1 \ (n \geq 2)$ : 감소수열

---

**예 7.5**

수열 $\left\{\dfrac{1-2n^2}{n^2+1}\right\}$이 유계수열임을 증명하라.

**풀이**

$|a_n| = \left|\dfrac{1-2n^2}{n^2+1}\right| < \dfrac{2n^2}{n^2} = 2$ : 위로 유계

---

## 7.2 급수

수열의 각 항을 더한 것을 급수(series)라 하고 무한수열의 합은 무한급수(infinite series)이다. 무한급수는 그 값을 계산하는 것도 중요하지만 수렴하는지를 조사하는 것도 중요하다. 무한급수는 다음과 같이 나타낸다.

$$\sum_{n=1}^{\infty} a_n = a_1 + a_2 + \cdots + a_n + \cdots \tag{7.8}$$

### (1) 등차수열과 등비수열의 합

어떤 수에서 같은 양(공차 common difference)을 계속해서 더하여 나열한 것을 등차수열이라 하고 같은 양(공비 common ratio)을 계속해서 곱하여 나열한 것을 등비수열이라 한다. 초항이 $a$이고 공차가

$e$인 등차수열의 $n$ 항까지의 합 $S_n$과 초항이 $a$이고 공비가 $r$인 등비수열의 $n$ 항까지의 합 $S_n$은 다음과 같다.

$$\text{등차수열 : } S_n = \frac{n}{2}(a + a_n) \tag{7.9}$$

$$\text{등비수열 : } S_n = \frac{a(r^n - 1)}{r-1}, \quad S_\infty = \frac{a}{1-r} \ (r < 1) \tag{7.10}$$

식 (7.9)에서 $a_n = a + (n-1)e$는 등차수열의 $n$ 번째 항이다. 등비수열의 합을 기하급수(geometric series)라고도 한다.

**증명**

(a) $S_n = a + (a+e) + \cdots + [a + (n-1)e]$과 이것을 반대로 쓴 $S_n = [a + (n-1)e] + [a + (n-2)e] + \cdots + a$를 더하면 다음과 같다.

$$2S_n = n[2a + (n-1)e] = n(a + a_n)$$

(b) $S_n = a + ar + ar^2 + \cdots + ar^{n-1}$에서 여기에 $r$을 곱한 $rS_n = ar + ar^2 + ar^3 + \cdots + ar^n$를 빼면 다음과 같다.

$$S_n(1-r) = a - ar^n$$

**예 7.6**

(a) $\sum_{k=1}^{100} k$를 계산하라.

(b) 초항이 100이고 공비가 0.2일 때 $S_{10}$과 $S_\infty$를 구하라.

**풀이**

(a) $a_n = 100 \Rightarrow S_n = \frac{n}{2}(a + a_n) = \frac{100}{2}(1 + 100) = 5050$

(b) $S_{10} = \frac{100}{1-0.2}[1 - (0.2)^{10}]$, $S_\infty = \frac{100}{1-0.2} = 125$

## (2) 무한급수의 수렴

$n \to \infty$ 일 때 급수 $S_n = \sum_{k=1}^{n} a_k$가 유한한 값 $S$로 한없이 가까워지면 무한급수는 $S$에 수렴한다고 하고 $\pm\infty$가 되거나 특정한 값으로 수렴하지 않고 진동하면 발산하다고 한다. 기하급수인 식 (7.10)의 첫 식은 $|r| \geq 1$일 때 발산한다.

수열의 극한을 이용하여 다음과 같이 무한급수의 수렴성을 조사할 수 있다.

**발산 판정법**

$\lim_{n\to\infty} a_n \neq 0$이면 $\sum_{k=1}^{\infty} a_k$는 발산한다.

**증명**

$S_n = \sum_{k=1}^{n} a_k = S_{n-1} + a_n$이므로 $\sum_{k=1}^{\infty} a_k$가 $S$에 수렴하면 다음과 같다.

$$\lim_{n\to\infty} a_n = \lim_{n\to\infty} (S_n - S_{n-1}) = S - S = 0 \tag{*1}$$

따라서 $\sum_{k=1}^{\infty} a_k$이 수렴하면 $\lim_{n\to\infty} a_n = 0$이고 $\lim_{n\to\infty} a_n \neq 0$이면 $\sum_{k=1}^{\infty} a_k$는 발산하지만 $\lim_{n\to\infty} a_n = 0$이더라도 $\sum_{k=1}^{\infty} a_k$가 반드시 수렴하는 것은 아니다. 예를 들어, 예 7.7 (c)에서 $\lim_{n\to\infty} (1/n) = 0$이지만 $\sum_{k=1}^{\infty} \frac{1}{k}$는 발산한다.

**예 7.7**

다음 급수들의 수렴성을 조사하라.

(a) $\sum_{k=1}^{\infty} k$

(b) $\sum_{k=1}^{\infty} \frac{1}{k(k+1)}$

(c) $\sum_{k=1}^{\infty} \frac{1}{k}$ (조화급수)

(d) $\sum_{k=1}^{\infty} \frac{k}{k+2}$

**풀이**

(a) $\sum_{k=1}^{\infty} k = \lim_{n\to\infty} (1 + 2 + \cdots + n) = \infty$ : 발산

(b) $\sum_{k=1}^{\infty} \frac{1}{k(k+1)} = \sum_{k=1}^{\infty}\left(\frac{1}{k} - \frac{1}{k+1}\right)$

$$= \lim_{n\to\infty}\left[\left(\frac{1}{1}-\frac{1}{2}\right)+\left(\frac{1}{2}-\frac{1}{3}\right)+\cdots+\left(\frac{1}{n}-\frac{1}{n+1}\right)\right] = 1 \ : \text{수렴}$$

(c) $S_2 = S_{2^1} = 1 + \frac{1}{2}, \quad S_4 = S_{2^2} = 1 + \frac{1}{2} + \left(\frac{1}{3}+\frac{1}{4}\right) > 1 + \frac{2}{2}$

$S_8 = S_{2^3} = 1 + \frac{1}{2} + \left(\frac{1}{3}+\frac{1}{4}\right) + \left(\frac{1}{5}+\frac{1}{6}+\frac{1}{7}+\frac{1}{8}\right) > 1 + \frac{1}{2} + \frac{1}{2} + \frac{1}{2} = 1 + \frac{3}{2}$

이고 계속해서 계산하면 $S_{2^n} > 1 + \frac{n}{2}$ 이므로 다음과 같다.

$$\sum_{k=1}^{\infty}\frac{1}{k} > \lim_{n\to\infty}\left(1+\frac{n}{2}\right) = \infty \ : \text{발산}$$

(d) $\lim_{n\to\infty}\frac{n}{n+2} = 1 \neq 0$ : 발산

## 예 7.8

(a) $\sum_{k=1}^{\infty}|a_k|$가 수렴하면 $\sum_{k=1}^{\infty}a_k$도 수렴함을 증명하라. 이것을 절대수렴(absolutely converge)이라 한다.

(b) $\lim_{k\to\infty}a_k = 0$ 이고 $0 < a_{k+1} < a_k$일 때 교대급수 $\sum_{k=1}^{\infty}(-1)^{k+1}a_k$는 수렴함을 증명하라.

**풀이**

(a) $-|a_k| \le a_k \le |a_k|$, $0 \le a_k + |a_k| \le 2|a_k|$이고 $2\sum_{k=1}^{\infty}|a_k|$가 수렴하므로 $\sum_{k=1}^{\infty}(a_k + |a_k|)$도 수렴한다. 따라서

$$\sum_{k=1}^{\infty}a_k = \sum_{k=1}^{\infty}(a_k + |a_k|) - \sum_{k=1}^{\infty}|a_k|$$

는 수렴하는 두 급수의 차이이므로 수렴한다.

(b) 부분합 $S_n = \sum_{k=1}^{n}(-1)^{k+1}a_k$에 대해 다음 그림으로부터 유한한 값으로 수렴함을 알 수 있다.

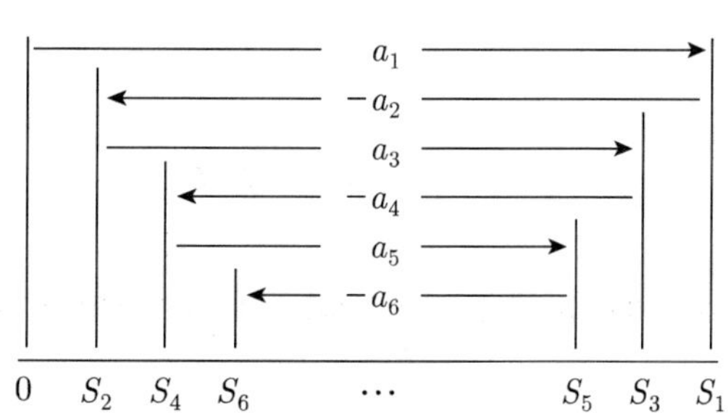

## (3) 비교 판정법

수렴성을 알고 있는 급수와 비교하여 수렴성을 조사하는 것을 비교 판정법이라 한다. 이것은 직관적으로 알 수 있으므로 증명은 생략한다.

**비교 판정법**

모든 $k$에 대해 $0 \le a_k \le b_k$일 때 다음이 성립한다.

(a) $\sum_{k=1}^{\infty} b_k$가 수렴하면 $\sum_{k=1}^{\infty} a_k$도 수렴하고

(b) $\sum_{k=1}^{\infty} a_k$가 발산하면 $\sum_{k=1}^{\infty} b_k$도 발산한다.

$a_k,\ b_k > 0$이고 $\lim_{k\to\infty} \dfrac{a_k}{b_k} = L > 0$이면 $\sum_{k=1}^{\infty} a_k$와 $\sum_{k=1}^{\infty} b_k$는 동시에 수렴하거나 동시에 발산한다. 이것을 극한 비교판정법이라 한다.

**증명**

$\lim_{k\to\infty}(a_k / b_k) = L > 0$이므로 $m < L < M$인 두 양수 $m$과 $M$에 대해 그림과 같이 $m < a_N / b_N < M$을 만족하는 적당한 $N$이 존재한다.

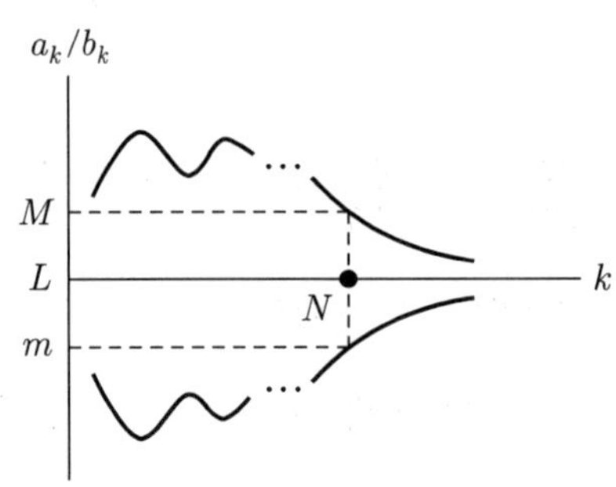


따라서 $n > N$에 대해

$$m b_n \le a_n \le M b_n \tag{*1}$$

이고 $\sum_{k=1}^{N-1} b_k$와 $\sum_{k=1}^{N-1} a_k$는 유한하므로 $\sum_{k=N}^{\infty} b_k$이 수렴하면 식 (*1)의 두 번째 부등식으로부터 $M \sum_{k=N}^{\infty} b_k$

와 $\sum_{k=N}^{\infty} a_k$도 수렴하고 $\sum_{k=N}^{\infty} b_k$가 발산하면 식 (*1)의 첫 번째 부등식으로부터 $m\sum_{k=N}^{\infty} b_k$와 $\sum_{k=N}^{\infty} a_k$도 발산한다.

---

**예 7.9**

다음 급수들의 수렴값을 구하라.

(a) $\sum_{k=1}^{\infty} \frac{3^k+1}{2^k-1}$ (b) $\sum_{k=1}^{\infty} \frac{\ln k}{k}$ (c) $\sum_{k=1}^{\infty} \frac{2k+1}{(k+1)^2}$

**풀이**

(a) $\sum_{k=1}^{\infty} \left(\frac{3}{2}\right)^k$는 공비가 $\frac{3}{2}\ (>1)$인 기하급수이므로 발산하고 $\frac{3^k+1}{2^k-1} > \left(\frac{3}{2}\right)^k$이므로 비교판정법에 의해 주어진 급수도 발산한다.

(b) $\frac{\ln k}{k} > \frac{1}{k}\ (k \geq 3)$이고 예 7.7 (c)에 의해 $\sum_{k=1}^{\infty} \frac{1}{k}$는 발산하므로 비교판정법에 의해 주어진 급수도 발산한다.

(c) $a_k = \frac{2k+1}{(k+1)^2}$, $b_k = \frac{1}{k}$로 두면

$$\lim_{k \to \infty} \frac{a_k}{b_k} = \lim_{k \to \infty} \frac{2k^2+k}{k^2+2k+1} = 2 > 0$$

이고 예 7.7 (c)에 의해 $\sum_{k=1}^{\infty} \frac{1}{k}$는 발산하므로 극한 비교판정법에 의해 주어진 급수도 발산한다.

---

## (4) 비판정법

무한급수의 수렴성을 조사하는 방법은 여러 종류가 있으나 7.3절에서 다루는 테일러 급수 등 멱급수의 수렴성을 판정하는 데는 비판정법(또는 항비검사법)이 많이 쓰인다.

**비판정법**

무한급수 $\sum_{k=1}^{\infty} a_k$는 $\lim_{k \to \infty} \left| \frac{a_{k+1}}{a_k} \right| = L < 1$일 때 수렴하고 $L > 1$이면 발산한다. $L = 1$이면 다른 방법으로 조사해야 한다.

**증명**

$L < r < 1$ 인 $r$ 를 고려한다. 충분히 큰 수 $N$ 에 대해 $k \geq N$ 이면 $|a_{k+1} / a_k| < r$ 이므로 $|a_{k+1}| < r|a_k|$ 이다. 따라서 다음과 같다.

$$\begin{aligned} &|a_{N+1}| < r|a_N| \\ &|a_{N+2}| < r|a_{N+1}| < r^2|a_N| \\ &\quad\vdots \\ &|a_{N+k}| < r^k|a_N| \quad (k = 1, 2, 3, \cdots) \end{aligned} \tag{*1}$$

한편, $|r| < 1$ 일 때 기하급수는 수렴하므로 $\sum_{k=1}^{\infty} |a_N| r^k = |a_N| \sum_{k=1}^{\infty} r^k$ 는 수렴하고 식 (*1)에 비교판정법을 적용하면 $\sum_{k=1}^{\infty} |a_{N+k}| = \sum_{n=N+1}^{\infty} |a_n|$ 도 수렴한다. 따라서 유한한 수의 유한 개의 합인 $\sum_{k=1}^{N} a_k$ 는 수렴하므로

$$\sum_{k=1}^{\infty} a_k = \sum_{k=1}^{N} a_k + \sum_{k=N+1}^{\infty} a_n$$

도 수렴한다.

**예 7.10**

다음 급수들의 수렴성을 조사하라.

(a) $\sum_{k=1}^{\infty} \frac{1}{k}$ (b) $\sum_{k=1}^{\infty} \frac{k}{3^k}$ (c) $\sum_{k=1}^{\infty} \frac{(2k)!}{(k!)^2}$

**풀이**

(a) $\lim_{k \to \infty} \left| \frac{a_{k+1}}{a_k} \right| = \lim_{k \to \infty} \frac{1/(k+1)}{1/k} = 1$ : 비판정법으로는 알 수 없음

[예 7.7] (c)에 의해 발산함

(b) $\lim_{k \to \infty} \left| \frac{a_{k+1}}{a_k} \right| = \lim_{k \to \infty} \frac{(k+1)/3^{k+1}}{k/3^k} = \frac{1}{3} \lim_{k \to \infty} \frac{k+1}{k} = \frac{1}{3}$ : 수렴

(c) $\lim_{k \to \infty} \left| \frac{a_{k+1}}{a_k} \right| = \lim_{k \to \infty} \frac{(2k+2)!/[(k+1)!]^2}{(2k)!/(k!)^2}$

$= \lim_{k \to \infty} \frac{(2k+2)(2k+1)}{(k+1)^2} = 4$ : 발산

### (5) 적분판정법

$f(x)$가 구간 $1 \le x < \infty$에서 연속이고 양의 값을 갖는 감소함수일 때 $a_k = f(k)$ $(k=1, 2, 3, \cdots)$로 두면 다음과 같이 무한급수의 수렴성을 조사할 수 있다.

**적분판정법**

(a) $\int_1^{\infty} f(x)\,dx$가 수렴하면 $\sum_{k=1}^{\infty} a_k$도 수렴하고

(b) $\int_1^{\infty} f(x)\,dx$가 발산하면 $\sum_{k=1}^{\infty} a_k$도 발산한다.

**증명**

(a) 그림 (a)처럼 밑변의 길이가 1이고 높이가 $a_k$인 사각형들을 고려하고 면적의 합을 $A_{\min}$이라 두면 $S_n = \sum_{k=1}^{n} a_k = A_{\min} + a_1$이므로

$$A_{\min} = S_n - a_1 \le \int_1^n f(x)\,dx$$

이다. 따라서 $\int_1^{\infty} f(x)\,dx$이 수렴하면 $\lim_{n\to\infty} S_n$도 수렴한다.

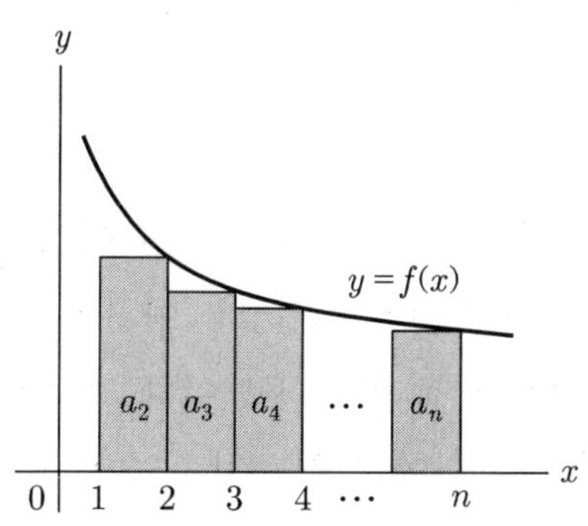

(a)

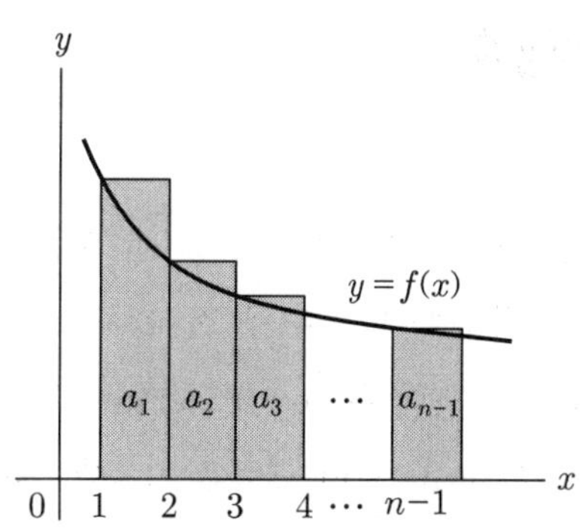

(b)

(b) 그림 (b)의 면적의 합을 $A_{\max}$이라 두면 $S_n = \sum_{k=1}^{n} a_k = A_{\max} + a_n$이므로

$$A_{\max} = S_n - a_n \ge \int_1^n f(x)\,dx$$

이다. 따라서 $a_n$은 유한하므로 $\int_1^{\infty} f(x)\,dx$이 발산하면 $\lim_{n\to\infty} S_n$도 발산

**예 7.11**

다음 급수들의 수렴성을 조사하라.

(a) $\sum_{k=1}^{\infty} \frac{1}{k^2+1}$ (b) $\sum_{n=2}^{\infty} \frac{1}{k \ln k}$ (c) $\sum_{k=1}^{\infty} \frac{1}{k^p}$ ($p$ 급수)

**풀이**

(a) $\int_1^{\infty} \frac{1}{x^2+1} dx = \lim_{c \to \infty} [\tan^{-1} x]_{x=1}^{x=c} = \lim_{c \to \infty} \tan^{-1} c - \frac{\pi}{4} = \frac{\pi}{2} - \frac{\pi}{4} = \frac{\pi}{4}$ : 수렴

(b) $u \equiv \ln x$로 두고 적분하면 다음과 같이 발산

$$\int_2^{\infty} \frac{1}{x \ln x} dx = [\ln x]_{x=2}^{x=\infty} = \infty$$

(c) $p = 1$이면 조화급수이므로 발산하고[예 7.7의 (c)] $p > 1$이면

$$\int_1^{\infty} x^{-p} dx = \lim_{c \to \infty} \int_1^c x^{-p} dx = \lim_{c \to \infty} \left[ \frac{x^{-p+1}}{-p+1} \right]_{x=1}^{x=c} = \frac{1}{p-1}$$

이므로 수렴한다. $p < 1$일 때는 $\lim_{c \to \infty} c^{1-p}$가 발산하므로 발산

## 7.3 멱급수

지금까지는 상수로 되어 있는 급수만 다루었는데 실제로는 $x$의 함수로 되어 있는 급수가 많이 다루어진다. 특히, 함수를 멱급수로 전개하면 근사적으로 다루는데 편리하다. 여기서는 $x$ 또는 $x-a$의 멱으로 급수전개하는 멱급수(power series) 전개를 소개하고 각 항이 사인이나 코사인 또는 지수함수로 전개되는 푸리에(Fourier) 급수는 13장, 일반항이 다항식이나 특수함수인 르장드르(Legendre) 다항식 또는 베셀(Bessel) 함수는 15장에서 다룬다.

### (1) 멱급수

일반적인 멱급수 형태는 다음과 같다.

$$\sum_{k=0}^{\infty} c_k (x-a)^k = c_0 + c_1(x-a) + c_2(x-a)^2 + \cdots \tag{7.11}$$

따라서 멱급수의 수렴 여부는 $x$ 값에 따라 결정되는데 이 때 비판정법이 많이 사용된다. 멱급수가 수렴하는 $x$의 범위를 수렴구간 또는 수렴반경이라 한다.

**예 7.12**

다음 멱급수들의 수렴구간을 구하라.

(a) $\displaystyle\sum_{k=0}^{\infty}\frac{(-x)^k}{2^k}$ (b) $\displaystyle\sum_{k=0}^{\infty}\frac{(-1)^{k+1}}{(2k-1)!}x^{2k-1}$

**풀이** 비판정법을 사용한다.

(a) $\left|\dfrac{a_{k+1}}{a_k}\right|=\left|\dfrac{(-x)^{k+1}}{2^{k+1}}\dfrac{2^k}{(-x)^k}\right|=\left|\dfrac{x}{2}\right|$이므로 $|x|<2$일 때 수렴

(b) $\displaystyle\lim_{k\to\infty}\left|\frac{a_{k+1}}{a_k}\right|=\lim_{k\to\infty}\left|\frac{x^{2k+1}}{(2k+1)!}\cdot\frac{(2k-1)!}{x^{2k-1}}\right|$

$\displaystyle=\lim_{k\to\infty}\left|\frac{x^2}{(2k+1)2k}\right|=0$ : 모든 $x$에 대해 수렴

## (2) 테일러 급수전개

실제 계산에서 함수를 근사해서 다루어야 하는 경우 테일러 급수전개가 자주 사용된다. 미분가능한 함수 $f(x)$의 $x=c$에서의 테일러(Taylor) 급수전개는 다음과 같다.

**테일러 급수전개**

$$f(x)=\sum_{k=0}^{\infty}\frac{f^{(k)}(c)}{k!}(x-c)^k \tag{7.12}$$

$f^{(k)}(c)$는 $x=c$에서의 $f(x)$의 $k$계 미분계수이고 $c=0$이면 매클로린(Maclau rin)급수라고 한다. 식 (7.12)를 실제로 사용할 때는 $x-c$가 작은 값일 때 $k=1$ 또는 $k=2$까지 근사해서 사용하고 $x$가 $c$에 가까울수록 더 정확한 근사가 된다.

**증명**

함수 $f(x)$를 다음과 같이 멱급수로 전개한다.

$$f(x)=\sum_{k=0}^{\infty} b_k(x-c)^k = b_0 + b_1(x-c)+\cdots \qquad (*1)$$

위 식의 도함수들은

$$f'(x)=\sum_{k=1} b_k k(x-c)^{k-1} = b_1 + 2b_2(x-c)+\cdots$$

$$f''(x)=\sum_{k=2} b_k k(k-1)(x-c)^{k-2}$$

$$\vdots$$

이므로 이 식들과 식 (*1)로부터

$$f(c)=b_0,\ f'(c)=b_1,\ f''(c)=2!\,b_2,\ f^{(3)}(c)=3!\,b_3,\ \cdots$$

이다. 따라서 $b_i$들을 식 (*1)에 대입하면 결과가 된다.

---

자주 사용하는 함수들의 $x=0$에서의 테일러전개는 다음과 같다. 괄호 안의 수렴구간은 비판정법에 의해 증명된다.

$$e^x=\sum_{k=0}^{\infty}\frac{x^k}{k!}=1+x+\frac{x^2}{2!}+\frac{x^3}{3!}+\cdots \quad (-\infty<x<\infty) \tag{7.13}$$

$$\sin x = x-\frac{x^3}{3!}+\frac{x^5}{5!}-\cdots \quad (-\infty<x<\infty) \tag{7.14}$$

$$\cos x = 1-\frac{x^2}{2!}+\frac{x^4}{4!}-\cdots \quad (-\infty<x<\infty) \tag{7.15}$$

$$(1+x)^n = 1+nx+\frac{n(n-1)}{2!}x^2+\cdots \quad (|x|<1) \tag{7.16}$$

$$\ln(1+x) = x-\frac{1}{2}x^2+\frac{1}{3}x^3-\cdots \quad (-1<x\le 1) \tag{7.17}$$

**증명**

함수 $f(x)$를 다음과 같이 멱급수로 전개한다.

(a) $\frac{d^k}{dx^k}e^x = e^x \ (k=0, 1, 2, \cdots) \Rightarrow \sum_{k=0}^{\infty} \frac{f^{(k)}(0)}{k!}(x-0)^k = \sum_{k=0}^{\infty} \frac{1}{k!}x^k$

(b) $\frac{d}{dx}\sin x = \cos x, \quad \frac{d^2}{dx^2}\sin x = -\sin x, \quad \frac{d^3}{dx^3}\sin x = -\cos x, \ \cdots$

$$\Rightarrow \sum_{k=0}^{\infty} \frac{f^{(k)}(0)}{k!}(x-0)^k = \frac{0}{1}\cdot 1 + \frac{1}{1}\cdot x + \frac{0}{2!}\cdot x^2 + \frac{-1}{3!}x^3 \pm \cdots$$

(c) $\frac{d}{dx}(1+x)^n = n(1+x)^{n-1}, \quad \frac{d^2}{dx^2}(1+x)^n = n(n-1)(1+x)^{n-2}$

$$\frac{d^3}{dx^3}(1+x)^n = n(n-1)(n-2)(1+x)^{n-3}$$

$$\vdots$$

$$\frac{d^k}{dx^k}(1+x)^n = n(n-1)\cdots(n-k+1)(1+x)^{n-k}$$

$$\Rightarrow \sum_{k=0}^{\infty} \frac{f^{(k)}(0)}{k!}(x-0)^k = \sum_{k=0}^{\infty} \frac{n(n-1)\cdots(n-k+1)}{k!}x^k$$

**예 7.13**

(a) 식 (7.13)과 (b) 식 (7.14)의 수렴구간을 유도하라.

(c) 식 (7.17)을 증명하라.

(d) 교대 조화급수 $1-\frac{1}{2}+\frac{1}{3}-\frac{1}{4}+\cdots$를 구하라.

**풀이**

(a) $\left|\frac{a_{k+1}}{a_k}\right| = \frac{x^{k+1}}{(k+1)!}\cdot\frac{k!}{x^k} = \frac{x}{k+1}$

(b) $\left|\frac{a_{k+1}}{a_k}\right| = \frac{x^{2k+3}}{(2k+3)!}\cdot\frac{(2k+1)!}{x^{2k+1}} = \frac{x^2}{(2k+3)(2k+2)}$

(c) $\frac{d}{dx}\ln(1+x) = \frac{1}{1+x}, \quad \frac{d^2}{dx^2}\ln(1+x) = \frac{-1}{(1+x)^2}$

$$\frac{d^3}{dx^3}\ln(1+x) = \frac{2}{(1+x)^3}, \quad \frac{d^4}{dx^4}\ln(1+x) = \frac{-3\cdot 2}{(1+x)^4}, \ \cdots$$

$$\sum_{k=0}^{\infty} \frac{f^{(k)}(0)}{k!}(x-0)^k = \frac{0}{1}\cdot 1 + \frac{1}{1}\cdot x + \frac{-1}{2!}\cdot x^2 + \frac{2}{3!}x^3 - \frac{3!}{4!}\cdot x^4 + \cdots$$

(d) 식 (7.17)에서 $x=1$이므로 답은 $\ln 2$

**예 7.14**

(a) 다음의 오일러(Euler) 공식을 증명하라($i$는 허수).

**오일러 공식**

$$e^{\pm ix} = \cos x \pm i \sin x \tag{7.18}$$

(b) 다음 그림에서 A와 B 사이의 길이 $L$은 $\theta$가 아주 작을 때는 반지름이 $R$인 원호의 길이 $s$와 같음을 증명하라.

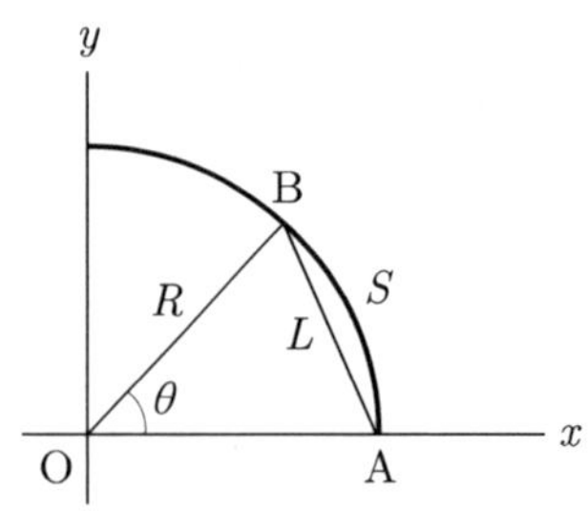


(c) $\cos x$와 $\sin x$를 지수함수로 나타내라.

**풀이** (a) 식 (7.13)-(7.15)로부터 다음과 같이 증명된다.

$$\begin{aligned} e^{\pm ix} &= 1 \pm ix + \frac{(\pm ix)^2}{2!} + \frac{(\pm ix)^3}{3!} + \cdots \\ &= 1 - \frac{x^2}{2!} + \frac{x^4}{4!} - \cdots \pm i\left[x - \frac{x^3}{3!} + \frac{x^5}{5!} - \cdots\right] \\ &= \cos x \pm i \sin x \end{aligned}$$

(b) B 지점에서 $x$축에 내린 수직선의 길이를 $H$라 하면

$$H = R\sin\theta \le L \le s = R\theta$$

이고 $\theta$가 아주 작을 때는 식 (7.14)로부터 $\sin\theta \approx \theta$이므로

$$R\theta \le L \le R\theta = s$$

로부터 $L$과 $s$는 같다.

(c) 식 (7.18)로부터 다음과 같다.

$$\cos x = \frac{e^{ix} + e^{-ix}}{2}, \quad \sin x = \frac{e^{ix} - e^{-ix}}{2i}$$

## 7.4 연습문제

### 7.1 수열

**[7.1]** 다음 수열들의 일반항 $a_n$을 구하라.

(a) $\frac{1}{2}, \frac{2}{3}, \frac{3}{4}, \cdots$ (b) $-\frac{2}{3}, \frac{3}{9}, -\frac{4}{27}, \cdots$

**[7.2]** 다음 극한들을 계산하라.

(a) $\lim_{n\to\infty} \frac{n}{\sqrt{2+3n}}$ (b) $\lim_{n\to\infty} \frac{\sin n}{n^2}$ (c) $\lim_{n\to\infty} \frac{n!}{n^n}$

(d) $\lim_{n\to\infty} \frac{n+1}{e^n}$ (e) $\lim_{n\to\infty} n^{1/n}$ (f) $\lim_{n\to\infty} \left(1+\frac{2}{n}\right)^n$

**[7.3]** 다음 수열이 감소수열인지 증가수열인지 판정하라. $n=1, 2, 3, \cdots$ 이다.

(a) $\left\{\frac{n}{n^2+1}\right\}$ (b) $\left\{\frac{n!}{e^n}\right\}$

**[7.4]** 다음과 같이 점화식(recurrence relation)으로 주어지는 수열 $\{a_n\}$의 극한 값을 구하라.

$$a_1 = 1, \ \ a_{n+1} = \frac{1}{2}\left(a_n + \frac{3}{a_n}\right)$$

### 7.2 급수

**[7.5]** (a) 매월 초에 $a$ (원)씩 불입하여 월별 이륭 $r$로 $n$ 개월 적립하였을 때의 적립총액을 구하라(기수불).

(b) (a)를 매월 말에 불입하는 기말불이면 어떻게 되는가?

**[7.6]** 다음 거듭제곱급수의 합의 공식을 증명하라.

$$\sum_{i=1}^{n} k^2 = \frac{n(n+1)(2n+1)}{6}$$

**[7.7]** 다음 급수들을 계산하라.

(a) $\sum_{k=1}^{n} \frac{1}{k(k+2)}$ (b) $\sum_{k=1}^{n} k\,3^{k}$ (c) $\sum_{k=1}^{n} (2k-1)2^{k-1}$

**[7.8]** 다음 급수들의 수렴성을 조사하라.

(a) $\sum_{k=1}^{\infty} \frac{1}{2^{k}}$ (b) $\sum_{k=1}^{\infty} \frac{k^{2}}{3k^{2}+1}$ (c) $\sum_{k=1}^{\infty} \frac{(-1)^{k+1}}{2^{k}}$

(d) $\sum_{k=1}^{\infty} \frac{(-1)^{k}(k+3)}{(k+1)(k+2)}$ (e) $\sum_{k=1}^{\infty} \frac{1}{2^{k}-1}$

**[7.9]** 다음 급수들의 수렴성을 비판정법으로 조사하라.

(a) $\sum_{k=1}^{\infty} \frac{2^{k}+3}{3^{k}}$ (b) $\sum_{k=1}^{\infty} \frac{k!}{e^{k}}$

(c) $\sum_{k=1}^{\infty} \frac{1}{k^{2}}$ (d) $\sum_{k=1}^{\infty} \frac{1}{k!}$

**[7.10]** 다음 급수들의 수렴성을 조사하라.

(a) $\sum_{k=1}^{\infty} \frac{1}{k^{2}+3k}$ (b) $\sum_{k=1}^{\infty} \frac{1}{k^{2}-3k}$

(c) $\sum_{k=1}^{\infty} \frac{\ln k}{k}$ (d) $\sum_{k=3}^{\infty} \frac{1}{k^{2}-4}$

## 7.3 멱급수

**[7.11]** 다음 급수들의 수렴구간을 구하라.

(a) $\sum_{k=0}^{\infty} \frac{(x+2)^{k}}{\sqrt{k+1}}$ (b) $\sum_{k=0}^{\infty} (-x)^{k}$

(c) $\sum_{k=0}^{\infty} \frac{(-x)^{k}}{k(k+1)}$ (d) $\sum_{k=0}^{\infty} \frac{x^{k}}{(k!)^{2}}$

**[7.12]** (a) $\lim_{x \to 0} \frac{e^{x}-x-1}{x^{2}}$ 를 계산하라.

(b) $|x| > 1$일 때 $\frac{1}{1-x}$를 전개하라.

**[7.13]** (a) $\tan^{-1}x$ $(x<1)$ 의 테일러급수를 구하고 $1-\frac{1}{3}+\frac{1}{5}-\frac{1}{7}+\cdots$ 를 계산하라.

(b) $\lim_{x\to 0}\left(\frac{1+x}{x}-\frac{1}{\sin x}\right)$를 계산하라.

CHAPTER

# 08

# 다변수 함수



지금까지는 변수가 한 개인 1변수 함수의 미분과 적분을 공부했으나 실제 공학문제에서 다루는 함수들은 변수가 두 개 이상인 경우가 많다. 예를 들어, $f(x,\ y,\ z) = \sqrt{x^2+y^2+z^2}$는 공간상의 기준점 $(0,\ 0,\ 0)$에서 점 $(x,\ y,\ z)$까지의 거리를 나타내는 3변수 함수이다. 이 장에서는 변수가 두 개 이상인 다변수 함수의 미분과 적분인 편미분과 중적분을 다룬다. 변수가 두 개일 때는 $x$와 $y$를 독립변수로 주로 사용하고 변수가 세 개일 때는 $x,\ y,\ z$를 독립변수로 사용한다. 독립변수가 두 개일 때는 $x$와 $y$를 공간상의 두 축에 나타내고 나머지 한 축을 함수 $f(x,\ y)$의 축으로 나타낼 수 있으나 독립변수가 3개 이상인 함수는 공간상에 나타낼 수 없다.

## 8.1 다변수 함수

함수 $f$는 독립변수가 $x$ 한 개일 때는 대응하는 함수값 $f(x)$를 결정하고 독립변수가 두 개이면 변수 쌍 $(x, y)$에 대응하는 함수값 $f(x, y)$를 결정한다. 독립변수가 세 개 이상일 때의 함수값은 $f(x, y, z, \cdots)$이다.

### (1) 다변수 함수의 정의역

특별한 조건이 없으면 다변수 함수의 정의역은 그 함수가 정의되는 모든 변수들의 집합이다. 즉, 다변수 함수가 실수인 경우 허수를 포함하면 안되고 분모가 0이 되어서도 안된다. 예를 들어, $z=f(x, y)=\sqrt{y-x^2}$의 정의역은 그림 8.1과 같이 $y \geq x^2$인 모든 실수이고 치역은 $0 \leq z < \infty$이다. $f(x, y)=1/xy$의 정의역은 $xy \neq 0$인 모든 실수이다.

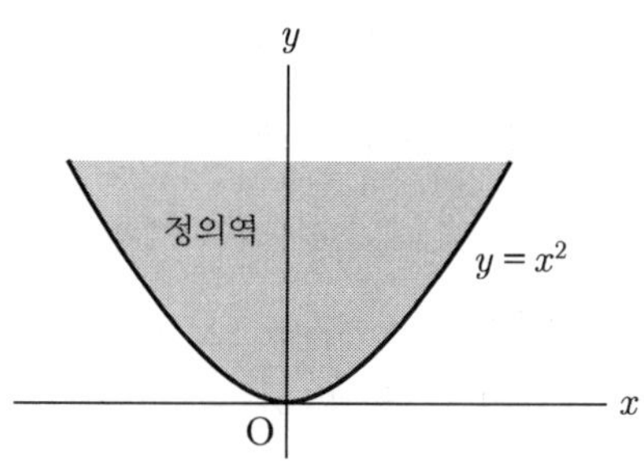


**그림 8.1** $f(x, y)=\sqrt{y-x^2}$의 정의역

**예 8.1**

다음 함수들의 정의역과 치역을 구하라.

(a) $z=2x/(y-x^2)$ (b) $z=\sin(xy)$ (c) $w=xy\ln z$

**풀이** (a) 정의역 : $y \neq x^2$인 $xy$ 평면, 치역 : $-\infty < z < \infty$

(b) 정의역 : $xy$ 평면, 치역 : $-1 \leq z \leq 1$

(c) 정의역 : $z > 0$인 공간, 치역 : $-\infty \leq w \leq \infty$

### (2) 다변수 함수의 그래프

2변수 함수는 곡선으로 나타낼 수 있다. 예를 들어, $(x-a)^2+(y-b)^2=R^2$은 중심이 $x=a$, $y=b$이고 반지름이 $R$인 원이다. 반면에 3변수 함수는 곡면으로 나타난다. 예를 들어, $z=3$은 그림 8.2 (a)와 같이 $yz$ 2차원 평면에서는 모든 $y$에 대해 $z=3$인 직선이지만 그림 8.2 (b)와 같이 $xyz$ 3차원 공간에서는 모든 $x$와 $y$에 대해 $z=3$인 평면이다.

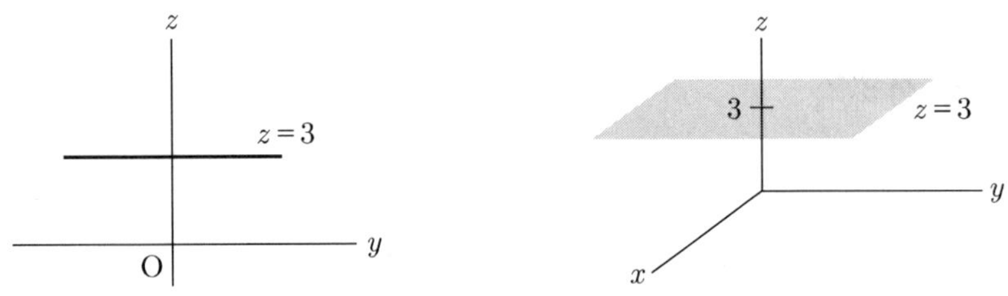


(a) $yz$ 2차원 평면 (b) $xyz$ 3차원 공간

**그림 8.2** $z=3$

**예 8.2**

다음 함수들을 3차원 공간에서 그래프로 나타내라.

(a) $z=\sqrt{25-x^2-y^2}$ (b) $z=y^2$

**풀이** (a) $25-x^2-y^2 \geq 0$이므로 정의역은 $x^2+y^2 \leq 5^2$ 즉, 반지름이 5인 원판이고 $x^2+y^2+z^2=5^2$이므로 그림 (a)와 같이 $z \geq 0$인 반구이다.

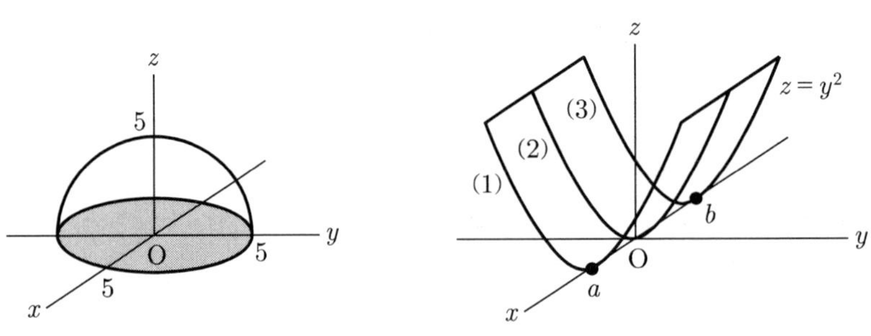


(a) $z=\sqrt{25-x^2-y^2}$ (b) $z=y^2$

(b) 정의역은 $xy$ 평면이고 $x$ 값에 상관없으므로 그림 (b)와 같이 $x=\alpha$(상수)인 $yz$ 평면에서 포물선($z \geq 0$)인 포물면이다. 예를 들어, 그림 (b)에서 (3)은 $x=b$ $(<0)$인 $yz$ 평면에서 포물선 $z=y^2$이다.

### (3) 등위선과 등위면

2변수 함수 $f$가 $f(x,\ y)=c$ (상수)인 곡선을 등고선 또는 등위선(level curve)이라 하고 3변수 함수 $f$가 $f(x,\ y,\ z)=c$ 인 곡면을 등위면(level surface)이라 한다. 이들은 다변수 함수를 시각화하는 데 도움을 준다. 예를 들어, 온도가 일정한 지점을 연결하는 선인 등온선(isothermal)과 압력이 일정한 지점을 연결하는 선인 등압선(isobar)은 모두 등위선들이다.

**예 8.3**

다음을 구하라.

(a) $f(x,\ y)=-x^2+y$ 의 등위선

(b) $f(x,\ y)=x^2+y^2$ 의 등위선

(c) $f(x,\ y,\ z)=x^2+y^2+z^2$의 등위면

**풀이** (a) $y=x^2+c$ :
$y$ 절편값이 $c$인 포물선

(b) $x^2+y^2=c$ :
반지름이 $\sqrt{c}$ 인 원

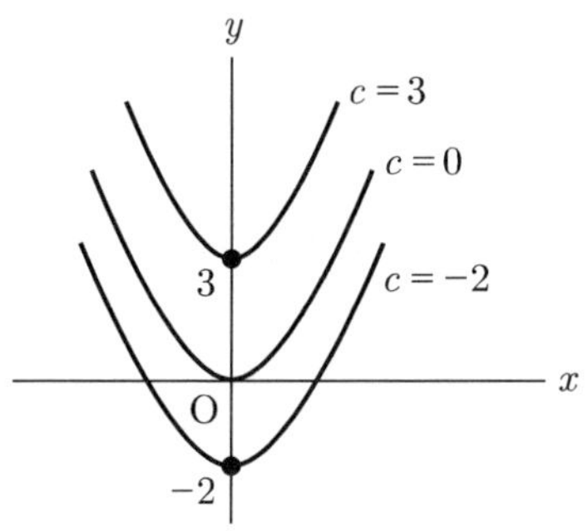


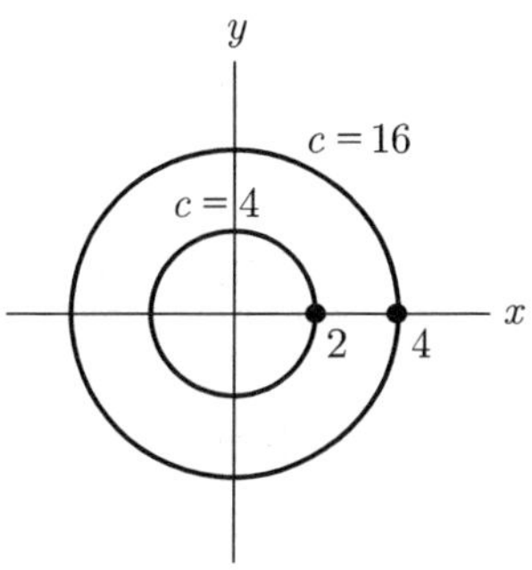


(c) $x^2+y^2+z^2=c$ : 반지름이 $\sqrt{c}$ 인 구면

### (4) 다변수 함수의 극한

$(x,y)$가 $(a,b)$에 한없이 접근할 때 이변수 함수 $f(x,y)$가 특정한 값 $L$에 접근하면 함수 $f(x,y)$의 극한값은 $L$이라 하고 다음과 같이 나타낸다.

**2변수 함수의 극한**

$$\lim_{(x,y)\to(a,b)} f(x,y)=L \tag{8.1}$$

1변수 함수 $f(x)$ 인 경우 우극한 $\lim_{x \to a^+} f(x)$ 와 좌극한 $\lim_{x \to a^-} f(x)$ 가 같으면 $x \to a$ 에서 극한값이 존재한다. 하지만 2 변수 함수 $f(x, y)$의 극한은 $x$ 가 $a$ 에 접근하고 $y$ 가 $b$ 에 접근하는 방법은 그림 8.3과 같이 무한히 많이 존재하므로 신중히 다루어야 한다.

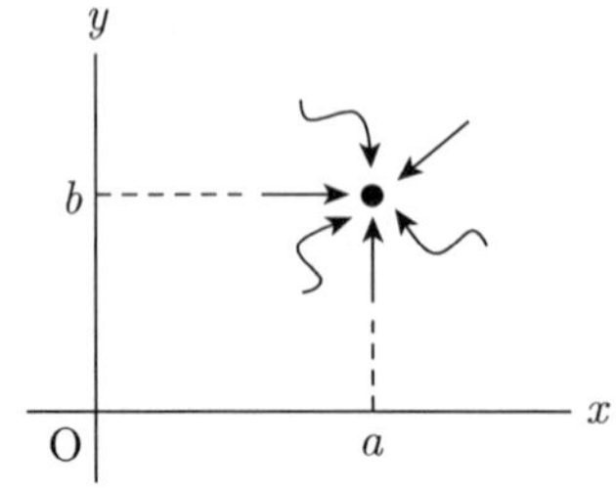


**그림 8.3** 이변수 함수의 극한

1변수 함수와 마찬가지로 $\lim_{(x, y) \to (a, b)} f(x, y) = L$, $\lim_{(x, y) \to (a, b)} g(x, y) = M$ 일 때 2변수 함수도 다음과 같은 성질이 있다($c_1$과 $c_2$는 상수).

$$\lim_{(x, y) \to (a, b)} x = a, \qquad \lim_{(x, y) \to (a, b)} y = b$$

$$\lim_{(x, y) \to (a, b)} \left[ c_1 f(x, y) \pm c_2 g(x, y) \right] = c_1 L \pm c_2 M$$

$$\lim_{(x, y) \to (a, b)} [f(x, y) \cdot g(x, y)] = L \cdot M$$

$$\lim_{(x, y) \to (a, b)} [f(x, y)]^{m/n} = L^{m/n}$$

$$\lim_{(x, y) \to (a, b)} \frac{f(x, y)}{g(x, y)} = \frac{L}{M} \quad (M \neq 0)$$

이것으로부터 다항식의 극한은 항상 존재하고 유리식(분모 · 분자가 다항식)은 분모가 0이 아니면 극한값이 존재함을 알 수 있고 3변수 이상의 함수에 대해서도 비슷하게 적용된다.

### 예 8.4

다음 극한값들을 구하라.

(a) $\lim_{(x, y) \to (2, 1)} \dfrac{2x^2 + 3x}{5xy + 3}$ (b) $\lim_{(x, y) \to (0, 0)} \dfrac{x^2 - xy}{\sqrt{x} - \sqrt{y}}$

(c) $\lim_{(x, y)\to(1, 0)} \frac{y}{x+y-1}$  (d) $\lim_{(x, y)\to(0, 0)} \frac{xy}{x^2+y^2}$

**풀이**

(a) $\lim_{(x, y)\to(2, 1)} \frac{2x^2+3x}{5xy+3} = \frac{14}{13}$

(b) $\lim_{(x, y)\to(0, 0)} \frac{(x^2-xy)(\sqrt{x}+\sqrt{y})}{(\sqrt{x}-\sqrt{y})(\sqrt{x}+\sqrt{y})} = \lim_{(x, y)\to(0, 0)} [x(\sqrt{x}+\sqrt{y})] = 0$

(c) $y=0$인 경로 : $\lim_{(x, 0)\to(1, 0)} \frac{0}{x+0-1} = \lim_{x\to 0} 0 = 0$

$x=1$인 경로 : $\lim_{(1, y)\to(1, 0)} \frac{y}{1+y-1} = 1$. 극한값 존재 안함

(d) $y=mx$ 경로 : $\lim_{x\to 0} \frac{x(mx)}{x^2+(mx)^2} = \frac{m}{1+m^2}$.

$m$ 값에 따라 달라지므로 극한값 존재 안함

다항식 형태가 아닐 때는 $\lim_{(x, y)\to(a, b)} f(x, y)$의 추정값이 $L$이고 $(a, b)$ 근방의 모든 $(x, y)$에 대해 $|f(x, y)-L| \le g(x, y)$인 $g(x, y)$가 존재하면 2변수 함수의 극한값은 다음과 같이 구할 수 있다.

**2변수 함수의 극한**

$|f(x, y)-L| \le g(x, y)$, $\lim_{(x, y)\to(a, b)} g(x, y) = 0$이면

$$\lim_{(x, y)\to(a, b)} f(x, y) = L \tag{8.2}$$

### 예 8.5

$\lim_{(x, y)\to(0, 0)} \frac{x^2 y}{x^2+y^2}$를 계산하라.

**풀이**

$x=0$ 경로 : $\lim_{y\to 0} \frac{0}{0+y^2} = 0$ , $L \equiv 0$으로 선택

$$\left|\frac{x^2 y}{x^2+y^2} - 0\right| \le \left|\frac{x^2 y}{x^2}\right| = |y|,\ \lim_{y\to 0}|y| = 0$$

$$\Rightarrow \lim_{(x, y)\to(0, 0)} \frac{x^2 y}{x^2+y^2} = 0$$

### (5) 다변수 함수의 연속

$\lim_{(x,y)\to(a,b)} f(x,y)$가 존재할 때 1변수 함수와 마찬가지로 2변수 함수도 다음의 조건을 만족하면 $x=a$, $y=b$에서 연속이다. 이것은 3변수 이상의 함수에도 적용된다.

**2변수 함수의 연속**

$$\lim_{(x,y)\to(a,b)} f(x,y)=f(a,b) \tag{8.3}$$

**예 8.6**

다음 함수가 연속인 구간을 구하라.

$$f(x,y)=\begin{cases} \dfrac{x^2y}{x^2+y^2} & (x,y)\neq(0,0) \\ 0 & (x,y)=(0,0) \end{cases}$$

**풀이** $f(x,y)$가 유리함수이므로 $(x,y)\neq(0,0)$일 때 연속이고 예 8.5로부터

$$\lim_{(x,y)\to(0,0)} \frac{x^2y}{x^2+y^2}=0=f(0,0)$$

이므로 $(0,0)$에서도 연속이다.

## 8.2 편미분

다변수 함수를 특정한 한 변수를 제외한 다른 모든 변수를 상수로 두고 그 변수로 미분한 것을 편도함수(partial derivative)라 하고 편도함수를 구하는 것을 편미분(partial differential)한다고 한다. 변수 $x$에 대한 미분은 $d/dx$, 편미분은 $\partial/\partial x$로 나타낸다($\partial$은 partial 또는 round로 읽음).

### (1) 편미분

2변수 함수 $f(x,y)$의 편도함수는 다음과 같이 두 종류가 있다. 3변수 이상의 함수의 편미분도

유사한 방법으로 정의할 수 있다.

| 편도함수 | | |
|---|---|---|
| $\dfrac{\partial f(x, y)}{\partial x} = \lim_{h \to 0} \dfrac{f(x+h, y) - f(x, y)}{h}$ | (8.4) | $x$에 대한 $f$의 편도함수 ($y$는 고정) |
| $\dfrac{\partial f(x, y)}{\partial y} = \lim_{h \to 0} \dfrac{f(x, y+h) - f(x, y)}{h}$ | (8.5) | $y$에 대한 $f$의 편도함수 ($x$는 고정) |

$z = f(x, y)$는 일반적으로 그림 8.4 (a)와 같이 곡면으로 나타나므로 이 곡면을 평면 $y = b$로 자르면 $xz$ 평면상에 곡선 $z = f(x, b)$이 된다. 따라서 $\partial f(x, b)/\partial x$는 그림 8.4 (b)와 같이 곡선 $z = f(x, b)$ 상의 한 점 $(x, b)$에서의 접선의 기울기가 된다. 같은 방법으로 하면 $\partial f(a, y)/\partial y$는 곡면을 평면 $x = a$로 자른 곡선상의 한 점 $(a, y)$에서 접선의 기울기이다.

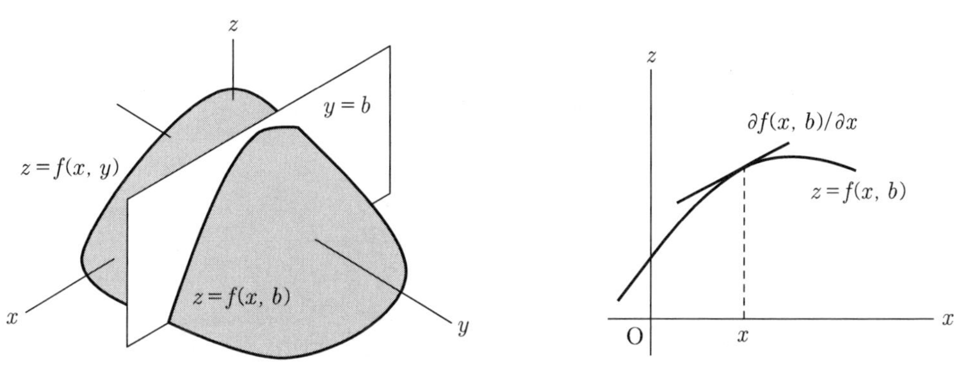


**그림 8.4** 편도함수의 의미

$\partial f/\partial x$를 $x$와 $y$로 한 번 더 미분한 것은

$$\frac{\partial}{\partial x}\left(\frac{\partial f}{\partial x}\right) = \frac{\partial^2 f}{\partial x^2}, \quad \frac{\partial}{\partial y}\left(\frac{\partial f}{\partial x}\right) = \frac{\partial^2 f}{\partial y\, \partial x} \tag{8.6}$$

이고 2변수 함수 $z = f(x, y)$의 편미분 기호로 많이 쓰이는 것은 다음과 같다.

$$\frac{\partial f}{\partial x} = \frac{\partial z}{\partial x} = f_x = D_x f, \quad \frac{\partial^2 f}{\partial x^2} = \frac{\partial^2 z}{\partial x^2} = f_{xx} = D_{xx} f$$

$$\frac{\partial^2 f}{\partial x\, \partial y} = \frac{\partial^2 z}{\partial x\, \partial y} = f_{yx} = D_{yx} f \tag{8.7}$$

편도함수는 여러 변수들 중 한 개만 변수로 취급하고 나머지는 모두 상수로 취급하므로 1변수 함수의 도함수 공식을 그대로 사용할 수 있다. 예를 들어 $f(x, y)$, $g(x, y)$에 대해 다음과 같다.

$$\frac{\partial(fg)}{\partial x} = \frac{\partial f}{\partial x} g + f \frac{\partial g}{\partial x} \tag{8.8}$$

$$\frac{\partial}{\partial x}\left(\frac{f}{g}\right) = \frac{1}{g^2}\left(\frac{\partial f}{\partial x} g - f \frac{\partial g}{\partial x}\right) \tag{8.9}$$

### 예 8.7

$f(x, y) = x^2 y + \sin x$일 때 다음을 구하라.

(a) $\dfrac{\partial f}{\partial x}$　　(b) $\dfrac{\partial f}{\partial y}$　　(c) $\dfrac{\partial^2 f}{\partial x^2}$

(d) $\dfrac{\partial^2 f}{\partial x \, \partial y}$　　(e) $\dfrac{\partial^2 f}{\partial y \, \partial x}$

**풀이** (a) $2xy + \cos x$　　(b) $x^2$　　(c) $2y - \sin x$

(d) $2x$　　(e) $2x$

따라서 $f(x, y)$가 연속함수일 때 다음이 성립한다(연습문제 [8.19]).

$$\frac{\partial^2 f}{\partial x \, \partial y} = \frac{\partial^2 f}{\partial y \, \partial x}$$

### 예 8.8

다음을 계산하라.

(a) $f(x, y) = e^{xy} + \dfrac{x}{y}$일 때 $\dfrac{\partial f}{\partial y}$

(b) $f(x, y) = \dfrac{2y}{y + \cos x}$일 때 $\dfrac{\partial f}{\partial x}$

(c) $f(x, y) = \cos(xy)$일 때 $f_{xyy}$

(d) $yz = \ln z + x + y$일 때 $\partial z / \partial x$

**풀이** (a) $x e^{xy} - \dfrac{x}{y^2}$　　(b) $\dfrac{2y \sin x}{(y + \cos x)^2}$

(c) $f_x = -y \sin(xy)$,　$f_{xy} = -\sin(xy) - xy\cos(xy)$

$f_{xyy} = -2x\cos(xy) + x^2 y \sin(xy)$

(d) $y$=상수 : $y\dfrac{\partial z}{\partial x} = \dfrac{1}{z} \cdot \dfrac{\partial z}{\partial x} + 1 \Rightarrow \dfrac{\partial z}{\partial x} = \dfrac{z}{yz - 1}$

## (2) 연쇄법칙

합성함수의 미분인 식 (5.12)는 2변수 함수일 때는 다음이 된다.

**2변수 함수의 연쇄법칙 I**

$z=f(x, y)$, $x=g(t)$, $y=h(t)$ : 미분 가능한 함수

$$\frac{dz}{dt}=\frac{\partial f}{\partial x}\cdot\frac{dx}{dt}+\frac{\partial f}{\partial y}\cdot\frac{dy}{dt} \tag{8.10}$$

**증명**

$$\begin{aligned}\Delta z &= f(x+\Delta x, y+\Delta y)-f(x, y)\\ &= f(x+\Delta x, y+\Delta y)-f(x, y+\Delta y)+f(x, y+\Delta y)-f(x, y)\end{aligned}$$

에서 $x< u< x+\Delta x$ , $y< v< y+\Delta y$에 대해 평균값의 정리[식 (5.33)]을 적용하면

$$\begin{aligned}\Delta z &= f_x(u, y+\Delta y)\Delta x+f_y(x, v)\Delta y\\ &= f_x(x, y)\Delta x+\epsilon_1\Delta x+f_y(x, y)\Delta y+\epsilon_2\Delta y\end{aligned} \tag{*1}$$

이 되고($f_x=\partial f/\partial x$, $f_y=\partial f/\partial y$) $\epsilon_1$과 $\epsilon_2$는 다음과 같다.

$$\epsilon_1\equiv f_x(u, y+\Delta y)-f_x(x, y)$$

$$\epsilon_2\equiv f_y(x, v)-f_y(x, y)$$

$(\Delta x, \Delta y)\to(0, 0)$일 때 $(u, y+\Delta y)$, $(x, v)\to(x, y)$이므로

$$\lim_{\Delta x\to 0,\, \Delta y\to 0}\epsilon_1=\lim_{\Delta x\to 0,\, \Delta y\to 0}\epsilon_2=0$$

이다. 따라서 식 (*1)을 $\Delta t$로 나누고 극한을 취하면 다음이 된다.

$$\begin{aligned}\frac{dz}{dt} &= \lim_{\Delta t\to 0}\frac{\Delta z}{\Delta t}\\ &= f_x(x, y)\lim_{\Delta t\to 0}\frac{\Delta x}{\Delta t}+\lim_{\Delta t\to 0}\epsilon_1\frac{\Delta x}{\Delta t}\\ &\quad +f_y(x, y)\lim_{\Delta t\to 0}\frac{\Delta y}{\Delta t}+\lim_{\Delta t\to 0}\epsilon_2\frac{\Delta y}{\Delta t}\end{aligned} \tag{*2}$$

한편, $x$와 $y$는 미분 가능한 함수이므로 $\Delta t\to 0$일 때 $\Delta x\to 0$, $\Delta y\to 0$이고 $\lim_{\Delta t\to 0}\frac{\Delta x}{\Delta t}=\frac{dx}{dt}$와 $\lim_{\Delta t\to 0}\frac{\Delta y}{\Delta t}=\frac{dy}{dt}$는 유한하므로 결과가 된다.

**예 8.9**

(a) $f(x, y)=0$ 형태의 음함수인 경우 $dy/dx=-f_x/f_y$를 증명하라.

(b) $x^3+y^3=6xy$일 때 $dy/dx$를 합성함수와 음함수의 미분으로 구하라.

**풀이** (a) 식 (8.10)에 의해 다음 식으로부터 증명된다.

$$0=\frac{\partial f}{\partial x}\cdot\frac{dx}{dx}+\frac{\partial f}{\partial y}\cdot\frac{dy}{dx}$$

(b) 합성함수 미분 : $3x^2+3y^2\frac{dy}{dx}=6y+6x\frac{dy}{dx} \Rightarrow \frac{dy}{dx}=\frac{2y-x^2}{y^2-2x}$

음함수 미분 : $f(x, y)=x^3+y^3-6xy=0,\ f_x=3x^2-6y$

$$f_y=3y^2-6x \Rightarrow \frac{dy}{dx}=-\frac{f_x}{f_y}=\frac{2y-x^2}{y^2-2x}$$

$x=g(t, s)$, $y=h(t, s)$의 2변수 함수이면 식 (8.10)은 편도함수의 정의에 의해 다음이 된다. 이것은 3변수 이상의 함수로도 확장할 수 있다.

**2변수 함수의 연쇄법칙 II**

$z=f(x, y)$, $x=g(t, s)$, $y=h(t, s)$ : 미분 가능한 함수

$$\frac{\partial z}{\partial t}=\frac{\partial f}{\partial x}\cdot\frac{\partial x}{\partial t}+\frac{\partial f}{\partial y}\cdot\frac{\partial y}{\partial t}$$

$$\frac{\partial z}{\partial s}=\frac{\partial f}{\partial x}\cdot\frac{\partial x}{\partial s}+\frac{\partial f}{\partial y}\cdot\frac{\partial y}{\partial s} \qquad (8.11)$$

**예 8.10**

다음을 구하라.

(a) $f(x, y, z)=xy+z$, $x=\cos t$, $y=\sin t$, $z=2t$일 때 $df/dt$

(b) $x=st^2$, $y=s^2t$, $z=\ln x\cdot\sin y$일 때 $\partial z/\partial t$

**풀이** (a) $\frac{df}{dt}=\frac{\partial f}{\partial x}\cdot\frac{dx}{dt}+\frac{\partial f}{\partial y}\cdot\frac{dy}{dt}+\frac{\partial f}{\partial z}\cdot\frac{dz}{dt}$

$$=y(-\sin t)+x\cos t+1\cdot 2=-\sin^2 t+\cos^2 t+2$$

(b) $\frac{\partial z}{\partial t}=\frac{\partial z}{\partial x}\cdot\frac{\partial x}{\partial t}+\frac{\partial z}{\partial y}\cdot\frac{\partial y}{\partial t}=\frac{1}{x}\sin y\cdot 2st+\ln x\cdot\cos y\cdot s^2$

### (3) 전미분

미분가능한 1변수 함수 $y=f(x)$에 대해 $dy/dx=f_x$ 는 $dx$ 를 독립변수로 하여 나타내면 $dy=f_x\,dx$ 이고 변수가 $x$ 하나일 때 $y$ 의 전미분(total differential)이라 한다. 이것은 $f_x$가 $x$ 에 대한 변화율이므로 $x$가 $dx$ 만큼 변할 때 접선의 높이($y$) 변화량이 $dy$ 임을 의미한다. 같은 방법으로 식 (8.10)의 $dt$를 생략하면 2변수 함수 $z=f(x, y)$ 의 전미분 $dz$ 는 다음과 같이 주어진다. 이것은 $dx$ 와 $dy$ 를 독립변수로 했을 때 $z$ 또는 $f(x, y)$의 전미분이다.

**전미분**

$$dz=df=f_x\,dx+f_y\,dy \tag{8.12}$$

식 (8.12)는 $x$ 와 $y$ 의 변화량이 $dx$ 와 $dy$ 일 때 접평면의 높이($z$) 변화량이 $dz$ 임을 의미한다. 즉, $f_x\,dx$ 에서 편미분 $f_x$ 는 $y$ 를 일정하게 둘 때 $x$ 에 대한 $f(x, y)$의 변화율이므로 $x$ 의 변화량이 $dx$ 일 때 $z$ 의 변화량을 나타내고 $f_y\,dy$ 에서 편미분 $f_y$ 는 $x$ 를 일정하게 둘 때 $y$ 에 대한 $f(x, y)$의 변화율이므로 $y$ 의 변화량이 $dy$ 일 때 $z$ 의 변화량을 나타낸다. $w=f(x, y, z)$ 의 3변수 함수일 때의 전미분은 다음과 같다

$$dw=df=f_x\,dx+f_y\,dy+f_z\,dz \tag{8.13}$$

**예 8.11**

$f(x, y)=x^2 y$ 의 전미분을 구하라.

**풀이** $df=d\left(x^2 y\right)=\dfrac{\partial f}{\partial x}\,dx+\dfrac{\partial f}{\partial y}\,dy=2xy\,dx+x^2dy$

### (4) 다변수 함수의 극값

2변수 함수의 극값은 편미분을 이용하여 구할 수 있다. $f(x, y)$가 $(a, b)$에서 극점이고 1계 편도함수가 존재하면 $f_x(a, b)=0$, $f_y(a, b)=0$이다.

**2변수 함수의 극값**

$(a, b)$ 근방의 모든 $(x, y)$에 대해 다음과 같다.

(a) $f(x, y) \le f(a, b)$이면 극대이고 $f(x, y) \ge f(a, b)$이면 극소
(b) (a)에서 $(x, y)$가 정의역 안의 모든 점이면 $f(a, b)$는 최대 또는 최소

$f_x(a, b) = 0$, $f_y(a, b) = 0$이거나 이들 중 한 개 이상이 존재하지 않으면 임계점(critical point)이라 한다. 따라서 극점은 임계점이지만 임계점은 극점이 아닐 수도 있다.

**예 8.12**

다음 함수들의 극값을 구하라.
(a) $f(x, y) = x^2 + y^2 - 2x - 4y + 10$
(b) $f(x, y) = x^2 - y^2$

**풀이** (a) $f_x(x, y) = 2x - 2$, $f_y(x, y) = 2y - 4$이므로 $(1, 2)$가 임계점이고

$$z = f(x, y) = (x-1)^2 + (y-2)^2 + 5 \ge 5$$

이므로 $f(1, 2) = 5$는 극소값이면서 최솟값이다.[그림 (a)]

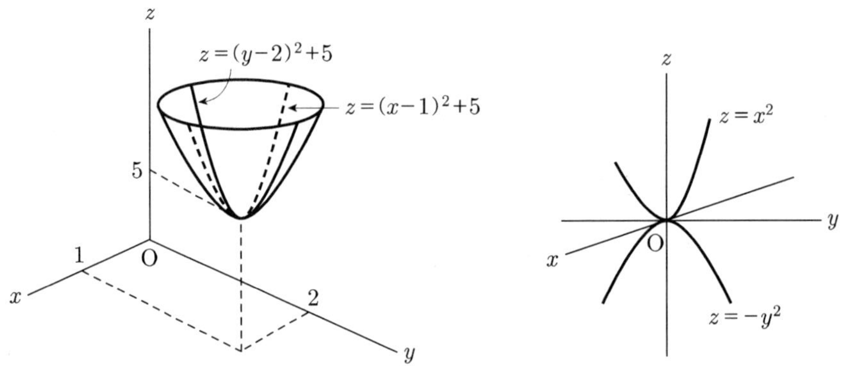

(a) (b)

(b) $f_x(x, y) = 2x$, $f_y = -2y$이므로 $(0, 0)$가 임계점이고 $z = x^2 - y^2$은 $y = 0$일 때는 $z = x^2 \ge 0$으로 아래로 볼록이고 $x = 0$일 때는 $z = -y^2 \le 0$으로 위로 볼록이므로 그림 (b)과 같이 극점은 없다. 이것은 말의 안장과 비슷하다고 해서 안장점(saddle point)이라 한다.

## 8.3 이중적분

정적분의 개념을 다변수 함수의 적분으로 확장한 중적분(multiple integral)을 사용하면 다양한 형태의 면적과 부피를 구하는데 편리하다.

### (1) 이중 적분

$xy$ 평면에서 $y = f(x)$로 주어지는 곡선 아래의 면적을 구하기 위해 정적분의 정의를 사용하였다[식 (6.24)]. 같은 방법으로 하면 $z = f(x, y)$로 주어지는 곡면 아래의 부피를 구하기 위해 정적분을 사용할 수 있다.

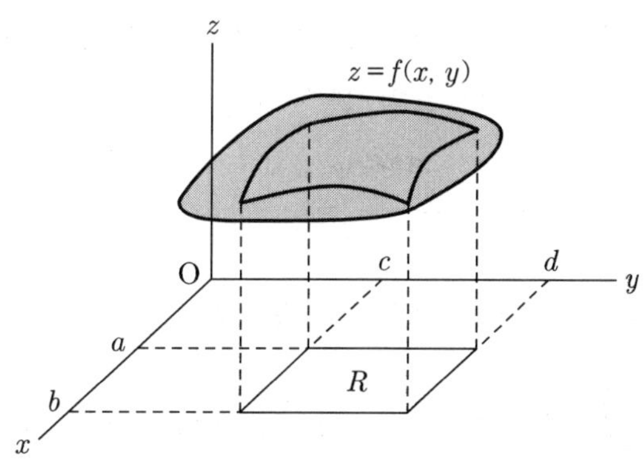


**그림 8.5** 곡면 $z = f(x, y)$ 아래 부피

그림 8.5와 같이 연속함수 $f(x, y)$가 $a \le x \le b$, $c \le y \le d$인 영역 $R$에서 $f(x, y) \ge 0$인 경우, 영역 $R$을 그림 8.6과 같이 영역이 $\Delta x_i = x_i - x_{i-1} = (b-a)/m$ $(i = 1, 2, \cdots, m)$, $\Delta y_j = y_j - y_{j-1} = (d-c)/n$ $(j = 1, 2, \cdots n)$인 $(m \times n)$ 개의 $R_{ij}$ 영역으로 쪼갠다. 영역 $R_{ij}$ 안의 임의의 지점 $(u_i, v_j)$의 함수값 $f(u_i, v_j)$를 높이로 하는 사각기둥의 부피는 $V_{ij} = f(u_i, v_j)\Delta A_{ij}$이고 $\Delta A_{ij} = \Delta x_i \Delta y_j$는 영역 $R_{ij}$의 면적이다.

따라서 전체 영역에서 사각기둥들의 부피를 더하면

$$V_{mn} = \sum_{i=1,}^{m} \sum_{j=1}^{n} f(u_i, v_j)\Delta A_{ij} \tag{8.14}$$

가 된다. 이것은 그림에서 보는 바와 같이 실제 부피 $V$와 꼭대기 부근에서 차이가 나지만 $m \to \infty$, $n \to \infty$로 선택하면 $u_i \to x_i$, $v_j \to y_j$가 되고 각 구간에서의 차이가 사라지므로 실제 부피와 같아진다.

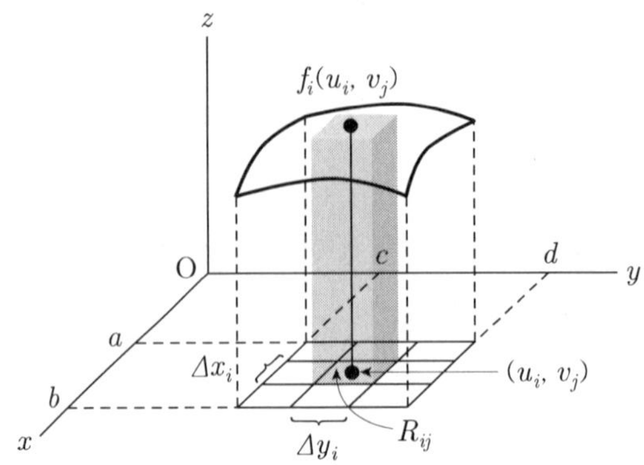


**그림 8.6** 사각 분할 $R_{ij}$ 위의 사각기둥

$$V = \lim_{m\to\infty,\, n\to\infty} \lim V_{mn} = \sum_{i=1,}^{\infty} \sum_{j=1}^{\infty} f(x_i,\ y_i) \triangle A_{ij} \tag{8.15}$$

따라서 $f(x, y)$가 음수인 경우도 포함하여 이중적분을 다음과 같이 정의하고 $f(x, y)$가 양수이면 실제 부피가 된다. $f(x, y)=1$이면 영역 $R$의 면적이다.

**이중적분**

$f(x, y)$가 $xy$ 평면상의 영역 $R$에서 정의된 함수일 때의 이중적분

$$\iint_R f(x, y)\, dA = \sum_{i=1,}^{\infty} \sum_{j=1}^{\infty} f(x_i,\ y_i) \triangle A_{ij} \tag{8.16}$$

영역 $R$이 $a \le x \le b$, $c \le x \le d$의 직사각형 영역이면 다음과 같이 반복적분이 된다. 이것을 푸비니(Fubini) 정리라 한다.

**반복적분**

$$\iint_R f(x, y)\, dA = \int_a^b \int_c^d f(x, y)\, dy\, dx = \int_c^d \int_a^b f(x, y)\, dx\, dy \tag{8.17}$$

**증명**

영역 $a \le x \le b$, $c \le y \le d$에서 $f(x, y) \ge 0$인 경우를 고려한다.

그림과 같이 입체를 $x = x$인 평면으로 자른 단면적을 $A(x)$라 하면 식 (6.42)에 의해 부피는 다음과 같다.

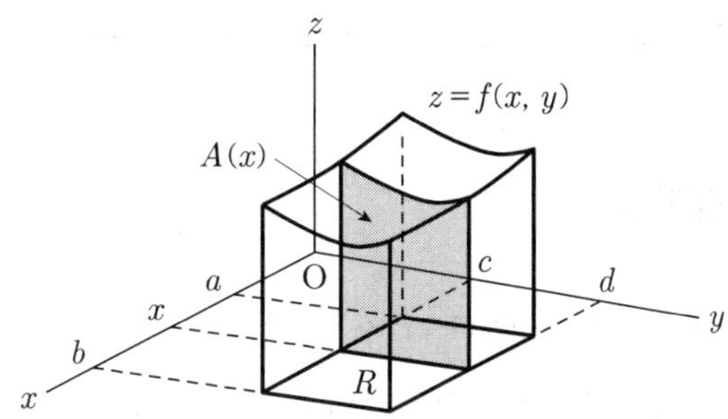


$$V=\int_a^b A(x)\,dx \qquad (*1)$$

$A(x)$는 일정한 $x$에 대해 $c \le y \le d$에서 곡선 $z=f(x, y)$ 아래의 면적이므로

$$A(x)=\int_c^d f(x, y)\,dy$$

이다. 따라서 위 식을 식 (*1)에 대입하면 식 (8.17)의 첫 번째 등식이 되고 같은 방법으로 입체를 $y=y$인 평면으로 자른 단면을 고려하면 다음과 같으므로 식 (8.17)의 두 번째 등식이 된다.

$$A(y)=\int_a^b f(x, y)\,dx, \quad V=\int_c^d A(y)\,dy$$

$x$와 $y$는 독립변수이므로 적분의 순서는 상관없다.

---

**예 8.13**

영역 $0 \le x \le 2$, $0 \le y \le 2$에 대해 곡면 $z=16-x^2-2y^2$ 아래의 부피를 구하라.

**풀이**

$$V=\int_0^2\int_0^2 (16-x^2-2y^2)\,dx\,dy=\int_0^2\left[16x-\frac{x^3}{3}-2y^2x\right]_{x=0}^{x=2}dy$$

$$=\int_0^2\left(\frac{88}{3}-4y^2\right)dy=\left[\frac{88}{3}y-\frac{4}{3}y^3\right]_{y=0}^{y=2}=48$$

---

1변수 함수의 적분과 마찬가지로 이중적분도 다음과 같은 성질이 있다($c$는 상수).

$$\iint_R c\,[f(x, y)\pm g(x, y)]\,dA=c\iint_R f(x, y)\,dA\pm c\iint_R g(x, y)\,dA \qquad (8.18)$$

$$\iint_R f(x, y)\,dA=\iint_{R_1} f(x, y)\,dA+\iint_{R_2} f(x, y)\,dA \qquad (8.19)$$

여기서 $R$은 $R_1$과 $R_2$의 합이고 $R_1$과 $R_2$는 교차하지 않는다.

### (2) 2차원에서의 선소와 면적소

그림 8.7과 같이 길이가 $L=b-a$인 막대를 두께가 $\Delta x_i = x_i - x_{i-1}(i=1, 2, \cdots, n)$인 $(x_0 = a, x_n = b)$ $n$ 개의 조각으로 쪼개면 막대의 길이는 다음과 같다.

$$L = \sum_{i=1}^{n} \Delta x_i = \lim_{n \to \infty} \sum_{i=1}^{n} \Delta x_i = \int_a^b dx = b - a \tag{8.20}$$

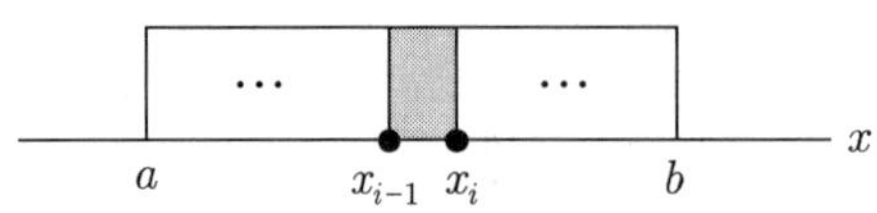


**그림 8.7** 선소

$\sum_{i=1}^{n} \Delta x_i$는 유한($n$) 개의 길이가 $\Delta x_i$인 조각들 길이의 합이고 $\int_a^b dx$는 길이($dx$)가 0인 무한($\infty$) 개의 조각들의 합으로 이해할 수 있다. 이 $dx$를 1차원에서의 선소(길이 요소)라 한다. 2차원 직각좌표계에서는 그림 8.8 (a)와 같이 선소는 $dx$, $dy$이고 $dA = dx\,dy$는 면적소가 된다. 이렇게 하면 가로의 길이가 $a = a_2 - a_1$이고 세로의 길이가 $b = b_2 - b_1$인 직사각형의 면적은 식 (8.21)과 같이 구해진다.

$$A = \int dA = \int_{a_1}^{a_2} dx \int_{b_1}^{b_2} dy = (a_2 - a_1)(b_2 - b_1) = ab \tag{8.21}$$

식 (8.21)은 폭($dx$)이 0인 조각을 $x = a_1$에서 $x = a_2$까지 무한 개 더하여 두께($dy$)가 0이고 길이가 $a$인 면적이 $a\,dy$인 막대를 만들고 이 막대를 $y = b_1$에서 $y = b_2$까지 무한 개 더하여 면적이 $ab$인 판자를 만드는 것과 같다.

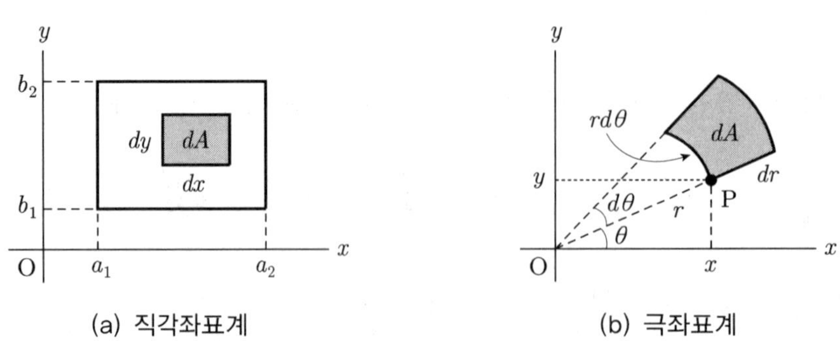


**그림 8.8** 2차원 좌표계에서의 선소와 면적소

2차원 극좌표계에서의 선소와 면적소는 그림 8.8 (b)와 같이 정의한다. P점에 대해 $r$ 방향의 선소가 $dr$이고 $\theta$를 시계 반대방향으로 변화시킨 각 $d\theta$에 대한 선소가 $r\,d\theta$이다. 면적소는 $dA = r\,d\theta\,dr$이다. 이것은 한 변의 길이가 $dr$, $r\,d\theta$인 극좌표계에서의 사각형 즉, 극사각형(polar rectangle)의 면적으로 이해할 수 있다. 따라서 $r = r_2 - r_1$이고 $\theta = \theta_2 - \theta_1$인 영역의 면적은 다음과 같다.

$$A = \int_{\theta_1}^{\theta_2} d\theta \int_{r_1}^{r_2} r\,dr = \frac{1}{2}(\theta_2 - \theta_1)\left(r_2^2 - r_1^2\right) \tag{8.22}$$

**증명**

다음 그림에서 선소는 $ds = \lim_{\theta' \to \theta} r(\theta' - \theta) = r\,d\theta$이고 면적 $\Delta A$이는 반지름이 $r'$인 부채꼴의 면적에서 반지름이 $r$인 부채꼴의 면적을 뺀 값이다.

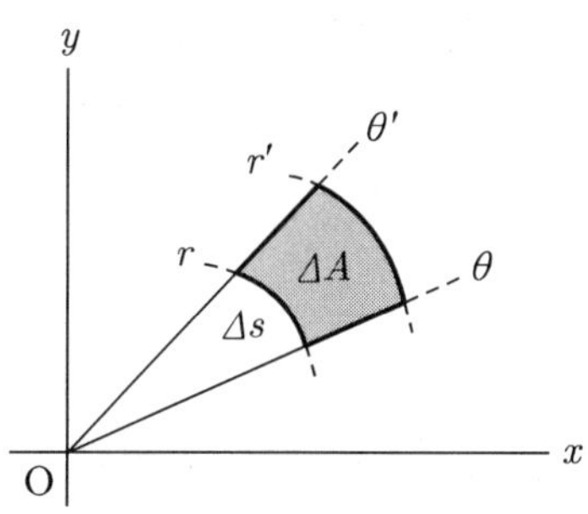


$$\begin{aligned}\Delta A &= \frac{1}{2}(\theta' - \theta)\,r'^2 - \frac{1}{2}(\theta' - \theta)\,r^2 \\ &= \frac{1}{2}(r' + r)(r' - r)(\theta' - \theta) \\ &= \frac{1}{2}(r' + r)\Delta r \Delta \theta\end{aligned}$$

여기서 $\lim_{r' \to r}(r' + r) = 2r$이다.

2차원 직각좌표계와 극좌표계에 대해 정리하면 다음과 같다. [식 (3.3) 참고]

**표 8.1** 2차원 좌표계

| 좌표계 | 변수 | 선소 | 면적소 | 비고 |
|---|---|---|---|---|
| 직각좌표계 | $x, y$ | $dx, dy$ | $dx\,dy$ | $x = r\cos\theta,\ y = r\sin\theta$<br>$x^2 + y^2 = r^2$ |
| 극좌표계 | $r, \theta$ | $dr, r\,d\theta$ | $r\,dr\,d\theta$ | |

## 예 8.14

다음을 구하고 식 (8.21)과 같이 해석하라.

(a) 반지름이 $r$인 원둘레 $L$

(b) 반지름이 $R$인 원판의 면적 $A$

(c) 극좌표계에서의 편미분 $\partial/\partial r$과 $\partial/\partial\theta$를 $\partial/\partial x$와 $\partial/\partial y$로 나타내라.

**풀이** (a) 길이가 $r\,d\theta$ 인 원호를 $\theta=0$ 에서 $\theta=2\pi$ 까지 무한 개 더한다.

$$L=\int_0^{2\pi} r\,d\theta = 2\pi r$$

(b) 두께($dr$)가 0이고 둘레의 길이가 $2\pi r$ 인 면적이 $2\pi r\,dr$ 인 원형 고리를 $r=0$ 에서 $r=R$ 까지 무한 개 더한 것이고 무한 원판이면 $R\to\infty$ 이다.

$$A=\int_0^{R} 2\pi r\,dr = \pi R^2$$

(c) $x=r\cos\theta$, $y=r\sin\theta$이므로 다음과 같다.

$$\frac{\partial}{\partial r}=\frac{\partial x}{\partial r}\cdot\frac{\partial}{\partial x}+\frac{\partial y}{\partial r}\cdot\frac{\partial}{\partial y}=\cos\theta\,\frac{\partial}{\partial x}+\sin\theta\,\frac{\partial}{\partial y}$$

$$\frac{\partial}{\partial \theta}=\frac{\partial x}{\partial \theta}\cdot\frac{\partial}{\partial x}+\frac{\partial y}{\partial \theta}\cdot\frac{\partial}{\partial y}=-r\sin\theta\,\frac{\partial}{\partial x}+r\cos\theta\,\frac{\partial}{\partial y}$$

## (3) 극좌표계에서의 이중적분

$x=r\cos\theta$, $y=r\sin\theta$이므로 $x$와 $y$는 $r$과 $\theta$로 나타낼 수 있고 $dA=r\,dr\,d\theta$ 이므로 식 (8.17)의 극좌표계 표현은 다음이 된다. $f(r,\theta)=1$이면 영역 $R$의 면적이다.

| 극좌표계에서의 이중적분 | | |
|---|---|---|
| 영역 $R$ | $\iint_R f(x,y)\,dA$ | |
| $a\le r\le b,\ \alpha\le\theta\le\beta$ | $\int_\alpha^\beta d\theta\int_a^b f(r,\theta)\,r\,dr$ | (8.23) |

### 예 8.15

다음 적분을 계산하라.

(a) $\iint_R (4x^2+4y^2+2)\,dA$. $R$은 중심이 원점이고 반지름이 2인 원

(b) $\int_{-\infty}^{\infty} e^{-x^2}dx$

**풀이** (a) $$\iint_R (4x^2+4y^2+2)\,dA = \int_0^{2\pi} d\theta \int_0^2 (4r^2+2)\,r\,dr$$

$$= 2\pi\left[r^4+r^2\right]_{r=0}^{r=2} = 40\pi$$

(b) $I=\int_{-\infty}^{\infty} e^{-x^2}dx$로 두면 다음과 같다.

$$I^2=\int_{-\infty}^{\infty} e^{-x^2}dx\int_{-\infty}^{\infty} e^{-y^2}dy=\int_{-\infty}^{\infty} dy\int_{-\infty}^{\infty} e^{-x^2-y^2}dx$$

$dy\,dx=dA$ (직각좌표계에서의 면적소)이므로 위 식을 극좌표계로 나타내면

$$I^2=\int_0^{2\pi} d\theta\int_0^{\infty} e^{-r^2}r\,dr=2\pi\left[-\frac{e^{-r^2}}{2}\right]_{r=0}^{r=\infty}=\pi$$

이므로 $\int_{-\infty}^{\infty} e^{-x^2}dx=\sqrt{\pi}$ 이다.

## (4) 감마함수

감마함수(gamma function) $\Gamma(p)$는 다음과 같이 정의한다.

**감마함수**

$$\Gamma(p)=\int_0^{\infty} x^{p-1}e^{-x}dx \tag{8.24}$$

$$\Gamma(n+1)=n\,\Gamma(n)=n!\ \ (n\ :\ \text{양의 정수}) \tag{8.25}$$

**증명**

수학적 귀납법으로 증명한다. $n=1$일 때는

$$\Gamma(1)=\int_0^{\infty} e^{-x}dx=\left[-e^{-x}\right]_{x=0}^{x=\infty}=1$$

이므로 만족하고 $n=n$일 때

$$\Gamma(n)=\int_0^{\infty} x^{n-1}e^{-x}dx=(n-1)!$$

이 성립한다고 가정하면

$$\begin{aligned}\Gamma(n+1) &= \int_0^\infty x^n e^{-x}\,dx \\ &= \left[-x^n e^{-x}\right]_{x=0}^{x=\infty} + n\int_0^\infty x^{n-1}e^{-x}\,dx \\ &= n\,\Gamma(n)\end{aligned}$$

이다. 여기서 로피탈의 정리에 의해 $\lim_{x\to\infty}(x^n/e^x)=0$이다.

---

**예 8.16**

(a) $p$가 0 또는 음의 정수일 때 $\Gamma(p)=\pm\infty$임을 증명하라.

(b) $\Gamma(1/2)=\sqrt{\pi}$를 유도하라.

(c) $\Gamma\left(n+\frac{1}{2}\right)=\frac{(2n)!}{4^n n!}\sqrt{\pi}$를 증명하라.

**풀이** (a) $\Gamma(1)=1,\quad \lim_{p\to 0}\Gamma(p)=\lim_{p\to 0}\frac{\Gamma(p+1)}{p}=\pm\infty$

$$\Gamma(-1)=\frac{\Gamma(0)}{-1}=\pm\infty$$

(b) $\Gamma\left(\frac{1}{2}\right)=\int_0^\infty \frac{1}{\sqrt{x}}e^{-x}\,dx \quad (x\equiv y^2)$

$$=\int_0^\infty \frac{1}{y}e^{-y^2}2y\,dy=\int_{-\infty}^\infty e^{-y^2}\,dy$$

이므로 예 8.15 (C)에 의해 결과가 된다.

(c) $\Gamma\left(n+\frac{1}{2}\right)=\frac{2n-1}{2}\Gamma\left(n-\frac{1}{2}\right)=\frac{2n-1}{2}\cdot\frac{2n-3}{2}\Gamma\left(n-\frac{3}{2}\right)$

$$=\cdots=\frac{(2n-1)(2n-3)\cdots 3\cdot 1}{2^n}\Gamma\left(\frac{1}{2}\right)$$

$$=\frac{2n(2n-1)(2n-2)(2n-3)\cdots 2\cdot 1}{2^n\,2n(2n-2)(2n-4)\cdots 2}\sqrt{\pi}=\frac{(2n)!}{4^n n!}\sqrt{\pi}$$

---

## 8.4 삼중적분

3차원 공간에서의 물체의 운동 등 공학에서 다루는 문제들은 3변수 함수들인 경우가 많다. 3변수 함수의 적분인 삼중적분은 이중적분의 개념을 확장하여 다룰 수 있다. 세 좌표축을 세 변수에 대응시키면 함수값을 나타낼 수 있는 좌표축은 없으므로 삼중적분은 그림으로 나타낼 수 없기 때문에 이해하기가 좀 더 어렵다. 3변수 함수를 다루기 위해 주로 사용하는 좌표계는 직각좌표계, 원통좌표계, 구면좌표계 3개이다.

### (1) 직각좌표계

직각 좌표계(Cartesian coordinate system)는 그림 8.9와 같이 세 개의 수직인 직선 $x$, $y$, $z$를 사용한다. 그림 8.9 (a)에서 공간상의 무한히 많은 점들 중에 $x$ 값이 정해지면 앞면($x=x$인 평면) 상의 점들이, $y$ 값이 정해지면 오른쪽 옆면($y=y$인 평면) 상의 점들이, $z$ 값이 정해지면 윗면($z=z$인 평면) 상의 점들이 각각 정해진다. $x$와 $z$가 동시에 정해지면 두 면이 만나는 1번 직선상의 점들이, $x$와 $y$가 정해지면 2번 직선상의 점들이, $y$와 $z$ 값이 정해지면 3번 직선상의 점들이 각각 정해진다. 따라서 $x$, $y$, $z$ 세 값이 정해지면 세 직선이 만나는 $\mathrm{P}(x, y, z)$ 지점의 위치가 정해진다. 그림 (b)로부터 선소는 $dx$, $dy$, $dz$, 면적소는 $dx\,dy$(아랫면), $dx\,dz$(왼쪽 면), $dy\,dz$(뒷면)이고 체적소는 $dx\,dy\,dz$이다. 세 변의 길이가 $a, b, c$인 직육면체인 경우 $x=0\sim a$, $y=0\sim b$, $z=0\sim c$이고, 무한 공간인 경우 $-\infty \le x, y, z \le \infty$이다. 즉, $x$축을 따라 $x=0$에서 $x=a$까지 점들을 더하면 $x$축 상의 길이 $a$의 직선이 되고 이 직선을 $y$축을 따라 $y=0$에서 $x=b$까지 더하면 $xy$ 평면상의 면적이 $ab$인 평면이 된다. 이 사각형을 $z$축을 따라 $z=0$에서 $z=c$까지 더하면 부피가 $abc$인 입체가 된다. $x, y, z$ 중에 한 개를 제외하면 2차원 직각좌표계이다.

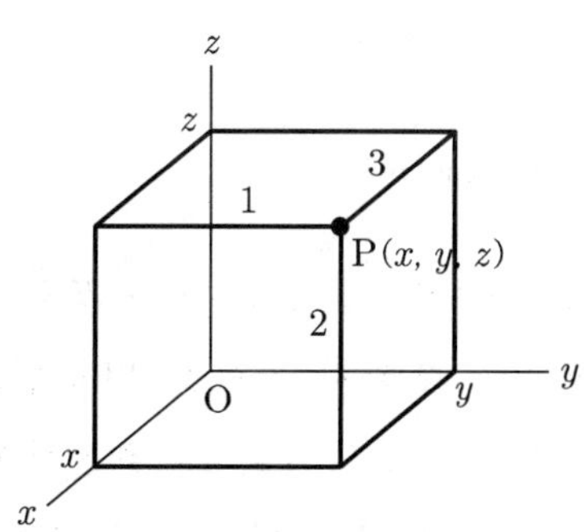

(a) 좌표계

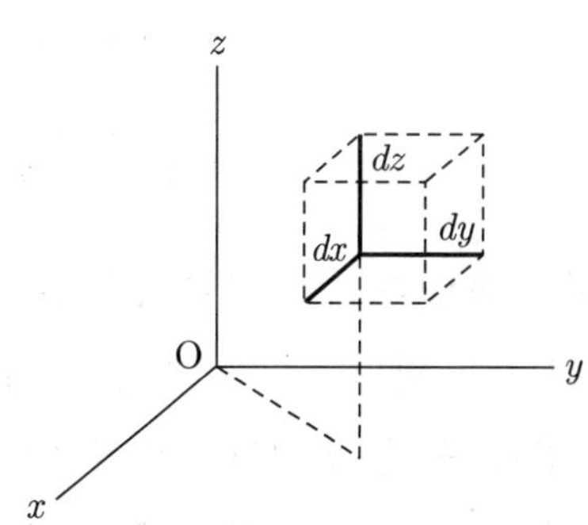

(b) 선소

**그림 8.9** 3차원 직각좌표계

### (2) 원통좌표계

원통좌표계(Cylindrical coordinate system)는 원기둥좌표계라고도 하고 그림 8.10과 같이 세 개의 좌표 $\rho$, $\phi$, $z$를 사용한다.

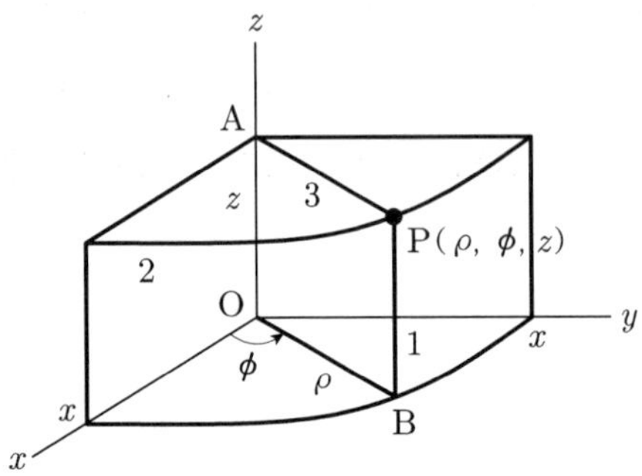


(a) 좌표계

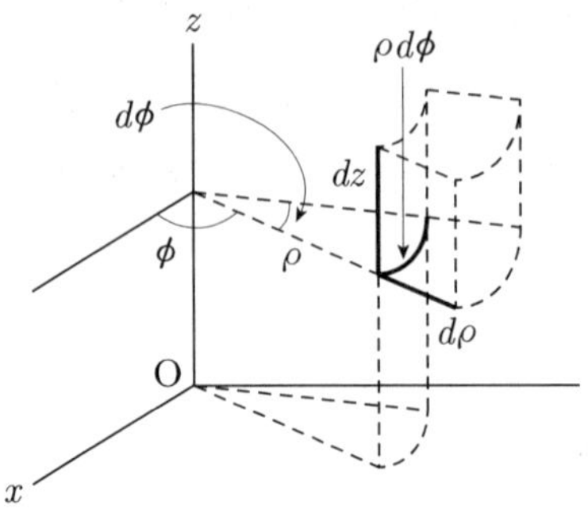


(b) 선소

**그림 8.10** 원통좌표계

원통좌표계는 2차원 극좌표계($\theta$ 대신 $\phi$)에서 $z$ 축을 추가한 좌표계이다. $\rho$는 원점에서 $xy$ 평면상의 한 점 B(P에서 수직으로 $xy$ 평면에 내린 지점)까지 거리, $\phi$는 $x$ 축으로부터의 각이고 $z$는 직각좌표계와 같다. 그림 8.10 (a)에서 평면상의 무한히 많은 점들 중에 $\rho$ 값이 정해지면 반지름이 $\rho$인 원통의 옆면 상의 점들이, $\phi$ 값이 정해지면 면 OAPB 상의 점들이, $z$ 값이 정해지면 윗면 상의 점들이 각각 정해진다. $\rho$와 $\phi$가 동시에 정해지면 두 면이 만나는 1번 직선상의 점들이, $\rho$와 $z$가 정해지면 2번 곡선상의 점들이, $\phi$와 $z$ 값이 정해지면 3번 직선상의 점들이 각각 정해진다. 따라서 $\rho$, $\phi$, $z$ 세 값이 정해지면 세 곡선이 만나는 $\mathrm{P}(\rho, \phi, z)$ 지점의 위치가 정해진다. 그림 (b)로부터 선소는 $d\rho$, $\rho\, d\phi$, $dz$, 면적소는 $\rho\, d\rho\, d\phi$(아랫면), $d\rho\, dz$(앞면), $\rho\, d\phi\, dz$(안쪽 옆면)이고 체적소는 $\rho\, d\rho\, d\phi\, dz$이다.

직각좌표계와 원통좌표계 사이에는 다음의 관계가 있다.

$$x = \rho\cos\phi, \quad y = \rho\sin\phi, \quad z = z$$

$$\rho = \sqrt{x^2 + y^2}, \quad \phi = \tan^{-1}(y/x) \tag{8.26}$$

반지름이 $R$이고 높이가 $H$인 원통인 경우, $\rho = 0 \sim R$, $\phi = 0 \sim 2\pi$, $z = 0 \sim H$이고 무한 공간인 경우 $R \to \infty$, $H \to \infty$이다. 즉, $x$축을 따라 $x = 0$에서 $x = R$까지 점들을 더하면(반드시 $x$축을 선택할 필요는 없음) $x$축 상의 길이 $R$의 직선이 되고 이 직선을 $z$축 둘레로 $2\pi$ 회전하면 $xy$ 평면상의 반지름이 $R$인 원이 된다. 이 원을 $z$축을 따라 $z = 0$에서 $z = H$까지 더하면 반지름 $R$, 높이 $H$의 원통이 된다. $\rho$, $\phi$만 고려하면 2차원(평면) 극좌표계이다.

**예 8.17**

반지름이 $a$ 이고 높이가 $h$ 인 원통에 대해 다음을 구하라.

(a) 원통의 옆면적 $S$ (b) 원통으로 둘러싸인 부피 $V$

**풀이** (a) 면적소 $\rho\, d\phi\, dz$ 의 합이다($\rho = a$).

$$S = \int \rho\, d\phi\, dz = a\int_0^{2\pi} d\phi \int_0^h dz = 2\pi a h$$

(b) $V = \int \rho\, d\rho\, d\phi\, dz = \int_0^a \rho\, d\rho \int_0^{2\pi} d\phi \int_0^h dh = \pi a^2 h$

## (3) 구면좌표계

구면좌표계((Spherical coordinate system)는 그림 8.11과 같이 세 개의 좌표 $r$, $\theta$, $\phi$를 사용한다. $r$는 원점에서 공간상의 한 점까지 거리, $\theta$는 $z$축으로부터의 각이고 $\phi$는 $x$축으로부터 B(P에서 수직으로 내린 $xy$ 평면상의 한 점)까지의 각이다. 그림 8.11 (a)에서 평면상의 무한히 많은 점들 중에 $r$ 값이 정해지면 반지름이 $r$인 구면 상의 점들이, $\theta$ 값이 정해지면 원뿔면 CD 상의 점들이, $\phi$ 값이 정해지면 면 OAPB 상의 점들이 각각 정해진다. $r$과 $\theta$가 동시에 정해지면 구면과 원통면이 만나는 1번 원상의 점들이, $r$과 $\phi$가 정해지면 2번 곡선상의 점들이, $\theta$와 $\phi$ 값이 정해지면 3번 직선상의 점들이 각각 정해진다. 따라서 $r$, $\theta$, $\phi$ 세 값이 정해지면 세 곡선이 만나는 $P(r, \theta, \phi)$ 지점의 위치가 정해진다. 그림 (b)로부터 선소는 $dr$, $r\,d\theta$, $r\sin\theta\, d\phi$, 면적소는 $r\,dr\,d\theta$ (앞면), $r^2\sin\theta\, d\theta\, d\phi$ (아랫면), $r\sin\theta\, dr\, d\phi$ (안쪽 옆면)이고 체적소는 $r^2\sin\theta\, dr\, d\theta\, d\phi$이다.

직각좌표계와 구면좌표계 사이의 관계는 다음과 같다.

$$\rho = \sqrt{x^2 + y^2} = r\sin\theta, \qquad r = \sqrt{\rho^2 + z^2} = \sqrt{x^2 + y^2 + z^2}$$

$$x = r\sin\theta\cos\phi, \qquad y = r\sin\theta\sin\phi, \qquad z = r\cos\theta$$

$$\phi = \tan^{-1}(y/x), \qquad \theta = \tan^{-1}\left(\sqrt{x^2 + y^2}/z\right) \qquad (8.27)$$

반지름이 $R$ 인 구인 경우, $r = 0 \sim R$, $\theta = 0 \sim \pi$, $\phi = 0 \sim 2\pi$ 이고 무한 공간이면 $R \to \infty$ 이다. 즉, $z$축을 따라 $z = 0$ 에서 $z = R$까지 점들을 더하면 $z$축 상의 길이가 $R$ 인 직선이 되고 이 직선을 $y$축 둘레로 $\theta = 0$ 에서 $\theta = \pi$까지 회전시키면 $xz$ 평면상의 반지름이 $R$ 인 반원이 된다. 이 반원을 $z$축 둘레로 $\phi = 0$ 에서 $\phi = 2\pi$까지 회전시킨 것이 반지름이 $R$ 인 구이다.

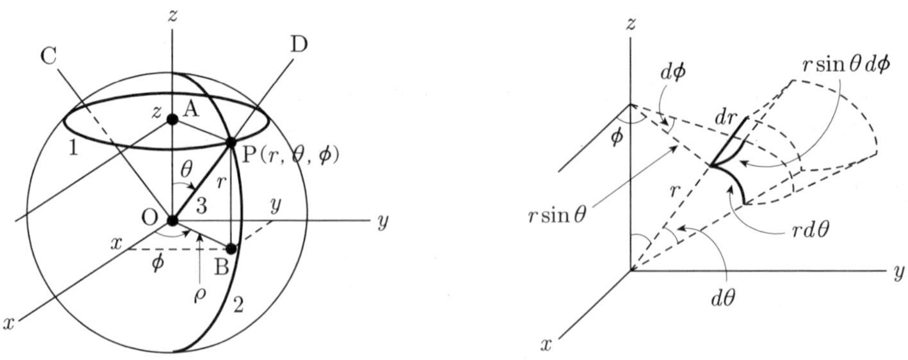


(a) 좌표계　　　　　　　　(b) 선소

**그림 8.11** 구면좌표계

3차원 좌표계들 사이의 관계는 다음과 같다.

**표 8.2** 3차원 좌표계

| 좌표계 | 변수 | 선소 | 면적소 | 체적소 | 비고 |
|---|---|---|---|---|---|
| 직각좌표계 | $x,\ y\ ,z$ | $dx,\ dy$<br>$dz$ | $dx\,dy,\ dx\,dz$<br>$dy\,dz$ | $dx\,dy\,dz$ | |
| 원통좌표계 | $\rho,\ \phi,\ z$ | $d\rho$<br>$\rho\,d\phi$<br>$dz$ | $\rho\,d\rho\,d\phi$<br>$d\rho\,dz$<br>$\rho\,d\phi\,dz$ | $\rho\,d\rho\,d\phi\,dz$ | $x=\rho\cos\phi$<br>$y=\rho\sin\phi$<br>$z=z$ |
| 구면좌표계 | $r,\ \theta,\ \phi$ | $dr$<br>$r\,d\theta$<br>$r\sin\theta\,d\phi$ | $r\,dr\,d\theta$<br>$r^2\sin\theta\,d\theta\,d\phi$<br>$r\sin\theta\,dr\,d\phi$ | $r^2\sin\theta$<br>$\times\,dr\,d\theta\,d\phi$ | $x=r\sin\theta\cos\phi$<br>$x=r\sin\theta\sin\phi$<br>$z=r\cos\theta$ |

**예 8.18**

반지름이 $R$ 인 구에 대해 다음을 구하라.

(a) 구의 표면적 $S$　　　　(b) 구면으로 둘러싸인 부피 $V$

**풀이** (a) 면적소 $r^2\sin\theta\,d\theta\,d\phi$ 의 합이다($r=R$).

$$S=R^2\int_0^{\pi}\sin\theta\,d\theta\int_0^{2\pi}d\phi=4\pi R^2$$

(b) 체적소 $r^2\sin\theta\,dr\,d\theta\,d\phi$ 의 합이다.

$$V=\int_0^{R}r^2dr\int_0^{\pi}\sin\theta\,d\theta\int_0^{2\pi}d\phi=\frac{4\pi R^3}{3}$$

**예 8.19**

$z^2 = x^2 + y^2$을 (a) 원통좌표계와 (b) 구면좌표계로 나타내라.

**풀이** (a) $z^2 = x^2 + y^2 = \rho^2 \Rightarrow z = \pm\rho$

(b) $r^2\cos^2\theta = r^2\sin^2\theta\cos^2\phi + r^2\sin^2\theta\sin^2\phi = r^2\sin^2\theta$

$\Rightarrow r = 0,\ \theta = \dfrac{\pi}{4},\ \dfrac{3\pi}{4}$

## (4) 삼중적분

표 8.2로부터 영역 $D$에 대한 삼중적분 $\iiint_D f\,dV$은 다음과 같다. $f = 1$이면 영역 $D$의 부피이다.

| 삼중적분 | | |
|---|---|---|
| 영역 $D$ | $\iiint_D f\,dV$ | |
| 직각좌표계 | $\int_{z_1}^{z_2} dz \int_{y_1}^{y_2} dy \int_{x_1}^{x_2} f(x,\ y,\ z)\,dx$ | |
| 원통좌표계 | $\int_{z_1}^{z_2} dz \int_{\phi_1}^{\phi_2} d\phi \int_{\rho_1}^{\rho_2} f(\rho,\ \phi,\ z)\,\rho\,d\rho$ | (8.28) |
| 구면좌표계 | $\int_{\phi_1}^{\phi_2} d\phi \int_{\theta_1}^{\theta_2} d\theta \int_{r_1}^{r_2} f(r,\ \theta,\ \phi)\,r^2\sin\theta\,dr$ | (8.29) |

**예 8.20**

영역 $D$가 반지름이 $(\pi/2)^{1/3}$인 구 내부일 때 다음 적분을 계산하라.

$$\iiint_D \cos(x^2 + y^2 + z^2)^{3/2}\,dV$$

**풀이** $\int_0^{2\pi} d\phi \int_0^{\pi} \sin\theta\,d\theta \int_0^{(\pi/2)^{1/3}} \cos(r^3)\cdot r^2 dr = \dfrac{4\pi}{3}\left[\sin(r^3)\right]_{r=0}^{r=(\pi/2)^{1/3}} = \dfrac{4\pi}{3}$

## 8.5 중적분의 응용

중적분은 질량중심, 관성모멘트 등을 구하는데 적용할 수 있다.

### (1) 질량중심

질량은 갖지만 부피가 없는 질점들의 질량이 $m_i$이고 위치가 $(x_i, y_i, z_i)$일 때 질량중심(c.m. : center of mass)은 다음과 같이 정의한다. $n$은 질점의 개수이고 $M=\sum_{i=1}^{n} m_i$은 총 질량이다. $m_i/M$은 질량이 $(x_i, y_i, z_i)$ 지점에 있을 확률이므로 식 (8.30)은 질량의 위치 평균이다.

$$x_{\mathrm{cm}} \equiv \frac{1}{M}\sum_{i=1}^{n} m_i x_i, \qquad y_{\mathrm{cm}} \equiv \frac{1}{M}\sum_{i=1}^{n} m_i y_i$$

$$z_{\mathrm{cm}} \equiv \frac{1}{M}\sum_{i=1}^{n} m_i z_i \tag{8.30}$$

**예 8.21**

그림과 같이 위치하는 질량이 $m_1$, $m_2$인 두 질점의 질량중심을 구하라.

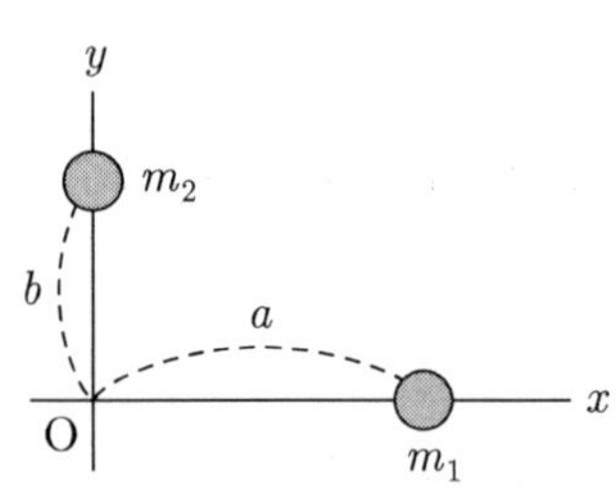


**풀이**

$$x_{\mathrm{cm}} = \frac{1}{m_1+m_2}(m_1\times a + m_2\times 0) = \frac{m_1 a}{m_1+m_2}$$

$$y_{\mathrm{cm}} = \frac{1}{m_1+m_2}(m_1\times 0 + m_2\times b) = \frac{m_2 b}{m_1+m_2}$$

매우 많은 질점들이 조밀하게 분포되어 있으면 총 질량이 연속적으로 분포되어 있다고 가정할 수 있다. 이 때 질량중심은 다음과 같다.

$$x_{\mathrm{cm}} = \frac{M_{yz}}{M}, \quad y_{\mathrm{cm}} = \frac{M_{zx}}{M}, \quad z_{\mathrm{cm}} = \frac{M_{xy}}{M} \tag{8.31}$$

여기서 단위 부피당 질량인 질량밀도 $\rho_{\mathrm{m}}(x, y, z)$에 대해 1차 모멘트(first moment) $M_{ij}$는 다음과 같이 정의한다.

$$M_{yz} = \int_V \rho_{\mathrm{m}}(x, y, z)\, x\, dV,$$

$$M_{zx} = \int_V \rho_{\mathrm{m}}(x, y, z)\, y\, dV,$$

$$M_{xy} = \int_V \rho_{\mathrm{m}}(x, y, z)\, z\, dV \tag{8.32}$$

$M = \int_V \rho_{\mathrm{m}}\, dV$는 총 질량이고 $z$ 성분을 제외하면 $\rho_{\mathrm{m}}(x, y, z)$ 대신에 면질량밀도 $\sigma_{\mathrm{m}}(x, y)$의 2차원 질량분포, $y$와 $z$를 제외하면 $\rho_{\mathrm{m}}(x, y, z)$ 대신에 선질량밀도 $\lambda_{\mathrm{m}}(x)$의 1차원 질량분포가 된다.

**증명**

다음 그림과 같이 전체 부피를 $n$ 등분하면 부피 $\Delta V_i$의 $i$번 째 영역 $D_i$는 $x_i \sim x_i + \Delta x_i$, $y_i \sim y_i + \Delta y_i$, $z_i \sim z_i + \Delta z_i$이다. 이 영역 안의 임의의 지점 $(u_i, v_i, w_i)$에 대해 이 부분의 질량을 $\Delta m_i = \rho_{\mathrm{m}}(u_i, v_i, w_i)\Delta V_i$로 두고 식 (6.24)의 증명처럼 계산하면 총 질량은 다음이 된다.

$$M_n = \sum_{i=1}^{n} \rho_{\mathrm{m}}(u_i, v_i, w_i)\Delta V_i \tag{*1}$$

$$\begin{aligned} M = \lim_{n\to\infty} M_n &= \sum_{i=1}^{\infty} \rho_{\mathrm{m}}(u_i, v_i, w_i)\Delta V_i \\ &= \iiint_V \rho_{\mathrm{m}}(x, y, z)\, dV \end{aligned} \tag{*2}$$

$\Delta V_i$는 0이 아니므로 $\Delta V_i$ 안에서 $(u_i, v_i, w_i)$를 선택하는 지점에 따라 식 (*1)은 실제값과 차이가 나지만 $n \to \infty$로 선택하면 $\Delta V_i \to 0$이 되므로 차이가 사라져 식 (*2)의 극한값은 실제값과 같아진다.

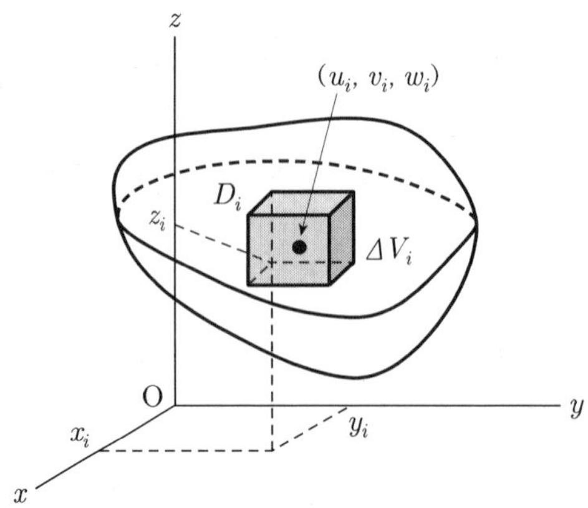


같은 방법으로 하면 질량중심 $x_{\mathrm{cm}}$은

$$x_{\mathrm{cm}}^{(n)} = \frac{1}{M}\sum_{i=1}^{n} \Delta m_i u_i = \frac{1}{M}\sum_{i=1}^{n} \rho_{\mathrm{m}}(u_i, v_i, w_i)\, u_i \Delta V_i$$

$$x_{\mathrm{cm}} = \lim_{n\to\infty} x_{\mathrm{cm}}^{(n)} = \frac{1}{M}\iiint_V \rho_{\mathrm{m}}(x, y, z)\, x\, dV$$

이 되고 $y_{\mathrm{cm}}$과 $z_{\mathrm{cm}}$도 같은 방법으로 유도할 수 있다.

---

**예 8.22**

질량 $M$이 골고루 분포된 두께를 무시할 수 있는 길이가 $L$인 막대의 질량중심을 구하라.

**풀이** 그림과 같이 원점에서의 거리가 $x$인 지점에 있는 길이가 $dx$이고 질량이 $dm$인 조각을 고려한다.

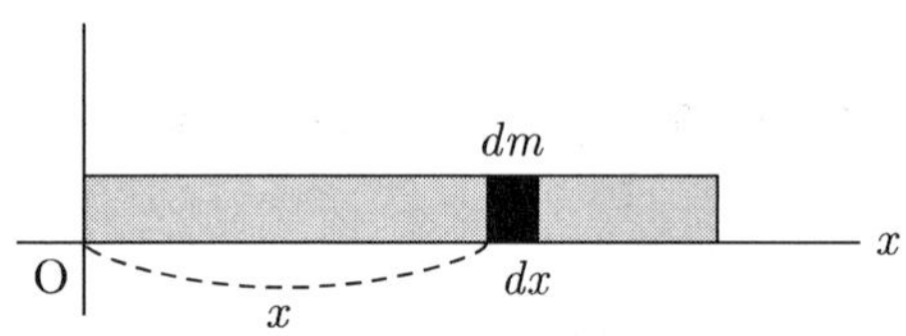


선질량밀도(단위길이당 질량) $\lambda_{\mathrm{m}}$는 일정하므로 $\lambda_{\mathrm{m}} = M/L = dm/dx$이다. 따라서 식 (8.31)과 (8.32)로부터 다음과 같다.

$$x_{\mathrm{cm}} = \frac{1}{M}\int_0^L x\lambda_{\mathrm{m}}\, dx = \frac{1}{M}\cdot\frac{M}{L}\cdot\frac{L^2}{2} = \frac{L}{2}$$

---

### (2) 관성모멘트

회전운동을 다룰 때는 관성모멘트(moment of inertia) 또는 2차 모멘트(second moment)가 중요한 역할을 한다. 어떤 축에서 질량이 $m_i$인 질점까지의 수직거리가 $r_i$일 때 관성모멘트 $I$는 다음과 같이 정의한다. 식 (8.31)의 유도처럼 하면 연속분포일 때의 식이 된다.

**관성모멘트**

$$I \equiv \sum_{i=1}^{n} m_i r_i^2 \quad [\text{단위} : \text{kg} \cdot \text{m}^2] \tag{8.33}$$

$$= \int_V r^2 dm \quad (\text{연속 질량분포}) \tag{8.34}$$

따라서 질량은 물체의 고유한 물리량이지만 관성모멘트는 물체의 고유한 물리량이 아니라 회전축에 따라 달라진다.

**예 8.23**

(a) 질량이 $M$인 강체의 질량중심축에 대한 관성모멘트를 $I_{\text{cm}}$이라 하면 질량중심축과 나란하고 거리 $H$ 떨어진 축에 대한 관성모멘트는 다음과 같음을 증명하라. 이것을 평행축 정리라 한다.

$$I = I_{\text{cm}} + MH^2$$

(b) $xy$ 평면에 있는 얇은 평판의 $x$, $y$축에 대한 관성모멘트가 $I_x$, $I_y$일 때 이들 축에 수직이고 같은 원점을 지나는 $z$축에 대한 관성모멘트 $I_z$는 다음과 같음을 증명하라. 이것을 수직축 정리라 한다.

$$I_z = I_x + I_y$$

**풀이** (a) 그림과 같이 좌표축을 선택하고 질량요소 $dm$을 고려한다. $x'$과 $y'$은 질량중심(c.m.)에서 측정한 질량요소의 위치이다. 회전축들을 O와 c.m.을 지나고 지면에 수직으로 선택하면 다음과 같다.

$$\begin{aligned} I = \int r^2 dm &= \int \left[ (x' + x_{\text{cm}})^2 + (y' + y_{\text{cm}})^2 \right] dm \\ &= \int (x'^2 + y'^2)\, dm + \left( x_{\text{cm}}^2 + y_{\text{cm}}^2 \right) \int dm \\ &\quad + 2x_{\text{cm}} \int x'\, dm + 2y_{\text{cm}} \int y'\, dm \end{aligned}$$

$\int dm$은 총질량 $M$이고 질량중심의 정의에 의해 다음과 같다.

$$\int x' \, dm = \int y' dm = 0$$

: 질량중심에서 측정한 질량중심의 위치

$$I_{\mathrm{cm}} = \int (x'^2 + y'^2)\, dm, \ x_{\mathrm{cm}}^2 + y_{\mathrm{cm}}^2 = H^2$$

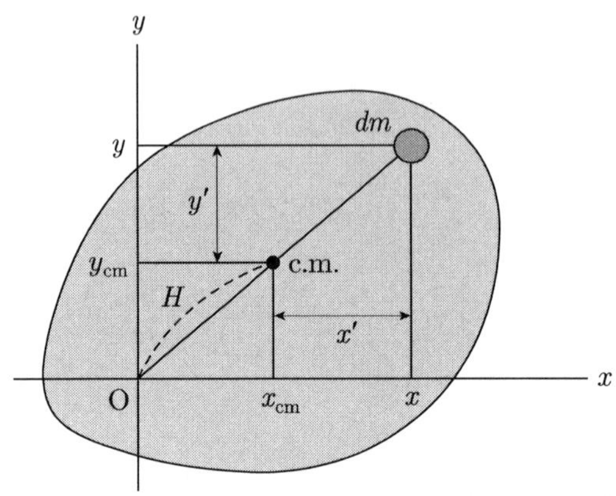


(b) 그림과 같이 원점에서 거리 $r$ 지점에 있는 질량이 $dm$ 인 조각을 고려하면 다음과 같이 증명된다.

$$I_z = \int r^2 dm = \int (x^2 + y^2)\, dm = I_y + I_x$$

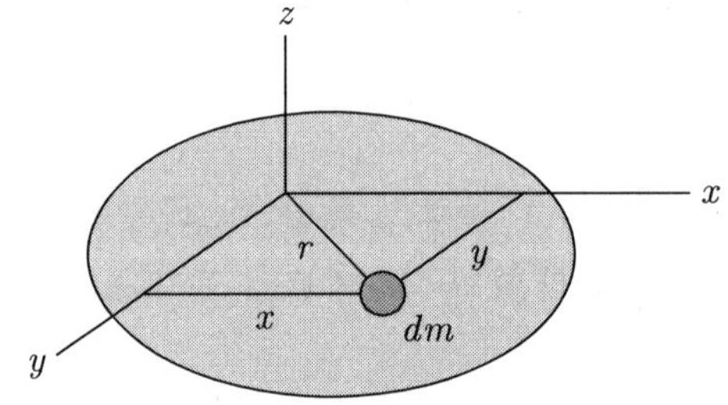

## 8.6 연습문제

### 8.1 다변수 함수

**[8.1]** 다음 다변수 함수들의 정의역을 구하라.

(a) $f(x,\ y)=\dfrac{\sqrt{x+y+2}}{x-2}$

(b) $f(x,\ y)=x\ln\left(y^2-x+1\right)$

(c) $f(x,\ y,\ z)=\sqrt{25-x^2-y^2-z^2}$

**[8.2]** 다음 함수들을 그래프로 나타내라.

(a) $\dfrac{x^2}{9}+\dfrac{y^2}{4}+\dfrac{z^2}{2}=1$

(b) $z=x^2+y^2$

**[8.3]** 다음 함수들의 등위선을 그려라.

(a) $f(x,\ y)=x^2+4y^2+1$

(b) $f(x,\ y)=\sqrt{25-x^2-y^2}$

**[8.4]** 다음 극한값들을 구하라.

(a) $\displaystyle\lim_{(x,\ y)\to(0,\ 0)}\frac{x^2-y^2}{x^2+y^2}$

(b) $\displaystyle\lim_{(x,\ y)\to(0,\ 0)}\frac{xy^2}{x^2+y^4}$

(c) $\displaystyle\lim_{(x,\ y)\to(1,\ 0)}\frac{(x-1)^2\ln x}{(x-1)^2+y^2}$

(d) $\displaystyle\lim_{(x,\ y,\ z)\to(0,\ 0,\ 0)}\frac{x^2+y^2-z^2}{x^2+y^2+z^2}$

**[8.5]** 다음 함수가 연속인 구간을 구하라.

$$f(x,\ y)=\begin{cases}\dfrac{x^3}{x^2+y^2} & (x,\ y)\neq(0,\ 0)\\[2ex] 0 & (x,\ y)=(0,0)\end{cases}$$

## 8.2 편미분

**[8.6]** 다음을 계산하라.

(a) $f(x, y) = y\sin(xy)$일 때 $\partial f/\partial y$

(b) $f(x, y) = \sin\left(\dfrac{x}{2+y}\right)$일 때 $\dfrac{\partial f}{\partial y}$

(c) $f(x, y, z) = \sqrt{xy^3 z}$일 때 $f_{xyz}$

(d) $x^3 + y^3 + z^3 + 6xyz = 4$일 때 $\partial z/\partial x$

(e) $u = x^3 y + y + 3x^2$일 때 $\dfrac{\partial^2 u}{\partial x \partial y}$와 $\dfrac{\partial^2 u}{\partial y \partial x}$

**[8.7]** 다음을 계산하라.

(a) $z = x^2 + y^2$, $x = t - s$, $y = t + s$일 때 $\partial z/\partial t$와 $\partial z/\partial s$

(b) $z = x^2 y + xy^2$, $x = \sin(2t)$, $y = \cos t$일 때 $dz/dt$

(c) $f(x, y, z) = x + 2y + z^2$, $x = t/s$, $y = t^2 + \ln s$, $z = 2t$일 때 $\partial f/\partial t$

**[8.8]** 다음 함수들의 전미분을 구하라.

(a) $f(x, y) = x^2 + xy - y^2$ (b) $f(x, y) = x\sin y$

(c) $f(x, y) = x e^y$

**[8.9]** 높이가 $10\ \mathrm{m}$이고 반지름이 $5\ \mathrm{m}$인 원기둥형 물탱크의 부피는 반지름과 높이 변화에 따라 어떻게 변하는지 구하라.

**[8.10]** 단면적이 $27\ \mathrm{m}^2$인 널빤지(두께 무시)로 위쪽이 트인 직육면체 상자를 만들 때 상자의 부피가 최대가 되는 상자의 가로의 길이 $x$, 세로의 길이 $y$, 높이 $z$를 구하라.

## 8.3 이중적분

**[8.11]** $0 \le x \le 2$, $1 \le y \le 4$의 영역 $R$에 대해 다음을 계산하라.

$$\iint_R (3x^2 + 2xy^3)\, dA$$

**[8.12]** $z = 0$과 $z = 1 - x^2 - y^2$ 사이의 입체의 부피를 구하라.

[8.13] 감마적분을 이용하여 $\int_0^1 x\ln\left(\frac{1}{x}\right)dx$를 계산하라.

## 8.4 삼중적분

[8.14] 다음 삼중적분을 계산하라.

(a) $I=\int_{-2}^{2}dx\int_{-\sqrt{4-x^2}}^{\sqrt{4-x^2}}dy\int_{\sqrt{x^2+y^2}}^{2}(x^2+y^2)\,dz$

(b) $I=\int_{-2}^{2}dx\int_{0}^{\sqrt{4-x^2}}dy\int_{0}^{\sqrt{4-x^2-y^2}}(x^2+y^2+z^2)\,dz$

[8.15] 곡면 S가 반지름이 1인 구면 즉, $x^2+y^2+z^2=1$일 때 $\iint_S x^2\,dS$를 계산하라.

## 8.5 중적분의 응용

[8.16] 밑변의 길이가 $2a$이고 높이가 $h$인 질량이 골고루 분포된 삼각형의 질량중심을 구하라.

[8.17] 반지름과 높이가 똑같이 $h$이고 질량 $M$이 골고루 분포된 원뿔이 있다.

(a) 질량중심의 $z$ 좌표를 두하라.

(b) $z$축 주위의 관성모멘트를 구하라.

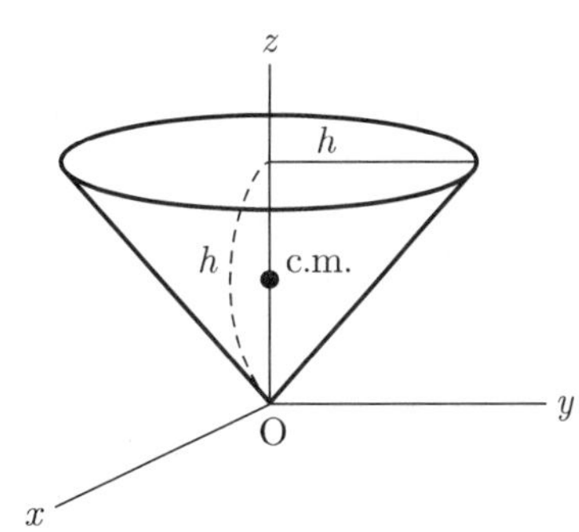


[8.18] 주어진 축들에 대한 관성모멘트들을 구하라.

(a) 질량 $M$이 골고루 분포한 반지름이 $R$인 두께를 무시할 수 있는 가락지의 중심을 꿰뚫는 축

(b) 질량 $M$이 골고루 분포한 반지름이 $R$인 원판의 중심을 꿰뚫는 축

(c) (b)의 원판의 중심이 $xy$ 평면의 원점에 있을 때 관성모먼트 $I_x$와 $I_y$

(d) 질량 $M$이 골고루 분포한 반지름이 $R$인 구의 중심을 꿰뚫는 축

(e) (d)를 구하기 위해 구면좌표계를 사용하여 $I_z$를 구하라.

**[8.19]** $g(x, y) = \dfrac{\partial}{\partial x} f(x, y)$로 두고 $\dfrac{\partial}{\partial y} g(u, y)$의 $u = a$에서 $u = x$까지의 적분을 고려하여 $\dfrac{\partial^2 f}{\partial x \partial y} = \dfrac{\partial^2 f}{\partial y \partial x}$를 증명하라.

**[8.20]** 다음의 2변수 함수 $f(x, y)$의 $x = a$, $y = b$ 근방에서의 테일러 전개를 증명하라.

$$f(x, y) = f(a, b) + (x-a)\frac{\partial f(a, b)}{\partial x} + (y-b)\frac{\partial f(a, b)}{\partial y}$$
$$+ \frac{1}{2!}\left[(x-a)^2 \frac{\partial^2 f(a, b)}{\partial x^2} + (y-b)^2 \frac{\partial^2 f(a, b)}{\partial y^2} + 2(x-a)(y-b)\frac{\partial^2 f(a, b)}{\partial x \partial y}\right] + \cdots$$

**[8.21]** 다변수 함수의 독립변수 사이에 구속조건이 있는 경우 독립변수의 선택에 따라 결과가 달라진다. $w = x^2 + y^2 + z^2$, $z = x^2 + y^2$에서 독립변수가 다음과 같을 때 $\partial w / \partial x$를 구하라.

(a) $x$, $y$

(b) $x$, $z$

**[8.22]** $(\partial z / \partial x)_y$는 $y$는 상수로 두었을 때 $z$의 $x$에 대한 편미분을 의미한다.

(a) $w = x^2 + y - z + \sin t$, $x + y = t$일 때 $(\partial w / \partial x)_{y,z}$를 구하라.

(b) $x^2 + y^2 = r^2$, $y = r \sin\theta$일 때 $(\partial x / \partial r)_\theta$, $(\partial r / \partial x)_y$를 구하라.

(c) $f(x, y, z) = 0$일 때 $\left(\dfrac{\partial x}{\partial y}\right)_z \left(\dfrac{\partial y}{\partial z}\right)_x \left(\dfrac{\partial z}{\partial x}\right)_y = -1$를 증명하라.

CHAPTER

09

# 상미분방정식



미분을 포함하는 방정식을 미분방정식(DE : differential equation) 또는 간단히 미방이라 하고 독립변수가 하나인 1변수 함수의 미분을 포함하면 상미분방정식(ODE : ordinary differential equation), 두 개 이상의 변수에 대한 미분인 편미분을 포함하면 편미분방정식(PDE : partial differential equation)이라 한다. 이 장에서는 상미분방정식을 다루고 편미분 방정식은 14장에서 다룬다. 이 책에서는 미분방정식의 해가 존재하는 지와 그것이 유일한 해인지를 조사하는 존재의 정리(exis tence theorem)와 유일성의 정리(uniqueness theorem)를 적용하여 미분방정식을 엄밀히 다루는 것은 생략하고 유일한 해가 존재한다고 가정하여 미분방정식의 해를 구하는 방법을 배우는데 중점을 둔다.

## 9.1 1계 미분방정식

1변수 함수 $y=f(x)$에 대해 미분방정식에 포함된 미분의 최고 차수가 $n$ 즉, $y^{(n)}(x)=d^n f/dx^n$일 때 $n$계 미분방정식($n$ th order DE)이라 한다. $n=1$ 즉, $y'=df/dx$를 포함하면 1계 미분방정식(first order DE)이고 $y''=d^2f/dx^2$를 포함하면 2계 미분방정식(second order DE)이다. 미분방정식의 해가 임의의 상수를 포함하면 일반해(general solution)라 하고 특정 상수를 포함하면 특수해 또는 특해(particular solution)라 한다. 특수해는 조건($x$의 특정값에 대한 함수값)이 주어지면 결정된다. 예를 들어, 1계 미분방정식 $y'=y$에 대해 $y=ce^x$($c$는 상수)는 일반해이고(식에 대입해보면 알 수 있음) $x=0$일 때 $y=3$이면 특수해는 $y=3e^x$이다. 일반해로부터 구할 수 없는 특이해(singular solu tion)도 있을 수 있지만 여기서는 생략한다. $y=Ae^x+Be^{-x}$는 2계 미분방정식 $y''=y$의 해이고 두 개의 임의의 상수값 $A$와 $B$를 결정하기 위해서는 두 개의 조건이 필요하다. 일반적으로 $n$계 미분방정식인 경우 $n$개의 상수가 존재하고 이들을 결정하기 위해서는 $n$개의 조건이 필요하다. 조건이 공간에 대한 것이면 경계조건(boundary condition), 시간에 대한 것이면 초기조건(initial condition)이라 한다. 일반적으로는 미분방정식의 해를 구하는 것이 중요하지만 경우에 따라서는 함수가 주어질 때 그것의 미분방정식을 찾으므로 해서 현상을 이해하는데 도움이 되는 경우도 있다.

**예 9.1**

다음 함수들의 해가 되는 미분방정식들을 구하라($c$, $c_1$, $c_2$는 상수).

(a) $y=cx$ (b) $y=c_1x+c_2$

**풀이** (a) 주어진 함수는 상수를 한 개 포함하므로 1계 미분방정식의 해이다. 즉, 미분하면 $y'=c$이고 상수를 제거하기 위해 $c=y/x$를 대입하면 답은 $xy'=y$이다.

(b) 상수를 두 개 포함하므로 2계 미분방정식의 해이다. 한 번 미분한 $y'=c_1$는 상수를 포함하므로 구하는 답이 아니고 한 번 더 미분한 $y''=0$이 답이다.

### (1) 변수분리형

1계 미분방정식에서는 $dy/dx$를 분수처럼 취급해도 된다. 예를 들어, $dy/dx=2$는 $dy=2dx$로 쓸 수 있다. 이와 같이 양쪽에 같은 변수끼리만 나타나게 바꿀 수 있는 미분방정식을 변수분리형 미분방정식이라 한다. 일반적으로는 미분방정식을 다음과 같이 변수를 분리하여 나타낼 수 있으면 변수분리형 미분방정식이라 하고 해는 양변을 적분할 수 있으면 구할 수 있다.

$$f(x)\,dx = g(y)\,dy \tag{9.1}$$

**예 9.2**

(a) 미분방정식 $y' = 2y$ 의 $y > 0$ 인 일반해와 $x = 0$ 일 때 $y = 3$ 인 특해를 구하라.
(b) $(1 - x^2)\,y' = 1$ 의 일반해를 구하라.
(c) $y\,y' = -x$ 의 일반해를 구하라.

**풀이** (a) $dy/dx = 2y$ 는 $dy/y = 2dx$ 의 변수분리 형태로 바꿀 수 있으므로 적분하면

$$\ln y = 2x + a$$

이고($a$ 는 상수) 이것을 지수함수 형태로 쓰면 일반해는

$$y = e^{2x+a} = c\,e^{2x} \quad (c \equiv e^a)$$

이다. 따라서 주어진 조건으로부터 $3 = c\,e^{2x \cdot 0}$ 즉, $c = 3$ 이므로 특해는 $y = 3\,e^{2x}$ 이다.

(b) $dy = \dfrac{dx}{1-x^2} = \dfrac{dx}{(1-x)(1+x)} = \dfrac{1}{2}\left(\dfrac{1}{1+x} + \dfrac{1}{1-x}\right)dx$

$\Rightarrow\ y = \dfrac{1}{2}(\ln|1+x| - \ln|1-x|) + c = \dfrac{1}{2}\ln\left|\dfrac{1+x}{1-x}\right| + c$

(c) $y\,dy = -x\,dx \ \Rightarrow\ x^2 + y^2 = c$

## (2) 1계 선형미분방정식

식 (9.2)와 같이 $y$ 와 $y'$ 이 1차 함수로 포함되어 있는 미분방정식을 1계 선형미분방정식(LDE : Linear DE)이라 하고 해는 식 (9.3)으로 주어진다.

| 1계 선형미분방정식 | 해 |
|---|---|
| $y' + f(x)\,y = g(x)$ (9.2) | $y = e^{-F}\left[\int g\,e^F\,dx + c\right]$ (9.3) |

여기서 $F(x)$ 는 $f(x)$ 의 원시함수 즉, $F(x) = \int f(x)\,dx$ 에서 적분상수를 제외한 것이다(적분상수는 $c$ 에 포함시킴). $y^2$, $\sqrt{y}$, $y^{-1}$, $(y')^2$, $y\,y'$, $\tan y$ (초월함수) 등을 포함하면 비선형미분방정식이다.

**증명**

식 (9.2)에 $e^F$를 곱하면

$$e^F y' + e^F f(x)\, y = \frac{d}{dx}\left(e^F y\right) = e^F g(x)$$

이고 이것을 적분하면 다음이 되므로 정리하면 결과가 같다.

$$e^F y = \int e^F g\, dx + c$$

**예 9.3**

다음 미분방정식들의 일반해들을 구하라.

(a) $y' - 2y = 4$ (b) $y' - y = e^{3x}$

(c) $xy' + y = 2x$

**풀이** (a) $F(x) = -2x,\ g(x) = 4$

$$\Rightarrow\ y = e^{2x}\left[\int 4e^{-2x}\, dx + c\right] = ce^{2x} - 2$$

(b) $F(x) = -x,\ g(x) = e^{3x}$

$$\Rightarrow\ y = e^{x}\left[\int e^{3x} e^{-x}\, dx + c\right] = \frac{1}{2}e^{3x} + ce^{x}$$

(c) $f(x) = 1/x,\ F(x) = \ln x,\ g(x) = 2$

$$\Rightarrow\ y = e^{-\ln x}\left[\int 2\, e^{\ln x} dx + c\right] = \frac{1}{x}\left[\int 2x\, dx + c\right] = \frac{1}{x}\left(x^2 + c\right)$$

## (3) 완전 미분방정식 I

미분방정식을 다음과 같이 완전미분 형태로 바꿀 수 있으면 해를 구하기 쉽다.

$$d(xy) = x\,dy + y\,dx, \qquad d\left(\frac{x}{y}\right) = \frac{y\,dx - x\,dy}{y^2}$$

$$d\left[\ln\left(\frac{y}{x}\right)\right] = \frac{x\,dy - y\,dx}{xy}, \qquad d\left[\tan^{-1}\left(\frac{y}{x}\right)\right] = \frac{x\,dy - y\,dx}{x^2 + y^2} \tag{9.4}$$

**설명**

2변수 함수 $z=f(x,\ y)$의 전미분 $dz$는 식 (8.12)로부터

$$dz=\frac{\partial f}{\partial x}dx+\frac{\partial f}{\partial y}dy \tag{9.5}$$

이므로 식 (9.4)의 첫째 식과 둘째 식은 간단히 유도되고

$$\frac{d}{dx}\ln[f(x)]=\frac{1}{f(x)}\cdot\frac{df}{dx}$$

$$\frac{d}{dx}\tan^{-1}[f(x)]=\frac{1}{1+[f(x)]^2}\cdot\frac{df}{dx}$$

를 사용하면 셋째 식과 넷째 식은 다음과 같이 유도된다.

$$d\left[\ln\left(\frac{y}{x}\right)\right]=\frac{x}{y}\cdot\frac{x\,dy-y\,dx}{x^2}=\frac{x\,dy-y\,dx}{xy}$$

$$d\left[\tan^{-1}\left(\frac{y}{x}\right)\right]=\frac{1}{1+y^2/x^2}\cdot\frac{x\,dy-y\,dx}{x^2}=\frac{x\,dy-y\,dx}{x^2+y^2}$$

미분방정식에 적분인수(integrating factor)라는 적당한 함수를 곱하여(나누어) 완전미분형태로 만들 수 있는 경우도 있다.

**예 9.4**

다음 미분방정식들의 해들을 구하라.

(a) $x\,dy+y\,dx=dx$　　(b) $y\,dx-x\,dy=dy$

(c) $x\,dy-y\,dx=xy\,dx$

**풀이** (a) $d(xy)=dx$를 적분하면 $xy=x+c$이다.

(b) 양변을 $y^2$(적분인수)로 나누면

$$\frac{y\,dx-x\,dy}{y^2}=d\left(\frac{x}{y}\right)=\frac{dy}{y^2}$$

로 완전미분 형태가 되므로 적분하면 결과는 다음과 같다.

$$\frac{x}{y}=-\frac{1}{y}+c \quad \text{또는} \quad x=cy-1$$

(c) 양변을 $xy$로 나누면

$$d\left[\ln\left(\frac{y}{x}\right)\right] = \frac{x\,dy - y\,dx}{xy} = dx$$

이므로 적분하면 다음과 같다.

$$\ln\left(\frac{y}{x}\right) = x + a$$

$$(\text{또는})\ y = x\,e^{x+a} = c\,x\,e^{x} \quad (c \equiv e^{a})$$

---

### (4) 완전 미분방정식 II

미분방정식

$$u(x,\ y)\,dx + v(x,\ y)\,dy = 0 \tag{9.6}$$

에서 $u$와 $v$가 식 (9.5)의 $f$와 다음의 관계가 성립하면 식 (9.6)은 $df(x,\ y) = 0$이므로 해가 $f(x,\ y) = c$인 완전미분방정식(exact differential equation)이 된다.

$$\frac{\partial f}{\partial x} = u\,,\quad \frac{\partial f}{\partial y} = v \tag{9.7}$$

여기서 $\partial/\partial x$ (또는 $\partial/\partial y$)는 $y$ (또는 $x$)를 상수로 두고 $x$ (또는 $y$)로만 미분하는 편미분기호이다. 식 (9.7)의 미분은 $\partial^2 f/\partial y\,\partial x = \partial u/\partial y$와 $\partial^2 f/\partial x\,\partial y = \partial v/\partial x$이고 이 둘은 같으므로 식 (9.6)이 완전미분방정식이 되는 조건은 다음과 같다.

$$\frac{\partial u}{\partial y} = \frac{\partial v}{\partial x} \tag{9.8}$$

식 (9.6)이 완전미분방정식일 때의 해는 식 (9.7) 첫 번째 식의 적분을 고려하면

$$f = \int^{x} u\,dx + m(y) = c\ (\text{상수}) \tag{9.9}$$

이다. 여기서 $\int^{x}$는 $y$를 상수로 취급하여 $x$로 적분하라는 의미이고 적분상수 $m(y)$는 식 (9.9)의 적분을 계산한 후 $y$로 미분하여 $dm/dy$를 구하고 식 (9.7)의 두 번째 식에 대입하면 구할 수 있다. 같은 방법으로 식 (9.7) 두 번째 식의 $y$에 대한 적분을 고려해 다음과 같이 구할 수도 있다.

$$f = \int^{y} v\,dy + n(x) = c\ (\text{상수}) \tag{9.10}$$

여기서 $\int^{y}$ 는 $x$ 를 상수로 취급하여 $y$ 로 적분하라는 의미이다.

**예 9.5**

다음 미분방정식들의 해들을 구하라.

(a) $y' = -2\dfrac{y}{x}$ (b) $y' = \dfrac{2xy}{1-x^2}$

(c) $y' = -\dfrac{x^3 + 3xy^2}{3x^2y + y^3}$

**풀이** (a) $2xy\,dx + x^2\,dy = 0$이고 이것은 $u = 2xy$, $v = x^2$로 두면 $\partial u/\partial y = 2x = \partial v/\partial x$ 이므로 완전미분방정식이다. 따라서 식 (9.9)로부터

$$f = \int^{x} 2xy\,dx + m(y) = x^2 y + m(y)$$

이고 이것을 $y$ 로 미분하면

$$\frac{\partial f}{\partial y} = x^2 + \frac{dm}{dy} = v = x^2$$

이므로 $m = c$ (상수)이다. 따라서 결과는 $f = x^2 y = c$ 이다.

(b) $2xy\,dx + (x^2 - 1)\,dy = 0$

$$\frac{\partial(2xy)}{\partial y} = 2x = \frac{\partial(x^2-1)}{\partial x} \quad : \text{완전미분 II}$$

$$f = \int 2xy\,dx + m(y) = x^2 y + m(y)$$

$$\frac{\partial f}{\partial y} = x^2 + \frac{dm}{dy} = x^2 - 1 \ \Rightarrow\ m = -y - c,\ f = x^2 y - y = c$$

(c) $(x^3 + 3xy^2)\,dx + (3x^2 y + y^3)\,dy = 0$

$$\frac{\partial(x^3 + 3xy^2)}{\partial y} = 6xy = \frac{\partial(3x^2y + y^3)}{\partial x} \quad : \text{완전미분 II}$$

$$f = \int (x^3 + 3xy^2)\,dx + m(y) = \frac{1}{4}x^4 + \frac{3}{2}x^2y^2 + m(y)$$

$$\frac{\partial f}{\partial y} = 3x^2 y + \frac{dm}{dy} = 3x^2 y + y^3$$

$$\Rightarrow\ m = \frac{y^4}{4} - c,\ f = \frac{1}{4}x^4 + \frac{3}{2}x^2y^2 + \frac{1}{4}y^4 = c$$

### (5) 베르누이 방정식

다음은 비선형 미분방정식인 베르누이(Bernoulli) 방정식이다.

$$y'(x) + f(x)\,y(x) = g(x)\,y^{n}(x) \tag{9.11}$$

이것의 해를 구하기 위해 양변에 $(1-n)\,y^{-n}$를 곱하면

$$(1-n)\,y^{-n}y' + (1-n) f\,y^{1-n} = (1-n)\,g$$

이 되고 $z = y^{1-n}$로 치환하면 $z' = (1-n)\,y^{-n}y'$ 이므로 다음과 같이 선형비분방정식 형태로 바꿀 수 있다.

$$z' + (1-n) f z = (1-n)\,g \tag{9.12}$$

**예 9.6**

다음 미분방정식들의 해들을 구하라.

(a) $y' - ay = -b\,y^{2}$

(b) $y' + \dfrac{1}{x}\,y = x\,y^{2}$

(c) $x\,y' + y = \dfrac{1}{y^{2}}$

**풀이** (a) $n = 2$, $f(x) = -a$, $g(x) = -b$ 이므로 식 (9.12)는 $z' + az = b$ 이고 해는 식 (9.3)으로부터 다음과 같다.

$$z = \frac{1}{y} = e^{-ax}\left[\int b\,e^{ax} + c\right] = \frac{b}{a} + c\,e^{-ax}$$

(b) $n = 2$, $z' - \dfrac{1}{x}z = -x$

$$\Rightarrow\ z = \frac{1}{y} = e^{\ln x}\left[\int \left(-x\,e^{-\ln x}\right) dx + c\right] = x(-x + c)$$

(c) $y' + \dfrac{1}{x}\,y = \dfrac{1}{x\,y^{2}}$, $n = -2$, $z' + \dfrac{3}{x}\,z = \dfrac{3}{x}$

$$\Rightarrow\ z = y^{3} = e^{-3\ln x}\left[\int \frac{3}{x}\,e^{3\ln x}\,dx + c\right] = \frac{1}{x^{3}}\left(x^{3} + c\right)$$

## (6) 동차형 미분방정식

$f(tx,\ ty) = t^n f(x,\ y)$ 즉, $x$와 $y$ 그리고 그 곱의 차수 합이 모두 $n$일 때 함수 $f(x,\ y)$를 $n$차 동차함수(homogeneous function)라 한다. 예를 들어, $f(x,\ y) = x^2 + 2xy + y^2$은 $f(tx,\ ty) = t^2 f(x,\ y)$이므로 2차 동차함수이다. $f(x,\ y)$와 $g(x,\ y)$가 같은 동차함수일 때 미분방정식

$$f(x,\ y)\,dx + g(x,\ y)\,dy = 0 \tag{9.13}$$

를 동차미분방정식이라 한다. 이것은 $y = x\,u(x)$ 또는 $x = y\,v(y)$로 변환하면 변수분리형태의 미분방정식으로 변환할 수 있다.

**예 9.7**

다음 미분방정식들의 해들을 구하라.

(a) $(x+y)\,dx + (x-y)\,dy = 0$

(b) $\left(x^2 + y^2\right)dx + \left(x^2 - xy\right)dy = 0$

**풀이** (a) $y \equiv ux$, $dy = u\,dx + x\,du$로 두면

$$(x+ux)\,dx + (x-ux)(u\,dx + x\,du) = 0$$

$$\left(1 + 2u - u^2\right)dx + (1-u)x\,du = 0$$

$$\frac{1-u}{1+2u-u^2}\,du + \frac{dx}{x} = 0$$

이므로 $t \equiv 1 + 2u - u^2$, $dt = 2(1-u)\,du$로 두고 적분하면

$$\frac{1}{2}\ln\left(1+2u-u^2\right) + \ln x = c_1$$

$$x^2\left(1+2u-u^2\right) = e^{2c_1} \equiv c$$

이고 $u = y/x$를 대입하면 결과는 $x^2 + 2xy - y^2 = c$ 이다.

(b) $y \equiv ux$, $dy = u\,dx + x\,du$

$\left(x^2 + u^2x^2\right)dx + \left(x^2 - ux^2\right)(u\,dx + x\,du) = 0$

$(1+u)\,x^2dx + (1-u)\,x^3du = 0$

$\dfrac{1-u}{1+u}\,du + \dfrac{dx}{x} = 0 \Rightarrow \left(\dfrac{2}{1+u} - 1\right)du + \dfrac{dx}{x} = 0$

$\Rightarrow\ 2\ln(1+u) + \ln x + \ln c = u$

$cx\left(1 + \dfrac{y}{x}\right)^2 = e^{y/x}$, $c\,(x+y)^2 = x\,e^{y/x}$

## 9.2 1계 미분방정식의 응용

공학에서 다루는 물리량들 사이의 관계를 설정하는 것을 모델링(modeling)이라 한다. 이 때 유의해야 할 것은 독립변수와 종속변수의 선택과 이들의 비례 및 역비례 관계 등을 찾는 것이다. 이 절에서는 1계 미분방정식 형태로 나타나는 공학 문제들을 소개한다.

### (1) 지수적 증가와 감소

$x$에 대한 $y$의 변화율이 현재의 $y$에 비례할 때는

$$\frac{dy}{dx} = \pm ay \tag{9.14}$$

로 모델링된다. 여기서 $a$는 정해진 상수이고 + 는 증가하는 경우이고 − 는 감소하는 경우이다. 예를 들어 인구나 미생물의 개체수 $N$이 시간 $t$에 따라 증가하는 것은 이 형식을 따른다. 이 경우($y=N$, $x=t$) 식 (9.14)의 일반해는 $N(t)=ce^{at}$에서 $N_0 = ce^0 = c$이므로 다음과 같다.

| 지수적 성장 | 해 |
|---|---|
| $\frac{dN}{dt} = aN$ (9.15) | $N(t) = N_0 e^{at}$ (9.16) |

$N$은 시간 $t$일 때의 개체수, $a$는 비례상수, $N_0$는 $t=0$일 때의 개체수이다. 식 (9.16)은 그림 9.1과 같이 시간 $t$에 대해 $N_0$에서 지수적으로 증가(성장)한다.

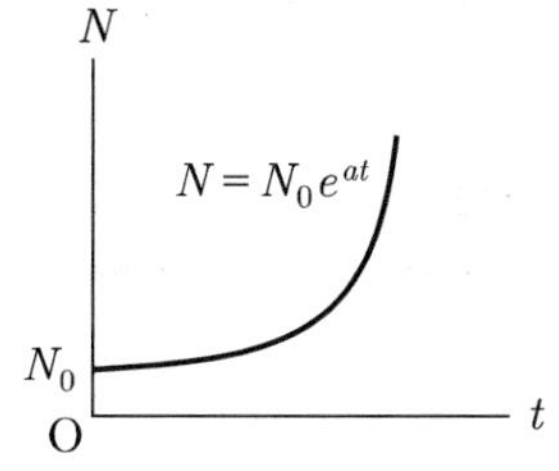


**그림 9.1** 지수적 성장

#### 예 9.8

시간 $t$에 대한 물리량 $N$의 감소율 $-dN/dt$가 $N$에 비례할 때 비례상수(붕괴상수 decay constant)를 $\lambda$ (lambda)로 두면($\lambda > 0$) 미분방정식과 해는 다음과 같다.

$$\frac{dN}{dt} = -\lambda N, \quad N(t) = N_0 e^{-\lambda t}$$

(a) $N$이 $N_0$의 절반이 되는데 걸리는 시간인 반감기(half life) $T$와 $\lambda$ 사이의 관계를 구하라.

(b) $N$과 $t$ 사이의 관계를 그림으로 나타내라.

(c) $N_1$이 남는데 걸리는 시간 $t_1$을 구하라.

(d) $t$가 위치 $x$일 때는 방사능 물질이 흡수되는 경우에 해당한다. 이때는 $\lambda$에 대응하는 비례상수를 흡수계수(absorption coefficient) $\alpha$, 반감기 $T$에 대응하는 비례상수를 흡수두께(absorption thickness) $X$로 둔다. 이들 사이에는 $X = 0.693/\alpha$의 관계가 있다. $X$의 의미는 무엇인가?

**풀이** (a) $N_0/2 = N_0 e^{-\lambda T}$로부터 $\ln(1/2) = \ln e^{-\lambda T} = -\lambda T$이다.

$$T = \frac{\ln 2}{\lambda} = \frac{0.693}{\lambda}$$

(b) 그림과 같이 $N_0$에서 지수적으로 감소(붕괴)한다.

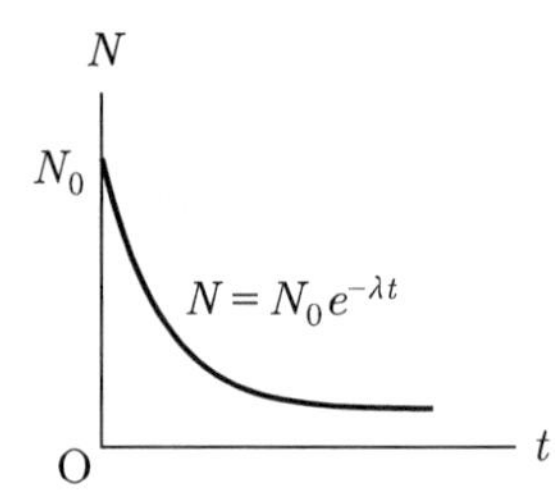


**그림 9.2** 지수적 감소

(c) $N_1 = N_0 e^{-\lambda t_1}$로부터 $\ln(N_1/N_0) = -\lambda t_1$이므로 다음과 같다.

$$t_1 = -\frac{1}{\lambda}\ln\left(\frac{N_1}{N_0}\right) = \frac{T}{0.693}\ln\left(\frac{N_0}{N_1}\right)$$

(d) $N$가 $N_0$의 절반이 되는 침투깊이

---

### (2) 로지스틱 방정식

도시의 인구나 생태계의 개체수 $N$의 변화는 근사적으로 다음과 같은 로지스틱 방정식(Logistic

equation)을 따른다. $a$와 $b$는 적당한 상수이고 $N^2$을 포함하므로 이것은 비선형 1계 미분방정식이다.

**로지스틱 방정식**

$$\frac{dN}{dt} = N(a-bN) \tag{9.17}$$

**설명**

식 (9.17)은 다음과 같이 두 가지로 해석할 수 있다.

(a) 어느 시점의 인구증가율($dN/dt$)은 당시의 인구($N$)뿐만 아니라 수용 가능한 인구에도 비례한다. 따라서 $N_{\mathrm{m}}$이 최대 수용 가능한 인구이면 현재 수용 가능한 인구는 $N_{\mathrm{m}} - N$이므로 비례상수를 $A$로 두면 다음과 같다.

$$\frac{dN}{dt} = AN(N_{\mathrm{m}} - N)$$

(b) 평균 탄생률은 $a$로 일정하다고 가정하고 평균 사망률은 현재의 인구에 비례한다고 가정하면(비례상수 $b$) 현재의 인구에 대한 인구 증가율은 이들의 차이와 같다.

$$\frac{1}{N}\frac{dN}{dt} = a - bN$$

**예 9.9**

(a) 식 (9.17)의 일반해를 구하라.

(b) $t=0$일 때 $N=N_0$이다. 특해와 $t=\infty$일 때의 $N$을 구하라.

**풀이** (a)

$$\frac{1}{N(a-bN)} = \frac{A}{N} + \frac{B}{a-bN}$$

로 두면 $A=1/a$, $B=b/a$이므로 식 (9.17)은

$$\frac{dN}{N(a-bN)} = \left(\frac{1}{a}\cdot\frac{1}{N} + \frac{1}{a}\cdot\frac{1}{a/b-N}\right)dN = dt$$

이 되고 적분하면

$$\frac{1}{a}\ln N - \frac{1}{a}\ln\left(\frac{a}{b} - N\right) = \frac{1}{a}\ln\left(\frac{N}{a/b-N}\right) = t + c_1$$

$$\Rightarrow\ N = (a/b-N)e^{at+ac_1} = (a-bN)c_2 e^{at}$$

이다$\left(c_2 \equiv e^{ac_1}/b\right)$. 이것을 정리하면 결과는 다음과 같다.

$$N(t) = \frac{a c_2 e^{at}}{1 + b c_2 e^{at}} \tag{9.18}$$

(b) $N_0 = ac_2 / (1 + bc_2)$로부터 $c_2 = N_0 / (a - bN_0)$이므로 다음과 같다.

$$N(t) = \frac{aN_0}{bN_0 + (a - bN_0)e^{-at}}, \quad N(\infty) = \frac{a}{b}$$

---

### (3) 화학반응

화학반응(chemical reaction)에 의해 반응물(reactant)이 생성물(product)로 바뀌는 양에 관한 법칙을 질량작용의 법칙(law of mass action)이라 한다.

#### (a) 1차 화학반응

반응물 A가 생성물 P로 바뀌는 1차 반응에서 A의 질량 $m$이 감소하는 비율$(-dm/dt)$은 그 시간에 존재하는 질량 $m(t)$에 비례한다. 따라서 미분방정식과 해는 다음과 같다.

$$\frac{dm}{dt} = -km, \qquad m(t) = m_0 e^{-kt} \tag{9.19}$$

여기서 $k$는 비례상수이고 $m_0$는 $t=0$일 때 $m$의 값 즉, 최초의 A의 질량이다.

#### (b) 2차 화학반응

2차 화학반응에서는 반응물 A와 B가 반응하여 생성물 P가 된다. 최초의 A와 B의 질량을 $a$와 $b$라 하고 A와 B가 반응하는 양의 비율을 A : B$= M : N$ 이라 가정한다. 시간이 $t$일 때 생성물 P의 양이 $x$가 되는데 쓰여지는 A의 양을 $\alpha$, B의 양을 $\beta$라 하고 $dx/dt$가 이들이 남아있는 양에 비례한다고 가정하면 다음의 2차 화학반응식이 된다. $k$는 비례상수이다.

**2차 화학반응**

$$\frac{dx}{dt} = k\left(\frac{M+N}{M}a - x\right)\left(\frac{M+N}{N}b - x\right) \tag{9.20}$$

**증명**

$\alpha+\beta=x$, $\alpha/\beta=M/N$ 이므로

$$\alpha=\frac{M}{M+N}x,\qquad \beta=\frac{N}{M+N}x$$

이다. 따라서 시간 $t$일 때 남아있는 A의 양 $a'$과 B의 양 $b'$은 다음과 같다.

$$a'=a-\alpha=a-\frac{M}{M+N}x,\qquad b'=b-\beta=b-\frac{N}{M+N}x$$

---

**예 9.10**

2차 화학반응에서 $a=50$ kg, $b=32$ kg이고 $M:N=1:4$ 이다.

(a) 생성물 $x$의 일반해를 구하라.

(b) $x(0)=0$, $x(10)=30$ kg일 때 특해와 $t\to\infty$일 때 $x$를 구하라.

**풀이** (a) 주어진 값들을 식 (9.20)에 대입하면 미분방정식은

$$\frac{dx}{dt}=k(250-x)(40-x)$$

$$\frac{1}{210}\left(\frac{1}{40-x}-\frac{1}{250-x}\right)dx=k\,dt$$

이므로 적분하면 다음이 된다.

$$\ln\left(\frac{250-x}{40-x}\right)=210\,kt+c'$$

$$\frac{250-x}{40-x}=ce^{210kt}\quad [c\equiv e^{c'}]$$

(b) $c=\dfrac{25}{4}$, $22=\dfrac{25}{4}e^{2100k}$이므로 $k=\dfrac{1}{2100}\ln\left(\dfrac{88}{25}\right)\equiv\dfrac{s}{210}$로 두면

$$4(250-x)=25(40-x)e^{st}$$

$$1000(1-e^{st})=(4-25e^{st})x$$

이고 정리하면 다음과 같다.

$$x(t)=1000\frac{1-e^{-st}}{25-4e^{-st}}$$

$$x(\infty)=\frac{1000}{25}=40\ [\text{kg}]$$

### (4) 뉴턴의 운동법칙

질량 $m$ 이 일정한 물체에 힘 $F$ 가 작용하면 $F$ 에 비례하여 속도 $v$ 의 변화 즉, 가속도 $a = dv/dt$ 가 생긴다. 뉴턴의 운동법칙에 의하면 비례상수는 질량 $m$ 이다.

**뉴턴의 운동법칙**

$$m\frac{dv}{dt} = F \tag{9.21}$$

지표면 근방에 있는 질량 $m$ 의 물체는 지구중심방향으로 중력 $mg$ 의 일정한 힘을 받는다. $g = 9.8\,\mathrm{m/s^2}$ 는 중력가속도이다. 공기나 액체 속을 느리게 움직이는 물체는 속도에 비례하는 저항 $kv$ 를 받는다고 알려져 있다 ($k$ 는 비례상수).

**예 9.11**

낙하하는 낙하산은 느린 낙하의 한 유형이다.

(a) 연직 하 방향을 + 축으로 선택하여 미분방정식을 세우고 속도의 일반 해를 구하라.

(b) 처음속도가 0 일 때의 특해와 $t \to \infty$ 일 때의 속도인 종속도를 구하라.

**풀이** (a) 미분방정식은 $m\dfrac{dv}{dt} = mg - kv$ 이므로 적분

$$\int \frac{dv}{v - mg/k} = -\frac{k}{m}\int dt$$

를 계산하면 다음과 같다.

$$\ln\left(v - \frac{mg}{k}\right) = -\frac{k}{m}t + c_1$$

$$\Rightarrow v = \frac{mg}{k} + ce^{-kt/m} \quad \left[c \equiv e^{c_1}\right]$$

(b) $0 = mg/k + ce^0$ 으로부터 $c = -mg/k$ 이므로 다음과 같다.

$$v(t) = \frac{mg}{k}\left(1 - e^{-kt/m}\right), \quad v(\infty) = \frac{mg}{k}$$

## (5) 유출입 문제

용액이 통속으로 단위 시간당 들어오는 부피인 부피속도가 $v_{\text{in}}\,[\text{m}^3/\text{s}]$ 이고 들어오는 용질의 질량밀도 $[\text{kg}/\text{m}^3]$ 가 $C_0$ 일 때 단위 시간당 통속으로 들어오는 용질의 질량인 유입율 $R_{\text{e}}$는 $R_{\text{e}} = C_0 v_{\text{in}}$ 이고, 유체가 통에서 나가는 부피속도가 $v_{\text{out}}$이고 통 안 용질의 질량밀도가 $C$ 이면 단위 시간당 통에서 밖으로 나가는 용질의 질량인 유출율 $R_{\text{o}}$는 $R_{\text{e}} = C v_{\text{out}}$이다.

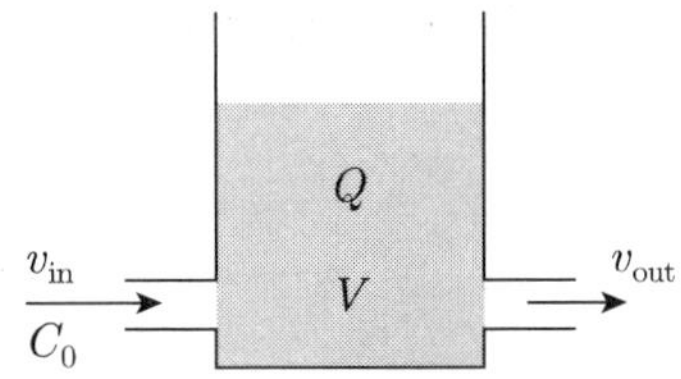


**그림 9.3** 유출입 문제

통 속 유체의 부피가 $V$ 이고 용질의 질량이 $Q$ 이면 $C = Q/V$ 이다. 따라서 통에 용액을 유·출입시킬 때 통 속 용질의 질량 $Q$ 의 시간 변화율 $dQ/dt$는 유입율 $R_{\text{e}}$와 유출률 $R_{\text{o}}$의 차이이므로 다음과 같다.

$$\frac{dQ}{dt} = R_{\text{e}} - R_{\text{o}} = C_0 v_{\text{in}} - \frac{Q}{V} v_{\text{out}} \tag{9.22}$$

**예 9.12**

$v_{\text{in}} = v_{\text{out}} = v_0$로 일정할 때 $Q$ 를 구하라.

**풀이** 통 안에 있는 유체의 부피는 $V = V_0$로 일정하므로 미분방정식은

$$\frac{dQ}{dt} = \frac{v_0}{V_0}(C_0 V_0 - Q) \;\Rightarrow\; \frac{dQ}{Q - C_0 V_0} = -\frac{v_0}{V_0}\,dt$$

이 된다. 따라서 이것을 적분하면

$$\ln(Q - C_0 V_0) = -\frac{v_0}{V_0} t + c_1$$

이고 이것을 정리하면 결과는 다음과 같다.

$$Q(t) = C_0 V_0 - c\,e^{-v_0 t/V_0} \quad [c \equiv -e^{-c_1}]$$

## (6) 전기회로

전류(current) $i$는 단위 시간당 도선을 흐르는 전하(charge) $q$ 즉, $i = dq/dt$로 정의하고 전위 또는 전기퍼텐셜(electric potential)은 단위 전하당 전기 퍼텐셜에너지이다. 전하의 단위는 C (coulomb), 전류의 단위는 A (ampere), 전위의 단위는 V (volt)이다. 전원은 전압을 공급하고 저항기 (resistor), 인덕터(inductor), 축전기(capacitor)는 전압을 변화시킨다. 즉, 전압을 강하시키거나 승압시킨다. 일정한 전압 $V$를 공급하는 전원은 직류전원이고 각진동수 $\omega$의 $v(t) = V_0 \sin(\omega t)$ 또는 $v(t) = V_0 \cos(\omega t)$ 형태로 시간에 따라 변화하는 전압을 공급하는 전원은 교류전원이다.

(a) 직류전원 (b) 교류전원

**그림 9.4** 전원

직류전원의 전압 $V$는 +부분(극)의 전위가 −부분(극)의 전위보다 $V$만큼 높다는 의미이고 −극의 전위를 0으로 선택하면 +극의 전위는 전압 $V$가 된다. +극에서 전류가 나가고 −극으로는 전류가 들어온다. 즉, +극에서는 양전하를 내보내고 −극에서는 음전하를 내보내는 것과 같다. 교류전원은 부호가 시간에 따라 변하므로 그에 따라 전류의 방향도 변한다. 전압은 전위차이므로 1 C의 전하가 −극에서 +극으로 건너가면 전압 $V$의 전원으로부터 1 J의 에너지를 공급받는다. 저항, 인덕터, 축전기와 각각에서 변화되는 전압 $V_R$ (옴의 법칙), $V_L$ (패러데이 법칙), $V_C$ (전기용량의 정의)는 그림 9.5와 같다. 여기서 $R$, $L$, $C$는 각각 전기저항(electric resistance), 자체 인덕턴스(self inductance), 전기용량(capacitance)으로 소자의 성능을 나타내는 상수이고 $q$는 축전기의 전하량이다. 전하보존의 법칙에 따라 축전기 양극판의 전하량이 $+q$이면 음극판의 전하량은 $-q$이다. $R$, $L$, $C$의 단위는 각각 Ω (ohm), H (henry), F (farad)이다.

$$V_R = Ri \qquad V_L = L\frac{di}{dt} \qquad V_C = \frac{q}{C} = \frac{1}{C}\int i\,dt \tag{9.23}$$

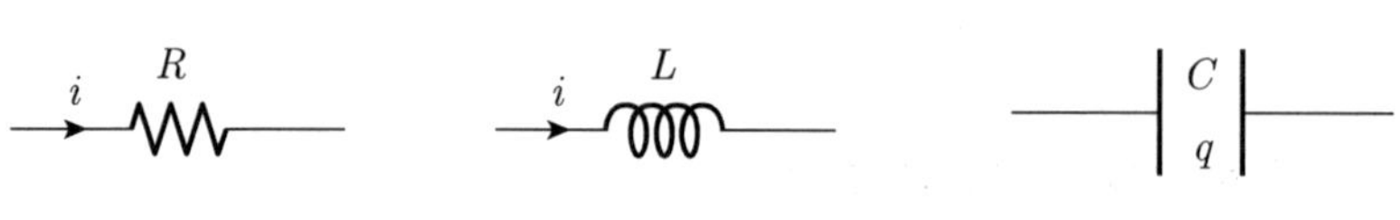


(a) 저항기 (b) 인덕터 (c) 축전기

**그림 9.5** 저항, 인덕터, 축전기의 전압

전기회로를 분석하기 위해서는 미분방정식을 풀어야 하는 경우가 많고 기본적으로 키르히호프(Kirchhoff)의 법칙이 사용된다. 이것은 전류법칙과 전압법칙 두 개의 법칙으로 구성되어 있다.

| **키르히호프의 법칙** | |
|---|---|
| 전류법칙 (분기점 법칙) | 분기점으로 들어오는 전류의 합과 나가는 전류의 합은 같다 |
| 전압법칙 (고리 법칙) | 한 순환회로에서 공급된 전압의 합은 소모된 전압의 합과 같다 |

전류법칙은 분기점으로 단위 시간당 들어오는 전류의 합과 나가는 전류의 합이 같다는 것이다. 전류는 단위 시간당 전하이므로 전류법칙은 단위 시간당 분기점으로 들어오는 전하량과 나가는 전하량의 합이 같다는 것으로 기본적으로는 전하보존의 법칙이다. 전위는 단위 전하당 전기퍼텐셜에너지이므로 전압법칙은 한 순환회로 동안 단위 전하당 공급되는 에너지의 합과 단위 전하당 소모되는 에너지가 같다는 것으로 기본적으로는 에너지보존의 법칙이다.

그림 9.6에서 분기점 a로 들어오는 전류 $i_1$과 나가는 전류의 합 $i_2 + i_3$는 같다. 전류의 방향은 임의로 선택하고 결과가 음(−)이면 처음 선택한 방향과 반대임을 의미한다. 전압법칙은 예 9.11에서 설명한다.

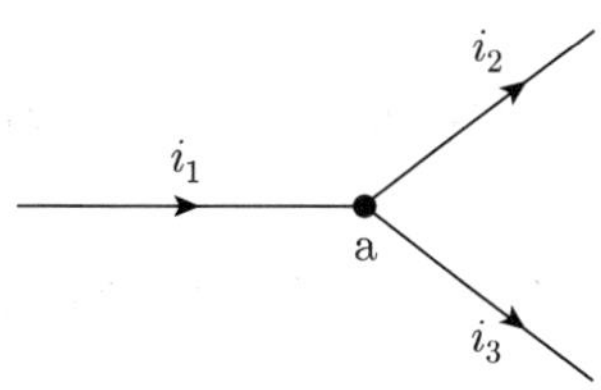


**그림 9.6** 전류법칙 : $i_1 = i_2 + i_3$

### 예 9.13

그림의 회로에서 $V = 10\,\mathrm{V}$, $R_1 = 2\,\Omega$, $R_2 = 3\,\Omega$, $R_3 = 4\,\Omega$ 일 때 전류 $i_1$, $i_2$, $i_3$를 구하라.

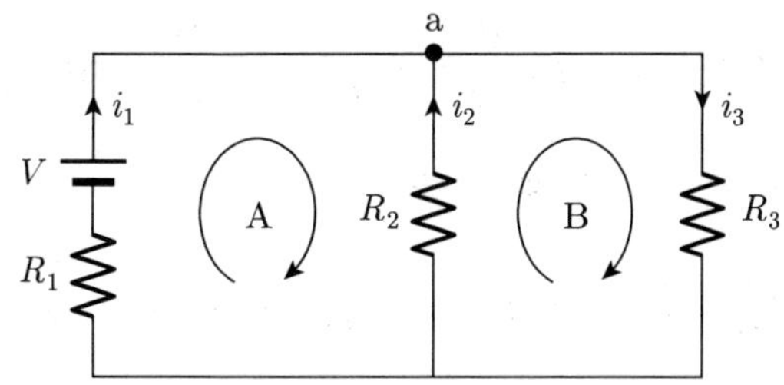

**풀이** 분기점 a에 전류법칙을 적용하면 $i_1 + i_2 = i_3$이고 순환회로 A와 B에 전압법칙을 적용한다. (바깥쪽 순환회로를 고려해도 된다.) 순환회로 A의 순환방향과 전류 $i_2$의 방향이 반대이므로 $R_2$의 전압강하는 $-R_2 i_2$이고 순환회로 B에는 전원이 없으므로 공급전압이 0이다.

$$V = R_1 i_1 - R_2 i_2 \Rightarrow 10 = 2i_1 - 3i_2 = -5i_2 + 2i_3 \quad (*1)$$

$$0 = R_2 i_2 + R_3 i_3 \Rightarrow 0 = 3i_2 + 4i_3 \quad (*2)$$

따라서 (*1) × 2 − (*2)를 계산하면 결과는 다음과 같다.

$$i_1 = \frac{35}{13}\,[\mathrm{A}],\quad i_2 = -\frac{20}{13}\,[\mathrm{A}],\quad i_3 = \frac{15}{13}\,[\mathrm{A}],$$

$i_2$의 방향은 처음 선택한 방향과 반대이다.

---

## 예 9.14

다음 그림의 회로에서 $V = 30\,\mathrm{V}$, $R_1 = 5\,\Omega$, $R_2 = 10\,\Omega$, $C = 10^{-3}\mathrm{F}$ 일 때 전류 $i_1$, $i_2$, $i_3$를 구하라.

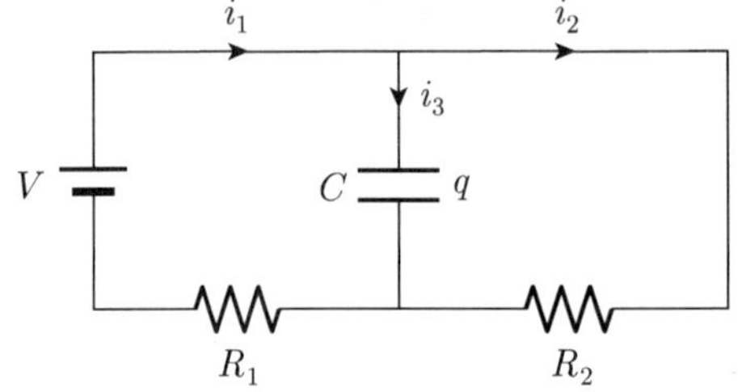


**풀이** 전류법칙에 의해 $i_1 = i_2 + i_3$이고 왼쪽과 오른쪽 회로에 전압법칙을 적용하면

$$\text{왼쪽 순환회로 : } V = R_1 i_1 + \frac{q}{C} \quad \left[q = \int i_3\,dt\right]$$

$$(\text{미분})\ \ 0 = R_1\frac{di_1}{dt} + \frac{i_3}{C} = 5\frac{di_1}{dt} + 10^3(i_1 - i_2) \quad (*1)$$

$$\text{오른쪽 순환회로 : } 0 = R_2 i_2 - \frac{q}{C} \quad (-\text{: 반대 방향})$$

$$(\text{미분})\ \ 0 = R_2\frac{di_2}{dt} - \frac{i_3}{C} = 10\frac{di_2}{dt} - 10^3(i_1 - i_2) \quad (*2)$$

이므로 식 (*1) × 2 − 식 (*2)를 계산하면

$$\frac{d(i_1 - i_2)}{dt} = -300(i_1 - i_2) \Rightarrow i_1 - i_2 = c_1 e^{-300t} = i_3$$

이 된다. 따라서 이것을 식 (*1)에 대입하면

$$\frac{di_1}{dt} = -200\,(i_1 - i_2) = -200\,c_1 e^{-300t}$$

로부터 결과는 다음과 같다.

$$i_1 = \frac{2c_1}{3} e^{-300t} + c_2,\ i_2 = i_1 - i_3 = -\frac{c_1}{3} e^{-300t} + c_2$$

$t \to \infty$일 때는 $i_3 = 0$, $i_1 = i_2 = c_2$이므로 $V = c_2(R_1 + R_2)$로부터

$$c_2 = \frac{V}{R_1 + R_2} = \frac{10}{5+10} = \frac{2}{3}\,[\mathrm{A}]$$

이고 $t = 0$일 때는 축전기의 전하가 $q = 0$이므로 $i_1 = i_3$이고 $i_2 = 0$이다. 따라서

$$c_1 = \frac{2c_1}{3} + c_2 \quad (\text{또는}) \quad 0 = -\frac{c_1}{3} + c_2$$

로부터 $c_1 = 3c_2 = 2\,[\mathrm{A}]$이다.

---

## 9.3 고계 미분방정식

이 절에서는 2계 선형미분방정식의 해를 구하는 방법을 주로 다룬다. 3계 이상의 선형미분방정식도 2계 선형미분방정식 방법을 확장하여 적용할 수 있다.

### (1) 2계 선형미분방정식

다음과 같은 미분방정식을 2계 선형미분방정식이라 한다.

$$y'' + a_1(x)y + a_0(x)y = g(x) \tag{9.24}$$

$g(x) = 0$인 형태를 제차 선형미분방정식(homogeneous LDE), $g(x) \neq 0$인 것을 비제차 선형미분방정식(nonhomogeneous LDE)이라 한다. 제차 미분방정식

$$y'' + a_1(x)y' + a_0(x)y = 0 \tag{9.25}$$

의 두 해 $y_1$과 $y_2$가 다음의 조건을 만족하면 선형독립이라 한다.

$$y_1/y_2 \neq y_1'/y_2' \tag{9.26}$$

$y_1$과 $y_2$가 선형독립이면 식 (9.24)의 일반해는 다음과 같다. 이것을 중첩의 원리(principle of superposition)라 한다.

$$y = c_1 y_1 + c_2 y_2 \tag{9.27}$$

**설명**

$y_1$과 $y_2$의 선형결합이 0 즉, $a y_1 + b y_2 = 0$이면 $y_1$과 $y_2$는 선형종속이다. 이것은

$$\frac{d}{dx}\left(\frac{y_1}{y_2}\right) = 0 = \frac{y_1' y_2 - y_1 y_2'}{y_2^2}$$

이므로 식 (9.25)을 만족하고 식 (9.27)은 $y_1$ 또는 $y_2$로만 나타낼 수 있다. $y_1$과 $y_2$가 선형독립인 경우 식 (9.27)을 식 (9.25)에 대입하면

$$\begin{aligned}&(c_1 y_1 + c_2 y_2)'' + a_1(x)(c_1 y_1 + c_2 y_2)' + a_0(x)(c_1 y_1 + c_2 y_2)\\&= c_1\left[y_1'' + a_1(x) y_1' + a_0(x) y_1\right] + c_2\left[y_2'' + a_1(x) y_2' + a_0(x) y_2\right]\end{aligned}$$

에서 각각이 식 (9.25)에 의해 0이므로 식 (9.27)은 식 (9.25)의 일반해이다.

---

식 (9.25)의 해가 $y_{\mathrm{h}}$이면 식 (9.24)의 일반해는 다음과 같다.

$$y = y_{\mathrm{h}} + y_{\mathrm{p}} \tag{9.28}$$

$y_{\mathrm{h}}$는 $g(x) = 0$인 제차해로 보충해(보조해 complementary solution)라고도 하고 $y_{\mathrm{p}}$는 $g(x) \neq 0$일 때의 해인 특해(particular solution)이다.

**설명**

식 (9.28)을 식 (9.24)에 대입하면

$$\begin{aligned}&(y_{\mathrm{h}} + y_{\mathrm{p}})'' + a_1(x)(y_{\mathrm{h}} + y_{\mathrm{p}})' + a_0(x)(y_{\mathrm{h}} + y_{\mathrm{p}})\\&= \left[y_{\mathrm{h}}'' + a_1(x) y_{\mathrm{h}}' + a_0(x) y_{\mathrm{h}}\right] + \left[y_{\mathrm{p}}'' + a_1(x) y_{\mathrm{p}}' + a_0(x) y_{\mathrm{p}}\right] = g(x)\end{aligned}$$

이 되고 첫 항은 식 (9.25)에 의해 0이다. 이것은 $dy/dx = f(x)$의 해가 $y = F(x)$일 때 상수 $c$에 대해 $dc/dx = 0$이므로 $F(x) + c$도 해인 것과 같다.

---

**예 9.15**

$y'' + y = 0$의 두 해 $y_1 = \sin x$와 $y_2 = \cos x$는 선형독립임을 증명하라.

**풀이** $\frac{y_1'}{y_2'} = \frac{\cos x}{-\sin x} \neq \frac{y_1}{y_2} = \frac{\sin x}{\cos x}$

## (2) 상수 계수의 제차형 LDE의 해

$a_1(x)$와 $a_0(x)$가 상수일 때 제차 선형미분방정식

$$y'' + a_1 y' + a_0 y = 0 \tag{9.29}$$

의 해를 구하기 미분연산자 $D$를

$$y' = \frac{dy}{dx} \equiv Dy, \quad y'' = \frac{d^2y}{dx^2} \equiv D^2 y \tag{9.30}$$

로 정의하면 식 (9.29)는 다음과 같이 쓸 수 있다.

$$D^2 y + a_1 D y + a_0 y = 0 \tag{9.31}$$

이것의 해는 두 번 미분과 한 번 미분 그리고 원래 함수가 같으면 약분할 수 있으므로 $e^{mx}$로 가정할 수 있다. 이것을 식 (9.31)에 대입하면 다음의 특성 방정식(characteristic equation)

$$m^2 + a_1 m + a_0 = 0 \tag{9.32}$$

이 되고 이것의 근

$$m = \frac{-a_1 \pm \sqrt{a_1^2 - 4a_0}}{2} \equiv m_1,\ m_2 \tag{9.33}$$

에 따라 식 (9.31)의 해 $y$가 구해진다.

### (a) $m_1 \neq m_2$(실수)일 때

$a_1^2 > 4a_0$인 경우로 중첩의 원리에 의해 해는 다음과 같다.

$$y = c_1 e^{m_1 x} + c_2 e^{m_2 x} \tag{9.34}$$

**(b) $m_1 = m_2$일 때**

$a_1^2 = 4a_0$ 즉, $m_1 = m_2 = -a_1/2 \equiv m$ 인 경우로 해는 다음과 같다.

$$y = (c_1 + c_2 x) e^{mx} \tag{9.35}$$

증명

$a_1 = -2m$, $a_0 = a_1^2/4 = m^2$을 식 (9.31)에 대입하면

$$D^2 y - 2mDy + m^2 y = (D-m)^2 y = 0 \tag{*1}$$

으로 쓸 수 있고 이것의 해를 구하기 위해

$$Y \equiv (D-m)y \tag{*2}$$

로 두면 식 (*1)은 $(D-m)Y = 0$이다. 이것의 해는 $Y = c_2 e^{mx}$이므로 식 (*2)는 다음이 된다.

$$y' - my = c_2 e^{mx}$$

따라서 이것의 해는 식 (9.3)으로부터

$$y = e^{mx}\left[\int e^{-mx} c_2 e^{mx} dx + c_1\right]$$

이므로 계산하면 결과가 된다.

**(c) $m_1 \neq m_2$(복소수)일 때**

$a_1^2 < 4a_0$인 경우로 $\alpha \equiv -a_1/2$, $\beta \equiv \sqrt{4a_0 - a_1^2}/2$로 두면 $m_1$, $m_2 = \alpha \pm i\beta$이고 $i = \sqrt{-1}$는 허수이다. 따라서 중첩의 원리에 의해 해는 다음과 같다.

$$y = e^{\alpha x}\left(c_1 e^{i\beta x} + c_2 e^{-i\beta x}\right) \tag{9.36}$$

이것은 오일러(Euler)의 정리 $e^{\pm i\beta x} = \cos(\beta x) \pm i\sin(\beta x)$를 적용하면

$$y = e^{\alpha x}[A\cos(\beta x) + B\sin(\beta x)] \tag{9.37}$$

이 된다. 여기서 $A = c_1 + c_2$, $B = i(c_1 - c_2)$이다. 식 (9.37)은 다음과 같이 쓸 수도 있다.

$$y = Ce^{\alpha x}\cos(\beta x - \delta_1) = Ce^{\alpha x}\sin(\beta x + \delta_2) \tag{9.38}$$

여기서 다음과 같다.

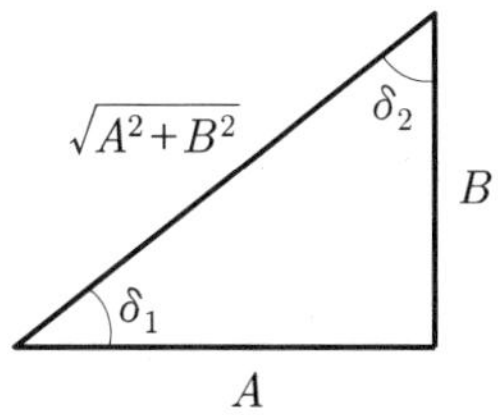


$$C \equiv \sqrt{A^2+B^2}$$

$$\tan\delta_1 = B/A$$

$$\tan\delta_2 = A/B$$

**증명**

$$\begin{aligned} y &= Ce^{\alpha x}\left[\frac{A}{C}\cos(\beta x)+\frac{B}{C}\sin(\beta x)\right] \\ &= Ce^{\alpha x}\left[\cos\delta_1\cos(\beta x)+\sin\delta_1\sin(\beta x)\right] \\ &= Ce^{\alpha x}\cos(\beta x-\delta_1) \end{aligned}$$

(또는) $$\begin{aligned} y &= Ce^{\alpha x}\left[\sin\delta_2\cos(\beta x)+\cos\delta_2\sin(\beta x)\right] \\ &= Ce^{\alpha x}\sin(\beta x+\delta_2) \end{aligned}$$

공학분야에서 자주 등장하는 2계 미분방정식과 해는 다음과 같다($a_1$, $\alpha=0$).

| 미분방정식 | 해 |
|---|---|
| $y''=-k^2y\ (a_0=k^2)$ | $y=c_1\cos(kx)+c_2\sin(kx)$ (9.39a)<br>$=c_3e^{ikx}+c_4e^{-ikx}$ (9.39b) |
| $y''=k^2y\ (a_0=-k^2)$ | $y=c_1e^{kx}+c_2e^{-kx}$ (9.40) |

### 예 9.16

다음 미분방정식들의 해들을 구하라.

(a) $y''+y'-2y=0$

(b) $y''-4y'+4y=0$

(c) $y''+4y=0$

(d) $y''-2y'+2y=0$

**풀이** (a) $m^2+m-2=(m+2)(m-1)=0$, $m_1=1$, $m_2=-2$

$\Rightarrow y=c_1e^{x}+c_2e^{-2x}$

(b) $m^2 - 4m + 4 = (m-2)^2 = 0$, $m_1 = m_2 = 2$

$\Rightarrow y = (c_1 + c_2 x) e^{2x}$

(c) $m^2 + 4 = 0$, $m_1 = 2i$, $m_2 = -2i$

$\Rightarrow y = c_2 e^{2ix} + c_2 e^{-2ix} = A\sin(2x) + B\cos(2x)$

(d) $m^2 - 2m + 2 = 0$, $m_1, m_2 = 1 \pm \sqrt{1-2} = 1 \pm i$

$\Rightarrow y = e^x (c_1 e^{ix} + c_2 e^{-ix}) = e^x (A\cos x + B\sin x)$

---

### (3) 미분연산자 방법에 의한 비제차 LDE의 해

미분연산자 $D = d/dx$ 의 함수 $f(D)$에 대해

$$f(D)y = g(x) \tag{9.41}$$

의 특해 $y_p$는

$$y_p = \frac{1}{f(D)} g(x) \tag{9.42}$$

에서 상수를 제거한 것이고 상수를 포함하면 일반해가 된다. 예를 들어,

$$D\int g(x)\,dx = \frac{d}{dx}\int g(x)\,dx = g(x)$$

이므로 다음과 같다.

$$\frac{1}{D} g(x) = \int g(x)\,dx$$

즉, $\frac{1}{D} = x$, $\frac{1}{D^2} = \frac{x^2}{2}$, …이다. 따라서 다음이 성립한다.

$$\frac{1}{f(D)} e^{ax} = \frac{1}{f(a)} e^{ax} \tag{9.43}$$

$$\frac{1}{f(D)} e^{ax} g(x) = e^{ax} \frac{1}{f(D+a)} g(x) \tag{9.44}$$

**증명**

$f(D)$가 $D$의 1차 함수일 때 증명한다.

(a) $(D+c)e^{ax} = (a+c)e^{ax}$이므로 $\dfrac{1}{D+c}e^{ax} = \dfrac{1}{a+c}e^{ax}$이다.

(b) $(D+c)\left[e^{ax}G(x)\right] = e^{ax}(a+D+c)G(x)$이므로

$$G(x) \equiv \frac{1}{a+D+x}g(x)$$

로 두면 다음과 같다.

$$(D+c)\left[e^{ax}\frac{1}{a+D+c}g(x)\right] = e^{ax}g(x)$$

$$\frac{1}{D+c}\left[e^{ax}g(x)\right] = e^{ax}\frac{1}{(D+a)+c}g(x)$$

식 (9.42)에서 $g(x)$가 $\cos(ax)$ 또는 $\sin(ax)$를 포함할 때는 오일러(Euler) 공식

$$\cos(ax) = \mathrm{Re}\left(e^{iax}\right),\ \sin(ax) = \mathrm{Im}\left(e^{iax}\right) \tag{9.45}$$

를 사용할 수 있고 Re는 실수(real)부분, Im은 허수(imaginary)부분을 의미한다. $f(D) = 1-aD$이면 다음과 같이 전개할 수 있다.

$$\frac{1}{1-aD} = 1 + aD + (aD)^2 + \cdots \tag{9.46}$$

**증명**

$$\frac{1}{1-aD} = 1 + aD\frac{1}{1-aD} = 1 + aD\left(1 + aD\frac{1}{1-aD}\right)$$
$$= 1 + aD + (aD)^2\left(1 + aD\frac{1}{1-aD}\right) = \cdots$$

$g(x)$가 $\cos(ax)$ 또는 $\sin(ax)$일 때는

$$\frac{1}{D^2}\cos(ax) = \frac{1}{D}\left[\frac{1}{D}\cos(ax)\right] = \frac{1}{D}\frac{\sin(ax)}{a} = \frac{\cos(ax)}{-a^2}$$

$$\frac{1}{D^2}\sin(ax) = \frac{1}{D}\left[\frac{1}{D}\sin(ax)\right] = \frac{1}{D}\frac{-\cos(ax)}{a} = \frac{\sin(ax)}{-a^2}$$

이므로 다음이 성립한다.

$$\frac{1}{f(D^2)}\cos(ax) = \frac{1}{f(-a^2)}\cos(ax) \tag{9.47}$$

$$\frac{1}{f(D^2)}\sin(ax) = \frac{1}{f(-a^2)}\sin(ax) \tag{9.48}$$

### 예 9.17

미분방정식 $(D-1)y = g(x)$의 $g(x)$가 다음과 같을 때 특해을 구하라.

(a) $g(x) = x$ (b) $g(x) = e^{3x}$

(c) $g(x) = \cos(2x)$ (d) $g(x) = e^{x}$

**풀이**

(a) $y_{\mathrm{p}} = -\dfrac{1}{1-D}x = -(1+D+D^2+\cdots)x = -(x+1)$

(b) $y_{\mathrm{p}} = \dfrac{1}{D-1}e^{3x} = \dfrac{e^{3x}}{3-1} = \dfrac{e^{3x}}{2}$

(c) $$y_{\mathrm{p}} = \frac{1}{D-1}\mathrm{Re}(e^{2ix}) = \mathrm{Re}\left(\frac{e^{2ix}}{2i-1}\right)$$
$$= \mathrm{Re}\left[\frac{2i+1}{(2i-1)(2i+1)}\{\cos(2x) + i\sin(2x)\}\right]$$
$$= \frac{1}{5}[2\sin(2x) - \cos(2x)]$$

(d) $y_{\mathrm{p}} = \dfrac{1}{D-1}e^{x}$에서 $D$ 대신에 1을 쓰면 분모가 0이 되므로 $g(x) = 1$로 두고 식 (9.41)를 사용하면 다음과 같다.

$$y_{\mathrm{p}} = \frac{1}{D-1}(e^{x}\cdot 1) = e^{x}\frac{1}{D+1-1}\cdot 1 = e^{x}\frac{1}{D} = xe^{x}$$

### 예 9.18

다음 미분방정식들의 특해들을 구하라.

(a) $y'' - 4y = e^{3x}$ (b) $y'' - 4y = e^{2x}$

(c) $y'' + 4y = \sin(3x)$ (d) $y'' + 4y = \sin(2x)$

**풀이**

(a) $y_{\mathrm{p}} = \dfrac{1}{(D-2)(D+2)}e^{3x} = \dfrac{e^{3x}}{(3-2)(3+2)} = \dfrac{e^{3x}}{5}$

(b) $y_p = \dfrac{1}{(D-2)(D+2)} e^{2x} = \dfrac{1}{D-2} \dfrac{e^{2x}}{2+2} = \dfrac{1}{4} \dfrac{1}{D-2}(e^{2x} \cdot 1)$

$= \dfrac{1}{4} e^{2x} \dfrac{1}{D+2-2} \cdot 1 = \dfrac{1}{4} x e^{2x}$

(c) $y_p = \dfrac{1}{D^2+4} \sin(3x) = \dfrac{\sin(3x)}{-3^2+4} = -\dfrac{\sin(3x)}{5}$

(d) $y_p = \dfrac{1}{D^2+4} \sin(2x) = \dfrac{1}{D^2+4} \mathrm{Im}(e^{2ix} \cdot 1)$

$= \mathrm{Im}\left[e^{2ix} \dfrac{1}{(D+2i)^2+4}\right] = \mathrm{Im}\left[e^{2ix} \dfrac{1}{D+4i} \cdot \dfrac{1}{D}\right]$

$= \mathrm{Im}\left[\dfrac{e^{2ix}}{4i} \cdot \dfrac{1}{1+D/4i} x\right] = \mathrm{Im}\left[\dfrac{e^{2ix}}{4i}\left(1 - \dfrac{D}{4i} + \cdots\right) x\right]$

$= \mathrm{Im}\left[\dfrac{e^{2ix}}{4i}\left(x - \dfrac{1}{4i}\right)\right] = \dfrac{1}{4} \mathrm{Im}\left[\{\cos(2x) + i\sin(2x)\}\left(-ix + \dfrac{1}{4}\right)\right]$

$= -\dfrac{1}{4} x \cos(2x) + \dfrac{1}{16} \sin(2x)$

$\sin(2x)/16$는 보충해에 포함되어 있으므로 제외한다.

## (4) 비제차 LDE의 미정계수법

식 (9.24)의 $y_p$는 다음과 같은 미정계수법(method of undetermined coefficient)을 이용하여 구할 수도 있다. 한 번 또는 두 번 미분해서 $g(x)$가 될 수 있는 함수들의 계수를 미정으로 두고 미분방정식에 대입하여 구하는 방법이다. $y_p$를 선택하는 방법은 다음과 같다.

**표 9.1** 비제차 LDE의 미정계수법

| $g(x)$의 형태 | | $y_p$ |
|---|---|---|
| $e^{px}$ | $y_h$는 $e^{px}$를 포함 안함 | $ke^{px}$ |
| | $y_h$가 $e^{px}$를 포함하고<br>$p$가 보조방정식의 단일근<br>$p$가 보조방정식의 이중근 | <br>$kxe^{px}$<br>$kx^2e^{px}$ |
| $x^n$ $(n=0, 1, 2, \cdots)$ | | $\sum_{i=0}^{n} k_i x^i$ |
| $\cos(ax)$ (또는) $\sin(ax)$ | $y_h$가 이들을 포함 안함 | $k_1\cos(ax) + k_2\sin(ax)$ |
| | $y_h$가 이들을 포함함 | $k_1 x\cos(ax) + k_2 x\sin(ax)$ |

**설명**

$(D-b)(D-c)y = e^{ax}$에 대해

(a) $b = a$일 때 : 주어진 식에서

$$(D-c)y \equiv u \tag{*1}$$

로 두면 $u' - au = e^{ax}$이고 이것의 해는 식 (9.3)으로부터

$$u = e^{ax}\left[\int e^{ax}e^{-ax}dx + c_1\right] = c_1 e^{ax} + x e^{ax}$$

이다. 이것을 식 (*1)에 대입하면

$$y' - cy = c_1 e^{ax} + x e^{ax} \tag{*2}$$

이므로 식 (9.3)을 한 번 더 적용하면 해는 다음과 같다.

$$\begin{aligned} y &= e^{cx}\left[\int e^{-cx}\left(c_1 e^{ax} + x e^{ax}\right)dx + c_2\right] \\ &= c_2 e^{cx} + \frac{c_1}{a-c}e^{ax} \\ &\quad + e^{cx}\left[\frac{1}{a-c}x e^{(a-c)x} - \frac{1}{(a-c)^2}e^{(a-c)x}\right] \\ &= c_2 e^{cx} + c_1{}' e^{ax} + k x e^{ax} \end{aligned}$$

첫 두 항은 식 (9.34)로부터 보조해이고 셋째 항이 특해이다. 상수들은 다음과 같이 정의된다.

$$c_1{}' \equiv \frac{c_1}{a-c} - \frac{1}{(a-c)^2}, \quad k \equiv \frac{1}{a-c}$$

(b) $b = c = a$일 때 : 식 (*2)로부터

$$y' - ay = c_1 e^{ax} + x e^{ax}$$

이고 식 (9.3)을 고려하면 해는 다음과 같다.

$$\begin{aligned} y &= e^{ax}\left[\int e^{-ax}\left(c_1 e^{ax} + x e^{ax}\right)dx + c_2\right] \\ &= c_2 e^{ax} + c_1 x e^{ax} + k x^2 e^{ax} \end{aligned}$$

첫 두 항은 식 (9.35)로부터 보충해이고 셋째 항이 특해이다($k = 1/2$).

### 예 9.19

미분방정식 $y' - y = g(x)$의 보충해는 $y_h = ce^x$이다. $g(x)$가 다음과 같을 때 $y_p$을 구하라.

(a) $g(x) = x$ (b) $g(x) = e^{2x}$

(c) $g(x) = e^x$ (d) $g(x) = \cos(2x)$

**풀이** (a) $y_p = k_1 x + k_0$로 두면 $y_p' = k_1$이므로 이들을 주어진 미분방정식에 대입하면

$$k_1 - k_1 x - k_0 = x$$

로부터 $k_1 = -1$, $k_0 = -1$이다.

(b) $y_p = ke^{2x}$로 두면 $y_p' = 2ke^{2x}$이므로

$$2ke^{2x} - ke^{2x} = e^{2x}$$

로부터 $k = 1$이다.

(c) $y_h$가 $e^x$를 포함하므로 $y_p = kxe^x$로 두면 $y_p' = ke^x + kxe^x$이다. 따라서 이들을 주어진 미분방정식에 대입하면

$$ke^x + kxe^x - kxe^x = e^x$$

로부터 $k = 1$ 이다.

(d) $y_p = k_1\cos(2x) + k_2\sin(2x)$로 두면

$$y_p' = -2k_1\sin(2x) + 2k_2\cos(2x)$$

이다. 따라서 이들을 주어진 미분방정식에 대입하면

$$-2k_1\sin(2x) + 2k_2\cos(2x)$$

$$-k_1\cos(2x) - k_2\sin(2x) = \cos(2x)$$

로부터 계수를 비교하면 $2k_2 - k_1 = 1$, $2k_1 + k_2 = 0$ 이므로 다음과 같다.

$$k_1 = -1/5, \quad k_2 = 2/5$$

### 예 9.20

다음 미분방정식들의 특해들을 구하라.

(a) $y'' - 4y = e^{3x}$ (b) $y'' - 4y = e^{2x}$

(c) $y'' + 4y = \sin(3x)$ (d) $y'' + 4y = \sin(2x)$

**풀이** (a) $m^2-4=0$ 으로부터 $y_h = c_1e^{2x}+c_2e^{-2x}$이므로 $y_p = ke^{3x}$로 두면 $y_p'' = 9ke^{3x}$이다. 따라서 이들을 주어진 미분방정식에 대입하면

$$9ke^{3x} - 4ke^{3x} = e^{3x}$$

로부터 $k = 1/5$ 이다.

(b) (a)로부터 $y_h$가 $e^{2x}$를 포함하므로 $y_p = kxe^{2x}$로 두면

$$y_p' = k(1+2x)e^{2x}, \quad y_p'' = k(4+4x)e^{2x}$$

이고 이들을 주어진 미분방정식에 대입하면

$$k(4+4x)e^{2x} - 4kxe^{2x} = e^{2x}$$

로부터 $k = 1/4$이다.

(c) $m^2+4=0$ 으로부터 $y_h = c_1\cos(2x)+c_2\sin(2x)$이므로

$$y_p = k_1\sin(3x)+k_2\cos(3x)$$

로 두면 다음과 같다.

$$y_p' = 3k_1\cos(3x) - 3k_2\sin(3x)$$

$$y_p'' = -9k_1\sin(3x) - 9k_2\cos(3x)$$

따라서 이들을 주어진 미분방정식에 대입하면

$$-9k_1\sin(3x) - 9k_2\cos(3x)$$

$$+4k_1\sin(3x)+4k_2\cos(3x) = \sin(3x)$$

이고 계수를 비교하면 $k_1 = -1/5$, $k_2 = 0$ 이다.

(d) (c)로부터 $y_h$가 $\sin(2x)$를 포함하므로

$$y_p = k_1x\sin(2x)+k_2x\cos(2x)$$

로 두면 다음과 같다.

$$y_p' = k_1[\sin(2x)+2x\cos(2x)] + k_2[\cos(2x) - 2x\sin(2x)]$$

$$y_p'' = 4k_1[\cos(2x) - x\sin(2x)] - 4k_2[\sin(2x)+x\cos(2x)]$$

따라서 이들을 주어진 미분방정식에 대입하면

$$4[k_1\cos(2x) - k_2\sin(2x)] = \sin(2x)$$

로부터 $k_1 = 0$, $k_2 = -1/4$ 이다.

### (5) 중첩의 원리

미분방정식 $f(D)\,y = g_1(x)$의 특해가 $y_{p1}$이고 $f(D)\,y = g_2(x)$의 특해가 $y_{p2}$일 때 미분방정식

$$f(D)\,y = g_1(x) + g_2(x) \tag{9.49}$$

의 특해는 식 (9.27)과 같이 중첩의 원리에 의해 다음과 같다.

$$y_p = y_{p1} + y_{p2} \tag{9.50}$$

**예 9.21**

다음 미분방정식의 특해를 구하라.

$$y'' + y' - 2y = 3e^x + 20\sin(2x) + x^2 - x$$

**풀이** $y_p = y_{p1} + y_{p2} + y_{p3}$이고 각각은 다음과 같이 구한다.

(a) $y_{p1}'' + y_{p1}' - 2y_{p1} = 3e^x$ : (*1)

$(D-1)(D+2)\,y_{p1} = 3e^x$이므로 $y_{p1} = kxe^x$로 두면

$$y_{p1}' = k(1+x)\,e^x,\ \ y_{p1}'' = k(2+x)\,e^x$$

이다. 따라서 이것들을 식 (*1)에 대입하면

$$k(2+x) + k(1+x) - 2kx = 3$$

로부터 $k = 1$이다.

(b) $y_{p2}'' + y_{p2}' - 2y_{p2} = 20\sin(2x)$ : (*2)

$y_{p2} = k_1\cos(2x) + k_2\sin(2x)$로 두면

$$y_{p2}' = -2k_1\sin(2x) + 2k_2\cos(2x)$$

$$y_{p2}'' = -4k_1\cos(2x) - 4k_2\sin(2x)$$

이므로 이들을 식 (*2)에 대입하면

$$(-4k_1 + 2k_2 - 2k_1)\cos(2x)$$

$$+ (-4k_2 - 2k_1 - 2k_2)\sin(2x) = 20\sin(2x)$$

로부터 $k_1 = -1,\ k_2 = -3$이다.

(c) $y_{p3}'' + y_{p3}' - 2y_{p3} = x^2 - x$ : (*3)

$y_{p3} = k_2x^2 + k_1x + k_0$로 두면

$$y_{p3}' = 2k_2 x + k_1, \quad y_{p3}'' = 2k_2$$

이고 이것을 식 (*3)에 대입하면

$$2k_2 + 2k_2 x + k_1 - 2k_2 x^2 - 2k_1 x - 2k_0 = x^2 - x$$

$$-2k_2 = 1, \; 2k_2 - 2k_1 = -1, \; 2k_2 + k_1 - 2k_0 = 0$$

로부터 $k_2 = -1/2$, $k_1 = 0$, $k_0 = -1/2$이다.

---

## (6) 결합형

두 개 이상의 미분방정식이 결합된 형태도 공학분야에서 자주 나타난다. 여기서는 간단한 결합형 미분방정식을 소개하고 보다 일반적인 경우는 11장 행렬의 대각화에서 다룬다.

### 예 9.22

다음 결합형 미분방정식의 해를 구하라.

$$\frac{dx_1}{dt} = -2x_1 + x_2, \quad \frac{dx_2}{dt} = -4x_1 + 3x_2 + 10\cos t$$

**풀이** 첫 식을 미분하고 둘째 식을 대입하면

$$\begin{aligned}\frac{d^2 x_1}{dt^2} &= -2\frac{dx_1}{dt} + \frac{dx_2}{dt} \\ &= -2\frac{dx_1}{dt} - 4x_1 + 3\left(\frac{dx_1}{dt} + 2x_1\right) + 10\cos t\end{aligned}$$

이므로 정리하면

$$\frac{d^2 x_1}{dt^2} - \frac{dx_1}{dt} - 2x_1 = 10\cos t$$

이 된다. 이것의 보조해는

$$(D^2 - D - 2)x_h = (D+1)(D-2)x_h = 0$$

으로부터 $x_h = c_1 e^{-t} + c_2 e^{2t}$이고 특해는

$$x_p = k_1 \cos t + k_2 \sin t$$

로 두면

$$-k_1 \cos t - k_2 \sin t + k_1 \sin t - k_2 \cos t$$

$$-2k_1\cos t - 2k_2\sin t = 10\cos t$$

로부터 $-3k_1 - k_2 = 10$, $k_1 - 3k_2 = 0$ 즉, $k_1 = -3$, $k_2 = -1$이므로

$$x_p = -3\cos t - \sin t$$

이다. $x_2$는 첫 번째 미분방정식으로부터 구하면 다음과 같다.

$$x_2 = \frac{dx_1}{dt} + 2x_1 = c_1 e^{-t} + 4c_2 e^{2t} + \sin t - 7\cos t$$

---

## 9.4 고계 미분방정식의 응용

이 절에서는 역학계와 전기계를 미분방정식으로 해석하는 방법을 다룬다.

### (1) 단진동

시간 $t$일 때 평형점으로부터의 변위 $x(t)$가 미분방정식

$$\frac{d^2x}{dt^2} = -\omega_0^2 x \tag{9.51}$$

를 만족할 때 단진동(단순조화운동 simple harmonic motion)이라 하고 해는

$$x(t) = A\cos(\omega_0 t + \theta_0) \text{ (또는) } A\sin(\omega_0 t + \theta_0) \tag{9.52}$$

등이 된다[식 (9.52)는 식 (9.51)을 만족 또는 식 (9.29)에서 $a_1 = 0$인 식 (9.38)]. $A$는 진폭(amplitude), $\omega_0 t + \theta_0$는 위상(phase), $\theta_0$는 초기 위상이라 한다. 각진동수(angular frequency) $\omega_0$에 대해 진동수 $f$와 주기(period) $T$는 다음과 같다.

$$\omega_0 = 2\pi f,\quad T = 2\pi/\omega_0 \tag{9.53}$$

그림 9.7과 같이 용수철에 매달린 질량이 $m$인 물체를 평형점 $x=0$에서 변위 $x$를 일으키면 용수철은 물체에 복원력(restoring force)을 작용한다. 실험에 의하면 복원력은 $x$의 크기에 비례하고 $x$에 반대방향으로 작용하므로 $-kx$, $-\alpha x^3$ 등은 가능하고 $\pm\beta x^2$ 등은 불가능하다. 즉, $\beta x^2$은 $x$가

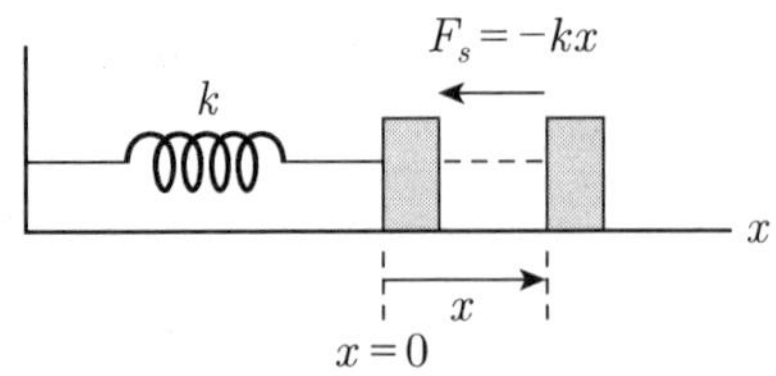


**그림 9.7** 역학진동

$+$일 때 복원력이 아니고 $-\beta x^2$은 $x$가 $-$일 때 복원력이 아니다. $x$가 크지 않을 때는 복원력을 $-kx$로 선택하면 뉴턴의 운동방정식 $F = ma$는 다음이 된다.

$$F = m\frac{d^2x}{dt^2} = -kx \tag{9.54}$$

$k$는 용수철의 탄성을 나타내는 물질상수로 힘상수(force constant) 또는 용수철상수라 한다. $\omega_0 = \sqrt{k/m}$로 두면 식 (9.54)는 식 (9.51)과 같은 형태이므로 물체는 단진동한다. 식 (9.54)에 마찰 등에 의한 속도($v = dx/dt$)에 비례하는(비례상수 $b$) 감쇠력 $-bv$와 ($-$는 감쇠력이 운동방향과 반대로 작용함을 의미) 구동력(driving force) $F(t) = F_0 \cos(\omega t)$ [또는 $F_0 \sin(\omega t)$]를 추가로 작용하여 강제진동시키면 뉴턴의 운동방정식은 다음이 된다.

$$m\frac{d^2x}{dt^2} = -kx - b\frac{dx}{dt} + F_0 \cos(\omega t) \tag{9.55}$$

이것은 $a_1 = b/m$, $a_0 = k/m$, $f_0 = F_0/m$로 두면

$$\frac{d^2x}{dt^2} + a_1\frac{dx}{dt} + a_0 x = f_0 \cos(\omega t) \tag{9.56}$$

이 되고 식 (9.34), (9.35), (9.38)로부터 이것의 보충해($y_h \to x_h$)는 다음과 같다($\theta_0 = \delta_2$).

| 조건 | 보충해 | 비고 |
|---|---|---|
| $a_1^2 > 4a_0$ | $x_h = c_1 e^{m_1 t} + c_2 e^{m_2 t}$ (9.57)<br>$m_1, m_2 = \dfrac{-a_1 \pm \sqrt{a_1^2 - 4a_0}}{2} < 0$ | 과감쇠(overdamping)<br>: 시간 $t$에 따라 0으로 빠르게 감소 |
| $a_1^2 = 4a_0$ | $x_h = (c_1 + c_2 t)e^{-a_1 t/2}$ (9.58) | 임계감쇠(critical damping) |
| $a_1^2 < 4a_0$ | $x_h = ce^{-a_1 t/2}\sin(\beta t + \theta_0)$ (9.59) | $\beta = \sqrt{4a_0 - a_1^2}/2$<br>미급감쇠(underdamping) |

**예 9.23**

주어진 상수값들에 대한 감쇠진동의 해들을 구하라(단위 생략).

(a) $b/m=5$, $k/m=4$  (b) $b/m=8$, $k/m=16$

(c) $b/m=2$, $k/m=10$

**풀이** (a) $a_1^2=25>4a_0=16$

$$m_1,\ m_2=\frac{-a_1\pm\sqrt{a_1^2-4a_0}}{2}=\frac{-5\pm\sqrt{25-16}}{2}=-1,\ -4$$

$$\Rightarrow x(t)=c_1e^{-t}+c_2e^{-4t}$$

(b) $a_1^2=64=4a_0$, $m_1,\ m_2=-8/2=-4$ (중근)

$$\Rightarrow x(t)=(c_1+c_2t)e^{-4t}$$

(c) $a_1^2=4<4a_0=40$, $\beta=\sqrt{4a_0-a_1^2}/2=3$

$$\Rightarrow x(t)=ce^{-t}\sin(3t+\theta_0)$$

## (2) 특해

식 (9.56)의 특해는 다음과 같다. 우변이 $\sin(\omega t)$이면 해에서는 $\sin(\omega t-\phi)$으로 바뀌고 $\phi$는 그림 9.8로 주어지는 위상인자이다.

| 미분방정식 | 특해 | |
|---|---|---|
| $\dfrac{d^2x}{dt^2}+a_1\dfrac{dx}{dt}+a_0x=f_0\cos(\omega t)$ | $x_p=\dfrac{f_0\cos(\omega t-\phi)}{\sqrt{(a_0-\omega^2)^2+(a_1\omega)^2}}$ | (9.60) |

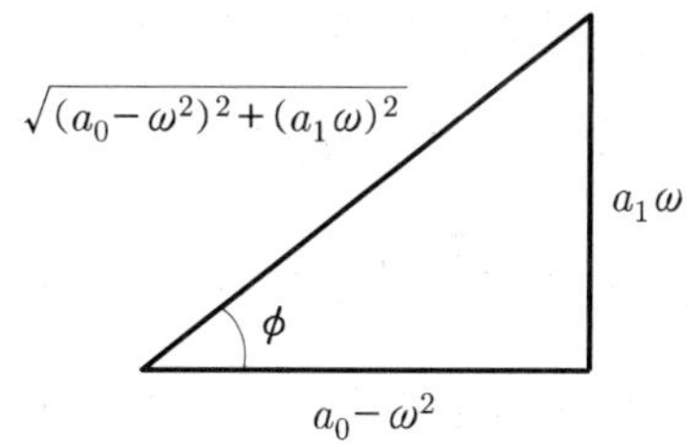


**그림 9.8** 위상인자

증명

$D \equiv d/dt$, $D^2 \equiv d^2/dt^2$으로 두면 우변이 $\cos(\omega t)$일 때는

$$\left(D^2 + a_1 D + a_0\right) x_\mathrm{p} = f[\cos(\omega t) + i\sin(\omega t)] = f_0 e^{i\omega t}$$

에서 실수부분을 선택하면 되고 $\sin(\omega t)$일 때는 허수부분을 선택하면 된다.

$$\begin{aligned} x_\mathrm{p} &= \frac{f_0}{D^2 + a_1 D + a_0} e^{i\omega t} = \frac{f_0 e^{i\omega t}}{(i\omega)^2 + a_1(i\omega) + a_0} \\ &= \frac{f_0 e^{i\omega t}}{\left(a_0 - \omega^2\right) + i a_1 \omega} \cdot \frac{\left(a_0 - \omega^2\right) - i a_1 \omega}{\left(a_0 - \omega^2\right) - i a_1 \omega} \\ &= f_0 \frac{a_0 - \omega^2 - i a_1 \omega}{\left(a_0 - \omega^2\right)^2 + a_1^2 \omega^2} e^{i\omega t} \\ &= f_0 \frac{\cos\phi - i\sin\phi}{\sqrt{\left(a_0 - \omega^2\right)^2 + a_1^2 \omega^2}} [\cos(\omega t) + i\sin(\omega t)] \\ &= \frac{f_0}{\sqrt{\left(a_0 - \omega^2\right)^2 + a_1^2 \omega^2}} [\cos(\omega t) \cdot \cos\phi + \sin(\omega t) \cdot \sin\phi \\ &\qquad + i\{\sin(\omega t) \cdot \cos\phi - \cos(\omega t) \cdot \sin\phi\}] \\ &= f_0 \frac{\cos(\omega t - \phi) + i\sin(\omega t - \phi)}{\sqrt{\left(a_0 - \omega^2\right)^2 + (a_1 \omega)^2}} \end{aligned}$$

참고

시간에 따라 식 (9.57)-(9.59)의 $x_\mathrm{h}$는 0으로 감소하므로 과도해(transient solution)라 하고 식 (9.60)의 $x_\mathrm{p}$는 계속 진동하기 때문에 정상해(steady-state solution)라고도 한다.

### 예 9.24

$b/m = 6$, $k/m = 10$, $f_0 = 25.5$, $\omega = 4$ (단위생략)인 강제진동에서의 해를 구하라.

**풀이** $a_1^2 = 36 < 4a_0 = 40$, $\beta = \sqrt{4a_0 - a_1^2}/2 = 1$이므로 보충해는

$$x_\mathrm{h} = c e^{-3t} \sin\left(t + \theta_0\right) = e^{-3t}\left(c_1 \sin t + c_2 \cos t\right)$$

이고 $\left(c_1 \equiv c\cos\theta_0,\ c_2 \equiv c\sin\theta_0\right)$ 특해는

$$x_p = \frac{f_0 \cos(\omega t - \phi)}{\sqrt{(a_0 - \omega^2)^2 + (a_1 \omega)^2}}$$
$$= f_0 \frac{\cos(\omega t) \cdot \cos\phi + \sin(\omega t) \cdot \sin\phi}{\sqrt{(a_0 - \omega^2)^2 + (a_1 \omega)^2}}$$

에서 그림 9.8로부터

$$\cos\phi = \frac{a_0 - \omega^2}{\sqrt{(a_0 - \omega^2)^2 + (a_1 \omega)^2}}$$

$$\sin\phi = \frac{a_1 \omega}{\sqrt{(a_0 - \omega^2)^2 + (a_1 \omega)^2}}$$

이므로 다음과 같다.

$$x_p = f_0 \frac{(a_0 - \omega^2)\cos(\omega t) + a_1 \omega \sin(\omega t)}{(a_0 - \omega^2)^2 + (a_1 \omega)^2}$$
$$= 25.5 \frac{(10-16)\cos(4t) + (6 \times 4)\sin(4t)}{(10-16)^2 + (6 \times 4)^2}$$
$$= \sin(4t) - 0.25\cos(4t)$$

### (3) 전기진동

그림 9.9와 같이 $R$, $L$, $C$가 직렬로 연결된 회로에 연결된 $E(t) = E_0 \sin(\omega t)$의 교류전압에 의해 전류 $I$가 흐를 때 키르히호프의 법칙에 의해 회로방정식은

$$L\frac{dI}{dt} + RI + \frac{Q}{C} = E_0 \sin(\omega t) \tag{9.61}$$

이고 $I = dQ/dt$이므로 다음이 된다.

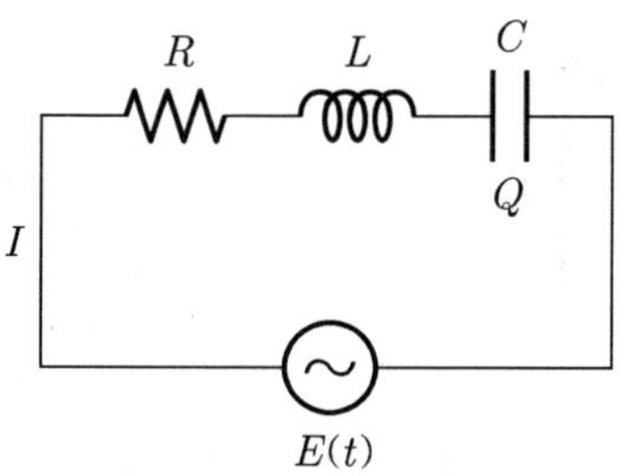


**그림 9.9** 전기진동

$$L\frac{d^2Q}{dt^2}+R\frac{dQ}{dt}+\frac{1}{C}Q=E_0\sin(\omega t) \tag{9.62}$$

식 (9.55)와 식 (9.62)을 비교하면 $x\rightarrow Q$, $m\rightarrow L$, $b\rightarrow R$, $k\rightarrow 1/C$, $F_0\rightarrow E_0$의 대응관계가 있으므로 $[\cos(\omega t)\rightarrow \sin(\omega t)]$

$$a_1=\frac{b}{m}\rightarrow\frac{R}{L},\ a_0=\frac{k}{m}\rightarrow\frac{1}{LC},\ f_0=\frac{F_0}{m}\rightarrow\frac{E_0}{L} \tag{9.63}$$

이다. 따라서 $\omega_0^2=1/LC=a_0$로 두면 식 (9.60)과 그림 9.8로부터 특해는

$$Q_{\rm p}=\frac{E_0}{L}\frac{\sin(\omega t-\phi)}{\sqrt{\left(\omega_0^2-\omega^2\right)^2+(R\omega/L)^2}} \tag{9.64}$$

$$\tan\phi=\frac{R\omega/L}{1/LC-\omega^2}=\frac{R}{X_C-X_L} \tag{9.65}$$

이고 다음과 같이 정의한다.

$X_L\equiv\omega L$ : 유도리액턴스(inductive reactance)

$X_C\equiv 1/\omega C$ : 용량리액턴스(capative reactance)

전류는 식 (9.64)을 미분하면 다음과 같다.

$$I_{\rm p}=\frac{E_0}{Z}\sin(\omega t-\theta)=I_0\sin(\omega t-\theta) \tag{9.66}$$

여기서 $I_0=E_0/Z$, $X=X_L-X_C$, $Z=\sqrt{X^2+R^2}$이고 $\tan\theta=X/R$이다. $X$를 리액턴스, $Z$를 임피던스(impedance)라 한다.

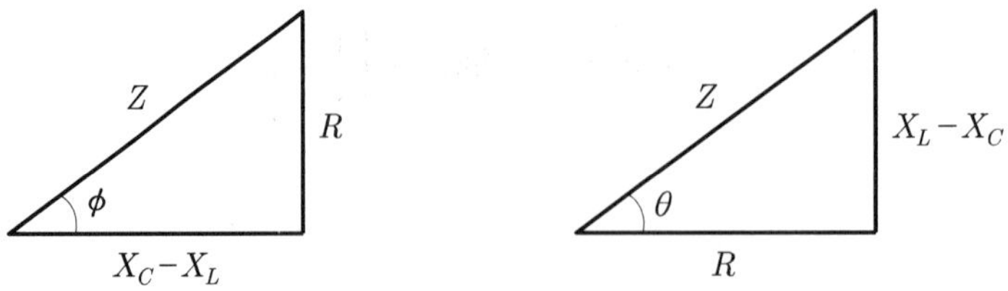


**그림 9.10** 위상인자

증명

$$I_p = \frac{E_0}{L/\omega} \frac{\cos(\omega t - \phi)}{\sqrt{[\omega^2 - (1/LC)]^2 + (R\omega/L)^2}}$$

$$= \frac{E_0 \cos(\omega t - \phi)}{\sqrt{(L\omega - 1/\omega C)^2 + R^2}} = \frac{E_0 \cos(\omega t - \phi)}{\sqrt{(X_L - X_C)^2 + R^2}}$$

$$= \frac{E_0 [\cos(\omega t) \cos\phi + \sin(\omega t) \sin\phi]}{\sqrt{X^2 + R^2}}$$

이고 $\tan\phi = R/(X_C - X_L)$ 이므로 그림 9.10으로부터

$$\cos\phi = \frac{X_C - X_L}{Z} = -\sin\theta, \ \sin\phi = \frac{R}{Z} = \cos\theta$$

이다. 따라서 다음과 같다.

$$I_p = \frac{E_0}{Z}[-\cos(\omega t) \cdot \sin\theta + \sin(\omega t) \cdot \cos\theta]$$

$$= \frac{E_0}{Z} \sin(\omega t - \theta)$$

식 (9.66)에서 $I_0 = E_0 / Z$는 다음과 같이 쓸 수 있다.

$$I_0 = \frac{E_0}{\sqrt{(L\omega - 1/\omega C)^2 + R^2}} = \frac{E_0}{\sqrt{L^2(\omega^2 - \omega_0^2)^2/\omega^2 + R^2}} \tag{9.67}$$

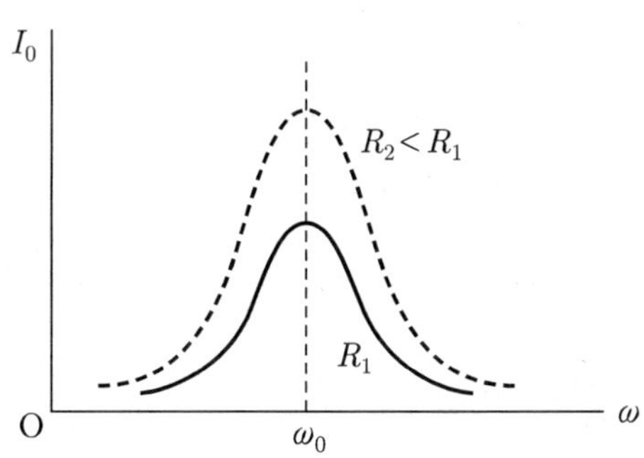


**그림 9.11** 공명

식 (9.67)은 그림 9.11과 같이 $\omega = \omega_0$일 때 $E_0 / R$로 최대이고 $R$이 작을수록 뾰족하다. 이와 같이 $\omega = \omega_0$일 때 진폭이 최대가 되는 현상을 공명(resonance)이라 하고 $\omega_0$를 공명진동수(resonance frequency) 또는 고유진동수(자연진동수 natural frequency)라 한다. 즉, 구동진동수 $\omega$와 고유진동수 $\omega_0$가 같을 때 공명이 일어난다.

### 예 9.25

$R$, $L$, $C$가 $R=20\,[\Omega]$, $L=10\,[\mathrm{H}]$, $C=0.05\,[\mathrm{F}]$인 $RLC$ 직렬회로에 $E(t)=50\sin t\,[\mathrm{V}]$의 교류전압이 가해질 때 전류를 구하라.

**풀이** $\omega=1$, $a_1=R/L=20/10=2$, $a_0=1/LC=1/(10\times 0.05)=2=\omega_0^2$, $\beta=\sqrt{4a_0-a_1^2}/2=1$이고 $a_1^2<4a_0$이므로 식 (9.59)와 (9.64)로부터

$$\begin{aligned} Q_{\mathrm{h}} &= ce^{-t}\sin(t+\theta_0) \\ &= ce^{-t}(\sin t\cdot\cos\theta_0+\cos t\cdot\sin\theta_0) \end{aligned}$$

$$\begin{aligned} Q_{\mathrm{p}} &= \frac{50}{10}\frac{\sin(t-\phi)}{\sqrt{(2-1)^2+(2\cdot 1)^2}} \\ &= \sqrt{5}\,(\sin t\cdot\cos\phi-\cos t\cdot\sin\phi) \end{aligned}$$

이다. 여기서 그림 9.8로부터

$$\tan\phi=2,\ \cos\phi=\frac{1}{\sqrt{5}},\ \sin\phi=\frac{2}{\sqrt{5}}$$

이므로 $Q_{\mathrm{p}}$는

$$Q_{\mathrm{p}}=\sin t-2\cos t$$

이고 전류는 다음과 같다.

$$\begin{aligned} I_{\mathrm{h}} = \frac{dQ_{\mathrm{h}}}{dt} &= -ce^{-t}(\sin t\cdot\cos\theta_0+\cos t\cdot\sin\theta_0) \\ &\quad +ce^{-t}(\cos t\cdot\cos\theta_0-\sin t\cdot\sin\theta_0) \\ &= e^{-t}(c_1\cos t+c_2\sin t) \end{aligned}$$

$$[c_1\equiv c(\cos\theta_0-\sin\theta_0),\ c_2\equiv -c(\cos\theta_0+\sin\theta_0)]$$

$$I_{\mathrm{p}}=\frac{dQ_{\mathrm{p}}}{dt}=2\sin t+\cos t$$

또는 식 (9.66)과 그림 9.10을 사용하면

$$\begin{aligned} I_{\mathrm{p}} &= \frac{E_0}{Z}(\sin t\cdot\cos\theta-\cos t\cdot\sin\theta) \\ &= \frac{E_0}{Z^2}(R\sin t-X\cos t) \end{aligned}$$

에서 $X_L = \omega L = 1 \times 10 = 10$, $X_C = 1/\omega C = 1/(1 \times 0{,}05) = 20$으로부터 $X = X_L - X_C = -10$이고

$$Z^2 = R^2 + X^2 = (20)^2 + (-10)^2 = 500$$

이므로 다음과 같다.

$$I_p = \frac{50}{500}(20\sin t + 10\cos t) = 2\sin t + \cos t$$

## 9.5 연습문제

### 9.1 1계 미분방정식

**[9.1]** 다음 함수들이 해가 되는 미분방정식들을 구하라. $c$, $c_1$, $c_2$는 상수이다.

(a) $y = 2cx$　(b) $y = cx^2$　(c) $y = c_1 x^2 + c_2$

(d) $y = ce^x$　(e) $y = \sin(2x) + c$

**[9.2]** 다음 미분방정식들의 일반해들을 구하라.

(a) $e^{2x} y = 1$　(b) $y' \sin x = \cos x$

(c) $x(x-1)y' = 1$　(d) $3y\,dx + 2x\,dy = 0$

(e) $y' = (1+x)(1+y^2)$　(f) $\sin y\,dx + \cos y\,dy = 0$

**[9.3]** 다음 미분방정식들의 일반해들을 구하라.

(a) $y' - 2y = e^{2x}$　(b) $y' + \dfrac{1}{x}y = \dfrac{2}{x}$　(c) $xy' + y = \sin x$

(d) $y' + 2xy + 6x = 0$　(e) $y' + 2y = \cos x$

**[9.4]** 다음 미분방정식들의 일반해들을 구하라.

(a) $x\,dy - y\,dx = (x^2 + y^2)\,dy$　(b) $x\,dy + 2y\,dx = 0$

(c) $xy' + y = -4$

**[9.5]** 미분방정식들이 주어진 조건을 만족하는 특해들을 구하라.

(a) $y' = 2xy$ [$x = 1$일 때 $y = 2e$]

(b) $xy' = x + y$ [$x = 1$일 때 $y = 1$]

(c) $y' \sin x = y \cos x$ [$x = \pi/4$ 일 때 $y = \sqrt{2}$]

**[9.6]** 다음 미분방정식들의 해들을 완전미분 방법으로 구하라.

(a) $-y\,dx + x\,dy = 0$

(b) $\dfrac{2\cos(2x)}{y}\,dx - \dfrac{\sin(2x)}{y^2}\,dy = 0$

(c) $y e^{x} dx + (2y + e^{x}) dy = 0$

(d) $(\cos x \cdot \sin x - x y^2) dx + y(1 - x^2) dy = 0$

**[9.7]** 다음 미분방정식들의 해들을 베르누이 방법으로 구하라.

(a) $y' + y = -\dfrac{x}{y}$

(b) $y' + \dfrac{1}{3} y = \dfrac{1}{3}(1 - 2x) y^4$

(c) $2xy' + (x - 1) y = x^2 e^x / y$

**[9.8]** 다음 미분방정식들의 해들을 동차형 방법으로 구하라.

(a) $y' = \dfrac{y}{x} - 1$

(b) $y' = \dfrac{x}{2x - y}$

(c) $xy^2 y' = y^3 - x^3$

**[9.9]** 주어진 변환을 사용하여 미분방정식들의 해들을 구하라.

(a) $2y' = y/x - x/y \quad [y \equiv vx]$

(b) $(2x - 4y + 5) y' + x - 2y + 3 = 0 \quad [v = x - 2y]$

## 9.2 1계 미분방정식의 응용

**[9.10]** 온도가 $T$ 인 고온의 물체는 온도가 $T_{O}$ 인 환경과 열을 주고받는다. 온도 차이가 작을 때 시간 $t$ 에 대한 물체의 온도의 변화 $dT/dt$ 는 온도차이 $T - T_{O}$ 에 비례한다고 가정할 수 있고 비례상수를 $K$ 로 두면 다음과 같다. 이것을 뉴턴의 냉각법칙이라 한다.

$$\frac{dT}{dt} = -K(T - T_{O})$$

(a) 이 미분방정식의 일반해를 구하라.

(b) $T_{O} = 30℃$, $K = 0.25\,[1/s]$, $T(0) = 50℃$ 일 때의 특해와 $t = \infty$ 일 때 물체의 온도를 구하라.

**[9.11]** 다음을 계산하라.

(a) Ra-224 핵의 반감기는 $T = 3.64$ d (d : day)이다. Ra-224 핵의 처음 질량이 1 g일 때 1년 후 남아있는 질량을 구하라.

(b) K-40의 반감기가 $T = 1.25 \times 10^9$ y (y : year)일 때 K-40이 10 %가 남는데 까지 걸리는 시간을 구하라.

(c) 빛이 투명한 판을 투과할 때 표면에서 위치 $x$ 되는 지점에서의 빛의 세기 $I$가 감소하는 비율은 $I$에 비례한다. 비례상수가 $k$일 때 $x$에서의 $I$를 구하라.

(d) 대기와 생명체에는 탄소의 동위원소가 $C_{14}/C_{12} = 1.3 \times 10^{-12}$의 비율로 존재한다. 생명체가 사망하면 방사성을 띤 $C_{14}$는 $N_{14}$로 붕괴하면서 감소한다. $C_{14}$의 반감기는 $T = 5730\ \mathrm{y}$이다. 어떤 사체의 $C_{14}$ 비율이 생체의 $90\,\%$일 때 이 사체가 사망한 시간을 구하라.

(e) 하루에 2배 불어나는 효소의 10일 후의 수는 처음의 몇 배인가?

**[9.12]** 유행병이 번지고 있는 도시의 총 인구수는 $N_0$, 감염자수는 $p$, 비감염자 수는 $q$일 때 감염자 비율을 $x = p/N_0$, 비감염자 비율을 $y = q/N_0$라 하면 $x + y = 1$이다.

(a) 적당한 상수 $\beta$에 대해 다음을 증명하라.

$$\frac{dx}{dt} = \beta x(1-x)$$

(b) (a)의 일반해와 $t \to \infty$일 때 $x$를 구하라.

**[9.13]** 라듐(radium)은 라돈(radon)으로 붕괴한 후 폴로늄(polonium)으로 붕괴한다. 처음 라듐 원자의 수가 $N_0$이면 시간이 $t$일 때 라돈 원자의 수는 몇 개인가? 라듐의 붕괴상수는 $\lambda_1$이고 라돈의 붕괴상수는 $\lambda_2$이다 $(\lambda_1 \neq \lambda_2)$.

**[9.14]** 비행기가 처음위치 $x_0$, 처음속도 $v_0$에서 일정한 가속도 $a_0$로 직선 활주로를 달린다.

(a) 시간 $t$일 때 비행기의 속도 $v$를 구하라.

(b) 시간 $t$일 때 비행기의 위치 $x$를 구하라.

(c) $v_0 = 10\ \mathrm{m/s}$이고 $50\ \mathrm{s}$ 동안 $2\ \mathrm{km}$를 주행하여 이륙하였다. 이륙속도를 구하라.

**[9.15]** 질량이 $m$인 배의 추진력은 $F$이고 물의 저항력 $R$은 속도에 비례한다. 임의의 시간에서의 배의 속도을 구하라. 배의 처음 속도는 $v_0$이다.

**[9.16]** 추진력 없이 속력 $v$로 수직 상승하는 질량이 $m$인 포탄이 받는 저항력은 $mkv^2$ ($k$ : 상수)이다. 위쪽을 $+x$ 방향으로 선택하여 다음을 구하라.

(a) 포탄을 지면에서 처음속도 $v_0$로 발사할 때 시간 $t$에서의 속도

(b) 최고점의 높이 $h$

**[9.17]** 그림의 $RC$ 회로에서 스위치 S를 A에 연결하면 $V$ 의 +극과 −극에서는 각각 양전하와 음전하를 축전기에 전달하므로 축전기 양 극판에는 반대 부호의 같은 크기의 전하 $q$가 축적된다.

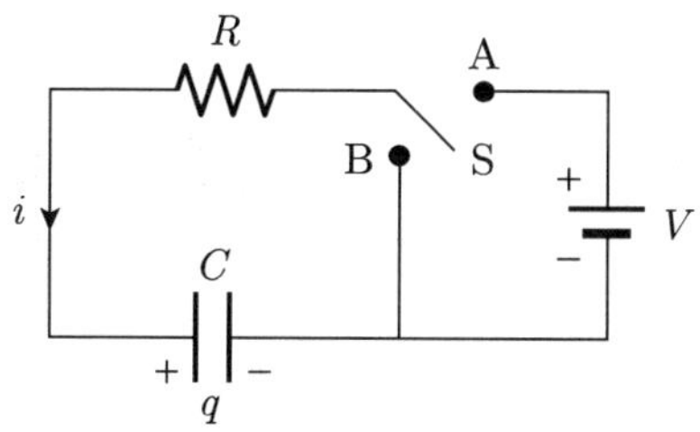


(a) 시간이 $t$일 때 축전기에 축적되는 전하량 $q$와 전류 $i$를 구하라.

(b) 축전기를 최대치까지 충전한 후 스위치 S를 B에 연결하면 방전이 일어난다. 시간 $t$일 때 전하량 $q$와 전류 $i$를 구하라.

(c) (a)에서 $V(t) = V_0 \sin(\omega t)$일 때 $i(t)$를 구하라.

**[9.18]** 그림의 $RL$ 회로에서 스위치 S를 A에 연결하면 회로에는 전류가 흐른다.

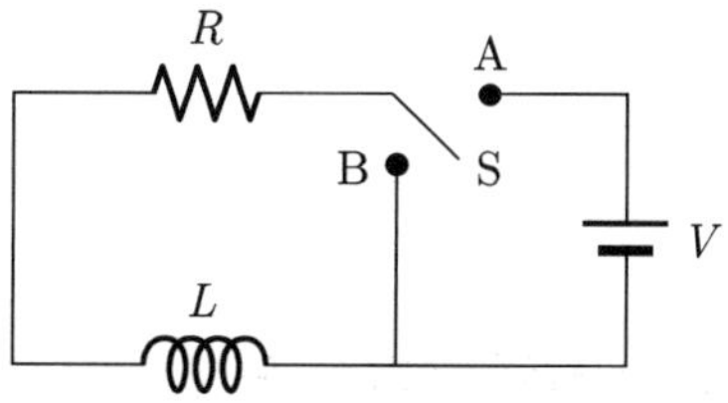


(a) 시간 $t$일 때 전류 $i$를 구하라.

(b) 시간이 충분히 지나 정상상태가 되면 회로에는 일정한 전류 $I_{max}$가 흐른다. 이 때 스위치를 B에 연결했을 때 전류를 구하라.

(c) (a)에서 $V(t) = V_0 \sin(\omega t)$일 때 $i(t)$를 구하라.

**[9.19]** 다음 그림의 회로에에서 $V = 12\,\mathrm{V}$, $R_1 = 2\,\Omega$, $R_2 = 4\,\Omega$, $L = 8\,\mathrm{H}$ 이다. 전류 $i_1$, $i_2$, $i_3$를 구하라.

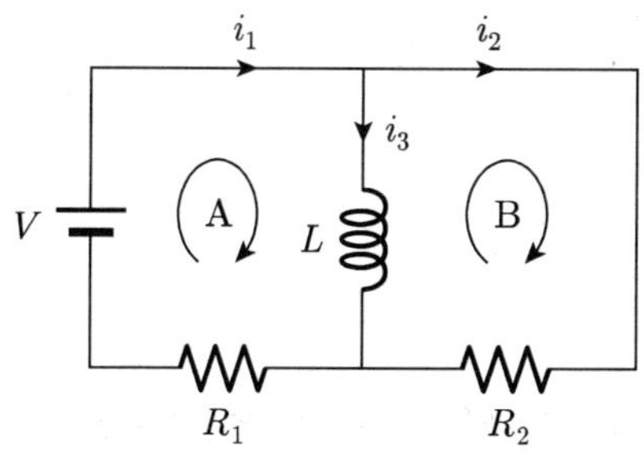

[9.20] 다음 그림의 회로에서 전류 $i$를 구하라. $t=0$일 때 $i=0$이다.

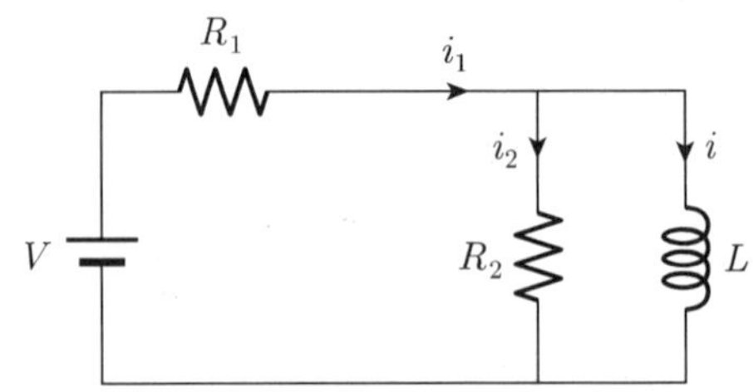


## 9.3 고계 미분방정식

[9.21] 다음 미분방정식들의 해를 미분연산자 방법으로 구하라.

(a) $y'' + 4y' + 3y = 13\cos(2x)$

(b) $y'' + 2y' + y = -50\sin(3x)$

[9.22] 다음 미분방정식들의 특해들을 미정계수법으로 구하라.

(a) $y'' + 3y' + 2y = 4x^2$

(b) $y'' - 2y' - 3y = 4x - 5 + 6xe^{2x}$

[9.23] $D = d/dt$이다. 다음 미분방정식들의 해들을 구하라.

(a) $Dx = 3y,\ Dy = 2x$　　(b) $Dx = 2x - y,\ Dy = x$

(c) $Dx = -y + t,\ Dy = x - t$

[9.24] $Dx = -5x - y,\ Dy = 4x - y,\ x(1) = 0,\ y(1) = 1$의 해를 구하라.

[9.25] 다음 결합형 미분방정식들의 해들을 구하라.

(a) $\dfrac{dx}{dt} = 4x - 2y,\quad \dfrac{dy}{dt} = x + y$

(b) $\dfrac{dx}{dt} + \dfrac{dy}{dt} = -2y,\quad \dfrac{dx}{dt} = 3x + 2y$

## 9.4 고계 미분방정식 응용

[9.26] (a) [예 9.24]와 (b) [예 9.25]의 해을 미분방정식으로부터 직접 구하라.

[9.27] $E(t) = 90\cos t$ 의 교류전압이 $R = 0$, $L = 1$, $C = 0.25$ 인 $RLC$ 직렬회로에 가해질 때 전류를 구하라(단위 생략). $I(0) = 0$, $I'(0) = 90$ 이면 어떻게 되는가?

[9.28] $b/m = 2$, $k/m = 2$, $F(t)/m = 2\sin t + 4\cos t$ (단위 생략)인 강제진동의 해를 구하라.

[9.29] 다음은 감쇠가 없는 강제진동의 미분방정식이다

$$\frac{d^2x}{dt^2} + \omega_0^2 x = f_0 \sin(\omega t)$$

(a) $x(0) = x'(0) = 0$ 일 때의 해를 구하라.

(b) $\omega \to \omega_0$일 때의 결과를 해석하라.

## 보충 C 기타 방법

여기서는 본문에서 다루지 않은 미분방정식의 해를 구하는 다른 방법들과 비선형 미분방정식의 해를 구하는 한 방법을 소개한다.

### (1) 2계 선형미분방정식의 두 번째 해

제차형 2계 선형미분방정식

$$y'' + p(x)y' + q(x)y = 0 \tag{C.1}$$

의 한 해 $y_1$이 주어질 때 두 번째 해 $y_2$는 다음과 같이 구할 수 있다.

$$y_2 = y_1 \int \frac{e^{-P(x)}}{y_1^2}\,dx \tag{C.2}$$

여기서 $P(x) = \int p(x)\,dx$에서 적분상수를 제외한 것이다(적분상수는 $y_1$에 포함시킴).

**증명**

$y(x) = u(x)y_1(x)$로 두면

$$y' = u'y_1 + uy_1',\ \ y'' = u''y_1 + 2u'y' + uy_1''$$

이므로 이들을 식 (C.1)에 대입하면

$$u''y_1 + 2u'y' + uy_1'' + pu'y_1 + puy_1' + quy_1 = 0$$

$$\Rightarrow\ \ y_1u'' + (2y_1' + py_1)u' + (y_1'' + py_1' + qy_1)u = 0$$

이고 마지막 항은 0이므로 $v = u'$으로 두면$(y_1dx = dy_1')$

$$y_1v' + (2y_1' + py_1)v = 0$$

$$\Rightarrow\ \ \frac{1}{v}\,dv + 2\frac{1}{y_1}\,dy_1' + p\,dx = 0$$

이다. 이것을 적분하면

$$\ln v + 2\ln y_1 + P(x) = c$$

$$\Rightarrow\ v y_1^2 = c_2 e^{-P}\ \Rightarrow\ v = \frac{du}{dx} = c_2 \frac{e^{-P(x)}}{y_1^2}$$

이므로 $(c_2 \equiv e^c)$ 한 번 더 적분하면 다음이 된다.

$$u = c_2 \int \frac{e^{-P(x)}}{y_1^2}\, dx + c_1$$

따라서 다음과 같이 유도된다.

$$y = u y_1 = c_2 y_1 \int \frac{e^{-P(x)}}{y_1^2}\, dx + c_1 y_1 = c_2 y_2 + c_1 y_1$$

---

**예 C.1**

다음 미분방정식들의 두 번째 해들을 구하라. $y_1$은 첫 번째 해이다.

(a) $y'' - y = 0,\ y_1 = e^x$

(b) $x^2 y'' - 6y = 0,\ y_1 = x^3$

**풀이** (a) $p(x) = 0,\ P(x) = 0$

$$y_2 = y_1 \int \frac{e^{-P(x)}}{y_1^2}\, dx = e^x \int e^{-2x}\, dx = -\frac{1}{2} e^{-x}$$

(b) $p(x) = 0,\ P(x) = 0$

$$y_2 = y_1 \int \frac{e^{-P(x)}}{y_1^2}\, dx = x^3 \int x^{-6}\, dx = -\frac{1}{6} x^{-2}$$

---

### (2) 매개변수 변환방법

제차형 2계 선형미분방정식

$$y'' + p(x) y' + q(x) y = 0 \tag{C.3}$$

의 두 해가 $y_1$, $y_2$일 때 비제차형 2계 미분방정식

$$y'' + p(x) y' + q(x) y = g(x) \tag{C.4}$$

의 특해 $y_p$는 조건

$$y_1 u_1' + y_2 u_2' = 0 \tag{C.5}$$

을 만족하는 $u_1$과 $u_2$에 대해 다음과 같이 구할 수 있다.

$$y_p = u_1(x) y_1(x) + u_2(x) y_2(x) \tag{C.6}$$

여기서 $u_1$과 $u_2$는 다음 식으로부터 구해진다.

$$u_1' = \frac{W_1}{W}, \quad u_2' = \frac{W_2}{W} \tag{C.7}$$

$$W = \begin{vmatrix} y_1 & y_2 \\ y_1' & y_2' \end{vmatrix} = y_1 y_2' - y_2 y_1 \tag{C.8}$$

$$W_1 = \begin{vmatrix} 0 & y_2 \\ g & y_2' \end{vmatrix} = -y_2 g, \quad W_2 = \begin{vmatrix} y_1 & 0 \\ y_1' & g \end{vmatrix} = y_1 g \tag{C.9}$$

**증명**

식 (C.6)의 미분

$$y_p' = u_1' y_1 + u_1 y_1' + u_2' y_2 + u_2 y_2'$$

$$y_p'' = u_1'' y_1 + 2u_1' y_1' + u_1 y_1'' + u_2'' y_2 + 2u_2' y_2' + u_2 y_2''$$

를 식 (C.4)에 대입하면 다음이 된다.

$$\begin{aligned} &u_1(y_1'' + p y_1' + q y_1) + u_2(y_2'' + p y_2' + q y_2) \\ &+ y_1 u_1'' + u_1' y_1' + y_2 u_2'' + u_2' y_2' + p(y_1 u_1' + y_2 u_2') \\ &+ y_1' u_1' + y_2' u_2' = g(x) \end{aligned}$$

여기서 첫 항과 둘째 항은 식 (C.3)에 의해 0이고 나머지는

$$\frac{d}{dx}(y_1 u_1' + y_2 u_2') + p(y_1 u_1' + y_2 u_2') + y_1' u_1' + y_2' u_2' = g(x)$$

로 쓸 수 있으므로 식 (C.5)를 고려하면 첫 항과 둘째 항은 0이다. 따라서

$$y_1 u_1' + y_2 u_2' = 0 \tag{C.5}$$

$$y_1' u_1' + y_2' u_2' = g(x)$$

이 되고 이것의 해를 구하면 결과가 된다.

### 예 C.2

미분방정식 $y'' - 4y' + 4y = (x+1)e^{2x}$의 해를 구하라.

**풀이** $m^2 - 4m + 4 = 0$, $m = 2$(중근)으로부터

$$y_1 = e^{2x}, \quad y_2 = xe^{2x}$$

이고 식 (C.8)과 (C.9)는

$$W = \begin{vmatrix} e^{2x} & xe^{2x} \\ 2e^{2x} & e^{2x} + 2xe^{2x} \end{vmatrix} = e^{4x}$$

$$W_1 = \begin{vmatrix} 0 & xe^{2x} \\ (x+1)e^{2x} & e^{2x} + 2xe^{2x} \end{vmatrix} = -x(x+1)e^{4x}$$

$$W_2 = \begin{vmatrix} e^{2x} & 0 \\ 2e^{2x} & (x+1)e^{2x} \end{vmatrix} = (x+1)e^{4x}$$

이므로 $u_1' = -x^2 - x$, $u_2' = x+1$이다. 따라서

$$u_1 = -\frac{x^3}{3} - \frac{x^2}{2}, \quad u_2 = \frac{x^2}{2} + x$$

로부터 결과 (C6)은 다음과 같다.

$$\begin{aligned} y_p &= \left(-\frac{x^3}{3} - \frac{x^2}{2}\right)e^{2x} + \left(\frac{x^2}{2} + x\right)xe^{2x} \\ &= \frac{1}{6}x^3e^{2x} + \frac{1}{2}x^2e^{2x} \end{aligned}$$

## (3) 오일러-코시 방법

등차원 미분방정식(좌변의 차수가 같음. 한 번 미분하면 차수가 1개 작아짐)

$$ax^2y'' + bxy' + cy = g(x) \tag{C.10}$$

은 오일러-코시(Euler-Cauchy) 방정식이라 하는데 $g(x) = 0$ 일 때의 해를 구하면 매개변수 변환법으로 $y_p$를 구할 수 있다. $g(x) = 0$일 때의 해를 구하기 위해 시험해(trial solution)를 $y = x^m$ 으로 두고 식 (C.10)에 대입하면

$$am(m-1)x^m + bmx^m + cx^m = 0$$

이므로 $am^2 + (b-a)m + c = 0$ 이고 이것의 해는 다음과 같다.

$$m_1,\ m_2 = \frac{-(b-a) \pm \sqrt{(b-a)^2 - 4ac}}{2a} \tag{C.11}$$

따라서 해는 다음과 같이 세 경우로 분류할 수 있다.

**(a)** $(b-a)^2 > 4ac$ : $m_1 \neq m_2$ **(실근)**

$$y = c_1 x^{m_1} + c_2 x^{m_2} \tag{C.12}$$

**(b)** $(b-a)^2 = 4ac$ : $m_1 = m_2 = -(b-a)/2a$ **(실중근)**

한 해는 $y_1 = x^{m_1}$이고 두 번째 해를 구하기 위해 미분방정식을

$$y'' + \frac{b}{ax}y' + \frac{c}{ax^2}y = 0$$

로 쓰면 식 (C.2)에 의해

$$\begin{aligned} y_2 &= x^{m_1} \int \frac{e^{-(b/a)\ln x}}{x^{2m_1}}\,dx = x^{m_1} \int x^{-b/a} x^{-2m_1}\,dx \\ &= x^{m_1} \int x^{-b/a} x^{(b-a)/a}\,dx = x^{m_1} \ln x \end{aligned}$$

이므로 해는 다음과 같다.

$$y = c_1 x^{m_1} + c_2 x^{m_1} \ln x \tag{C.13}$$

**(c)** $(b-a)^2 < 4ac$ : $m_1 = \alpha + i\beta,\ m_2 = \alpha - i\beta$ **(복소근)**

$\alpha = -(b-a)/2a,\ \beta = \sqrt{4ac - (b-a)^2}\,/2a$로 두면 오일러(Euler) 공식에 의해

$$x^{\pm i\beta} = \left(e^{\ln x}\right)^{\pm i\beta} = e^{\pm i\beta \ln x} = \cos(\beta \ln x) \pm i \sin(\beta \ln x)$$

이므로 해는 다음과 같다. $\left[c_1 \equiv k_1 + k_2,\ c_2 \equiv i\left(k_1 - k_2\right)\right]$

$$\begin{aligned} y &= k_1 x^{\alpha + i\beta} + k_2 x^{\alpha - i\beta} \\ &= x^{\alpha}\left(k_1 + k_2\right)\cos(\beta \ln x) + x^{\alpha}\left(k_1 - k_2\right) i \sin(\beta \ln x) \\ &= c_1 x^{\alpha} \cos(\beta \ln x) + c_2 x^{\alpha} \sin(\beta \ln x) \end{aligned} \tag{C.14}$$

### 예 C.3

다음 미분방정식들의 해들을 구하라.

(a) $x^2y'' - 2xy' - 4y = 0$ (b) $x^2y'' - 3xy' + 4y = 0$

(c) $x^2y'' + 7xy' + 13y = 0$

**풀이**

(a) $$m_1,\ m_2 = \frac{-(b-a) \pm \sqrt{(b-a)^2 - 4ac}}{2a}$$

$$= \frac{-(-2-1) \pm \sqrt{(-2-1)^2 - 4(-4)}}{2} = -1,\ 4$$

$$\Rightarrow\ y = \frac{c_1}{x} + c_2 x^4$$

(b) $$m_1,\ m_2 = \frac{-(-3-1) \pm \sqrt{(-3-1)^2 - 4(4)}}{2} = 2\ (\text{실중근})$$

$$\Rightarrow\ y = c_1 x^2 + c_2 x^2 \ln x$$

(c) $$m_1,\ m_2 = \frac{-(7-1) \pm \sqrt{(7-1)^2 - 4(13)}}{2} = -3 \pm 2i$$

$$\Rightarrow\ y = c_1 x^{-3} \cos(2\ln x) + c_2 x^{-3} \sin(2\ln x)$$

## (4) 비선형 미분방정식

비선형 미분방정식인 경우에는 $y' = p$로 두고 $y''$은 $x$가 포함되는 경우와 $y$가 포함되는 경우에 따라 다음과 같이 두면 미분방정식이 풀리는 경우가 있다.

$$\text{미분방정식이 } x,\ y',\ y'' \text{ 포함} : y' = p,\ y'' = p' = \frac{dp}{dx} \tag{C.15}$$

미분방정식이 $y,\ y',\ y''$ 포함

$$: y' = p,\ y'' = p' = \frac{dp}{dx} = \frac{dp}{dy} \cdot \frac{dy}{dx} = p\frac{dp}{dy} \tag{C.16}$$

### 예 C.4

다음 2계 비선형미분방정식들의 해들을 구하라.

(a) $xy'' + y' = 0$ (b) $yy'' = (y')^2$

**풀이** (a) $y' = p$, $y'' = dp/dx$로 두면

$$x\frac{dp}{dx} + p = 0 \text{ 또는 } \frac{1}{p}dp + \frac{1}{x}dx = 0$$

이 되고 적분하면 $\ln p + \ln x = \ln(xp) = c$(상수)이므로

$$xp = e^c \equiv c_1$$

이다. 따라서

$$p = \frac{dy}{dx} = \frac{c_1}{x}$$

이므로 적분하면 $y = c_1 \ln x + c_2$이다.

(b) $y' = p$, $y'' = p\dfrac{dp}{dy}$로 두면

$$yp\frac{dp}{dy} = p^2 \text{ 또는 } \frac{1}{p}dp - \frac{1}{y}dy = 0$$

이 되고 적분하면 $\ln p - \ln y = \ln(p/y) = c$(상수)이므로

$$\frac{p}{y} = \frac{1}{y}\cdot\frac{dy}{dx} = e^c \equiv c_1 \text{ 또는 } \frac{1}{y}dy = c_1 dx$$

이다. 따라서 적분하면 해는 $\ln y = c_1 x + c_2$ 이다.

---

## 보충 문제

**[C.1]** 미분방정식 $x^2y'' - 3xy' + 4y = 0$의 첫 번째 해는 $y_1 = x^2$이다. 두 번째 해 $y_2$를 구하라.

**[C.2]** 다음 미분방정식들의 해들을 구하라.

(a) $y'' - 4y' + 4y = e^{2x}/x$　　(b) $y'' + 2y' + y = e^{-x}\cos x$

**[C.3]** 다음 미분방정식들의 해을 구하라.

(a) $4x^2y'' + 8xy' + y = 0$　　(b) $x^2y'' - xy' + 2y = 0$

(c) $x^2y'' - 3xy' + 3y = 2x^4e^x$

**[C.4]** 다음 미분방정식들의 해들을 구하라.

(a) $x^2y'' + (y')^2 = 0$　　(b) $y'' + 2y(y')^3 = 0$

CHAPTER

# 10

# 라플라스 변환



라플라스 변환은 미분방정식의 해를 구하는 유용한 방법 중 하나이다. 특히, 역학계에 작용하는 힘이나 전기계에 작용하는 전압이 불연속적이거나 복잡한 주기함수로 주어지는 경우에 효과적이다. 또한, 일반해를 구하지 않고 바로 초기값 문제를 해결할 수 있고 비제자 미분방정식의 해도 직접 구할 수 있다는 장점이 있다. 라플라스 변환은 푸리에 변환(13장)과 더불어 편미분방정식(14장)의 해를 구할 때도 사용된다.

## 10.1 라플라스 변환

파라미터(parameter) $s$에 대해 $t \geq 0$인 독립변수 $t$의 함수 $f(t)$의 라플라스 변환(LT : Laplace transform)을 다음과 같이 정의한다. 즉, 라플라스 변환은 $t$의 함수 $f(t)$를 $s$의 함수 $F(s)$로 변환한다.

| 라플라스 변환 | | |
|---|---|---|
| 변환 | $F(s) \equiv \int_0^{\infty} e^{-st} f(t)\, dt \equiv \mathrm{LT}[f(t)]$ | (10.1) |
| 역변환 | $f(t) \equiv \mathrm{ILT}[F(s)]$ | (10.2) |

$f(t)$는 $F(s)$의 라플라스 역변환(ILT : inverse Laplace transform)이라 하고 $F(s)$가 존재하는 영역은 $s$의 선택에 무관하다. $f(t)$는 연속일 필요는 없고 주어진 구간에서 구분적으로 연속이면 된다. 이 책에서는 원래의 함수는 소문자로 쓰고 그것의 라플라스 변환은 대문자로 쓴다 [예를 들어, $y(t)$가 원래의 함수이면 그것의 라플라스 변환은 $Y(s)$]. 또한, 라플라스 변환은 LT, 라플라스 역변환은 ILT로 간단히 쓴다.

**참고**

**구분적으로 연속과 존재의 정리**

주어진 구간에서 구분적으로 연속(piecewise continuous)이라는 것은 함수 $f(t)$가 그림과 같이 유한 구간($a \leq t \leq b$)에서 정의되고 이 구간을 유한개의 더 작은 구간으로 쪼개었을 때 각각의 구간에서 $f(t)$가 연속이고 $t$가 각각의 경계점에 접근할 때의 극한값이 유한하다는 의미이다.

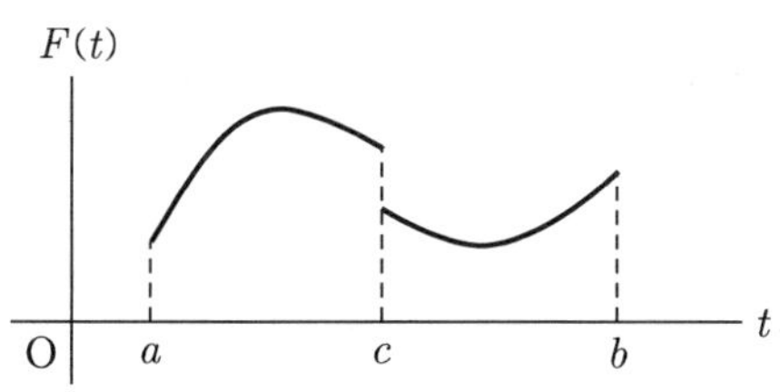


〈구분적으로 연속〉

$t \geq 0$에서 구분적으로 연속이고 상수 $A(>0)$와 $a$에 대해 $|f(t)| < Ae^{at}$이면 $s > a$인 모든 $s$에 대해 다음과 같이 $F(s)$가 존재한다.

$$|F(s)| = \left|\int_0^\infty e^{-st} f(t)\,dt\right| \le \int_0^\infty e^{-st}|f(t)|\,dt$$
$$\le \int_0^\infty e^{-st} A\,e^{at}\,dt = \frac{A}{s-a} > 0$$

이것은 $t \to \infty$ 일 때 $e^{-st}f(t)$가 충분히 빨리 0이 될 때 가능하다. 즉, $f(t)$가 증가하더라도 $e^{-st}$가 더 빨리 감소해야 가능하다. 예를 들어, $f(t)=e^{t^2}$이면 $F(s)$는 존재하지 않는다.

---

**예 10.1**

다음 함수들의 LT를 구하라.

(a) $f(t)=\begin{cases} -1 & (0 \le t < 1) \\ 1 & (t \ge 1) \end{cases}$ (b) $f(t)=\begin{cases} \sin t & (0 \le t < \pi) \\ 0 & (t \ge \pi) \end{cases}$

(c) $f(t)=\begin{cases} 0 & (0 \le t < 1) \\ t & (t \ge 1) \end{cases}$

**풀이** (a) $F(s)=\int_0^1 (-e^{-st})\,dt + \int_1^\infty e^{-st}\,dt$

$$= \left[\frac{e^{-st}}{s}\right]_{t=0}^{t=1} + \left[-\frac{e^{-st}}{s}\right]_{t=1}^{t=\infty} = \frac{2}{s}e^{-s} - \frac{1}{s}$$

(b) $F(s)=\int_0^\pi e^{-st}\sin t\,dt$

$$= \left[-\frac{\sin t}{s}e^{-st}\right]_{t=0}^{t=\pi} + \frac{1}{s}\int_0^\pi e^{-st}\cos t\,dt$$
$$= \left[-\frac{\cos t}{s^2}e^{-st}\right]_{t=0}^{t=\pi} - \frac{1}{s^2}\int_0^\pi e^{-st}\sin t\,dt$$
$$= \frac{e^{-s\pi}}{s^2} + \frac{1}{s^2} - \frac{F(s)}{s^2} \;\Rightarrow\; F(s) = \frac{1}{s^2+1}\left(1+e^{-s\pi}\right)$$

(c) $F(s)=\int_1^\infty t\,e^{-st}\,dt = \left[-\frac{t}{s}e^{-st}\right]_{t=1}^{t=\infty} + \frac{1}{s}\int_1^\infty e^{-st}\,dt$

$$= \frac{1}{s}e^{-s} + \frac{e^{-s}}{s^2}$$

---

## (1) $t^n e^{at}$의 LT

$f(t)=t^n e^{at}\,(n=0,\ 1,\ 2,\ \cdots)$의 LT는 다음과 같다. $n=0$이면 지수함수($e^{at}$)의 LT이고 $a=0$이

면 $t$의 멱승($t^n$)의 LT이다.

| 함수 | LT |
|---|---|
| $f(t)=t^n e^{at}$ | $F(s)=\dfrac{n!}{(s-a)^{n+1}}\quad (s>a)$ (10.3) |

**증명**

$n=0$일 때는 적분하면 간단히 증명되고 $n=1$일 때는 부분적분하면

$$\int_0^\infty e^{-st}\,t\,e^{at}dt=\int_0^\infty t\,e^{-(s-a)t}dt$$
$$=\left[-\frac{t}{s-a}e^{-(s-a)t}\right]_{t=0}^{t=\infty}+\frac{1}{s-a}\int_0^\infty e^{-(s-a)t}dt$$

에서 로피탈(L'Hospital) 정리에 의해

$$\lim_{t\to\infty}\frac{t}{e^{(s-a)t}}=\lim_{t\to\infty}\frac{1}{(s-a)e^{(s-a)t}}=0$$

이므로 다음과 같다.

$$\int_0^\infty e^{-st}\,t\,e^{at}dt=\frac{1}{(s-a)^2}$$

$n\geq 2$일 때도 같은 방법으로 증명된다.

**예 10.2**

$n=2$일 때 식 (10.3)을 증명하라.

**풀이**

$$F(s)=\int_0^\infty e^{-st}t^2e^{at}dt=\int_0^\infty t^2e^{-(s-a)t}dt$$
$$=\left[-\frac{t^2}{(s-a)}e^{-(s-a)t}\right]_{t=0}^{\infty}+\frac{2}{s-a}\int_0^\infty t\,e^{-(s-a)t}dt$$

에서 첫 항은 로피탈의 정리에 의해 0이고 둘째 항에는 $n=1$의 공식을 적용하면 결과는 다음과 같다.

$$F(s)=\int_0^\infty e^{-st}t^2e^{at}dt=\frac{2}{(s-a)^3}$$

## (2) 삼각함수의 LT

오일러(Euler) 공식[식 (7.18)] $e^{\pm ix} = \cos x \pm i \sin x$ 에 의해

$$\cos(\omega t) = \frac{e^{i\omega t} + e^{-i\omega t}}{2}, \quad \sin(\omega t) = \frac{e^{i\omega t} - e^{-i\omega t}}{2i}$$

이므로 삼각함수와 지수함수의 곱의 LT는 다음과 같다. $a = 0$이면 삼각함수의 LT이다.

| 함수 | LT |
|---|---|
| $f(t) = e^{at}\cos(\omega t)$ | $F(s) = \dfrac{s-a}{(s-a)^2 + \omega^2}$ (10.4) |
| $f(t) = e^{at}\sin(\omega t)$ | $F(s) = \dfrac{\omega}{(s-a)^2 + \omega^2}$ (10.5) |

**증명**

식 (10.3)을 사용하면 ($n = 0$) 다음과 같다.

$$\begin{aligned} \mathrm{LT}\left[e^{at}\cos(\omega t)\right] &= \mathrm{LT}\left[\frac{e^{(a+i\omega)t} + e^{(a-i\omega)t}}{2}\right] \\ &= \frac{1}{2}\left[\frac{1}{(s-a)-i\omega} + \frac{1}{(s-a)+i\omega}\right] = \frac{s-a}{(s-a)^2+\omega^2} \end{aligned}$$

$$\begin{aligned} \mathrm{LT}\left[e^{at}\sin(\omega t)\right] &= \mathrm{LT}\left[\frac{e^{(a+i\omega)t} - e^{(a-i\omega)t}}{2i}\right] \\ &= \frac{1}{2i}\left[\frac{1}{(s-a)-i\omega} - \frac{1}{(s-a)+i\omega}\right] = \frac{\omega}{(s-a)^2+\omega^2} \end{aligned}$$

**예 10.3**

쌍곡선함수[식 (2.33)]의 LT를 구하라.

**풀이**

$$\begin{aligned} \mathrm{LT}\left[\cosh(at)\right] &= \mathrm{LT}\left[\frac{e^{at} + e^{-at}}{2}\right] \\ &= \frac{1}{2}\left(\frac{1}{s-a} + \frac{1}{s+a}\right) = \frac{s}{s^2-a^2} \end{aligned} \quad (10.6)$$

$$\begin{aligned} \mathrm{LT}\left[\sinh(at)\right] &= \mathrm{LT}\left[\frac{e^{at} - e^{-at}}{2}\right] \\ &= \frac{1}{2}\left(\frac{1}{s-a} - \frac{1}{s+a}\right) = \frac{a}{s^2-a^2} \end{aligned} \quad (10.7)$$

### (3) 라플라스 변환은 선형이다.

$F(s)$가 $f(t)$의 LT이고 $G(s)$가 $g(t)$의 LT일 때 두 상수 $a$, $b$에 대해 다음이 성립한다. 이것을 라플라스 변환의 선형성이라 한다.

$$\mathrm{LT}\left[af(t)+bg(t)\right]=aF(s)+bG(s) \tag{10.8}$$

**증명**

$$\mathrm{LT}\left[af(t)+bg(t)\right]=\int_0^\infty e^{-st}\left[af(t)+bg(t)\right]dt$$

$$=a\int_0^\infty e^{-st}f(t)\,dt+b\int_0^\infty e^{-st}g(t)\,dt=aF(s)+bG(s)$$

**예 10.4**

다음 함수들의 LT를 구하라.

(a) $1+2t$

(b) $e^{\alpha+\beta t}$

(c) $\cos^2(2t)$

(d) $\cosh(at)\cos(at)$

**풀이** (a) $\dfrac{1}{s}+\dfrac{2}{s^2}$

(b) $e^{\alpha}\mathrm{LT}\left[e^{\beta t}\right]=\dfrac{e^{\alpha}}{s-\beta}$

(c) $\displaystyle\int_0^\infty \frac{1+\cos(4t)}{2}e^{-st}dt=\frac{1}{2s}+\frac{1}{2}\frac{s}{s^2+16}$

(d) $\dfrac{1}{2}\left\{\mathrm{LT}\left[e^{at}\cos(at)\right]+\mathrm{LT}\left[e^{-at}\cos(at)\right]\right\}$

$$=\frac{1}{2}\left[\frac{s-a}{(s-a)^2+a^2}+\frac{s+a}{(s+a)^2+a^2}\right]=\frac{s^3}{s^4+4a^4}$$

**예 10.5**

다음 함수들의 ILT를 구하라.

(a) $\dfrac{5}{s^2}$

(b) $\dfrac{2}{(s-1)^2+4}$

(c) $\dfrac{2s}{s^2-4}$

**풀이** (a) $5t$

(b) $e^t\sin(2t)$

(c) $2\cosh(2t)$

### (4) 계단함수와 델타함수의 LT

계단함수(step function) $u(t-a)$와 디랙(Dirac)의 델타함수(delta function) $\delta(x-a)$ 의 정의와 LT는 다음과 같다.

| 함수 | 정의 | LT |
|---|---|---|
| 계단함수 | $u(t-a)=\begin{cases}1 & (t \geq a)\\ 0 & (t < a)\end{cases}$ (10.9a) | $\dfrac{e^{-as}}{s}$ (10.9b) |
| 델타함수 | $\delta(t-a)=\begin{cases}\infty & (t=a)\\ 0 & (\text{그 외})\end{cases}$ (10.10a) | $e^{-as}$ (10.10b) |

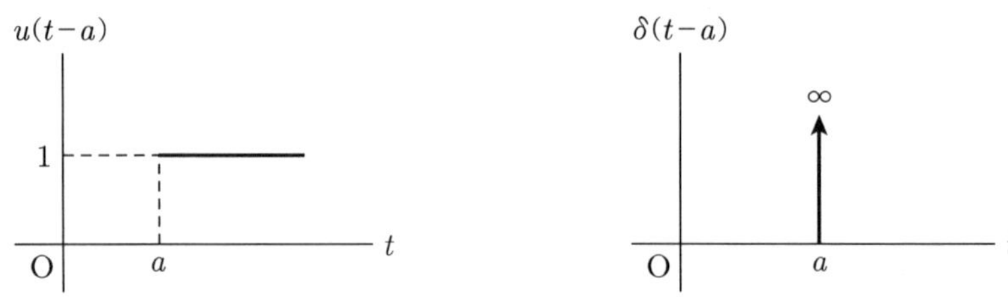


(a) 계단함수 (b) 델타함수

**그림 10.1** 계단함수와 델타함수

계단함수와 델타함수는 다음과 같은 성질이 있다.

$$f(t-a)\,u(t-a)=\begin{cases}0 & (t<a)\\ f(t-a) & (t \geq a)\end{cases} \tag{10.11}$$

$$\int_{-\infty}^{\infty}\delta(t-a)\,dt=1, \qquad \int_{-\infty}^{\infty}f(t)\,\delta(t-a)\,dt=f(a) \tag{10.12}$$

**증명**

$$\mathrm{LT}\,[\,u(t-a)]=\int_0^{\infty}e^{-st}u(t-a)\,dt=\int_a^{\infty}e^{-st}\,dt=\frac{e^{-as}}{s}$$

$$\mathrm{LT}\,[\,\delta(t-a)]=\int_0^{\infty}e^{-st}\,\delta(t-a)\,dt=e^{-sa}$$

## 예 10.6

다음 변위정리(shifting theorem) 또는 병진정리(translation theorem)를 증명하라.

(a) 제 1 변위정리 : $\mathrm{LT}\left[e^{at}f(t)\right]=F(s-a)$ (10.13)

(b) 제 2 변위정리 : $\mathrm{LT}\left[f(t-a)u(t-a)\right]=e^{-sa}F(s)$ (10.14)

**풀이**

(a)
$$\mathrm{LT}\left[e^{at}f(t)\right]=\int_0^\infty e^{-st}\left[e^{at}f(t)\right]dt$$
$$=\int_0^\infty e^{-(s-a)t}f(t)\,dt=F(s-a)$$

(b)
$$\mathrm{LT}\left[f(t-a)u(t-a)\right]=\int_a^\infty e^{-st}f(t-a)\,dt \quad [t\equiv t'+a]$$
$$=e^{-sa}\int_0^\infty e^{-st'}f(t')\,dt'=e^{-sa}F(s)$$

## 예 10.7

변위정리를 사용하여 다음 함수들의 LT들을 계산하라.

(a) $(t-1)u(t-1)$ (b) $e^{at}\cos(\omega t)$ (c) $t^3e^{5t}$

**풀이**

(a) $a=1,\ f(t)=t,\ F(s)=\dfrac{1}{s^2}\ \Rightarrow\ \mathrm{LT}\left[(t-1)u(t-1)\right]=\dfrac{e^{-s}}{s^2}$

(b) $f(t)=\cos(\omega t),\ F(s)=\mathrm{LT}\left[\cos(\omega t)\right]=\dfrac{s}{s^2+\omega^2}$

$\Rightarrow\ \mathrm{LT}\left[e^{at}\cos(\omega t)\right]=F(s-a)=\dfrac{s-a}{(s-a)^2+\omega^2}$

(c) $f(t)=t^3,\ F(s)=\dfrac{3!}{s^4},\ a=5\ \Rightarrow\ \mathrm{LT}\left[t^3e^{-5t}\right]=F(s-5)=\dfrac{6}{(s-5)^4}$

## 예 10.8

변위정리를 사용하여 다음 함수들의 ILT들을 계산하라.

(a) $\dfrac{e^{-2s}}{s^3}$ (b) $\dfrac{e^{-2s}}{s-4}$ (c) $\dfrac{s}{s^2+9}e^{-\pi s/2}$

**풀이**

(a) $a=2,\ F(s)=\dfrac{1}{s^3},\ \mathrm{LT}\left[t^2\right]=\dfrac{2!}{s^3},\ f(t)=\dfrac{t^2}{2}$

$\Rightarrow\ \mathrm{ILT}\left[\dfrac{e^{-2s}}{s^3}\right]=f(t-a)u(t-a)=\dfrac{(t-2)^2}{2}u(t-2)$

(b) $a=2,\ F(s)=\dfrac{1}{s-4},\ f(t)=e^{4t}$

$$\Rightarrow \text{ILT}\left[\frac{e^{-2s}}{s-4}\right]=f(t-2)\,u(t-2)=e^{4(t-2)}\,u(t-2)$$

(c) $a=\dfrac{\pi}{2},\ F(s)=\dfrac{s}{s^2+9},\ f(t)=\cos(3t)$

$$\Rightarrow \text{ILT}\left[\frac{s\,e^{-\pi s/2}}{s^2+9}\right]=f\left(t-\frac{\pi}{2}\right)u\left(t-\frac{\pi}{2}\right)$$

$$=\cos\left[3\left(t-\frac{\pi}{2}\right)\right]u\left(t-\frac{\pi}{2}\right)$$

## 10.2 도함수와 적분의 라플라스 변환

라플라스 변환은 미분 또는 적분을 포함하는 방정식의 해를 구하는데 사용할 수 있다. 이를 위해 여기서는 도함수와 적분의 라플라스 변환을 다룬다.

### (1) 도함수의 LT

$t \geq 0$ 에서 존재의 정리를 만족하는 함수 $f(t)$와 그것의 $n$ 계 도함수 $f^{(n)}(t)=d^n f(t)/dt^n$에 대해 자주 사용하는 도함수의 라플라스 변환은 다음과 같다.

| 함수 | LT | |
|---|---|---|
| $df/dt=f'(t)$ | $sF(s)-f_0$ | (10.15) |
| $d^2f/dt^2=f''(t)$ | $s^2F(s)-sf_0-f_0'$ | (10.16) |

이것을 일반화하면 $n$계 도함수의 LT는 다음과 같다.

$$\text{LT}\left[f^{(n)}(t)\right]=s^nF(s)-s^{n-1}f_0-s^{n-2}f_0'-\cdots-f_0^{(n-1)} \tag{10.17}$$

여기서 $f_0\equiv f(0)$, $f_0'\equiv f'(0)$, $f_0^{(n-1)}\equiv f^{(n-1)}(0)$ 이다. 식 (10.15)-(10.17)은 뒤에서 미분방정식의

해를 구할 때 중요하게 사용된다.

**증명**

부분적분을 사용하면 $n=1$일 때는 다음과 같다.

$$\int_0^\infty e^{-st} f'(t)\,dt = \left[e^{-st} f(t)\right]_{t=0}^{t=\infty} + s\int_0^\infty e^{-st} f(t)\,dt$$
$$= sF(s) - f_0$$

여기서 존재의 정리에 의해 $\lim_{t\to\infty}\left[e^{-st}f(t)\right]=0$이다. 마찬가지로 $n=2$일 때는

$$\text{LT}\left[f''(t)\right] = s\,\text{LT}\left[f'(t)\right] - f_0{}' = s\left[sF - f_0\right] - f_0{}'$$
$$= s^2F(s) - sf_0 - f_0{}'$$

이고 이것을 일반화하면 식 (10.17)이 된다.

**예 10.9**

도함수의 LT를 사용하여 다음 함수들의 LT들을 구하라.

(a) $f(t)=t^2$ (b) $f(t)=t\cos t$

**풀이**

(a) $f'(t)=2t$, $\text{LT}[f'] = 2\,\text{LT}[t] \Rightarrow sF - f_0 = \dfrac{2}{s^2}$, $F(s) = \dfrac{2}{s^3}$

(b) $f'(t)=\cos t - t\sin t$, $f''(t) = -2\sin t - f(t)$

$\Rightarrow s^2F - sf_0 - f_0{}' = s^2F - 1 = -2\dfrac{1}{s^2+1} - F \Rightarrow F = \dfrac{s^2-1}{(s^2+1)^2}$

## (2) 적분의 LT

$f(t)$의 LT가 $F(s)$일 때 존재의 정리를 만족하는 영역에서 다음이 성립한다.

| 적분 | LT | |
|---|---|---|
| $\int_0^t f(t')\,dt'$ | $\dfrac{F(s)}{s}$ | (10.18) |

**증명**

상수 $A$와 $a$에 대해 $|f(t)| \le A\,e^{at}$일 때

$$\left|\int_0^t f(t')\,dt'\right| \le \int_0^t |f(t')|\,dt' \le A\int_0^t e^{at'}dt' = \frac{A}{a}(e^{at}-1)$$

이므로 $\left|\int_0^t f(t')\,dt'\right|$도 존재의 정리를 만족한다. 따라서

$$\frac{d}{dt}\int_0^t f(t')\,dt' = f(t)$$

와 도함수의 공식을 사용하면

$$\begin{aligned} F(s) &= \mathrm{LT}\,[f(t)] = \mathrm{LT}\left[\frac{d}{dt}\int_0^t f(t')\,dt'\right] \\ &= s\,\mathrm{LT}\left[\int_0^t f(t')\,dt'\right] - \left[\int_0^t f(t')\,dt'\right]_{t=0} \end{aligned}$$

에서 둘째 항은 0이므로 증명된다.

**예 10.10**

함수 $u(t)$의 LT $\int_0^\infty e^{-st}u(t)\,dt$에서 $u = \int_0^t f(t')\,dt'$, $v' = e^{-st}$로 두고 부분적분을 사용하여 식 (10.18)을 증명하라.

**풀이**

$$\begin{aligned} \mathrm{LT}\left[\int_0^t f(t')\,dt'\right] &= \int_0^\infty e^{-st}\,dt\int_0^t f(t')\,dt' \\ &= \left[\int_0^t f(t')\,dt' \cdot \frac{-1}{s}\,e^{-st}\right]_{t=0}^{t=\infty} + \frac{1}{s}\int_0^\infty e^{-st}f(t)\,dt \end{aligned}$$

에서 첫 항은 $\lim_{t\to\infty} e^{at}e^{-st} = 0\,(s > a)$이므로 0이다.

**예 10.11**

다음을 계산하라.

(a) $\mathrm{LT}\left[\int_0^t e^{-t'}\cos t'\,dt'\right]$

(b) $\mathrm{ILT}\left[\frac{1}{s(s-1)}\right]$

(c) $\mathrm{ILT}\left[\frac{1}{s(s^2+1)}\right]$

**풀이** (a) $\mathrm{LT}[e^{-t}\cos t] = \dfrac{s+1}{(s+1)^2+1}$

$$\Rightarrow \mathrm{LT}\left[\int_0^t e^{-t'}\cos t'\,dt'\right] = \frac{s+1}{s(s^2+2s+2)}$$

(b) $F(s)=1/(s-1),\ f(t)=e^t$

$$\Rightarrow \mathrm{ILT}\left[\frac{1}{s}\cdot\frac{1}{s-1}\right] = \int_0^t f(t')\,dt' = \int_0^t e^{t'}\,dt' = e^t - 1$$

(c) $F(s)=1/(s^2+1),\ f(t)=\sin t$

$$\Rightarrow \mathrm{ILT}\left[\frac{1}{s}\cdot\frac{1}{s^2+1}\right] = \int_0^t f(t')\,dt' = \int_0^t \sin t'\,dt' = 1-\cos t$$

---

### (3) $f(t)/t$의 LT

$f(t)$의 LT $F(s)$가 존재할 때 $f(t)/t$의 LT는 다음과 같다.

| 함수 | LT |
|---|---|
| $\dfrac{f(t)}{t}$ | $\displaystyle\int_s^\infty F(s')\,ds'$ (10.19) |

**증명**

$$\mathrm{LT}\left[\frac{f(t)}{t}\right] = \int_0^\infty \frac{f(t)}{t}e^{-st}\,dt = \int_0^\infty f(t)\left[\frac{e^{-s't}}{-t}\right]_{s'=s}^{s'=\infty}dt$$

$$= \int_0^\infty f(t)\left[\int_s^\infty e^{-s't}\,ds'\right]dt = \int_s^\infty\left[\int_0^\infty f(t)e^{-s't}\,dt\right]ds'$$

$$= \int_s^\infty F(s')\,ds'$$

---

**예 10.12**

식 (10.19)을 사용하여 $G(s)=1/s$의 ILT를 구하라.

**풀이** $G(s) = \dfrac{1}{s} = \displaystyle\int_s^\infty \frac{1}{s'^2}\,ds' = \int_s^\infty F(s')\,ds'$

$$\Rightarrow F(s)=1/s^2,\ f(t)=t,\quad g(t)=\mathrm{ILT}[G(s)] = f(t)/t = 1$$

### (4) $t^n f(t)$의 LT

$f(t)$의 LT $F(s)$가 존재할 때 $t^n f(t)$의 LT는 다음과 같다.

| 함수 | LT |
|---|---|
| $t^n f(t)$ | $(-1)^n F^{(n)}(s)\ (n=0,1,2,\cdots)$ (10.20)<br>$F^{(n)}(s) \equiv d^n F(s)/ds^n$ |

**증명**

$F(s)=\int_0^\infty e^{-st} f(t)\,dt$를 $s$로 미분하면

$$F'(s)=\int_0^\infty (-t e^{-st}) f(t)\,dt = (-1)\,\mathrm{LT}[tf(t)]$$

$$F''(s) = -\frac{d}{ds}\int_0^\infty e^{-st}[tf(t)]\,dt$$

$$= (-1)^2\int_0^\infty e^{-st}\left[t^2 f(t)\right]dt$$

$$= (-1)^2\,\mathrm{LT}\left[t^2 f(t)\right]$$

이므로 이것을 일반화하면 결과가 된다.

**예 10.13**

식 (10.20)을 사용하여 다음 함수들의 LT들을 구하라.

(a) $t\sin(\omega t)$　　(b) $t^2\sin(2t)$

**풀이** (a) $\mathrm{LT}[t\sin(\omega t)] = -\frac{d}{ds}\left[\frac{\omega}{s^2+\omega^2}\right] = \frac{2\omega s}{(s^2+\omega^2)^2}$

(b) $\mathrm{LT}\left[t^2\sin(2t)\right] = -\frac{d}{ds}\left[\frac{4s}{(s^2+4)^2}\right] = -\frac{4(s^2+4)-4s\cdot 4s}{(s^2+4)^3}$

$$= \frac{12s^2-16}{(s^2+4)^3}$$

### (5) 합성정리

두 함수 $f(t)$와 $g(t)$의 LT가 $F(s)$와 $G(s)$일 때 두 함수의 합성(대합 convolution) $h(t) \equiv (f*g)(t)$와 그것의 LT는 다음과 같다. 이것을 합성정리(대합정리 convolution theorem)라 한다.

| 합성(대합) | LT |
|---|---|
| $h(t)=(f*g)(t) \equiv \int_0^t f(t')\,g(t-t')\,dt'$ <br> (또는) $= \int_0^t f(t-t')\,g(t')\,dt'$ | $H(s)=F(s)\,G(s)$ (10.21) |

**증명**

$$\text{LT}\,[(f*g)(t)] = \int_0^\infty e^{-st}\,dt\left[\int_0^t f(t')\,g(t-t')\,dt'\right]$$

의 적분변수는 그림과 같이 변환된다.

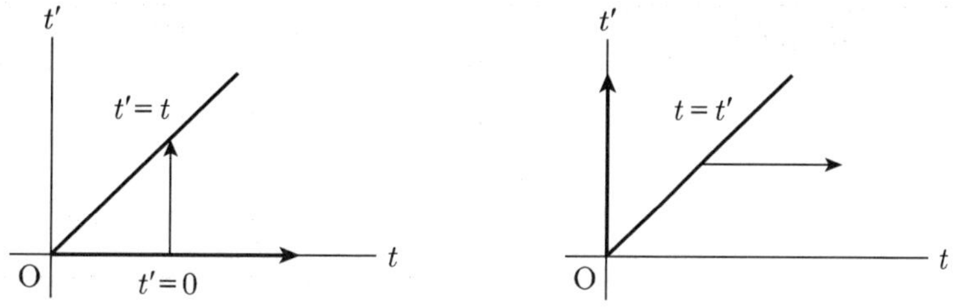


$$\text{LT}\,[(f*g)(t)] = \int_0^\infty f(t')\,dt'\left[\int_{t'}^\infty e^{-st} g(t-t')\,dt\right]$$

따라서 $t-t' \equiv u$로 두면 다음과 같이 증명된다.

$$\begin{aligned}\text{LT}\,[(f*g)(t)] &= \int_0^\infty f(t')\,dt'\left[\int_0^\infty e^{-s(t'+u)} g(u)\,du\right] \\ &= \int_0^\infty e^{-st'} f(t')\,dt' \int_0^\infty e^{-su} g(u)\,du = F(s)\,G(s)\end{aligned}$$

**예 10.14**

다음을 구하라.

(a) $\int_0^t e^{t'} \sin(t-t')\,dt'$의 LT  (b) $H(s) = \dfrac{1}{s^2(s-2)}$의 ILT

**풀이** (a) $\mathrm{LT}[e^t]\cdot\mathrm{LT}[\sin t]=\dfrac{1}{(s-1)(s^2+1)}$

(b) $F(s)=\dfrac{1}{s^2},\ G(s)=\dfrac{1}{s-2}\ \Rightarrow f(t)=t,\ g(t)=e^{2t}$

$$h(t)=\int_0^t f(t')g(t-t')\,dt'=e^{2t}\int_0^t t'e^{-2t'}dt'$$

$$=e^{2t}\left[\left(t'\frac{e^{-2t'}}{-2}\right)_{t'=0}^{t'=t}+\int_0^t\frac{e^{-2t'}}{2}dt'\right]$$

$$=e^{2t}\left[-\frac{te^{-2t}}{2}-\left(\frac{e^{-2t'}}{4}\right)_{t'=0}^{t'=t}\right]=\frac{1}{4}\left(e^{2t}-2t-1\right)$$

## (6) 주기함수의 LT

주기가 $T$인 함수 $f(t)$의 정의와 LT는 다음과 같다.

| 주기함수 | LT |
|---|---|
| $f(t+T)=f(t)$ (10.22) | $\dfrac{1}{1-e^{-sT}}F_1(s)$ (10.23a)<br>$F_1(s)\equiv\displaystyle\int_0^T e^{-st}f(t)\,dt$ (10.23b) |

**증명**

적분 구간을

$$\mathrm{LT}[f(t)]=\int_0^T e^{-st}f(t)\,dt+\int_T^\infty e^{-st}f(t)\,dt \qquad (*1)$$

로 쪼개고 두 번째 항에서 $u\equiv t-T$로 두면 식 (10.22)에 의해

$$\text{두 번째 항}=\int_0^\infty e^{-s(u+T)}f(u+T)\,du$$

$$=e^{-sT}\int_0^\infty e^{-su}f(u)\,du$$

$$=e^{-sT}\mathrm{LT}[f(t)]$$

이 되고 이것을 식 (*1)에 대입하여 정리하면 결과가 된다.

## 예 10.15

다음을 구하라.

(a) 그림 (a)의 톱니파 형태 주기함수의 LT

(b) 그림 (b)의 네모꼴파 형태 주기함수의 LT

(c) $f(t)=u(t-a)\sin(\omega t)$의 그래프와 LT

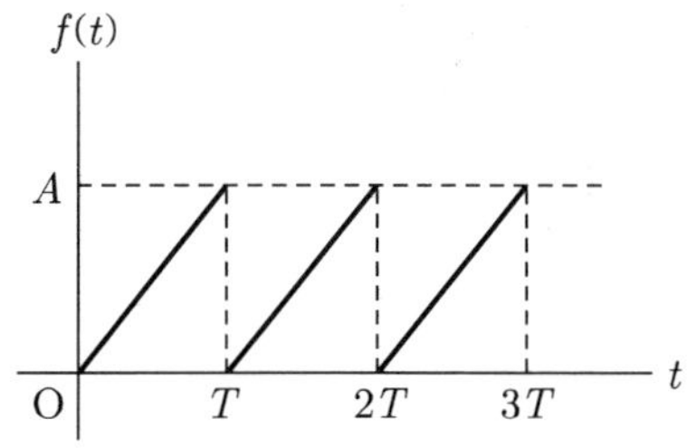


(a) 톱니파

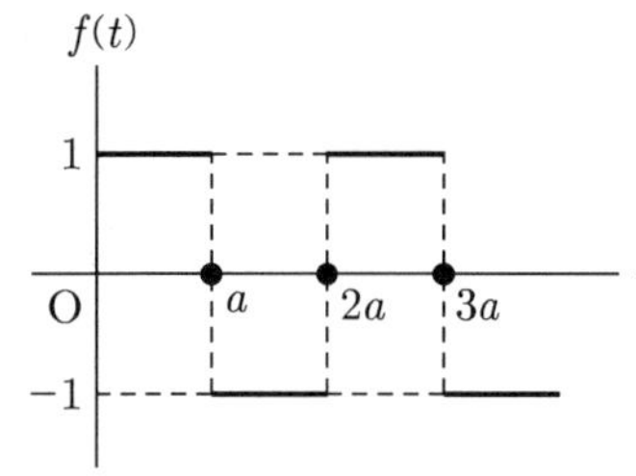


(b) 네모꼴파

**풀이** (a) $f(t)=A\dfrac{t}{T}\ \ (0\le t\le T)$

$$F_1(s)=\int_0^T e^{-st}A\frac{t}{T}\,dt=\frac{A}{T}\left[\left(-\frac{te^{-st}}{s}\right)_0^T+\frac{1}{s}\int_0^T e^{-st}\,dt\right]$$

$$=\frac{A}{T}\left[-\frac{T}{s}e^{-sT}+\frac{1}{s^2}\left(1-e^{-sT}\right)\right]$$

$$\Rightarrow F(s)=\frac{1}{1-e^{-sT}}F_1(s)=\frac{A}{Ts^2}-\frac{Ae^{-sT}}{s\left(1-e^{-sT}\right)}$$

(b) $F(s)=\dfrac{1}{1-e^{-sT}}\displaystyle\int_0^T e^{-st}f(t)\,dt\ \ [T=2a]$

$$=\frac{1}{1-e^{-2as}}\left[\int_0^a e^{-st}\cdot 1\,dt+\int_a^{2a}e^{-st}\cdot(-1)\,dt\right]$$

$$=\frac{1}{s\left(1-e^{-2as}\right)}\left[-e^{-sa}+1+e^{-2as}-e^{-sa}\right]$$

$$=\frac{\left(1-e^{-as}\right)^2}{s\left(1-e^{-sa}\right)\left(1+e^{-sa}\right)}=\frac{1}{s}\cdot\frac{1-e^{-as}}{1+e^{-as}}$$

$$=\frac{1}{s}\tanh\left(\frac{as}{2}\right)$$

(또는) $f(t)=u(t)-2u(t-a)+2u(t-2a)-2u(t-3a)+\cdots$ (10.24)

와 식 (10.9)를 사용하면 다음과 같다.

$$F(s)=\frac{1}{s}\left[1-2e^{-as}+2e^{-2as}-2e^{-3as}+\cdots\right]$$

$$=\frac{2}{s\left(1+e^{-as}\right)}-\frac{1}{s}=\frac{1}{s}\tanh\left(\frac{as}{2}\right)$$

(c) $f(t)=\sin[\omega(t-a+a)]\,u(t-a)$

$=[\sin\{\omega(t-a)\}\cos(\omega a)+\cos\{\omega(t-a)\}\sin(\omega a)]\,u(t-a)$

식 (10.14) $\Rightarrow F(s)=e^{-sa}\dfrac{\omega\cos(\omega a)+s\sin(\omega a)}{s^2+\omega^2}$

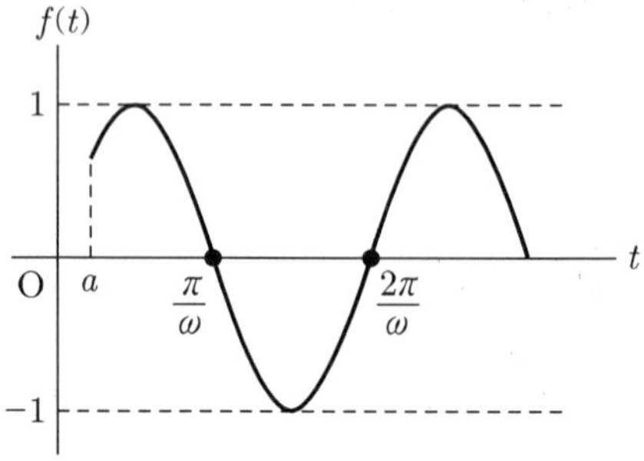


## (7) 부분분수 전개

$F(s)$가 분자의 차수가 분모의 차수보다 작은 유리함수인 경우 부분분수로 전개하여 ILT를 구할 수 있다. (분자의 차수가 분모보다 크면 분자를 분모로 나눔) $G(s)$가 분모의 차수보다 작고 $a\neq b\neq c\neq\cdots$ 인 경우

$$\frac{G(s)}{(s-a)(s-b)(s-c)\cdots}=\frac{A}{s-a}+\frac{B}{s-b}+\frac{C}{s-c}+\cdots \tag{10.25}$$

로 두고 우변의 분모를 같게 둔 후 분자의 계수를 비교하여 상수 $A$, $B$, $C$, $\cdots$들을 구한다.

**예 10.16**

$F(s)=\dfrac{s}{(s-1)(s-2)}$를 부분분수로 전개하라.

**풀이** $\dfrac{s}{(s-1)(s-2)}=\dfrac{A}{s-1}+\dfrac{B}{s-2}=\dfrac{(A+B)s-2A-B}{(s-1)(s-2)}$

$A+B=1,\ 2A+B=0\ \Rightarrow\ A=-1,\ B=2$

분모가 일차 항으로 인수분해되지 않는 $as^2+b$ 형태를 포함하는 경우에는 다음과 같이 전개한다.

$$\frac{G(s)}{(as^2+b)(s-c)}=\frac{As+B}{as^2+b}+\frac{C}{s-c} \tag{10.26}$$

**예 10.17**

$F(s)=\dfrac{6s^2+50}{(s^2+4)(s+3)}$ 를 부분분수로 전개하라.

**풀이**

$$F(s)=\frac{As+B}{s^2+4}+\frac{C}{s+3}=\frac{(As+B)(s+3)+C(s^2+4)}{(s^2+4)(s+3)}$$

이므로 계수를 비교하면 다음과 같다.

$$s^2 : 6=A+C,\quad s^1 : 0=3A+B,\quad s^0 : 50=3B+4C$$

$$\Rightarrow A=-2,\quad B=6,\quad C=8$$

# 10.3 LT에 의한 미분방정식의 해

초기조건이 주어진 $t$의 함수 $y(t)$에 대한 미분방정식의 해를 9장에서 배운 방법들로 구하는 것이 어려울 때 LT를 적용하면 쉽게 해를 구할 수 있는 경우가 있다. 그림 10.2와 같이 $y(t)$와 그것의 미분들을 포함하는 미분방정식을 LT하면 $y(t)$의 LT인 $Y(s)$의 대수방정식이 되고 이것을 적당히 정리하여 중간해를 구한 후 ILT하면 최종해가 된다.

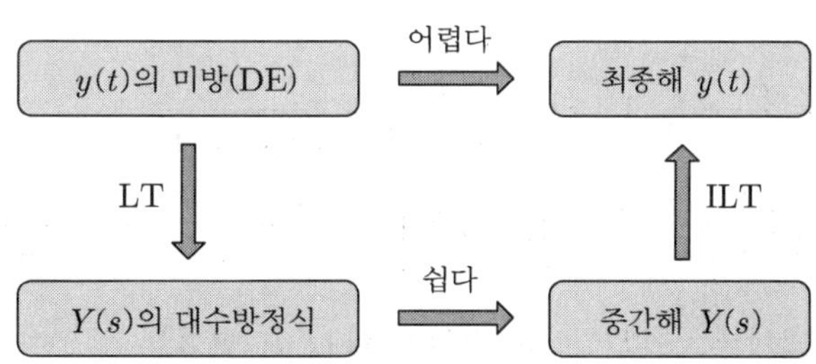


**그림 10.2** LT에 의한 미분방정식의 해

## (1) 1계와 2계 선형미분방정식

식 (10.15)와 (10.16) 그리고 LT를 사용하면 초기조건이 주어진 1계와 2계 선형미분방정식의 해를 구할 수 있다.

### 예 10.18

다음 1계 선형미분방정식들의 해들을 LT 방법으로 구하라.

(a) $\dfrac{dy}{dt}=1,\quad y_0=0$　　　　(b) $\dfrac{dy}{dt}=y,\quad y_0=2$

**풀이** (a) 식 (10.15)를 사용하여 미분방정식을 LT하면

$$sY(s)-y_0=\frac{1}{s},\quad Y(s)=\frac{1}{s^2}$$

이 되고 이것을 ILT면 해는 $y(t)=t$이다.

(b) $sY(s)-y_0=Y(s),\ Y(s)=\dfrac{2}{s-1}\ \Rightarrow y(t)=2e^t$

---

### 예 10.19

다음 2계 선형미분방정식들의 해들을 LT 방법으로 구하라.

(a) $y''+y=\delta(t-2),\quad y_0=5,\quad y_0'=0$

(b) $y''+4y=u(t-3),\quad y_0=1,\quad y_0'=0$

(c) $y''+4y'+4y=t^2e^{-2t},\quad y_0=y_0'=0$

(d) $y''+4y'+6y=1+e^{-t},\quad y_0=y_0'=0$

**풀이** (a) $s^2Y-5s+Y=e^{-2s},\ Y(s)=\dfrac{1}{s^2+1}e^{-2s}+5\dfrac{s}{s^2+1}$

$$\Rightarrow y(t)=\sin(t-2)u(t-2)+5\cos t$$

(b) $s^2Y-s+4Y=\dfrac{e^{-3s}}{s},\ Y(s)=\dfrac{s}{s^2+4}+\dfrac{e^{-3s}}{s(s^2+4)}$

$$\frac{1}{s(s^2+4)}=\frac{1}{4}\left(\frac{1}{s}-\frac{s}{s^2+4}\right),\quad \text{ILT}\left[\frac{1}{s(s^2+4)}\right]=\frac{1-\cos(2t)}{4}$$

$$\Rightarrow y(t)=\cos(2t)+\frac{1}{4}[1-\cos\{2(t-3)\}]u(t-3)$$

(c) $s^2Y(s)+4sY(s)+4Y(s)=\dfrac{2}{(s+2)^3}\ \Rightarrow\ Y(s)=\dfrac{2}{(s+2)^5}$

$$\Rightarrow y(t)=\frac{2t^4e^{-2t}}{4!}=\frac{t^4e^{-2t}}{12}$$

(d) $s^2Y+4sY+6Y=\dfrac{1}{s}+\dfrac{1}{s+1}$

$$\Rightarrow Y(s)=\frac{2s+1}{s(s+1)(s^2+4s+6)}$$

$$= \frac{-s/2-5/3}{s^2+4s+6} + \frac{1/3}{s+1} + \frac{1/6}{s}$$

$$= -\frac{1}{2} \cdot \frac{s+2}{(s+2)^2+2} - \frac{\sqrt{2}}{3} \cdot \frac{\sqrt{2}}{(s+2)^2+2} + \frac{1/3}{(s+1)} + \frac{1}{6s}$$

$$\Rightarrow y(t) = -\frac{1}{2}e^{-2t}\cos(\sqrt{2}\,t) - \frac{\sqrt{2}}{3}e^{-2t}\sin(\sqrt{2}\,t) + \frac{1}{3}e^{-t} + \frac{1}{6}$$

---

## (2) 연립미분방정식

LT는 연립미분방정식의 해를 구할 때도 적용할 수 있다. $x' = dx/dt$, $y' = dy/dt$이고 $X = \mathrm{LT}[x]$, $Y = \mathrm{LT}[y]$, $x_0 = x(0)$, $y_0 = y(0)$이다.

**예 10.20**

다음 연립미분방정식의 해들을 LT 방법으로 구하라.

(a) $x' + y = 0$, $y' - x = 0$, $x_0 = 1$, $y_0 = 0$

(b) $x' = y$, $y' = x - 1$, $x_0 = 2$, $y_0 = 1$

(c) $x'' = -5x + 2y$, $y'' = 2x - 2y$, $x_0 = 3$, $x_0' = 0$, $y_0 = 1$, $y_0' = 0$

**풀이** (a) $sX - 1 + Y = 0$, $sY - X = 0 \Rightarrow s^2Y - 1 + Y = 0$,

$Y(s) = 1/(s^2+1) \Rightarrow y = \sin t$, $x = y' = \cos t$

(b) $sX - 2 = Y$, $sY - 1 = X - 1/s \Rightarrow s(sY - 1 + 1/s) - 2 = Y$

$(s^2-1)Y = 1 + s$, $Y(s) = 1/(s-1)$

$\Rightarrow y(t) = e^t$, $x(t) = y' + 1 = e^t + 1$

(c) $s^2X - 3s = -5X + 2Y$, $s^2Y - s = 2X - 2Y$

$(s^2+5)X - 2Y = 3s$, $-2X + (s^2+2)Y = s$

$$\Rightarrow -2X + \frac{s^2+2}{2}\left[(s^2+5)X - 3s\right] = s$$

$[(s^2+2)(s^2+5) - 4]X = 3s^3 + 8s$

$$X = \frac{3s^3+8s}{(s^2+1)(s^2+6)} = \frac{s}{s^2+1} + \frac{2s}{s^2+6}$$

$$Y = \frac{2X+s}{s^2+2} = \frac{s^3+11s}{(s^2+1)(s^2+6)} = \frac{2s}{s^2+1} - \frac{s}{s^2+6}$$

$\Rightarrow x(t) = \cos t + 2\cos(\sqrt{6}\,t)$, $y(t) = 2\cos t - \cos(\sqrt{6}\,t)$

---

### (3) 미적분 방정식

LT는 미분과 적분을 포함하는 미적분방정식의 해를 구할 때도 적용할 수 있다.

**예 10.21**

다음 미적분방정식들의 해들을 LT 방법으로 구하라.

(a) $f(t)+\int_0^t f(t')\,dt'=1$

(b) $y'(t)=1-\sin t-\int_0^t y(t')\,dt',\quad y_0=0$

**풀이**

(a) $F(s)+\dfrac{F(s)}{s}=\dfrac{1}{s},\ F(s)=\dfrac{1}{s+1}\ \Rightarrow f(t)=e^{-t}$

(b) $sY=\dfrac{1}{s}-\dfrac{1}{s^2+1}-\dfrac{1}{s}Y$

$$Y(s)=\frac{1}{s^2+1}-\frac{s}{(s^2+1)^2}=\frac{1}{s^2+1}+\frac{1}{2}\cdot\frac{d}{ds}\left(\frac{1}{s^2+1}\right)$$

$\Rightarrow y(t)=\sin t-\dfrac{1}{2}t\sin t$ [식 (10.20)]

## 10.4 LT에 의한 역학진동과 전기진동의 해

LT를 사용하여 여러 종류의 자극함수(강제항, 구동력)가 작용하는 역학계와 전기계의 응답을 구할 수 있다.

### (1) 역학진동

힘상수가 $k$ 인 용수철에 매달린 질량이 $m$ 인 물체의 변위가 $x$ 일 때 복원력 $-kx$ 가 작용하고 여기에 속도$(x'=dx/dt)$에 비례하는(비례상수 $b$) 감쇠력 $-bx'$와 구동력(driving force) $F(t)$를 작용하여 강제진동시킬 때의 운동방정식은 $x''=d^2x/dt^2$으로 두면 식 (9.55)로부터 다음과 같다.

$$mx''=-kx-bx'+F(t) \tag{10.27}$$

## 예 10.22

(a) 감쇠력과 구동력이 없는 단진동일 때 식 (10.27)의 해를 구하라.

(b) 식 (10.27)에서 구동력은 없고 감쇠력과 복원력만 있는 감쇠진동일 때 $x(t)$의 LT인 $X(s)$를 구하라.

(c) $b/m=4$, $k/m=3$, $x_0=3$, $x_0'=1$ 일 때(단위 생략) (b)의 ILT인 $x(t)$를 구하라.

**풀이** (a) $\omega_0=\sqrt{k/m}$로 두면 식 (10.27)은

$$x''+\omega_0^2 x=0$$

이 되고 이것의 LT는 $\left(x_0' \equiv [dx/dt]_{t=0}\right)$

$$s^2X-s\,x_0-x_0'+\omega_0^2 X=0$$

이므로 정리하면

$$X(s)=x_0\frac{s}{s^2+\omega_0^2}+\frac{x_0'}{s^2+\omega_0^2}$$

이 된다. 따라서 이것의 ILT를 구하면 결과는 다음과 같다.

$$x(t)=x_0\cos(\omega_0 t)+\frac{x_0'}{\omega_0}\sin(\omega_0 t)$$

(b) $\omega_0=\sqrt{k/m}$, $\gamma=b/2m$으로 두면 식 (10.27)은

$$x''+2\gamma x'+\omega_0^2 x=0$$

이 되고 이것의 LT는

$$s^2X-s\,x_0-x_0'+2\gamma(sX-x_0)+\omega_0^2 X=0$$

이므로 정리하면

$$X(s)=\frac{x_0 s+x_0'+2\gamma x_0}{s^2+2\gamma s+\omega_0^2}$$

이 된다. 이것의 ILT는 경우에 따라 달라진다.

(c) 주어진 조건을 (b)의 결과에 대입하면

$$X(s)=\frac{3s+13}{(s+1)(s+3)}=\frac{5}{s+1}-\frac{2}{s+3}$$

이 되고 이것의 ILT를 구하면 결과는 다음과 같다.

$$x(t)=5e^{-t}-2e^{-3t}$$

### 예 10.23

다음과 같은 경우에 강제진동[식 (10.27)]의 해를 구하라(단위 생략).

(a) $b=0$, $k/m=4$, $F(t)/m=4t$, $x(\pi)=\pi$, $x'(\pi)=3$

(b) $b/m=3$, $k/m=2$, $F(t)/m=\delta(t-1)$, $x_0=0$, $x_0'=0$

(c) $b=0$, $k/m=4$, $F(t)/m=5\sin(3t)$, $x_0=0$, $x_0'=0$

**풀이** (a) 주어진 조건을 대입하면 미분방정식은

$$x''+4x=4t$$

이 되고 이것의 LT는

$$s^2X-sx_0-x_0'+4X=4/s^2$$

이므로 정리하면 다음과 같다.

$$X(s)=\frac{4}{(s^2+4)s^2}+\frac{sx_0}{s^2+4}+\frac{x_0'}{s^2+4}$$
$$=\frac{1}{s^2}+x_0\frac{s}{s^2+4}+\frac{x_0'-1}{2}\cdot\frac{2}{s^2+4}$$

이것의 ILT는

$$x(t)=t+x_0\cos(2t)+\frac{x_0'-1}{2}\sin(2t)$$

$$x'(t)=1-2x_0\sin(2t)+(x_0'-1)\cos(2t)$$

이고 주어진 조건에 의해

$$x(\pi)=\pi+x_0=\pi \Rightarrow x_0=0$$

$$x'(\pi)=1+(x_0'-1)=3 \Rightarrow x_0'=3$$

이므로 결과는 $x(t)=t+\sin(2t)$이다.

(b) $x''+3x'+2x=\delta(t-1)$, $s^2X+3sX+2X=e^{-s}$

$$X(s)=\left(\frac{1}{s+1}-\frac{1}{s+2}\right)e^{-s}=F(s)e^{-s},$$

$$F(s)=\frac{1}{s+1}-\frac{1}{s+2}$$

$$f(t)=e^{-t}-e^{-2t},\quad a=1$$

$$x(t)=f(t-a)u(t-a)=\left[e^{-(t-1)}-e^{-2(t-1)}\right]u(t-1)$$
$$=\begin{cases}e^{1-t}-e^{2-2t} & (t\ge 1)\\ 0 & (0\le t<1)\end{cases}$$

(c) $x'' + 4x = 5\sin(3t)$, $s^2X + 4X = 5\dfrac{3}{s^2+9}$

$$X(s) = \frac{15}{(s^2+4)(s^2+9)} = \frac{3}{2}\cdot\frac{2}{s^2+4} - \frac{3}{s^2+9}$$

$$x(t) = \frac{3}{2}\sin(2t) - \sin(3t)$$

---

## (2) 전기진동

9.4절에서 다룬 $R$, $L$, $C$를 포함하는 전기회로에 직류 또는 교류 전압이 가해질 때 회로에 흐르는 전류도 LT 방법으로 구할 수 있다.

### 예 10.24

저항이 $R$인 저항기와 전기용량이 $C$인 축전기가 직렬로 연결된 $RC$ 회로에 그림과 같은 네모꼴 형태의 전압 $E(t)$가 걸릴 때 회로에 흐르는 전류 $I$를 구하라. $I_0 = I_0' = 0$이고 $\mathrm{LT}[I(t)] = \tilde{I}(s)$로 둔다.

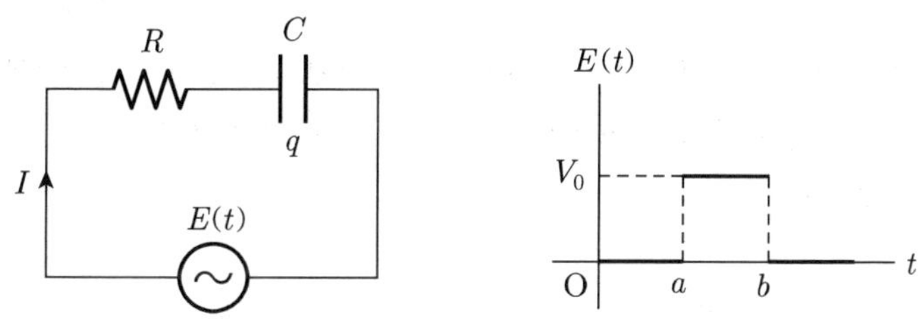


**풀이** $E(t)$와 그것의 LT는

$$E(t) = V_0[u(t-a) - u(t-b)],$$

$$\mathrm{LT}[E(t)] = \frac{V_0}{s}(e^{-as} - e^{-bs})$$

이고 $q = \int_0^t I(t')\,dt'$이므로 회로방정식

$$RI + \frac{q}{C} = E(t) \;\Rightarrow\; RI + \frac{1}{C}\int_0^t I(t')\,dt' = E(t)$$

를 LT하면 다음과 같다.

$$R\tilde{I} + \frac{\tilde{I}}{sC} = \frac{V_0}{s}(e^{-as} - e^{-bs})$$

$$\Rightarrow \tilde{I}(s) = \frac{1}{R+1/sC}\left[\frac{V_0}{s}\left(e^{-as}-e^{-bs}\right)\right]$$
$$= F(s)\left(e^{-as}-e^{-bs}\right) \qquad (*1)$$

여기서

$$F(s) = \frac{V_0}{R} \cdot \frac{1}{s+1/RC}$$

$$\Rightarrow f(t) = \mathrm{ILT}[F(s)] = \frac{V_0}{R} e^{-t/RC}$$

이고 이것을 식 (*1)에 대입하여 ILT하면 결과는 다음과 같다.

$$I(t) = f(t-a)u(t-a) - f(t-b)u(t-b)$$
$$= \frac{V_0}{R}\left[e^{-(t-a)/RC}u(t-a) - e^{-(t-b)/RC}u(t-b)\right]$$
$$= \begin{cases} (V_0/R)\, e^{a/RC} e^{-t/RC} & (a \le t < b) \\ (V_0/R)\left(e^{a/RC} - e^{b/RC}\right) e^{-t/RC} & (t \ge b) \\ 0 & (t < a) \end{cases}$$

---

## 예 10.25

저항이 $R$ 인 저항기와 인덕턴스가 $L$ 인 인덕터가 직렬로 연결된 $RL$ 회로에 그림과 같은 네모꼴 형태 전압 $E(t)$가 반복해서 걸릴 때 회로에 흐르는 전류 $I$를 구하라. $I(0) = 0$ 이고 $a=1$, $b=2$, $V_0 = 1$로 둔다.

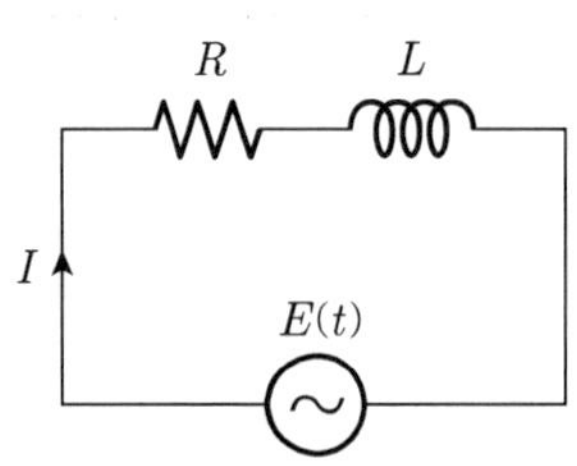


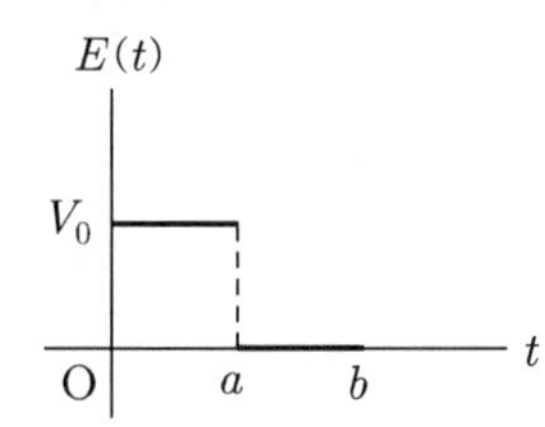


**풀이** $E(t)$와 그것의 LT는 다음과 같다.

$$E(t) = \begin{cases} 1 & (0 \le t < 1) \\ 0 & (1 \le t < 2) \end{cases} \qquad \begin{matrix} E(t+2n) = E(t) \\ (n = 1, 2, 3, \cdots) \end{matrix}$$

$$\mathrm{LT}[E(t)] = \frac{1}{1-e^{-2s}} \int_0^1 e^{-st}\,dt$$
$$= \frac{1}{\left(1-e^{-s}\right)\left(1+e^{-s}\right)} \cdot \frac{1-e^{-s}}{s} = \frac{1}{s\left(1+e^{-s}\right)} \qquad (*1)$$

이것을 회로 방정식

$$L\frac{dI}{dt}+RI=E(t)$$

의 LT에 대입하면

$$Ls\tilde{I}+R\tilde{I}=\frac{1}{s(1+e^{-s})}$$

$$\Rightarrow\ \tilde{I}(s)=\frac{1/L}{s(s+R/L)}\cdot\frac{1}{1+e^{-s}}$$

$$=\left(\frac{1/R}{s}-\frac{1/R}{s+R/L}\right)\frac{1}{1+e^{-s}}$$

이므로 Taylor 전개 $1/(1+x)=1-x+x^2\mp\cdots$를 사용하여 정리하면 다음이 된다.

$$\tilde{I}(s)=\frac{1}{R}\left(\frac{1}{s}-\frac{1}{s+R/L}\right)(1-e^{-s}+e^{-2s}-e^{-3s}\pm\cdots)$$

$$=\frac{1}{R}\left(\frac{1}{s}-\frac{e^{-s}}{s}+\frac{e^{-2s}}{s}\mp\cdots\right)$$

$$-\frac{1}{R}\left(\frac{1}{s+R/L}-\frac{e^{-s}}{s+R/L}+\frac{e^{-2s}}{s+R/L}\mp\cdots\right)$$

따라서 이것을 역변환하면 결과는 다음과 같다.

$$I(t)=\frac{1}{R}[1-u(t-1)+u(t-2)\mp\cdots]$$

$$-\frac{1}{R}[e^{-Rt/L}-e^{-R(t-1)/L}u(t-1)$$

$$+e^{-R(t-2)}u(t-2)\mp\cdots]$$

$$=\frac{1}{R}(1-e^{-Rt/L})+\frac{1}{R}\sum_{n=1}^{\infty}(-1)^n\left[1-e^{-R(t-n)/L}\right]u(t-n)$$

## (3) 결합진동

LT 풀이 방법은 결합진동의 해를 구할 때도 적용할 수 있다.

**예 10.26**

그림과 같이 결합된 전기회로에서 전류 $I_1(t)$, $I_2(t)$, $I_3(t)$를 LT 방법으로 구하라. $E=60$, $L=1$, $C=10^{-4}$, $R=50$, $I_1(0)=I_2(0)=0$이다(단위 생략).

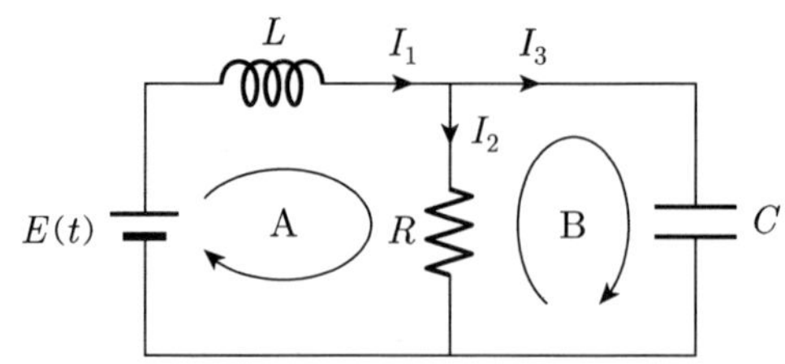

**풀이** 축전기의 전하를 $q$로 두면 고리 A와 B의 회로방정식은

$$\text{고리 A : } L\frac{dI_1}{dt} + RI_2 = E \tag{*1}$$

$$\text{고리 B : } -RI_2 + \frac{q}{C} = 0 \tag{*2}$$

이고 $I_3 = dq/dt$, $I_3 = I_1 - I_2$이므로 식 (*2)을 미분하면

$$R\frac{dI_2}{dt} - \frac{1}{C}I_3 = R\frac{dI_2}{dt} - \frac{1}{C}(I_1 - I_2) = 0 \tag{*3}$$

이다. 따라서 식 (*1)과 (*3)을 정리하고 주어진 값들을 대입하면

$$\frac{dI_1}{dt} + 50I_2 = 60, \quad \frac{dI_2}{dt} + 200I_2 - 200I_1 = 0$$

이 되고 이것들의 LT는

$$s\tilde{I}_1 + 50\tilde{I}_2 = 60/s, \quad -200\tilde{I}_1 + (s+200)\tilde{I}_2 = 0$$

이므로 정리하면 다음이 된다.

$$[s(s+200) + 10000]\tilde{I}_1 = 60(s+200)/s$$

$$\Rightarrow \tilde{I}_1 = \frac{60s + 12000}{s(s+100)^2} = \frac{6/5}{s} - \frac{6/5}{s+100} - \frac{60}{(s+100)^2}$$

$$[10000 + s(s+200)]\tilde{I}_2 = 12000/s$$

$$\Rightarrow \tilde{I}_2 = \frac{12000}{s(s+100)^2} = \frac{6/5}{s} - \frac{6/5}{s+100} - \frac{120}{(s+100)^2}$$

따라서 이들을 역변환하면 결과는 다음과 같다.

$$I_1(t) = \frac{6}{5} - \frac{6}{5}e^{-100t} - 60\,t\,e^{-100t}$$

$$I_2(t) = \frac{6}{5} - \frac{6}{5}e^{-100t} - 120\,t\,e^{-100t}$$

$$I_3(t) = I_1(t) - I_2(t) = 60\,t\,e^{-100t}$$

## 10.5 연습문제

### 10.1 라플라스 변환

**[10.1]** 다음 함수들의 LT들을 구하라.

(a) $f(t)=\begin{cases}1-t & (0\le t<1)\\ 0 & (t\ge 1)\end{cases}$

(b) $1+2t+t^2$

(c) $t\cos t$

(d) $\sin(2t)\cdot\cos(2t)$

(e) $(1+e^{2t})^2$

(f) $e^t\sinh t$

**[10.2]** 다음 함수들의 ILT들을 구하라.

(a) $\dfrac{6}{(s-3)^4}$

(b) $\dfrac{2}{s^2+6s+13}$

(c) $\dfrac{s}{s^2+2s+5}$

(d) $\dfrac{(s+1)^3}{s^4}$

**[10.3]** 다음 함수들의 LT들을 구하라.

(a) $tu(t-1)$

(b) $t^2u(t-1)$

(c) $e^{-2t}u(t-3)$

(d) $\cos(2t)\cdot u(t-\pi)$

**[10.4]** 다음 함수들의 ILT들을 구하라.

(a) $\dfrac{e^{-3s}}{(s-1)^3}$

(b) $\dfrac{se^{-2s}}{s^2+\pi^2}$

(c) $\dfrac{e^{-2\pi s}}{s^2+2s+2}$

**[10.5]** 그림과 같은 함수를 고려하자.

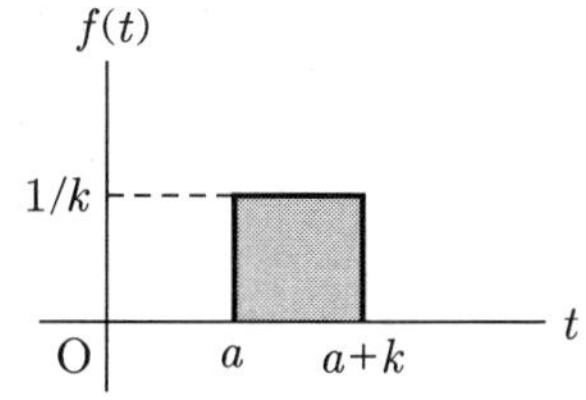


(a) $f(t)$와 LT $F(s)$를 구하라.

(b) $k\to 0$일 때 $f(t)$와 LT $F(s)$를 구하라.

**[10.6]** (a) $\mathrm{LT}[f(t)\,u(t-a)] = e^{-sa}\,\mathrm{LT}[f(t+a)]$를 증명하라.

(b) $\mathrm{LT}[\sin t \cdot u(t-\pi)]$를 계산하라.

## 10.2 도함수와 적분의 라플라스 변환

**[10.7]** 도함수와 적분의 LT를 사용하여 다음을 계산하라.

(a) $\mathrm{LT}\left[\sin^2 t\right]$ (b) $\mathrm{LT}\left[t\sin(2t)\right]$

(c) $\mathrm{LT}\left[\int_0^t t' e^{t-t'}\,dt'\right]$

**[10.8]** 식 (10.20)을 사용하여 다음을 계산하라.

(a) $\mathrm{LT}[t\cos(3t)]$ (b) $\mathrm{LT}\left[t^2 \sinh t\right]$

(c) $\mathrm{LT}\left[t\,e^{2t}\sin(3t)\right]$ (d) $\mathrm{LT}\left[t\int_0^t \sin t'\,dt'\right]$

**[10.9]** 다음 함수들의 ILT들을 구하라.

(a) $\dfrac{s^2-\omega^2}{(s^2+\omega^2)^2}$ (b) $\dfrac{2\omega s}{(s^2+\omega^2)^2}$

(c) $\dfrac{s^2+a^2}{(s^2-a^2)^2}$ (d) $\ln\left(\dfrac{s^2+a^2}{s^2}\right)$

**[10.10]** LT를 사용하여 다음 정적분들을 계산하라.

(a) $\displaystyle\int_0^\infty e^{-2t}\sin(3t)\,dt$ (b) $\displaystyle\int_0^\infty \frac{e^{-3t}\sin(2t)}{t}\,dt$

**[10.11]** 합성정리를 사용하여 다음을 계산하라.

(a) $\mathrm{LT}\left[1 * t^3\right]$ (b) $\mathrm{LT}\left[e^{-t} * e^{t}\cos t\right]$

(c) $\mathrm{ILT}\left[\dfrac{1}{(s^2+a^2)^2}\right]$ (d) $\mathrm{ILT}\left[\dfrac{1}{s^2(s-a)}\right]$

**[10.12]** 다음 주기함수들의 LT들을 구하라.

(a) 네모꼴파

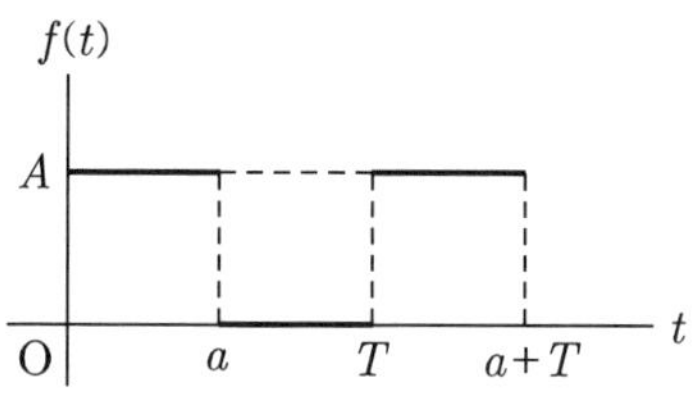


(b) 삼각파

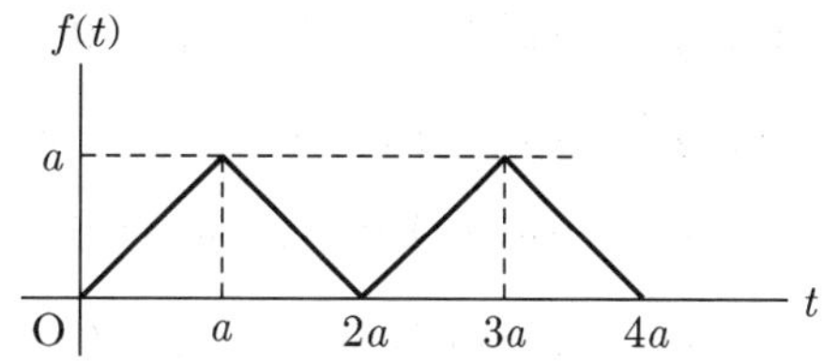


(c) 반파 : $T = 2\pi/\omega$

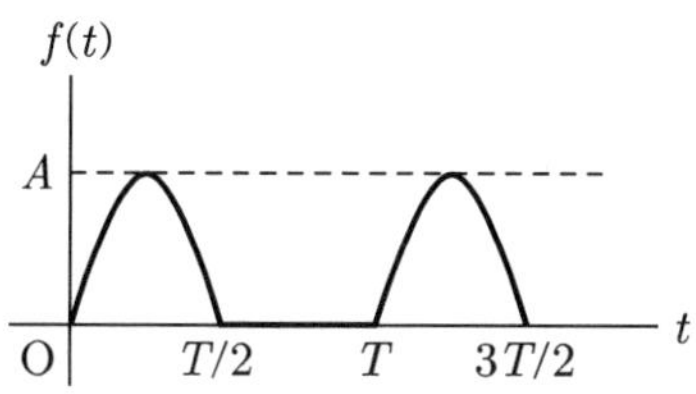


(d)

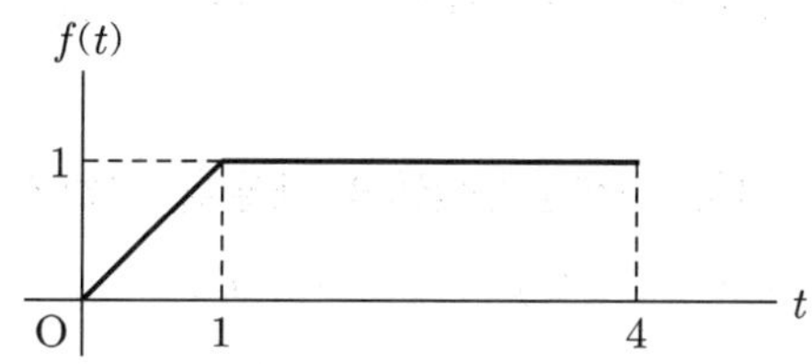


**[10.13]** 다음 함수들의 ILT들을 구하라.

(a) $F(s) = \dfrac{s}{(s-a)(s-b)}$

(b) $F(s) = \dfrac{1}{s^2(s^2+1)}$

(c) $F(s) = \dfrac{6-2s}{s^2+4}$

## 10.3 LT에 의한 미분방정식의 해

**[10.14]** 다음 미분방정식들의 해들을 구하라.

(a) $y' - 3y = e^{2t}, \quad y_0 = 1$

(b) $y' + 6y = e^{4t}, \quad y_0 = 2$

(c) $y' + 4y = e^{-4t}, \quad y_0 = 2$

(d) $y' + 3y = 13\sin(2t), \quad y_0 = 6$

(e) $y' + y = t\sin t, \quad y_0 = 0$

**[10.15]** 다음 미분방정식들의 해들을 구하라.

(a) $y'' + 4y' + 3y = 0, \quad y_0 = 3, \quad y_0' = 1$

(b) $y'' + 2y' + 5y = 0, \quad y_0 = 2, \quad y_0' = -4$

(c) $y'' + 2y' + y = 0, \quad y_0 = 1, \quad y_0' = 1$

(d) $y'' - 6y' + 13y = 0, \quad y_0 = 0, \quad y_0' = -3$

(e) $y'' + 5y' + 4y = 0, \quad y_0 = 1, \quad y_0' = 0$

**[10.16]** 다음 미분방정식들의 해들을 구하라.

(a) $y'' + 16y = \cos(4t)$, $y_0 = 0$, $y_0' = 1$

(b) $y'' - 2y' + y = e^t$, $y_0 = 0$, $y_0' = 5$

(c) $y'' - 3y' + 2y = e^{-4t}$, $y_0 = 1$, $y_0' = 5$

(d) $y'' - 6y' + 9y = t$, $y_0 = 0$, $y_0' = 1$

(e) $y'' - y' = e^t \cos t$, $y_0 = 0$, $y_0' = 0$

(f) $y'' - 6y' + 9y = t^2 e^{3t}$, $y_0 = 2$, $y_0' = 6$

(g) $y'' + y = \sin t$, $y_0 = 1$, $y_0' = -1$

**[10.17]** 다음 미분방정식들의 해들을 구하라.

(a) $y'' + 2y' + y = 0$, $y_0' = 2$, $y(1) = 2$

(b) $y'' + y = 2t$, $y(\pi/4) = \pi/2$, $y'(\pi/4) = 2 - \sqrt{2}$

**[10.18]** 다음 미분방정식들의 해들을 구하라.

(a) $y' - 3y = \delta(t-2)$, $y_0 = 0$

(b) $y'' + y = \delta(t - 2\pi)$, $y_0 = 0$, $y_0' = 1$

(c) $y'' + y = \delta(t-\pi) - \delta(t - 2\pi)$, $y_0 = 0$, $y_0' = 1$

**[10.19]** 다음 연립미분방정식들의 해들을 구하라.

(a) $x' = -x + y$, $y' = 2x$, $x_0 = 0$, $y_0 = 1$

(b) $x' = x - 2y$, $y' = 5x - y$, $x_0 = -1$, $y_0 = 2$

(c) $2x' + y' - 2x = 1$, $x' + y' - 3x - 3y = 2$, $x_0 = 0$, $y_0 = 0$

(d) $x' = -y + 1 - u(t-1)$, $y' = x + 1 - u(t-1)$, $x_0 = y_0 = 0$

**[10.20]** 다음 연립미분방정식들의 해들을 구하라.

(a) $x'' + y = -5\cos(2t)$, $y'' + x = 5\cos(2t)$

$x_0 = 1$, $x_0' = 1$, $y_0 = -1$, $y_0' = 1$

(b) $x'' + 3y' + 3y = 0$, $x'' + 3y = te^{-t}$, $x_0 = 0$, $x_0' = 2$, $y_0 = 0$

(c) $x'' = x + 3y$, $y'' = 4x - 4e^t$

$x_0 = 2$, $x_0' = 3$, $y_0 = 1$, $y_0' = 2$

**[10.21]** 다음 미적분방정식들의 해들을 구하라.

(a) $f(t) = \cos t + \int_0^t e^{-t'} f(t-t')\,dt'$

(b) $f(t) = t e^t + \int_0^t t' \cdot f(t-t')\,dt'$

(c) $f(t) = 2t - 4\int_0^t \sin t' \cdot f(t-t')\,dt'$

(d) $y(t) + \int_0^t (t-t')y(t')\,dt' = t$

(e) $f(t) = 3t^2 - e^{-t} - \int_0^t f(t')\,e^{t-t'}\,dt'$

(f) $f(t) = 1 + t + \frac{8}{3}\int_0^t (t-t')^3 f(t')\,dt'$

(g) $y' + 6y + 9\int_0^t y(t')\,dt' = 1, \quad y_0 = 0$

## 10.4 LT에 의한 역학진동과 전기진동의 해

**[10.22]** 합성정리를 사용하여 [예 10.23] (c)의 해를 구하라.

**[10.23]** 다음 역학진동들의 해들을 LT 방법으로 구하라.

(a) $mx'' + kx = F_0 \sin(pt), \quad p^2 \neq k/m, \quad x_0 = x_0' = 0$

(b) $x'' + x = \delta(t - 2\pi), \quad x_0 = 0, \quad x_0' = 1$

(c) $x'' + 2x' = \delta(t-1), \quad x_0 = 0, \quad x_0' = 1$

**[10.24]** 다음 전기진동들의 해들을 LT 방법으로 구하라.

(a) $RL$ 직렬회로에 전압이 $E$ 인 직류전원을 연결했을 때의 회로 전류

(b) $RC$ 직렬회로에 전압이 $E$ 인 직류전원을 연결했을 때의 축전기 전하

(c) $R/L = 2,\ 1/LC = 1$인 $RLC$ 직렬회로에 전압이 $E$ 인 직류전원을 연결했을 때 축전기 전하. $q_0 = q_0' = 0$ 이다.

**[10.25]** (a) $LC$ 직렬회로에 전압이 $E(t) = E_0 \sin(pt)$인 교류전원을 연결했을 때 회로전류를 구하라. $1/LC = 4,\ E_0/L = 1$이고(단위 생략) $p = 1,\ q_0 = q_0' = 0$ 이다.

(b) $p=2$일 때 (a)의 해를 구하라.

(c) $RLC$ 직렬회로에서 $L=0.1$, $R=2$, $C=0.1$, $I_0=0$일 때 회로 전류를 구하라. $E(t)=10t-10t\cdot u(t-1)$이다.

**[10.26]** (a) $RC$ 직렬회로에 $E(t)=2t(t+1)$의 전원을 연결했을 때 회로 전류를 구하라. $R=10$, $C=0.5$, $I_0=0$이다(단위 생략).

(b) $RC$ 직렬회로에 그림과 같은 계단형 전원을 연결했을 때 축전기 전하를 구하라. $R=2.5$, $C=0.08$, $q_0=0$이다(단위 생략).

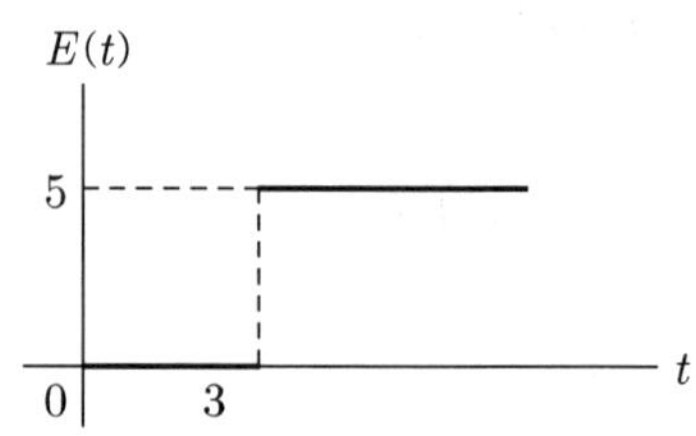


**[10.27]** 다음 회로에서 전류 $I_1(t)$를 구하라. $R=5$, $L_1=0.01$, $L_2=0.0125$, $E=100$이고(단위 생략) $I_1(0)=I_2(0)=0$이다.

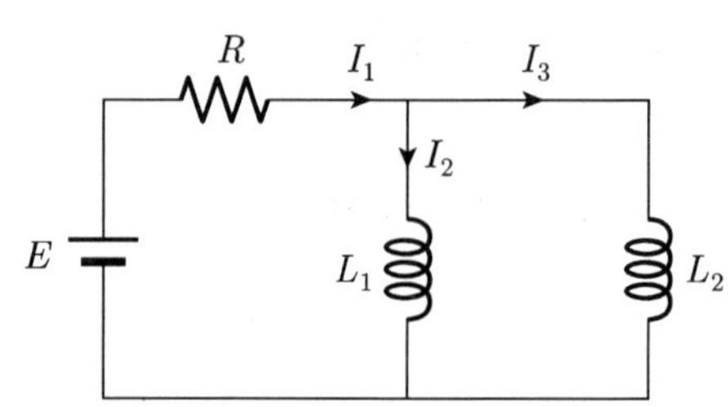

CHAPTER

# 11

# 행 렬



행렬은 연립방정식이나 연립미분방정식의 해를 구하는데 적용할 수 있고 1차 변환이나 고유값 문제 그리고 역학계나 전기회로 등을 분석하는데도 유용하게 사용된다. 또한, 공학적인 문제들을 컴퓨터를 활용하여 해결하거나 시스템을 분석하는 데도 응용할 수 있다. 특히 행렬의 대각화 방법을 사용하면 공학문제들을 쉽게 해결할 수 있는 경우가 많다. 행렬과 벡터(12장)를 다루는 수학을 선형대수학(linear algebra)이라 한다.

## 11.1 행렬

여기서는 행렬의 정의, 더하기, 빼기, 곱하기 그리고 역행렬, 행렬식, 연립방정식 풀이에 응용 등 기본적인 내용들은 다룬다.

### (1) 행렬의 기초

수 $a_{ij}$들을 다음과 같이 직사각형 모양으로 배열하고 ( )를 한 것을 행렬(matrix)이라 한다. 행렬 $A=(a_{ij})$가 수 $a_{ij}$들을 다음과 같이 $m\times n$개 포함하면 $(m\times n)$ 행렬이다.

$$A=(a_{ij})=\begin{pmatrix} a_{11} & a_{12} & \cdots & a_{1n} \\ a_{21} & a_{22} & \cdots & a_{2n} \\ \vdots & \vdots & \vdots & \vdots \\ a_{m1} & a_{m2} & \cdots & a_{mn} \end{pmatrix} \tag{11.1}$$

여기서 $i=1,\ 2,\ \cdots,\ m$, $j=1,\ 2,\ \cdots,\ n$이고 $m$은 행(row)의 수, $n$은 열(column)의 수이다. $a_{ij}$는 행렬의 요소(element)라 하고 $a_{nn}$은 주대각 요소(main diagonal element)라 한다. 행의 수와 열의 수가 같은 즉, $m=n$인 행렬을 정방행렬(square matrix) 또는 $n$차 행렬이라 한다. $(n\times 1)$ 행렬은 열벡터(column vector)라 하고 $(1\times n)$ 행렬은 행벡터(row vector)라고도 한다.

$$\begin{pmatrix} a_1 \\ a_2 \\ \vdots \\ a_n \end{pmatrix} : \text{열벡터}, \qquad \begin{pmatrix} a_1 & a_2 & \cdots & a_n \end{pmatrix} : \text{행벡터} \tag{11.2}$$

3차원 공간의 벡터 $\mathbf{r}=x\hat{\mathbf{x}}+y\hat{\mathbf{y}}+z\hat{\mathbf{z}}$는 다음과 같이 열벡터로 나타낼 수 있다.

$$\mathbf{r}=x\hat{\mathbf{x}}+y\hat{\mathbf{y}}+z\hat{\mathbf{z}}=\begin{pmatrix} x \\ y \\ z \end{pmatrix}$$

모든 요소가 0인 행렬을 영행렬, 주대각 요소만 0이 아니고 나머지는 모두 0인 행렬을 대각행렬(diagonal matrix), 주대각 요소가 모두 1인 대각행렬을 단위행렬(unit matrix) $I$라 한다. 예를 들어, 3차 행렬인 경우 다음과 같다.

| 대각행렬 | 단위행렬 |
|---|---|
| $D=\begin{pmatrix} a & 0 & 0 \\ 0 & b & 0 \\ 0 & 0 & c \end{pmatrix}$ (11.3a) | $I=\begin{pmatrix} 1 & 0 & 0 \\ 0 & 1 & 0 \\ 0 & 0 & 1 \end{pmatrix}$ (11.3b) |

$a=b=c$인 대각행렬을 스칼라행렬(scalar matrix) $S$라 한다. 정방행렬 $A$의 행렬식(determinant)은 $\det(A)$ 또는 $|A|$로 즉, 행렬의 ( ) 대신에 | |로 나타내고 $2\times2$ 행렬인 경우 다음과 같이 정의한다. 정방행렬이 아니면 행렬식을 정의할 수 없고 $3\times3$ 이상의 행렬식은 뒤에서 다룬다.

$$|A|=\begin{vmatrix} a_{11} & a_{12} \\ a_{21} & a_{22} \end{vmatrix}=a_{11}a_{22}-a_{12}a_{21} \tag{11.4}$$

두 행렬 $A=(a_{ij})$와 $B=(b_{ij})$는 모든 행렬요소가 같을 때 같다($A=B$)고 하고 두 행렬의 행과 열의 수가 같을 때 정의되는 행렬의 합 또는 차는 각 요소들의 합 또는 차로 정의한다. 예를 들어, $2\times2$ 행렬인 경우 다음과 같다.

$$\begin{pmatrix} a_{11} & a_{12} \\ a_{21} & a_{22} \end{pmatrix} \pm \begin{pmatrix} b_{11} & b_{12} \\ b_{21} & b_{22} \end{pmatrix} \equiv \begin{pmatrix} a_{11}\pm b_{11} & a_{12}\pm b_{12} \\ a_{21}\pm b_{21} & a_{22}\pm b_{22} \end{pmatrix} \tag{11.5}$$

행렬에 상수 $c$를 곱한 것은 모든 요소에 $c$를 곱한 것으로 정의하고 행렬식에 $c$를 곱한 것은 한 행 또는 한 열에 $c$를 곱한 것과 같다.

$$c\begin{pmatrix} a_{11} & a_{12} \\ a_{21} & a_{22} \end{pmatrix}=\begin{pmatrix} c\,a_{11} & c\,a_{12} \\ c\,a_{21} & c\,a_{22} \end{pmatrix} \tag{11.6}$$

$$c\begin{vmatrix} a_{11} & a_{12} \\ a_{21} & a_{22} \end{vmatrix}=\begin{vmatrix} c\,a_{11} & a_{12} \\ c\,a_{21} & a_{22} \end{vmatrix}=\begin{vmatrix} c\,a_{11} & c\,a_{12} \\ a_{21} & a_{22} \end{vmatrix} \tag{11.7}$$

**증명**

$$c\begin{vmatrix} a_{11} & a_{12} \\ a_{21} & a_{22} \end{vmatrix}=c\,(a_{11}a_{22}-a_{12}a_{21})=\begin{vmatrix} c\,a_{11} & a_{12} \\ c\,a_{21} & a_{22} \end{vmatrix}=\begin{vmatrix} c\,a_{11} & c\,a_{12} \\ a_{21} & a_{22} \end{vmatrix}$$

상수 $c_1$, $c_2$에 대해 행렬의 합에는 다음과 같은 성질이 있다.

$$\textbf{교환법칙} \; ; \; A+B=B+A \tag{11.8}$$

$$\textbf{결합법칙} : (A+B)+C=A+(B+C) \tag{11.9}$$

$$\textbf{분배법칙} : c_1(A+B)=c_1A+c_1B \tag{11.10}$$

$$\textbf{분배법칙} ; (c_1+c_2)A=c_1A+c_2A \tag{11.11}$$

### (2) 행렬의 곱

행렬 $A$의 열의 수와 행렬 $B$의 행의 수가 같을 때 두 행렬의 곱을 정의 할 수 있다. 즉, $(l\times m)$ 행렬 $A=(a_{ij})$와 $(m\times n)$ 행렬 $B=(b_{jk})$의 곱 $C=AB=(c_{ik})$은 $(l\times n)$ 행렬이고 요소 $c_{ik}$는 다음과 같이 정의된다.

$$c_{ik}=\sum_{j=1}^{n} a_{ij}b_{jk} \tag{11.12}$$

예를 들어, 두 행렬 $A$와 $B$가

$$A=\begin{pmatrix} a_{11} & a_{12} & a_{13} \\ a_{21} & a_{22} & a_{23} \end{pmatrix},\quad B=\begin{pmatrix} b_{11} & b_{12} \\ b_{21} & b_{22} \\ b_{31} & b_{32} \end{pmatrix}$$

일 때 식 (11.12)에 의하면

$$c_{21}=\sum_{j=1}^{3} a_{2j}b_{j1}=a_{21}b_{11}+a_{22}b_{21}+a_{23}b_{31}$$

이고 이것은 다음 식에서 실선에 있는 요소들끼리 곱한 것의 합이다. 같은 방법으로 계산하면 $c_{11}$은 점선에 있는 요소들끼리 곱한 것의 합이고 $c_{12}$와 $c_{22}$도 이런 방식으로 계산하면 결과는 다음과 같다.

$$\begin{aligned} C &= \begin{pmatrix} a_{11} & a_{12} & a_{13} \\ \underline{a_{21} \;\; a_{22} \;\; a_{23}} \end{pmatrix}\begin{pmatrix} b_{11} & b_{12} \\ b_{21} & b_{22} \\ b_{31} & b_{32} \end{pmatrix}=\begin{pmatrix} c_{11} & c_{12} \\ c_{21} & c_{22} \end{pmatrix} \\ &= \begin{pmatrix} \overbrace{a_{11}b_{11}+a_{12}b_{21}+a_{13}b_{31}}^{c_{11}} & a_{11}b_{12}+a_{12}b_{22}+a_{13}b_{32} \\ \underbrace{a_{21}b_{11}+a_{22}b_{21}+a_{23}b_{31}}_{c_{21}} & a_{21}b_{12}+a_{22}b_{22}+a_{23}b_{32} \end{pmatrix} \end{aligned} \tag{11.13}$$

행렬의 곱에는 다음과 같은 성질이 있다.

$$\textbf{단위행렬의 정의} : AI=IA=A \tag{11.14}$$

$$\textbf{결합법칙} : A(BC) = (AB)C \tag{11.15}$$

$$\textbf{분배법칙} : A(B+C) = AB + AC \tag{11.16}$$

하지만 일반적으로 행렬의 곱은 교환법칙이 성립하지 않는다.

$$AB \neq BA \tag{11.17}$$

### 예 11.1

(a) 다음 행렬 $A$와 $B$에 대해 $C = AB$, $D = BA$, $AI$, $IA$를 계산하라.

$$A = \begin{pmatrix} 1 & 2 \\ 2 & 1 \end{pmatrix}, \quad B = \begin{pmatrix} 2 & 2 \\ 1 & 2 \end{pmatrix}$$

(b) 다음의 열벡터와 행벡터에 대해 $AB$와 $BA$를 계산하라.

$$A = \begin{pmatrix} 2 \\ 3 \end{pmatrix}, \quad B = (3 \ \ 1)$$

(c) 다음의 두 행렬 $A$와 $B$을 고려하여 $AB = 0$이 반드시 $A = 0$ 또는 $B = 0$을 의미하는 것은 않음을 확인하라.

$$A = \begin{pmatrix} 1 & 1 \\ 2 & 2 \end{pmatrix}, \quad B = \begin{pmatrix} -1 & 1 \\ 1 & -1 \end{pmatrix}$$

(d) 다음 행렬들을 고려하여 $AB = AC$이 반드시 $B = C$를 의미하는 것 은 않음을 확인하라.

$$A = \begin{pmatrix} 1 & 1 \\ 2 & 2 \end{pmatrix}, \quad B = \begin{pmatrix} 2 & 1 \\ 2 & 2 \end{pmatrix}, \quad C = \begin{pmatrix} 3 & 0 \\ 1 & 3 \end{pmatrix}$$

**풀이**

(a) $C = \begin{pmatrix} 1 & 2 \\ 2 & 1 \end{pmatrix}\begin{pmatrix} 2 & 2 \\ 1 & 2 \end{pmatrix} = \begin{pmatrix} 4 & 6 \\ 5 & 6 \end{pmatrix}$, $D = \begin{pmatrix} 2 & 2 \\ 1 & 2 \end{pmatrix}\begin{pmatrix} 1 & 2 \\ 2 & 1 \end{pmatrix} = \begin{pmatrix} 6 & 6 \\ 5 & 4 \end{pmatrix} \neq C$

$$AI = \begin{pmatrix} 1 & 2 \\ 2 & 1 \end{pmatrix}\begin{pmatrix} 1 & 0 \\ 0 & 1 \end{pmatrix} = \begin{pmatrix} 1 & 2 \\ 2 & 1 \end{pmatrix} = A = \begin{pmatrix} 1 & 0 \\ 0 & 1 \end{pmatrix}\begin{pmatrix} 1 & 2 \\ 2 & 1 \end{pmatrix} = IA$$

(b) $AB = \begin{pmatrix} 2 \\ 3 \end{pmatrix}(3 \ \ 1) = \begin{pmatrix} 6 & 2 \\ 9 & 3 \end{pmatrix}$ : $(2 \times 2)$ 행렬

$BA = (3 \ \ 1)\begin{pmatrix} 2 \\ 3 \end{pmatrix} = 6 + 3 = 9$ : 수(스칼라)

(c) $AB = \begin{pmatrix} 1 & 1 \\ 2 & 2 \end{pmatrix}\begin{pmatrix} -1 & 1 \\ 1 & -1 \end{pmatrix} = \begin{pmatrix} 0 & 0 \\ 0 & 0 \end{pmatrix}$

(d) $AB = \begin{pmatrix} 1 & 1 \\ 2 & 2 \end{pmatrix}\begin{pmatrix} 2 & 1 \\ 2 & 2 \end{pmatrix} = \begin{pmatrix} 4 & 3 \\ 8 & 6 \end{pmatrix} = \begin{pmatrix} 1 & 1 \\ 2 & 2 \end{pmatrix}\begin{pmatrix} 3 & 0 \\ 1 & 3 \end{pmatrix} = AC$

## (3) 소행렬식과 여인자

행렬 $A=(a_{kl})$에서 $i$번째 행과 $j$번째 열을 제거하고 만든 행렬식 $M_{ij}$를 요소 $a_{ij}$의 소행렬식(minor determinant)이라 하고 여기에 $(-1)^{i+j}$를 곱한 $A^{ij}$를 $a_{ij}$의 여인자(cofactor), $A^{ij}$를 요소로 하는 행렬 $\widehat{A}=(A^{ij})$를 $A$의 여인자 행렬이라 한다. $M_{ij}$가 정방행렬일 때만 정의되므로 이것은 정방행렬일 때만 성립한다.

| 소행렬식 | $M_{ij}$ | (11.18) | $i$행과 $j$열을 제거한 행렬식 |
|---|---|---|---|
| 여인자 | $A^{ij}=(-1)^{i+j}M_{ij}$ | (11.19) | $a_{ij}$의 여인자 |
| 여인자 행렬 | $\widehat{A}=(A^{ij})$ | (11.20) | $\widehat{A}$은 A-hat으로 읽음 |

실제로 식 (11.20)을 계산할 때는 식 (11.19)의 $(-1)^{i+j}$ 대신에 다음과 같이 부호를 먼저 설정하고 여기에 $M_{ij}$를 곱하는 것이 편리하다.

$$\widehat{A}=\begin{pmatrix} + & - & + \\ - & + & - \\ + & - & + \end{pmatrix} \tag{11.21}$$

**예 11.2**

다음 행렬의 여인자 행렬 $\widehat{A}$를 구하라.

(a) $A=\begin{pmatrix} a_{11} & a_{12} \\ a_{21} & a_{22} \end{pmatrix}$　　　(b) $A=\begin{pmatrix} 1 & 1 & 2 \\ 2 & 1 & 2 \\ 1 & 2 & 1 \end{pmatrix}$

**풀이**

(a) $\widehat{A}=\begin{pmatrix} a_{22} & -a_{21} \\ -a_{12} & a_{11} \end{pmatrix}$

(b) $\widehat{A}=\begin{pmatrix} +(1-4) & -(2-2) & +(4-1) \\ -(1-4) & +(1-2) & -(2-1) \\ +(2-2) & -(2-4) & +(1-2) \end{pmatrix}=\begin{pmatrix} -3 & 0 & 3 \\ 3 & -1 & -1 \\ 0 & 2 & -1 \end{pmatrix}$

## (4) 행렬식의 전개

3차 이상의 행렬식을 계산하는 데는 다음과 같이 두 가지 방법이 있다.

$$k\text{열 전개 : } |A| = \sum_i a_{ik} A^{ik} \tag{11.22}$$

$$i\text{행 전개 : } |A| = \sum_k a_{ik} A^{ik} \tag{11.23}$$

### 예 11.3

다음 행렬 $A$에 대해 답하라.

$$A = \begin{pmatrix} a_{11} & a_{12} & a_{13} \\ a_{21} & a_{22} & a_{23} \\ a_{31} & a_{32} & a_{33} \end{pmatrix}$$

(a) 여인자 $A^{11}$, $A^{12}$, $A^{13}$를 구하라.

(b) $A$의 행렬식을 1행 대해 전개하여 계산하라.

**풀이**

(a) $$A^{11} = (-1)^{1+1} M_{11} = \begin{vmatrix} a_{22} & a_{23} \\ a_{32} & a_{33} \end{vmatrix} = a_{22} a_{33} - a_{23} a_{32}$$

$$A^{12} = (-1)^{1+2} M_{12} = -\begin{vmatrix} a_{21} & a_{23} \\ a_{31} & a_{33} \end{vmatrix} = -(a_{21} a_{33} - a_{23} a_{31})$$

$$A^{13} = (-1)^{1+3} M_{13} = \begin{vmatrix} a_{21} & a_{22} \\ a_{31} & a_{32} \end{vmatrix} = a_{21} a_{32} - a_{22} a_{31}$$

(b) $$|A| = a_{11} A^{11} + a_{12} A^{12} + a_{13} A^{13}$$

$$= a_{11}(a_{22} a_{33} - a_{23} a_{32}) - a_{12}(a_{21} a_{33} - a_{23} a_{31}) + a_{13}(a_{21} a_{32} - a_{22} a_{31})$$

**참고**

3차 행렬식은 다음의 사루스(Sarrus) 방법으로 계산할 수도 있다. 왼쪽 위에서 오른쪽 아래로 내려오면서 다른 3개의 요소를 곱한 것은 +, 오른쪽 위에서 왼쪽 아래로 내려오면서 다른 3개의 요소들을 곱한 것은 −이다. 결과는 예 11.3과 같고 이 방법은 4차 이상의 행렬식에는 적용할 수 없다.

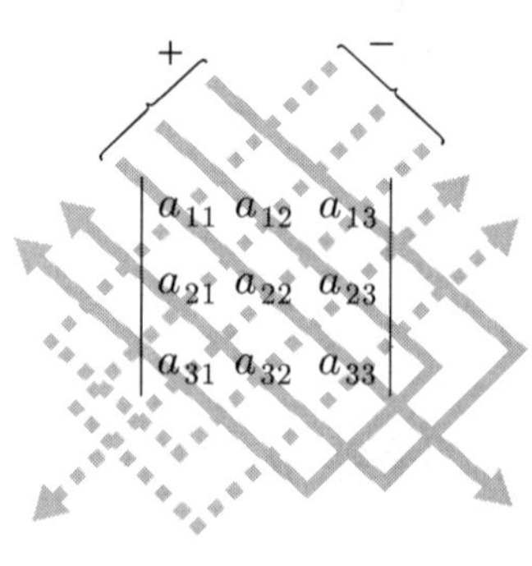

행렬식은 다음과 같은 성질이 있다.

- 행과 열을 바꾸어도 행렬식의 값은 변하지 않는다. (11.24a)
- 한 행(또는 열)을 $k$배 하여 다른 행(또는 열)에 더해도 행렬식의 값은 변하지 않는다. (11.24b)

**증명**

2차 행렬식 $\begin{vmatrix} a_{11} & a_{12} \\ a_{21} & a_{22} \end{vmatrix}$에 대해 증명한다.

(a) $\begin{vmatrix} a_{11} & a_{21} \\ a_{12} & a_{22} \end{vmatrix} = a_{11}a_{22} - a_{21}a_{12} = \begin{vmatrix} a_{11} & a_{12} \\ a_{21} & a_{22} \end{vmatrix}$

(b) $$\begin{vmatrix} a_{11} & a_{12} \\ a_{21}+k\,a_{11} & a_{22}+k\,a_{12} \end{vmatrix} = a_{11}(a_{22}+k\,a_{12}) - a_{12}(a_{21}+k\,a_{11})$$

$$= a_{11}a_{22} - a_{12}a_{21} = \begin{vmatrix} a_{11} & a_{12} \\ a_{21} & a_{22} \end{vmatrix}$$

**예 11.4**

주어진 방법으로 다음 행렬식을 계산하라.

$$|A| = \begin{vmatrix} 2 & -2 & 3 \\ 1 & 1 & 1 \\ 1 & 3 & -1 \end{vmatrix}$$

(a) 사루스 (b) 1행 전개 (c) 식 (11.24)

**풀이** (a) $(2)(1)(-1) + (-2)(1)(1) + (3)(3)(1)$
$- (3)(1)(1) - (-2)(1)(-1) - (2)(3)(1) = -6$

(b) $|A| = a_{11}A^{11} + a_{12}A^{12} + a_{13}A^{13}$
$= 2(-1-3) + 2(-1-1) + 3(3-1) = -6$

(c) 2열을 1열에 더함

$$|A| = \begin{vmatrix} 0 & -2 & 3 \\ 2 & 1 & 1 \\ 4 & 3 & -1 \end{vmatrix}$$ : 2행을 $-2$배 하여 3행에 더함

$$= \begin{vmatrix} 0 & -2 & 3 \\ 2 & 1 & 1 \\ 0 & 1 & -3 \end{vmatrix}$$ : 2행에 대해 전개

$$= -2(6-3) = -6$$

## (5) 행렬의 종류

행렬 $A$의 역행렬(inverse matrix) $A^{-1}$과 전치행렬(transverse matrix) $A^{\mathrm{T}}$, 그리고 대칭행렬(symmetric matrix)과 직교행렬(orthogonal matrix)은 다음과 같이 정의한다.

| 역행렬 | $A^{-1}A = AA^{-1} = I$ | (11.25) |
|---|---|---|
| 전치행렬 | 행과 열을 바꾼 행렬 | (11.26) |
| 대칭행렬 | $A^{\mathrm{T}} = A$ | (11.27) |
| 직교행렬 | $A^{\mathrm{T}} = A^{-1}$, $A^{\mathrm{T}}A = I$ | (11.28) |

$A^{\mathrm{T}} = -A$이면 반대칭(antisymmetric)행렬이고 두 행렬의 곱의 전치행렬은 다음과 같다.

$$(AB)^{\mathrm{T}} = B^{\mathrm{T}}A^{\mathrm{T}} \tag{11.29}$$

**증명**

$$\begin{aligned}[(AB)^{\mathrm{T}}]_{ij} &= (AB)_{ji} = \sum_k a_{jk}b_{ki} = \sum_k b_{ki}a_{jk} \\ &= \sum (B^{\mathrm{T}})_{ik}(A^{\mathrm{T}})_{kj} = (B^{\mathrm{T}}A^{\mathrm{T}})_{ij}\end{aligned}$$

**예 11.5**

(a) 행렬 $A = \begin{pmatrix} a & b \\ c & d \end{pmatrix}$의 전치행렬을 구하라.

(b) (a)의 행렬이 대칭행렬이 될 조건을 구하라.

(c) 행렬 $A = \dfrac{1}{\sqrt{2}}\begin{pmatrix} 1 & -1 \\ 1 & 1 \end{pmatrix}$이 직교행렬임을 증명하라.

**풀이** (a) $A^{\mathrm{T}} = \begin{pmatrix} a & c \\ b & d \end{pmatrix}$ (b) $b = c$

(c) $A^{\mathrm{T}}A = \dfrac{1}{\sqrt{2}}\begin{pmatrix} 1 & 1 \\ -1 & 1 \end{pmatrix} \cdot \dfrac{1}{\sqrt{2}}\begin{pmatrix} 1 & -1 \\ 1 & 1 \end{pmatrix} = \begin{pmatrix} 1 & 0 \\ 0 & 1 \end{pmatrix}$

## (6) 역행렬의 계산

행렬 $A$의 어조인트행렬(adjoint matrix) $\hat{A}^{\mathrm{T}}$는 $A$의 여인자 행렬 $\hat{A}$의 전치행렬로 정의하고

다음이 성립한다.

$$A\hat{A}^{\mathrm{T}} = |A|\,I \tag{11.30}$$

**증명**

$A$가 3차 행렬인 경우

$$A\hat{A}^{\mathrm{T}} = \begin{pmatrix} a_{11} & a_{12} & a_{13} \\ a_{21} & a_{22} & a_{23} \\ a_{31} & a_{32} & a_{33} \end{pmatrix}\begin{pmatrix} A^{11} & A^{21} & A^{31} \\ A^{12} & A^{22} & A^{32} \\ A^{13} & A^{23} & A^{33} \end{pmatrix}$$

에서 각 요소들은 다음과 같다.

$$\begin{aligned}(A\hat{A}^{\mathrm{T}})_{11} &= a_{11}A^{11} + a_{12}A^{12} + a_{13}A^{13} = |A| \\ &= (A\hat{A}^{\mathrm{T}})_{22} = (A\hat{A}^{\mathrm{T}})_{33}\end{aligned}$$

$$\begin{aligned}(A\hat{A}^{\mathrm{T}})_{21} &= a_{21}A^{11} + a_{22}A^{12} + a_{23}A^{13} \\ &= a_{21}(a_{22}a_{33} - a_{23}a_{32}) - a_{22}(a_{21}a_{33} - a_{23}a_{31}) \\ &\quad + a_{23}(a_{21}a_{32} - a_{22}a_{31}) = 0\end{aligned}$$

$\Rightarrow\ (A\hat{A}^{\mathrm{T}})_{ij} = 0\ :\ i \neq j$일 때

식 (11.30)으로부터 행렬 $A$의 역행렬은 다음과 같이 주어진다.

**역행렬**

$$A^{-1} = \frac{\hat{A}^{\mathrm{T}}}{|A|}\quad(|A| \neq 0) \tag{11.31}$$

단위행렬과 역행렬의 정의로부터 $I = B^{-1}B = B^{-1}A^{-1}AB = (AB)^{-1}AB$ 이므로 두 행렬의 곱의 역행렬은 다음과 같다.

$$(AB)^{-1} = B^{-1}A^{-1} \tag{11.32}$$

**예 11.6**

다음 행렬들의 역행렬을 구하라.

(a) $A = \begin{pmatrix} a & b \\ c & d \end{pmatrix}$  (b) $A = \begin{pmatrix} 2 & -2 & 3 \\ 1 & 1 & 1 \\ 1 & 3 & -1 \end{pmatrix}$

**풀이** (a) $A^{-1} = \dfrac{1}{ad - bc}\begin{pmatrix} d & -b \\ -c & a \end{pmatrix}$

(b) $|A| = -6$ (예 11.4)

$$\hat{A} = \begin{pmatrix} -4 & 2 & 2 \\ 7 & -5 & -8 \\ -5 & 1 & 4 \end{pmatrix}, \quad A^{-1} = \frac{\hat{A}^{\mathrm{T}}}{|A|} = \frac{1}{6}\begin{pmatrix} 4 & -7 & 5 \\ -2 & 5 & -1 \\ -2 & 8 & -4 \end{pmatrix}$$

---

## (7) 연립방정식의 해

미지수 $x_1$, $x_2$, $x_3$에 대한 연립방정식

$$a_{11}x_1 + a_{12}x_2 + a_{13}x_3 = b_1$$

$$a_{21}x_1 + a_{22}x_2 + a_{23}x_3 = b_2$$

$$a_{31}x_1 + a_{32}x_2 + a_{33}x_3 = b_3 \tag{11.33}$$

은 다음과 같이 행렬로 나타낼 수 있다.

$$A = \begin{pmatrix} a_{11} & a_{12} & a_{13} \\ a_{21} & a_{22} & a_{23} \\ a_{31} & a_{32} & a_{33} \end{pmatrix}, \quad \mathrm{X} = \begin{pmatrix} x_1 \\ x_2 \\ x_3 \end{pmatrix}, \quad \mathrm{b} = \begin{pmatrix} b_1 \\ b_2 \\ b_3 \end{pmatrix} \tag{11.34}$$

$$A\mathrm{X} = \mathrm{b} \tag{11.35}$$

역행렬을 사용하면 식 (11.35) 즉, 식 (11.33)의 해는 다음과 같다.

**역행렬 방법**

$$\mathrm{X} = A^{-1}\mathrm{b} \ \ (|A| \neq 0, \ \mathrm{b} \neq 0) \tag{11.36}$$

또는 다음과 같이 구할 수도 있다. 즉, $x_i$는 행렬 $A$의 $i$ 열에 열벡터 b의 각 요소를 대입한 행렬의 행렬식을 $|A|$로 나눈 것이 된다. 이것을 크라머(Cramer) 방법이라 한다.

**크라머 방법**

| $x_1$ | $x_2$ | $x_3$ | |
|---|---|---|---|
| $\dfrac{1}{\lvert A\rvert}\begin{vmatrix} b_1 & a_{12} & a_{13} \\ b_2 & a_{22} & a_{23} \\ b_3 & a_{32} & a_{33}\end{vmatrix}$ | $\dfrac{1}{\lvert A\rvert}\begin{vmatrix} a_{11} & b_1 & a_{13} \\ a_{21} & b_2 & a_{23} \\ a_{31} & b_3 & a_{33}\end{vmatrix}$ | $\dfrac{1}{\lvert A\rvert}\begin{vmatrix} a_{11} & a_{12} & b_1 \\ a_{21} & a_{22} & b_2 \\ a_{31} & a_{32} & b_3\end{vmatrix}$ | (11.37) |

**증명**

식 (11.31)과 (11.36)으로부터 $\mathbf{X} = \dfrac{\hat{A}^{\mathrm{T}}}{\lvert A\rvert}\mathbf{b}$이고 이것을 풀어쓰면

$$\begin{pmatrix} x_1 \\ x_2 \\ x_3 \end{pmatrix} = \frac{1}{\lvert A\rvert}\begin{pmatrix} A^{11} & A^{21} & A^{31} \\ A^{12} & A^{22} & A^{32} \\ A^{13} & A^{23} & A^{33}\end{pmatrix}\begin{pmatrix} b_1 \\ b_2 \\ b_3 \end{pmatrix}$$

이므로 $x_1$은 다음과 같고 $x_2$와 $x_3$도 같은 방법으로 증명된다.

$$\begin{aligned} x_1 &= \frac{1}{\lvert A\rvert}\left(A^{11}b_1 + A^{21}b_2 + A^{31}b_3\right) \\ &= \frac{1}{\lvert A\rvert}\left(b_1\begin{vmatrix} a_{22} & a_{23} \\ a_{32} & a_{33}\end{vmatrix} - b_2\begin{vmatrix} a_{12} & a_{13} \\ a_{32} & a_{33}\end{vmatrix} + b_3\begin{vmatrix} a_{12} & a_{13} \\ a_{22} & a_{23}\end{vmatrix}\right) \\ &= \frac{1}{\lvert A\rvert}\begin{vmatrix} b_1 & a_{12} & a_{13} \\ b_2 & a_{22} & a_{23} \\ b_3 & a_{32} & a_{33}\end{vmatrix} \end{aligned}$$

**예 11.7**

다음 연립방정식의 해를 (a) 역행렬과 (b) 크라머 방법으로 구하라.

$$x_1 + 3x_2 = 2, \quad 2x_1 + x_2 = 3$$

**풀이** 주어진 방정식을 행렬로 나타내면 다음과 같다.

$$\begin{pmatrix} 1 & 3 \\ 2 & 1 \end{pmatrix}\begin{pmatrix} x_1 \\ x_2 \end{pmatrix} = \begin{pmatrix} 2 \\ 3 \end{pmatrix}, \quad \lvert A\rvert = \begin{vmatrix} 1 & 3 \\ 2 & 1 \end{vmatrix} = 1 - 6 = -5$$

(a) $A^{-1} = \dfrac{\hat{A}^{\mathrm{T}}}{\lvert A\rvert} = -\dfrac{1}{5}\begin{pmatrix} 1 & -3 \\ -2 & 1 \end{pmatrix}$

$$\mathbf{X} = A^{-1}\mathbf{b} : \begin{pmatrix} x_1 \\ x_2 \end{pmatrix} = -\frac{1}{5}\begin{pmatrix} 1 & -3 \\ -2 & 1 \end{pmatrix}\begin{pmatrix} 2 \\ 3 \end{pmatrix} = \begin{pmatrix} 7/5 \\ 1/5 \end{pmatrix}$$

(b) $x_1 = \dfrac{1}{\lvert A\rvert}\begin{vmatrix} 2 & 3 \\ 3 & 1 \end{vmatrix} = \dfrac{7}{5}, \quad x_2 = \dfrac{1}{\lvert A\rvert}\begin{vmatrix} 1 & 2 \\ 2 & 3 \end{vmatrix} = \dfrac{1}{5}$

## (8) 행연산 방법

역행렬이나 연립방정식의 해를 구할 때 다음과 같은 행연산 또는 행조작(row operation) 방법을 사용하기도 한다.

$R_{ij}$ : $i$행과 $j$행을 바꿈

$cR_i$ : $i$행에 0이 아닌 상수 $c$를 곱함

$cR_i + R_j$ : $i$행에 상수 $c$를 곱한 요소들을 $j$행의 같은 요소들에 더함

### (a) 역행렬

행렬 $A = \begin{pmatrix} a_{11} & a_{12} \\ a_{21} & a_{22} \end{pmatrix}$의 역행렬을 $A^{-1} = \begin{pmatrix} b_{11} & b_{12} \\ b_{21} & b_{22} \end{pmatrix}$라 하면 이것은 행연산에 의해 다음과 같이 구해진다. $A$를 조작하여 $I$가 되게 한 것은 $A$에 $A^{-1}$을 곱해준 것과 같고 $I$에도 똑같은 조작을 한 것이므로 행연산은 $I$에 $A^{-1}$을 곱한 것과 같다.

$$(A \mid I) = \left(\begin{array}{cc|cc} a_{11} & a_{12} & 1 & 0 \\ a_{21} & a_{22} & 0 & 1 \end{array}\right)$$

$$\xrightarrow{\text{행연산}} \left(\begin{array}{cc|cc} 1 & 0 & b_{11} & b_{12} \\ 0 & 1 & b_{21} & b_{22} \end{array}\right) = (I \mid A^{-1}) \tag{11.38}$$

**예 11.8**

행연산 방법으로 행렬 $A = \begin{pmatrix} 2 & 3 \\ 1 & -1 \end{pmatrix}$의 역행렬을 구하라.

**풀이**

$$(A \mid I) = \left(\begin{array}{cc|cc} 2 & 3 & 1 & 0 \\ 1 & -1 & 0 & 1 \end{array}\right) \xrightarrow{3R_2 + R_1} \left(\begin{array}{cc|cc} 5 & 0 & 1 & 3 \\ 1 & -1 & 0 & 1 \end{array}\right)$$

$$\xrightarrow{-R_2,\ R_1/5} \left(\begin{array}{cc|cc} 1 & 0 & 1/5 & 3/5 \\ -1 & 1 & 0 & -1 \end{array}\right) \xrightarrow{R_1 + R_2} \left(\begin{array}{cc|cc} 1 & 0 & 1/5 & 3/5 \\ 0 & 1 & 1/5 & -2/5 \end{array}\right)$$

$$= (I \mid A^{-1}) \Rightarrow A^{-1} = \frac{1}{5}\begin{pmatrix} 1 & 3 \\ 1 & -2 \end{pmatrix}$$

### (b) 연립방정식

행연산 방법을 사용하여 연립방정식의 해를 구할 수 있다. 이것을 가우스-조던 소거법(Gauss-

Jordan elimination)이라 한다. 이 방법에 의하면 연립방정식

$$\begin{pmatrix} a_{11} & a_{12} \\ a_{21} & a_{22} \end{pmatrix}\begin{pmatrix} x_1 \\ x_2 \end{pmatrix} = \begin{pmatrix} b_1 \\ b_2 \end{pmatrix} \ : \ A\,\mathrm{X} = \mathrm{b}$$

의 해를 다음과 같이 구한다.

$$(A\,|\,\mathrm{b}) = \left(\begin{array}{cc|c} a_{11} & a_{12} & b_1 \\ a_{21} & a_{22} & b_2 \end{array}\right) \xrightarrow{\text{행연산}} \left(\begin{array}{cc|c} 1 & 0 & b_1' \\ 0 & 1 & b_2' \end{array}\right) = (I\,|\,\mathrm{b}') \tag{11.39}$$

$A$를 조작하여 $I$가 되게 한 것은 $A$에 $A^{-1}$을 곱해준 것과 같고 b에도 똑같은 조작을 한 것이므로 행연산은 b에 $A^{-1}$을 곱한 것과 같으므로 식 (11.36)에 의해 b′은 X이다.

**예 11.9**

행연산 방법으로 다음 연립방정식의 해를 구하라.

$$2x_1 + 3x_2 = 7, \quad x_1 - x_2 = 1$$

**풀이** $\begin{pmatrix} 2 & 3 \\ 1 & -1 \end{pmatrix}\begin{pmatrix} x_1 \\ x_2 \end{pmatrix} = \begin{pmatrix} 7 \\ 1 \end{pmatrix}$

$$(A\,|\,\mathrm{b}) = \left(\begin{array}{cc|c} 2 & 3 & 7 \\ 1 & -1 & 1 \end{array}\right) \xrightarrow{3R_2 + R_1} \left(\begin{array}{cc|c} 5 & 0 & 10 \\ 1 & -1 & 1 \end{array}\right) \xrightarrow{R_1/5} \left(\begin{array}{cc|c} 1 & 0 & 2 \\ 1 & -1 & 1 \end{array}\right)$$

$$\xrightarrow{-R_2} \left(\begin{array}{cc|c} 1 & 0 & 2 \\ -1 & 1 & -1 \end{array}\right) \xrightarrow{R_1 + R_2} \left(\begin{array}{cc|c} 1 & 0 & 2 \\ 0 & 1 & 1 \end{array}\right) = (I\,|\,\mathrm{b}')$$

$$\Rightarrow \mathrm{b}' = \begin{pmatrix} x_1 \\ x_2 \end{pmatrix} = \begin{pmatrix} 2 \\ 1 \end{pmatrix}$$

## 11.2 행렬의 고유값과 대각화

역학진동이나 전기진동에서 나타나는 연립미분방정식의 해와 같은 공학문제를 해결하는 데 행렬을 이용할 수 있다. 이 때 고유값 방정식의 해를 구하는 것이 중요하고 행렬의 대각화 방법이 유용하게 쓰인다.

### (1) 고유값과 고유함수

식 (11.40)은 행렬 $A$에 대한 고유값 방정식(eigenvalue equation)이라 하고 $\lambda$는 $A$의 고유값(eigenvalue), 0이 아닌 $\mathbf{K}$를 대응하는 고유함수(eigenfunction) 또는 고유벡터(eigenvec tor)라 한다.

**고유값 방정식**

$$A\mathbf{K} = \lambda\mathbf{K} \tag{11.40}$$

3차 행렬인 경우, 식 (11.40)의 고유값 $\lambda$는 다음의 특성방정식(characteristic equation)에 의해 결정된다.

$$\begin{vmatrix} a_{11}-\lambda & a_{12} & a_{13} \\ a_{21} & a_{22}-\lambda & a_{23} \\ a_{31} & a_{32} & a_{33}-\lambda \end{vmatrix} = 0 \tag{11.41}$$

이것의 해는 일반적으로 세 개$(\lambda_1,\ \lambda_2,\ \lambda_3)$이다. 3차 행렬식인 경우 다음 식을 사용하여 해를 구할 수 있다.

$$\begin{aligned} &\lambda^3-(a+b+c)\lambda^2+(ab+bc+ca)\lambda-abc \\ &=(\lambda-a)(\lambda-b)(\lambda-c) \end{aligned} \tag{11.42}$$

**증명**

다음과 같이 2차 행렬인 경우를 증명한다.

$$\begin{pmatrix} a_{11} & a_{12} \\ a_{21} & a_{22} \end{pmatrix}\begin{pmatrix} K_{11} \\ K_{21} \end{pmatrix} = \lambda\begin{pmatrix} K_{11} \\ K_{21} \end{pmatrix}$$

$$\Rightarrow\ a_{11}K_{11}+a_{12}K_{21}=\lambda K_{11} \tag{*1}$$

$$a_{21}K_{11}+a_{22}K_{21}=\lambda K_{21} \tag{*2}$$

$\mathbf{K}=\begin{pmatrix} K_{11} \\ K_{21} \end{pmatrix}$가 0이 아니기 위해서는 $K_{11}$과 $K_{21}$ 중 최소한 한 개는 0이 아니어야 한다. 여기서는 $K_{11}$이 0이 아닌 경우에 증명한다. 식 (*1)과 (*2)는

$$(a_{11}-\lambda)K_{11}+a_{12}K_{21}=0 \tag{*3}$$

$$a_{21}K_{11}+(a_{22}-\lambda)K_{21}=0 \quad (*4)$$

이므로 식 $(*3)\times(a_{22}-\lambda)-$ 식 $(*4)\times a_{12}$를 계산하면

$$[(a_{11}-\lambda)(a_{22}-\lambda)-a_{12}a_{21}]K_{11}=0$$

이고 $K_{11}\neq 0$이므로 다음이 성립한다.

$$\begin{vmatrix} a_{11}-\lambda & a_{12} \\ a_{21} & a_{22}-\lambda \end{vmatrix}=[(a_{11}-\lambda)(a_{22}-\lambda)-a_{12}a_{21}]=0$$

---

고유값 $\lambda_i\,(i=1,2,3)$에 대응하는 고유벡터 $\mathbf{K}_i$는 다음 식에 의해 $K_{1i}$, $K_{2i}$, $K_{3i}$의 비율이 구해진다.

$$A\mathbf{K}_i=\lambda_1\mathbf{K}_i, \quad \mathbf{K}_i=\begin{pmatrix} K_{1i} \\ K_{2i} \\ K_{3i} \end{pmatrix} \tag{11.43}$$

즉, 각각의 고유값에 대응하는 고유벡터는 여러 개 존재할 수 있지만 물리적으로는 대부분 차이가 없다. 예를 들어, $\mathbf{K}_i$가 식 (11.43)의 해이면 0이 아닌 상수 $c$에 대해 $c\mathbf{K}_i$도 식 (11.43)을 만족하므로 해이다. 필요에 따라서는 $\mathbf{K}_i$들을 다음과 같이 규격화(normalization)해야 하는 경우도 있다.

$$1=\mathbf{K}_i^{\mathrm{T}}\mathbf{K}_i=\begin{pmatrix} K_{1i} & K_{2i} & K_{3i} \end{pmatrix}\begin{pmatrix} K_{1i} \\ K_{2i} \\ K_{3i} \end{pmatrix}=K_{1i}^2+K_{2i}^2+K_{3i}^2 \tag{11.44}$$

: 고유벡터의 규격화

### 예 11.10

다음 행렬들의 고유값과 규격화된 고유벡터를 구하라.

(a) $\begin{pmatrix} 1 & 0 \\ 0 & 2 \end{pmatrix}$ (b) $\begin{pmatrix} 1 & 1 \\ 4 & 1 \end{pmatrix}$ (c) $\begin{pmatrix} 2 & 1 & 0 \\ 1 & 2 & 1 \\ 0 & 1 & 2 \end{pmatrix}$ (d) $\begin{pmatrix} 2 & 3 & 0 \\ 3 & 2 & 0 \\ 0 & 0 & 1 \end{pmatrix}$

**풀이** (a) $\begin{vmatrix} 1-\lambda & 0 \\ 0 & 2-\lambda \end{vmatrix}=(1-\lambda)(2-\lambda)=0\ :\ \lambda_1=1,\ \lambda_2=2$

$\lambda_1=1\ :\ \begin{pmatrix} 1 & 0 \\ 0 & 2 \end{pmatrix}\begin{pmatrix} K_{11} \\ K_{21} \end{pmatrix}=1\begin{pmatrix} K_{11} \\ K_{21} \end{pmatrix},\quad 2K_{21}=K_{21}\ \Rightarrow\ K_{21}=0$

$\Rightarrow\ K_{11}^2+K_{21}^2=1,\ K_{11}=\pm 1,\ \mathbf{K}_1=\begin{pmatrix} 1 \\ 0 \end{pmatrix}$ 또는 $\begin{pmatrix} -1 \\ 0 \end{pmatrix}$

$$\lambda_2 = 2 : \begin{pmatrix} 1 & 0 \\ 0 & 2 \end{pmatrix}\begin{pmatrix} K_{12} \\ K_{22} \end{pmatrix} = 2\begin{pmatrix} K_{12} \\ K_{22} \end{pmatrix}, \ K_{12} = 2K_{12} \Rightarrow K_{12} = 0$$

$$\Rightarrow K_{12}^2 + K_{22}^2 = 1, \ K_{22} = \pm 1, \ \mathbf{K}_2 = \begin{pmatrix} 0 \\ \pm 1 \end{pmatrix}$$

(b) $\begin{vmatrix} 1-\lambda & 1 \\ 4 & 1-\lambda \end{vmatrix} = (1-\lambda)^2 - 4 = (\lambda+1)(\lambda-3) = 0 : \lambda_1 = 3, \ \lambda_2 = -1$

$$\lambda_1 = 3 : \begin{pmatrix} 1 & 1 \\ 4 & 1 \end{pmatrix}\begin{pmatrix} K_{11} \\ K_{21} \end{pmatrix} = 3\begin{pmatrix} K_{11} \\ K_{21} \end{pmatrix}, \ K_{11} + K_{21} = 3K_{11}$$

$$\Rightarrow K_{21} = 2K_{11} \Rightarrow K_{11}^2 + K_{21}^2 = 5K_{11}^2 = 1, \ \mathbf{K}_1 = \pm\frac{1}{\sqrt{5}}\begin{pmatrix} 1 \\ 2 \end{pmatrix}$$

$$\lambda_2 = -1 : \begin{pmatrix} 1 & 1 \\ 4 & 1 \end{pmatrix}\begin{pmatrix} K_{12} \\ K_{22} \end{pmatrix} = -\begin{pmatrix} K_{12} \\ K_{22} \end{pmatrix}, \ K_{12} + K_{22} = -K_{12}$$

$$\Rightarrow K_{22} = -2K_{12}, \ K_{12}^2 + K_{22}^2 = 5K_{12}^2 = 1, \ \mathbf{K}_2 = \pm\frac{1}{\sqrt{5}}\begin{pmatrix} 1 \\ -2 \end{pmatrix}$$

(c) $\begin{vmatrix} 2-\lambda & 1 & 0 \\ 1 & 2-\lambda & 1 \\ 0 & 1 & 2-\lambda \end{vmatrix} = 0 \Rightarrow \begin{matrix} (2-\lambda)[(2-\lambda)^2 - 2] \\ = (2-\lambda)[\lambda^2 - 4\lambda + 2] = 0 \end{matrix}$

$$\lambda_i = 2, \ 2+\sqrt{2}, \ 2-\sqrt{2}$$

$$\lambda_1 = 2 : \begin{pmatrix} 2 & 1 & 0 \\ 1 & 2 & 1 \\ 0 & 1 & 2 \end{pmatrix}\begin{pmatrix} K_{11} \\ K_{21} \\ K_{31} \end{pmatrix} = 2\begin{pmatrix} K_{11} \\ K_{21} \\ K_{31} \end{pmatrix} \Rightarrow \begin{matrix} 2K_{11} + K_{21} = 2K_{11} \\ : K_{21} = 0 \end{matrix}$$

으로부터 $K_{11} + K_{31} = 0$이므로 $K_{11} = 1$로 선택하면 $K_{31} = -1$이고 $\mathbf{K}_2$와 $\mathbf{K}_3$도 같은 방법으로 계산하여 규격화하면 다음과 같다.

$$\mathbf{K}_1 = \frac{1}{\sqrt{2}}\begin{pmatrix} 1 \\ 0 \\ -1 \end{pmatrix}, \quad \mathbf{K}_2 = \frac{1}{2}\begin{pmatrix} 1 \\ \sqrt{2} \\ 1 \end{pmatrix}, \quad \mathbf{K}_3 = \frac{1}{2}\begin{pmatrix} 1 \\ -\sqrt{2} \\ 1 \end{pmatrix}$$

(d) $\begin{vmatrix} 2-\lambda & 3 & 0 \\ 3 & 2-\lambda & 1 \\ 0 & 0 & 1-\lambda \end{vmatrix} = 0 \Rightarrow \begin{matrix} (1-\lambda)[(2-\lambda)^2 - 9] \\ = (1-\lambda)(\lambda+1)(\lambda-5) = 0 \end{matrix}$

$$\lambda_i = \pm 1, \ 5$$

$$\lambda_1 = 1 : \begin{pmatrix} 2 & 3 & 0 \\ 3 & 2 & 0 \\ 0 & 0 & 1 \end{pmatrix}\begin{pmatrix} K_{11} \\ K_{21} \\ K_{31} \end{pmatrix} = 1\begin{pmatrix} K_{11} \\ K_{21} \\ K_{31} \end{pmatrix} \Rightarrow \begin{matrix} 2K_{11} + 3K_{21} = K_{11} \\ 3K_{11} + 2K_{21} = K_{21} \end{matrix}$$

$$\Rightarrow \mathbf{K}_1 = \begin{pmatrix} 0 \\ 0 \\ 1 \end{pmatrix}, \quad \mathbf{K}_2 = \frac{1}{\sqrt{2}}\begin{pmatrix} 1 \\ -1 \\ 0 \end{pmatrix}, \quad \mathbf{K}_3 = \frac{1}{\sqrt{2}}\begin{pmatrix} 1 \\ 1 \\ 0 \end{pmatrix}$$

## (2) 대각화

행렬의 대각화를 간단히 설명하기 위해 여기서는 2차 행렬을 다룬다. 3차 이상의 행렬에도 똑같이 적용할 수 있다. 행렬 $A$의 고유값과 고유벡터

$$\lambda_1 : \mathbf{K}_1 = \begin{pmatrix} K_{11} \\ K_{21} \end{pmatrix}, \qquad \lambda_2 : \mathbf{K}_2 = \begin{pmatrix} K_{12} \\ K_{22} \end{pmatrix}$$

에 대해 고유값 행렬 $D$와 고유벡터 행렬 $R$을

$$D = \begin{pmatrix} \lambda_1 & 0 \\ 0 & \lambda_2 \end{pmatrix}, \quad R = (\mathbf{K}_1 \ \ \mathbf{K}_2) = \begin{pmatrix} K_{11} & K_{12} \\ K_{21} & K_{22} \end{pmatrix} \tag{11.45}$$

로 정의하면 다음과 같이 행렬 $A$를 대각화(diagonalization) 할 수 있다.

**대각화**

$$R^{-1} A R = D \tag{11.46}$$

**증명**

$$AR = A(\mathbf{K}_1 \ \ \mathbf{K}_2) = (\lambda_1 \mathbf{K}_1 \ \ \lambda_2 \mathbf{K}_2) = \begin{pmatrix} \lambda_1 K_{11} & \lambda_2 K_{12} \\ \lambda_1 K_{21} & \lambda_2 K_{22} \end{pmatrix}$$

$$RD = (\mathbf{K}_1 \ \ \mathbf{K}_2) \begin{pmatrix} \lambda_1 & 0 \\ 0 & \lambda_2 \end{pmatrix} = (\lambda_1 \mathbf{K}_1 \ \ \lambda_2 \mathbf{K}_2)$$

이므로 $AR = RD$ 이고 양변의 좌측에 역행렬 $R^{-1}$을 곱하면 결과가 된다.

**참고**

여기서 사용하는 고유값 행렬 $D$와 고유벡터 행렬 $R$은 일반적으로 통용되는 용어는 아니지만 이 책에서는 편리를 위해 이 용어들을 사용하기로 한다.

행렬 $A$가 대칭행렬이면 식 (11.46)은 다음이 된다. 이 때 $\mathbf{K}_i$들은 반드시 규격화해야 하고 $R^{-1}$ 대신에 전치행렬 $R^{\mathrm{T}}$를 사용하므로 편리하다. $R^{\mathrm{T}} = R^{-1}$이므로 $R$은 직교행렬이다.

**대칭행렬의 대각화**

$$R^{\mathrm{T}} A R = D \tag{11.47}$$

**증명**

$A^{\mathrm{T}} = A$ 이므로(대칭행렬) $A\mathrm{K}_1 = \lambda_1 \mathrm{K}_1$의 전치는($\lambda_1$은 수) 식 (11.29)로부터

$$\mathrm{K}_1^{\mathrm{T}} \mathrm{A}^{\mathrm{T}} = \mathrm{K}_1^{\mathrm{T}} \mathrm{A} = \lambda_1 \mathrm{K}_1^{\mathrm{T}}$$

이고 양변의 오른쪽에 $\mathrm{K}_2$를 곱하면 다음이 된다.

$$\mathrm{K}_1^{\mathrm{T}} \mathrm{A} \mathrm{K}_2 = \lambda_1 \mathrm{K}_1^{\mathrm{T}} \mathrm{K}_2 \tag{*1}$$

한편, $A\mathrm{K}_2 = \lambda_2 \mathrm{K}_2$의 왼쪽에 $\mathrm{K}_1^{\mathrm{T}}$를 곱하면

$$\mathrm{K}_1^{\mathrm{T}} \mathrm{A} \mathrm{K}_2 = \lambda_2 \mathrm{K}_1^{\mathrm{T}} \mathrm{K}_2 \tag{*2}$$

이므로 식 (*1)에서 식 (*2)를 빼면

$$0 = (\lambda_1 - \lambda_2) \mathrm{K}_1^{\mathrm{T}} \mathrm{K}_2$$

이다. 따라서 $\lambda_1 \neq \lambda_2$이면 $\mathrm{K}_1^{\mathrm{T}} \mathrm{K}_2 = 0$ 이다. 이것을 고유값이 다른 두 고유벡터 $\mathrm{K}_1$과 $\mathrm{K}_2$는 직교(orthogonal)한다고 한다. 같은 방법을 적용하면 $\mathrm{K}_2^{\mathrm{T}} \mathrm{K}_1 = 0$이 됨을 알 수 있고 $\mathrm{K}_1$과 $\mathrm{K}_2$는 규격화되어 있으므로 $\mathrm{K}_1^{\mathrm{T}} \mathrm{K}_1 = 1$, $\mathrm{K}_2^{\mathrm{T}} \mathrm{K}_2 = 1$이다. 따라서

$$R^{\mathrm{T}} R = \begin{pmatrix} \mathrm{K}_1^{\mathrm{T}} \\ \mathrm{K}_2^{\mathrm{T}} \end{pmatrix} (\mathrm{K}_1 \quad \mathrm{K}_2) = \begin{pmatrix} \mathrm{K}_1^{\mathrm{T}} \mathrm{K}_1 & \mathrm{K}_1^{\mathrm{T}} \mathrm{K}_2 \\ \mathrm{K}_2^{\mathrm{T}} \mathrm{K}_1 & \mathrm{K}_2^{\mathrm{T}} \mathrm{K}_2 \end{pmatrix} = \begin{pmatrix} 1 & 0 \\ 0 & 1 \end{pmatrix} = \mathrm{I}$$

이므로 $R^{\mathrm{T}} = R^{-1}$이다.

**예 11.11**

다음 행렬들의 고유값과 고유벡터를 구하고 $R^{-1} A R = D$를 확인하라.

(a) $\begin{pmatrix} -1 & 2 \\ -2 & 4 \end{pmatrix}$ (b) $\begin{pmatrix} 3 & 1 \\ 1 & 3 \end{pmatrix}$ (c) $\begin{pmatrix} 5 & -2 & 0 \\ -2 & 6 & -2 \\ 0 & -2 & 7 \end{pmatrix}$

**풀이** (a) $-(1+\lambda)(4-\lambda)+4 = 0$, $\lambda(\lambda-3) = 0$

$$\lambda_1 = 0 \ : \ \begin{pmatrix} -1 & 2 \\ -2 & 4 \end{pmatrix} \begin{pmatrix} K_{11} \\ K_{21} \end{pmatrix} = 0, \ K_{11} = 2K_{21} \ \Rightarrow \ \mathrm{K}_1 = \begin{pmatrix} 2 \\ 1 \end{pmatrix}$$

$$\lambda_2 = 3 : \begin{pmatrix} -1 & 2 \\ -2 & 4 \end{pmatrix}\begin{pmatrix} K_{12} \\ K_{22} \end{pmatrix} = 3\begin{pmatrix} K_{12} \\ K_{22} \end{pmatrix},\ K_{22} = 2K_{12} \Rightarrow \mathbf{K}_2 = \begin{pmatrix} 1 \\ 2 \end{pmatrix}$$

$$D = \begin{pmatrix} 0 & 0 \\ 0 & 3 \end{pmatrix},\quad R = \begin{pmatrix} 2 & 1 \\ 1 & 2 \end{pmatrix},\quad R^{-1} = \frac{1}{3}\begin{pmatrix} 2 & -1 \\ -1 & 2 \end{pmatrix}$$

$$R^{-1}AR = \frac{1}{3}\begin{pmatrix} 2 & -1 \\ -1 & 2 \end{pmatrix}\begin{pmatrix} -1 & 2 \\ -2 & 4 \end{pmatrix}\begin{pmatrix} 2 & 1 \\ 1 & 2 \end{pmatrix}$$

$$= \frac{1}{3}\begin{pmatrix} 2 & -1 \\ -1 & 2 \end{pmatrix}\begin{pmatrix} 0 & 3 \\ 0 & 6 \end{pmatrix} = \frac{1}{3}\begin{pmatrix} 0 & 0 \\ 0 & 9 \end{pmatrix} = D$$

(b) $(3-\lambda)^2 - 1 = (\lambda - 2)(\lambda - 4) = 0$

$$\lambda_1 = 2 : \begin{pmatrix} 3 & 1 \\ 1 & 3 \end{pmatrix}\begin{pmatrix} K_{11} \\ K_{21} \end{pmatrix} = 2\begin{pmatrix} K_{11} \\ K_{21} \end{pmatrix},\ K_{21} = -K_{11} \Rightarrow \mathbf{K}_1 = \frac{1}{\sqrt{2}}\begin{pmatrix} 1 \\ -1 \end{pmatrix}$$

$$\lambda_2 = 4 : \begin{pmatrix} 3 & 1 \\ 1 & 3 \end{pmatrix}\begin{pmatrix} K_{12} \\ K_{22} \end{pmatrix} = 4\begin{pmatrix} K_{12} \\ K_{22} \end{pmatrix},\ K_{22} = K_{12} \Rightarrow \mathbf{K}_2 = \frac{1}{\sqrt{2}}\begin{pmatrix} 1 \\ 1 \end{pmatrix}$$

$$D = \begin{pmatrix} 2 & 0 \\ 0 & 4 \end{pmatrix},\quad R = \frac{1}{\sqrt{2}}\begin{pmatrix} 1 & 1 \\ -1 & 1 \end{pmatrix}$$

$$R^{\mathrm{T}} = \frac{1}{\sqrt{2}}\begin{pmatrix} 1 & -1 \\ 1 & 1 \end{pmatrix} = R^{-1}$$

$$R^{\mathrm{T}}AR = \frac{1}{\sqrt{2}}\begin{pmatrix} 1 & -1 \\ 1 & 1 \end{pmatrix}\begin{pmatrix} 3 & 1 \\ 1 & 3 \end{pmatrix}\frac{1}{\sqrt{2}}\begin{pmatrix} 1 & 1 \\ -1 & 1 \end{pmatrix}$$

$$= \frac{1}{2}\begin{pmatrix} 1 & -1 \\ 1 & 1 \end{pmatrix}\begin{pmatrix} 2 & 4 \\ -2 & 4 \end{pmatrix} = \begin{pmatrix} 2 & 0 \\ 0 & 4 \end{pmatrix} = D$$

(c) $(5-\lambda)[(6-\lambda)(7-\lambda)-4] + 2[-2(7-\lambda)] = 0 \Rightarrow \lambda = 3,\ 6,\ 9$

$$\begin{pmatrix} 5 & -2 & 0 \\ -2 & 6 & -2 \\ 0 & -2 & 7 \end{pmatrix}\begin{pmatrix} K_{11} \\ K_{21} \\ K_{31} \end{pmatrix} = 3\begin{pmatrix} K_{11} \\ K_{21} \\ K_{31} \end{pmatrix}$$

$$5K_{11} - 2K_{21} = 3K_{11} \Rightarrow K_{21} = K_{11}$$

$$-2K_{21} + 7K_{31} = 3K_{31} \Rightarrow K_{21} = 2K_{31}$$

$$D = \begin{pmatrix} 3 & 0 & 0 \\ 0 & 6 & 0 \\ 0 & 0 & 9 \end{pmatrix},\quad R = \frac{1}{3}\begin{pmatrix} 2 & 2 & 1 \\ 2 & -1 & -2 \\ 1 & -2 & 2 \end{pmatrix}$$

$$R^{\mathrm{T}}AR = \frac{1}{3}\begin{pmatrix} 2 & 2 & 1 \\ 2 & -1 & -2 \\ 1 & -2 & 2 \end{pmatrix}\begin{pmatrix} 5 & -2 & 0 \\ -2 & 6 & -2 \\ 0 & -2 & 7 \end{pmatrix}\frac{1}{3}\begin{pmatrix} 2 & 2 & 1 \\ 2 & -1 & -2 \\ 1 & -2 & 2 \end{pmatrix}$$

$$= \frac{1}{9}\begin{pmatrix} 2 & 2 & 1 \\ 2 & -1 & -2 \\ 1 & -2 & 2 \end{pmatrix}\begin{pmatrix} 6 & 12 & 9 \\ 6 & -6 & -18 \\ 3 & -12 & 18 \end{pmatrix} = D$$

## 11.3 행렬의 응용

좌표 또는 벡터 회전, 맞춤, 전이행렬 등 공학에서 다루는 문제들은 행렬형식으로 나타내어 해결할 수 있다.

### (1) 벡터의 회전

여기서는 $x$축을 $x_1$축, $y$축은 $x_2$축, $z$축은 $x_3$축으로 나타낸다. $(x_1, x_2, x_3)$ 좌표계에서의 벡터 $\mathbf{X}$와 좌표계를 $x_3$축 주위로 + 방향(반시계 방향)으로 각 $\theta$만큼 회전시켜 만든 좌표계 $(x_1', x_2', x_3')$에서의 벡터 $\mathbf{X}'$을

$$\mathbf{X}=\begin{pmatrix} x_1 \\ x_2 \\ x_3 \end{pmatrix}, \quad \mathbf{X}'=\begin{pmatrix} x_1' \\ x_2' \\ x_3' \end{pmatrix} \tag{11.48}$$

로 두면 이들 사이에는 다음의 관계가 성립한다.

$$\begin{pmatrix} x_1' \\ x_2' \\ x_3' \end{pmatrix}=\begin{pmatrix} \cos\theta & \sin\theta & 0 \\ -\sin\theta & \cos\theta & 0 \\ 0 & 0 & 1 \end{pmatrix}\begin{pmatrix} x_1 \\ x_2 \\ x_3 \end{pmatrix} \quad : \quad \mathbf{X}'=R_3(\theta)\mathbf{X} \tag{11.49}$$

여기서 회전행렬 $R_3(\theta)$는 다음과 같이 정의한다.

**회전행렬($x_3$축 주위 좌표회전)**

$$R_3(\theta)=\begin{pmatrix} \cos\theta & \sin\theta & 0 \\ -\sin\theta & \cos\theta & 0 \\ 0 & 0 & 1 \end{pmatrix} \tag{11.50}$$

**증명**

그림으로부터 다음과 같이 증명된다.

$$x_1' = \overline{\mathrm{OB}'} = \overline{\mathrm{OA}'} + \overline{\mathrm{AB}} = x_1\cos\theta + x_2\sin\theta$$

$$x_2' = \overline{\mathrm{PB}'} = \overline{\mathrm{PB}} - \overline{\mathrm{A'A}} = x_2\cos\theta - x_1\sin\theta$$

$$x_3' = x_3$$

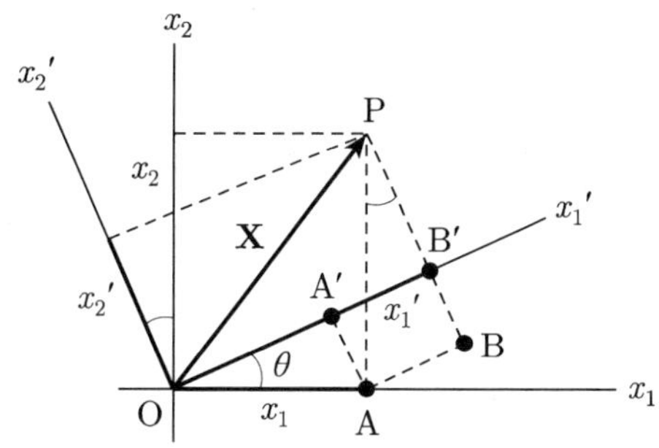


## 예 11.12

벡터 X와 이 벡터를 $x_3$축 주위로 + 방향(반시계 방향)으로 각 $\theta$ 만큼 회전시킨 벡터 X′ 사이의 변환행렬 $\widetilde{R}_3(\theta)$ ($R_3$ tilde로 읽음)을 구하라.

**풀이** 벡터는 회전해도 크기가 변하지 않으므로 즉, $|\mathbf{X}'| = |\mathbf{X}| = X$ 이므로 그림으로부터 다음과 같이 증명된다.

$$x_1' = X\cos(\alpha + \theta) = X\cos\alpha\ \cos\theta - X\sin\alpha\sin\theta$$
$$= x_1\cos\theta - x_2\sin\theta$$

$$x_2' = X\sin(\alpha + \theta) = X\sin\alpha\cos\theta + X\cos\alpha\sin\theta$$
$$= x_2\cos\theta + x_1\sin\theta$$

$$x_3' = x_3$$

$$\begin{pmatrix} x_1' \\ x_2' \\ x_3' \end{pmatrix} = \begin{pmatrix} \cos\theta & -\sin\theta & 0 \\ \sin\theta & \cos\theta & 0 \\ 0 & 0 & 1 \end{pmatrix} \begin{pmatrix} x_1 \\ x_2 \\ x_3 \end{pmatrix}$$

$$\widetilde{R}_3(\theta) = \begin{pmatrix} \cos\theta & -\sin\theta & 0 \\ \sin\theta & \cos\theta & 0 \\ 0 & 0 & 1 \end{pmatrix} = R_3(-\theta)$$

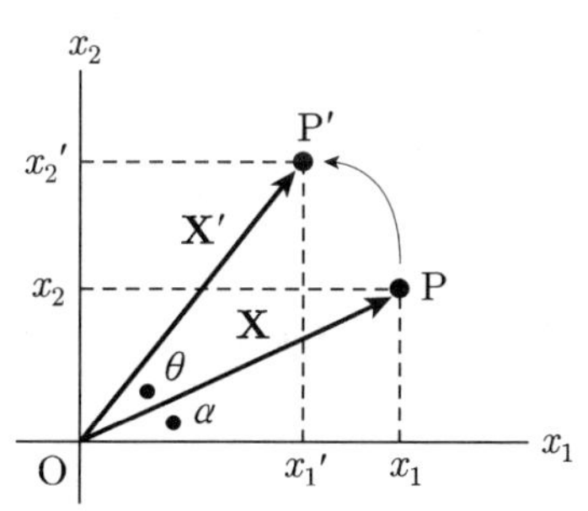

다른 축 주위의 회전에 대한 변환행렬들은 다음과 같다.

| | 좌표계 회전 | 벡터 회전 |
|---|---|---|
| $x_1$축 | $R_1(\theta)=\begin{pmatrix}1 & 0 & 0\\ 0 & \cos\theta & \sin\theta\\ 0 & -\sin\theta & \cos\theta\end{pmatrix}$ | $\widetilde{R}_1(\theta)=\begin{pmatrix}1 & 0 & 0\\ 0 & \cos\theta & -\sin\theta\\ 0 & \sin\theta & \cos\theta\end{pmatrix}$ |
| $x_2$축 | $R_2(\theta)=\begin{pmatrix}\cos\theta & 0 & -\sin\theta\\ 0 & 1 & 0\\ \sin\theta & 0 & \cos\theta\end{pmatrix}$ | $\widetilde{R}_2(\theta)=\begin{pmatrix}\cos\theta & 0 & \sin\theta\\ 0 & 1 & 0\\ -\sin\theta & 0 & \cos\theta\end{pmatrix}$ |

**증명**

$R_2(\theta)$를 유도하기 위해 그림과 같이 좌표축을 돌려서 보면 다음과 같이 대응한다. 왼쪽 그림은 $x_3$축에서 본 그림이고 오른쪽 그림은 $x_2$축에서 본 그림이다.

$$x_1 \Rightarrow x_3, \quad x_2 \Rightarrow x_1, \quad x_3 \Rightarrow x_2$$

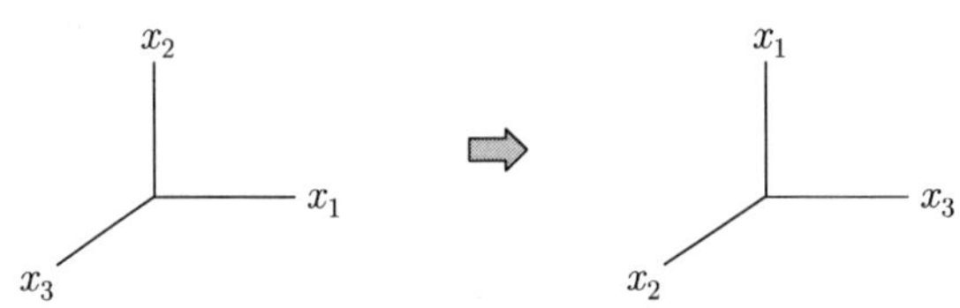


따라서 식 (11.50)의 증명으로부터 다음과 같이 증명된다.

$$\begin{aligned} x_1' &= x_1\cos\theta + x_2\sin\theta & \qquad x_3' &= x_3\cos\theta + x_1\sin\theta \\ x_2' &= x_2\cos\theta - x_1\sin\theta \quad\Rightarrow & x_1' &= x_1\cos\theta - x_3\sin\theta \\ x_3' &= x_3 & x_2' &= x_2 \end{aligned}$$

$$\Rightarrow \begin{pmatrix}x_1'\\ x_2'\\ x_3'\end{pmatrix} = \begin{pmatrix}\cos\theta & 0 & -\sin\theta\\ 0 & 1 & 0\\ \sin\theta & 0 & \cos\theta\end{pmatrix}\begin{pmatrix}x_1\\ x_2\\ x_3\end{pmatrix}$$

나머지도 같은 방법으로 유도할 수 있다.

### 예 11.13

다음 벡터를 고려하자.

$$\mathbf{X} = \begin{pmatrix}x_1\\ x_2\\ x_3\end{pmatrix} = \begin{pmatrix}1\\ 1\\ 0\end{pmatrix}$$

(a) 벡터를 $x_2$축 둘레로 60° 회전시킨 벡터를 구하라.

(b) 좌표계를 $x_2$축 둘레로 60° 회전시킨 벡터를 구하라.

**풀이**

(a) $$\begin{pmatrix} x_1' \\ x_2' \\ x_3' \end{pmatrix} = \begin{pmatrix} \cos 60° & 0 & \sin 60° \\ 0 & 1 & 0 \\ -\sin 60° & 0 & \cos 60° \end{pmatrix} \begin{pmatrix} 1 \\ 1 \\ 0 \end{pmatrix}$$

$$= \begin{pmatrix} 1/2 & 0 & \sqrt{3}/2 \\ 0 & 1 & 0 \\ -\sqrt{3}/2 & 0 & 1/2 \end{pmatrix} \begin{pmatrix} 1 \\ 1 \\ 0 \end{pmatrix} = \begin{pmatrix} 1/2 \\ 1 \\ -\sqrt{3}/2 \end{pmatrix}$$

(b) $$\begin{pmatrix} x_1' \\ x_2' \\ x_3' \end{pmatrix} = \begin{pmatrix} \cos 60° & 0 & -\sin 60° \\ 0 & 1 & 0 \\ \sin 60° & 0 & \cos 60° \end{pmatrix} \begin{pmatrix} 1 \\ 1 \\ 0 \end{pmatrix}$$

$$= \begin{pmatrix} 1/2 & 0 & -\sqrt{3}/2 \\ 0 & 1 & 0 \\ \sqrt{3}/2 & 0 & 1/2 \end{pmatrix} \begin{pmatrix} 1 \\ 1 \\ 0 \end{pmatrix} = \begin{pmatrix} 1/2 \\ 1 \\ \sqrt{3}/2 \end{pmatrix}$$

---

### 예 11.14

다음 벡터를 $x_3$축 주위로 30° 회전시킨 벡터 $\mathbf{X}'$를 다시 $x_2'$축 둘레로 90° 회전시킨 벡터 $\mathbf{X}''$를 구하라.

$$\mathbf{X} = \begin{pmatrix} x_1 \\ x_2 \\ x_3 \end{pmatrix} = \begin{pmatrix} 1 \\ 0 \\ 1 \end{pmatrix}$$

**풀이**

$$\mathbf{X}' = \begin{pmatrix} x_1' \\ x_2' \\ x_3' \end{pmatrix} = \begin{pmatrix} \cos 30° & -\sin 30° & 0 \\ \sin 30° & \cos 30° & 0 \\ 0 & 0 & 1 \end{pmatrix} \begin{pmatrix} 1 \\ 0 \\ 1 \end{pmatrix}$$

$$= \begin{pmatrix} \sqrt{3}/2 & -1/2 & 0 \\ 1/2 & \sqrt{3}/2 & 0 \\ 0 & 0 & 1 \end{pmatrix} \begin{pmatrix} 1 \\ 0 \\ 1 \end{pmatrix} = \begin{pmatrix} \sqrt{3}/2 \\ 1/2 \\ 1 \end{pmatrix}$$

$$\mathbf{X}'' = \begin{pmatrix} x_1'' \\ x_2'' \\ x_3'' \end{pmatrix} = \begin{pmatrix} \cos 90° & 0 & \sin 90° \\ 0 & 1 & 0 \\ -\sin 90° & 0 & \cos 90° \end{pmatrix} \begin{pmatrix} \sqrt{3}/2 \\ 1/2 \\ 1 \end{pmatrix}$$

$$= \begin{pmatrix} 0 & 0 & 1 \\ 0 & 1 & 0 \\ -1 & 0 & 0 \end{pmatrix} \begin{pmatrix} \sqrt{3}/2 \\ 1/2 \\ 1 \end{pmatrix} = \begin{pmatrix} 1 \\ 1/2 \\ -\sqrt{3}/2 \end{pmatrix}$$

---

## (2) 맞춤

컴퓨터 기술이 발전함에 따라 많은 빅 데이터(big data)들이 수집되고 있고 이를 활용하여 다양한 결과들이 나오고 있다. 수집된 자료(data)들 사이의 함수관계(또는 상관관계)를 찾아낼 수 있으면 원인을 분석하고 결과를 응용하는 것이 가능하다. 자료들 사이의 함수 관계를 찾아내는 것을 맞춤(fitting)이라 하고 여기에 행렬을 활용할 수 있다.

그림 11.1은 데이터를 $y = ax$의 직선(선형적인) 관계로 맞춤하는 것이다. 직선이 얼마나 데이터들을 잘 반영하는지 조사하기 위해서는 통계지식이 필요하고 데이터에 따라서는 지수함수나 로그함수 등으로 맞춤하는 경우도 있다.

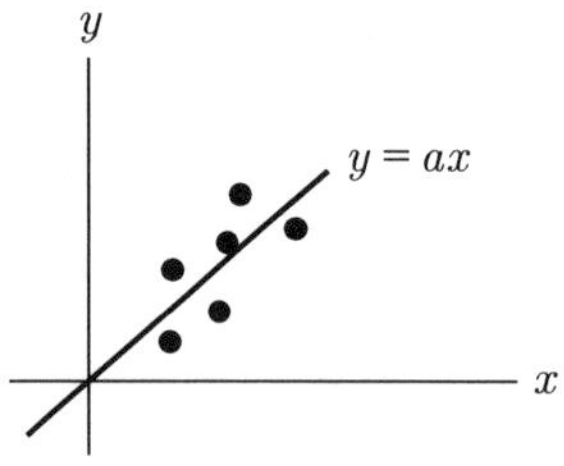


**그림 11.1** $y = ax$ 형 맞춤

$a$를 구하기 위해 $x$ 데이터들을 열벡터 $\mathbf{X}$로 쓰고 대응하는 $y$ 데이터들을 열벡터 $\mathbf{Y}$로 쓰면 $\mathbf{Y} = a\mathbf{X}$이고 여기에 $\mathbf{X}^T$를 왼쪽에 곱하면 $\mathbf{X}^T\mathbf{Y} = a\mathbf{X}^T\mathbf{X}$이므로 다음과 같다.

$$\mathbf{Y} = a\mathbf{X}, \qquad a = \frac{\mathbf{X}^T\mathbf{Y}}{\mathbf{X}^T\mathbf{X}} \tag{11.51}$$

**예 11.15**

다음 데이터를 $y = ax$로 맞춤하는 $a$를 구하고 실제값과 비교하라.

$$x : 4,\ 7,\ 11, \qquad y : 3,\ 5,\ 8$$

**풀이**

$$\mathbf{X}^T\mathbf{X} = (4 \ \ 7 \ \ 11)\begin{pmatrix} 4 \\ 7 \\ 11 \end{pmatrix} = 186, \qquad \mathbf{X}^T\mathbf{Y} = (4 \ \ 7 \ \ 11)\begin{pmatrix} 3 \\ 5 \\ 8 \end{pmatrix} = 135$$

$$a = \frac{\mathbf{X}^T\mathbf{Y}}{\mathbf{X}^T\mathbf{X}} = \frac{135}{186}, \qquad \mathbf{Y} = a\mathbf{X} = \frac{135}{186}\begin{pmatrix} 4 \\ 7 \\ 11 \end{pmatrix} = 2.9,\ 5.08,\ 7.98$$

맞춤값$(2.9,\ 5.08,\ 7.98)$과 실제값$(3,\ 5,\ 8)$이 비교적 비슷하므로 주어진 데이터는 $y = ax$ 형태에 가깝다고 볼 수 있다.

### (3) 전이확률 행렬

$n$ 단계의 상태가 $\mathbf{X}^{(n)}$으로 주어지고 $(n+1)$ 단계의 상태가 $\mathbf{X}^{(n+1)}$로 주어질 때 전이확률 행렬(transition probability patrix) $A$를 다음과 같이 정의한다.

$$\mathbf{X}^{(n+1)} = A\,\mathbf{X}^{(n)} \tag{11.52}$$

이 책에서는 $A$가 일정한 경우를 다루고 상태는 아래 첨자 1, 2, 3, ⋯ 단계는 위첨자 (1), (2), (3), ⋯으로 나타낼 때 다음과 같은 표현을 사용한다.

| 전이확률 행렬 | $n$ 단계 상태벡터 |
|---|---|
| $A=\begin{pmatrix} a_{11} & a_{12} \\ a_{21} & a_{22} \end{pmatrix}$ (11.53) | $\mathbf{X}^{(n)}=\begin{pmatrix} x_1^{(n)} \\ x_2^{(n)} \end{pmatrix}$ (11.54) |
| $x_i^{(n)}$ : $n$ 단계에 상태 $i$에 있는 개체수 (또는 확률)<br>$a_{ij}$ : 상태 $j$에 있다가 한 단계 후에 상태 $i$에 있을 확률 | |

$i \neq j$이면 $a_{ij}$는 $j$ 상태에서 $i$ 상태로 바뀔 확률이고 $i=j$이면 즉, $a_{ii}$는 $i$ 상태를 유지할 확률이다. 전이확률 행렬은 변환행렬이라고도 하고 추이과정에 대해서는 추이행렬(stochastic matric)이라 부르기도 한다. $\mathbf{X}^{(0)}$는 초기의 상태벡터이고 $A$와 $\mathbf{X}^{(0)}$를 알면 $\mathbf{X}^{(n)}$를 다음 식으로부터 구할 수 있다.

$$\mathbf{X}^{(n)} = A^n\,\mathbf{X}^{(0)} \tag{11.55}$$

**설명**

$n=1$인 경우 식 (11.55)는

$$\mathbf{X}^{(1)} = \begin{pmatrix} x_1^{(1)} \\ x_2^{(1)} \end{pmatrix} = \begin{pmatrix} a_{11} & a_{12} \\ a_{21} & a_{22} \end{pmatrix}\begin{pmatrix} x_1^{(0)} \\ x_2^{(0)} \end{pmatrix} = \begin{pmatrix} a_{11}x_1^{(0)} + a_{12}x_2^{(0)} \\ a_{21}x_1^{(0)} + a_{22}x_2^{(0)} \end{pmatrix}$$

이고 첫 행 $x_1^{(1)} = a_{11}x_1^{(0)} + a_{12}x_2^{(0)}$의 의미는 다음과 같다.

현 단계에서 상태 1에 있을 확률(또는 개체수) $\left(x_1^{(1)}\right)$
= 전 단계에서 상태 1에 있을 확률 $\left(x_1^{(0)}\right)$
  × 상태 1이 유지될 확률(또는 개체수) $\left(a_{11}\right)$
+ 전 단계에서 상태 2에 있을 확률 $\left(x_2^{(0)}\right)$
  × 상태 2가 상태 1로 바뀔 확률 $\left(a_{12}\right)$

$A$가 비대각이고 $n$이 크면 $\mathbf{X}^{(n)}$를 구하기가 어렵지만 대각화 방법을 사용하면 쉽게 구할 수 있다. $A$의 고유값과 고유벡터

$$\lambda_1 : \mathbf{K}_1 = \begin{pmatrix} K_{11} \\ K_{21} \end{pmatrix}, \qquad \lambda_2 : \mathbf{K}_2 = \begin{pmatrix} K_{12} \\ K_{22} \end{pmatrix} \tag{11.56}$$

에 대해 고유값 행렬 $D$와 고유벡터 행렬 $R$을

$$D = \begin{pmatrix} \lambda_1 & 0 \\ 0 & \lambda_2 \end{pmatrix}, \qquad R = \begin{pmatrix} K_{11} & K_{12} \\ K_{21} & K_{22} \end{pmatrix} \tag{11.57}$$

로 정의하면 다음이 성립한다.

$$A^n = RD^nR^{-1} = R\begin{pmatrix} \lambda_1^n & 0 \\ 0 & \lambda_2^n \end{pmatrix}R^{-1} \tag{11.58}$$

$$\begin{pmatrix} x_1^{(n)} \\ x_2^{(n)} \end{pmatrix} = A^n \begin{pmatrix} x_1^{(0)} \\ x_2^{(0)} \end{pmatrix} = R\begin{pmatrix} \lambda_1^n & 0 \\ 0 & \lambda_2^n \end{pmatrix}R^{-1}\begin{pmatrix} x_1^{(0)} \\ x_2^{(0)} \end{pmatrix} \tag{11.59}$$

**증명**

식 (11.46)으로부터 $A = RDR^{-1}$이므로 다음과 같다.

$$\begin{aligned} A^n &= AAA\cdots A \\ &= (RDR^{-1})(RDR^{-1})\cdots(RDR^{-1}) = RD^nR^{-1} \end{aligned}$$

$$D^n = \begin{pmatrix} \lambda_1 & 0 \\ 0 & \lambda_2 \end{pmatrix}\begin{pmatrix} \lambda_1 & 0 \\ 0 & \lambda_2 \end{pmatrix}\cdots\begin{pmatrix} \lambda_1 & 0 \\ 0 & \lambda_2 \end{pmatrix} = \begin{pmatrix} \lambda_1^n & 0 \\ 0 & \lambda_2^n \end{pmatrix}$$

### 예 11.16

다음과 같은 생산라인이 있다.

$a_{11} = 0.7$ : 전날 합격품을 내던 생산라인이 당일 합격품을 낼 확률

$a_{21} = 0.3$ : 전날 합격품을 내던 생산라인이 당일 불합격품을 낼 확률

$a_{12} = 0.2$ : 전날 불합격품을 내던 생산라인이 당일 합격품을 낼 확률

$a_{22} = 0.8$ : 전날 불합격품을 내던 생산라인이 당일 불합격품을 낼 확률

(a) $n$일 후 상태벡터를 표현하는 행렬 형식을 설정하라.

(b) $n$일 후 합격품을 낼 확률과 불합격품을 낼 확률을 구하라. $n \to \infty$이면 어떻게 되는가?

**풀이** (a) $\begin{pmatrix} n\text{일 후 합격품을 낼 확률} \\ n\text{일 후 불합격품을 낼 확률} \end{pmatrix} = A^n \begin{pmatrix} \text{첫날 합격품을 낼 확률} \\ \text{첫날 불합격품을 낼 확률} \end{pmatrix}$

$$\mathbf{X}^{(n)} = A^n \mathbf{X}^{(0)}$$

$$\begin{pmatrix} x_1^{(n)} \\ x_2^{(n)} \end{pmatrix} = \begin{pmatrix} a_{11} & a_{12} \\ a_{21} & a_{22} \end{pmatrix}^n \begin{pmatrix} x_1^{(0)} \\ x_2^{(0)} \end{pmatrix} = \begin{pmatrix} 0.7 & 0.2 \\ 0.3 & 0.8 \end{pmatrix}^n \begin{pmatrix} x_1^{(0)} \\ x_2^{(0)} \end{pmatrix}$$

(b) $\begin{vmatrix} 0.7-\lambda & 0.2 \\ 0.3 & 0.8-\lambda \end{vmatrix} = (\lambda-1)(\lambda-0.5) = 0 \Rightarrow \lambda = 1,\ 0.5$

$\lambda_1 = 1 \ :\ A\mathbf{K}_1 = \lambda_1 \mathbf{K}_1,\ \begin{pmatrix} 0.7 & 0.2 \\ 0.3 & 0.8 \end{pmatrix}\begin{pmatrix} K_{11} \\ K_{21} \end{pmatrix} = \begin{pmatrix} K_{11} \\ K_{21} \end{pmatrix}$

$0.7K_{11} + 0.2K_{21} = K_{11},\ 2K_{21} = 3K_{11} \Rightarrow \mathbf{K}_1 = \begin{pmatrix} 2 \\ 3 \end{pmatrix}$

$\lambda_2 = 0.5 \ :\ \mathbf{K}_2 = \begin{pmatrix} 1 \\ -1 \end{pmatrix}$

$D = \begin{pmatrix} 1 & 0 \\ 0 & 0.5 \end{pmatrix},\quad R = \begin{pmatrix} 2 & 1 \\ 3 & -1 \end{pmatrix},\quad R^{-1} = \frac{1}{5}\begin{pmatrix} 1 & 1 \\ 3 & -2 \end{pmatrix}$

$\begin{pmatrix} x_1^{(n)} \\ x_2^{(n)} \end{pmatrix} = \begin{pmatrix} 2 & 1 \\ 3 & -1 \end{pmatrix}\begin{pmatrix} 1^n & 0 \\ 0 & (0.5)^n \end{pmatrix}\frac{1}{5}\begin{pmatrix} 1 & 1 \\ 3 & -2 \end{pmatrix}\begin{pmatrix} 0.8 \\ 0.2 \end{pmatrix}$

$n \to \infty \ :\ \begin{pmatrix} x_1^{(\infty)} \\ x_2^{(\infty)} \end{pmatrix} = \frac{1}{5}\begin{pmatrix} 2 & 1 \\ 3 & -1 \end{pmatrix}\begin{pmatrix} 1 & 0 \\ 0 & 0 \end{pmatrix}\begin{pmatrix} 1 & 1 \\ 3 & -2 \end{pmatrix}\begin{pmatrix} 0.8 \\ 0.2 \end{pmatrix}$

$= \frac{1}{5}\begin{pmatrix} 2 & 0 \\ 3 & 0 \end{pmatrix}\begin{pmatrix} 1 \\ 2 \end{pmatrix} = \begin{pmatrix} 0.4 \\ 0.6 \end{pmatrix}$

---

## 11.4 미분방정식에 응용

이 절에서는 대각화 방법을 적용하여 연립미분방정식, 역학진동계, 전기진동계의 해를 구하는 방법을 소개한다.

### (1) 1계 연립미분방정식

$t$의 함수 $x_1$, $x_2$에 대한 1계 연립미분방정식은

$$A\mathbf{X} = \begin{pmatrix} a_{11} & a_{12} \\ a_{21} & a_{22} \end{pmatrix}\begin{pmatrix} x_1 \\ x_2 \end{pmatrix},\qquad A\dot{\mathbf{X}} = \begin{pmatrix} a_{11} & a_{12} \\ a_{21} & a_{22} \end{pmatrix}\begin{pmatrix} \dot{x}_1 \\ \dot{x}_2 \end{pmatrix} \tag{11.60}$$

등을 포함한다($\dot{x} \equiv dx/dt$). 계수행렬 $A$를 대각화하면 이런 연립미분방정식의 해는 쉽게 구할 수 있는 경우가 많다.

### 예 11.17

대각화 방법으로 다음 연립미분방정식의 해를 구한다.

$$\frac{dx_1}{dt} = x_2, \qquad \frac{dx_2}{dt} = x_1$$

(a) 행렬형식으로 쓰고 고유값 행렬과 고유벡터 행렬을 구하라.

(b) $\mathbf{X} = R\,\mathbf{Y}$로 변환하여 해를 구하라. $\mathbf{Y} = \begin{pmatrix} y_1 \\ y_2 \end{pmatrix}$이다.

(c) 역변환하여 최종해를 구하라.

**풀이**

(a) $\frac{d}{dt}\begin{pmatrix} x_1 \\ x_2 \end{pmatrix} = \begin{pmatrix} 0 & 1 \\ 1 & 0 \end{pmatrix}\begin{pmatrix} x_1 \\ x_2 \end{pmatrix}, \qquad \frac{d\mathbf{X}}{dt} = A\mathbf{X}$ ($A$ : 대칭행렬)

$$\begin{vmatrix} -\lambda & 1 \\ 1 & -\lambda \end{vmatrix} = (\lambda - 1)(\lambda + 1) = 0 \Rightarrow \lambda = 1,\ -1$$

$$\lambda_1 = 1 : \begin{pmatrix} 0 & 1 \\ 1 & 0 \end{pmatrix}\begin{pmatrix} K_{11} \\ K_{21} \end{pmatrix} = \begin{pmatrix} K_{11} \\ K_{21} \end{pmatrix}, \quad K_{11} = K_{21}$$

$$\Rightarrow \lambda_1 = 1 : \mathbf{K}_1 = \frac{1}{\sqrt{2}}\begin{pmatrix} 1 \\ 1 \end{pmatrix}, \quad \lambda_2 = -1 : \mathbf{K}_2 = \frac{1}{\sqrt{2}}\begin{pmatrix} -1 \\ 1 \end{pmatrix}$$

$$D = \begin{pmatrix} 1 & 0 \\ 0 & -1 \end{pmatrix}, \; R = \frac{1}{\sqrt{2}}\begin{pmatrix} 1 & -1 \\ 1 & 1 \end{pmatrix}, \; R^{-1} = R^{\mathrm{T}} = \frac{1}{\sqrt{2}}\begin{pmatrix} 1 & 1 \\ -1 & 1 \end{pmatrix}$$

(b) $\mathbf{X} = R\,\mathbf{Y}$ : $\frac{d\mathbf{X}}{dt} = A\mathbf{X} \Rightarrow \frac{d}{dt}(R\,\mathbf{Y}) = AR\,\mathbf{Y}$

$\Rightarrow R^{-1}\frac{d}{dt}(R\,\mathbf{Y}) = R^{-1}AR\,\mathbf{Y}$ : $R^{-1}$은 $t$의 함수가 아님

$$\frac{d}{dt}(R^{-1}R\,\mathbf{Y}) = R^{-1}AR\,\mathbf{Y} \Rightarrow \frac{d\mathbf{Y}}{dt} = D\,\mathbf{Y}$$

$$\frac{d}{dt}\begin{pmatrix} y_1 \\ y_2 \end{pmatrix} = \begin{pmatrix} 1 & 0 \\ 0 & -1 \end{pmatrix}\begin{pmatrix} y_1 \\ y_2 \end{pmatrix}$$

$$\Rightarrow dy_1/dt = y_1 \Rightarrow y_1 = c_1 e^{t}$$

$$dy_2/dt = -y_2 \Rightarrow y_2 = c_2 e^{-t}$$

(c) $\mathbf{X} = R\,\mathbf{Y}$

$$\Rightarrow \begin{pmatrix} x_1 \\ x_2 \end{pmatrix} = \frac{1}{\sqrt{2}}\begin{pmatrix} 1 & -1 \\ 1 & 1 \end{pmatrix}\begin{pmatrix} c_1 e^{t} \\ c_2 e^{-t} \end{pmatrix} = \frac{1}{\sqrt{2}}\begin{pmatrix} c_1 e^{t} - c_2 e^{-t} \\ c_1 e^{t} + c_2 e^{-t} \end{pmatrix}$$

### 예 11.18

예 11.17과 같은 과정으로 다음 연립미분방정식의 해를 구하라.

$$\frac{d}{dt}\begin{pmatrix} x_1 \\ x_2 \end{pmatrix} = \begin{pmatrix} 0 & 1 \\ 4 & 0 \end{pmatrix}\begin{pmatrix} x_1 \\ x_2 \end{pmatrix} - \begin{pmatrix} 1 \\ 0 \end{pmatrix}$$

**풀이** (a) $\begin{vmatrix} -\lambda & 1 \\ 4 & -\lambda \end{vmatrix} = (\lambda - 2)(\lambda + 2) = 0 \Rightarrow \lambda = 2, -2$

$$\lambda_1 = 2 : \begin{pmatrix} 0 & 1 \\ 4 & 0 \end{pmatrix}\begin{pmatrix} K_{11} \\ K_{21} \end{pmatrix} = 2\begin{pmatrix} K_{11} \\ K_{21} \end{pmatrix}, \quad K_{21} = 2K_{11}$$

$$\Rightarrow \lambda_1 = 2 : \mathbf{K}_1 = \begin{pmatrix} 1 \\ 2 \end{pmatrix}, \quad \lambda_2 = -2 : \mathbf{K}_2 = \begin{pmatrix} 1 \\ -2 \end{pmatrix}$$

$$D = \begin{pmatrix} 2 & 0 \\ 0 & -2 \end{pmatrix}, \quad R = \begin{pmatrix} 1 & 1 \\ 2 & -2 \end{pmatrix}, \quad R^{-1} = \frac{1}{4}\begin{pmatrix} 2 & 1 \\ 2 & -1 \end{pmatrix}$$

(b) $\frac{d\mathbf{X}}{dt} = A\mathbf{X} - \mathrm{b}, \ \mathrm{b} \equiv \begin{pmatrix} 1 \\ 0 \end{pmatrix} \Rightarrow \frac{d}{dt}(R\mathbf{Y}) = AR\mathbf{Y} - \mathrm{b}$

$$\Rightarrow R^{-1}\frac{d}{dt}(R\mathbf{Y}) = R^{-1}AR\mathbf{Y} + R^{-1}\mathrm{b} \Rightarrow \frac{d\mathbf{Y}}{dt} = D\mathbf{Y} - R^{-1}\mathrm{b}$$

$$\frac{d}{dt}\begin{pmatrix} y_1 \\ y_2 \end{pmatrix} = \begin{pmatrix} 2 & 0 \\ 0 & -2 \end{pmatrix}\begin{pmatrix} y_1 \\ y_2 \end{pmatrix} - \frac{1}{4}\begin{pmatrix} 2 & 1 \\ 2 & -1 \end{pmatrix}\begin{pmatrix} 1 \\ 0 \end{pmatrix} = \begin{pmatrix} 2y_1 - 1/2 \\ -2y_2 - 1/2 \end{pmatrix}$$

$$\frac{dy_1}{dt} = 2y_1 - \frac{1}{2}, \quad \frac{dy_2}{dt} = -2y_2 - \frac{1}{2}$$

식 (9.3) : $y_1 = e^{2t}\left[\int -\frac{1}{2}e^{-2t}dt + c_1\right] = c_1 e^{2t} + \frac{1}{4}$

$$y_2 = e^{-2t}\left[\int -\frac{1}{2}e^{2t}dt + c_2\right] = c_2 e^{-2t} - \frac{1}{4}$$

(c) $\begin{pmatrix} x_1 \\ x_2 \end{pmatrix} = R\begin{pmatrix} y_1 \\ y_2 \end{pmatrix} = \begin{pmatrix} 1 & 1 \\ 2 & -2 \end{pmatrix}\begin{pmatrix} y_1 \\ y_2 \end{pmatrix} = \begin{pmatrix} y_1 + y_2 \\ 2y_1 - 2y_2 \end{pmatrix}$

$$= \begin{pmatrix} c_1 e^{2t} + c_2 e^{-2t} \\ 2c_1 e^{2t} - 2c_2 e^{-2t} + 1 \end{pmatrix}$$

## (2) 2계 연립미분방정식

2계 연립미분방정식의 해도 대각화 방법을 적용하여 구할 수 있다.

**예 11.19**

행렬의 대각화 방법으로 다음 2계 연립미분방정식의 해를 구하라.

$$\frac{d^2}{dt^2}\begin{pmatrix}1 & 1\\ 2 & 0\end{pmatrix}\begin{pmatrix}x_1\\ x_2\end{pmatrix}=\begin{pmatrix}x_1\\ x_2\end{pmatrix}$$

**풀이** $\frac{d^2}{dt^2}A\mathbf{X}=\mathbf{X},\quad \begin{vmatrix}1-\lambda & 1\\ 2 & -\lambda\end{vmatrix}=(\lambda-2)(\lambda+1)=0,\quad \lambda=2,\ -1$

$$\lambda_1=2\ :\ \begin{pmatrix}1 & 1\\ 2 & 0\end{pmatrix}\begin{pmatrix}x_1\\ x_2\end{pmatrix}=2\begin{pmatrix}x_1\\ x_2\end{pmatrix}\ \Rightarrow\ x_2=x_1$$

$$\lambda_2=-1\ :\ \begin{pmatrix}1 & 1\\ 2 & 0\end{pmatrix}\begin{pmatrix}x_1\\ x_2\end{pmatrix}=-\begin{pmatrix}x_1\\ x_2\end{pmatrix}\ \Rightarrow\ x_2=-2x_1$$

$$\Rightarrow D=\begin{pmatrix}2 & 0\\ 0 & -1\end{pmatrix},\quad R=\begin{pmatrix}1 & 1\\ 1 & -2\end{pmatrix}$$

$$\frac{d^2}{dt^2}(R^{-1}AR\mathbf{Y})=R^{-1}R\mathbf{Y}\ \Rightarrow\ \frac{d^2}{dt^2}D\mathbf{Y}=\mathbf{Y}$$

$$\Rightarrow\ \frac{d^2}{dt^2}\begin{pmatrix}2 & 0\\ 0 & -1\end{pmatrix}\begin{pmatrix}y_1\\ y_2\end{pmatrix}=\begin{pmatrix}y_1\\ y_2\end{pmatrix}$$

$$\frac{d^2y_1}{dt^2}=\frac{1}{2}y_1\ \Rightarrow\ y_1=c_1e^{t/\sqrt{2}}+c_2e^{-t/\sqrt{2}}$$

$$\frac{d^2y_2}{dt^2}=-y_2\ \Rightarrow\ y_2=c_3\cos t+c_4\sin t$$

$$\Rightarrow\ \begin{pmatrix}x_1\\ x_2\end{pmatrix}=R\mathbf{Y}=\begin{pmatrix}1 & 1\\ 1 & -2\end{pmatrix}\begin{pmatrix}y_1\\ y_2\end{pmatrix}=\begin{pmatrix}y_1+y_2\\ y_1-2y_2\end{pmatrix}$$

$$=\begin{pmatrix}c_1e^{t/\sqrt{2}}+c_2e^{-t/\sqrt{2}}+c_3\cos t+c_4\sin t\\ c_1e^{t/\sqrt{2}}+c_2e^{-t/\sqrt{2}}-2c_3\cos t-c_4\sin t\end{pmatrix}$$

## (3) 전기진동계

전기회로에도 대각화 방법을 적용할 수 있다.

**예 11.20**

그림의 회로에서 각 구간에 흐르는 전류를 구한다. $R_1=2,\ R_3=3,\ L_1=1,\ L_2=1,\ E=60$ 이다(단위 생략).

(a) $I_2,\ I_3$에 대한 회로방정식을 행렬로 나타내고 고유값과 고유벡터를 구하라.

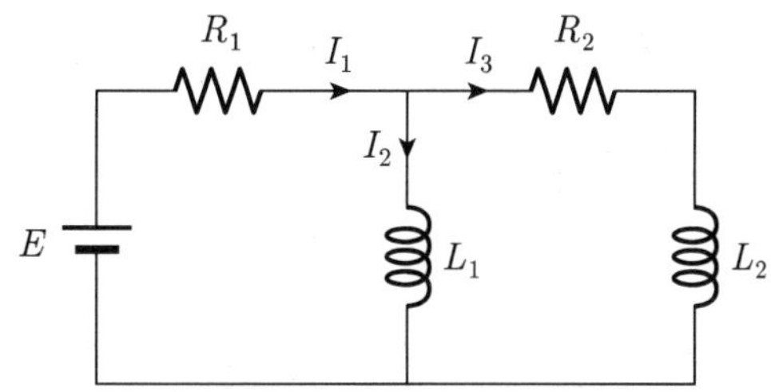


(b) $\mathbf{I} = R\,\tilde{\mathbf{I}}$로 변환하여 해를 구하라. $\mathbf{I} = \begin{pmatrix} I_1 \\ I_2 \end{pmatrix}$, $\tilde{\mathbf{I}} = \begin{pmatrix} \tilde{I}_1 \\ \tilde{I}_2 \end{pmatrix}$이다.

(c) 역변환하여 최종해를 구하라.

(d) 초기조건이 $I_2 = 0$, $I_3 = 0$일 때 특해를 구하라.

**풀이** (a) 왼쪽 고리와 전체 고리에 키르히호프의 전압법칙을 적용하면

$$L_1 \frac{dI_2}{dt} + R_1 I_1 = E, \qquad L_2 \frac{dI_3}{dt} + R_1 I_1 + R_2 I_3 = E$$

이고, 여기에 전류법칙 $I_1 = I_2 + I_3$와 주어진 값들을 대입하면

$$\frac{dI_2}{dt} = -2I_2 - 2I_3 + 60, \qquad \frac{dI_3}{dt} = -2I_2 - 5I_3 + 60$$

$$\frac{d}{dt}\begin{pmatrix} I_2 \\ I_3 \end{pmatrix} = \begin{pmatrix} -2 & -2 \\ -2 & -5 \end{pmatrix}\begin{pmatrix} I_2 \\ I_3 \end{pmatrix} + \begin{pmatrix} 60 \\ 60 \end{pmatrix} \ : \ \frac{d\mathbf{I}}{dt} = A\mathbf{I} + \mathrm{b}$$

이다. $A$의 고유값과 고유벡터는 다음과 같다.

$$\begin{vmatrix} -2-\lambda & -2 \\ -2 & -5-\lambda \end{vmatrix} = (\lambda+1)(\lambda+6) = 0, \ \lambda = -1, -6$$

$$\lambda_1 = -1 \ : \ -2K_{11} - 2K_{21} = -K_{11}, \ \mathbf{K}_1 = \frac{1}{\sqrt{5}}\begin{pmatrix} -2 \\ 1 \end{pmatrix}$$

$$\lambda_2 = -6 \ : \ -2K_{12} - 2K_{22} = -6K_{12}, \ \mathbf{K}_2 = \frac{1}{\sqrt{5}}\begin{pmatrix} 1 \\ 2 \end{pmatrix}$$

$$D = \begin{pmatrix} -1 & 0 \\ 0 & -6 \end{pmatrix}, \quad R = \frac{1}{\sqrt{5}}\begin{pmatrix} -2 & 1 \\ 1 & 2 \end{pmatrix}$$

$$R^{-1} = R^{\mathrm{T}} = \frac{1}{\sqrt{5}}\begin{pmatrix} -2 & 1 \\ 1 & 2 \end{pmatrix}$$

(b) $\dfrac{d}{dt}\begin{pmatrix} \tilde{I}_2 \\ \tilde{I}_3 \end{pmatrix} = D\begin{pmatrix} \tilde{I}_2 \\ \tilde{I}_3 \end{pmatrix} + R^{-1}\begin{pmatrix} 60 \\ 60 \end{pmatrix} = \begin{pmatrix} -1 & 0 \\ 0 & -6 \end{pmatrix}\begin{pmatrix} \tilde{I}_1 \\ \tilde{I}_2 \end{pmatrix} + \dfrac{1}{\sqrt{5}}\begin{pmatrix} -60 \\ 180 \end{pmatrix}$

$$\left(\frac{d}{dt} + 1\right)\tilde{I}_2 = -\frac{60}{\sqrt{5}}, \qquad \left(\frac{d}{dt} + 6\right)\tilde{I}_3 = \frac{180}{\sqrt{5}}$$

식 (9.3) : $\widetilde{I}_2 = e^{-t}\left[\int -\frac{60}{\sqrt{5}} e^{t} + c_1\right] = c_1 e^{-t} - \frac{60}{\sqrt{5}}$

$$\widetilde{I}_3 = e^{-6t}\left[\int \frac{180}{\sqrt{5}} e^{6t} + c_2\right] = c_2 e^{-6t} + \frac{30}{\sqrt{5}}$$

(c) $\begin{pmatrix} I_2 \\ I_3 \end{pmatrix} = R\begin{pmatrix} \widetilde{I}_2 \\ \widetilde{I}_3 \end{pmatrix} = \frac{1}{\sqrt{5}}\begin{pmatrix} -2 & 1 \\ 1 & 2 \end{pmatrix}\begin{pmatrix} \widetilde{I}_2 \\ \widetilde{I}_3 \end{pmatrix} = \frac{1}{\sqrt{5}}\begin{pmatrix} -2c_1 e^{-t} + c_2 e^{-6t} + 150/\sqrt{5} \\ c_1 e^{-t} + 2c_2 e^{-6t} \end{pmatrix}$

(d) $\begin{pmatrix} 0 \\ 0 \end{pmatrix} = \frac{1}{\sqrt{5}}\begin{pmatrix} -2c_1 + c_2 + 150/\sqrt{5} \\ c_1 + 2c_2 \end{pmatrix} \Rightarrow \begin{pmatrix} c_1 \\ c_2 \end{pmatrix} = \frac{1}{\sqrt{5}}\begin{pmatrix} 60 \\ -30 \end{pmatrix}$

## 11.5 연습문제

### 11.1 행렬

**[11.1]** 다음을 계산하라.

(a) $\begin{vmatrix} 3 & 0 & 2 & 0 \\ 2 & 7 & 1 & 1 \\ 2 & 6 & 4 & 0 \\ 1 & 3 & 0 & 0 \end{vmatrix}$ (b) $\begin{pmatrix} 2 & 0 & 1 \\ -2 & 3 & 4 \\ -5 & 5 & 6 \end{pmatrix}^{-1}$ (c) $\begin{pmatrix} a & 0 & -b \\ 0 & 1 & 0 \\ b & c & a \end{pmatrix}^{-1}$

**[11.2]** 다음 연립방정식들의 해를 역행렬과 크라머 방법으로 구하라.

(a) $2x_1 + 6x_2 + x_3 = 7$, $x_1 + 2x_2 - x_3 = -1$, $5x_1 + 7x_2 - 4x_3 = 9$

(b) $3x_1 + 2x_2 + x_3 = 7$, $x_1 - x_2 + 3x_3 = 3$, $5x_1 + 4x_2 - 2x_3 = 1$

(c) $x + 2y + 3z = 20$, $7x + 3y + z = 13$, $x + 6y + 2z = 0$

**[11.3]** 다음 회로에서 전류 $I_1$, $I_2$, $I_3$를 역행렬 방법으로 구하라.

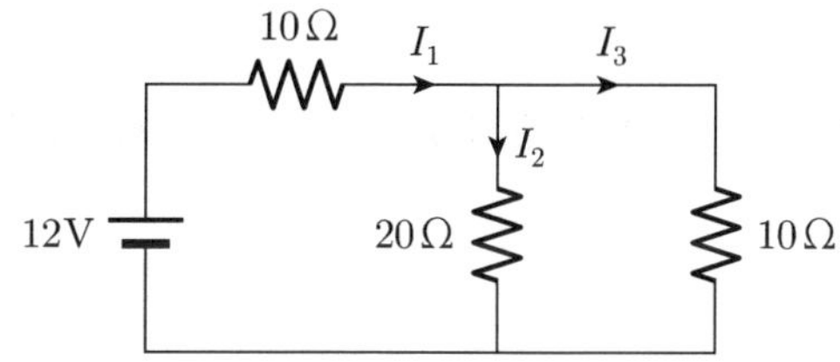


**[11.4]** [문제 11.4] 회로에서 전류 $I_1$, $I_2$, $I_3$를 역행렬 방법으로 구하라.

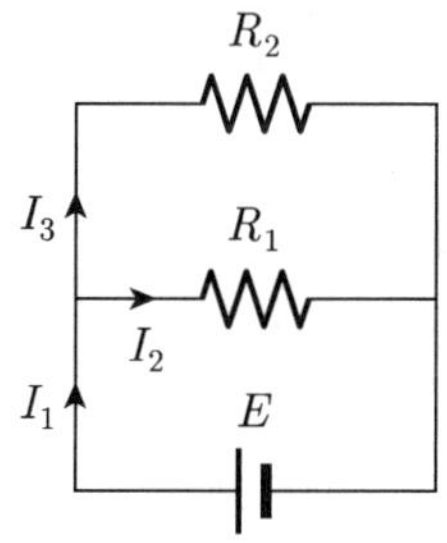


[문제 11.4]

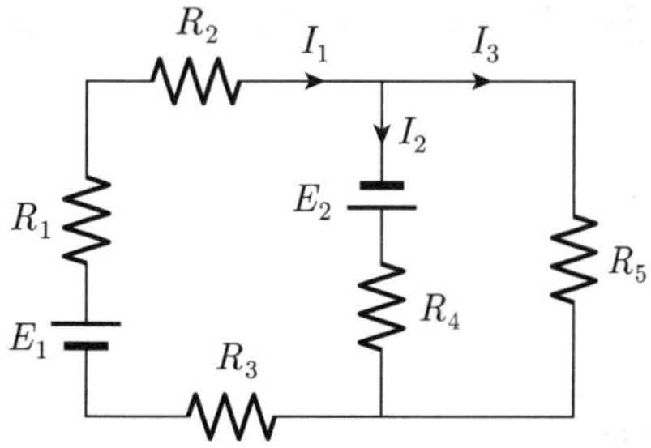


[문제 11.5]

**[11.5]** [문제 11.5] 회로에서 전류 $I_1$, $I_2$, $I_3$를 역행렬 방법으로 구하라.

$R_1 = R_2 = R_3 = 1$, $R_4 = 2$, $R_5 = 2$, $E_1 = E_2 = 5$ (단위 생략)이다.

**[11.6]** 다음 연립방정식의 역행렬을 가우스-조던 방법으로 구하고 해를 구하라.

$$-x_1 + x_2 - 3x_3 = 4,\ x_1 + 2x_3 = -1,\ -3x_1 + 2x_2 + x_3 = -9$$

**[11.7]** 연습문제 [11.6]의 해를 가우스-조던 방법으로 직접 구하라.

## 11.2 행렬의 고유값과 대각화

**[11.8]** 다음 행렬들의 고유값들과 고유함수들을 구하라.

(a) $\begin{pmatrix} 0 & 1 \\ 4 & 0 \end{pmatrix}$ (b) $\begin{pmatrix} 2 & 2 \\ 2 & -1 \end{pmatrix}$ (b) $\begin{pmatrix} -8 & -1 \\ 16 & 0 \end{pmatrix}$

**[11.9]** 다음 행렬들의 고유값들과 고유함수들을 구하라.

(a) $\begin{pmatrix} 1 & -1 & 0 \\ 1 & 2 & 1 \\ -2 & 1 & -1 \end{pmatrix}$ (b) $\begin{pmatrix} -1 & 1 & 3 \\ 1 & 2 & 0 \\ 3 & 0 & 2 \end{pmatrix}$ (c) $\begin{pmatrix} 0 & 4 & 0 \\ -1 & -4 & 0 \\ 0 & 4 & -2 \end{pmatrix}$

**[11.10]** $n$차 행렬 $A$가 대칭행렬이면 대각화 조건 $R^{-1}AR = D$를 만족하는 직교행렬 $R$이 존재함을 증명하라.

**[11.11]** (a) 연습문제 [11.8]의 (a), (b) 연습문제 [11.8]의 (b), (c) 연습문제 [11.9]의 (b)는 $R^{-1}AR = D$를 만족함을 확인하라.

**[11.12]** 다음 행렬들의 직교하는 고유벡터들을 구하라.

(a) $\begin{pmatrix} 9 & 1 & 1 \\ 1 & 9 & 1 \\ 1 & 1 & 9 \end{pmatrix}$ (b) $\begin{pmatrix} 0 & 1 & 0 \\ 1 & 0 & 0 \\ 0 & 0 & 1 \end{pmatrix}$

## 11.3 행렬의 응용

**[11.13]** 다음 벡터의 새로운 벡터를 구하라.

$$\mathbf{X} = \begin{pmatrix} x_1 \\ x_2 \\ x_3 \end{pmatrix} = \begin{pmatrix} 1 \\ 1 \\ 1 \end{pmatrix}$$

(a) $x_3$축 주위로 주어진 벡터를 $45^\circ$ 회전시킨 벡터

(b) $x_3$축 둘레로 $45^\circ$ 회전시킨 좌표축에 대한 벡터

**[11.14]** 다음과 같은 데이터를 $y = ax + b$로 맞춤하는 계수 $a$, $b$를 구하라.

$$(x,\ y) = (1,\ 1),\ (2,\ 3),\ (3,\ 4),\ (4,\ 6),\ (5,\ 5)$$

**[11.15]** 색맹과 같은 열성유전자의 인구비율 $\mathbf{X}^{(n)} = \begin{pmatrix} x_1^{(n)} \\ x_2^{(n)} \end{pmatrix}$은 다음과 같다.

$x_1^{(n)}$ : $n$ 세대 후 색맹인 남성의 비율

$x_2^{(n)}$ : $n$ 세대 후 색맹인 여성의 비율

아들$(n=1)$은 어머니$(n=0)$로부터 $X$ 염색체 1개를 받고 딸$(n=1)$은 아버지 $(n=0)$와 어머니$(n=0)$로부터 $X$ 염색체를 1개씩 받아 색맹이 된다. 따라서 부모와 자식 사이에는 다음의 관계가 있다.

$$\begin{pmatrix} x_1^{(1)} \\ x_2^{(1)} \end{pmatrix} = \begin{pmatrix} 0 & 1 \\ 0.5 & 0.5 \end{pmatrix} \begin{pmatrix} x_1^{(0)} \\ x_2^{(0)} \end{pmatrix}$$

$n$ 세대 후 색맹인 남녀의 비율을 구하라. $n \to \infty$ 이면 어떻게 되는가?

**[11.16]** 어떤 마을에 5000 명의 기혼녀와 1000 명의 미혼녀가 있다. 매년 미혼녀의 20 %가 결혼을 하고 기혼녀의 10 %가 이혼을 한다. 3년 후 기혼녀와 미혼녀의 수를 계산하라.

## 11.4 미분방정식에 응용

**[11.17]** 다음 연립미분방정식들의 해들을 구하라.

(a) $\dfrac{dx_1}{dt} = -x_1 + 2x_2, \quad \dfrac{dx_2}{dt} = -2x_1 + 4x_2$

(b) $\dfrac{d}{dt}\begin{pmatrix} x_1 \\ x_2 \end{pmatrix} = \begin{pmatrix} -1 & 2 \\ -2 & 4 \end{pmatrix}\begin{pmatrix} x_1 \\ x_2 \end{pmatrix} + \begin{pmatrix} 3 \\ 0 \end{pmatrix}$

**[11.18]** 다음 연립미분방정식들의 해들을 구하라.

(a) $\dfrac{d}{dt}\begin{pmatrix} x_1 \\ x_2 \end{pmatrix} = \begin{pmatrix} 0 & 1 \\ 1 & 0 \end{pmatrix}\begin{pmatrix} x_1 \\ x_2 \end{pmatrix} + \begin{pmatrix} 0 \\ 2t \end{pmatrix}$ (b) $\dfrac{d}{dt}\begin{pmatrix} x_1 \\ x_2 \end{pmatrix} = \begin{pmatrix} 5 & 4 \\ 1 & 2 \end{pmatrix}\begin{pmatrix} x_1 \\ x_2 \end{pmatrix}$

(c) $\dfrac{dx_1}{dt} + \dfrac{dx_2}{dt} = \cos t,\quad \dfrac{dx_1}{dt} - \dfrac{dx_2}{dt} = \sin t$

**[11.19]** 다음 연립미분방정식의 해를 구하라.

$$\frac{d}{dt}\begin{pmatrix} x_1 \\ x_2 \\ x_3 \end{pmatrix} = \begin{pmatrix} -4 & 1 & 1 \\ 1 & 5 & -1 \\ 0 & 1 & -3 \end{pmatrix}\begin{pmatrix} x_1 \\ x_2 \\ x_3 \end{pmatrix}$$

**[11.20]** 그림의 회로에서 각 구간에 흐르는 전류를 구한다. $R_1 = 8$, $R_2 = 3$, $L_1 = 1$, $L_2 = 1$, $E(t) = 100\sin t$이다(단위 생략).

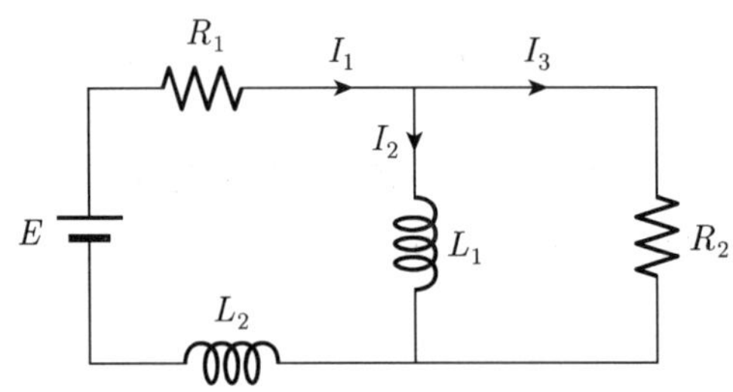


(a) $I_1$, $I_2$의 회로방정식을 행렬로 나타내고 고유값과 고유벡터를 구하라.

(b) $\mathbf{I} = R\tilde{\mathbf{I}}$로 변환하여 해를 구하라. $\mathbf{I} = \begin{pmatrix} I_1 \\ I_2 \end{pmatrix}$, $\tilde{\mathbf{I}} = \begin{pmatrix} \tilde{I}_1 \\ \tilde{I}_2 \end{pmatrix}$이다.

(c) 역변환하여 최종해를 구하라.

**[11.21]** 그림의 회로에서 각 구간에 흐르는 전류를 구한다. $R_1 = R_2 = 1$, $L = 1$, $C = 1$이다(단위 생략).

(a) $I_1$, $q$의 회로방정식을 행렬로 나타내고 고유값과 고유벡터를 구하라.

(b) $\mathbf{X} = R\mathbf{Y}$로 변환하여 해를 구하라. $\mathbf{X} = \begin{pmatrix} I_1 \\ q \end{pmatrix}$, $\mathbf{Y} = \begin{pmatrix} \tilde{I}_1 \\ \tilde{q} \end{pmatrix}$이다.

(c) 역변환하여 최종해를 구하라.

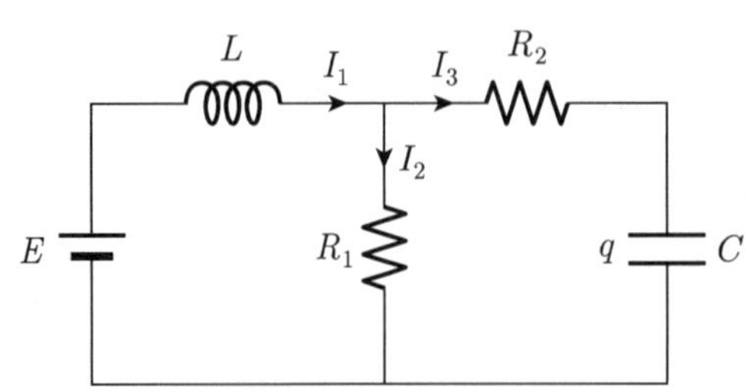

# 보충 D 다중근일 때의 해

계수행렬의 고유값이 다중근일 때 미분방정식의 해를 구한다.

## (1) 서로 다른 근일 때 해

1계 연립미분방정식

$$\frac{d}{dt}\begin{pmatrix} x_1 \\ x_2 \end{pmatrix} = \begin{pmatrix} a_{11} & a_{12} \\ a_{21} & a_{22} \end{pmatrix}\begin{pmatrix} x_1 \\ x_2 \end{pmatrix} \;:\; \frac{d\mathbf{X}}{dt} = A\,\mathbf{X} \tag{D.1}$$

에서 $A$의 서로 다른 고유값이 $\lambda_1$, $\lambda_2$이고 대응하는 고유벡터가 $\mathbf{K}_1$, $\mathbf{K}_2$일 때

$$\mathbf{K}_1 = \begin{pmatrix} K_{11} \\ K_{21} \end{pmatrix}, \quad \mathbf{K}_2 = \begin{pmatrix} K_{12} \\ K_{22} \end{pmatrix}, \quad D = \begin{pmatrix} \lambda_1 & 0 \\ 0 & \lambda_2 \end{pmatrix}, \quad \mathbf{R} = \begin{pmatrix} K_{11} & K_{12} \\ K_{21} & K_{22} \end{pmatrix}$$

로 두면 일반해는 다음과 같다.

$$\mathbf{X} = c_1\mathbf{X}_1 + c_2\mathbf{X}_2 = c_1\mathbf{K}_1 e^{\lambda_1 t} + c_2\mathbf{K}_2 e^{\lambda_2 t} \tag{D.2}$$

**증명**

$\mathbf{X} = R\,\mathbf{Y}$로 두고 예 11.17의 풀이처럼 계산하면

$$\frac{d\mathbf{Y}}{dt} = D\,\mathbf{Y}:\; \frac{d}{dt}\begin{pmatrix} y_1 \\ y_2 \end{pmatrix} = \begin{pmatrix} \lambda_1 & 0 \\ 0 & \lambda_2 \end{pmatrix}\begin{pmatrix} y_1 \\ y_2 \end{pmatrix}$$

$$\Rightarrow\; \frac{dy_1}{dt} = \lambda_1 y_1 \;:\; y_1 = c_1 e^{\lambda_1 t}, \quad \frac{dy_2}{dt} = \lambda_2 y_2 \;:\; y_2 = c_2 e^{\lambda_2 t}$$

이므로 해는 다음과 같다.

$$\mathbf{X} = \begin{pmatrix} x_1 \\ x_2 \end{pmatrix} = R\,\mathbf{Y} = \begin{pmatrix} K_{11} & K_{12} \\ K_{21} & K_{22} \end{pmatrix}\begin{pmatrix} y_1 \\ y_2 \end{pmatrix} = \begin{pmatrix} K_{11}y_1 + K_{12}y_2 \\ K_{21}y_1 + K_{22}y_2 \end{pmatrix}$$

$$= \begin{pmatrix} K_{11}c_1 e^{\lambda_1 t} + K_{12}c_2 e^{\lambda_2 t} \\ K_{21}c_1 e^{\lambda_1 t} + K_{22}c_{22} e^{\lambda_2 t} \end{pmatrix} = c_1\mathbf{K}_1 e^{\lambda_1 t} + c_2\mathbf{K}_2 e^{\lambda_2 t}$$

예를 들어, $\lambda_1 = 1$, $\lambda_2 = -1$과 $\mathbf{K}_1 = \frac{1}{\sqrt{2}}\begin{pmatrix} 1 \\ 1 \end{pmatrix}$, $\mathbf{K}_2 = \frac{1}{\sqrt{2}}\begin{pmatrix} -1 \\ 1 \end{pmatrix}$를 대입하면 예 11.17이 된다.

**예 D.1**

다음 연립미분방정식의 해를 구하라.

$$\frac{d}{dt}\begin{pmatrix} x_1 \\ x_2 \end{pmatrix} = \begin{pmatrix} 10 & -5 \\ 8 & -12 \end{pmatrix}\begin{pmatrix} x_1 \\ x_2 \end{pmatrix}$$

**풀이** $\begin{vmatrix} 10-\lambda & -5 \\ 8 & -12-\lambda \end{vmatrix} = (\lambda - 8)(\lambda + 10) = 0$

$10K_{11} - 5K_{21} = 8K_{11}, \quad 10K_{12} - 5K_{22} = -10K_{12}$

$\Rightarrow \mathbf{K}_1 = \begin{pmatrix} 5 \\ 2 \end{pmatrix}, \quad \mathbf{K}_2 = \begin{pmatrix} 1 \\ 4 \end{pmatrix}, \quad \mathbf{X} = c_1\begin{pmatrix} 5 \\ 2 \end{pmatrix}e^{8t} + c_2\begin{pmatrix} 1 \\ 4 \end{pmatrix}e^{-10t}$

## (2) 이중근일 때의 해

식 (D.1)에서 행렬 $A$의 고유값이 $\lambda$ 하나(이중근)이고 유일한 고유벡터가 $\mathbf{K}$일 때 하나의 해는 $\mathbf{X}_1 = \mathbf{K}e^{\lambda t}$이고 두 번째 해를 [이것은 식 (9.35)와 유사하다]

$$\mathbf{X}_2 = \mathbf{K}te^{\lambda t} + \mathbf{U}e^{\lambda t}, \quad \mathbf{K} = \begin{pmatrix} K_1 \\ K_2 \end{pmatrix}, \quad \mathbf{U} = \begin{pmatrix} U_1 \\ U_2 \end{pmatrix} \tag{D.3}$$

로 두면 $\mathbf{U}$는 다음의 두 번째 식에 의해 결정된다.

$$(A - \lambda\mathbf{I})\mathbf{K} = 0, \quad (A - \lambda\mathbf{I})\mathbf{U} = \mathbf{K} \tag{D.4}$$

첫 식은 식 (11.40)과 같은 $\mathbf{K}$의 고유치 방정식이다.

**증명**

식 (D.3)을 식 (D.1)에 대입하면

$$\begin{aligned} \frac{d\mathbf{X}_2}{dt} &= \mathbf{K}e^{\lambda t} + \mathbf{K}t\lambda e^{\lambda t} + \mathbf{U}\lambda e^{\lambda t} \\ &= A\mathbf{X}_2 = A\mathbf{K}te^{\lambda t} + A\mathbf{U}e^{\lambda t} \end{aligned}$$

로부터

$$(A\mathbf{K} - \lambda\mathbf{K})te^{\lambda t} + (A\mathbf{U} - \lambda\mathbf{U} - \mathbf{K})e^{\lambda t} = 0$$

이므로 $t$의 계수를 비교하면 결과가 된다.

**예 D.2**

다음 연립미분방정식의 해를 구하라.

$$\frac{d}{dt}\begin{pmatrix} x_1 \\ x_2 \end{pmatrix} = \begin{pmatrix} 2 & -1 \\ 4 & -2 \end{pmatrix}\begin{pmatrix} x_1 \\ x_2 \end{pmatrix}$$

**풀이**

$$\begin{vmatrix} 2-\lambda & -1 \\ 4 & -2-\lambda \end{vmatrix} = \lambda^2 = 0 \Rightarrow \lambda = 0 \text{ (이중근)}$$

$\mathbf{K}$는 식 (D.4)의 첫 식으로부터

$$\begin{pmatrix} 2 & -1 \\ 4 & -2 \end{pmatrix}\begin{pmatrix} K_1 \\ K_2 \end{pmatrix} = 0 \Rightarrow K_2 = 2K_1,\ \mathbf{K} = \begin{pmatrix} 1 \\ 2 \end{pmatrix} = \mathbf{X}_1$$

이고 식 (D.4)의 둘째 식 $A\mathbf{U} = \mathbf{K}$은

$$\begin{pmatrix} 2 & -1 \\ 4 & -2 \end{pmatrix}\begin{pmatrix} U_1 \\ U_2 \end{pmatrix} = \begin{pmatrix} 1 \\ 2 \end{pmatrix} \Rightarrow 2U_1 - U_2 = 1$$

이므로 $U_1 \equiv 1/3$, $U_2 \equiv -1/3$로 선택하고 식 (D.3)으로부터 $\mathbf{X}_2 = \mathbf{K}t + \mathbf{U}$이므로 결과는 다음과 같다.

$$\mathbf{X} = c_1\mathbf{X}_1 + c_2\mathbf{X}_2 = c_1\begin{pmatrix} 1 \\ 2 \end{pmatrix} + c_2\left[\begin{pmatrix} 1 \\ 2 \end{pmatrix}t + \begin{pmatrix} 1/3 \\ -1/3 \end{pmatrix}\right]$$

## (3) 삼중근일 때 해

식 (D.1)이 3차 행렬일 때 행렬 $A$의 고유값이 $\lambda$ 하나이고 유일한 고유벡터가 $\mathbf{K}$일 때 두 해는 $\mathbf{X}_1 = \mathbf{K}e^{\lambda t}$와 $\mathbf{X}_2 = \mathbf{K}te^{\lambda t} + \mathbf{U}e^{\lambda t}$이고 나머지 해를

$$\mathbf{X}_3 = \mathbf{K}\frac{t^2}{2}e^{\lambda t} + \mathbf{U}te^{\lambda t} + \mathbf{V}e^{\lambda t} \tag{D.5}$$

$$\mathbf{K} = \begin{pmatrix} K_1 \\ K_2 \\ K_3 \end{pmatrix},\quad \mathbf{U} = \begin{pmatrix} U_1 \\ U_2 \\ U_3 \end{pmatrix},\quad \mathbf{V} = \begin{pmatrix} V_1 \\ V_2 \\ V_3 \end{pmatrix} \tag{D.6}$$

로 두면 $\mathbf{U}$와 $\mathbf{V}$는 다음의 둘째 식과 셋째 식에 의해 결정된다.

$$(A - \lambda\mathbf{I})\mathbf{K} = 0,\quad (A - \lambda\mathbf{I})\mathbf{U} = \mathbf{K},\quad (A - \lambda\mathbf{I})\mathbf{V} = \mathbf{U} \tag{D.7}$$

마찬가지로 첫 식은 식 (11.40)과 같은 $\mathbf{K}$의 고유치 방정식이고 둘째 식은 식 (D.4)의 고유값 방정식이

다. 일반해는 다음과 같다.

$$\mathbf{X} = c_1\mathbf{X}_1 + c_2\mathbf{X}_2 + c_3\mathbf{X}_3 \tag{D.8}$$

**증명**

식 (D.5)을 식 (D.1)에 대입하면

$$\begin{aligned}\frac{d\mathbf{X}_3}{dt} &= \mathbf{K}te^{\lambda t} + \mathbf{K}\frac{t^2}{2}\lambda e^{\lambda t} + \mathbf{U}e^{\lambda t} + \mathbf{U}t\lambda e^{\lambda t} + \mathbf{V}\lambda e^{\lambda t}\\ &= A\mathbf{X}_3 = A\mathbf{K}\frac{t^2}{2}e^{\lambda t} + A\mathbf{U}te^{\lambda t} + A\mathbf{V}e^{\lambda t}\end{aligned}$$

로부터

$$(A\mathbf{K} - \lambda\mathbf{K})\frac{t^2}{2}e^{\lambda t} + (A\mathbf{U} - \lambda\mathbf{U} - \mathbf{K})te^{\lambda t} + (A\mathbf{V} - \lambda\mathbf{V} - \mathbf{U})e^{\lambda t} = 0$$

이므로 $t$의 계수를 비교하면 결과가 된다.

이 방법은 4차 이상의 연립방정식에도 똑같이 적용할 수 있고 식 (D.4)와 (D.7)은 $n$차 연립방정식의 이중근과 3중근에도 그대로 적용된다.

**예 D.3**

다음 연립미분방정식의 해를 구하라.

$$\frac{d}{dt}\begin{pmatrix} x_1 \\ x_2 \\ x_3 \end{pmatrix} = \begin{pmatrix} 3 & 1 & 6 \\ 0 & 3 & 5 \\ 0 & 0 & 3 \end{pmatrix}\begin{pmatrix} x_1 \\ x_2 \\ x_3 \end{pmatrix}$$

**풀이**

$$\begin{vmatrix} 3-\lambda & 1 & 6 \\ 0 & 3-\lambda & 5 \\ 0 & 0 & 3-\lambda \end{vmatrix} = (3-\lambda)^3 = 0 \;\Rightarrow\; \lambda = 3 \text{ (삼중근)}$$

| $(A-\lambda\mathbf{I})\mathbf{K}=0$ | $(A-\lambda\mathbf{I})\mathbf{U}=\mathbf{K}$ | $(A-\lambda\mathbf{I})\mathbf{V}=\mathbf{U}$ |
|---|---|---|
| $\begin{pmatrix} 3 & 1 & 6 \\ 0 & 3 & 5 \\ 0 & 0 & 3 \end{pmatrix}\begin{pmatrix} K_1 \\ K_2 \\ K_3 \end{pmatrix} = 3\begin{pmatrix} K_1 \\ K_2 \\ K_3 \end{pmatrix}$ | $\begin{pmatrix} 0 & 1 & 6 \\ 0 & 0 & 5 \\ 0 & 0 & 0 \end{pmatrix}\begin{pmatrix} U_1 \\ U_2 \\ U_3 \end{pmatrix} = \begin{pmatrix} 1 \\ 0 \\ 0 \end{pmatrix}$ | $\begin{pmatrix} 0 & 1 & 6 \\ 0 & 0 & 5 \\ 0 & 0 & 0 \end{pmatrix}\begin{pmatrix} V_1 \\ V_2 \\ V_3 \end{pmatrix} = \begin{pmatrix} 0 \\ 1 \\ 0 \end{pmatrix}$ |
| $3K_1 + K_2 + 6K_3 = 3K_1$<br>$3K_2 + 5K_3 = 3K_2$<br>$3K_3 = 3K_3$ | $U_2 + 6U_3 = 1$<br>$5U_3 = 0$<br>$U_1 \equiv 0$ | $V_2 + 6V_3 = 0$<br>$5V_3 = 1$<br>$V_1 \equiv 0$ |

$$\mathbf{K}=\begin{pmatrix}1\\0\\0\end{pmatrix},\quad \mathbf{U}=\begin{pmatrix}0\\1\\0\end{pmatrix},\quad \mathbf{V}=\begin{pmatrix}0\\-6/5\\1/5\end{pmatrix}$$

$$\mathbf{X}=c_1\begin{pmatrix}1\\0\\0\end{pmatrix}e^{3t}+c_2\left[\begin{pmatrix}1\\0\\0\end{pmatrix}t+\begin{pmatrix}0\\1\\0\end{pmatrix}\right]e^{3t}+c_3\left[\begin{pmatrix}1\\0\\0\end{pmatrix}\frac{t^2}{2}+\begin{pmatrix}0\\1\\0\end{pmatrix}t+\begin{pmatrix}0\\-6/5\\1/5\end{pmatrix}\right]e^{3t}$$

## 보충 문제

**[D.1]** 다음 연립미분방정식들의 해들을 구하라.

(a) $\frac{d}{dt}\begin{pmatrix}x_1\\x_2\end{pmatrix}=\begin{pmatrix}1&2\\4&3\end{pmatrix}\begin{pmatrix}x_1\\x_2\end{pmatrix}$

(b) $\frac{d}{dt}\begin{pmatrix}x_1\\x_2\\x_3\end{pmatrix}=\begin{pmatrix}1&1&-1\\0&2&0\\0&1&-1\end{pmatrix}\begin{pmatrix}x_1\\x_2\\x_3\end{pmatrix}$

**[D.2]** 다음 연립미분방정식들의 해들을 구하라.

(a) $\frac{d}{dt}\begin{pmatrix}x_1\\x_2\end{pmatrix}=\begin{pmatrix}3&-18\\2&-9\end{pmatrix}\begin{pmatrix}x_1\\x_2\end{pmatrix}$

(b) $\frac{d}{dt}\begin{pmatrix}x_1\\x_2\end{pmatrix}=\begin{pmatrix}3&4\\-1&7\end{pmatrix}\begin{pmatrix}x_1\\x_2\end{pmatrix}$

**[D.3]** 다음 연립미분방정식들의 해들을 구하라.

(a) $\frac{d}{dt}\begin{pmatrix}x_1\\x_2\\x_3\end{pmatrix}=\begin{pmatrix}3&-1&-1\\1&1&-1\\1&-1&1\end{pmatrix}\begin{pmatrix}x_1\\x_2\\x_3\end{pmatrix}$

(b) $\frac{d}{dt}\begin{pmatrix}x_1\\x_2\\x_3\end{pmatrix}=\begin{pmatrix}1&0&0\\2&2&-1\\0&1&0\end{pmatrix}\begin{pmatrix}x_1\\x_2\\x_3\end{pmatrix}$

**[D.4]** 다음 연립미분방정식들의 해들을 구하라.

(a) $\frac{d}{dt}\begin{pmatrix}x_1\\x_2\end{pmatrix}=\begin{pmatrix}2&8\\-1&-2\end{pmatrix}\begin{pmatrix}x_1\\x_2\end{pmatrix},\quad \begin{cases}x_1(0)=2\\x_2(0)=-1\end{cases}$

(b) $\frac{d}{dt}\begin{pmatrix}x_1\\x_2\\x_3\end{pmatrix}=\begin{pmatrix}1&-1&2\\-1&1&0\\-1&0&1\end{pmatrix}\begin{pmatrix}x_1\\x_2\\x_3\end{pmatrix}$

$x_1(0)=1,\ x_2(0)=-1,\ x_3(0)=0$

CHAPTER

12

# 벡터 해석



공학에서 다루는 양은 관측가능한 양으로 물리량이라 한다. 물리량은 크기만 갖는 스칼라(scalar)량과 크기뿐만 아니라 방향도 갖는 벡터(vector)량으로 구분한다. 이 장에서는 함수가 벡터인 경우 즉, 벡터함수의 미적분과 미분연산자($\nabla$)와 관련된 기울기(gradient), 발산(divergence), 회전(curl), 라플라시안(Laplacian) 등이 좌표계에 따라 어떻게 표현되는지를 다룬다. 이들은 전자기학, 유체역학, 고체역학 등 물리학이나 공학분야에서 자주 접하게 되는 내용들이다.

# 12.1 벡터함수

스칼라함수의 미적분과 같은 방법으로 벡터함수의 미적분을 다룰 수 있다. 벡터를 $\mathbf{A} = A\hat{\mathbf{A}}$로 나타내면 $A$는 벡터 $\mathbf{A}$의 크기를 나타내는 스칼라이고 $\hat{\mathbf{A}}$는 $\mathbf{A}$의 방향을 나타내는 크기가 1인 단위벡터(unit vector)이다. 3차원 직각좌표계에서는 벡터를 $\mathbf{A} = \sum_{i=x,y,z} A_i \hat{\mathbf{A}}_i$로 나타내면 $A_i$는 $\mathbf{A}$의 $i$성분이고 단위벡터 $\hat{\mathbf{A}}_i$는 $(\hat{\mathbf{x}}, \hat{\mathbf{y}}, \hat{\mathbf{z}})$ 또는 $(\hat{\mathbf{i}}, \hat{\mathbf{j}}, \hat{\mathbf{k}})$를 주로 사용한다. $\mathbf{A}$가 $t$의 함수이면 $A_i$가 $t$의 함수이다.

## (1) 벡터함수의 미분과 적분

벡터함수 $\mathbf{r}(t)$의 미분은 다음과 같이 정의한다.

$$\mathbf{r}'(t) = \frac{d\mathbf{r}(t)}{dt} = \lim_{h \to 0} \frac{\mathbf{r}(t+h) - \mathbf{r}(t)}{h} \tag{12.1}$$

이것은 그림 12.1과 같이 점 P에서 점 Q로 향하는 벡터 $\Delta\mathbf{r}$을 $h$로 나눈 값의 $h \to 0$의 극한값과 같은 방향을 향하는 벡터로 P점에서의 접선벡터(tangent vector)라 한다. $\mathbf{r}(t)$가 3차원 공간상에서의 위치벡터이면 $\mathbf{v}(t) = d\mathbf{r}(t)/dt$는 속도벡터이고 $\mathbf{a}(t) = d\mathbf{v}(t)/dt = d^2\mathbf{r}(t)/dt^2$은 가속도벡터이다. 따라서 벡터함수 $\mathbf{r}(t)$에 의해 주어지는 곡선 C 상의 위치 $\mathbf{r}(t)$에서 곡선에 접하는 단위 접선벡터 $\hat{\mathbf{t}}(t)$는 다음이 된다.

$$\hat{\mathbf{t}}(t) = \frac{\mathbf{r}'(t)}{|\mathbf{r}'(t)|} \tag{12.2}$$

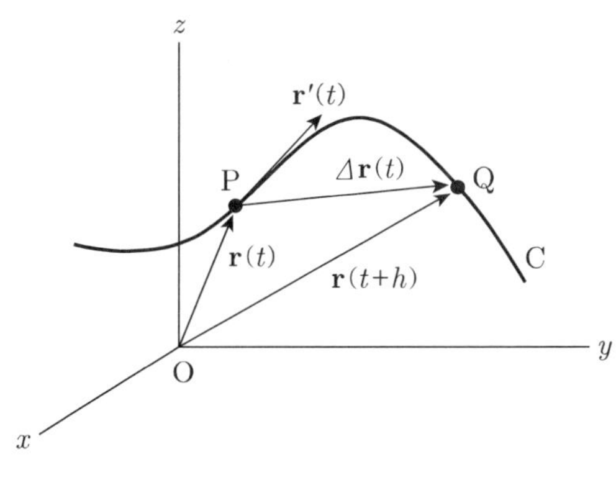


**그림 12.1** 벡터함수의 도함수

스칼라함수의 미분으로부터 벡터함수 $\mathbf{r}(t)=f_1(t)\,\hat{\mathbf{i}}+f_2(t)\,\hat{\mathbf{j}}+f_3(t)\,\hat{\mathbf{k}}$의 미분과 적분은 다음과 같음을 알 수 있다.

$$\frac{d\mathbf{r}(t)}{dt}=\frac{df_1(t)}{dt}\,\hat{\mathbf{i}}+\frac{df_2(t)}{dt}\,\hat{\mathbf{j}}+\frac{df_3(t)}{dt}\,\hat{\mathbf{k}} \tag{12.3}$$

$$\int \mathbf{r}(t)\,dt=\int f_1(t)\,dt\,\hat{\mathbf{i}}+\int f_2(t)\,dt\,\hat{\mathbf{j}}+\int f_3(t)\,dt\,\hat{\mathbf{k}} \tag{12.4}$$

이것은 $\hat{\mathbf{i}}$, $\hat{\mathbf{j}}$, $\hat{\mathbf{k}}$가 일정한 직각좌표계에 대해 성립하고 원통좌표계 또는 구면좌표계에서는 단위벡터들이 일정하지 않으므로 달라진다(보충 E). $\mathbf{u}$와 $\mathbf{v}$가 미분가능한 벡터함수이고 $f$가 미분가능한 스칼라함수이면 스칼라함수의 미분에 대응하는 다음 공식들이 성립한다. $c_1$과 $c_2$는 상수이다.

$$\frac{d}{dt}\left[c_1\mathbf{u}(t)+c_2\mathbf{v}(t)\right]=c_1\mathbf{u}'(t)+c_2\mathbf{v}'(t) \tag{12.5}$$

$$\frac{d}{dt}\left[f(t)\mathbf{u}(t)\right]=f'(t)\mathbf{u}(t)+f(t)\mathbf{u}'(t) \tag{12.6}$$

$$\frac{d}{dt}\left[\mathbf{u}(t)\cdot\mathbf{v}(t)\right]=\mathbf{u}'(t)\cdot\mathbf{v}(t)+\mathbf{u}(t)\cdot\mathbf{v}'(t) \tag{12.7}$$

$$\frac{d}{dt}\left[\mathbf{u}(t)\times\mathbf{v}(t)\right]=\mathbf{u}'(t)\times\mathbf{v}(t)+\mathbf{u}(t)\times\mathbf{v}'(t) \tag{12.8}$$

$$\frac{d}{dt}\left[\mathbf{u}(f(t))\right]=\frac{d\mathbf{u}(z)}{dz}\cdot\frac{df(t)}{dt}\quad [z=f(t)]\ :\ \text{연쇄법칙} \tag{12.9}$$

**증명**

두 벡터 $\mathbf{u}(t)$와 $\mathbf{v}(t)$가

$$\mathbf{u}(t)=f_1(t)\,\hat{\mathbf{i}}+f_2(t)\,\hat{\mathbf{j}}+f_3(t)\,\hat{\mathbf{k}}$$

$$\mathbf{v}(t)=g_1(t)\,\hat{\mathbf{i}}+g_2(t)\,\hat{\mathbf{j}}+g_3(t)\,\hat{\mathbf{k}}$$

일 때 스칼라곱의 미분은

$$\begin{aligned}\frac{d}{dt}\left[\mathbf{u}(t)\cdot\mathbf{v}(t)\right]&=\frac{d}{dt}\sum_{i=1}^{3}f_i(t)\,g_i(t)\\&=\sum_{i=1}^{3}f_i'(t)\,g_i(t)+\sum_{i=1}^{3}f_i(t)\,g_i'(t)\\&=\mathbf{u}'(t)\cdot\mathbf{v}(t)+\mathbf{u}\cdot\mathbf{v}'(t)\end{aligned}$$

이고 식 (12.8)은 성분별로 고려하면 비슷한 방법으로 증명된다.

## 예 12.1

(a) $|\mathbf{r}(t)| = c$ (상수)이면 $\mathbf{r}(t)$와 도함수 $\mathbf{r}'(t)$는 직교함을 증명하라.

(b) 식 (12.8)을 증명하라.

(c) $t=0$ 에서 $\mathbf{r}(t) = t^3\hat{\mathbf{i}} + te^{-t}\hat{\mathbf{j}} + 2\sin t\,\hat{\mathbf{k}}$의 단위접선벡터를 구하라.

(d) 속도가 $\mathbf{v} = \cos t\,\hat{\mathbf{i}} - \sin t\,\hat{\mathbf{j}} + \hat{\mathbf{k}}$인 물체의 시간 $t$일 때의 위치를 구하라.
$t=0$일 때의 위치는 $\mathbf{r}(0) = 2\hat{\mathbf{i}} + \hat{\mathbf{k}}$이다.

**풀이** (a) $\mathbf{r}\cdot\mathbf{r} = |\mathbf{r}|^2 = c^2$을 미분하면

$$\frac{d}{dt}[\mathbf{r}(t)\cdot\mathbf{r}(t)] = \mathbf{r}'(t)\cdot\mathbf{r}(t) + \mathbf{r}(t)\cdot\mathbf{r}'(t)$$
$$= 2\mathbf{r}'(t)\cdot\mathbf{r}(t) = 0$$

으로부터 $\mathbf{r}'(t)\cdot\mathbf{r}(t) = 0$이므로 $\mathbf{r}(t)$와 도함수 $\mathbf{r}'(t)$는 수직이다.

(b) $x$ 성분을 고려한다.

$$\begin{aligned}\frac{d}{dt}[\mathbf{u}(t)\times\mathbf{v}(t)]_x &= \frac{d}{dt}[u_y(t)v_z(t) - u_z(t)v_y(t)]\\ &= u_y'(t)v_z(t) + u_y(t)v_z'(t) - [u_z'(t)v_y(t) + u_z(t)v_y'(t)]\\ &= u_y'(t)v_z(t) - u_z'(t)v_y(t) + u_y(t)v_z'(t) - u_z(t)v_y'(t)\\ &= [\mathbf{u}'(t)\times\mathbf{v}(t) + \mathbf{u}(t)\times\mathbf{v}'(t)]_x\end{aligned}$$

(c) $\mathbf{r}'(t) = 3t^2\hat{\mathbf{i}} + (1-t)e^{-t}\hat{\mathbf{j}} + 2\cos t\,\hat{\mathbf{k}}$, $\mathbf{r}'(0) = \hat{\mathbf{j}} + 2\hat{\mathbf{k}}$

$$\Rightarrow\ \hat{\mathbf{t}}(0) = \frac{\mathbf{r}'(0)}{|\mathbf{r}'(0)|} = \frac{1}{\sqrt{5}}\hat{\mathbf{i}} + \frac{2}{\sqrt{5}}\hat{\mathbf{k}}$$

(d) $$\int_{\mathbf{r}(0)}^{\mathbf{r}(t)} d\mathbf{r} = \int_0^t \frac{d\mathbf{r}}{dt}\,dt = \int_0^t \mathbf{v}\,dt = \int_0^t (\cos t\,\hat{\mathbf{i}} - \sin t\,\hat{\mathbf{j}} + \hat{\mathbf{k}})\,dt$$
$$\Rightarrow\ \mathbf{r}(t) = \mathbf{r}(0) + \sin t\,\hat{\mathbf{i}} + \cos t\,\hat{\mathbf{j}} - \hat{\mathbf{j}} + t\hat{\mathbf{k}}$$
$$= (\sin t + 2)\hat{\mathbf{i}} + (\cos t - 1)\hat{\mathbf{j}} + (t+1)\hat{\mathbf{k}}$$

### (2) 곡률

3차원 공간에서 위치벡터가 $\mathbf{r}(t) = f_1(t)\hat{\mathbf{x}} + f_2(t)\hat{\mathbf{y}} + f_3(t)\hat{\mathbf{z}}$ 일 때 이것의 도함수의 크기는

$$|\mathbf{r}'(t)| = \sqrt{[f_1'(t)]^2 + [f_2'(t)]^2 + [f_3'(t)]^2}$$

이므로 $t=a$에서 $t=b$까지 $\mathbf{r}(t)$로 주어지는 곡선의 길이 $L$은

$$L=\int_a^b |\mathbf{r}'(t)|\,dt \tag{12.10}$$

이고 $\mathbf{r}(0)$와 $\mathbf{r}(t)$ 사이의 거리를 의미하는 호의 길이함수 $s$는 다음과 같이 정의한다.

$$s(t)=\int_0^t |\mathbf{r}'(u)|\,du \tag{12.11}$$

$$\frac{ds}{dt}=|\mathbf{r}'(t)| \tag{12.12}$$

**증명**

2차원 평면상에서 곡선의 길이를 구하기 위해 $f_1(t)\equiv f(t)$, $f_2(t)\equiv g(t)$, $f_3(t)=0$으로 둔다. 다음 그림과 같이 구간을 $n$개의 구간($\Delta t_i = t_i - t_{i-1}$)으로 쪼개면($t_0=a$, $t_n=b$) $i$ 번째 구간 $\mathrm{P}_{i-1}$과 $\mathrm{P}_i$를 연결하는 직선의 길이 $L_i$는

$$\begin{aligned} L_i &= \sqrt{(\Delta x_i)^2+(\Delta y_i)^2} \\ &= \sqrt{[f(t_i)-f(t_{i-1})]^2+[g(t_i)-g(t_{i-1})]^2} \end{aligned}$$

이고 평균값의 정리[식 (5.33)]에 의해

$$\frac{f(t_i)-f(t_{i-1})}{t_i-t_{i-1}}=f'(c_i)$$

$$\frac{g(t_i)-g(t_{i-1})}{t_i-t_{i-1}}=g'(d_i)$$

를 만족하는 $c_i$가 $t_{i-1}$과 $t_i$ 사이에 존재하고 $d_i$가 $t_{i-1}$과 $t_i$ 사이에 존재한다.

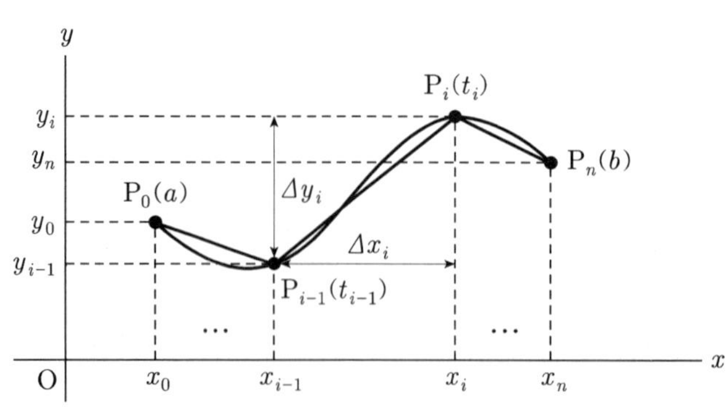

따라서

$$L_i = \sqrt{[f'(c_i)]^2 + [g'(d_i)]^2}\ \Delta t_i$$

이므로 모든 구간의 직선의 길이의 합은 다음과 같다.

$$L_n = \sum_{i=1}^{n} L_i = \sum_{i=1}^{n} \sqrt{[f'(c_i)]^2 + [g'(d_i)]^2}\ \Delta t_i$$

이것은 실제값과 차이가 나지만 $n \to \infty$로 선택하면 차이가 사라지고 $c_i \to t_i$, $d_i \to t_i$가 되므로 다음 정적분의 정의[식 (6.24)]에 의해 결과가 된다. 이것은 3차원에서도 성립한다.

$$\lim_{n \to \infty} \sum_{i=1}^{n} |\mathbf{r}'(t_i)|\Delta t_i = \int_a^b |\mathbf{r}'(t)|dt$$

---

**예 12.2**

$t=0$에서 $t=2\pi$까지 $\mathbf{r}(t) = \cos t\,\hat{\mathbf{x}} + \sin t\,\hat{\mathbf{y}} + t\,\hat{\mathbf{z}}$에 의해 주어지는 곡선의 길이를 구하라.

**풀이** $\mathbf{r}'(t) = -\sin t\,\hat{\mathbf{x}} + \cos t\,\hat{\mathbf{y}} + \hat{\mathbf{z}}$

$|\mathbf{r}'(t)| = \sqrt{\sin^2 t + \cos^2 t + 1} = \sqrt{2}$

$L = \int_a^b |\mathbf{r}'(t)|dt = \int_0^{2\pi} \sqrt{2}\ dt = 2\sqrt{2}\,\pi$

---

$\mathbf{r}(t)$가 연속이고 $\mathbf{r}' \neq 0$이면 $\mathbf{r}$은 매끄럽다(smooth)고 한다. 매끄러운 함수 $\mathbf{r}(t)$가 그림 12.2와 같이 주어지는 경우를 고려하자. $\hat{\mathbf{t}}_1$과 $\hat{\mathbf{t}}_2$는 각각 P와 Q 지점에서의 단위접선벡터이고 $\Delta s$는 P와 Q 사이의 곡선의 길이이다. $\bar{\kappa} \equiv |\Delta\hat{\mathbf{t}}/\Delta s|$로 정의하면 이것은 호의 길이 $\Delta s$가 같을 때 $\Delta\hat{\mathbf{t}}$가 크면 크다. $\Delta\hat{\mathbf{t}}$는 단위접선벡터의 변화량이므로 곡선이 많이 구부러질수록 $\bar{\kappa}$가 크다. 예를 들어, 직선은 단위접선벡터의 변화가 0이므로 $\bar{\kappa}$는 0이다. $\Delta s \to 0$으로 선택하고 절대값을 취하면 $\bar{\kappa}$는 P 지점에서의 순간 값이 되고 이것을 P 지점에서의 곡률(curvature)이라 한다.

$$\frac{d\hat{\mathbf{t}}}{dt} = \frac{d\hat{\mathbf{t}}}{ds} \cdot \frac{ds}{dt} \ \Rightarrow\ \frac{d\hat{\mathbf{t}}}{ds} = \frac{d\hat{\mathbf{t}}/dt}{ds/dt}$$

이것은 식 (12.12)를 사용하면 식 (12.13)의 두 번째 식이 된다. 곡률의 역수를 곡률 반지름이라 한다. (예 12.3 참고)

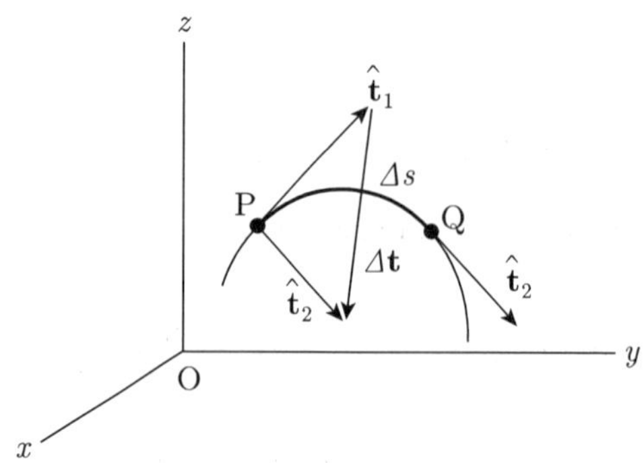


**그림 12.2** 곡률

**곡률**

$$\kappa = \left|\frac{d\hat{\mathbf{t}}}{ds}\right| = \frac{|\hat{\mathbf{t}}'(t)|}{|\mathbf{r}'(t)|} \tag{12.13}$$

**예 12.3**

$\mathbf{r}(t) = a\cos t\,\hat{\mathbf{x}} + a\sin t\,\hat{\mathbf{y}}$로 주어지는 반지름이 $a$인 원의 곡률을 구하라.

**풀이** $\mathbf{r}'(t) = -a\sin t\,\hat{\mathbf{x}} + a\cos t\,\hat{\mathbf{y}}$

$$|\mathbf{r}'(t)| = \sqrt{a^2\sin^2 t + a^2\cos^2 t} = a$$

$$\hat{\mathbf{t}}(t) = \frac{\mathbf{r}'(t)}{|\mathbf{r}'(t)|} = -\sin t\,\hat{\mathbf{x}} + \cos t\,\hat{\mathbf{y}}, \quad \hat{\mathbf{t}}'(t) = -\cos t\,\hat{\mathbf{x}} - \sin t\,\hat{\mathbf{y}}$$

$$|\hat{\mathbf{t}}'(t)| = 1 \Rightarrow \kappa = \frac{|\hat{\mathbf{t}}'(t)|}{|\mathbf{r}'(t)|} = \frac{1}{a}$$

$\hat{\mathbf{t}}(t)$는 단위벡터 즉, $|\hat{\mathbf{t}}(t)| = 1$이므로 [예 12.1] (a)에 의해 $\hat{\mathbf{t}}(t) \cdot \hat{\mathbf{t}}'(t) = 0$이다. 따라서 $\hat{\mathbf{t}}'(t)$는 $\hat{\mathbf{t}}(t)$에 수직이고 $\hat{\mathbf{t}}'(t)$의 크기는 1일 필요는 없다. $\hat{\mathbf{t}}(t)$에 수직인 단위벡터인 단위 법선벡터 $\hat{\mathbf{n}}(t)$와 $\hat{\mathbf{t}}(t)$와 $\hat{\mathbf{n}}(t)$에 수직인 단위벡터인 종법선벡터 $\hat{\mathbf{b}}(t)$를 다음과 같이 정의한다.

$$\hat{\mathbf{n}}(t) = \frac{\hat{\mathbf{t}}'(t)}{|\hat{\mathbf{t}}'(t)|} \tag{12.14}$$

$$\hat{\mathbf{b}}(t) = \hat{\mathbf{t}}(t) \times \hat{\mathbf{n}}(t) \tag{12.15}$$

**예 12.4**

$\mathbf{r}(t) = \cos(2t)\hat{\mathbf{x}} + \sin(2t)\hat{\mathbf{y}}$일 때 $\hat{\mathbf{n}}(t)$를 구하라.

**풀이** $\mathbf{r}'(t) = -2\sin(2t)\hat{\mathbf{x}} + 2\cos(2t)\hat{\mathbf{y}}, \quad |\mathbf{r}'(t)| = 2$

$$\hat{\mathbf{t}}(t) = \frac{\mathbf{r}'(t)}{|\mathbf{r}'(t)|} = -\sin(2t)\hat{\mathbf{x}} + \cos(2t)\hat{\mathbf{y}}$$

$$\hat{\mathbf{t}}'(t) = -2\cos(2t)\hat{\mathbf{x}} - 2\sin(2t)\hat{\mathbf{y}}$$

$$|\hat{\mathbf{t}}'(t)| = 2, \quad \hat{\mathbf{n}}(t) = \frac{\hat{\mathbf{t}}'(t)}{|\hat{\mathbf{t}}'(t)|} = -\cos(2t)\hat{\mathbf{x}} - \sin(2t)\hat{\mathbf{y}}$$

## 12.2 미분연산자

이 절에서는 공학문제를 다룰 때 자주 나오는 미분연산자 $\nabla$(del 또는 nabla)를 정의하고 이와 관련된 여러 공식들을 소개한다.

### (1) 방향도함수

그림 12.3에서 $\mathrm{P}(x, y, z)$와 $\mathrm{Q}(x', y', z')$는 함수 $z = f(x, y)$에 의해 주어지는 곡면 S 상에 있는 두 지점이고 P′과 Q′은 이들이 $xy$ 평면에 사영된 지점이다.

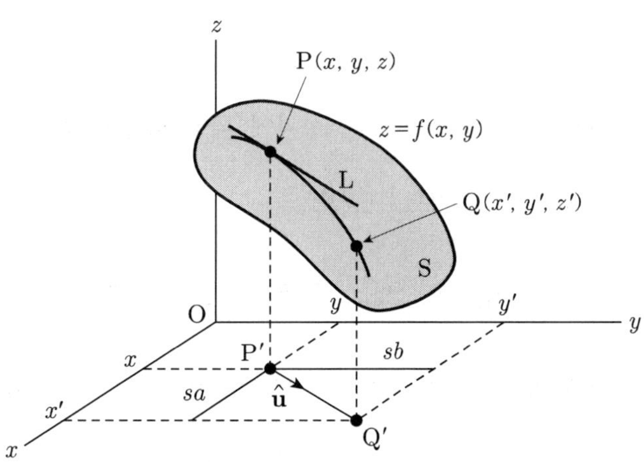


**그림 12.3** 방향도함수

직선 L은 P와 Q를 잇는 곡선의 P 지점에서의 접선이고 $\mathbf{u}$는 P′에서 Q′으로 향하는 단위벡터로 $a^2+b^2=1$에 대해 $\hat{\mathbf{u}}=a\hat{\mathbf{x}}+b\hat{\mathbf{y}}$이다. 따라서 적당한 $s$에 대해 $\overrightarrow{\mathrm{P'Q'}}=s\hat{\mathbf{u}}$이므로 $x'-x=sa$, $y'-y=sb$ 즉, $x'=x+sa$, $y'=y+sb$이므로 [주의 : $x'$, $y'$, $z'$는 도함수가 아님]

$$\frac{\Delta z}{s}=\frac{z-z_0}{s}=\frac{f(x+sa,\,y+sb)-f(x,\,y)}{s}$$

는 $s\to 0$일 때의 극한값이 존재하면 $\hat{\mathbf{u}}$ 방향으로의 $z$의 변화율이 된다.

**방향도함수 I**

$$D_{\hat{\mathbf{u}}}f(x,\,y)=\left(\frac{\partial f}{\partial s}\right)_{\hat{\mathbf{u}}}=\lim_{s\to 0}\frac{f(x+sa,\,y+sb)-f(x,\,y)}{s} \tag{12.16}$$

: 점 $(x,\,y)$에서 단위벡터 $\hat{\mathbf{u}}=a\hat{\mathbf{x}}+b\hat{\mathbf{y}}$ 방향으로의 $f(x,\,y)$의 방향도함수

$a=1$, $b=0$ 즉, $\hat{\mathbf{u}}=\hat{\mathbf{x}}$일 때는 $D_{\hat{\mathbf{x}}}f(x,\,y)=\partial f/\partial x$이고 $a=0$, $b=1$ 즉, $\hat{\mathbf{u}}=\hat{\mathbf{y}}$일 때는 $D_{\hat{\mathbf{y}}}f(x,\,y)=\partial f/\partial y$가 된다. 즉, $x$와 $y$에 대한 $f(x,\,y)$의 편도함수는 방향도함수의 특별한 경우이다. $f(x,\,y)$가 편도함수를 가지면 식 (12.16)은 다음이 되고 $z$를 포함시키면 3변수 함수의 방향도함수가 된다.

**방향도함수 II**

$$D_{\hat{\mathbf{u}}}f(x,\,y)=\left(\frac{\partial f}{\partial s}\right)_{\hat{\mathbf{u}}}=f_x(x,\,y)\,a+f_y(x,\,y)\,b \tag{12.17}$$

**증명**

$g(s)=f(x_0+sa,\,y_0+sb)$로 두면 도함수의 정의에 의해 다음과 같다.

$$\begin{aligned}g'(0)&=\lim_{s\to 0}\frac{g(s)-g(0)}{s}\\&=\lim_{s\to 0}\frac{f(x_0+sa,\,y_0+sb)-f(x_0,\,y_0)}{s}\end{aligned} \tag{*1}$$

$x=x_0+sa$, $y=y_0+sb$로 두면 $g(s)=f(x,\,y)$이므로 2변수 함수의 연쇄법칙[식 (8.10)]에 의해

$$g'(s)=\frac{dg}{ds}=\frac{\partial f}{\partial x}\cdot\frac{dx}{ds}+\frac{\partial f}{\partial y}\cdot\frac{dy}{ds}=f_x\,a+f_y\,b$$

이고 $s=0$ 즉, $x=x_0$, $y=y_0$일 때는 다음과 같다.

$$g'(0)=f_x(x_0,\ y_0)\,a+f_y(x_0,\ y_0)\,b$$

따라서 이것과 식 (*1)을 비교하면 식 (12.16)은 식 (12.17)이 된다.

---

**예 12.5**

점 $(1,\ 2)$에서 $\hat{\mathbf{u}}=\cos(\pi/6)\,\hat{\mathbf{x}}+\sin(\pi/6)\,\hat{\mathbf{y}}$ 방향으로의 $f(x,\ y)=x^3-3xy+4y^2$의 방향도함수를 구하라.

**풀이** $D_{\hat{\mathbf{u}}}f(x,\ y)=\cos(\pi/6)f_x(x,\ y)+\sin(\pi/6)f_y(x,\ y)$

$$=\frac{\sqrt{3}}{2}(3x^2-3y)+\frac{1}{2}(-3x+8y)$$

$$D_{\hat{\mathbf{u}}}f(1,\ 2)=\frac{\sqrt{3}}{2}(3-6)+\frac{1}{2}(-3+16)=\frac{13-3\sqrt{3}}{2}$$

---

### (2) 미분연산자

미분연산자 $\nabla$은 직각좌표계에서는 다음과 같이 정의한다.

**미분연산자**

$$\nabla\equiv\hat{\mathbf{x}}\frac{\partial}{\partial x}+\hat{\mathbf{y}}\frac{\partial}{\partial y}+\hat{\mathbf{z}}\frac{\partial}{\partial z} \tag{12.18}$$

따라서 식 (12.17)은 3변수 함수로 확장하고 식 (12.18)을 사용하면 다음이 된다.

$$D_{\hat{\mathbf{u}}}f(\mathbf{r})=\nabla f(\mathbf{r})\cdot\hat{\mathbf{u}}=|\nabla f(\mathbf{r})|\cos\theta \tag{12.19}$$

여기서 $\cos\theta$는 $\nabla f(\mathbf{r})$와 $\hat{\mathbf{u}}$ 사이의 각이고 $\mathbf{r}=x\hat{\mathbf{x}}+y\hat{\mathbf{y}}+z\hat{\mathbf{z}}$이다. $\hat{\mathbf{u}}=a\hat{\mathbf{x}}+b\hat{\mathbf{y}}+c\hat{\mathbf{z}}$는 단위벡터이므로 $\sqrt{a^2+b^2+c^2}=1$이다.

**예 12.6**

$f(x,\ y,\ z)=x\sin(yz)$일 때 $\nabla f$를 구하고 점 $(1,\ 2,\ 0)$에서 $\mathbf{A}=\hat{\mathbf{x}}+2\hat{\mathbf{y}}-\hat{\mathbf{z}}$ 방향의 방향도함수를 구하라.

**풀이** $\nabla f=\left(\hat{\mathbf{x}}\frac{\partial}{\partial x}+\hat{\mathbf{y}}\frac{\partial}{\partial y}+\hat{\mathbf{z}}\frac{\partial}{\partial z}\right)x\sin(yz)$

$$=\sin(yz)\,\hat{\mathbf{x}}+xz\cos(yz)\,\hat{\mathbf{y}}+xy\cos(yz)\,\hat{\mathbf{z}}$$

$$|\mathbf{A}|=\sqrt{6},\quad \hat{\mathbf{u}}=\frac{\mathbf{A}}{|\mathbf{A}|}=\frac{1}{\sqrt{6}}\hat{\mathbf{x}}+\frac{2}{\sqrt{6}}\hat{\mathbf{y}}-\frac{1}{\sqrt{6}}\hat{\mathbf{z}}$$

$$\nabla f(1,2,0)\cdot\hat{\mathbf{u}}=2\hat{\mathbf{z}}\cdot\left(\frac{1}{\sqrt{6}}\hat{\mathbf{x}}+\frac{2}{\sqrt{6}}\hat{\mathbf{y}}-\frac{1}{\sqrt{6}}\hat{\mathbf{z}}\right)=-\frac{2}{\sqrt{6}}$$

---

식 (12.19)에 의해 $f$가 가장 빠르게 증가하는 방향도함수 $D_{\hat{\mathbf{u}}}f(\mathbf{r})$의 최댓값은 $|\nabla f(\mathbf{r})|$이고 이것은 $\nabla f(\mathbf{r})$와 $\hat{\mathbf{u}}$가 같은 방향일 때이다. $\nabla f(\mathbf{r})$와 $\hat{\mathbf{u}}$가 반대 방향이면 $D_{\hat{\mathbf{u}}}f(\mathbf{r})$는 최솟값 $-|\nabla f(\mathbf{r})|$이 되고 $f$가 가장 빨리 감소한다. $\nabla f(\mathbf{r})$와 $\hat{\mathbf{u}}$가 수직이면 $\hat{\mathbf{u}}$ 방향의 $f$의 변화는 없다.

### 예 12.7

$f(x,y)=x^2/2+y^2/2$일 때 점 $(1,1)$에서 $f$가 (a) 가장 빨리 증가하는 방향과 (b) 가장 빨리 감소하는 방향 그리고 (c) $f$의 변화가 없는 방향을 구하라.

**풀이** $\nabla f(1,1)=\left[\left(\hat{\mathbf{x}}\frac{\partial}{\partial x}+\hat{\mathbf{y}}\frac{\partial}{\partial y}+\hat{\mathbf{z}}\frac{\partial}{\partial z}\right)\left(\frac{x^2}{2}+\frac{y^2}{2}\right)\right]_{1,1}=\hat{\mathbf{x}}+\hat{\mathbf{y}}$

(a) $\hat{\mathbf{u}}=\frac{\hat{\mathbf{x}}+\hat{\mathbf{y}}}{|\hat{\mathbf{x}}+\hat{\mathbf{y}}|}=\frac{1}{\sqrt{2}}\hat{\mathbf{x}}+\frac{1}{\sqrt{2}}\hat{\mathbf{y}}$

(b) $-\hat{\mathbf{u}}=-\frac{1}{\sqrt{2}}\hat{\mathbf{x}}-\frac{1}{\sqrt{2}}\hat{\mathbf{y}}$

(c) $\frac{1}{\sqrt{2}}\hat{\mathbf{x}}-\frac{1}{\sqrt{2}}\hat{\mathbf{y}}$ 또는 $-\frac{1}{\sqrt{2}}\hat{\mathbf{x}}+\frac{1}{\sqrt{2}}\hat{\mathbf{y}}$

---

### 예 12.8

다음을 증명하라.

(a) $\nabla\cdot(f\mathbf{A})=f(\nabla\cdot\mathbf{A})+(\nabla f)\cdot\mathbf{A}$ (12.20)

(b) $\nabla\times(f\mathbf{A})=f(\nabla\times\mathbf{A})+(\nabla f)\times\mathbf{A}$ (12.21)

**풀이** (a) $\frac{\partial}{\partial x}(fA_x)+\frac{\partial}{\partial y}(fA_y)+\frac{\partial}{\partial z}(fA_z)$

$$=\frac{\partial f}{\partial x}A_x+\frac{\partial f}{\partial y}A_y+\frac{\partial f}{\partial z}A_z+f\left(\frac{\partial A_x}{\partial x}+\frac{\partial A_y}{\partial y}+\frac{\partial A_z}{\partial z}\right)$$

(b) $x$성분 : $\frac{\partial}{\partial y}(fA_z)-\frac{\partial}{\partial z}(fA_y)=f\left(\frac{\partial A_z}{\partial y}-\frac{\partial A_y}{\partial z}\right)+\left(\frac{\partial f}{\partial y}A_z-\frac{\partial f}{\partial z}A_y\right)$

$$=f(\nabla\times\mathbf{A})_x+[(\nabla f)\times\mathbf{A}]_x$$

---

스칼라 함수 $\Phi=C$ (일정)인 곡면 S에서 다음이 성립한다.

$$\nabla\Phi=|\nabla\Phi|\hat{\mathbf{n}} \tag{12.22}$$

$\hat{\mathbf{n}}$은 곡면 S에 수직인 단위 법선벡터이다.

**증명**

그림에서 C는 $\Phi=C$(상수)인 곡면 S 상에 위치벡터 $\mathbf{r}(t)=x(t)\hat{\mathbf{x}}+y(t)\hat{\mathbf{y}}+z(t)\hat{\mathbf{z}}$로 주어지는 곡선이고 $d\mathbf{r}=\hat{\mathbf{x}}\,dx+\hat{\mathbf{y}}\,dy+\hat{\mathbf{z}}\,dz$는 식 (12.1)에 의해 P 지점에서 곡선 C 따라서 곡면 S에 접한다.

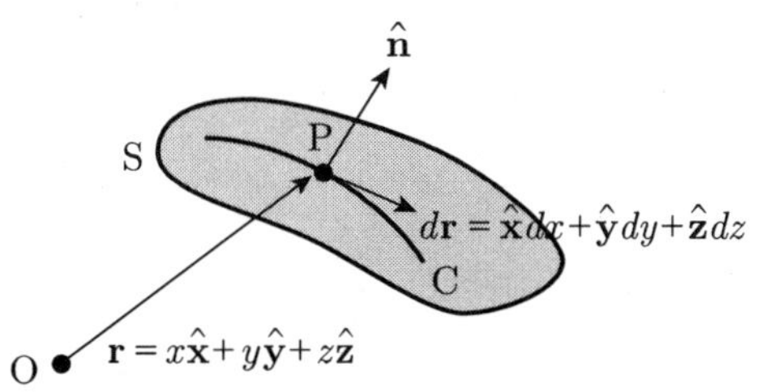


식 (12.18)로부터

$$d\mathbf{r}\cdot\nabla\Phi=(\hat{\mathbf{x}}\,dx+\hat{\mathbf{y}}\,dy+\hat{\mathbf{z}}\,dz)\cdot\left(\frac{\partial\Phi}{\partial x}\hat{\mathbf{x}}+\frac{\partial\Phi}{\partial y}\hat{\mathbf{y}}+\frac{\partial\Phi}{\partial z}\hat{\mathbf{z}}\right)$$
$$=\frac{\partial\Phi}{\partial x}dx+\frac{\partial\Phi}{\partial y}dy+\frac{\partial\Phi}{\partial z}dz=d\Phi$$

이고 마지막 식은 전미분[식 (8.13)]이다. $\Phi=$ (일정)이면 $d\Phi=0$이므로 $d\mathbf{r}\perp\nabla\Phi$이다. 따라서

$$\nabla\Phi=|\nabla\Phi|\hat{\mathbf{n}}$$

이고 $\hat{\mathbf{n}}$은 $d\mathbf{r}$ 즉, $\Phi=$ (일정)인 곡면에 수직인 단위벡터이다.

---

**예 12.9**

$\Phi(x,\ y,\ z)=x^2+y^2+z=0$에 의해 주어지는 곡면상의 점 $(1,\ 2,\ 4)$에서 곡면에 수직인 단위 법선벡터 $\hat{\mathbf{n}}$을 구하라.

**풀이** $\nabla\Phi(1,2,4) = \left[\left(\hat{\mathbf{x}}\frac{\partial}{\partial x} + \hat{\mathbf{y}}\frac{\partial}{\partial y} + \hat{\mathbf{z}}\frac{\partial}{\partial z}\right)(x^2+y^2+z)\right]_{1,2,4}$

$$= 2\hat{\mathbf{x}} + 4\hat{\mathbf{y}} + \hat{\mathbf{z}}$$

$$\hat{\mathbf{n}} = \frac{2\hat{\mathbf{x}} + 4\hat{\mathbf{y}} + \hat{\mathbf{z}}}{|2\hat{\mathbf{x}} + 4\hat{\mathbf{y}} + \hat{\mathbf{z}}|} = \frac{2}{\sqrt{21}}\hat{\mathbf{x}} + \frac{4}{\sqrt{21}}\hat{\mathbf{y}} + \frac{1}{\sqrt{21}}\hat{\mathbf{z}}$$

### (3) ∇과 관련된 4 가지 양

벡터함수 $\mathbf{A}(x, y, z)$와 스칼라함수 $\Phi(x, y, z)$에 대해 공학 분야에서 많이 접하게 되는 ∇와 관련된 4 가지 양들은 직각좌표계에서는 다음과 같다. (원통좌표계와 구면좌표계에 대한 표현은 보충 E에서 다룸.)

| 이름 | 기호와 정의 |
|---|---|
| gradient of $\Phi$ ($\Phi$ 의 기울기) | $\nabla\Phi = \frac{\partial\Phi}{\partial x}\hat{\mathbf{x}} + \frac{\partial\Phi}{\partial y}\hat{\mathbf{y}} + \frac{\partial\Phi}{\partial z}\hat{\mathbf{z}}$ (12.23) |
| divergence of $\mathbf{A}$ ($\mathbf{A}$의 발산) | $\nabla\cdot\mathbf{A} = \frac{\partial A_x}{\partial x} + \frac{\partial A_y}{\partial y} + \frac{\partial A_z}{\partial z}$ (12.24) |
| curl of $\mathbf{A}$ ($\mathbf{A}$의 회전) | $\nabla\times\mathbf{A} = \left(\frac{\partial A_z}{\partial y} - \frac{\partial A_y}{\partial z}\right)\hat{\mathbf{x}} + \left(\frac{\partial A_x}{\partial z} - \frac{\partial A_z}{\partial x}\right)\hat{\mathbf{y}} + \left(\frac{\partial A_y}{\partial x} - \frac{\partial A_x}{\partial y}\right)\hat{\mathbf{z}}$ $= \begin{vmatrix} \hat{\mathbf{x}} & \hat{\mathbf{y}} & \hat{\mathbf{z}} \\ \partial/\partial x & \partial/\partial y & \partial/\partial z \\ A_x & A_y & A_z \end{vmatrix}$ (12.25) |
| Laplacian of $\Phi$ ($\Phi$의 라플라시안) | $\nabla^2\Phi = \nabla\cdot\nabla\Phi = \frac{\partial^2\Phi}{\partial x^2} + \frac{\partial^2\Phi}{\partial y^2} + \frac{\partial^2\Phi}{\partial z^2}$ (12.26) |

**설명**

식 (12.24)를 발산(divergence)이라 하고 (12.25)를 회전(cirl)이라 부르는 이유를 설명하기 위해 $\mathbf{F}_1 = \hat{\mathbf{x}}$, $\mathbf{F}_2 = \hat{\mathbf{y}}$, $\mathbf{F}_3 = x\hat{\mathbf{x}}$, $\mathbf{F}_4 = x\hat{\mathbf{y}}$를 고려하면 다음과 같다. $\nabla_x \equiv \hat{\mathbf{x}}(\partial/\partial x)$이다.

(a) $\nabla_x\cdot\mathbf{F}_1 = 0$ : $\mathbf{F}_1$은 $x$(미분) 방향이지만 크기가 일정

$\nabla_x\cdot\mathbf{F}_2 = 0$ : $\mathbf{F}_2$는 $x$ 방향과 수직(스칼라곱 0)이고 크기도 일정

$\nabla_x\cdot\mathbf{F}_3 = 1$ : $\mathbf{F}_3$는 $x$ 방향이고 크기가 $x$에 따라 변함 [그림 (a)]

$$= \lim_{\Delta x\to 0}\frac{F_3(x+\Delta x) - F_3(x)}{\Delta x} = \lim_{\Delta x\to 0}\frac{\Delta F_3(x)}{\Delta x}$$

$\nabla_x \cdot \mathbf{F}_4 = 0$ : $\mathbf{F}_4$는 크기가 $x$에 따라 변하지만 $x$ 방향에 수직

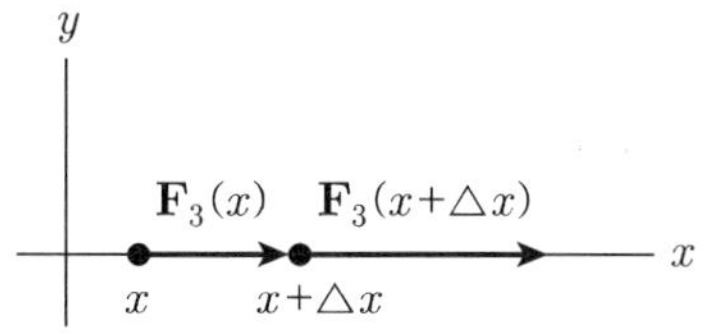

(a) $\nabla_x \cdot \mathbf{F}_3 \neq 0$

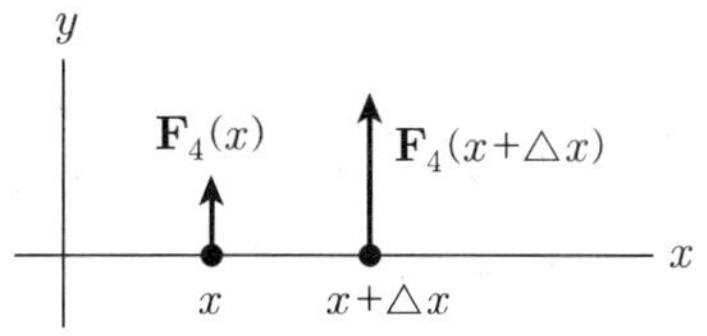

(b) $\nabla_x \times \mathbf{F}_4 \neq 0$

(b) $\nabla_x \times \mathbf{F}_1 = 0$ : $\mathbf{F}_1$은 $x$ 방향과 나란(벡터곱 0)하고 크기도 일정

$\nabla_x \times \mathbf{F}_2 = 0$ : $\mathbf{F}_2$는 $x$ 방향과 수직이지만 크기가 일정

$\nabla_x \times \mathbf{F}_3 = 0$ : $\mathbf{F}_3$는 크기는 $x$에 따라 변하지만 $x$ 방향에 나란함

$\nabla_x \times \mathbf{F}_4 = \hat{\mathbf{z}}$ : $\mathbf{F}_4$는 $x$ 방향에 수직이고 크기가 $x$에 따라 변함[그림 (b)]

$$= \lim_{\triangle x \to 0} \frac{F_4(x + \triangle x) - F_4(x)}{\triangle x} \hat{\mathbf{z}} = \lim_{\triangle x \to 0} \frac{\triangle F_4(x)}{\triangle x} \hat{\mathbf{z}}$$

($\hat{\mathbf{z}}$는 지면 바깥쪽) 따라서 $\nabla_x \cdot \mathbf{F}$는 $\mathbf{F}$가 $\nabla_x$ 방향이면서 크기가 $x$에 따라 변할 때 [그림 (a)], $\nabla_x \times \mathbf{F}$는 $\mathbf{F}$가 $\nabla_x$에 수직이면서 크기가 $x$에 따라 변할 때 [그림(b)] 0이 아니다. 일반적으로 $\nabla \cdot \mathbf{F}$는 $\mathbf{F}$가 그림 (c)와 같이 $\nabla$ 방향으로 크기가 변할 때(퍼져나갈 때 diverge), $\nabla \times \mathbf{F}$는 $\mathbf{F}$가 그림 (d)와 같이 $\nabla$ 방향에 수직인 방향으로 크기가 변할 때(회돌이 칠 때 curl) 0이 아니다. 화살표가 길어질수록 $\mathbf{F}$가 커짐을 의미하고 밖으로 나갈수록 작아질 때도 0이 아니다.

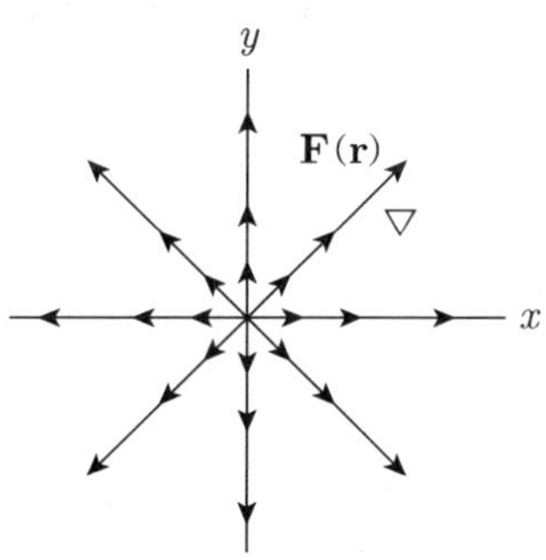

(c) $\nabla \cdot \mathbf{F} \neq 0$

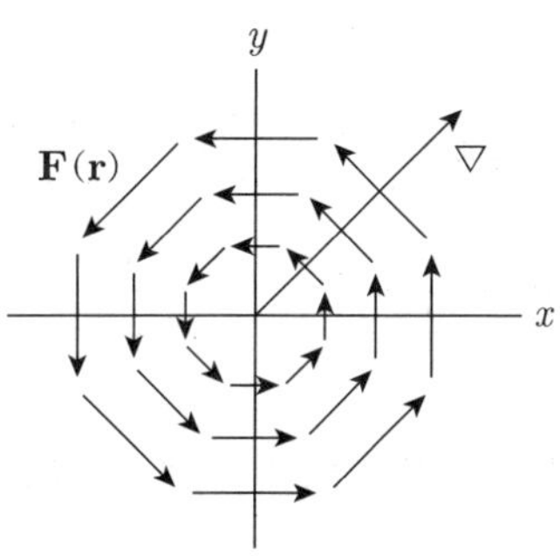

(d) $\nabla \times \mathbf{F} \neq 0$

**예 12.10**

(a) 스칼라 함수 $\Phi$에 대해 다음의 기울기의 기본정리를 증명하라.

$$\int_{\mathrm{a}}^{\mathrm{b}} (\nabla \Phi) \cdot d\mathbf{r} = \Phi(\mathrm{b}) - \Phi(\mathrm{a})$$

(b) $\mathbf{A} = x^2 \hat{\mathbf{x}} + 3xy\hat{\mathbf{y}} + x^2 z \hat{\mathbf{z}}$일 때 $\nabla \cdot \mathbf{A}$와 $\nabla \times \mathbf{A}$를 구하라.

**풀이** (a) $\Phi = \Phi(x, y, z)$로 두면 이것의 전미분은 식 (12.22)의 증명으로부터 $d\Phi = \nabla\Phi \cdot d\mathbf{r}$ 이므로 양변을 적분하면 된다.

(b) $$\nabla \cdot \mathbf{A} = \left(\hat{\mathbf{x}}\frac{\partial}{\partial x} + \hat{\mathbf{y}}\frac{\partial}{\partial y} + \hat{\mathbf{z}}\frac{\partial}{\partial z}\right) \cdot (x^2\hat{\mathbf{x}} + 3xy\hat{\mathbf{y}} + x^2z\hat{\mathbf{z}})$$
$$= 2x + 3x + x^2$$
$$\nabla \times \mathbf{A} = \left[\frac{\partial(x^2z)}{\partial y} - \frac{\partial(3xy)}{\partial z}\right]\hat{\mathbf{x}} + \left[\frac{\partial(x^2)}{\partial z} - \frac{\partial(x^2z)}{\partial x}\right]\hat{\mathbf{y}}$$
$$+ \left[\frac{\partial(3xy)}{\partial x} - \frac{\partial(x^2)}{\partial y}\right]\hat{\mathbf{z}} = -2xz\hat{\mathbf{y}} + 3y\hat{\mathbf{z}}$$

---

### 예 12.11

$\mathbf{r} = x\hat{\mathbf{x}} + y\hat{\mathbf{y}} + z\hat{\mathbf{z}}$ 일 때 다음을 증명하라.

(a) $\nabla r = \hat{\mathbf{r}}$

(b) $\nabla\left(\dfrac{1}{r}\right) = -\dfrac{\hat{\mathbf{r}}}{r^2}$

(c) $\nabla^2\left(\dfrac{1}{r}\right) = 0 \ (r \neq 0)$

**풀이** $r = \sqrt{x^2 + y^2 + z^2}$ 이므로 다음과 같다.

(a) $$\nabla r = \left(\hat{\mathbf{x}}\frac{\partial}{\partial x} + \hat{\mathbf{y}}\frac{\partial}{\partial y} + \hat{\mathbf{z}}\frac{\partial}{\partial z}\right)(x^2 + y^2 + z^2)^{1/2} = \frac{2x\hat{\mathbf{x}} + 2y\hat{\mathbf{y}} + 2z\hat{\mathbf{z}}}{2\sqrt{x^2 + y^2 + z^2}} = \frac{\mathbf{r}}{r} = \hat{\mathbf{r}}$$

(b) $$\nabla\left(\frac{1}{r}\right) = \left(\hat{\mathbf{x}}\frac{\partial}{\partial x} + \hat{\mathbf{y}}\frac{\partial}{\partial y} + \hat{\mathbf{z}}\frac{\partial}{\partial z}\right)(x^2 + y^2 + z^2)^{-1/2}$$
$$= -\frac{1}{2} \cdot \frac{2x\hat{\mathbf{x}} + 2y\hat{\mathbf{y}} + 2z\hat{\mathbf{z}}}{(x^2 + y^2 + z^2)^{3/2}} = -\frac{\mathbf{r}}{r^3} = -\frac{\hat{\mathbf{r}}}{r^2}$$

(c) $$\frac{\partial^2}{\partial x^2}\left(\frac{1}{r}\right) = \frac{\partial^2}{\partial x^2}(x^2 + y^2 + z^2)^{-1/2} = \frac{\partial}{\partial x}\left[\frac{-x}{(x^2 + y^2 + z^2)^{3/2}}\right]$$
$$= -\frac{(x^2 + y^2 + z^2)^{3/2} - x(3/2)2x(x^2 + y^2 + z^2)^{1/2}}{(x^2 + y^2 + z^2)^3}$$
$$= -\frac{1 - 3x^2(x^2 + y^2 + z^2)^{-1}}{(x^2 + y^2 + z^2)^{3/2}}$$
$$\nabla^2\left(\frac{1}{r}\right) = \left(\frac{\partial^2}{\partial x^2} + \frac{\partial^2}{\partial y^2} + \frac{\partial^2}{\partial z^2}\right)\frac{1}{r}$$
$$= -\frac{3 - 3(x^2 + y^2 + z^2)(x^2 + y^2 + z^2)^{-1}}{(x^2 + y^2 + z^2)^{3/2}} = 0$$

---

### 예 12.12

스칼라함수 $\Phi$와 벡터함수 $\mathbf{A}$에 대해 다음을 증명하라.

(a) $\nabla \times \nabla \Phi = 0$ (b) $\nabla \cdot (\nabla \times \mathbf{A}) = 0$

**풀이** (a) 식 (12.25)에서 $\mathbf{A} = \nabla \Phi$ 로 둔다.

$$\nabla \times \nabla \Phi = \left( \frac{\partial^2 \Phi}{\partial y \, \partial z} - \frac{\partial^2 \Phi}{\partial z \, \partial y} \right) \hat{\mathbf{x}} + \left( \frac{\partial^2 \Phi}{\partial z \, \partial x} - \frac{\partial^2 \Phi}{\partial x \, \partial z} \right) \hat{\mathbf{y}} + \left( \frac{\partial^2 \Phi}{\partial x \, \partial y} - \frac{\partial^2 \Phi}{\partial y \, \partial x} \right) \hat{\mathbf{z}} = 0$$

(b) $\mathbf{B} = \nabla \times \mathbf{A}$ 로 두고 식 (12.24)를 적용한다.

$$\begin{aligned} \nabla \cdot (\nabla \times \mathbf{A}) &= \frac{\partial B_x}{\partial x} + \frac{\partial B_y}{\partial y} + \frac{\partial B_z}{\partial z} \\ &= \frac{\partial}{\partial x}\left( \frac{\partial A_z}{\partial y} - \frac{\partial A_y}{\partial z} \right) + \frac{\partial}{\partial y}\left( \frac{\partial A_x}{\partial z} - \frac{\partial A_z}{\partial x} \right) \\ &\quad + \frac{\partial}{\partial z}\left( \frac{\partial A_y}{\partial x} - \frac{\partial A_x}{\partial y} \right) = 0 \end{aligned}$$

## (4) 면적소벡터와 선소벡터

어떤 공간의 표면과 선에 대해 선소벡터 $d\mathbf{l}$과 면적소벡터 $d\mathbf{a}$를 다음과 같이 정의한다. (그림 8.8과 8.9 참고).

**표 12.1** 선소벡터와 면적소벡터

| | 선소벡터 | 면적소벡터 |
|---|---|---|
| 정의 | $d\mathbf{l} = \begin{cases} \text{크기 : 선소 } dl \\ \text{방향 : 선소 방향} \end{cases}$ | $d\mathbf{a} = \begin{cases} \text{크기 : 면적소 } da \\ \text{방향 : 면에 수직} \end{cases}$ |
| 3차원 직각좌표계 | $\hat{\mathbf{x}}\,dx$, $\hat{\mathbf{y}}\,dy$, $\hat{\mathbf{z}}\,dz$ | $\hat{\mathbf{x}}\,dy\,dz$, $\hat{\mathbf{y}}\,dx\,dz$, $\hat{\mathbf{z}}\,dx\,dy$ |
| 2차원 평면 극좌표계 | $\hat{\mathbf{r}}\,dr$, $\hat{\boldsymbol{\theta}}\,r\,d\theta$ | $\hat{\mathbf{z}}\,r\,dr\,d\theta$ |
| 부피요소 : $dv = dx\,dy\,dz$ (직각좌표계) | | |

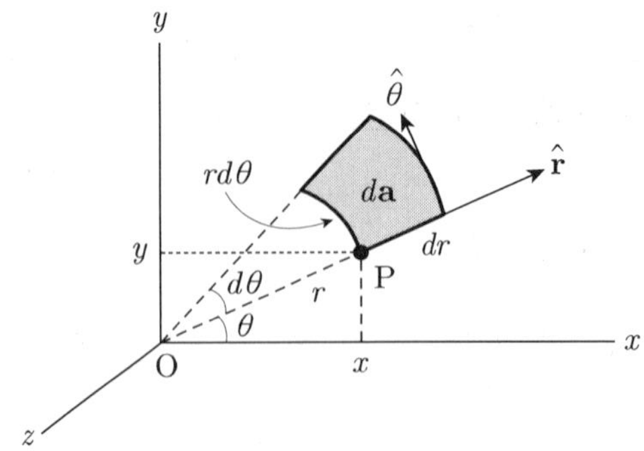


**그림 12.4** 2차원 극좌표계

폐곡선 C상에 있는 임의의 지점의 위치벡터가 $\mathbf{r}$ 이면 그림 12.5와 같이 C 위의 선소벡터 $d\mathbf{l}$ 로 둘러싸인 면적소벡터는 벡터곱의 정의에 의해 다음과 같다.

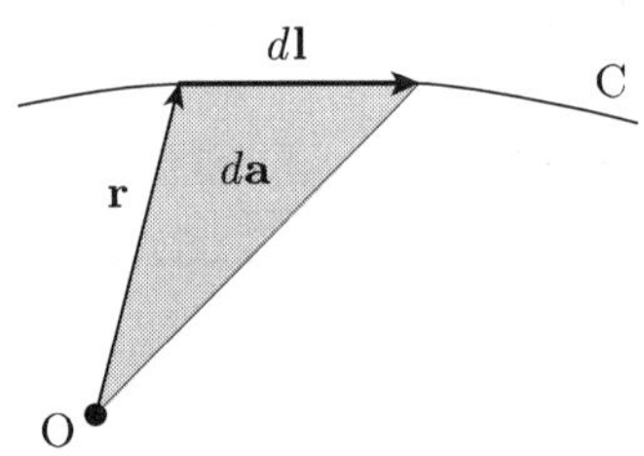


$$d\mathbf{a} = \frac{1}{2}\mathbf{r} \times d\mathbf{l} \tag{12.27}$$

크기 : 평행사변형의 넓이의 절반

방향 : 지면 안쪽(오른손 규칙)

**그림 12.5** 면적소 벡터

S가 폐곡선 C로 둘러싸인 표면일 때의 전체 면적벡터는 식 (12.27)의 면적소벡터의 합이다.

$$\mathbf{a} = \int_S d\mathbf{a} = \frac{1}{2}\oint_C \mathbf{r} \times d\mathbf{l} \tag{12.28}$$

**예 12.13**

식 (12.28)을 사용하여 반지름이 $R$ 인 원의 면적벡터를 구하라.

**풀이** 그림으로부터 다음과 같다.

$$\mathbf{r} = R\,\hat{\mathbf{r}} = R\cos\theta\,\hat{\mathbf{x}} + R\sin\theta\,\hat{\mathbf{y}}\,,\quad dl = R\,d\theta$$

$$d\mathbf{l} = -\,dl\sin\theta\,\hat{\mathbf{x}} + dl\cos\theta\,\hat{\mathbf{y}} = -\,R\,d\theta\sin\theta\,\hat{\mathbf{x}} + R\,d\theta\cos\theta\,\hat{\mathbf{y}}$$

$$\mathbf{r} \times d\mathbf{l} = R^2 d\theta\left(\cos^2\theta + \sin^2\theta\right)\hat{\mathbf{z}} = R^2 d\theta\,\hat{\mathbf{z}} \quad [\,\hat{\mathbf{z}}\text{는 지면 바깥쪽}]$$

$$\mathbf{a} = \frac{1}{2}\oint_C \mathbf{r} \times d\mathbf{l} = \frac{R^2}{2}\hat{\mathbf{z}}\int_0^{2\pi} d\theta = \pi R^2\,\hat{\mathbf{z}}$$

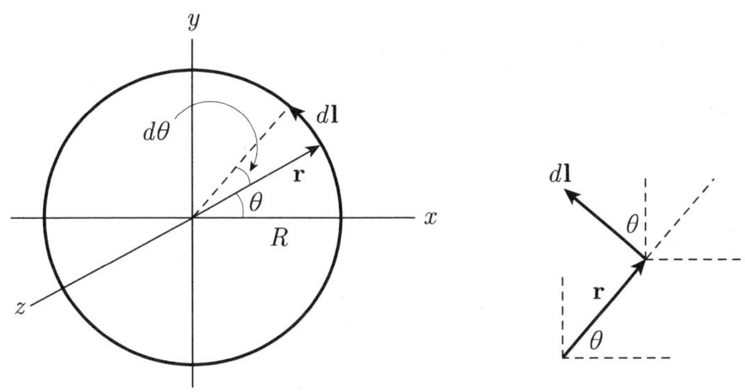


## (5) 세 가지 정리

선적분, 면적분, 부피적분 사이의 관계를 나타내는 세 가지 중요한 정리를 소개한다. 어려운 적분도 이 정리들을 이용하면 해결할 수 있는 경우가 있다. 여기서는 세 관계식으로 계산한 결과가 같음을 보임으로서 증명을 대신한다.

### (a) 그린정리

함수 $P$와 $Q$, 이들의 편도함수 $\partial P/\partial y$와 $\partial Q/\partial x$가 영역 $R$에서 연속일 때 다음의 그린정리(Green's theorem)가 성립한다.

**그린정리**

$$\oint_C (P\,dx + Q\,dy) = \iint_R \left(\frac{\partial Q}{\partial x} - \frac{\partial P}{\partial y}\right) dA \qquad (12.29)$$

$\oint_C$는 영역(면) $R$을 시계반대방향(영역이 왼쪽에 존재하도록)으로 감싸는 닫힌 곡선에 대한 선적분을 의미하고 $\iint_R$는 영역 $R$에 대한 이중적분이다.

**예 12.14**

$R$이 $y = x^2$과 $y = x^3$으로 둘러싸인 영역일 때 다음 적분에 대한 식 (12.29)가 성립함을 확인하라.

$$\oint_C [(x^2 - y^2)\,dx + (2y - x)\,dy]$$

**풀이** 선적분 : $\int_0^1 (x^2 - x^6)\,dx + \int_1^0 (x^2 - x^4)\,dx$

$$+\int_0^1 (2y - y^{1/3})\,dy + \int_1^0 (2y - y^{1/2})\,dy$$

$$= \frac{1}{3} - \frac{1}{7} - \frac{1}{3} + \frac{1}{5} + 1 - \frac{3}{4} - 1 + \frac{2}{3} = -\frac{11}{420}$$

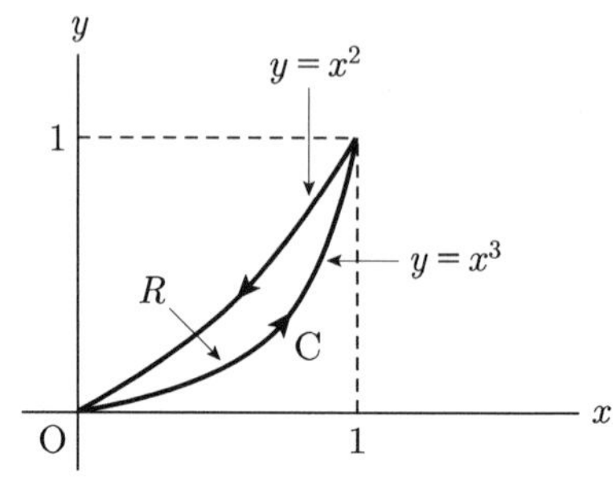


면적분 : 직사각형 영역의 2중적분 식 (8.17)에서 $y$는 그림으로부터 $y = x^3$에서 $y = x^2$까지만 포함한다.

$$\int_0^1 dx \int_{x^3}^{x^2} (-1 + 2y)\,dy = \int_0^1 \left[-y + y^2\right]_{y=x^3}^{y=x^2} dx$$

$$= \int_0^1 (-x^2 + x^4 + x^3 - x^6)\,dx$$

$$= -\frac{1}{3} + \frac{1}{5} + \frac{1}{4} - \frac{1}{7} = -\frac{11}{420}$$

---

### (b) 발산정리

부피적분과 부피를 감싸는 면적적분 사이의 다음의 관계를 가우스(Gauss)의 발산정리(divergence theorem)라 한다.

**발산정리**

$$\oiint_S \mathbf{A} \cdot d\mathbf{a} = \iiint_D \nabla \cdot \mathbf{A}\, dv \qquad (12.30)$$

$\oiint_S$는 영역(부피) $D$를 감싸는 닫힌 곡면에 대한 면적분을 의미하고 $\iiint_D$는 영역 $D$에 대한 3중적분을 의미한다.

**예 12.15**

그림의 육면체 닫힌 곡면에 대해 $\mathbf{A} = y\,\hat{\mathbf{y}}$ 에 관한 발산정리가 성립함을 확인하라.

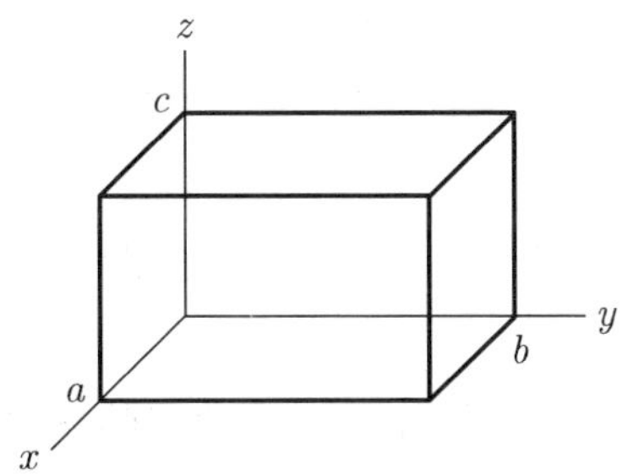


**풀이** $\mathbf{A}$가 $\hat{\mathbf{y}}$ 방향이므로 $\oiint_S \mathbf{A} \cdot d\mathbf{a}$ 에는 면적소가 $\hat{\mathbf{y}}\,dx\,dz$인 오른쪽 옆면과 면적소가 $-\hat{\mathbf{y}}\,dx\,dz$인 왼쪽 옆면만 기여한다.

$$\oiint_S \mathbf{A} \cdot d\mathbf{a} = -\int_{\text{왼쪽}} y\,dx\,dz\ [y=0] + \int_{\text{오른쪽}} y\,dx\,dz\ [y=b] = abc$$

$$\nabla \cdot \mathbf{A} = 1\ :\ \iiint_D (\nabla \cdot \mathbf{A})\,dv = \iiint_D 1\,dx\,dy\,dz = abc$$

### (c) 회전정리

식 (12.31)은 면적적분과 면적을 감싸는 선적분 사이의 관계를 나타내는 정리로 스토크스(Stokes)의 회전정리(curl theorem)라 하고 $\iint_R$ 는 닫힌 곡선 C로 둘러싸인 영역 $R$에 대한 2중적분을 의미한다.

**회전정리**

$$\oint_C \mathbf{A} \cdot d\mathbf{l} = \iint_R (\nabla \times \mathbf{A}) \cdot d\mathbf{a} \qquad (12.31)$$

**예 12.16**

그림의 사각 닫힌 곡선에 대해 $\mathbf{A} = z\hat{\mathbf{y}} + y^2\hat{\mathbf{z}}$ 에 관한 회전정리를 확인하라.

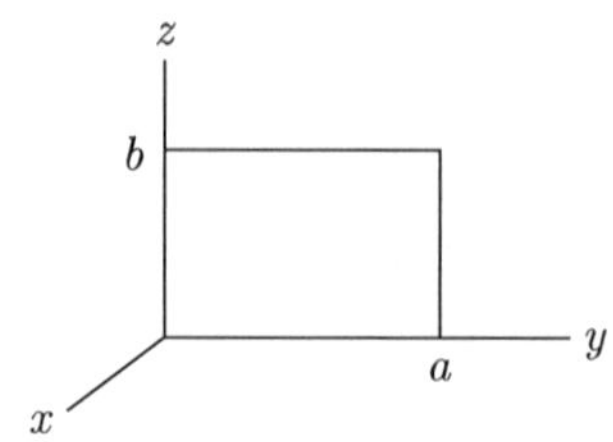


**풀이** (i) $\nabla \times \mathbf{A} = -\hat{\mathbf{x}} + 2y\hat{\mathbf{x}}$, $d\mathbf{a} = dy\,dz\,\hat{\mathbf{x}}$ (시계반대방향의 선적분 선택)

$$\iint_R (\nabla \times \mathbf{A}) \cdot d\mathbf{a} = \int_0^a (2y-1)\,dy \int_0^b dz = ab(a-1)$$

(ii) ① $z = 0$, $d\mathbf{l} = \hat{\mathbf{y}}\,dy$ : $\mathbf{A} \cdot d\mathbf{l} = 0$

② $y = a$, $d\mathbf{l} = \hat{\mathbf{z}}\,dz$ : $\mathbf{A} \cdot d\mathbf{l} = a^2\,dz$

③ $z = b$, $d\mathbf{l} = -\hat{\mathbf{y}}\,dy$ : $\mathbf{A} \cdot d\mathbf{l} = -b\,dy$

④ $y = 0$, $d\mathbf{l} = -\hat{\mathbf{z}}\,dz$ : $\mathbf{A} \cdot d\mathbf{l} = 0$

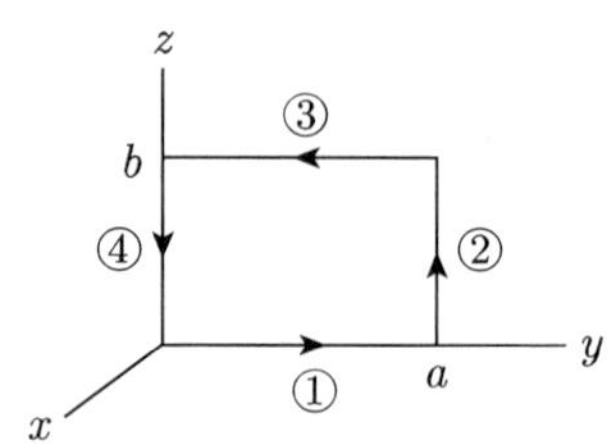


$$\oint_C \mathbf{A} \cdot d\mathbf{l} = a^2 \int_0^b dz - b \int_0^a dy = ab(a-1)$$

③ 구간에서 $d\mathbf{l} = \hat{y}\,dy$ 로 선택하고 $y = a$ 에서 $y = 0$까지 적분해도 결과는 같다.

## (6) 선적분과 보존력

C가 벡터함수 $\mathbf{r}(t) = x(t)\hat{\mathbf{x}} + y(t)\hat{\mathbf{y}} + z(t)\hat{\mathbf{z}}$ $(a \le t \le b)$에 의해 주어지는 곡선일 때 벡터 $\mathbf{F}$의 선적분을 다음과 같이 정의한다$[\mathbf{r}'(t) \equiv d\mathbf{r}/dt]$.

$$\int_C \mathbf{F} \cdot d\mathbf{r} = \int_a^b \mathbf{F}(t) \cdot \mathbf{r}'(t)\,dt \tag{12.32}$$

여기서 $\mathbf{F}(t) = \mathbf{F}(x(t),\ y(t),\ z(t))$이다.

### 예 12.17

식 (12.32)는 벡터 F가 스칼라 함수 $f(x,\ y)$이면

$$\int_C f(x,\ y)\,ds \tag{*1}$$

이 되고 적분은 곡선 C에 대한 선적분이다.

(a) $x=x(t),\ y=y(t),\ a\le t\le b$이면 위 식은 다음이 됨을 증명하라. 이것은 3변수 함수로 확장할 수 있다.

$$\int_C f(x,\ y)\,ds=\int_a^b f(x,y)\sqrt{\left(\frac{dx}{dt}\right)^2+\left(\frac{dy}{dt}\right)^2}\,dt \tag{*2}$$

(b) C가 $x^2+y^2=1,\ y\ge 1$일 때 $\int_C(2+x^2y)\,ds$를 계산하라.

(c) $\int_C(xy\,\hat{\mathbf{x}}+yz\,\hat{\mathbf{y}}+zx\,\hat{\mathbf{z}})\cdot d\mathbf{r}$을 계산하라. C는 다음과 같다.

$$x=t,\ y=t^2,\ z=t^3,\ 0\le t\le 1$$

**풀이** (a) 식 (12.12)로부터 $ds=\sqrt{[x'(t)]^2+[y'(t)]^2}\,dt$이다.

(b) $x\equiv\cos t,\ y\equiv\sin t,\ 0\le t\le\pi$

$$\Rightarrow \int_C(2+x^2y)\,ds=\int_0^\pi(2+\cos^2t\cdot\sin t)\sqrt{(-\sin t)^2+\cos^2t}\,dt$$

$$=\left[2t-\frac{1}{3}\cos^3t\right]_{t=0}^{t=\pi}=2\pi+\frac{2}{3}$$

(c) $\mathbf{r}(t)=t\hat{\mathbf{x}}+t^2\hat{\mathbf{y}}+t^3\hat{\mathbf{z}},\ d\mathbf{r}(t)=\hat{\mathbf{x}}\,dt+\hat{\mathbf{y}}\,2t\,dt+\hat{\mathbf{z}}\,3t^2dt$

$$\Rightarrow \int_C(xy\,\hat{\mathbf{x}}+yz\,\hat{\mathbf{y}}+zx\,\hat{\mathbf{z}})\cdot d\mathbf{r}=\int_0^1(t^3+5t^6)\,dt=\frac{1}{4}+\frac{5}{7}=\frac{27}{28}$$

---

F가 힘일 때 식 (12.32)는 힘 F가 물체를 위치가 $\mathbf{r}_a$인 a 지점에서 위치가 $\mathbf{r}_b$인 b 지점으로 이동시키는 일(work) $W$가 된다.

$$W=\int_a^b\mathbf{F}\cdot d\mathbf{r} \tag{12.33}$$

일이 a 지점에서 b 지점으로 가는 경로에 무관하면 힘 F를 보존력(conservative force)이라 하고 경로에 따라 달라지면 비보존력(nonconservative force)이라 한다. 예를 들어, 중력은 보존력이고 마찰력은 비보존력이다. 한편, [예 12.10]의 (a)를 고려하면 다음과 같다.

$$\int_{a}^{b} \nabla U \cdot d\mathbf{r} = U_b - U_a \tag{12.34}$$

이것은 경로에 무관하고 양 끝점 a와 b에서의 $U$ 값에만 의존한다. 따라서 힘 $\mathbf{F}$가 보존력이면 다음 식을 만족하는 스칼라량 $U$가 존재한다.

$$\mathbf{F} = \nabla U \tag{12.35}$$

상수 $c$에 대해 $\nabla c = 0$이므로 $U + c$도 식 (12.35)을 만족하므로 $U$는 유일하지 않고 $c$ 값에 따라 달라진다. 즉, 식 (12.34)에서 $U$는 절대값이 중요한 것이 아니라 상대적인 값 즉, 차이 $U_b - U_a$가 중요하다. 물리학에서는 $\phi = -U$를 퍼텐셜에너지(potential energy)이라 한다. [예 12.12]의 (a)에 의해 $\nabla \times \nabla U = 0$이므로 힘 $\mathbf{F}$가 보존력이면 다음을 만족한다.

$$\nabla \times \mathbf{F} = 0 \tag{12.36}$$

### 예 12.18

힘 $\mathbf{F} = xy\,\hat{\mathbf{x}} - y^2\,\hat{\mathbf{y}}$ 가 그림과 같은 네 경로를 따라 O 지점에서 P 지점까지 한 일을 구하라. b는 포물선이고 d는 매개방정식 $x = 2t^3$, $y = t^2$에 의해 주어지는 곡선이다.

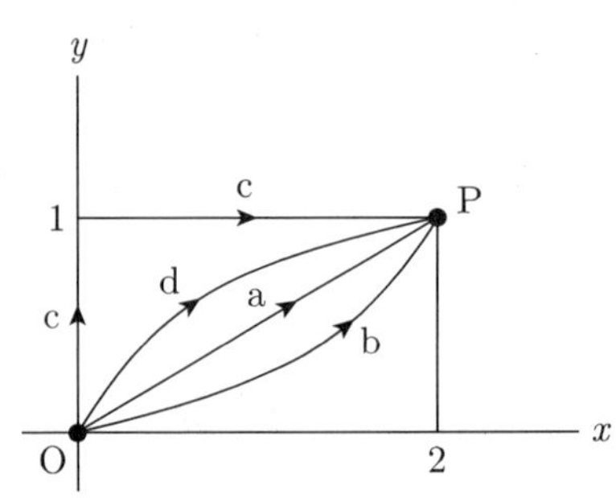


**풀이** $\mathbf{r} = x\,\hat{\mathbf{x}} + y\,\hat{\mathbf{y}}$, $d\mathbf{r} = \hat{\mathbf{x}}\,dx + \hat{\mathbf{y}}\,dy$, $W = \int (xy\,dx - y^2 dy)$

[a] $y = \dfrac{x}{2}$, $W_a = \displaystyle\int_0^2 \left[ x \cdot \frac{x}{2} - \left(\frac{x}{2}\right)^2 \frac{1}{2} \right] dx = \int_0^2 \frac{3}{8} x^2\,dx = 1$

[b] $y = \dfrac{x^2}{4}$, $W_b = \displaystyle\int_0^2 \left[ x \cdot \frac{x^2}{4} - \left(\frac{x^2}{4}\right)^2 \frac{x}{2} \right] dx = \frac{2^4}{16} - \frac{2^6}{6 \times 32} = \frac{2}{3}$

[c] $W_c = \displaystyle\int_{y=0}^{1} (xy\,dx - y^2 dy)\,[x = 0]$

$\displaystyle + \int_{x=0}^{2} (xy\,dx - y^2 dy)\,[y = 1] = -\frac{1}{3} + 2 = \frac{5}{3}$

[d] $dx = 6t^2 dt$, $dy = 2t\,dt$, O : $t=0$, P : $t=1$

$$W_d = \int_0^1 \left(2t^3 \cdot t^2 \cdot 6t^2 - t^4 \cdot 2t\right) dt = \frac{3}{2} - \frac{1}{3} = \frac{7}{6}$$

### 예 12.19

(a) 힘 F가 보존력이면 닫힌 곡선 C에 대해 다음을 증명하라.

$$\oint_C \mathbf{F} \cdot d\mathbf{r} = 0$$

(b) 힘 $\mathbf{F}(x, y) = P(x, y)\hat{\mathbf{x}} + Q(x, y)\hat{\mathbf{y}}$ 가 보존력일 때 다음을 증명하라.

$$\frac{\partial P}{\partial y} = \frac{\partial Q}{\partial x}$$

**풀이** (a) 그림과 같이 닫힌 곡선 C를 곡선 $C_1$ 구간과 $C_2$ 구간으로 쪼개면 다음과 같이 증명된다.

$$\oint_C \mathbf{F} \cdot d\mathbf{r} = \int_a^b \mathbf{F} \cdot d\mathbf{r} + \int_b^a \mathbf{F} \cdot d\mathbf{r} = U_b - U_a + U_a - U_b = 0$$

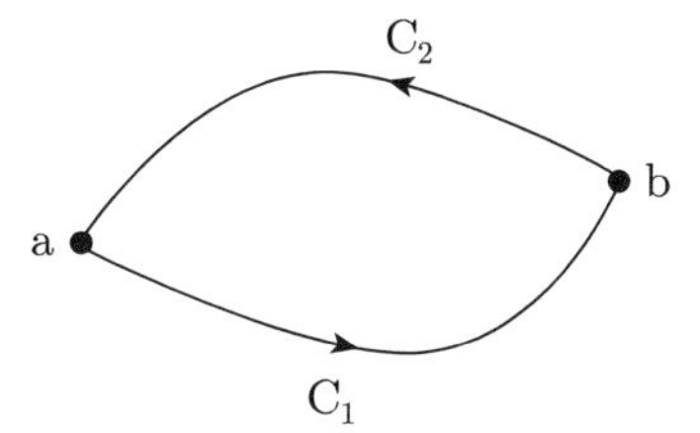


(b) $$\nabla \times \mathbf{F} = \begin{vmatrix} \hat{\mathbf{x}} & \hat{\mathbf{y}} & \hat{\mathbf{z}} \\ \partial/\partial x & \partial/\partial y & \partial/\partial z \\ P(x, y) & Q(x, y) & 0 \end{vmatrix} = \left(\frac{\partial Q}{\partial x} - \frac{\partial P}{\partial y}\right)\hat{\mathbf{z}} = 0$$

### 예 12.20

$\mathbf{F}(x, y) = (3 + 2xy)\hat{\mathbf{x}} + (x^2 - 3y^2)\hat{\mathbf{y}}$ 이다.

(a) F가 보존력임을 증명하라.

(b) $\partial U/\partial x$, $\partial U/\partial y$를 적분하여 식 (12.35)을 만족하는 $U$를 구하라.

(c) a≡(0, 0), b≡($x$, $y$)로 두고 적당한 경로를 선택하여 식 (12.34)로부터 $U$를 구하라. $U$는 경로에 무관하므로 이렇게 계산해도 된다.

**풀이**

(a) $$\nabla \times \mathbf{F} = \begin{vmatrix} \hat{\mathbf{x}} & \hat{\mathbf{y}} & \hat{\mathbf{z}} \\ \partial/\partial x & \partial/\partial y & \partial/\partial z \\ 3 + 2xy & x^2 - 3y^2 & 0 \end{vmatrix} = (2x - 2x)\hat{\mathbf{z}} = 0$$

(b) $\frac{\partial U}{\partial x} = 3 + 2xy \Rightarrow U(x, y) = 3x + x^2 y + g(y)$

$\Rightarrow \frac{\partial U}{\partial y} = x^2 + g'(y) = x^2 - 3y^2$

$\Rightarrow g'(y) = -3y^2,\ g(y) = -y^3 + c$

$\Rightarrow U(x, y) = 3x + x^2 y - y^3 + c$

(c) $(0, 0) \to (x, 0)$ : $y = 0$, $(x, 0) \to (x, y)$ : $x =$(일정)으로 선택하고 $U(0, 0) = c$로 두면 식 (12.34)는 다음과 같이 계산된다.

$$\begin{aligned} U(x, y) &= \int_{\mathrm{a}}^{\mathrm{b}} \left[(3 + 2xy)\,dx + \left(x^2 - 3y^2\right)dy\right] + c \\ &= 3\int_0^x dx + x^2\int_0^y dy - 3\int_0^y y^2\,dy + c \\ &= 3x + x^2 y - y^3 + c \end{aligned}$$

# 12.3 연습문제

## 12.1 벡터함수

**[12.1]** (a) 각속도 $\omega$ 로 반지름이 $a$ 인 원운동을 하는 경우 위치벡터는 다음과 같이 주어진다.

$$\mathbf{r}(t) = a\cos(\omega t)\,\hat{\mathbf{x}} + a\sin(\omega t)\,\hat{\mathbf{y}}$$

속도와 가속도를 구하고 해석하라.

(b) 위치벡터 $\mathbf{r}(t) = \cos t\,\hat{\mathbf{x}} + \sin t\,\hat{\mathbf{y}} + t\,\hat{\mathbf{z}}$ 로 주어지는 곡선의 단위접선 벡터를 구하라.

**[12.2]** 힘 $\mathbf{F}$가 물체에 한 일 $W$는 식 (12.33)으로 주어진다. C가 $t=0$ 에서 $t=\pi$까지 변하는 동안 $\mathbf{r}(t) = \cos t\,\hat{\mathbf{x}} + \sin t\,\hat{\mathbf{y}}$ 에 의해 주어지는 곡선일 때 힘 $\mathbf{F} = -2\,\hat{\mathbf{x}} + \hat{\mathbf{y}}$가 한 일을 구하라(단위 생략).

**[12.3]** 벡터함수 $\mathbf{r}(t)$로 주어지는 곡선의 곡률은 다음과 같음을 증명하라.

$$\kappa = \frac{|\mathbf{r}'(t) \times \mathbf{r}''(t)|}{|\mathbf{r}'(t)|^3}$$

**[12.4]** $t=0$에서 $t=\pi$까지 $\mathbf{r}(t) = 2\cos t\,\hat{\mathbf{x}} + 2\sin t\,\hat{\mathbf{y}} + \sqrt{5}\,t\,\hat{\mathbf{z}}$ 에 의해 주어지는 곡선의 길이를 구하라.

**[12.5]** $\mathbf{r}(t) = e^t\cos t\,\hat{\mathbf{x}} + e^t\sin t\,\hat{\mathbf{y}} + 2\,\hat{\mathbf{z}}$일 때 다음을 구하라.

(a) 단위 접선벡터 $\hat{\mathbf{t}}$

(b) 단위 법선벡터 $\hat{\mathbf{n}}$

(c) 종법선벡터 $\hat{\mathbf{b}}$

(d) 곡률 $\kappa$

## 12.2 미분연산자

**[12.6]** 점 $(2, 0)$에서 $\mathbf{A} = 3\hat{\mathbf{x}} - 4\hat{\mathbf{y}}$ 방향으로의 $f(x, y) = xe^y + \cos(xy)$의 방향도함수를 구하라.

**[12.7]** $f(x, y) = xe^y$일 때 점 $(2, 0)$에서 $f$ 의 최대 변화율과 방향을 구하라.

**[12.8]** $\mathbf{r} = x\hat{\mathbf{x}} + y\hat{\mathbf{y}} + z\hat{\mathbf{z}}$, $\mathbf{r}' = x'\hat{\mathbf{x}} + y'\hat{\mathbf{y}} + z'\hat{\mathbf{z}}$ 에 대해 $\mathbf{u} = \mathbf{r} - \mathbf{r}'$일 때 다음을 계산하라. $u = |\mathbf{u}|$이다.

(a) $\nabla\left(\frac{1}{u}\right)$ (b) $\nabla'\left(\frac{1}{u}\right)$

**[12.9]** 다음을 증명하라.

(a) $\nabla\left(\frac{f}{g}\right) = \frac{g\nabla f - f\nabla g}{g^2}$

(b) $\nabla\cdot\left(\frac{\mathbf{A}}{g}\right) = \frac{g(\nabla\cdot\mathbf{A}) - \mathbf{A}\cdot\nabla g}{g^2}$

(c) $\nabla\times\left(\frac{\mathbf{A}}{g}\right) = \frac{g(\nabla\times\mathbf{A}) + \mathbf{A}\times\nabla g}{g^2}$

**[12.10]** 다음을 증명하라.

(a) $\nabla\times(\nabla\times\mathbf{A}) = \nabla(\nabla\cdot\mathbf{A}) - \nabla^2\mathbf{A}$

(b) $\nabla\cdot(\mathbf{A}\times\mathbf{B}) = \mathbf{B}\cdot(\nabla\times\mathbf{A}) - \mathbf{A}\cdot(\nabla\times\mathbf{B})$

**[12.11]** 다음을 증명하라.

(a) $\nabla(\mathbf{A}\cdot\mathbf{B}) = \mathbf{A}\times(\nabla\times\mathbf{B}) + \mathbf{B}\times(\nabla\times\mathbf{A}) + (\mathbf{A}\cdot\nabla)\mathbf{B} + (\mathbf{B}\cdot\nabla)\mathbf{A}$

(b) $\nabla\times(\mathbf{A}\times\mathbf{B}) = (\mathbf{B}\cdot\nabla)\mathbf{A} - (\mathbf{A}\cdot\nabla)\mathbf{B} + \mathbf{A}(\nabla\cdot\mathbf{B}) - \mathbf{B}(\nabla\cdot\mathbf{A})$

**[12.12]** $\mathbf{r} = x\hat{\mathbf{x}} + y\hat{\mathbf{y}} + z\hat{\mathbf{z}}$일 때 다음을 증명하라.

(a) $\nabla\cdot\mathbf{r} = 3$ (b) $\nabla\times\mathbf{r} = 0$

(c) $\nabla\cdot\left(\frac{\hat{\mathbf{r}}}{r^2}\right) = 0 \quad (r \neq 0)$ (d) $\nabla\times\frac{\hat{\mathbf{r}}}{r^2} = 0$

**[12.13]** $\mathbf{r} = (x^2y^3 - z^4)\hat{\mathbf{x}} + 4x^5y^2z\hat{\mathbf{y}} - y^4z^6\hat{\mathbf{z}}$일 때 다음을 계산하라.

(a) $\nabla\cdot\mathbf{r}$ (b) $\nabla\times\mathbf{r}$

**[12.14]** 반지름이 $R$인 구면에서의 면적소 벡터를 구하라.

**[12.15]** 곡선 C가 $(x-1)^2 + (y-5)^2 = 4$인 원둘레일 때 다음 적분을 계산하라.

$$\oint_C \left[(x^5 + 3y)\,dx + \left(2x - e^{y^3}\right)dy\right]$$

**[12.16]** C가 $x^2 + y^2 = 1$의 외부와 $x^2 + y^2 = 4$의 내부를 감싸는 상반 평면상의 곡선일 때 다음 적분을 계산하라.

$$\oint_{C} (y^2\, dx + 3xy\, dy)$$

**[12.17]** 그림의 육면체 폐곡면에 대해 $\mathbf{A} = y^2\hat{\mathbf{x}} + (2xy + z^2)\hat{\mathbf{y}} + 2yz\hat{\mathbf{z}}$에 관한 발산정리가 성립함을 증명하라.

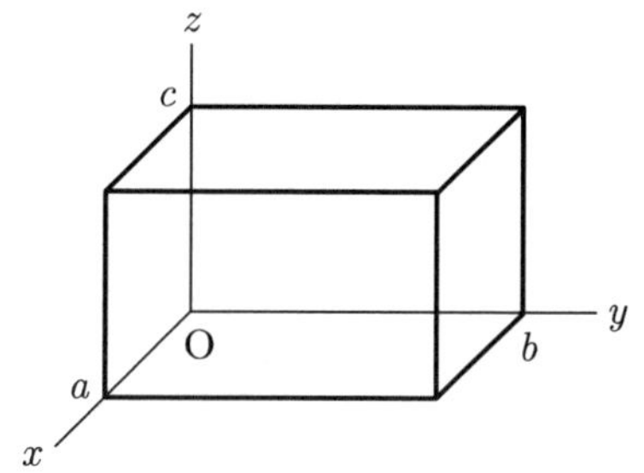


**[12.18]** 삼각 폐곡선에 대해 $\mathbf{A} = 2yz\hat{\mathbf{y}} + 3zx\hat{\mathbf{z}}$ 에 관한 회전정리을 증명하라.

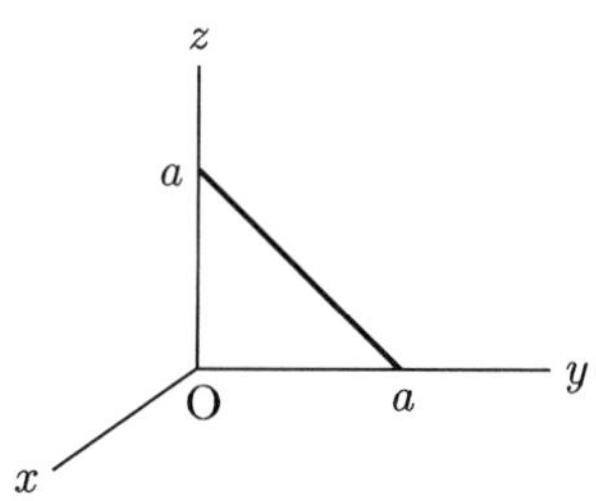


[12.18]

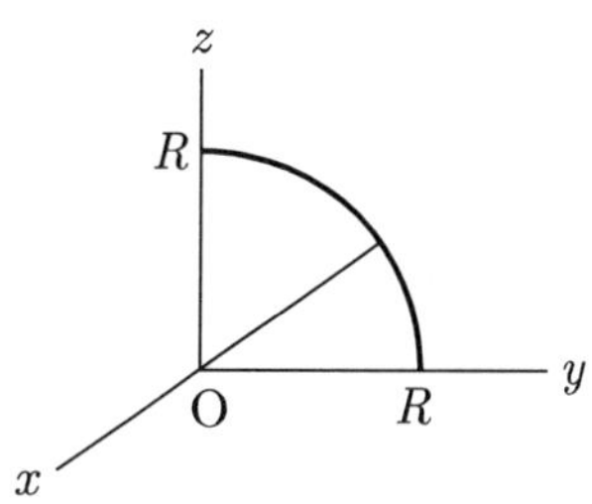


[12.19]

**[12.19]** $yz$ 평면상의 반지름 $R$ 의 4분원 대해 $\mathbf{A} = y\hat{\mathbf{z}}$ 에 관한 회전정리가 성립함을 증명하라.

**[12.20]** 반지름이 $R$ 인 구에 대해 $\mathbf{A} = z\hat{\mathbf{z}}$ 의 발산정리가 성립함을 증명하라.

**[12.21]** 다음 선적분을 계산하라.

$$\int_{C} (y^2\, dx + x\, dy)$$

곡선 C는 다음과 같다.

(a) $x = 4 - y^2$, $-3 \le y \le 2$에 의해 주어지는 포물선

(b) $(-5, -3)$에서 $(0, 2)$까지의 직선

**[12.22]** 힘 $\mathbf{F} = (2xy - z^3)\hat{\mathbf{x}} + x^2\hat{\mathbf{y}} - (3xz^2 + 1)\hat{\mathbf{z}}$에 대해

(a) $\mathbf{F}$가 보존력임을 증명하라.

(b) 힘 $\mathbf{F}$에 대응하는 $U$를 구하라.

[힌트] 식 (12.34)에서 $\mathrm{a} \equiv (0, 0, 0)$, $\mathrm{b} \equiv (x, y, z)$로 둔다.

(c) (b)의 $U$가 식 (12.35)을 만족하는지 검증하라.

# 보충 E 원통좌표계와 구면좌표계

이 절에서는 원통좌표계와 구면좌표계에서 식 (12.23)-(12.26)이 어떻게 표현되는지를 다룬다.

## (1) 원통좌표계

원통좌표계는 그림 E.1과 같이 세 개의 좌표 $\rho$, $\phi$, $z$를 사용한다. 반지름 $R$, 높이 $H$인 원통인 경우, $\rho = 0 \sim R$, $\phi = 0 \sim 2\pi$, $z = 0 \sim H$이고 무한 공간인 경우 $R \to \infty$, $H \to \infty$이다(그림 8.10 참고).

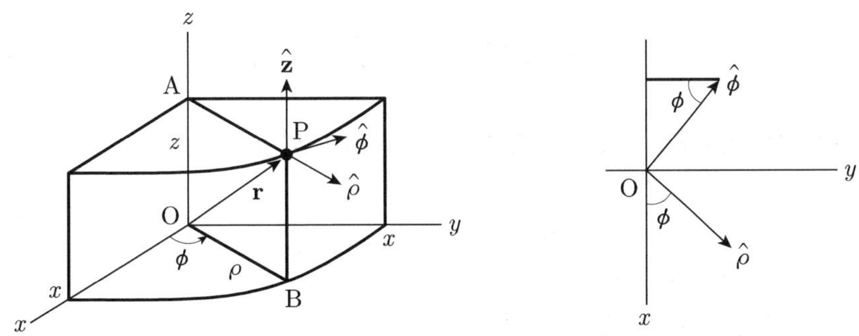


**그림 E.1** 원통좌표계

직각좌표계와는 식 (8.26)의 관계가 있고 단위벡터들 사이에는

$$\hat{\boldsymbol{\rho}} = \cos\phi\,\hat{\mathbf{x}} + \sin\phi\,\hat{\mathbf{y}}, \quad \hat{\boldsymbol{\phi}} = -\sin\phi\,\hat{\mathbf{x}} + \cos\phi\,\hat{\mathbf{y}}, \quad \hat{\mathbf{z}} = \hat{\mathbf{z}} \tag{E.1}$$

의 관계가 있으므로 $\hat{\mathbf{z}}$는 일정하지만 $\phi$가 변하므로 $\hat{\boldsymbol{\rho}}$와 $\hat{\boldsymbol{\phi}}$는 위치에 따라 변한다. 식 (E.1)로부터 다음과 같다.

$$\hat{\mathbf{x}} = \cos\phi\,\hat{\boldsymbol{\rho}} - \sin\phi\,\hat{\boldsymbol{\phi}}, \quad \hat{\mathbf{y}} = \sin\phi\,\hat{\boldsymbol{\rho}} + \cos\phi\,\hat{\boldsymbol{\phi}} \tag{E.2}$$

$$\frac{d\hat{\boldsymbol{\rho}}}{d\phi} = \hat{\boldsymbol{\phi}}, \quad \frac{d\hat{\boldsymbol{\phi}}}{d\phi} = -\hat{\boldsymbol{\rho}} \tag{E.3}$$

그림 E.1으로부터 $\mathbf{r} = \rho\hat{\boldsymbol{\rho}} + z\hat{\mathbf{z}}$이므로 미분하면 다음과 같다.

$$d\mathbf{r} = \hat{\boldsymbol{\rho}}\,d\rho + \rho\,d\hat{\boldsymbol{\rho}} + \hat{\mathbf{z}}\,dz = \hat{\boldsymbol{\rho}}\,d\rho + \hat{\boldsymbol{\phi}}\,\rho\,d\phi + \hat{\mathbf{z}}\,dz \tag{E.4}$$

따라서 직각좌표계에서 $u=u(x, y, z)$의 전미분은 식 (12.22) 증명으로부터

$$du = d\mathbf{r} \cdot \nabla u \tag{E.5}$$

이므로($\Phi = u$) 원통좌표계에서 $u=u(\rho, \phi, z)$의 전미분[식 (8.13)]

$$du = \frac{\partial u}{\partial \rho} d\rho + \frac{\partial u}{\partial \phi} d\phi + \frac{\partial u}{\partial z} dz = d\mathbf{r} \cdot \nabla u \tag{E.6}$$

에서 식 (E.4)을 고려하면 다음과 같다.

$$\nabla u = \frac{\partial u}{\partial \rho}\hat{\boldsymbol{\rho}} + \frac{1}{\rho} \cdot \frac{\partial u}{\partial \phi}\hat{\boldsymbol{\phi}} + \frac{\partial u}{\partial z}\hat{\mathbf{z}} \tag{E.7}$$

$$\nabla = \hat{\boldsymbol{\rho}}\frac{\partial}{\partial \rho} + \hat{\boldsymbol{\phi}}\frac{1}{\rho} \cdot \frac{\partial}{\partial \phi} + \hat{\mathbf{z}}\frac{\partial}{\partial z} \tag{E.8}$$

따라서 식 (12.23)-(12.26)은 원통좌표계에서는 다음이 된다.

**원통 좌표계**

$$\nabla \Phi = \frac{\partial \Phi}{\partial \rho}\hat{\boldsymbol{\rho}} + \frac{1}{\rho} \cdot \frac{\partial \Phi}{\partial \phi}\hat{\boldsymbol{\phi}} + \frac{\partial \Phi}{\partial z}\hat{\mathbf{z}} \tag{E.9}$$

$$\nabla \cdot \mathbf{A} = \frac{1}{\rho} \cdot \frac{\partial}{\partial \rho}(\rho A_\rho) + \frac{1}{\rho} \cdot \frac{\partial A_\phi}{\partial \phi} + \frac{\partial A_z}{\partial z} \tag{E.10}$$

$$\nabla \times \mathbf{A} = \left(\frac{1}{\rho} \cdot \frac{\partial A_z}{\partial \phi} - \frac{\partial A_\phi}{\partial z}\right)\hat{\boldsymbol{\rho}} + \left(\frac{\partial A_\rho}{\partial z} - \frac{\partial A_z}{\partial \rho}\right)\hat{\boldsymbol{\phi}} + \frac{1}{\rho}\left(\frac{\partial(\rho A_\phi)}{\partial \rho} - \frac{\partial A_\rho}{\partial \phi}\right)\hat{\mathbf{z}} \tag{E.11}$$

$$\nabla^2 \Phi = \frac{1}{\rho} \cdot \frac{\partial}{\partial \rho}\left(\rho \frac{\partial \Phi}{\partial \rho}\right) + \frac{1}{\rho^2} \cdot \frac{\partial^2 \Phi}{\partial \phi^2} + \frac{\partial^2 \Phi}{\partial z^2} \tag{E.12}$$

**증명**

원통좌표계에서의 벡터는 $\mathbf{A} = A_\rho \hat{\boldsymbol{\rho}} + A_\phi \hat{\boldsymbol{\phi}} + A_z \hat{\mathbf{z}}$ 이고 식 (E.3)과 (E.8)을 고려하면 다음과 같이 증명된다.

(i) $\nabla \cdot \mathbf{A} = \left(\hat{\boldsymbol{\rho}}\frac{\partial}{\partial \rho} + \hat{\boldsymbol{\phi}} \cdot \frac{1}{\rho}\frac{\partial}{\partial \phi} + \hat{\mathbf{z}}\frac{\partial}{\partial z}\right) \cdot \left(A_\rho \hat{\boldsymbol{\rho}} + A_\phi \hat{\boldsymbol{\phi}} + A_z \hat{\mathbf{z}}\right)$

$$= \hat{\rho} \cdot \left( \frac{\partial A_\rho}{\partial \rho} \hat{\rho} + \frac{\partial A_\phi}{\partial \rho} \hat{\phi} + \frac{\partial A_z}{\partial \rho} \hat{\mathbf{z}} \right)$$

$$+ \hat{\phi} \cdot \frac{1}{\rho} \left( \frac{\partial A_\rho}{\partial \phi} \hat{\rho} + A_\rho \frac{\partial \hat{\rho}}{\partial \phi} + \frac{\partial A_\phi}{\partial \phi} \hat{\phi} + A_\phi \frac{\partial \hat{\phi}}{\partial \phi} + \frac{\partial A_z}{\partial \phi} \hat{\mathbf{z}} \right)$$

$$+ \hat{\mathbf{z}} \cdot \left( \frac{\partial A_\rho}{\partial z} \hat{\rho} + \frac{\partial A_\phi}{\partial z} \hat{\phi} + \frac{\partial A_z}{\partial z} \hat{\mathbf{z}} \right) = \quad \text{(E.10)}$$

(ii) $\nabla \times \mathbf{A} = \left( \hat{\rho} \frac{\partial}{\partial \rho} + \hat{\phi} \cdot \frac{1}{\rho} \frac{\partial}{\partial \phi} + \hat{\mathbf{z}} \frac{\partial}{\partial z} \right) \times \left( A_\rho \hat{\rho} + A_\phi \hat{\phi} + A_z \hat{\mathbf{z}} \right)$

$$= \hat{\rho} \times \left( \frac{\partial A_\rho}{\partial \rho} \hat{\rho} + \frac{\partial A_\phi}{\partial \rho} \hat{\phi} + \frac{\partial A_z}{\partial \rho} \hat{\mathbf{z}} \right)$$

$$+ \hat{\phi} \times \frac{1}{\rho} \left( \frac{\partial A_\rho}{\partial \phi} \hat{\rho} + A_\rho \frac{\partial \hat{\rho}}{\partial \phi} + \frac{\partial A_\phi}{\partial \phi} \hat{\phi} + A_\phi \frac{\partial \hat{\phi}}{\partial \phi} + \frac{\partial A_z}{\partial \phi} \hat{\mathbf{z}} \right)$$

$$+ \hat{\mathbf{z}} \times \left( \frac{\partial A_\rho}{\partial z} \hat{\rho} + \frac{\partial A_\phi}{\partial z} \hat{\phi} + \frac{\partial A_z}{\partial z} \hat{\mathbf{z}} \right)$$

에서 $\hat{\rho} \times \hat{\phi} = \hat{\mathbf{z}}$ , $\hat{\mathbf{z}} \times \hat{\rho} = \hat{\phi}$ , $\hat{\phi} \times \hat{\mathbf{z}} = \hat{\rho}$ 이므로 다음과 같다.

$$\nabla \times \mathbf{A} = \frac{\partial A_\phi}{\partial \rho} \hat{\mathbf{z}} - \frac{\partial A_z}{\partial \rho} \hat{\phi} - \frac{1}{\rho} \frac{\partial A_\rho}{\partial \phi} \hat{\mathbf{z}} + \frac{A_\phi}{\rho} \hat{\mathbf{z}}$$

$$+ \frac{1}{\rho} \frac{\partial A_z}{\partial \phi} \hat{\rho} + \frac{\partial A_\rho}{\partial z} \hat{\phi} - \frac{\partial A_\phi}{\partial z} \hat{\rho} = \quad \text{(E.11)}$$

(iii) $\nabla^2 \Phi = \nabla \cdot \nabla \Phi$ 이므로 식 (E.10)의 $\mathbf{A}$에 식 (E.9)를 대입하면 된다.

**예 E.1**

원통 좌표계에서 $\mathbf{A} = \rho^2 \phi \hat{\rho} + \rho z \hat{\mathbf{z}}$ 일 때 $\nabla \times \mathbf{A}$를 계산하라.

**풀이** 식 (E.11)로부터 다음과 같다.

$$\nabla \times \mathbf{A} = \left[ -\frac{\partial(\rho z)}{\partial \rho} \right] \hat{\phi} + \left[ -\frac{1}{\rho} \cdot \frac{\partial(\rho^2 \phi)}{\partial \phi} \right] \hat{\mathbf{z}} = -z \hat{\phi} - \rho \hat{\mathbf{z}}$$

## (2) 구면좌표계

구면좌표계는 그림 E.2와 같이 세 개의 좌표 $r$, $\theta$, $\phi$를 사용한다. 반지름이 $R$인 구인 경우, $r = 0 \sim R$, $\theta = 0 \sim \pi$, $\phi = 0 \sim 2\pi$이고 무한 공간이면 $R \to \infty$이다(그림 8.11 참고).

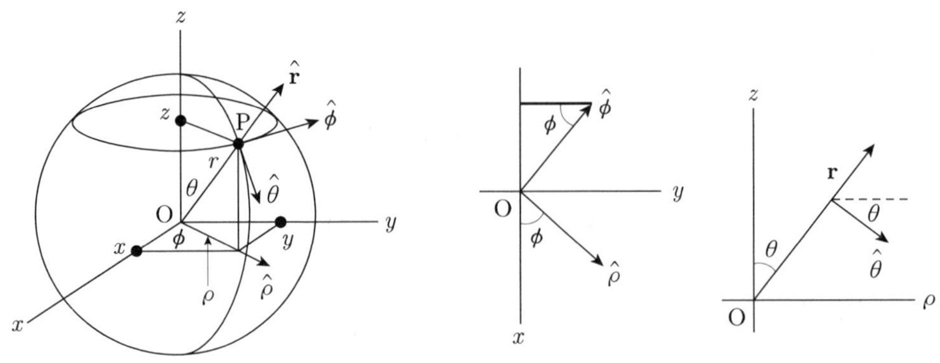


**그림 E.2** 구면좌표계

직각 좌표계와의 관계는 식 (8.27)과 같고 단위벡터들 사이에는

$$\hat{\mathbf{r}} = \sin\theta\,\hat{\boldsymbol{\rho}} + \cos\theta\,\hat{\mathbf{z}}, \qquad \hat{\boldsymbol{\rho}} = \cos\phi\,\hat{\mathbf{x}} + \sin\phi\,\hat{\mathbf{y}}$$

$$\hat{\boldsymbol{\theta}} = \cos\theta\,\hat{\boldsymbol{\rho}} - \sin\theta\,\hat{\mathbf{z}} \tag{E.13}$$

의 관계가 있으므로

$$\hat{\mathbf{r}} = \sin\theta\cos\phi\,\hat{\mathbf{x}} + \sin\theta\sin\phi\,\hat{\mathbf{y}} + \cos\theta\,\hat{\mathbf{z}} \tag{E.14}$$

$$\hat{\boldsymbol{\theta}} = \cos\theta\cos\phi\,\hat{\mathbf{x}} + \cos\theta\sin\phi\,\hat{\mathbf{y}} - \sin\theta\,\hat{\mathbf{z}} \tag{E.15}$$

$$\hat{\boldsymbol{\phi}} = -\sin\phi\,\hat{\mathbf{x}} + \cos\phi\,\hat{\mathbf{y}} \tag{E.16}$$

이고 $\theta$와 $\phi$가 위치에 따라 변하므로 $\hat{\mathbf{r}}$, $\hat{\boldsymbol{\rho}}$, $\hat{\boldsymbol{\phi}}$는 위치에 따라 변한다. 식 (E.14)- (E.16)으로부터 $\hat{\mathbf{x}}$, $\hat{\mathbf{y}}$, $\hat{\mathbf{z}}$를 구하면 다음과 같다.

$$\hat{\mathbf{x}} = \sin\theta\cos\phi\,\hat{\mathbf{r}} + \cos\theta\cos\phi\,\hat{\boldsymbol{\theta}} - \sin\phi\,\hat{\boldsymbol{\phi}} \tag{E.17}$$

$$\hat{\mathbf{y}} = \sin\theta\sin\phi\,\hat{\mathbf{r}} + \cos\theta\sin\phi\,\hat{\boldsymbol{\theta}} + \cos\phi\,\hat{\boldsymbol{\phi}} \tag{E.18}$$

$$\hat{\mathbf{z}} = \cos\theta\,\hat{\mathbf{r}} - \sin\theta\,\hat{\boldsymbol{\theta}} \tag{E.19}$$

$\theta$와 $\phi$가 위치에 따라 변하지만 $\hat{\mathbf{x}}$, $\hat{\mathbf{y}}$, $\hat{\mathbf{z}}$는 일정하다.

식 (E.14)-(E.16)으로부터

$$\frac{\partial\hat{\mathbf{r}}}{\partial\theta} = \hat{\boldsymbol{\theta}}, \quad \frac{\partial\hat{\mathbf{r}}}{\partial\phi} = \sin\theta\,\hat{\boldsymbol{\phi}}, \quad \frac{\partial\hat{\boldsymbol{\theta}}}{\partial\theta} = -\hat{\mathbf{r}}, \quad \frac{\partial\hat{\boldsymbol{\theta}}}{\partial\phi} = \cos\theta\,\hat{\boldsymbol{\phi}}$$

$$\frac{\partial \hat{\boldsymbol{\phi}}}{\partial \theta} = 0, \quad \frac{\partial \hat{\boldsymbol{\phi}}}{\partial \phi} = -\sin\theta\, \hat{\mathbf{r}} - \cos\theta\, \hat{\boldsymbol{\theta}} \tag{E.20}$$

이므로 $\mathbf{r} = r\hat{\mathbf{r}}$의 미분은 다음과 같다.

$$\begin{aligned} d\mathbf{r} &= \hat{\mathbf{r}}\, dr + r\, d\hat{\mathbf{r}} = \hat{\mathbf{r}}\, dr + r\frac{\partial \hat{\mathbf{r}}}{\partial \theta}\, d\theta + r\frac{\partial \hat{\mathbf{r}}}{\partial \phi}\, d\phi \\ &= \hat{\mathbf{r}}\, dr + \hat{\boldsymbol{\theta}}\, r\, d\theta + \hat{\boldsymbol{\phi}}\, r\sin\theta\, d\phi \end{aligned} \tag{E.21}$$

따라서 $u = u(r, \theta, \phi)$의 전미분은 식 (E.5)와 같으므로

$$du = \frac{\partial u}{\partial r}\, dr + \frac{\partial u}{\partial \theta}\, d\theta + \frac{\partial u}{\partial \phi}\, d\phi = d\mathbf{r} \cdot \nabla u \tag{E.22}$$

이고 여기에 (E.21)을 고려하면 다음이 된다.

$$\nabla u = \frac{\partial u}{\partial r}\hat{\mathbf{r}} + \frac{1}{r} \cdot \frac{\partial u}{\partial \theta}\hat{\boldsymbol{\theta}} + \frac{1}{r\sin\theta} \cdot \frac{\partial u}{\partial \phi}\hat{\boldsymbol{\phi}} \tag{E.23}$$

$$\nabla = \hat{\mathbf{r}}\frac{\partial}{\partial r} + \hat{\boldsymbol{\theta}}\frac{1}{r} \cdot \frac{\partial}{\partial \theta} + \hat{\boldsymbol{\phi}}\frac{1}{r\sin\theta} \cdot \frac{\partial}{\partial \phi} \tag{E.24}$$

따라서 식 (12.23)-(12.26)은 구면좌표계에서는 다음이 된다.

**구면좌표계**

$$\nabla \Phi = \frac{\partial \Phi}{\partial r}\hat{\mathbf{r}} + \frac{1}{r} \cdot \frac{\partial \Phi}{\partial \theta}\hat{\boldsymbol{\theta}} + \frac{1}{r\sin\theta} \cdot \frac{\partial \Phi}{\partial \phi}\hat{\boldsymbol{\phi}} \tag{E.25}$$

$$\nabla \cdot \mathbf{A} = \frac{1}{r^2\sin\theta}\left[\sin\theta\frac{\partial}{\partial r}\left(r^2 A_r\right) + r\frac{\partial}{\partial \theta}\left(\sin\theta\, A_\theta\right) + r\frac{\partial A_\phi}{\partial \phi}\right] \tag{E.26}$$

$$\begin{aligned} \nabla \times \mathbf{A} = \frac{1}{r^2\sin\theta}\Bigg[&\left\{\frac{\partial}{\partial \theta}\left(r\sin\theta\, A_\phi\right) - \frac{\partial}{\partial \phi}\left(r A_\theta\right)\right\}\hat{\mathbf{r}} \\ &+ r\left\{\frac{\partial A_r}{\partial \phi} - \frac{\partial}{\partial r}\left(r\sin\theta\, A_\phi\right)\right\}\hat{\boldsymbol{\theta}} \\ &+ r\sin\theta\left\{\frac{\partial}{\partial r}\left(r A_\theta\right) - \frac{\partial A_r}{\partial \theta}\right\}\hat{\boldsymbol{\phi}}\Bigg] \end{aligned} \tag{E.27}$$

$$\nabla^2 \Phi = \frac{1}{r^2\sin\theta}\left[\sin\theta\frac{\partial}{\partial r}\left(r^2\frac{\partial \Phi}{\partial r}\right) + \frac{\partial}{\partial \theta}\left(\sin\theta\frac{\partial \Phi}{\partial \theta}\right) + \frac{1}{\sin\theta}\frac{\partial^2 \Phi}{\partial \phi^2}\right] \tag{E.28}$$

**증명**

구면좌표계에서의 벡터는 $\mathbf{A}=A_r\hat{\mathbf{r}}+A_\theta\hat{\boldsymbol{\theta}}+A_\phi\hat{\boldsymbol{\phi}}$이고 식 (E.20)과 (E.24)을 고려하면 다음과 같이 증명된다.

(i) $$\nabla\cdot\mathbf{A}=\left(\hat{\mathbf{r}}\frac{\partial}{\partial r}+\hat{\boldsymbol{\theta}}\frac{1}{r}\cdot\frac{\partial}{\partial\theta}+\hat{\boldsymbol{\phi}}\frac{1}{r\sin\theta}\cdot\frac{\partial}{\partial\phi}\right)\cdot\left(A_r\hat{\mathbf{r}}+A_\theta\hat{\boldsymbol{\theta}}+A_\phi\hat{\boldsymbol{\phi}}\right)$$

$$=\hat{\mathbf{r}}\cdot\left[\frac{\partial\left(A_r\hat{\mathbf{r}}\right)}{\partial r}+\frac{\partial\left(A_\theta\hat{\boldsymbol{\theta}}\right)}{\partial r}+\frac{\partial\left(A_\phi\hat{\boldsymbol{\phi}}\right)}{\partial r}\right]$$

$$+\hat{\boldsymbol{\theta}}\frac{1}{r}\cdot\left[\frac{\partial\left(A_r\hat{\mathbf{r}}\right)}{\partial\theta}+\frac{\partial\left(A_\theta\hat{\boldsymbol{\theta}}\right)}{\partial\theta}+\frac{\partial\left(A_\phi\hat{\boldsymbol{\phi}}\right)}{\partial\theta}\right]$$

$$+\hat{\boldsymbol{\phi}}\frac{1}{r\sin\theta}\cdot\left[\frac{\partial\left(A_r\hat{\mathbf{r}}\right)}{\partial\phi}+\frac{\partial\left(A_\theta\hat{\boldsymbol{\theta}}\right)}{\partial\phi}+\frac{\partial\left(A_\phi\hat{\boldsymbol{\phi}}\right)}{\partial\phi}\right]$$

$$=\frac{\partial A_r}{\partial r}+\left(\frac{A_r}{r}+\frac{1}{r}\cdot\frac{\partial A_\theta}{\partial\theta}\right)+\left(\frac{A_r}{r}+\frac{A_\theta\cos\theta}{r\sin\theta}+\frac{1}{r\sin\theta}\cdot\frac{\partial A_\phi}{\partial\phi}\right)$$

$$=\left(\frac{\partial A_r}{\partial r}+\frac{2A_r}{r}\right)+\left(\frac{1}{r}\cdot\frac{\partial A_\theta}{\partial\theta}+\frac{A_\theta\cos\theta}{r\sin\theta}\right)+\frac{1}{r\sin\theta}\cdot\frac{\partial A_\phi}{\partial\phi}\quad=\text{(E.26)}$$

(ii) $$\nabla\times\mathbf{A}=\left(\hat{\mathbf{r}}\frac{\partial}{\partial r}+\hat{\boldsymbol{\theta}}\frac{1}{r}\cdot\frac{\partial}{\partial\theta}+\hat{\boldsymbol{\phi}}\frac{1}{r\sin\theta}\cdot\frac{\partial}{\partial\phi}\right)\times\left(A_r\hat{\mathbf{r}}+A_\theta\hat{\boldsymbol{\theta}}+A_\phi\hat{\boldsymbol{\phi}}\right)$$

$$=\hat{\mathbf{r}}\times\left[\frac{\partial(A_r\hat{\mathbf{r}})}{\partial r}+\frac{\partial(A_\theta\hat{\boldsymbol{\theta}})}{\partial r}+\frac{\partial(A_\phi\hat{\boldsymbol{\phi}})}{\partial r}\right]$$

$$+\hat{\boldsymbol{\theta}}\frac{1}{r}\times\left[\frac{\partial\left(A_r\hat{\mathbf{r}}\right)}{\partial\theta}+\frac{\partial\left(A_\theta\hat{\boldsymbol{\theta}}\right)}{\partial\theta}+\frac{\partial\left(A_\phi\hat{\boldsymbol{\phi}}\right)}{\partial\theta}\right]$$

$$+\hat{\boldsymbol{\phi}}\frac{1}{r\sin\theta}\times\left[\frac{\partial\left(A_r\hat{\mathbf{r}}\right)}{\partial\phi}+\frac{\partial\left(A_\theta\hat{\boldsymbol{\theta}}\right)}{\partial\phi}+\frac{\partial\left(A_\phi\hat{\boldsymbol{\phi}}\right)}{\partial\phi}\right]$$

에서 $\hat{\mathbf{r}}\times\hat{\boldsymbol{\theta}}=\hat{\boldsymbol{\phi}}$, $\hat{\boldsymbol{\theta}}\times\hat{\boldsymbol{\phi}}=\hat{\mathbf{r}}$, $\hat{\boldsymbol{\phi}}\times\hat{\mathbf{r}}=\hat{\boldsymbol{\theta}}$ 이므로 다음과 같다.

$$\nabla\times\mathbf{A}=\left(\frac{\partial A_\theta}{\partial r}\hat{\boldsymbol{\phi}}-\frac{\partial A_\phi}{\partial r}\hat{\boldsymbol{\theta}}\right)+\frac{1}{r}\left(-\frac{\partial A_r}{\partial\theta}\hat{\boldsymbol{\phi}}+A_\theta\hat{\boldsymbol{\phi}}+\frac{\partial A_\phi}{\partial\theta}\hat{\mathbf{r}}\right)$$

$$+\frac{1}{r\sin\theta}\left[\frac{\partial A_r}{\partial\phi}\hat{\boldsymbol{\theta}}-\frac{\partial A_\theta}{\partial\phi}\hat{\mathbf{r}}+A_\phi\left(-\sin\theta\,\hat{\boldsymbol{\theta}}+\cos\theta\,\hat{\mathbf{r}}\right)\right]$$

$$=\left(\frac{1}{r}\cdot\frac{\partial A_\phi}{\partial\theta}-\frac{1}{r\sin\theta}\cdot\frac{\partial A_\theta}{\partial\phi}+\frac{A_\phi\cos\theta}{r\sin\theta}\right)\hat{\mathbf{r}}$$

$$+\left(-\frac{\partial A_\phi}{\partial r}+\frac{1}{r\sin\theta}\cdot\frac{\partial A_r}{\partial\phi}-\frac{A_\phi}{r}\right)\hat{\boldsymbol{\theta}}$$

$$+\left(\frac{\partial A_\theta}{\partial r}-\frac{1}{r}\cdot\frac{\partial A_r}{\partial\theta}+\frac{A_\theta}{r}\right)\hat{\boldsymbol{\phi}}\quad=\text{(E.27)}$$

(iii) $\nabla^2\Phi=\nabla\cdot\nabla\Phi$이므로 식 (E.26)의 $\mathbf{A}$에 식 (E.25)을 대입하면 된다.

### 예 E.2

구면 좌표계를 사용하여 다음(예 12.11)을 증명하라.

(a) $\nabla r = \hat{\mathbf{r}}$

(b) $\nabla\left(\dfrac{1}{r}\right) = -\dfrac{\hat{\mathbf{r}}}{r^2}$

(c) $\nabla^2\left(\dfrac{1}{r}\right) = 0 \;\; (r \neq 0)$

**풀이**

(a) $\nabla r = \hat{\mathbf{r}}\dfrac{\partial r}{\partial r} + \hat{\boldsymbol{\theta}}\dfrac{1}{r}\cdot\dfrac{\partial r}{\partial \theta} + \hat{\boldsymbol{\phi}}\dfrac{1}{r\sin\theta}\cdot\dfrac{\partial r}{\partial \phi} = \hat{\mathbf{r}}$

(b) $\nabla\left(\dfrac{1}{r}\right) = \hat{\mathbf{r}}\dfrac{\partial}{\partial r}\left(\dfrac{1}{r}\right) = -\hat{\mathbf{r}}\dfrac{1}{r^2}$

(c) $\nabla^2\left(\dfrac{1}{r}\right) = \dfrac{1}{r^2\sin\theta}\left[\sin\theta\dfrac{\partial}{\partial r}\left\{r^2\dfrac{\partial}{\partial r}\left(\dfrac{1}{r}\right)\right\}\right] = 0$

### 예 E.3

다음을 구면좌표계로 증명하라.

(a) $\nabla\cdot\mathbf{r} = 3$

(b) $\nabla\times\mathbf{r} = 0$

(c) $\nabla\cdot\left(\dfrac{\hat{\mathbf{r}}}{r^2}\right) = 0 \;\; (\mathbf{r} \neq 0)$

(d) $\nabla\times\dfrac{\hat{\mathbf{r}}}{r^2} = 0$

**풀이**

(a) $\nabla\cdot\mathbf{r} = \dfrac{1}{r^2\sin\theta}\left[\sin\theta\dfrac{\partial}{\partial r}(r^2\cdot r)\right] = 3$

(b) $\nabla\times\mathbf{r} = \dfrac{1}{r^2\sin\theta}\left[r\left(\dfrac{\partial r}{\partial \phi}\right)\hat{\boldsymbol{\theta}} + r\sin\theta\left(-\dfrac{\partial r}{\partial \theta}\right)\hat{\boldsymbol{\phi}}\right] = 0$

(c) $\nabla\cdot\left(\dfrac{\hat{\mathbf{r}}}{r^2}\right) = \dfrac{1}{r^2\sin\theta}\left[\sin\theta\dfrac{\partial}{\partial r}\left(r^2\cdot\dfrac{1}{r^2}\right)\right] = 0$

(d) $\nabla\times\dfrac{\hat{\mathbf{r}}}{r^2} = \dfrac{1}{r^2\sin\theta}\left[r\left(\dfrac{\partial(1/r^2)}{\partial \phi}\right)\hat{\boldsymbol{\theta}} + r\sin\theta\left(-\dfrac{\partial(1/r^2)}{\partial \theta}\right)\hat{\boldsymbol{\phi}}\right] = 0$

## 보충 문제

**[E.1]** 원통좌표계에서 다음의 단위벡터들 사이의 관계들을 증명하라.

(a) $\dfrac{d\hat{\boldsymbol{\rho}}}{dt} = \dfrac{d\phi}{dt}\hat{\boldsymbol{\phi}}$

(b) $\dfrac{d\hat{\boldsymbol{\phi}}}{dt} = -\dfrac{d\phi}{dt}\hat{\boldsymbol{\rho}}$

**[E.2]** 구면좌표계에서 다음의 단위벡터 사이의 관계들을 증명하라. $\dot{x} \equiv dx/dt$이다.

(a) $\dfrac{d\hat{\mathbf{r}}}{dt} = \dot{\phi}\sin\theta\,\hat{\boldsymbol{\phi}} + \dot{\theta}\,\hat{\boldsymbol{\theta}}$

(b) $\dfrac{d\hat{\boldsymbol{\theta}}}{dt} = -\dot{\theta}\,\hat{\mathbf{r}} + \dot{\phi}\cos\theta\,\hat{\boldsymbol{\phi}}$

(c) $\dfrac{d\hat{\boldsymbol{\phi}}}{dt} = -\dot{\phi}\sin\theta\,\hat{\mathbf{r}} - \dot{\phi}\cos\theta\,\hat{\boldsymbol{\theta}}$

**[E.3]** 다음을 구하라.

(a) $\mathbf{A} = \rho\left(2 + \sin^2\phi\right)\hat{\boldsymbol{\rho}} + \rho\sin\phi\cos\phi\,\hat{\boldsymbol{\phi}} + 5z\,\hat{\mathbf{z}}$ 일 때 $\nabla \cdot \mathbf{A}$

(b) $\mathbf{A} = \rho\left(2 + \sin^2\phi\right)\hat{\boldsymbol{\rho}} + \rho\sin\phi\cos\phi\,\hat{\boldsymbol{\phi}} + z\,\hat{\mathbf{z}}$일 때 $\nabla \times \mathbf{A}$

(c) $\mathbf{A} = r^2\cos\theta\,\hat{\mathbf{r}} + r^2\sin\theta\,\hat{\boldsymbol{\theta}} + r\sin\theta\cos\phi\,\hat{\boldsymbol{\phi}}$일 때 $\nabla \cdot \mathbf{A}$

CHAPTER

# 13

# 푸리에 방법



자연에서 일어나는 현상은 주기적인 경우가 많다. 예를 들어, 음파나 전자기파, 회전하는 기계뿐만 아니라 행성의 운동이나 심장의 운동 등도 주기적이다. 주기함수를 사인이나 코사인 또는 복소지수함수의 급수로 나타내는 것을 푸리에 급수(Fourier series)라 한다. 푸리에 급수로 전개하면 주기적으로 일어나는 현상(소리나 빛 등)을 진동수 또는 파장이 다른 수많은 함수들의 선형결합으로 해석할 수 있다. 푸리에 급수는 주기함수를 초월함수(사인함수, 코사인함수, 지수함수 등)로 전개하는 것이고 불연속적인 함수도 포함할 수 있으므로 멱급수로 전개하는 테일러(Taylor) 급수보다 좀 더 일반적이다. 푸리에 급수로부터 푸리에 변환을 정의할 수 있다. 라플라스 변환은 미분방정식의 해를 구하기 위해 활용되지만 푸리에 변환은 미분방정식의 해를 구하는 데 응용할 수도 있고 그 자체로 물리적인 의미도 갖고 있다.

## 13.1 푸리에 급수

주기함수인 사인이나 코사인 함수 전개는 실수이므로 공학에서 바로 적용할 수 있지만 복소지수함수 전개는 복소수를 포함하므로 실수로 처리해야 하는 과정이 필요하다. 하지만 지수함수는 미분해도 변하지 않는다는 장점이 있기 때문에 오일러(Euler)정리를 사용하여 사인이나 코사인 함수 대신에 지수함수를 고려하여 급수전개하는 것이 편리할 때도 있다.

### (1) $-L \sim +L$ 사이의 주기함수

모든 실수 $x$에 대해 정의되는 함수 $f(x)$의 주기가 $p$이면 $f(x+p)=f(x)$이다. 두 벡터 $\mathrm{V}_1$과 $\mathrm{V}_2$는 내적이 0일 때 즉, $\mathrm{V}_1 \cdot \mathrm{V}_2 = 0$일 때 직교(수직 orthogonal)한다고 하고 두 함수 $f_1(x)$와 $f_2(x)$는

$$\int_a^b f_1(x) f_2(x)\, dx = 0 \tag{13.1}$$

일 때 $a \le x \le b$ 구간에서 직교한다고 한다.

**예 13.1**

주어진 구간에서 두 함수가 직교함을 증명하라.

(a) $f_1(x) = x,\ f_2(x) = x^2 + 1,\quad [-1,\ 1]$

(b) $f_1(x) = 1,\ f_2(x) = \cos(2n\pi x/L),\quad [0,\ L/2]\ (n = 1,\ 2,\ 3,\ \cdots)$

(c) $f_1(x) = x,\ f_2(x) = \cos x,\quad [-\pi,\ \pi]$

**풀이**

(a) $\displaystyle\int_{-1}^{1} x(x^2+1)\, dx = \left[\frac{x^4}{4} + \frac{x^2}{2}\right]_{x=-1}^{x=1} = 0$

(b) $\displaystyle\int_0^{L/2} \cos\left(\frac{2n\pi x}{L}\right) dx = \frac{L}{2n\pi}\left[\sin\left(\frac{2n\pi x}{L}\right)\right]_{x=0}^{x=L/2} = 0$

(c) $\displaystyle\int_{-\pi}^{\pi} x\cos x\, dx = [x\sin x]_{-\pi}^{\pi} - \int_{-\pi}^{\pi} \sin x\, dx = [\cos x]_{x=-\pi}^{x=\pi} = 0$

주기가 $2L$인 함수 $f(x)$를 다음과 같이 직교하는 함수들로 전개하는 것을 푸리에 급수 전개라 하고 $x$는 주로 위치나 시간을 의미한다.

**푸리에 급수 전개 (주기 $2L$ : $-L \sim +L$)**

$$f(x) = a_0 + \sum_{n=1}^{\infty}\left[a_n \cos\left(\frac{n\pi x}{L}\right) + b_n \sin\left(\frac{n\pi x}{L}\right)\right] \tag{13.2}$$

푸리에 계수(Fourier coefficient)

$$a_0 = \frac{1}{2L}\int_{-L}^{L} f(x)\,dx \tag{13.3a}$$

$$a_n = \frac{1}{L}\int_{-L}^{L} f(x)\cos\left(\frac{n\pi x}{L}\right)dx \tag{13.3b}$$

$$b_n = \frac{1}{L}\int_{-L}^{L} f(x)\sin\left(\frac{n\pi x}{L}\right)dx \tag{13.3c}$$

## 증명

다음 삼각적분을 사용하여 증명할 수 있다(연습문제 [13.1]).

$$\int_{-L}^{L}\cos\left(\frac{n\pi x}{L}\right)\sin\left(\frac{m\pi x}{L}\right)dx = 0 \tag{*1}$$

$$\int_{-L}^{L}\cos\left(\frac{n\pi x}{L}\right)\cos\left(\frac{m\pi x}{L}\right)dx = L\,\delta_{n,m} \tag{*2}$$

$$\int_{-L}^{L}\sin\left(\frac{n\pi x}{L}\right)\sin\left(\frac{m\pi x}{L}\right)dx = L\,\delta_{n,m} \tag{*3}$$

$\delta_{n,\,m}$은 크로네커 델타(Kronecker delta)로 다음과 같이 정의한다.

$$\delta_{n,\,m} = \begin{cases} 1 & (n = m) \\ 0 & (n \neq m) \end{cases} \tag{*4}$$

(a) $$\int_{-L}^{L} f(x)\,dx = a_0\int_{-L}^{L}dx + \sum_{n=1}^{\infty} a_n\int_{-L}^{L}\cos\left(\frac{n\pi x}{L}\right)dx$$
$$+ \sum_{n=1}^{\infty} b_n\int_{-L}^{L}\sin\left(\frac{n\pi x}{L}\right)dx = 2L\,a_0 + 0 + 0$$

(b) $$\int_{-L}^{L} f(x)\cos\left(\frac{n\pi x}{L}\right)dx$$
$$= a_0\int_{-L}^{L}\cos\left(\frac{n\pi x}{L}\right)dx + \sum_{m=1}^{\infty} a_m\int_{-L}^{L}\cos\left(\frac{m\pi x}{L}\right)\cos\left(\frac{n\pi x}{L}\right)dx$$
$$+ \sum_{m=1}^{\infty} b_m\int_{-L}^{L}\sin\left(\frac{m\pi x}{L}\right)\cos\left(\frac{n\pi x}{L}\right)dx$$

$$= 0 + L\sum_{m=1}^{\infty} a_m \delta_{m,n} + 0 = L a_n$$

(c) $\displaystyle\int_{-L}^{L} f(x)\sin\left(\frac{n\pi x}{L}\right)dx$

$$= a_0\int_{-L}^{L}\sin\left(\frac{n\pi x}{L}\right)dx + \sum_{m=1}^{\infty} a_m\int_{-L}^{L}\cos\left(\frac{m\pi x}{L}\right)\sin\left(\frac{n\pi x}{L}\right)dx$$

$$+ \sum_{m=1}^{\infty} b_m\int_{-L}^{L}\sin\left(\frac{m\pi x}{L}\right)\sin\left(\frac{n\pi x}{L}\right)dx$$

$$= 0 + 0 + L\sum_{m=1}^{\infty} b_m \delta_{m,n} = L b_n$$

**참고**

우함수와 기함수 사이에는 다음의 관계가 있다(1.1절 참고).

우함수 × 우함수 = 우함수

기함수 × 기함수 = 우함수

기함수 × 우함수 = 기함수

따라서 $f(x)$가 기함수 즉, $f(-x) = -f(x)$이면 $\cos x$는 우함수이고 $\sin x$는 기함수이므로

$$a_n = 0, \quad b_n = \frac{2}{L}\int_0^L f(x)\sin\left(\frac{n\pi x}{L}\right)dx$$

이고 $f(x)$가 우함수 즉, $f(-x) = f(x)$이면 다음과 같다.

$$b_n = 0, \quad a_0 = \frac{1}{L}\int_0^L f(x)\,dx$$

$$a_n = \frac{2}{L}\int_0^L f(x)\cos\left(\frac{n\pi x}{L}\right)dx \quad (n \neq 0)$$

**예 13.2**

다음 함수를 푸리에 급수로 전개한다.

$$f(x) = \begin{cases} -1 & (-\pi \le x < 0) \\ 1 & (0 \le x < \pi) \end{cases}$$

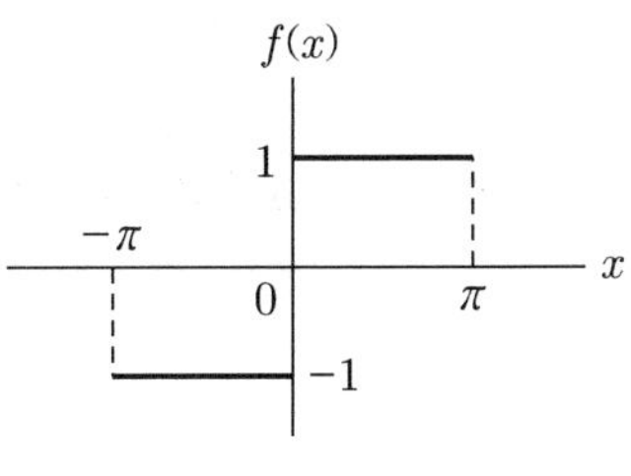

(a) $f(x)$를 푸리에 급수로 전개한 식을 구하라.

(b) $f(x)$의 첫 항만 그려라.

(c) $f(x)$을 첫 두 항까지 포함하여 그려라. $n \to \infty$이면 어떻게 되는가?

**풀이** (a) $a_0 = \dfrac{1}{2\pi}\displaystyle\int_{-\pi}^{\pi} f(x)\,dx = \dfrac{1}{2\pi}\left[\int_{-\pi}^{0}(-1)\,dx + \int_{0}^{\pi} 1 \cdot dx\right]$

$= \dfrac{1}{2\pi}(-\pi + \pi) = 0$ [또는 $f(x)$는 기함수]

$a_n = \dfrac{1}{\pi}\displaystyle\int_{-\pi}^{\pi} f(x)\cos(nx)\,dx$

$= \dfrac{1}{\pi}\left[-\displaystyle\int_{-\pi}^{0}\cos(nx)\,dx + \int_{0}^{\pi}\cos(nx)\,dx\right] = 0$

[또는 $f(x)\cos(nx)$ = 기함수 × 우함수 = 기함수]

$b_n = \dfrac{1}{\pi}\displaystyle\int_{-\pi}^{\pi} f(x)\sin(nx)\,dx$

$= \dfrac{1}{\pi}\left[-\displaystyle\int_{-\pi}^{0}\sin(nx)\,dx + \int_{0}^{\pi}\sin(nx)\,dx\right]$

$= \dfrac{1}{\pi}\left(\left[\dfrac{\cos(nx)}{n}\right]_{-\pi}^{0} - \left[\dfrac{\cos(nx)}{n}\right]_{0}^{\pi}\right) = \dfrac{2}{n\pi}[1 - \cos(n\pi)]$

[또는 $f(x)\sin(nx)$ = 기함수 × 기함수 = 우함수]

$\Rightarrow f(x) = \displaystyle\sum_{n=1}^{\infty}\dfrac{2}{n\pi}[1-\cos(n\pi)]\sin(nx)$

(b) $f(x) = \dfrac{4}{\pi}\sin x$

(c) $f(x) = \dfrac{4}{\pi}\left[\sin x + \dfrac{\sin(3x)}{3}\right]$

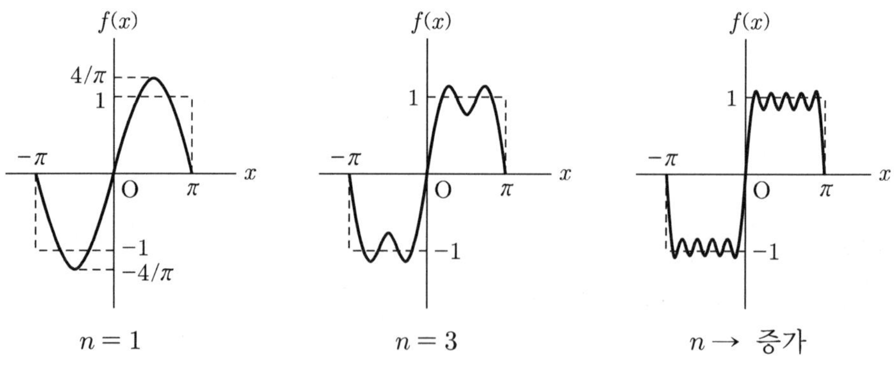


: 더 많은 항들을 고려할수록 원래 함수에 가까워진다.

### (2) $0 \sim P$ 사이의 주기함수

그림 13.1과 같이 $x=0$에서 출발하는 주기가 $P$인 주기함수를 푸리에 급수로 전개하면 다음과 같다.

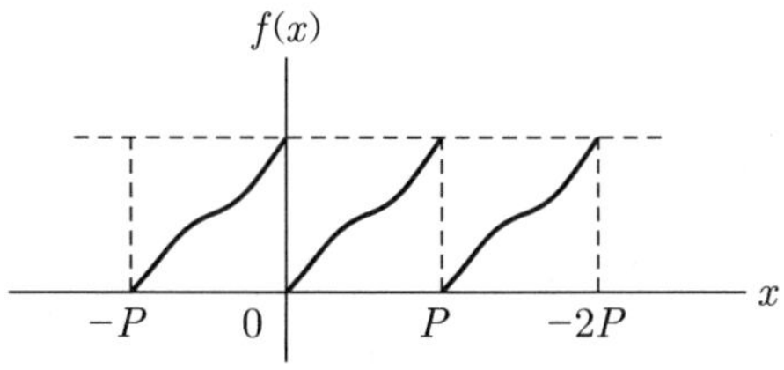


**그림 13.1** 주기 $P$인 함수

**푸리에 급수 전개 (주기 $P$ : $0 \sim P$)**

$$f(x) = a_0 + \sum_{n=1}^{\infty}\left[a_n \cos\left(\frac{2n\pi x}{P}\right) + b_n \sin\left(\frac{2n\pi x}{P}\right)\right] \tag{13.4}$$

$$a_0 = \frac{1}{P}\int_0^P f(x)\,dx \tag{13.5a}$$

$$a_n = \frac{2}{P}\int_0^P f(x)\cos\left(\frac{2n\pi x}{P}\right)dx \tag{13.5b}$$

$$b_n = \frac{2}{P}\int_0^P f(x)\sin\left(\frac{2n\pi x}{P}\right)dx \tag{13.5c}$$

**증명**

$$\int_0^P f(x)\,dx = a_0\int_0^P dx = a_0 P$$

$$\int_0^P f(x)\cos\left(\frac{2n\pi x}{P}\right)dx = \sum_{m=1}^{\infty} a_m \int_0^P \cos\left(\frac{2m\pi x}{P}\right)\cos\left(\frac{2n\pi x}{P}\right)dx$$

$[x \equiv y + P/2]$

$$= \sum_{m=1}^{\infty} a_m \int_{-P/2}^{P/2} \cos\left(\frac{2m\pi y}{P} + m\pi\right)\cos\left(\frac{2n\pi y}{P} + n\pi\right)dy$$

$$= \sum_{m=1}^{\infty} a_m \int_{-P/2}^{P/2} \cos\left(\frac{2m\pi y}{P}\right)\cos\left(\frac{2n\pi y}{P}\right)dy \cdot \cos(m\pi)\cos(n\pi)$$

(연습문제 [13.1])

$$= \sum_{m=1}^{\infty} a_m \frac{P}{2} \delta_{m,n} \cos(m\pi)\cos(n\pi) = a_n \frac{P}{2}$$

$$\int_0^P f(x)\sin\left(\frac{2n\pi x}{P}\right)dx = \sum_{m=1}^{\infty} b_m \int_0^P \sin\left(\frac{2m\pi x}{P}\right)\sin\left(\frac{2n\pi x}{P}\right)dx$$

$[x \equiv y + P/2]$

$$= \sum_{m=1}^{\infty} b_m \int_{-P/2}^{P/2} \sin\left(\frac{2m\pi y}{P} + m\pi\right)\sin\left(\frac{2n\pi y}{P} + n\pi\right)dy$$

$$= \sum_{m=1}^{\infty} b_m \int_{-P/2}^{P/2} \sin\left(\frac{2m\pi y}{P}\right)\sin\left(\frac{2n\pi y}{P}\right)dy \cdot \cos(m\pi)\cos(n\pi)$$

(연습문제 [13.1])

$$= \sum_{m=1}^{\infty} b_m \frac{P}{2} \delta_{m,n} \cos(m\pi)\cos(n\pi) = b_n \frac{P}{2}$$

$$\int_0^P \cos\left(\frac{2m\pi x}{P}\right)\sin\left(\frac{2n\pi x}{P}\right)dx = 0$$

---

### 예 13.3

주기함수 $f(x) = x^2\ (0 \le x < 2\pi)$을 푸리에 급수로 전개하라.

**풀이**

$$P = 2\pi,\ a_0 = \frac{1}{2\pi}\int_0^{2\pi} x^2 dx = \frac{4\pi^2}{3}$$

$$a_n = \frac{1}{\pi}\int_0^{2\pi} x^2 \cos(nx)\,dx$$

$$= \frac{1}{\pi}\left(\left[\frac{x^2 \sin(nx)}{n}\right]_0^{2\pi} - \frac{2}{n}\int_0^{2\pi} x\sin(nx)\,dx\right)$$

$$= -\frac{2}{n\pi}\left(\left[-\frac{x\cos(nx)}{n}\right]_0^{2\pi} + \frac{1}{n}\int_0^{2\pi}\cos(nx)\,dx\right) = \frac{4}{n^2}$$

$$b_n = \frac{1}{\pi}\int_0^{2\pi} x^2 \sin(nx)\,dx$$

$$= \frac{1}{\pi}\left(\left[\frac{-x^2\cos(nx)}{n}\right]_0^{2\pi} + \frac{2}{n}\int_0^{2\pi} x\cos(nx)\,dx\right)$$

$$= -\frac{4\pi}{n} + \frac{2}{n\pi}\left(\left[\frac{x\sin(nx)}{n}\right]_0^{2\pi} - \frac{1}{n}\int_0^{2\pi}\sin(nx)\,dx\right) = -\frac{4\pi}{n}$$

$$\Rightarrow f(x) = \frac{4\pi^2}{3} + \sum_{n=1}^{\infty}\left[\frac{4}{n^2}\cos(nx) - \frac{4\pi}{n}\sin(nx)\right]$$

---

### (3) 복소 푸리에 급수

주기가 $2L$인 함수 $f(x)$는 다음과 같이 복소 푸리에 급수로 전개할 수 있다.

$$f(x) = \sum_{n=-\infty}^{\infty} c_n e^{in\pi x/L} \tag{13.6a}$$

$$c_n = \frac{1}{2L}\int_{-L}^{L} f(x) e^{-in\pi x/L} dx \tag{13.6b}$$

**증명**

$$\int_{-L}^{L} f(x) e^{-in\pi x/L} dx = \sum_{m=-\infty}^{\infty} c_m \int_{-L}^{L} e^{i(m-n)\pi x/L} dx$$

$$= 2L c_n (m = n)$$

$$(m \neq n) = \sum_{m=-\infty}^{\infty} c_m L \frac{e^{i(m-n)\pi} - e^{-i(m-n)\pi}}{i(m-n)\pi} = 0$$

**예 13.4**

다음 함수를 (a) 푸리에 급수와 (b) 복소 푸리에 급수로 전개하라.

$$f(x) = \begin{cases} 0 & (-\pi \le x < 0) \\ 1 & (0 \le x < \pi) \end{cases}$$

**풀이** (a) $\displaystyle\int_{-\pi}^{\pi} f(x)\cos(nx)\,dx = \int_0^{\pi}\cos(nx)\,dx = \begin{cases} 0 & (n \neq 0) \\ \pi & (n = 0) \end{cases}$

$$\Rightarrow a_0 = \frac{\pi}{2\pi} = \frac{1}{2}, \quad a_n = 0$$

$$b_n = \frac{1}{\pi}\int_0^{\pi}\sin(nx)\,dx = \frac{1}{\pi}\left[\frac{-\cos(nx)}{n}\right]_0^{\pi}$$

$$= -\frac{1}{n\pi}\left[(-1)^n - 1\right] = \begin{cases} 0 & (n: \text{짝수}) \\ 2/n\pi & (n: \text{홀수}) \end{cases}$$

$$\Rightarrow f(x) = \frac{1}{2} + \frac{2}{\pi}\left(\frac{\sin x}{1} + \frac{\sin(3x)}{3} + \frac{\sin(5x)}{5} + \cdots\right)$$

(b) $\displaystyle c_n = \frac{1}{2\pi}\int_0^{\pi} e^{-inx}\,dx = \frac{1}{2\pi}\left[\frac{e^{-inx}}{-in}\right]_0^{\pi}$ $\quad [e^{\pm ix} = \cos x \pm i\sin x]$

$$= -\frac{1}{2\pi i n}\left(e^{-in\pi} - 1\right) = \begin{cases} 1/\pi i n & (n: \text{홀수}) \\ 0 & (n: \text{짝수}) \end{cases}$$

$$c_0 = \frac{1}{2\pi}\int_0^{\pi} dx = \frac{1}{2}$$

$$\Rightarrow f(x) = \sum_{n=-\infty}^{\infty} c_n e^{inx}$$

$$= \frac{1}{2} + \frac{1}{\pi i}\left(\frac{e^{ix}}{1} + \frac{e^{3ix}}{3} + \frac{e^{5ix}}{5} + \cdots\right)$$

$$+ \frac{1}{\pi i}\left(\frac{e^{-ix}}{-1} + \frac{e^{-3ix}}{-3} + \frac{e^{-5ix}}{-5} + \cdots\right)$$

$$= \frac{1}{2} + \frac{2}{\pi}\left(\frac{e^{ix} - e^{-ix}}{2i} + \frac{1}{3}\cdot\frac{e^{3ix} - e^{-3ix}}{2i} + \frac{1}{5}\cdot\frac{e^{5ix} - e^{-5ix}}{2i} + \cdots\right)$$

$$= \frac{1}{2} + \frac{2}{\pi}\left(\frac{\sin x}{1} + \frac{\sin(3x)}{3} + \frac{\sin(5x)}{5} + \cdots\right)$$

---

## 13.2 푸리에 변환

자연에서 일어나는 현상은 실(위치)공간이 아니라 푸리에 변환된(운동량) 공간에서 법칙이 나타나는 경우가 있다. 예를 들어, 결정 안에서 일어나는 회절법칙은 위치공간이 아니라 푸리에 변환된 공간 즉, 운동량공간에서 성립한다. 여기서는 $f(x)$가 연속이면서 유계(bounded)이고 절대적분이 가능한 (absolutely integrable) 경우로 제한한다.

$$\lim_{x \to \pm\infty} f(x) = 0 \quad : \text{유계}$$

$$\int_{-\infty}^{\infty} |f(x)|\, dx \quad \text{존재} : \text{절대적분 가능}$$

### (1) $L \to \infty$일 때의 푸리에 급수

식 (13.3)의 푸리에 계수들을 식 (13.2)의 푸리에 급수 전개식에 대입하면

$$f(x) = \frac{1}{2L}\int_{-L}^{L} f(x)\, dx + \frac{1}{L}\lim_{n\to\infty}\sum_{j=1}^{n}\left[\cos\left(\frac{j\pi x}{L}\right)\int_{-L}^{L} f(x')\cos\left(\frac{j\pi x'}{L}\right)dx' + \sin\left(\frac{j\pi x}{L}\right)\int_{-L}^{L} f(x')\sin\left(\frac{j\pi x'}{L}\right)dx'\right] \tag{13.7}$$

이 되고 $j\pi/L \to \omega_j$를 도입하면

$$\frac{\pi}{L} = (j+1)\frac{\pi}{L} - j\frac{\pi}{L} = \omega_{j+1} - \omega_j = \Delta\omega$$

이므로 식 (13.7)은 다음이 된다.

$$f(x) = \frac{1}{2L}\int_{-L}^{L} f(x)\,dx + \frac{1}{\pi}\lim_{n\to\infty}\sum_{j=1}^{n}\left[\cos(\omega_j x)\Delta\omega\int_{-L}^{L} f(x')\cos(\omega_j x')\,dx' + \sin(\omega_j x)\Delta\omega\int_{-L}^{L} f(x')\sin(\omega_j x')\,dx'\right] \quad (13.8)$$

$L \to \infty$ 일 때 $f(x)$가 절대적분이 가능하면 즉, $\int_{-\infty}^{\infty} f(x)\,dx$가 유한하면 식 (13.8)의 첫 항은 0 이고 나머지 항들을 계산하면 다음이 된다.

$$f(x) = \frac{1}{\pi}\int_{0}^{\infty} d\omega\left[\cos(\omega x)\int_{-\infty}^{\infty} f(x')\cos(\omega x')\,dx' + \sin(\omega x)\int_{-\infty}^{\infty} f(x')\sin(\omega x')\,dx'\right] \quad (13.9)$$

$$= \frac{1}{\pi}\int_{0}^{\infty} d\omega\int_{-\infty}^{\infty} f(x')\cos[\omega(x-x')]\,dx' \quad (13.10)$$

**증명**

구간 $a \le x \le b$을 간격 $\Delta x = (b-a)/n$의 $n$개 구간$(x_0 = a,\ x_1 = a+\Delta x,\ \cdots,\ x_n = b)$으로 쪼개면 정적분의 정의에 의해

$$\lim_{n\to\infty}\sum_{i=j}^{n} f(\omega_j)\Delta\omega = \int_{a}^{b} f(\omega)\,d\omega \quad (*1)$$

이고 식 (13.8)의 둘째 식과 셋째 식의 합$(\equiv I)$은

$$\int_{-\infty}^{\infty} f(x')\cos(\omega_j x')\,dx' \equiv U(\omega_j) \quad (*2)$$

$$\int_{-\infty}^{\infty} f(x')\sin(\omega_j x')\,dx' \equiv V(\omega_j) \quad (*3)$$

로 두면 다음이 된다.

$$I = \frac{1}{\pi} \lim_{n \to \infty} \sum_{j=1}^{n} \left[ \cos(\omega_j x) U(\omega_j) \Delta \omega + \sin(\omega_j x) V(\omega_j) \Delta \omega \right]$$

이것은 $f(\omega_j) = \cos(\omega_j x) U(\omega_j)$ 또는 $f(\omega_j) = \sin(\omega_j x) V(\omega_j)$로 두고 식 (*1)을 적용하면 다음과 같다.

$$I = \frac{1}{\pi} \left[ \int_a^b \cos(\omega x) U(\omega) \, d\omega + \int_a^b \sin(\omega x) V(\omega) \, d\omega \right] \tag{*4}$$

$a = 0$, $b = \infty$로 두고 식 (*2)와 (*3)을 식 (*4)에 대입하면 식 (13.9)가 된다.

### (2) 푸리에 적분

식 (13.9)는 다음과 같이 쓸 수 있다. 이것을 푸리에 적분이라 한다.

$$f(x) = \frac{1}{\pi} \int_0^{\infty} \left[ A(\omega) \cos(\omega x) + B(\omega) \sin(\omega x) \right] d\omega \tag{13.11}$$

$$A(\omega) \equiv \int_{-\infty}^{\infty} f(x) \cos(\omega x) \, dx \tag{13.12a}$$

$$B(\omega) \equiv \int_{-\infty}^{\infty} f(x) \sin(\omega x) \, dx \tag{13.12b}$$

이것은 $f(x)$가 우함수 또는 기함수이면 다음이 된다.

$f(x)$가 우함수 : 푸리에 코사인 적분

$$B(\omega) = 0, \;\; A(\omega) \equiv \sqrt{\frac{2}{\pi}} \int_0^{\infty} f(x) \cos(\omega x) \, dx \tag{13.13}$$

$$f(x) = \sqrt{\frac{2}{\pi}} \int_0^{\infty} A(\omega) \cos(\omega x) \, d\omega \tag{13.14}$$

$f(x)$가 기함수 : 푸리에 사인 적분

$$A(\omega) = 0, \;\; B(\omega) \equiv \sqrt{\frac{2}{\pi}} \int_0^{\infty} f(x) \sin(\omega x) \, dx \tag{13.15}$$

$$f(x) = \sqrt{\frac{2}{\pi}} \int_0^{\infty} B(\omega) \sin(\omega x) \, d\omega \tag{13.16}$$

식 (13.13)과 (13.14), 식 (13.15)와 (13.16)은 적분 앞 계수들의 곱이 $2/\pi$이면 되므로 다른 형태로도 표현할 수 있다.

**예 13.5**

(a) 다음 함수의 푸리에 적분표현을 구하라.

$$f(x)=\begin{cases} 0 & (x<0) \\ 1 & (0<x<2) \\ 0 & (2<x) \end{cases}$$

(b) (a)의 결과로부터 다음 적분을 구하라.

$$\int_0^\infty \frac{\sin\omega}{\omega}\,d\omega$$

(c) 다음 함수의 푸리에 코사인 적분을 구하라.

$$f(x)=e^{-x}\quad (x>0)$$

(d) (c)의 함수의 푸리에 사인 적분을 구하라.

**풀이**

(a) $A(\omega)=\int_{-\infty}^{\infty} f(x)\cos(\omega x)\,dx=\int_0^2 \cos(\omega x)\,dx=\dfrac{\sin(2\omega)}{\omega}$

$B(\omega)=\int_{-\infty}^{\infty} f(x)\sin(\omega x)\,dx=\int_0^2 \sin(\omega x)\,dx=\dfrac{1-\cos(2\omega)}{\omega}$

$$f(x)=\frac{1}{\pi}\int_0^\infty\left[\frac{\sin(2\omega)}{\omega}\cos(\omega x)+\frac{1-\cos(2\omega)}{\omega}\sin(\omega x)\right]d\omega$$

$$[\sin(2\omega)=2\sin\omega\cdot\cos\omega,\ 1-\cos(2\omega)=2\sin^2\omega]$$

$$=\frac{2}{\pi}\int_0^\infty\frac{\sin\omega\cdot\cos[\omega(x-1)]}{\omega}\,d\omega$$

(b) $\int_0^\infty \dfrac{\sin\omega}{\omega}\,d\omega=\dfrac{\pi}{2}f(1)=\dfrac{\pi}{2}$

(c) $A(\omega)=\sqrt{\dfrac{2}{\pi}}\int_0^\infty e^{-x}\cos(\omega x)\,dx$ [부분적분]

$$=\sqrt{\frac{2}{\pi}}\left(\left[\frac{e^{-x}\sin(\omega x)}{\omega}\right]_0^\infty+\frac{1}{\omega}\int_0^\infty e^{-x}\sin(\omega x)\,dx\right)$$

$$=\frac{1}{\omega}\sqrt{\frac{2}{\pi}}\left(\left[\frac{-e^{-x}\cos(\omega x)}{\omega}\right]_0^\infty-\frac{1}{\omega}\int_0^\infty e^{-x}\cos(\omega x)\,dx\right)$$

$$=\frac{1}{\omega^2}\sqrt{\frac{2}{\pi}}-\frac{1}{\omega^2}A(\omega)\ \Rightarrow\ A(\omega)=\sqrt{\frac{2}{\pi}}\cdot\frac{1}{1+\omega^2}$$

$$\Rightarrow f(x) = \frac{2}{\pi}\int_0^\infty \frac{\cos(\omega x)}{1+\omega^2}\,dx$$

(d) $B(\omega) = \sqrt{\frac{2}{\pi}}\int_0^\infty e^{-x}\sin(\omega x)\,dx$ [부분적분]

$$= \sqrt{\frac{2}{\pi}}\left(\left[\frac{-e^{-x}\cos(\omega x)}{\omega}\right]_0^\infty - \frac{1}{\omega}\int_0^\infty e^{-x}\cos(\omega x)\,dx\right)$$

$$= \frac{1}{\omega}\sqrt{\frac{2}{\pi}} - \frac{1}{\omega}\sqrt{\frac{2}{\pi}}\left(\left[\frac{e^{-x}\sin(\omega x)}{\omega}\right]_0^\infty + \frac{1}{\omega}\int_0^\infty e^{-x}\sin(\omega x)\,dx\right)$$

$$= \frac{1}{\omega}\sqrt{\frac{2}{\pi}} - \frac{1}{\omega^2}B(\omega) \ \Rightarrow B(\omega) = \sqrt{\frac{2}{\pi}}\cdot\frac{\omega}{1+\omega^2}$$

$$\Rightarrow f(x) = \frac{2}{\pi}\int_0^\infty \frac{\omega\cos(\omega x)}{1+\omega^2}\,dx$$

---

식 (13.10)은 $\omega$에 대해 우함수이므로

$$f(x) = \frac{1}{2\pi}\int_{-\infty}^\infty d\omega\int_{-\infty}^\infty f(x')\cos\left[\omega(x-x')\right]dx' \tag{13.17}$$

이고, 다음 식은 $\omega$에 대한 기함수적분이므로 0이다.

$$0 = \frac{i}{2\pi}\int_{-\infty}^\infty d\omega\int_{-\infty}^\infty f(x')\sin\left[\omega(x-x')\right]dx' \tag{13.18}$$

따라서 식 (13.17)에서 식 (13.18)을 더하거나 빼고 오일러 공식 $e^{\pm ix} = \cos x \pm i\sin x$를 고려하면 다음의 푸리에 적분의 복소수 형이 된다.

$$f(x) = \frac{1}{2\pi}\int_{-\infty}^\infty d\omega\int_{-\infty}^\infty f(x')\,e^{\pm i\omega(x-x')}dx'$$

$$= \frac{1}{\sqrt{2\pi}}\int_{-\infty}^\infty \hat{F}(\omega)\,e^{\pm i\omega x}d\omega \tag{13.19}$$

$$\hat{F}(\omega) = \frac{1}{\sqrt{2\pi}}\int_{-\infty}^\infty f(x)\,e^{\mp i\omega x}dx \tag{13.20}$$

### (3) 푸리에 변환

지금까지의 내용을 정리하여 $x$의 함수와 $\omega$의 함수 사이의 변환관계를 정의할 수 있다. $x\to\omega$의

변환을 푸리에 변환(FT : Fourier transform)이라 하고 $\omega \to x$이 변환을 푸리에 역변환(IFT : inverse Fourier transform)이라 한다. 식 (13.13)과 (13.14)에서 $A(\omega) = F_c(\omega)$로 두면 푸리에 코사인변환이 되고 식 (13.15)와 (13.16)에서 $B(\omega) = F_s(\omega)$로 두면 푸리에 사인변환이 된다. 식 (13.19)와 (13.20)은 푸리에 변환의 정의이다.

| 푸리에 코사인 변환 | | |
|---|---|---|
| | 변환 : $F_c(\omega) = \mathrm{FC}[f(x)]$ | 역변환 : $f(x) = \mathrm{IFC}[F_c(\omega)]$ |
| A형 | $\sqrt{\frac{2}{\pi}}\int_0^\infty f(x)\cos(\omega x)\,dx$ (13.21) | $\sqrt{\frac{2}{\pi}}\int_0^\infty F_c(\omega)\cos(\omega x)\,d\omega$ (13.22) |
| B형 | $\int_0^\infty f(x)\cos(\omega x)\,dx$ (13.23) | $\frac{2}{\pi}\int_0^\infty F_c(\omega)\cos(\omega x)\,d\omega$ (13.24) |
| ※ A형과 B형은 계수 곱 $2/\pi$를 배분하는 방식의 차이이다. | | |

| 푸리에 사인 변환 | | |
|---|---|---|
| | 변환 : $F_s(\omega) = \mathrm{FS}[f(x)]$ | 역변환 : $f(x) = \mathrm{IFS}[F_s(\omega)]$ |
| A형 | $\sqrt{\frac{2}{\pi}}\int_0^\infty f(x)\sin(\omega x)\,dx$ (13.25) | $\sqrt{\frac{2}{\pi}}\int_0^\infty F_s(\omega)\sin(\omega x)\,d\omega$ (13.26) |
| B형 | $\int_0^\infty f(x)\sin(\omega x)\,dx$ (13.27) | $\frac{2}{\pi}\int_0^\infty F_s(\omega)\sin(\omega x)\,d\omega$ (13.28) |
| ※ A형과 B형은 계수 곱 $2/\pi$를 배분하는 방식의 차이이다. | | |

| 푸리에 변환 | | |
|---|---|---|
| | 변환 : $\hat{F}(\omega) = \mathrm{FT}[f(x)]$ | 역변환 : $f(x) = \mathrm{IFT}[\hat{F}(\omega)]$ |
| A형 | $\frac{1}{\sqrt{2\pi}}\int_{-\infty}^\infty f(x)\,e^{-i\omega x}\,dx$ (13.29) | $\frac{1}{\sqrt{2\pi}}\int_{-\infty}^\infty \hat{F}(\omega)\,e^{i\omega x}\,d\omega$ (13.30) |
| B형 | $\int_{-\infty}^\infty f(x)\,e^{i\omega x}\,dx$ (13.31) | $\frac{1}{2\pi}\int_{-\infty}^\infty \hat{F}(\omega)e^{-i\omega x}\,d\omega$ (13.32) |
| ※ A형과 B형은 계수 곱 $1/2\pi$를 배분하는 방식과 $e^{\pm i\omega x}$를 포함하는 형식의 차이이다. | | |

### 예 13.6

다음 함수의 푸리에 삼각변환을 구하라(B형).

$$f(x)=\begin{cases}1 & (0<x<\pi)\\ 0 & (x>\pi)\end{cases}$$

**풀이**

$$\mathrm{FC}[f(x)]=\int_0^\infty f(x)\cos(\omega x)\,dx=\int_0^\pi \cos(\omega x)\,dx=0$$

$$\mathrm{FS}[f(x)]=\int_0^\infty f(x)\sin(\omega x)\,dx=\int_0^\pi \sin(\omega x)\,dx=\frac{1-\cos(\omega\pi)}{\omega}$$

### 예 13.7

다음 함수들의 푸리에 변환들을 구하라(A형).

(a) $f(x)=\begin{cases}k & (0<x<a)\\ 0 & (\text{그 외 영역})\end{cases}$

(b) $f(x)=e^{-ax^2}\ (a>0)$ [힌트] $\int_{-\infty}^{\infty}e^{-ax^2}dx=\sqrt{\frac{\pi}{a}}$ [예 8.15 (b)]

**풀이**

(a) $$\mathrm{FT}[k]=\frac{k}{\sqrt{2\pi}}\int_0^a e^{-i\omega x}\,dx=\frac{k}{\sqrt{2\pi}}\left[\frac{e^{-i\omega x}}{-i\omega}\right]_0^a=\frac{k}{i\omega\sqrt{2\pi}}\left[1-e^{-i\omega a}\right]$$

(b) $$\begin{aligned}\mathrm{FT}\left[e^{-ax^2}\right]&=\frac{1}{\sqrt{2\pi}}\int_{-\infty}^{\infty}e^{-(ax^2+i\omega x)}\,dx\\&=\frac{1}{\sqrt{2\pi}}\int_{-\infty}^{\infty}\exp\left[-\left(\sqrt{a}\,x+\frac{i\omega}{2\sqrt{a}}\right)^2+\left(\frac{i\omega}{2\sqrt{a}}\right)^2\right]dx\\&\quad\left[\sqrt{a}\,x+i\omega/2\sqrt{a}\equiv u\right]\\&=\frac{1}{\sqrt{2\pi}}e^{-\omega^2/4a}\int_{-\infty}^{\infty}e^{-u^2}\frac{du}{\sqrt{a}}=\frac{1}{\sqrt{2a}}e^{-\omega^2/4a}\end{aligned}$$

$\widehat{F}(\omega)$가 $f(x)$의 FT이고 $\widehat{G}(\omega)$가 $g(x)$의 FT일 때 두 상수 $a$, $b$에 대해 다음이 성립한다. 이것을 푸리에 변환의 선형성이라 한다.

$$\begin{aligned}\mathrm{FT}[af(x)+bg(x)]&=\int_{-\infty}^{\infty}e^{-i\omega x}[af(x)+bg(x)]\,dt\\&=a\int_{-\infty}^{\infty}e^{-i\omega x}f(x)\,dx+b\int_{-\infty}^{\infty}e^{-i\omega x}g(x)\,dx\\&=a\widehat{F}(\omega)+b\widehat{G}(\omega)\end{aligned}\tag{13.33}$$

### (4) 도함수의 FT

도함수의 푸리에 변환은 편미분방정식(14장)의 해를 푸리에 변환방법으로 구하는데 사용된다. 함수 $f(x)$가 연속이면서 유계 즉, $f(\pm\infty)=0$, $f'(\pm\infty)=0$ 이면 다음이 성립한다.

| 도함수의 푸리에 변환 | | |
|---|---|---|
| A형 | $\mathrm{FT}[f(x)]=\dfrac{1}{\sqrt{2\pi}}\displaystyle\int_{-\infty}^{\infty} f(x)\,e^{-i\omega x}\,dx$ | (13.34) |
| | $\mathrm{FT}[f'(x)]=i\omega\,\mathrm{FT}[f(x)]$ | (13.35) |
| | $\mathrm{FT}[f''(x)]=-\omega^2\,\mathrm{FT}[f(x)]$ | (13.36) |
| B형 | $\mathrm{FT}[f(x)]=\displaystyle\int_{-\infty}^{\infty} f(x)\,e^{i\omega x}\,dx$ | (13.37) |
| | $\mathrm{FT}[f'(x)]=-i\omega\,\mathrm{FT}[f(x)]$ | (13.38) |
| | $\mathrm{FT}[f''(x)]=-\omega^2\,\mathrm{FT}[f(x)]$ | (13.39) |

**증명**

A형에 대해 증명한다.

(i) $$\mathrm{FT}[f'(x)]=\frac{1}{\sqrt{2\pi}}\int_{-\infty}^{\infty} f'(x)\,e^{-i\omega x}\,dx \quad \text{[부분적분]}$$
$$=\frac{1}{\sqrt{2\pi}}\left[f(x)\,e^{-i\omega x}\right]_{-\infty}^{\infty}+\frac{i\omega}{\sqrt{2\pi}}\int_{-\infty}^{\infty} f(x)\,e^{-i\omega x}\,dx$$
$$=0+i\omega\,\mathrm{FT}[f(x)]$$

(ii) $$\mathrm{FT}[f''(x)]=\frac{1}{\sqrt{2\pi}}\int_{-\infty}^{\infty} f''(x)\,e^{-i\omega x}\,dx \quad \text{[부분적분]}$$
$$=\frac{1}{\sqrt{2\pi}}\left[f'(x)\,e^{-i\omega x}\right]_{-\infty}^{\infty}+\frac{i\omega}{\sqrt{2\pi}}\int_{-\infty}^{\infty} f'(x)\,e^{-i\omega x}\,dx$$
$$=0+i\omega\,\mathrm{FT}[f'(x)]=-\omega^2\,\mathrm{FT}[f(x)]$$

### 예 13.8

다음을 증명하라.

$$\frac{1}{2\pi}\int_{-\infty}^{\infty} e^{-i\omega(x'-x)}\,d\omega = \delta(x'-x)$$

**풀이** 식 (13.30)에 식 (13.29)를 대입하면

$$f(x) = \int_{-\infty}^{\infty} f(x')\,dx'\,\frac{1}{2\pi}\int_{-\infty}^{\infty} e^{-i\omega(x'-x)}\,d\omega$$

이고 식 (10.12)에 의해 $\int_{-\infty}^{\infty} f(x')\,\delta(x'-x)\,dx' = f(x)$이다.

---

### 예 13.9

(a) $f'(x)$의 푸리에 사인 변환과 푸리에 코사인 변환을 구하라.

(b) $f''(x)$의 푸리에 사인 변환과 푸리에 코사인 변환을 구하라.

$f(\pm\infty) = f'(\pm\infty) = 0$ 이다.

**풀이**

(a)
$$\begin{aligned}
\mathrm{FS}\,[f'(x)] &= \sqrt{\frac{2}{\pi}}\int_0^{\infty} f'(x)\sin(\omega x)\,dx \\
&= \sqrt{\frac{2}{\pi}}\,[f(x)\sin(\omega x)]_0^{\infty} - \omega\sqrt{\frac{2}{\pi}}\int_0^{\infty} f(x)\cos(\omega x)\,dx \\
&= -\omega\,\mathrm{FC}[f(x)] \quad : \text{FS가 FC로 바뀜}
\end{aligned}$$

$$\begin{aligned}
\mathrm{FC}\,[f'(x)] &= \sqrt{\frac{2}{\pi}}\int_0^{\infty} f'(x)\cos(\omega x)\,dx \\
&= \sqrt{\frac{2}{\pi}}\,[f(x)\cos(\omega x)]_0^{\infty} + \omega\sqrt{\frac{2}{\pi}}\int_0^{\infty} f(x)\sin(\omega x)\,dx \\
&= -\sqrt{\frac{2}{\pi}}\,f(0) + \omega\,\mathrm{FS}[f(x)] \quad : \text{FC가 FS로 바뀜}
\end{aligned}$$

(b)
$$\begin{aligned}
\mathrm{FS}\,[f''(x)] &= \sqrt{\frac{2}{\pi}}\int_0^{\infty} f''(x)\sin(\omega x)\,dx \\
&= \sqrt{\frac{2}{\pi}}\,[f'(x)\sin(\omega x)]_0^{\infty} - \omega\sqrt{\frac{2}{\pi}}\int_0^{\infty} f'(x)\cos(\omega x)\,dx \\
&= \omega\sqrt{\frac{2}{\pi}}\,f(0) - \omega^2\,\mathrm{FS}\,[f(x)] \qquad (13.40)
\end{aligned}$$

$$\mathrm{FC}\,[f''(x)] = \sqrt{\frac{2}{\pi}}\int_0^{\infty} f''(x)\cos(\omega x)\,dx$$

$$= \sqrt{\frac{2}{\pi}}\,[f'(x)\cos(\omega x)]_0^{\infty} + \omega\sqrt{\frac{2}{\pi}}\int_0^{\infty} f'(x)\sin(\omega x)\,dx$$

$$= -\sqrt{\frac{2}{\pi}}\,f'(0) - \omega^2\,\mathrm{FC}[f(x)] \qquad (13.41)$$

B형 : $\mathrm{FS}[f''(x)] = \omega f(0) - \omega^2\,\mathrm{FS}[f(x)]$

$\mathrm{FC}[f''(x)] = -f'(0) - \omega^2\,\mathrm{FC}[f(x)]$

## (5) 기타

라플라스 변환의 합성정리[식 (10.21)]에 대응하는 푸리에 변환의 합성정리가 있다. 두 함수 $f(x)$와 $g(x)$가 부분적으로 연속이고 유계이며 절대적분이 가능할 때 이들의 FT가 $\widehat{F}(\omega)$와 $\widehat{G}(\omega)$이면 두 함수의 합성(대합 convolution) $h(x) \equiv (f*g)(x)$와 그것의 FT인 $\widehat{H}(\omega) = \mathrm{FT}[h(x)]$는 다음과 같다. 이것을 푸리에 변환의 합성정리(대합정리 convolution theorem)라 한다.

| 합성 (대합) | FT |
|---|---|
| $h(x) = (f*g)(x)$ <br> $\equiv \int_{-\infty}^{\infty} f(x-x')\,g(x')\,dx'$ (또는) <br> $\equiv \int_{-\infty}^{\infty} f(x')\,g(x-x')\,dx'$ (13.42) | A형 : $\widehat{H}(\omega) = \sqrt{2\pi}\,\widehat{F}(\omega)\,\widehat{G}(\omega)$ (13.43a) <br> B형 : $\widehat{H}(\omega) = \widehat{F}(\omega)\,\widehat{G}(\omega)$ (13.43b) |

**증명**

A형 : $$\mathrm{FT}[f*g] = \frac{1}{\sqrt{2\pi}}\int_{-\infty}^{\infty} dx\, e^{-i\omega x}\int_{-\infty}^{\infty} dx' f(x-x')\,g(x')$$

에서 $x = x' + p$로 치환하면 다음과 같다.

$$\mathrm{FT}[f*g] = \frac{1}{\sqrt{2\pi}}\int_{-\infty}^{\infty}\int_{-\infty}^{\infty} f(p)\,g(x')\,e^{-i\omega(x'+p)}\,dp\,dx'$$

$$= \sqrt{2\pi}\left[\frac{1}{\sqrt{2\pi}}\int_{-\infty}^{\infty} f(p)\,e^{-i\omega p}\,dp \cdot \frac{1}{\sqrt{2\pi}}\int_{-\infty}^{\infty} g(x')\,e^{-i\omega x'}\,dx'\right]$$

$$= \sqrt{2\pi}\,\widehat{F}(\omega)\,\widehat{G}(\omega)$$

식 (13.29)와 (13.31)의 푸리에 변환에 대한 함수 $f(x-a)$의 푸리에 변환은 다음과 같다. 이것을 식 (10.14)에 대응하는 푸리에 변환의 변위(이동)정리(shifting theorem)라 한다.

**변위정리**

(13.29) $$\mathrm{FT}\,[f(x)] = \frac{1}{\sqrt{2\pi}}\int_{-\infty}^{\infty} f(x)\, e^{-i\omega x}\, dx$$

$$\Rightarrow \mathrm{FT}\,[f(x-a)] = e^{-i\omega a}\hat{F}(\omega) \tag{13.44}$$

(13.31) $$\mathrm{FT}\,[f(x)] = \int_{-\infty}^{\infty} f(x)\, e^{i\omega x}\, dx$$

$$\Rightarrow \mathrm{FT}\,[f(x-a)] = e^{i\omega a}\hat{F}(\omega) \tag{13.45}$$

**증명**

$\mathrm{FT}\,[f(x-a)] = \frac{1}{\sqrt{2\pi}}\int_{-\infty}^{\infty} dx\, e^{-i\omega x} f(x-a)$에서 $x-a=u$로 치환하면 다음과 같다.

$$\mathrm{FT}\,[f(x-a)] = \frac{1}{\sqrt{2\pi}}\int_{-\infty}^{\infty} du\, e^{-i\omega(u+a)} f(u) = e^{-i\omega a}\hat{F}(\omega)$$

## 13.3 연습문제

### 13.1 푸리에 급수

**[13.1]** 식 (13.3) 증명의 식 (*1)-(*3)를 증명하라.

**[13.2]** 다음 주기함수를 푸리에 급수로 전개하라.

$$f(x) = \begin{cases} 0 & (-2 \le x < -1) \\ 1 & (-1 \le x < 1) \\ 0 & (1 \le x < 2) \end{cases}$$

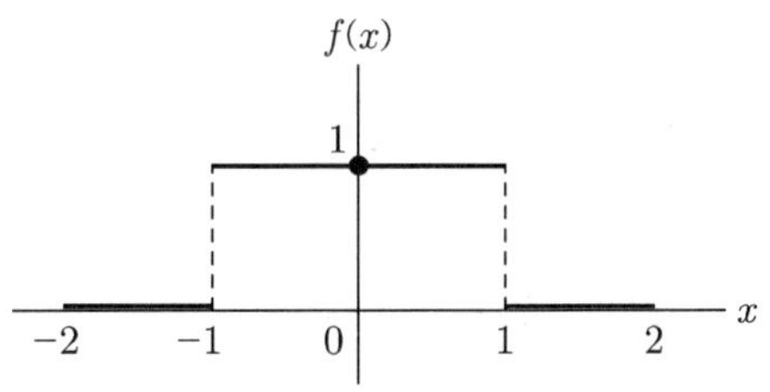


**[13.3]** 다음 주기함수들을 푸리에 급수들로 전개하라.

(a) $f(x) = x + 1 \ \ (0 \le x < 1)$

(b) $f(t) = \begin{cases} 0 & (-\pi \le t < 0) \\ \pi - t & (0 \le t < \pi) \end{cases}$

**[13.4]** 다음 주기함수들을 푸리에 급수들로 전개하라.

(a)

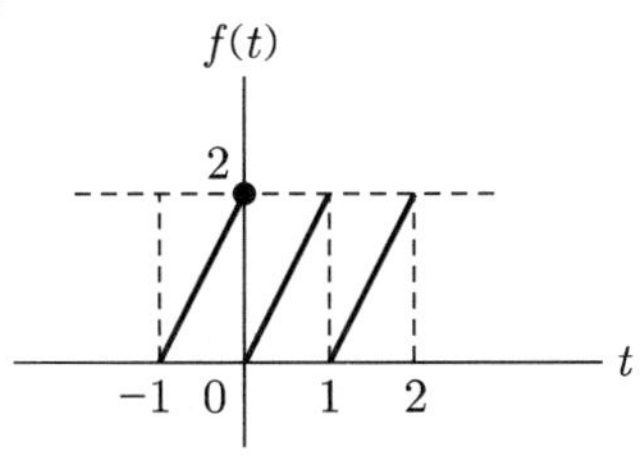


(b)

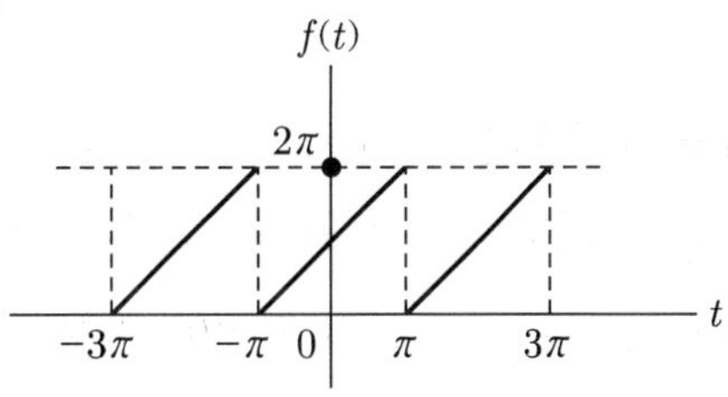


**[13.5]** 다음 주기함수들을 푸리에 급수들로 전개하라.

(a) $f(t) = a + b\,t \ \ (0 \le t < p)$

(b) $f(t) = \sin t \ \ (0 \le t < \pi)$

[13.6] 다음 주기함수를 푸리에 급수로 전개하라.

$$f(t)=\begin{cases}0 & (-\pi/\omega \le t<0)\\ f_0\sin(\omega t) & (0\le t<\pi/\omega)\end{cases}$$

[13.7] 다음 함수들을 복소 푸리에 급수로 전개하라.

(a) $f(x)=\begin{cases}-1 & (-2<x<0)\\ 1 & (0<x<2)\end{cases}$

(b) $f(x)=e^{-x}\ \ (-\pi\le x<\pi)$

## 13.2 푸리에 변환

[13.8] 다음 함수의 (a) 푸리에 코사인 변환과 (b) 푸리에 사인 변환을 구하라.

$$f(x)=\begin{cases}x & (0<x<2)\\ 0 & (x>2)\end{cases}$$

[13.9] (a) $f(x)=e^{-3x}$의 푸리에 코사인 변환을 구하라.

(b) $f(x)=\begin{cases}x^2 & (0<x<1)\\ 0 & (x>1)\end{cases}$의 푸리에 사인 변환을 구하라.

[13.10] 다음 함수들의 푸리에 변환들을 구하라.

(a) $f(x)=\begin{cases}e^{-2x} & (x>0)\\ 0 & (\text{그 외 영역})\end{cases}$

(b) $f(x)=\begin{cases}x & (0<x>2)\\ 0 & (\text{그 외 영역})\end{cases}$

[13.11] 도함수의 변환을 사용하여 다음을 구하라(A형).

(a) 연습문제 [13.9] (a)의 코사인 변환

(b) $f(x)=x\,e^{-x^2}$의 푸리에 변환

CHAPTER

14

# 편미분방정식



두 개 이상의 독립변수를 갖는 함수 $U$에 대한 편미분을 포함하는 미분방정식을 편미분방정식(PDE : partial differential equation)이라 한다. 유체역학, 전자기파동학, 양자역학 등에서 다루는 문제들은 편미분방정식 형태로 나타나는 경우가 자주 있다. 편미분방정식의 해는 변수분리방법, 라플라스변환 방법, 푸리에변환 방법 등으로 구할 수 있다. 이 장에서는 함수 $f$의 시간 $t$에 대한 편미분은 $\dot{f} = \partial f/\partial t$, $\ddot{f} = \partial^2 f/\partial t^2$ 등으로 나타내고 위치 $x$에 대한 편미분은 $f' = \partial f/\partial x$, $f'' = \partial^2 f/\partial x^2$ 등으로 나타낸다. 상미분방정식과 마찬가지로 편미분방정식도 미분을 포함하므로 기본적으로는 적분을 해야 해를 구할 수 있다. 한 번 적분할 때마다 적분상수가 한 개 생기므로 미분의 계수만큼 상수를 결정할 수 있는 조건이 주어져야 한다. 조건이 시간 $t$에 대한 것이면 초기조건(IC : initial condition)이라 하고 위치 $x$에 대한 것이면 경계조건(BC : boundary condition)이라 한다.

## 14.1 변수분리 방법

편미분방정식의 해를 구하는 여러 방법 중에서 가정 우선적으로 고려할 수 있는 방법이 변수분리 방법이다.

### (1) 편미분 방정식

PDE(편미분방정식)가 종속변수와 그것의 편도함수들에 대해 1차이면 선형(linear) PDE이라 하고 가장 큰 도함수의 계수를 편미분방정식의 계수(order)라 한다. 예를 들어, 독립변수가 $x$와 $y$이고 종속변수가 $U(x, y)$인 경우 2계 선형 PDE의 일반적인 형태는 다음과 같다.

$$A\frac{\partial^2 U}{\partial x^2} + B\frac{\partial U}{\partial x} + C\frac{\partial^2 U}{\partial x \partial y} + D\frac{\partial^2 U}{\partial y^2} + E\frac{\partial U}{\partial y} + FU = G \tag{14.1}$$

여기서 $A$, $B$, $C$, $D$, $E$, $F$, $G$는 $U$와 그것의 편도함수들은 포함하지 않고 $x$와 $y$는 포함할 수 있다. 식 (14.1)에서 $G=0$이면 제차형(homogeneous)이라 하고 그렇지 않으면 비제차형(nonhomogeneous)이라 한다. $U_i$가 제차형 선형 PDE의 해일 때 일반해는 중첩의 원리(superposition principle)에 의해 다음과 같이 이들의 선형결합으로 주어진다.

$$U(x, y) = \sum_{i=1} c_i U_i(x, y) \tag{14.2}$$

공학분야에서 중요한 대표적인 편미분방정식들은 다음과 같다.

**열전도방정식** : $\frac{\partial U}{\partial t} = c^2 \nabla^2 U$ (14.3)

**파동방정식** : $\frac{\partial^2 U}{\partial t^2} = c^2 \nabla^2 U$ (14.4)

**라플라스(Laplace) 방정식** : $\nabla^2 U = 0$ (14.5)

**푸아송(Poisson) 방정식** : $\nabla^2 U = f(x, y, z)$ (14.6)

## (2) 변수분리 방법

PDE는 2개 이상의 독립변수를 포함하므로 변수를 분리하여 독립변수가 1개인 미분방정식들로 분리할 수 있으면 제 9 장의 상미분방정식의 해를 구하는 방법을 적용하여 해를 구할 수 있다. 독립변수 $x$와 $y$의 PDE인 경우 $x$만의 함수 $X(x)$와 $y$만의 함수 $Y(y)$에 대해 변수분리방법은 $U(x, y) = X(x)Y(y)$ 형태로 변수가 분리된 해를 구하는 것이다.

**예 14.1**

독립변수가 $x$와 $y$인 다음 편미분방정식들의 해를 구하라.

(a) $\dfrac{\partial U}{\partial x} = \dfrac{\partial U}{\partial y}$  (b) $\dfrac{\partial^2 U}{\partial x^2} = 4U$  (c) $y^2 \dfrac{\partial U}{\partial x} = x^2 \dfrac{\partial U}{\partial y}$

**풀이** (a) $U(x, y) = X(x)Y(y)$의 편미분

$$\frac{\partial U}{\partial x} = Y \frac{dX}{dx}, \qquad \frac{\partial U}{\partial y} = X \frac{dY}{dy} \tag{*1}$$

를 주어진 식에 대입하고 $XY$로 나누면 다음이 된다.

$$\frac{1}{X}\frac{dX}{dx} = \frac{1}{Y}\frac{dY}{dy} \equiv p \tag{*2}$$

첫 항은 $x$만의 함수이고 둘째 항은 $y$만의 함수이므로 등식은 상수일 때만 성립하고 그 상수를 $p$로 두었다. 식 (*2)의 각각의 해는

$$X(x) = A_x e^{px}, \quad Y(y) = A_y e^{py}$$

이므로 일반해는 $A \equiv A_x A_y$로 두면

$$U(x, y) = A e^{p(x+y)}$$

이고 경계조건이 주어지면 $A$와 $p$를 구할 수 있다.

(b) $y$에 대한 도함수가 없으므로 $U'' = 4U$의 해를 구하면

$$U(x, y) = A(y)e^{2x} + B(y)e^{-2x}$$

이다. 독립변수가 $x$와 $y$의 2변수이므로 $A$와 $B$는 $x$의 함수는 아니지만 일반적으로는 $y$의 함수이다.

(c) 식 (*1)을 주어진 식에 대입한 후 $x^2 y^2 XY$으로 나누면 다음과 같이 계산된다.

$$\frac{1}{x^2 X}\frac{dX}{dx} = \frac{1}{y^2 Y}\frac{dY}{dy} \equiv p$$

$$\Rightarrow \ \frac{dX}{X} = p x^2 dx, \ \ \frac{dY}{Y} = p y^2 dy$$

$$\Rightarrow \ \ln X = c_x + \frac{p x^3}{3}, \ \ \ln Y = c_y + \frac{p y^3}{3}$$

따라서 $c \equiv e^{c_x + c_y}$로 두면 결과는 $U = c\, e^{p(x^3 + y^3)/3}$이다.

---

## (3) 열전도방정식

1차원 공간의 위치 $x$와 시간 $t$에서의 온도 $U(x, t)$는 다음의 열전도방정식이라는 편미분방정식을 만족한다($c$는 상수).

**열전도방정식**

$$\frac{\partial U}{\partial t} = c^2 \frac{\partial^2 U}{\partial x^2} \tag{14.7}$$

식 (14.7)은 $t$에 대해 1계 미분, $x$에 대해 2계 미분을 포함하므로 해를 구하기 위해서는 $t$에 대한 초기조건(IC)이 한 개 주어여야 하고 $x$에 대한 두 개의 경계조건(BC)이 주어져야 한다.

**예 14.2**

길이가 $L$인 막대에서 경계조건과 초기조건이 다음과 같은 경우 식 (14.7)의 해를 변수분리방법으로 구한다.

$$\text{BC : } U(0, t) = 0, \ \ U(L, t) = 0 \quad (t > 0)$$

$$\text{IC : } U(x, 0) = f(x) \quad (0 < x < L)$$

(a) $x$만의 함수 $X(x)$와 $t$만의 함수 $T(t)$에 대해

$$U(x, t) = X(x)\, T(t)$$

로 두고 식 (14.7)을 변수분리 형태로 써라.

(b) 각각의 미분방정식의 해를 구하라.

(c) BC 적용하여 상수들을 결정하라.

(d) 일반해를 구하고 IC로부터 나머지 상수를 결정하라.

(e) $f(x) = f_0 \sin(\pi x / L)$일 때의 해를 구하라.

**풀이** (a) $U(x,\ t) = X(x)\,T(t)$를 편미분하면 다음과 같다.

$$\dot{U} = \frac{\partial U}{\partial t} = X\frac{dT}{dt} = X\dot{T}$$

$$U'' = \frac{\partial^2 U}{\partial x^2} = T\frac{d^2 X}{dx^2} = TX''$$

이것을 식 (14.7)에 대입하면 $X\dot{T} = c^2 TX''$이므로 양변을 $c^2 X\,T$로 나누면 다음이 된다.

$$\frac{\dot{T}}{c^2 T} = \frac{X''}{X} \equiv -p^2$$

첫 항은 $t$만의 함수이고 둘째 항은 $x$만의 함수이므로 등식은 상수일 때만 성립하고 그 상수를 $-p^2$으로 두었다(이유는 뒤에서 설명).

(b) $X'' + p^2 X = 0$의 해는

$$X(x) = A\cos(px) + B\sin(px) \tag{*1}$$

이고 $\dot{T} + c^2 p^2 T = 0$의 해는 다음과 같다.

$$T(t) = C\,e^{-c^2 p^2 t} \tag{*2}$$

상수가 $+p^2$이었으면 $T(t) = C\,e^{c^2 p^2 t}$이고 이것은 $t \to \infty$일 때 발산하므로 해가 될 수 없고 $-p$이었으면 식 (*1)에서 $p$가 $\sqrt{p}$로 바뀌는 것만 차이이다.

(c) $U(0,\ t) = 0$으로부터 $A = 0$이고 $U(L,\ t) = 0$으로부터

$$X(L) = B\sin(pL) = 0$$

이다. $B = 0$이면 해가 $x$ 의존성이 없으므로 제외하면 $p$가

$$p = n\pi/L \quad (n = 1,\ 2,\ 3,\ \cdots)$$

일 때 해가 되므로 다음과 같다.

$$X(x) \equiv X_n(x) = B_n \sin\left(\frac{n\pi}{L}x\right) \tag{*3}$$

$$T(t) \equiv T_n(t) = C_n \exp\left(-c^2\frac{n^2\pi^2}{L^2}t\right) \tag{*4}$$

(d) 식 (*3)과 식 (*4)를 $U(x,\ t) = X(x)T(t)$에 대입하면 각각의 $n$ 항이 해이므로 일반해는 중첩의 원리에 의해 이들의 선형결합이고 $S_n = B_n C_n$로 두면 다음과 같다.

$$U(x,\ t) = \sum_{n=1}^{\infty} S_n \sin\left(\frac{n\pi}{L}x\right)\exp\left(-\frac{n^2 c^2 \pi^2}{L^2}t\right) \tag{*5}$$

여기에 초기조건을 고려하면

$$U(x,\ 0)=f(x)=\sum_{n=1}^{\infty} S_n \sin\left(\frac{n\pi}{L}x\right)$$

이므로 이 식의 양변에 $\sin(m\pi x/L)$을 곱하여 적분하면

$$\begin{aligned}
&\int_0^L f(x)\sin\left(\frac{m\pi}{L}x\right)dx \\
&= \sum_{n=1}^{\infty} S_n \int_0^L \sin\left(\frac{n\pi}{L}x\right)\sin\left(\frac{m\pi}{L}x\right)dx \\
&= \sum_{n=1}^{\infty} S_n \frac{-1}{2}\int_0^L \left[\cos\left\{\frac{(n+m)\pi}{L}x\right\}\right. \\
&\qquad\qquad \left. - \cos\left\{\frac{(n-m)\pi}{L}x\right\}\right]dx
\end{aligned}$$

이 되고 식 (13.3)처럼 계산하면

$$\int_0^L f(x)\sin\left(\frac{m\pi}{L}x\right)dx = \sum_{n=1}^{\infty} S_n \frac{L}{2}\delta_{n,m}$$

로부터 다음과 같다.

$$S_m = \frac{2}{L}\int_0^L f(x)\sin\left(\frac{m\pi}{L}x\right)dx \tag{*6}$$

(e) 식 (13.3)처럼 계산하면

$$S_n = \frac{2f_0}{L}\int_0^L \sin\left(\frac{\pi x}{L}\right)\sin\left(\frac{n\pi}{L}x\right)dx = f_0\delta_{n,1}$$

이므로 이것을 식 (*5)에 대입하면 결과는 다음이 된다.

$$U(x,\ t)=f_0\sin\left(\frac{\pi x}{L}\right)\exp\left(-\frac{c^2\pi^2 t}{L^2}\right)$$

---

## (4) 파동방정식

공간상의 한 점에 생긴 진동(변위)이 공간으로 퍼져 나가는 현상을 파동(wave)이라 한다. 1차원 공간의 위치 $x$와 시간 $t$에서의 변위(또는 파동함수) $U(x,\ t)$가 파동을 형성할 때 다음의 파동방정식(편미분방정식)을 만족한다.

**파동방정식**

$$\frac{\partial^2 U}{\partial t^2} = c^2 \frac{\partial^2 U}{\partial x^2} \tag{14.8}$$

$c$는 파동의 속력이고 시간 $t$에 대해 2계 미분을 포함하므로 초기조건도 두 개 주어져야 해를 구할 수 있다.

### 예 14.3

경계조건과 초기조건이 다음과 같은 경우 식 (14.8)의 해를 변수분리방법으로 구한다.

$$\text{BC : } U(0,\ t) = 0,\ \ U(L,\ t) = 0$$

$$\text{IC : } U(x,\ 0) = f(x),\ \ [\partial U/\partial t]_{t=0} = g(x) \quad (0 < x < L)$$

(a) $x$ 만의 함수 $X(x)$와 $t$ 만의 함수 $T(t)$에 대해

$$U(x,\ t) = X(x)T(t)$$

로 두고 식 (14.8)의 변수분리 해를 구하라.

(b) BC 적용하여 일반해를 구하라.

(c) IC로부터 나머지 상수들을 결정하라.

**풀이** (a) $U(x,\ t) = X(x)T(t)$를 편미분하면

$$\ddot{U} = \frac{\partial^2 U}{\partial t^2} = X\frac{d^2 T}{dt^2} = X\ddot{T}$$

$$U'' = \frac{\partial^2 U}{\partial x^2} = T\frac{d^2 X}{dx^2} = TX''$$

이므로 이것들을 식 (14.8)에 대입하고 $c^2XT$로 나누면

$$\frac{\ddot{T}}{c^2 T} = \frac{X''}{X} \equiv -p^2$$

이고 예 14.2의 식 (*1)을 참고하면 해는 다음과 같다.

$$X(x) = A\cos(px) + A'\sin(px)$$

$$T(t) = B\cos(cpt) + B'\sin(cpt)$$

(b) $U(0,\ t) = 0$으로부터 $A = 0$이고 $U(L,\ t) = 0$으로부터

$$p = n\pi/L \quad (n = 1,\ 2,\ 3,\ \cdots)$$

이므로 $A'B \to A_n'B_n \equiv C_n$, $A'B' \to A_n'B_n' \equiv C_n^*$로 두고 예 14.2의 (d)와 같이 계산하면 해는 다음과 같다.

$$U(x,\ t) = \sum_{n=1}^{\infty}\left[C_n \cos\left(\frac{nc\pi t}{L}\right) + C_n^* \sin\left(\frac{nc\pi t}{L}\right)\right]\sin\left(\frac{n\pi x}{L}\right)$$

(c) 첫 번째 초기조건을 적용하면

$$U(x,\ 0) = f(x) = \sum_{n=1}^{\infty} C_n \sin\left(\frac{n\pi}{L}x\right)$$

이므로 예 14.2의 식 (*6)을 참고하면

$$C_n = \frac{2}{L}\int_0^L f(x)\sin\left(\frac{n\pi}{L}x\right)dx \tag{*1}$$

이고 두 번째 초기조건을 적용하면

$$\left[\frac{\partial U}{\partial t}\right]_{t=0} = g(x) = \sum_{n=1}^{\infty} C_n^*\left(\frac{nc\pi}{L}\right)\sin\left(\frac{n\pi x}{L}\right)$$

이므로 $C_n^*(nc\pi/L) \to C_n$으로 두고 식 (*1)처럼 계산하면

$$C_n^* = \frac{2}{nc\pi}\int_0^L g(x)\sin\left(\frac{n\pi x}{L}\right)dx \tag{*2}$$

이 된다. $f(x)$와 $g(x)$가 구체적으로 주어지면 식 (*1)과 식 (*2)를 계산할 수 있다.

## 14.2 적분변환 방법

라플라스 변환이나 푸리에 변환을 사용하여 편미분방정식의 해를 구할 수 있다. 편미분방정식은 다변수함수의 편도함수들을 포함하므로 편미분방정식을 적분변환할 때 경계조건과 초기조건을 고려하여 변수선택을 잘해야 해를 쉽게 얻을 수 있다. 편미분방정식의 해를 변수분리 방법 등으로 구하는 것이 어려울 때 이 방법을 적용할 수 있다.

## (1) 라플라스 변환 방법

라플라스 변환은 상미분방정식뿐만 아니라(10.3절) 편미분방정식의 해를 구하는데도 적용할 수 있다. 그림 14.1과 같이 $U(x, t)$와 그것의 편도함수들을 포함하는 편미분방정식을 $x$ 또는 $t$에 대해 LT하면 $U(x, t)$의 LT인 $\widetilde{U}(s, t)$ 또는 $\widetilde{U}(x, s)$의 미분방정식(DE)이 되고 이것의 해인 중간해를 구한 후 ILT(역라플라스 변환)하면 최종해가 된다. $\widetilde{U}$는 u-tilde로 읽는다.

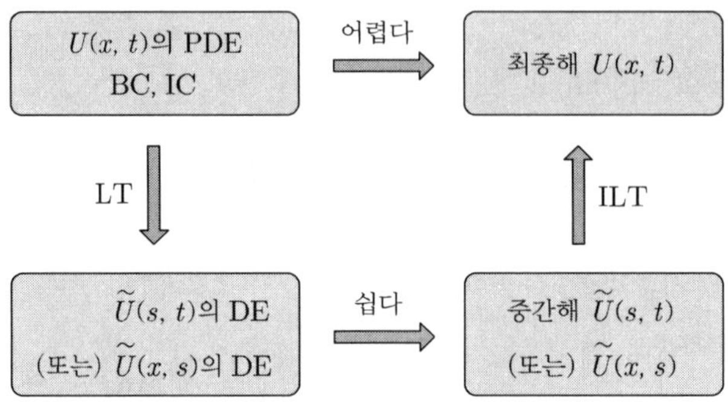


**그림 14.1** LT에 의한 편미분방정식의 해

### 예 14.4

경계조건과 초기조건이 다음과 같이 주어지는 경우 PDE의 해를 구한다.

$$\text{PDE}:\ \frac{\partial^2 U}{\partial t^2} = c^2 \frac{\partial^2 U}{\partial x^2} \qquad (0 < x < \infty,\ t \ge 0)$$

$$\text{BC}:\ U(0, t) = f(t),\ \ U(\infty, t) = 0$$

$$\text{IC}:\ U(x, 0) = 0,\ \ [\partial U/\partial t]_{t=0} = 0$$

(a) 편미분방정식을 LT하고 해를 구하라.
(b) BC 또는 IC를 적용하여 중간해를 구하라.
(c) ILT하여 최종해를 구하라. $f(t) = f_0 \sin(\omega t)$이면 어떻게 되는가?

**풀이** (a) BC에는 $f(t)$가 있으므로 $t$로 PDE를 LT한다. 식 (10.16)에 의해

$$\text{LT}\left[\frac{\partial^2 U(x, t)}{\partial t^2}\right]$$
$$= s^2 \widetilde{U}(x, s) - sU(x, 0) - \left[\frac{\partial U(x, t)}{\partial t}\right]_{t=0}$$
$$= c^2 \frac{\partial^2 \widetilde{U}(x, s)}{\partial x^2}$$

이고, IC를 고려하면 편미분방정식은

$$\frac{\partial^2 \widetilde{U}(x,\ s)}{\partial x^2} = \frac{s^2}{c^2}\widetilde{U}(x,\ s)$$

이 된다. 이것의 해는(두 번 미분한 함수가 원래함수에 비례)

$$\widetilde{U}(x,\ s) = Ae^{-sx/c} + Be^{sx/c} \qquad (*1)$$

이고 $x \to \infty$일 때 두 번째 항은 $\infty$가 되므로 $B = 0$으로 두어야 한다.

(b) BC $U(0,\ t) = f(t)$의 LT는 $\widetilde{U}(0,\ s) = \mathrm{LT}[f(t)] = F(s)$이고 식 (*1)에 의하면 $\widetilde{U}(0,\ s) = A$이므로 $A = F(s)$이다. 따라서 일반해는 다음과 같다.

$$\widetilde{U}(x,\ s) = F(s)\,e^{-sx/c}$$

(c) 식 (10.14) $\mathrm{ILT}\left[F(s)\,e^{-as}\right] = f(t-a)\,u(t-a)$에서 $a \equiv x/c$이므로 결과는 다음과 같다.

$$\begin{aligned} U(x,\ t) &= f\left(t-\frac{x}{c}\right)u\left(t-\frac{x}{c}\right) \\ &= f_0 \sin\left[\omega\left(t-\frac{x}{c}\right)\right]u\left(t-\frac{x}{c}\right) \end{aligned}$$

## (2) 푸리에 변환 방법

푸리에 변환을 사용하여 편미분방정식의 해를 구할 수 있다. 라플라스 변환과 마찬가지로 (그림 14.1) $U(x,\ t)$와 그것의 편도함수들 포함하는 편미분방정식을 $x$ 또는 $t$에 대해 FT하면 $U(x,\ t)$의 FT인 $\widehat{U}(\omega,\ t)$ 또는 $\widehat{U}(x,\ \omega)$의 미분방정식이 되고 이것의 해인 중간해를 구한 후 IFT(역푸리에 변환)하면 최종해가 된다. $\widehat{U}$는 u-hat으로 읽는다.

**예 14.5**

경계조건과 초기조건이 다음과 같이 주어지는 경우 PDE의 해를 구한다.

$$\text{PDE}: \ \frac{\partial U}{\partial t} = c^2\frac{\partial^2 U}{\partial x^2} \qquad (-\infty < x < \infty,\ t \ge 0)$$

$$\text{BC}: \ U(\pm\infty,\ t) = 0,\ (\partial U/\partial x)_{x \to \pm\infty} = 0$$

$$\text{IC}: \ U(x,\ 0) = f(x)$$

(a) 편미분방정식을 FT하고 해를 구하라.

(b) BC 또는 IC를 적용하여 중간해를 구하라.

(c) ILT하여 최종해를 구하라.

**풀이** (a) IC에는 $f(x)$가 있으므로 $x$에 대해 PDE를 FT하는 게 좋다. 식 (13.36)을 적용하면

$$\frac{\partial \widehat{U}(\omega,\ t)}{\partial t} = c^2 \,\mathrm{LT}\left[\frac{\partial^2 U(x,\ t)}{\partial x^2}\right] = -c^2\omega^2 \widetilde{U}(\omega,\ t)$$

이고 해는 다음과 같다.

$$\widehat{U}(\omega,\ t) = A\, e^{-c^2\omega^2 t} \tag{*1}$$

(b) IC에 의해 $\widehat{U}(\omega,\ 0) = \mathrm{FT}[f(x)] = \widehat{F}(\omega)$이고 식 (*1)에 의하면 $\widehat{U}(\omega,\ 0) = A$이므로 $A = F(\omega)$이다. 따라서 일반해는 다음과 같다.

$$\widehat{U}(\omega,\ t) = \widehat{F}(\omega)\, e^{-c^2\omega^2 t} \tag{*2}$$

(c) 예 13.7 (b) $\mathrm{IFT}\left[e^{-\omega^2/4a}\right] = \sqrt{2a}\, e^{-ax^2}$에서 $a = 1/4c^2 t$로 두면

$$\mathrm{IFT}\left[e^{-c^2\omega^2 t}\right] = \frac{1}{c\sqrt{2t}}\, e^{-x^2/4c^2 t}$$

이고 $\mathrm{IFT}\left[\widehat{F}(\omega)\right] = f(x)$이므로 식 (13.43a)의 결합정리

$$\mathrm{IFT}\left[\widehat{F}(\omega)\,\widehat{G}(\omega)\right] = \frac{1}{\sqrt{2\pi}} \int_{-\infty}^{\infty} f(x - x')\, g(x')\, dx'$$

를 사용하여 식 (*2)를 IFT하면 최종해는 다음과 같다.

$$U(x,\ t) = \frac{1}{\sqrt{2\pi}} \int_{-\infty}^{\infty} f(x - x') \frac{1}{c\sqrt{2t}}\, e^{-x'^2/4c^2 t}\, dx'$$

## 14.3 연습문제

### 14.1 변수분리 방법

**[14.1]** 다음 편미분방정식들의 해들을 변수분리방법으로 구하라.

(a) $x\dfrac{\partial U}{\partial x} = y\dfrac{\partial U}{\partial y}$　　(b) $\dfrac{\partial U}{\partial x} + \dfrac{\partial U}{\partial y} = (x+y)U$

**[14.2]** 다음 편미분방정식들의 해를 변수분리방법으로 구하라.

(a) PDE : $\dfrac{\partial^2 U}{\partial x^2} = \dfrac{\partial U}{\partial t}$ $(0 < x < 2,\ t > 0)$

BC : $U(0,\ t) = U(2,\ t) = 0$,　IC : $U(x,\ 0) = \delta(x-1)$

(b) PDE : $\dfrac{\partial^2 U}{\partial x^2} = a^2\dfrac{\partial U}{\partial t}$ $(0 < x < L,\ t > 0)$

BC : $U(0,\ t) = U(L,\ t) = 0$,　IC : $U(x,\ 0) = cx$

(c) PDE : $\dfrac{\partial^2 U}{\partial x^2} = \dfrac{\partial U}{\partial t}$ $(0 < x < 4,\ t > 0)$

BC : $U(0,\ t) = U(4,\ t) = 0$

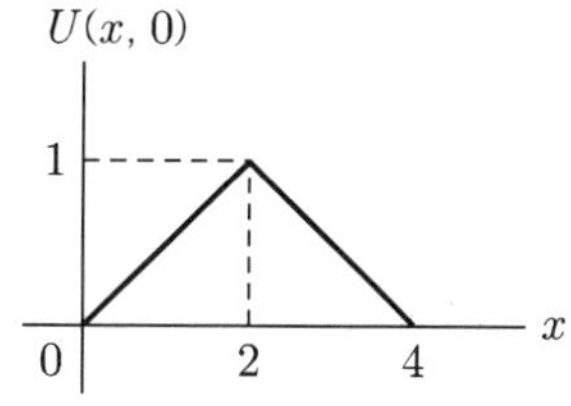


**[14.3]** 예 14.2에서 초기조건은 같고 경계조건은 다음과 같을 때 해를 구하라. 이것은 막대의 양끝이 단열되어 있는 경우에 해당한다.

$$\left[\frac{\partial U}{\partial x}\right]_{x=0} = \left[\frac{\partial U}{\partial x}\right]_{x=L} = 0$$

**[14.4]** 그림과 같이 길이가 $d$인 막대 왼쪽 끝의 온도는 0 ℃로 일정하고 오른쪽 끝의 온도는 처음에 $T_{\mathrm{d}} = 100$ ℃로 유지되다가 $t = 0$에서 갑자기 0 ℃가 되었다. $t > 0$일 때 막대의 온도를 구하라.

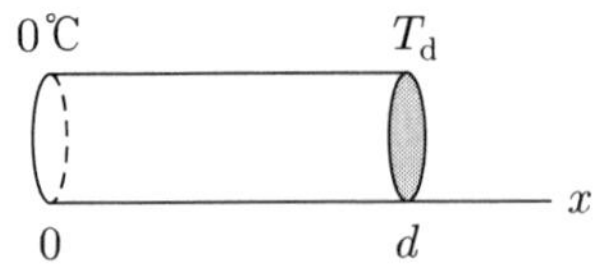


**[14.5]** 그림과 같이 길이가 $L$ 인 줄의 양끝은 고정하고 가운데 부분을 $h$ 만큼 잡아당겼다가 놓았을 때의 변위를 구하라.

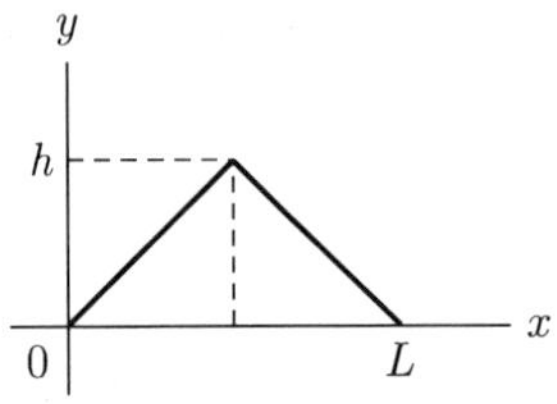


**[14.6]** (a) 다음 파동방정식의 해를 구하라.

$$\frac{\partial^2 U}{\partial t^2} = c^2 \frac{\partial^2 U}{\partial x^2} \qquad (0 < x < L)$$

$$U(0,\ t) = 0, \quad [\partial U/\partial x]_{x=L} = 0$$

$$U(x,\ 0) = f(x), \ [\partial U/\partial t]_{t=0} = 0$$

(b) $f(x) = x$일 때 해를 구하라.

## 14.2 적분변환 방법

**[14.7]** 다음 편미분방정식들의 해들을 LT방법으로 구하라.

(a) PDE : $\dfrac{\partial U}{\partial x} + x\dfrac{\partial U}{\partial t} = 0$

BC : $U(0,\ t) = t \ (t \ge 0)$, IC : $U(x,\ 0) = 0$

(b) PDE : $\dfrac{\partial U}{\partial x} + \dfrac{\partial U}{\partial t} = 0 \ (t \ge 0)$

BC : $U(0,\ t) = 3t^2$, IC : $U(x,\ 0) = 0$

(c) PDE : $\dfrac{\partial U}{\partial x} + 2x\dfrac{\partial U}{\partial t} = 2x \ (t \ge 0)$

BC : $U(0,\ t) = 1$, IC : $U(x,\ 0) = 1$

**[14.8]** 다음 편미분방정식의 해들을 FT방법으로 구하라.

(a) PDE : $\dfrac{\partial^2 U}{\partial t^2} - c^2 \dfrac{\partial^2 U}{\partial x^2} = 0 \quad (-\infty < x < \infty,\ t > 0)$

BC : $U(\pm\infty,\ t) = 0, \quad [\partial U / \partial x]_{x=\pm\infty} = 0$

IC : $U(x,\ 0) = f(x), \quad [\partial U / \partial t]_{t=0} = 0$

(b) (B형) $\dfrac{\partial U}{\partial t} = k \dfrac{\partial^2 U}{\partial x^2} \quad (-\infty < x < \infty,\ t > 0), \quad U(x,\ 0) = e^{-x^2}$

**[14.9]** 다음 편미분방정식의 해를 (a) LT 방법과 (b) FT 방법으로 구하라. $a > 0$, $b > 0$이다.

$$\text{PDE} : a\frac{\partial U}{\partial x} + b\frac{\partial U}{\partial t} = 0 \quad (-\infty < x < \infty,\ t > 0)$$

BC : $U(\pm\infty,\ t) =$ 유한, IC : $U(x,\ 0) = A\cos(kx)$

# 보충 F 고차원에서의 PDE

2차원이나 3차원 PDE는 직각좌표계를 사용하여 해를 구할 수도 있지만 2차원에서는 극좌표계가 편리할 때가 있다. 3차원에서는 원통좌표계나 구면좌표계를 사용하여 해를 구할 수도 있다.

## (1) 2차원에서의 열전도

$\partial U/\partial t = 0$인 정상상태일 때 식 (14.7)은 3차원에서는 다음의 라플라스(Laplace) 방정식이 된다.

**라플라스 방정식**

$$\nabla^2 U = \frac{\partial^2 U}{\partial x^2} + \frac{\partial^2 U}{\partial y^2} + \frac{\partial^2 U}{\partial z^2} = 0 \qquad \text{(F.1)}$$

**예 F.1**

그림과 같이 좌변, 우변, 상변의 온도는 0 ℃ 이고 하변의 온도는 100 ℃ 인 사각판 안의 정상상태에서의 온도를 구하라. $d = 1$ m이고 $l \to \infty$ 이다.

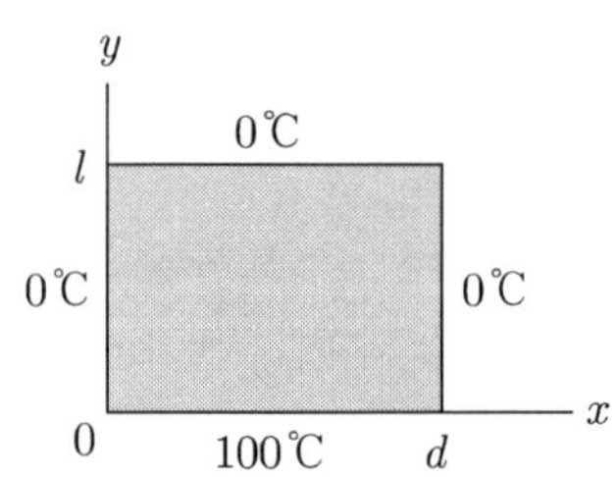


**풀이** 식 (F.1)을 2차원에서 고려하면

$$\frac{\partial^2 U}{\partial x^2} + \frac{\partial^2 U}{\partial y^2} = 0 \qquad \text{(*1)}$$

이고 이것의 해를 변수분리 방법으로 구하기 위해 $U(x, y) = X(x)Y(y)$을 식 (*1)에 대입한 후 $XY$로 나누면

$$\frac{1}{X}\frac{d^2 X}{dx^2} = -\frac{1}{Y}\frac{d^2 Y}{dy^2} \equiv -p^2$$

이 된다. 이것의 해는

$$X(x) = A_1 \cos(px) + A_2 \sin(px)$$

$$Y(y) = B_1 e^{-py} + B_2 e^{py}$$

이고 주어진 조건으로부터

$$X(0) = 0 \Rightarrow A_1 = 0$$

$$X(d) = 0 \Rightarrow pd = n\pi \quad (n = 1, 2, 3, \cdots)$$

$$Y(\infty) = 0 \Rightarrow B_2 = 0$$

이므로 $A_2 B_1 \equiv S_n$으로 두면 해는 다음과 같다.

$$U(x, y) = \sum_{n=1}^{\infty} S_n e^{-n\pi y} \sin(n\pi x)$$

계수 $S_n$을 구하기 위해 조건 $U(x, 0) = 100$을 적용하면

$$100 = \sum_{n=1}^{\infty} S_n \sin(n\pi x)$$

$$\begin{aligned}
&\int_0^1 \sin(n\pi x)\sin(m\pi x)\,dx \\
&= -\frac{1}{2}\int_0^1 \{\cos[(n+m)\pi x] - \cos[(n-m)\pi x]\}\,dx \\
&= \frac{1}{2}\delta_{n,m}
\end{aligned}$$

이므로 $S_n$은 다음과 같다.

$$\begin{aligned}
S_n &= 2\int_0^1 100\sin(n\pi x)\,dx = 200\left[-\frac{\cos(n\pi x)}{n\pi}\right]_0^1 \\
&= \frac{200}{n\pi}[1-(-1)^n] = \begin{cases} 400/n\pi & (n: \text{홀수}) \\ 0 & (n: \text{짝수}) \end{cases}
\end{aligned}$$

### (2) 극좌표계의 편미분방정식

극좌표계로 2차원 편미분방정식의 해를 구하는 것이 편리할 때도 있다.

**예 F.2**

반지름이 $a$인 원판의 정상상태의 온도를 구하라. 원판 가장자리에서의 온도는 극좌표계에서는 $U(a, \theta) = f(\theta)$이다.

**풀이** 식 (E.12)를 $\rho \to r$, $\phi \to \theta$로 바꾸고 $z$ 성분은 제외하면(2차원) 식 (F.1)은 다음과 같은 2차원 극좌표계에서의 라플라시안이 된다.

$$\frac{1}{r}\frac{\partial}{\partial r}\left(r\frac{\partial U}{\partial r}\right)+\frac{1}{r^2}\frac{\partial^2 U}{\partial \theta^2}=0$$

이것의 해를 구하기 위해 $U(r,\ \theta)=R(r)\Theta(\theta)$로 변수분리한 것을 위 식에 대입한 후 $r^2/R\Theta$를 곱하면

$$\frac{r^2}{R}\cdot\frac{d^2R}{dr^2}+\frac{r}{R}\cdot\frac{dR}{dr}=-\frac{1}{\Theta}\frac{d^2\Theta}{d\theta^2}\equiv p^2 \tag{*1}$$

이 되고 식 (*1)의 두 번째 등식의 해를

$$\Theta(\theta)=A_1\cos(p\theta)+A_2\sin(p\theta) \tag{*2}$$

로 두면 $\Theta(\theta)=\Theta(\theta+2\pi)$이므로 $p=0,\ 1,\ 2,\ \cdots$ 이다. 식 (*1)의 첫 번째 등식의 해를 $R\sim r^l$로 가정하고 대입하면

$$l(l-1)+l-p^2=0\ \Rightarrow\ p=\pm l$$

이 되고 $r^{-p}$는 $r=0$에서 발산하므로 제외하면 다음과 같다.

$$R(r)=Br^p \tag{*3}$$

따라서 식 (*2)와 식(*3)으로부터 일반해는$\left(A_1B\equiv S_n,\ A_2B\equiv \overline{S}_n\right)$

$$\begin{aligned} U(r,\ \theta)&=\sum_{n=0}^{\infty}\left[S_n\cos(n\theta)+\overline{S}_n\sin(n\theta)\right]r^n \\ &=S_0+\sum_{n=1}^{\infty}\left[S_n\cos(n\theta)+\overline{S}_n\sin(n\theta)\right]r^n \end{aligned} \tag{*4}$$

이다. 여기에 주어진 조건을 고려하면

$$U(a,\ \theta)=f(\theta)=S_0+\sum_{n=1}^{\infty}\left[S_n\cos(n\theta)+\overline{S}_n\sin(n\theta)\right]a^n$$

이고 이것은 식 (13.4)의 푸리에 급수전개이므로($P=2\pi$) 계수들은 식 (13.5)로부터 다음과 같다 $\left(a_n=a^nS_n,\ b_n=a^n\overline{S}_n\right)$.

$$S_0=\frac{1}{2\pi}\int_0^{2\pi}f(\theta)\,d\theta$$

$$S_n=\frac{1}{a^n\pi}\int_0^{2\pi}f(\theta)\cos(n\theta)\,d\theta$$

$$\overline{S}_n=\frac{1}{a^n\pi}\int_0^{2\pi}f(\theta)\sin(n\theta)\,d\theta$$

### (3) 비제차 PDE의 해

식 (14.1)의 우변이 0이 아닌 비제차인 경우 보통의 변수분리방법으로 해를 구하기는 어렵다. 예를 들어, 다음과 같은 편미분방정식을 고려한다. $R$은 0이 아닌 상수이고 이것 때문에 변수분리가 되지 않는다.

$$\frac{\partial U}{\partial t} = c^2 \frac{\partial^2 U}{\partial x^2} + R \tag{F.2}$$

여기서는 조건이

$$U(0,\ t) = 0,\quad U(1,\ t) = a \quad (t > 0) \tag{F.3}$$

$$U(x,\ 0) = f(x) \quad (0 < x < 1) \tag{F.4}$$

인 경우 식 (F.2)의 해를 구하는 한 방법을 소개한다. 식 (F.2)의 해를

$$U(x,\ t) \equiv V(x,\ t) + W(x) \tag{F.5}$$

로 두고 식 (F.3)과 (F.4)을 만족하고 해를 구할 수 있는 형태의 PDE가 되도록 $W(x)$를 선택한다. 식 (F.5)을 식 (F.2)에 대입하면

$$\frac{\partial V}{\partial t} = c^2 \frac{\partial^2 V}{\partial x^2} + c^2 \frac{d^2 W}{dx^2} + R \tag{F.6}$$

이 되고 $c^2 (d^2 W / dx^2) + R = 0$으로 선택하면

$$W(x) = -\frac{R}{2c^2} x^2 + c_1 x + c_2 \tag{F.7}$$

이고 식 (F.6)은 해를 구할 수 있는 형태가 된다. 식 (F.3)에 의해

$$U(0,\ t) = V(0,\ t) + W(0) = 0 \tag{F.8}$$

$$U(1,\ t) = V(1,\ t) + W(1) = a \tag{F.9}$$

이므로 $W(0) = 0$으로 선택하면 $V(0,\ t) = 0$이고 식 (F.7)에서 $c_2 = 0$이다. 식 (F.9)에서 $W(1) = a$로 선택하면 $V(1,\ t) = 0$이고 식 (F.7)에서 $c_1 = R/2c^2 + a$이므로 다음이 된다.

$$W(x) = -\frac{R}{2c^2} x^2 + \left(\frac{R}{2c^2} + a\right) x \tag{F.10}$$

따라서 $V(x, t)$는 식 (F.6)으로부터

$$\frac{\partial V}{\partial t} = c^2 \frac{\partial^2 V}{\partial x^2} \quad (0 < x < 1, \ t > 0)$$

$$V(0, t) = V(1, t) = 0$$

$$V(x, 0) = U(x, 0) - W(x) = f(x) + \frac{R}{2c^2} x^2 - \left(\frac{R}{2c^2} + a\right) x$$

이고 이것은 식 (14.7)과 같은 형태이므로 예 14.2와 같이($L = 1$) 변수분리방법을 적용하면 해는 다음과 같다.

$$V(x, t) = \sum_{n=1}^{\infty} S_n e^{-c^2 n^2 \pi^2 t} \sin(n\pi x) \tag{F.11}$$

$$S_n = 2\int_0^1 V(x, 0) \sin(n\pi x)\, dx \tag{F.12}$$

## 보충 문제

**[F.1]** 예 F.1에서 $l = 2\,\mathrm{m}$일 때 해를 구하라.

**[F.2]** 다음 편미분 방정식의 해를 구하라.

$$\frac{\partial^2 U}{\partial x^2} + \frac{\partial^2 U}{\partial y^2} = 0 \quad (0 < x < L_x, \ 0 < y < L_y)$$

$$U(0, y) = U(L_x, y) = 0$$

$$U(x, 0) = f(x), \ U(x, L_y) = g(x)$$

**[F.3]** 다음 편미분 방정식의 해를 구하라.

$$\alpha\left(\frac{\partial^2 U}{\partial x^2} + \frac{\partial^2 U}{\partial x^2}\right) = \frac{\partial U}{\partial t} \quad (0 < x < L_x, \ 0 < y < L_y, \ t > 0)$$

$$U(0, y, t) = U(L_x, y, t) = 0 \quad (0 < y < L_y, \ t > 0)$$

$$U(x,\ 0,\ t) = U(x,\ L_y,\ t) = 0 \quad (0 < x < L_x,\ t > 0)$$

$$U(x,\ y,\ 0) = f(x,\ y) \quad (0 < x < L_x,\ 0 < y < L_y)$$

[F.4] 반지름이 $a$인 구에 대해 다음 푸아송방정식의 해를 구하라. $V$는 유한하고 구면에서 연속이다.

$$\nabla^2 V = -\rho = \begin{cases} \rho_0 & (r < a) \\ 0 & (r > a) \end{cases}$$

CHAPTER

15

# 급수해 방법



공학에서 다루는 현상들은 미분방정식 형태로 나타나는 경우가 많다. 미분방정식의 해는 앞에서 다룬 미분연산자 방법, 미정계수 방법, 라플라스 방법, 행렬 방법 그리고 푸리에 방법 등 여러 가지가 있으나 이들 방법으로 해를 구할 수 없을 때는 가장 일반적인 방법인 급수해 방법을 고려할 수 있다. 공학에서 접하게 되는 특수함수들은 미분방정식을 급수해로 구할 때 나타나는 경우가 많다.

## 15.1 급수해

먼저 간단한 미분방정식들의 해를 급수해 방법으로도 구할 수 있음을 살펴본 후 특이점이 있는 경우 해를 구하는 방법을 소개한다.

### (1) 간단한 급수해

미분방정식의 해 $y$를 다음과 같이 멱급수로 두고 미분방정식에 대입하여 계수 $a_n$을 구하는 것이 급수해 방법이다. 이 때 급수가 수렴해야 한다.

$$y=\sum_{n=0}^{\infty} a_n x^n \tag{15.1}$$

**예 15.1**

다음 미분방정식들의 해를 급수해 방법으로 구하라.

(a) $y'=y$ (b) $y''=y$ (c) $y'=2xy$

**풀이** (a) $y$를 식 (15.1)과 같이 두면

$$y'=\sum_{n=1}^{\infty} n a_n x^{n-1}=\sum_{n=0}^{\infty}(n+1)a_{n+1}x^n$$

이고 주어진 식으로부터

$$y'=\sum_{n=0}^{\infty}(n+1)a_{n+1}x^n=\sum_{n=0} a_n x^n=y$$

이므로 계수를 비교하면 다음과 같다.

$$a_{n+1}=\frac{a_n}{n+1}=\frac{a_0}{(n+1)!},\quad a_n=\frac{a_0}{n!}$$

따라서 $e^x$의 테일러급수[식 (7.13)]를 고려하면 결과는 다음과 같다.

$$y=\sum_{n=0}^{\infty} a_n x^n=a_0\sum_{n=0}^{\infty}\frac{x^n}{n!}=a_0 e^x$$

(b) $y''=\sum_{n=2}^{\infty} n(n-1)a_n x^{n-2}=\sum_{n=0}^{\infty}(n+2)(n+1)a_{n+2}x^n=\sum_{n=0} a_n x^n=y$로부터

$$a_{n+2}=\frac{1}{(n+2)(n+1)}a_n, \quad a_2=\frac{1}{2\cdot 1}a_0, \quad a_3=\frac{1}{3\cdot 2}a_1$$

$$a_4=\frac{a_2}{4\cdot 3}=\frac{1}{4!}a_0, \quad a_5=\frac{a_3}{5\cdot 4}=\frac{1}{5!}a_1, \quad \cdots$$

이므로 $\cosh x$와 $\sinh x$의 테일러급수를 고려하면 다음과 같다.

$$\begin{aligned} y &= a_0\left(1+\frac{x^2}{2!}+\frac{x^4}{4!}+\cdots\right)+a_1\left(x+\frac{x^3}{3!}+\frac{x^5}{5!}+\cdots\right) \\ &= a_0\cosh x+a_1\sinh x \end{aligned}$$

(c) $y'=\sum_{n=1} n a_n x^{n-1}=\sum_{n=0}(n+1)a_{n+1}x^n=2\sum_{n=0}^{\infty}a_n x^{n+1}=2xy$로부터

$$a_1=0, \quad a_2=a_0, \quad a_3=\frac{2a_1}{3}=0, \quad a_4=\frac{2a_2}{4}=\frac{a_0}{2!}$$

$$a_5=\frac{2}{5}a_3=0, \quad a_6=\frac{2}{6}a_4=\frac{1}{3!}a_0, \quad \cdots$$

이므로 $e^{x^2}$의 테일러급수를 고려하면 다음과 같다.

$$y=a_0\left[1+x^2+\frac{(x^2)^2}{2!}+\frac{(x^2)^3}{3!}+\cdots\right]=a_0 e^{x^2}$$

---

## (2) 정칙특이점에서의 급수해

2계 선형미분방정식

$$y''+p(x)y'+q(x)y=0 \tag{15.2}$$

에서 $p(x)$와 $q(x)$가 $x=x_0$에 대해 다음과 같이 전개할 수 있을 때 $p(x)$와 $q(x)$는 $x=x_0$에서 해석적(analytic)이라 하고 $x_0$를 정칙점(regular point)이라 한다. $x_0$에서 해석적이 아니면 특이점(singular point)이다.

$$p(x)=\sum_{m=0}^{\infty}p_m(x-x_0)^m \tag{15.3}$$

$$q(x)=\sum_{m=0}^{\infty}q_m(x-x_0)^m \tag{15.4}$$

또한, $(x-x_0)p(x)$와 $(x-x_0)^2 q(x)$가 $x_0$에서 해석적이면 $x_0$를 정칙 특이점(regular singular point)이라 한다. 프로베니우스(Frobenius)는 정칙 특이점에 대한 급수해를 구하는 방법을 제시했다. 이 책에서는 증명은 생략하고 이것을 사용하여 해를 구하는 예들을 소개하고 다음과 같은 경우를 다룬다$(x_0=0)$.

$$p(x)=\frac{1}{x}\left(b_0+b_1x+b_2x^2+\cdots\right) \tag{15.5}$$

$$q(x)=\frac{1}{x^2}\left(c_0+c_1x+c_2x^2+\cdots\right) \tag{15.6}$$

이 경우 식 (15.2)는 다음이 된다.

$$\begin{aligned} &y''+\frac{1}{x}\left(b_0+b_1x+b_2x^2+\cdots\right)y' \\ &+\frac{1}{x^2}\left(c_0+c_1x+c_2x^2+\cdots\right)y=0 \end{aligned} \tag{15.7}$$

$b_0$, $c_0$, $c_1$ 중에 한 개라도 0이 아니면 $x=0$은 특이점이다. 프로베니우스에 의하면 식 (15.7)의 급수해는 다음과 같이 주어진다.

$$y=x^r\sum_{m=0}^{\infty}a_m x^m \quad (a_0\neq 0) \tag{15.8}$$

이것의 도함수들은 다음과 같다.

$$\begin{aligned} y'&=\sum_{m=0}^{\infty}(m+r)a_m x^{m+r-1} \\ &=x^{r-1}\left[ra_0+(r+1)a_1x+(r+2)a_2x^2+\cdots\right] \end{aligned} \tag{15.9}$$

$$\begin{aligned} y''&=\sum_{m=0}^{\infty}(m+r)(m+r-1)a_m x^{m+r-2} \\ &=x^{r-2}\left[r(r-1)a_0+(r+1)ra_1x\right. \\ &\qquad\left.+(r+2)(r+1)a_2x^2+\cdots\right] \end{aligned} \tag{15.10}$$

식 (15.9)와 (15.10)을 식 (15.7)의 변형

$$x^2y''+x\left(b_0+b_1x+b_2x^2+\cdots\right)y'+\left(c_0+c_1x+c_2x^2+\cdots\right)y=0$$

에 대입하면 다음이 된다.

$$x^r[r(r-1)a_0+\cdots]+(b_0+b_1x+\cdots)x^r(ra_0+\cdots)$$
$$+(c_0+c_1x+\cdots)x^r(a_0+a_1x+\cdots)=0$$

따라서 $x$의 최저차 항$(x^r)$의 계수를 비교하면 ($a_0 \neq 0$에 대해) 다음의 결정방정식(지표방정식 indicial equation)을 얻는다.

**결정방정식**

$$r^2+(b_0-1)r+c_0=0 \tag{15.11}$$

위 식의 두 근 $r_1$과 $r_2$를 결정근(지표근 indicial root)이라 한다. 프로베니우스에 의하면 결정근 $r_1$과 $r_2$의 값에 따라 주어지는 선형독립인 두 기본해 $y_1$과 $y_2$에 대해 일반해는 이들의 선형결합인 다음과 같다.

$$y=c_1y_1+c_2y_2 \tag{15.12}$$

$r_1$과 $r_2$ 중에 $r_1$이 클 때 $y_1$은

$$y_1=\sum_{m=0}^{\infty}a_m x^{m+r_1} \quad (a_0 \neq 0) \tag{15.13}$$

이고 $y_2$는 조건에 따라 다음과 같이 구한다.

**(a) $r_1-r_2 \neq 0,\ N$ ($N$은 양의 정수)일 때**

$$y_2=\sum_{m=0}^{\infty}A_m x^{m+r_2} \quad (A_0 \neq 0) \tag{15.14}$$

**(b) $r_1-r_2=N$ ($N$은 양의 정수)일 때 ($c$는 경우에 따라 0이 될 수도 있음).**

$$y_2=cy_1\ln x+\sum_{m=0}^{\infty}A_m x^{m+r_2} \quad (A_0 \neq 0) \tag{15.15}$$

**(c) $r_1 = r_2$일 때**

$$y_2 = y_1 \ln x + \sum_{m=1} A_m x^{m+r_1} \quad (A_0 = 0) \tag{15.16}$$

## 예 15.2

미분방정식 $y'' + y'/2x + y/4x = 0$의 해를 다음의 순서로 구하라.

(a) $x = 0$은 정칙 특이점임을 보여라.

(b) 결정근을 구하라.

(c) 계수방정식을 구하고 $r_1$에 대한 계수들을 구하라.

(d) $y_1$과 $y_2$를 구하라.

**풀이**

(a) $xp(x) = x \cdot \dfrac{1}{2x} = \dfrac{1}{2}$, $x^2 q(x) = x^2 \cdot \dfrac{1}{4x} = \dfrac{x}{4}$

: $x = 0$ 에서 해석적이므로 프로베니우스의 방법을 사용할 수 있다.

(b) $y'' + \dfrac{1}{x}\left(\dfrac{1}{2} + 0 + \cdots\right) y' + \dfrac{1}{x^2}\left(0 + \dfrac{1}{4}x + 0 + \cdots\right) y = 0$

과 식 (15.7)을 비교하면 $b_0 = 1/2$, $c_0 = 0$이고 식 (15.11)은

$$r^2 + \left(\frac{1}{2} - 1\right) r + 0 = r\left(r - \frac{1}{2}\right) = 0$$

이므로 $r_1 = 1/2$, $r_2 = 0$이다.

(c) $4xy'' + 2y' + y = 0$에 식 (15.8)-(15.10)을 대입하면

$$4\sum_{m=0}^{\infty} (m+r)(m+r-1)\, a_m x^{m+r-1}$$
$$+ 2\sum_{m=0}^{\infty} (m+r)\, a_m x^{m+r-1} + \sum_{m=0} a_m x^{m+r} = 0$$

이고 $x^{m+r}$ 항은

$$[\{4(m+r+1)(m+r) + 2(m+r+1)\} a_{m+1} + a_m] x^{m+r} = 0$$

$$\Rightarrow [2(m+r+1)(2m+2r) + 2(m+r+1)] a_{m+1} = -a_m$$

이므로 다음과 같다.

$$a_{m+1} = -\frac{a_m}{(2m+2r+2)(2m+2r+1)} \quad (m = 0,\ 1,\ 2,\ \cdots)$$

따라서 여기에 $r = 1/2$를 대입하면 다음이 된다.

$$a_{m+1} = -\frac{a_m}{(2m+3)(2m+2)}$$

$$a_1 = -\frac{a_0}{3\cdot 2} = -\frac{a_0}{3!}, \quad a_2 = -\frac{a_1}{5\cdot 4} = \frac{a_0}{5!}$$

$$\vdots$$

$$a_m = \frac{(-1)^m}{(2m+1)}a_0 \ (m=0,\ 1,\ 2,\ \cdots)$$

(d) $r_1 = 1/2$과 (c)의 $a_m$을 식 (15.13)에 대입하면

$$y_1 = a_0\sqrt{x}\sum_{m=0}^{\infty}\frac{(-1)^m}{(2m+1)!}x^m$$

이고 $y_2$는 $r_2 = 0$에 대해 식 (15.14)를 미분방정식에 대입하면

$$4\sum_m A_m m(m-1)x^{m-1} + 2\sum_m A_m m x^{m-1} + \sum_m A_m x^m = 0$$

이므로 $x^m$의 계수를 비교하면

$$[4m(m+1)+2(m+1)]A_{m+1} = -A_m$$

이 된다. 따라서

$$A_{m+1} = -\frac{A_m}{(2m+1)(2m+2)} \ (m=0,\ 1,\ 2,\ \cdots)$$

로부터

$$A_1 = -\frac{A_0}{2\cdot 1} = -\frac{A_0}{2!}, \quad A_2 = -\frac{A_1}{4\cdot 3} = \frac{A_0}{4!}$$

$$\vdots$$

$$A_m = \frac{(-1)^m}{(2m)!}A_0$$

이므로 결과는 다음이 된다.

$$y_2 = A_0\sum_{m=0}^{\infty}\frac{(-1)^m}{(2m)!}x^m$$

## 15.2 르장드르 다항식

다음 절에서 다루는 베셀 미분방정식과 함께 공학에서 자주 접하게 되는 두 미분방정식중 하나가 르장드르(Legendre) 미분방정식이다. 르장드르 미분방정식의 해는 르장드르 다항식으로 주어지고 양자역학, 전자기학, 열역학 등에서 구대칭이 있는 편미분 방정식의 해를 구할 때 중요한 역할을 한다.

### (1) 르장드르 다항식

제 1 종 $n$차 르장드르 다항식(Legendre polynomial) $P_n(x)$는 다음과 같이 주어진다.

**르장드르 다항식**

**(1) 로드리게스 (odrigues) 공식**

$$P_n(x)=\frac{1}{2^n n!}\cdot\frac{d^n}{dx^n}(x^2-1)^n \tag{15.17}$$

**(2) 모함수 (발생함수 generating function)**

$$\frac{1}{\sqrt{1-2xt+t^2}}=\sum_{n=0}^{\infty}P_n(x)t^n \quad (|t|<1) \tag{15.18}$$

**(3) 다항식 형태**

$$P_n(x)=\frac{(2n-1)(2n-3)\cdots 1}{n!}\left[x^n-\frac{n(n-1)}{2(2n-1)}x^{n-2}\right.$$
$$\left.+\frac{n(n-1)(n-2)(n-3)}{2\cdot 4(2n-1)(2n-3)}x^{n-4}-\cdots\right] \tag{15.19}$$

처음 몇 개의 항은 다음과 같다.

$$P_0(x)=1, \qquad P_1(x)=x$$

$$P_2(x)=(3x^2-1)/2, \qquad P_3(x)=(5x^3-3x)/2$$

$$P_4(x) = (35x^4 - 30x^2 + 3)/8$$

$$P_5(x) = (63x^5 - 70x^3 + 15x)/8 \tag{15.20}$$

### 예 15.3

(a) 식 (15.17)로부터 식 (15.19)를 유도하라.

(b) 식 (15.18)로부터 식 (15.19)를 유도하라.

**풀이** (a) 이항전개

$$(x^2-1)^n = x^{2n} - \frac{nx^{2n-2}}{1!} + \frac{n(n-1)x^{2n-4}}{2!} + \cdots$$

와 $d^n x^m/dx^n = [m!/(m-n)!]\,x^{m-n}$를 적용하면

$$\begin{aligned}\frac{d^n}{dx^n}(x^2-1)^n &= \frac{(2n)!}{(2n-n)!}x^n - n\frac{(2n-2)!}{(2n-2-n)!}x^{n-2} \\ &\quad + \frac{n(n-1)}{2}\cdot\frac{(2n-4)!}{(2n-4-n)!}x^{n-4} - \cdots \\ &= \frac{(2n)!}{n!}\left[x^n - \frac{n\cdot n!(2n-2)!}{(2n)!(n-2)!}x^{n-2}\right. \\ &\quad \left. + \frac{n(n-1)}{2}\cdot\frac{n!(2n-4)!}{(2n)!(n-4)!}x^{n-4} - \cdots\right] \\ &= \frac{(2n)!}{n!}\left[x^n - \frac{n(n-1)}{2(2n-1)}x^{n-2}\right. \\ &\quad \left. + \frac{n(n-1)(n-2)(n-3)}{2\cdot 4(2n-1)(2n-3)}x^{n-4} - \cdots\right]\end{aligned}$$

이고 식 (15.17)에서 $1/2^n n!$는 다음과 같다.

$$\begin{aligned}\frac{1}{2^n n!} &= \frac{1}{2n(2n-2)(2n-4)\cdots 4\cdot 2} \\ &= \frac{(2n-1)(2n-3)\cdots 3\cdot 1}{(2n)!}\end{aligned}$$

(b) 식 (15.18)에 $(1+x)^p$의 테일러 급수전개[식 (7.16)]를 적용하면 다음과 같다.

$$\begin{aligned}\frac{1}{\sqrt{1-2xt+t^2}} &= [1-t(2x-t)]^{-1/2} \\ &= 1 + \frac{1}{2}t(2x-t) + \frac{1}{2}\left\{-\frac{1}{2}\left(-\frac{1}{2}-1\right)\right\}t^2(2x-t)^2 + \cdots \\ &= 1 + xt + \frac{3x^2-1}{2}t^2 + \cdots = \sum_{n=0}^{\infty} P_n(x)\,t^n\end{aligned}$$

## (2) 르장드르 미분방정식

$P_n(x)$는 다음 르장드르 미분방정식(Legendre differential equation)의 해이고 $P_n(x)$를 이 미분방정식의 고유함수(eigenfunction), $n$을 고유값(eigenvalue)이라 한다.

**르장드르 미분방정식**

$$(1-x^2)y''-2xy'+n(n+1)y=0 \tag{15.21}$$

이 방정식의 다른 해는 $x^2<1$일 때만 수렴하는 $Q_l(x)$도 있지만 여기서는 생략한다.

**증명**

$G(x,t)=(1-2xt+t^2)^{-1/2}$로 두면

$$\frac{\partial G}{\partial x}=tG^3,\quad \frac{\partial^2 G}{\partial x^2}=3t^2G^5,\quad \frac{\partial(tG)}{\partial t}=G+(xt-t^2)G^3$$

$$\begin{aligned}\frac{\partial^2(tG)}{\partial t^2}&=(x-t)G^3+(x-2t)G^3+3t(x-t)^2G^5\\&=(2x-3t)G^3+3t(x-t)^2G^5\end{aligned}$$

이므로 다음과 같다.

$$\begin{aligned}&(1-x^2)\frac{\partial^2 G}{\partial x^2}-2x\frac{\partial G}{\partial x}+t\frac{\partial^2(tG)}{\partial t^2}\\&=3(1-x^2)t^2G^5-2xtG^3+(2x-3t)tG^3+3t^2(x-t)^2G^5\\&=G^5[3t^2-3x^2t^2-3t^2(1-2xt+t^2)+3x^2t^2-6xt^3+3t^4]=0\end{aligned}$$

여기에 식 (15.18)의 $G(x,t)=\sum_{n=0}^{\infty}P_n(x)t^n$을 대입하면

$$(1-x^2)\frac{\partial}{\partial x^2}\sum_{n=0}^{\infty}P_n(x)t^n-2x\frac{\partial}{\partial x}\sum_{n=0}^{\infty}P_n(x)t^n+t\frac{\partial^2}{\partial t^2}\sum_{n=0}^{\infty}P_n(x)t^{n+1}=0$$

이고 이것을 정리하면 다음이 된다.

$$\sum_{n=0}^{\infty}(1-x^2)P_n''(x)t^n-\sum_{n=0}^{\infty}2xP_n'(x)t^n+\sum_{n=0}^{\infty}P_n(x)n(n+1)t^n=0$$

따라서 $t^n$의 계수를 비교하고 $y=P_n(x)$로 두면 된다.

### (3) 르장드르 함수의 직교 · 규격화

3차원 공간의 두 벡터 A와 B가 $\mathrm{A} \cdot \mathrm{B} = \sum_i A_i B_i = 0 \ \ (i = x, y, z)$일 때 두 벡터는 직교(수직 orthogonal)한다고 하고 $\mathrm{A} \cdot \mathrm{A} = \sum_i A_i A_i = 1$일 때 벡터 A는 단위벡터로 규격화(normalized)되었다고 한다. 두 함수 $f(x)$와 $g(x)$가

$$(\text{직교}) \quad \int_a^b f(x) g(x)\, dx = 0$$

이면 두 함수는 구간 $a < x < b$에서 직교하고 다음을 만족하면 $f(x)$는 규격화 되었다고 한다.

$$(\text{규격화}) \quad \int_a^b |f(x)|^2\, dx = 1$$

르장드르 함수는 다음과 같이 직교·규격화(orthonomality) 된다(증명 생략).

**르장드르 함수의 직교 · 규격화**

$$\int_{-1}^1 P_m(x) P_n(x) dx = \frac{2}{2n+1} \delta_{m,n} \qquad (15.22)$$

$\delta_{m,n}$은 크로네커 델타(Kronecker delta)이다[식 (13.3) 증명].

**예 15.4**

$P_1(x)$와 $P_2(x)$에 대해 식 (15.22)를 확인하라.

**풀이**

$$\int_{-1}^1 P_1(x) P_1(x)\, dx = \int_{-1}^1 x^2 dx = \frac{2}{3} = \frac{2}{2 \cdot 1 + 1}$$

$$\int_{-1}^1 P_2(x) P_2(x) dx = \frac{1}{4} \int_{-1}^1 (9x^4 - 6x^2 + 1)\, dx$$

$$= \frac{2}{4} \left[ \frac{9}{5} x^5 - 2x^3 + x \right]_0^1 = \frac{2}{5} = \frac{2}{2 \cdot 2 + 1}$$

$$\int_{-1}^1 P_1(x) P_2(x)\, dx = \int_{-1}^1 x \frac{3x^2 - 1}{2}\, dx = 0 \ (\text{기함수})$$

### 예 15.5

다음 함수를 르장드르 다항식으로 전개하라.

$$f(x)=\begin{cases}0 & (-1<x<0)\\ 1 & (0<x<1)\end{cases}$$

**풀이** $f(x)=\sum_{l=0}^{\infty}S_l P_l(\cos\theta)$로 두고 양변에 $P_m(x)$를 곱하여 $x=-1$에서 $x=1$까지 적분한 후 식 (15.22)를 고려하면

$$\begin{aligned}\int_{-1}^{1}f(x)P_m(x)\,dx &= \sum_{l=0}^{\infty}S_l\int_{-1}^{1}P_l(x)P_m(x)\,dx\\ &= \sum_{l=0}^{\infty}S_l\frac{2}{2l+1}\delta_{l,m}\end{aligned}$$

이므로 다음과 같다.

$$S_m=\frac{2m+1}{2}\int_{-1}^{1}f(x)P_m(x)\,dx$$

$$S_0=\frac{1}{2}\int_0^1 1\,dx=\frac{1}{2},\qquad S_1=\frac{3}{2}\int_0^1 x\,dx=\frac{3}{4}$$

$$S_2=\frac{5}{2}\int_0^1\frac{3x^2-1}{2}\,dx=\frac{5}{4}\left[x^3-x\right]_0^1=0$$

$$S_3=\frac{7}{2}\int_0^1\frac{5x^3-3x}{2}\,dx=\frac{7}{4}\left[\frac{5}{4}x^4-\frac{3}{2}x^2\right]_0^1=-\frac{7}{16}$$

$$\vdots$$

따라서 결과는 다음과 같다.

$$f(x)=\frac{1}{2}P_0(x)+\frac{3}{4}P_1(x)-\frac{7}{16}P_3(x)\pm\cdots$$

## (4) 르장드르 배함수

르장드르 배함수(associated Legendre function) $P_n^m(x)$는 르장드르 배미분방정식(associated Legendre differential equation)의 해이다(증명생략). $m$과 $n$은 음이 아닌 정수이고 $m>n$일 때는 $P_n^m(x)=0$이다.

**르장드르 배함수와 배미분방정식**

**(1) 르장드르 배함수**

$$P_n^m(x) = (1-x^2)^{m/2} P_n^{(m)}(x) = (1-x^2)^{m/2} \frac{d^m P_n(x)}{dx^m} \tag{15.23}$$

**(2) 르장드르 배미분방정식**

$$(1-x^2)y'' - 2xy' + \left[n(n+1) - \frac{m^2}{1-x^2}\right]y = 0 \tag{15.24}$$

**예 15.6**

$P_2^1(x)$을 계산하고 식 (15.24)의 해임을 확인하라.

**풀이**

$$P_2^1(x) = (1-x^2)^{1/2} \frac{d}{dx}\left(\frac{3x^2-1}{2}\right) = 3x(1-x^2)^{1/2}$$

$$\frac{d}{dx}P_2^1(x) = 3(1-x^2)^{1/2} - 3x^2(1-x^2)^{-1/2}$$

$$\frac{d^2}{dx^2}P_2^1(x) = -9x(1-x^2)^{-1/2} - 3x^3(1-x^2)^{-3/2}$$

$$\begin{aligned}(15.24) :\ & -9x(1-x^2)^{1/2} - 3x^3(1-x^2)^{-1/2} - 6x(1-x^2)^{1/2} \\ & + 6x^3(1-x^2)^{-1/2} + \left[2(2+1) - \frac{1}{1-x^2}\right]3x(1-x^2)^{1/2} \\ & = 3x(1-x^2)^{1/2} + 3x^3(1-x^2)^{-1/2} - 3x(1-x^2)^{-1/2} \\ & = 3x(1-x^2)^{1/2} - 3x(1-x^2)(1-x^2)^{-1/2} = 0\end{aligned}$$

## (5) 르장드르 배함수의 직교성

르장드르 배함수는 다음과 같이 직교화된다(증명 생략).

**르장드르 배함수의 직교성**

$$\int_{-1}^{1} P_l^m(x) P_{l'}^m(x)\, dx = \frac{2}{2l+1}\frac{(l+m)!}{(l-m)!}\delta_{l,l'} \tag{15.25}$$

**예 15.7**

$P_1^1(x)$와 $P_2^1(x)$에 대해 식 (15.25)을 확인하라.

**풀이**

$$P_1^1(x) = (1-x^2)^{1/2}\frac{dx}{dx} = \sqrt{1-x^2}$$

$$P_2^1(x) = 3x(1-x^2)^{1/2} \ : \text{[예 15.6]}$$

$$\int_{-1}^{1} P_1^1(x)P_1^1(x)\,dx = \int_{-1}^{1}(1-x^2)\,dx = 2\left[x - \frac{x^3}{3}\right]_0^1$$
$$= \frac{4}{3} = \frac{2}{2\cdot 1+1}\cdot\frac{(1+1)!}{(1-1)!}$$

$$\int_{-1}^{1} P_1^1(x)P_2^1(x)\,dx = \int_{-1}^{1} 3x(1-x^2)\,dx = 0 \ (\text{기함수})$$

$$\int_{-1}^{1} P_2^1(x)P_2^1(x)\,dx = 9\int_{-1}^{1} x^2(1-x^2)\,dx = 18\left[\frac{x^3}{3} - \frac{x^5}{5}\right]_0^1$$
$$= \frac{12}{5} = \frac{2}{2\cdot 2+1}\frac{(2+1)!}{(2-1)!}$$

# 15.3 베셀함수

베셀(Bessel) 미분방정식도 르장드르 미분방정식과 마찬가지로 공학에서 자주 접하게 되는 미분방정식이다. 베셀 미분방정식의 해는 베셀함수로 주어지고 전자기학, 열역학, 유체역학, 파동학 등에서 원통 대칭인 편미분방정식의 해를 구할 때 중요한 역할을 한다.

## (1) 베셀함수

제 1 종 베셀함수(Bessel function) $J_p(x)$는 다음과 같이 정의된다. $\Gamma(n)$은 감마(gamma)함수이다 [식 (8.24)].

**베셀함수**

**(1) 모함수 (발생함수 generating function)**

$$e^{(x/2)(t-1/t)} \equiv \sum_{p=-\infty}^{\infty} J_p(x)\, t^p \tag{15.26}$$

**(2) 다항식 형태**

$$J_p(x) = \sum_{n=0}^{\infty} \frac{(-1)^n}{\Gamma(n+1)\Gamma(n+p+1)} \left(\frac{x}{2}\right)^{2n+p} \tag{15.27}$$

**증명**

$e^{(x/2)(t-1/t)} = e^{xt/2} e^{-x/2t}$로 두고 우변을 각각 테일러급수로 전개하면

$$e^{(x/2)(t-1/t)} = \sum_{l=0}^{\infty} \frac{1}{l!}\left(\frac{xt}{2}\right)^l \sum_{n=0}^{\infty} \frac{1}{n!}\left(-\frac{x}{2t}\right)^n$$

이 되므로 $l = p + n$으로 두면

$$\begin{aligned} e^{(x/2)(t-1/t)} &= \sum_{n=0,\ p=-\infty}^{\infty} \sum^{\infty} \frac{1}{(p+n)!}\left(\frac{xt}{2}\right)^{p+n} \frac{1}{n!}\left(-\frac{x}{2t}\right)^n \\ &= \sum_{p=-\infty}^{\infty} J_p(x)\, t^p \end{aligned}$$

이고 $\Gamma(n+1) = n\Gamma(n) = n!$ [식 (8.25)]이므로 다음과 같다.

$$J_p(x) = \sum_{n=0}^{\infty} \frac{(-1)^n}{\Gamma(n+1)\Gamma(n+p+1)} \left(\frac{x}{2}\right)^{2n+p}$$

식 (15.27)로부터 $J_0(x)$와 $J_1(x)$는

$$J_0(x) = \sum_{n=0}^{\infty} \frac{(-1)^n x^{2n}}{2^{2n}(n!)^2} = 1 - \frac{x^2}{2^2(1!)^2} + \frac{x^4}{2^4(2!)^2} - \cdots$$

$$J_1(x) = \sum_{n=0}^{\infty} \frac{(-1)^n x^{2n+1}}{2^{2n+1} n!(n+1)!} = \frac{x}{2} - \frac{x^3}{2^3 \cdot 1! \cdot 2!} + \frac{x^5}{2^5 \cdot 2! \cdot 3!} - \cdots$$

이고 각각 $\cos x$와 $\sin x$의 테일러급수전개와 유사하고 그림 15.1과 같다.

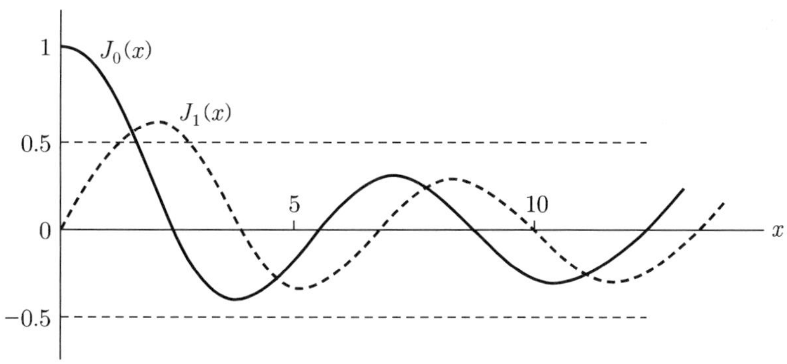


**그림 15.1** $J_0(x)$와 $J_1(x)$

## 예 15.8

(a) $J_{1/2}(x)$를 계산하라.

(b) 식 (15.27)은 모든 $x$에 대해 수렴함을 증명하라.

**풀이** (a) 감마함수의 성질에 의해 $\Gamma(1+n)=n\Gamma(n)$, $\Gamma(1/2)=\sqrt{\pi}$이므로

$$\begin{aligned}\Gamma\left(1+\frac{1}{2}+n\right)&=\left(n+\frac{1}{2}\right)\Gamma\left(1+n-\frac{1}{2}\right)\\&=\frac{2n+1}{2}\cdot\frac{2n-1}{2}\cdots\frac{1}{2}\sqrt{\pi}\\&=\frac{2n+1}{2}\cdot\frac{2n}{2n}\cdot\frac{2n-1}{2}\cdot\frac{2n-2}{2(n-1)}\cdots\frac{1}{2}\sqrt{\pi}\\&=\frac{(2n+1)!}{2^{2n+1}n!}\sqrt{\pi}\end{aligned}$$

이고, $\sin x$의 테일러 급수전개를 고려하면 결과는 다음과 같다.

$$\begin{aligned}J_{1/2}(x)&=\sum_{n=0}^{\infty}\frac{(-1)^n}{n!\,\Gamma(1+1/2+n)}\left(\frac{x}{2}\right)^{2n+1/2}\\&=\sum_{n=0}^{\infty}\frac{(-1)^n 2^{2n+1}}{(2n+1)!\sqrt{\pi}}\left(\frac{x}{2}\right)^{2n+1/2}\\&=\sqrt{\frac{2}{\pi x}}\sum_{n=0}^{\infty}\frac{(-1)^n}{(2n+1)!}x^{2n+1}=\sqrt{\frac{2}{\pi x}}\sin x\end{aligned}$$

(b) $J_p(x)=\sum_{n=0}^{\infty}a_n$으로 두면 다음과 같이 비판정법에 의해 수렴한다.

$$\begin{aligned}\lim_{k\to\infty}\left|\frac{a_{k+1}}{a_k}\right|&=\lim_{k\to\infty}\frac{\Gamma(k+1)\Gamma(k+p+1)}{\Gamma(k+2)\Gamma(k+p+2)}\cdot\frac{(x/2)^{2(k+1)+p}}{(x/2)^{2k+p}}\\&=\lim_{k\to\infty}\frac{1}{(k+1)(k+p+1)}\left(\frac{x}{2}\right)^2<1\ :\ \text{수렴}\end{aligned}$$

## (2) 베셀 미분방정식

$J_p(x)$는 다음 베셀 미분방정식(Bessel differential equation)의 해이다.

**베셀 미분방정식**

$$x^2y'' + xy' + (x^2 - p^2)y = 0 \tag{15.28}$$

**증명**

식 (15.27)을 식 (15.28)에 대입하면

$$\sum_{n=0}^{\infty} \frac{(-1)^n(2n+p)(2n+p-1)}{\Gamma(n+1)\Gamma(n+p+1)\,2^{2n+p}}x^{2n+p}$$
$$+\sum_{n=0}^{\infty} \frac{(-1)^n(2n+p)}{\Gamma(n+1)\Gamma(n+p+1)\,2^{2n+p}}x^{2n+p}$$
$$+\sum_{n=0}^{\infty} \frac{(-1)^n}{\Gamma(n+1)\Gamma(n+p+1)\,2^{2n+p}}x^{2n+p+2}$$
$$-p^2\sum_{n=0}^{\infty} \frac{(-1)^n}{\Gamma(n+1)\Gamma(n+p+1)\,2^{2n+p}}x^{2n+p} = 0$$

이므로 $x^{2m+p}$ 항의 계수를 비교하면 다음과 같이 만족한다.

$$(2m+p)(2m+p) - 4m(m+p) - p^2 = 0$$

**예 15.9**

다음 식도 식 (15.28)의 해가 됨을 증명하라.

$$J_{-p}(x) = \sum_{n=0}^{\infty} \frac{(-1)^n}{\Gamma(n+1)\Gamma(n-p+1)}\left(\frac{x}{2}\right)^{2n-p} \tag{15.29}$$

**풀이** 위 식을 식 (15.28)에 대입하면

$$\sum_{n=0}^{\infty} \frac{(-1)^n(2n-p)(2n-p-1)}{\Gamma(n+1)\Gamma(n-p+1)\,2^{2n-p}}x^{2n-p}$$
$$+\sum_{n=0}^{\infty} \frac{(-1)^n(2n-p)}{\Gamma(n+1)\Gamma(n-p+1)\,2^{2n-p}}x^{2n-p}$$
$$+\sum_{n=0}^{\infty} \frac{(-1)^n}{\Gamma(n+1)\Gamma(n-p+1)\,2^{2n-p}}x^{2n-p+2}$$

$$-p^2\sum_{n=0}^{\infty}\frac{(-1)^n}{\Gamma(n+1)\Gamma(n-p+1)\,2^{2n-p}}\,x^{2n-p}=0$$

이므로 $x^{2m-p}$ 항의 계수를 비교하면 다음과 같이 만족한다.

$$(2m-p)(2m-p)-4m(m-p)-p^2=0$$

### (3) 제 2 종 베셀함수

$m\le 0$인 정수이면 $\Gamma(m)=\infty$이므로 식 (15.29)에서 $p$가 양의 정수일 때

$$J_{-p}(x)=\sum_{n=p}^{\infty}\frac{(-1)^n}{\Gamma(n+1)\Gamma(n-p+1)}\left(\frac{x}{2}\right)^{2n-p}$$

이고 $n\to n+p$로 두면 다음과 같다.

$$J_{-p}(x)=\sum_{n=0}^{\infty}\frac{(-1)^{n+p}}{\Gamma(n+p+1)\Gamma(n+1)}\left(\frac{x}{2}\right)^{2n+p}=(-1)^p J_p(x) \tag{15.30}$$

즉, $p$가 $p\ge 0$인 정수일 때는 $J_{-p}(x)$가 베셀 미분방정식의 독립된 해가 아니다. 따라서 $p$가 $p\ge 0$인 정수인 경우까지 포함하여 두 번째 해(제 2종 베셀 함수)인 뉴먼(Neumann) 함수 또는 웨버(Weber) 함수는 다음과 같이 관례적으로 선택한다.

$$N_p(x)=\frac{\cos(p\pi)J_p(x)-J_{-p}(x)}{\sin(p\pi)} \tag{15.31}$$

$J_p(x)$와 $J_{-p}(x)$가 식 (15.28)의 해이므로 식 (15.31)도 식 (15.28)의 해이고 $p$가 정수가 아니면 $J_{-p}(x)$는 $J_p(x)$에 독립인 해이므로 $N_p(x)$는 $J_p(x)$에 독립인 해이다. $p$가 정수이면 $N_p(x)=0/0$이 되지만 로피탈(L'Hospital)의 정리를 사용하면 $J_p(x)$에 독립이다.

**증명**

$p=m$(정수)일 때 $\sin(p\pi)=0$, $\cos(p\pi)=(\pm 1)^p$이므로

$$\begin{aligned}N_m(x)&=\left[\frac{(\partial/\partial p)\{\cos(p\pi)J_p(x)-J_{-p}(x)\}}{(\partial/\partial p)\sin(p\pi)}\right]_{p=m}\\&=\left[\frac{\cos(p\pi)\{\partial J_p(x)/\partial p\}-\{\partial J_{-p}(x)/\partial p\}}{\pi\cos(p\pi)}\right]_{p=m}\end{aligned}$$

$$= \frac{1}{\pi}\left[\frac{\partial J_p(x)}{\partial p} - (-1)^m \frac{\partial J_{-p}(x)}{\partial p}\right]_{p=m}$$

이고 이것은 $J_p(x)$에 독립이다.

### (4) 베셀함수의 직교 · 규격화

베셀함수는 다음과 같이 직교·규격화되어 있다(증명생략).

**베셀함수의 직교 · 규격화**

$J_p(a) = J_p(b) = 0$ 일 때

$$\int_0^1 x\,J_p(ax)\,J_p(bx)\,dx = \frac{1}{2}[J_{p+1}(a)]^2\,\delta_{a,b}$$

$$= \frac{1}{2}[J_{p-1}(a)]^2\,\delta_{a,b} = \frac{1}{2}[J_p{}'(t)]^2\,\delta_{a,b} \qquad (15.32)$$

### (5) 베셀함수의 점근해

베셀함수는 $x$가 매우 크거나 매우 작을 때의 근사식이 필요한 경우가 있다. 이것을 증명없이 소개하면 다음과 같다. $x \to 0$일 때 $N_p(x)$는 발산한다.

| | $\lvert x\rvert \gg 1$ | $\lvert x\rvert \ll 1$ | |
|---|---|---|---|
| $J_p(x)$ | $\sqrt{\frac{2}{\pi x}}\cos\left(x - \frac{2p+1}{4}\pi\right)$ | $\frac{1}{\Gamma(p+1)}\left(\frac{x}{2}\right)^p$ | (13.33) |
| $N_p(x)$ | $\sqrt{\frac{2}{\pi x}}\sin\left(x - \frac{2p+1}{4}\pi\right)$ | $(2/\pi)\ln x \quad (p=0)$<br>$-[\Gamma(p)/\pi](2/x)^p \quad (p>0)$ | (13.34) |

## 15.4 연습문제

### 15.1 급수해

[15.1] 다음 미분방정식들의 급수해들을 구하라.

(a) $(1+x)y' = y$

(b) $y' + 2y = 0$

(c) $xy' - y = x^2$

(d) $y'' + y = 4\sin(3x)$

(e) $y'' + 9y = 0$

(f) $y'' + \cos x \cdot y = 0$

(g) $\left(x^2+1\right)y'' - 2xy' + 2y = 0$

[15.2] 다음 미분방정식들의 해들을 프로베니우스 방법으로 구하라.

(a) $2xy'' - y' + 2y = 0$

(b) $2xy'' + (1+x)y' + y = 0$

(c) $4xy'' + 2y' + y = 0$

(d) $xy'' + 2(1-x)y' - (2-x)y = 0$

(e) $xy'' + y' - 4y = 0$

(f) $xy'' + 3y' - y = 0$

### 15.2 르장드르 방정식

[15.3] 다음 함수를 르장드르 다항식으로 전개하라.

$$f(x) = \begin{cases} -1 & (-1 < x < 0) \\ 1 & (0 < x < 1) \end{cases}$$

[15.4] 공학 분야에서는 그림의 $1/R$을 계산해야 하는 경우가 가끔 있다. 예를 들면, A 지점에 있는 전하에 의한 B 지점의 전위를 구하는 경우이다.

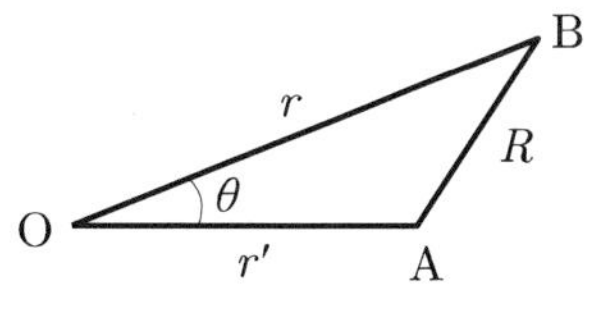


$|\mathbf{r}| \gg |\mathbf{r}'|$일 때 $1/R$을 르장드르 다항식으로 전개하라.

## 15.3 베셀 함수

[15.5] 다음 미분방정식의 해를 구하라.

$$x^2y'' + xy' + (4x^2 - 9)y = 0$$

CHAPTER

# 16

# 복소함수



3.2절에서는 복소수의 기초를 다루었고 이 장에서는 변수가 복소수인 복소함수의 미분과 등각사상, 복소적분 등을 다룬다. 복잡한 실함수 적분도 복소수 적분으로 바꾸어 계산하면 쉽게 풀리는 경우가 있고 복소함수는 유체역학이나 전자기학 등의 문제를 해결하는데 사용할 수도 있다.

## 16.1 해석함수

식 (15.3)과 같이 함수가 미분가능한 형태인 다항식 형태로 되어있으면 해석적(analytic)이다. 이것을 일반화하면 함수가 발산하지 않고 어떤 영역에서 미분가능하면 그 영역에서 해석적이라 한다. 복소변수 $z$의 복소함수 $f(z)$도 $z$의 어떤 영역에서 미분가능하면 그 영역에서 해석적이다(함수가 해석적인지를 엄밀하게 다루는 것은 여기서는 생략한다).

### (1) 복소함수와 도함수

복소함수도 실함수에서 다루었던 내용들을 대부분 그대로 사용할 수 있다. 실변수 $x$와 $y$에 대해 복소변수 $z = x + iy$의 함수 $w = f(z)$가 하나의 $z$ 값에 하나의 $w$ 값이 대응할 때 일가함수이고 두 개 이상의 $w$ 값이 대응하면 다가함수이다. 여기서는 일가함수를 다룬다. 특정값 $z_0$를 향하여 $z$를 임의의 방향에서 접근시켜도 극한값

$$\lim_{z \to z_0} f(z) = f(z_0) \tag{16.1}$$

가 유일하게 존재할 때 $f(z)$는 $z = z_0$에서 연속이다. 식 (16.1)은 실수($x$)와 허수($y$) 2 변수 극한을 구해야 하므로 다변수 함수의 극한(8.1절)에서와 같이 1 변수 함수의 극한보다 복잡하다. 실함수 $u(x, y)$와 $v(x, y)$에 대해 복소함수 $w=f(z)$를 다음과 같이 분리시킬 수 있을 때 $u(x, y)$와 $v(x, y)$를 $w = f(z)$의 실수부분과 허수부분이라 한다.

$$w = f(z) = u(x, y) + iv(x, y) \tag{16.2}$$

$f(z)$의 도함수 $f'(z)$는 다음과 같이 정의한다.

$$f'(z) = \frac{df(z)}{dz} = \lim_{\Delta z \to 0} \frac{\Delta f(z)}{\Delta z} = \lim_{\Delta z \to 0} \frac{f(z + \Delta z) - f(z)}{\Delta z} \tag{16.3}$$

$z = z_0$에서 도함수가 존재할 때 $f(z)$는 $z = z_0$에서 미분가능하다고 하고 식 (16.3)은 실함수의 도함수와 같은 형태이므로 두 복소함수 $f(z)$와 $g(z)$에 대해 다음의 공식들을 그대로 사용할 수 있다

$$(f+g)' = f' + g', \quad (fg)' = f'g + fg', \quad \left(\frac{f}{g}\right)' = \frac{f'g - fg'}{g^2} \tag{16.4}$$

### 예 16.1

(a) $w=f(z)=z^2$을 $w=u+iv$ 형태로 쓰고 도함수를 구하라.

(b) $w=f(z)=\bar{z}$ ($z$의 복소공액)의 도함수를 구하라.

**풀이** (a) $w=(x+iy)^2=x^2-y^2+i2xy=u+iv$

$$f'(z)=\lim_{\Delta z\to 0}\frac{(z+\Delta z)^2-z^2}{\Delta z}=\lim_{\Delta z\to 0}\frac{2z\Delta z-(\Delta z)^2}{\Delta z}=2z$$

(b) $$f'(z)=\lim_{\Delta z\to 0}\frac{\overline{z+\Delta z}-\bar{z}}{\Delta z}=\lim_{\Delta z\to 0}\frac{\overline{\Delta z}}{\Delta z}=\lim_{\Delta x\to 0,\,\Delta y\to 0}\frac{\Delta x-i\Delta y}{\Delta x+i\Delta y}$$

: $\Delta x\to 0$을 먼저 하면 $f'(z)=-1$이고 $\Delta y\to 0$을 먼저 하면 $f'(z)=1$이므로 극한값이 존재하지 않고 따라서 도함수도 존재하지 않는다.

## (2) 코시 · 리만 조건

식 (16.2)와 같이 주어지는 함수가 어떤 영역에서 해석적이기 위해서는 그 영역에서 다음의 코시 · 리만(CR : Cauchy-Riemann) 조건을 만족해야 한다.

**코시 · 리만 조건**

$$\frac{\partial u}{\partial x}=\frac{\partial v}{\partial y},\qquad \frac{\partial u}{\partial y}=-\frac{\partial v}{\partial x} \tag{16.5}$$

이 때 $f(z)$의 도함수는 다음과 같이 주어진다.

$$f'(z)=\frac{\partial u}{\partial x}+i\frac{\partial v}{\partial x}=\frac{\partial v}{\partial y}-i\frac{\partial u}{\partial y} \tag{16.6}$$

**증명**

$\Delta u$와 $\Delta v$를

$$\Delta u(x,\,y)=u(x+\Delta x,\,y+\Delta y)-u(x,\,y)$$

$$\Delta v(x,\,y)=v(x+\Delta x,\,y+\Delta y)-v(x,\,y)$$

로 두면 도함수는

$$f'(z) = \lim_{\Delta z \to 0} \frac{\Delta f(z)}{\Delta z} = \lim_{\Delta x \to 0,\ \Delta y \to 0} \frac{\Delta u + i\,\Delta v}{\Delta x + i\,\Delta y}$$

에서 $\Delta y \to 0$을 먼저 적용하면

$$f'(z) = \lim_{\Delta x \to 0} \frac{\Delta u + i\,\Delta v}{\Delta x} = \frac{\partial u}{\partial x} + i\frac{\partial v}{\partial x} \qquad (*1)$$

이고 $\Delta x \to 0$을 먼저 적용하면

$$f'(z) = \lim_{\Delta y \to 0} \frac{\Delta u + i\,\Delta v}{i\,\Delta y} = -i\frac{\partial u}{\partial y} + \frac{\partial v}{\partial y} \qquad (*2)$$

이다. 따라서 식 (*1)과 (*2)는 실수부분은 실수부분끼리 같아야 하고 허수부분은 허수부분끼리 같아야 하므로 식 (16.5)가 성립한다.

---

**예 16.2**

$w = f(z) = z^2$은 (a) 전 영역에서 CR 조건을 만족함을 보이고 (b) 식 (16.6)으로부터 도함수를 구하라.

**풀이** (a) $w = (x+iy)^2 = x^2 - y^2 + i2xy$

$$\Rightarrow \frac{\partial u}{\partial x} = \frac{\partial v}{\partial y} = 2x, \qquad \frac{\partial u}{\partial y} = -\frac{\partial v}{\partial x} = -2y$$

(b) $f'(z) = \dfrac{\partial u}{\partial x} + i\dfrac{\partial v}{\partial x} = 2x + i2y = 2z$ : 예 16.1 (a)와 같다.

---

**예 16.3**

$f(z) = u(r,\ \theta) + iv(r,\ \theta)$일 때 극좌표계에서의 코시 · 리만 조건은 다음과 같음을 증명하라.

$$\frac{\partial u}{\partial r} = \frac{1}{r}\frac{\partial v}{\partial \theta}, \qquad \frac{\partial v}{\partial r} = -\frac{1}{r}\frac{\partial u}{\partial \theta}$$

**풀이** 식 (3.39)로부터

$$z = r(\cos\theta + i\sin\theta), \qquad x = r\cos\theta, \qquad y = r\sin\theta$$

이고 식 (8.11)로부터

$$\frac{\partial}{\partial r} = \frac{\partial}{\partial x}\cdot\frac{\partial x}{\partial r} + \frac{\partial}{\partial y}\cdot\frac{\partial y}{\partial r} = \cos\theta\frac{\partial}{\partial x} + \sin\theta\frac{\partial}{\partial y}$$

$$\frac{\partial}{\partial \theta} = \frac{\partial}{\partial x}\cdot\frac{\partial x}{\partial \theta} + \frac{\partial}{\partial y}\cdot\frac{\partial y}{\partial \theta} = -r\sin\theta\frac{\partial}{\partial x} + r\cos\theta\frac{\partial}{\partial y}$$

이므로 다음과 같이 역으로 증명된다.

$$\frac{\partial u}{\partial r} = \frac{1}{r} \cdot \frac{\partial v}{\partial \theta} \ : \cos\theta \frac{\partial u}{\partial x} + \sin\theta \frac{\partial u}{\partial y} = -\sin\theta \frac{\partial v}{\partial x} + \cos\theta \frac{\partial v}{\partial y}$$

$$\Rightarrow \frac{\partial u}{\partial x} = \frac{\partial v}{\partial y}, \ \frac{\partial u}{\partial y} = -\frac{\partial v}{\partial x} \ (\text{성립})$$

$$\frac{\partial v}{\partial r} = -\frac{1}{r} \cdot \frac{\partial u}{\partial \theta} \ : \cos\theta \frac{\partial v}{\partial x} + \sin\theta \frac{\partial v}{\partial y} = \sin\theta \frac{\partial u}{\partial x} - \cos\theta \frac{\partial u}{\partial y}$$

$$\Rightarrow \frac{\partial u}{\partial x} = \frac{\partial v}{\partial y}, \ \frac{\partial u}{\partial y} = -\frac{\partial v}{\partial x} \ (\text{성립})$$

### (3) 조화함수

어떤 영역에서 식 (16.2)가 해석함수이면 $u$와 $v$는 다음의 2차원 라플라스 방정식을 만족한다.

$$\frac{\partial^2 u}{\partial x^2} + \frac{\partial^2 u}{\partial y^2} = 0, \qquad \frac{\partial^2 v}{\partial x^2} + \frac{\partial^2 v}{\partial y^2} = 0 \tag{16.7}$$

이것을 만족하는 함수를 조화함수(harmonic function)라 라고 $w = u + iv$가 해석함수일 때 $u(x, y)$와 $v(x, y)$ 한 쌍을 서로 공액조화함수(conjugate harmonic function)라 한다.

**증명**

식 (16.5)로부터

$$\frac{\partial u}{\partial x} = \frac{\partial v}{\partial y} \ \Rightarrow \ \frac{\partial^2 u}{\partial x^2} = \frac{\partial^2 v}{\partial x \partial y}$$

$$\frac{\partial u}{\partial y} = -\frac{\partial v}{\partial x} \ \Rightarrow \ \frac{\partial^2 u}{\partial y^2} = -\frac{\partial^2 v}{\partial y \partial x}$$

이고 연속함수의 도함수는 미분순서를 바꾸어도 같으므로 두 식을 더하면 식 (16.7)의 첫 식이 되고 $v$에 대해서도 같은 방법으로 증명할 수 있다.

**예 16.4**

(a) $w = f(z) = z^2 = u + iv$ 에서 $u$와 $v$는 조화함수임을 증명하라.

(b) $u(x, y) = x^2 - y^2$의 공액조화함수를 구하라.

**풀이** (a) 예 16.2 : $\frac{\partial u}{\partial x}=\frac{\partial v}{\partial y}=2x,\quad \frac{\partial u}{\partial y}=-\frac{\partial v}{\partial x}=-2y$

$\Rightarrow\ \frac{\partial^2 u}{\partial x^2}+\frac{\partial^2 u}{\partial y^2}=2-2=0,\quad \frac{\partial^2 v}{\partial x^2}+\frac{\partial^2 v}{\partial y^2}=0-0=0$

(b) $\frac{\partial u}{\partial x}=2x,\ \frac{\partial u}{\partial y}=-2y,\quad \frac{\partial^2 u}{\partial x^2}+\frac{\partial^2 u}{\partial y^2}=2-2=0$ : 조화함수

$\frac{\partial u}{\partial x}=2x=\frac{\partial v}{\partial y}\ \Rightarrow\ v=2xy+g(x)$

$\frac{\partial v}{\partial x}=2y+g'(x)=-\frac{\partial u}{\partial y}=2y\ \Rightarrow\ g(x)=c$ (상수)

## (4) 지수함수

오일러정리 $e^{iy}=\cos y+i\sin y$를 고려하여[식 (7.18)] 복소지수함수(exponential function) $e^z$를 다음과 같이 정의한다.

$$e^z\equiv e^x e^{iy}=e^x(\cos y+i\sin y) \tag{16.8}$$

**예 16.5**

(a) $e^z$는 모든 영역에서 해석적임을 증명하라.
(b) $e^z$의 도함수를 구하라.
(c) $e^{z_1}e^{z_2}=e^{z_1+z_2}$를 증명하라.

**풀이** (a) $\frac{\partial u}{\partial x}=\frac{\partial v}{\partial y}=e^x\cos y,\quad \frac{\partial u}{\partial y}=-\frac{\partial v}{\partial x}=-e^x\sin y$

(b) $(e^z)'=\frac{\partial u}{\partial x}+i\frac{\partial v}{\partial x}=e^x\cos y+ie^x\sin y=e^z$

(c) $e^{z_1}e^{z_2}=e^{x_1+x_2}(\cos y_1+i\sin y_1)(\cos y_2+i\sin y_2)$

$=e^{x_1+x_2}[\cos(y_1+y_2)+i\sin(y_1+y_2)]$

$=e^{x_1+x_2+i(y_1+y_2)}=e^{z_1+z_2}$

## (5) 대수함수

$z = e^w$의 역함수를 $w = \ln z = \log_e z$로 쓰고 $z$의 대수함수(logarithmic function)라 한다. $z = re^{i\theta}$ $(r = |z|)$를 고려하면 $e^{i\theta} = e^{i\theta_p + 2ni\pi}$ $(0 \le \theta_p < 2\pi)$이므로

$$\ln z = \mathrm{Ln}\, z + 2in\pi \;\; (n = 0,\ \pm 1,\ \pm 2,\ \cdots) \tag{16.9}$$

$$\mathrm{Ln}\, z = \ln|z| + i\theta_p \tag{16.10}$$

이다. $\mathrm{Ln}\, z$를 $\ln z$의 주값(principal value)이라 하고 $\theta_p = \arg(z)$는 주편각(principal argument)이라 한다.

**예 16.6**

(a) $\mathrm{Ln}\, z = u + iv$에서 $u$와 $v$를 구하라.
(b) $z = 0$과 음(−)의 실수축을 제외하면 $\mathrm{Ln}\, z$가 해석적임을 증명하라.
(c) $\ln z$의 도함수를 구하라.

**풀이**

(a) $|z| = r = \sqrt{x^2 + y^2}$, $\tan\theta_p = \dfrac{y}{x}$

$u = \dfrac{1}{2}\ln(x^2 + y^2)$, $v = \tan^{-1}\left(\dfrac{y}{x}\right)$

(b) $\dfrac{d}{dx}\tan^{-1}[f(x)] = \dfrac{1}{1 + [f(x)]^2} \cdot \dfrac{df(x)}{dx}$, $\dfrac{\partial u}{\partial x} = \dfrac{\partial v}{\partial y} = \dfrac{x}{x^2 + y^2}$

$\dfrac{\partial u}{\partial y} = -\dfrac{\partial v}{\partial x} = \dfrac{y}{x^2 + y^2}$

(c) $(\mathrm{Ln}\, z)' = \dfrac{\partial u}{\partial x} + i\dfrac{\partial v}{\partial x} = \dfrac{x}{x^2 + y^2} + i\dfrac{-y}{x^2 + y^2} = \dfrac{\bar{z}}{z\bar{z}} = \dfrac{1}{z}$

## (6) 삼각함수와 쌍곡선함수

복소공간에서의 삼각함수는 실공간에서와 같이[예 7.14 (c)]

$$\cos z = \frac{1}{2}\left(e^{iz} + e^{-iz}\right), \qquad \sin z = \frac{1}{2i}\left(e^{iz} - e^{-iz}\right) \tag{16.11}$$

로 정의하고 쌍곡선함수는 다음과 같이 정의한다.

$$\cosh z = \frac{1}{2}(e^{z} + e^{-z}), \quad \sinh z = \frac{1}{2}(e^{z} - e^{-z}) \tag{16.12}$$

**예 16.7**

(a) $\cos^2 z + \sin^2 z = 1$를 증명하라.

(b) $\cosh^2 z - \sinh^2 z = 1$를 증명하라.

(c) 식 (16.11)과 (16.12)의 도함수들을 구하라.

**풀이**

(a) $\cos^2 z + \sin^2 z = \frac{1}{4}(e^{2iz} + 2 + e^{-2iz}) - \frac{1}{4}(e^{2iz} - 2 + e^{-2iz}) = 1$

(b) $\cosh^2 z - \sinh^2 z = \frac{1}{4}(e^{2z} + 2 + e^{-2z}) - \frac{1}{4}(e^{2z} - 2 + e^{-2z}) = 1$

(c) $(\cos z)' = \frac{i}{2}(e^{iz} - e^{-iz}) = -\sin z$

$(\sin z)' = \frac{i}{2i}(e^{iz} + e^{-iz}) = \cos z$

$(\cosh z)' = \sinh z, \ (\sinh z)' = \cosh z$

## (7) 등각사상

해석함수 $w = f(z)$는 $z = x + iy$ 평면상의 점들을 $w = u + iv$ 평면상의 점들로 바꾸는 사상(mapping) 또는 변화(trnasformation)를 의미한다. $w = f(z)$를 잘 선택하면 $z$(또는 $w$) 공간에서는 어려운 문제가 $w$(또는 $z$) 공간에서는 쉬운 문제가 될 수 있게 바꿀 수 있다. $z$ 공간의 두 교차선 사이의 각과 $w$ 공간의 두 교차선 사이의 각이 같을 때 등각사상(conformal mapping)이라 하고 $w = f(z)$가 해석함수일 때 $f'(z) = 0$인 임계점을 제외하면 이 함수에 의한 사상은 등각사상이다.

**증명**

그림과 같이 $z$ 공간의 $z_0$에서 만나는 두 곡선 $C_1$과 $C_2$의 편각을 $\theta_1$과 $\theta_2$라 하고 대응하는 $w$ 공간의 두 곡선 $C_1^*$과 $C_2^*$의 편각을 $\phi_1$과 $\phi_2$라 하면 $f(z)$가 해석함수이므로 다음과 같다. (점선은 각각 $z_0$와 $w_0$에서의 접선)

$$\arg\left[\lim_{z \to z_0} \frac{\Delta w}{\Delta z}\right] = \arg\,[f'(z_0)] = \alpha \ \text{(유일함)} \tag{*1}$$

$w = f(z)$ 가 해석함수이면 $\alpha$는 유일하다.

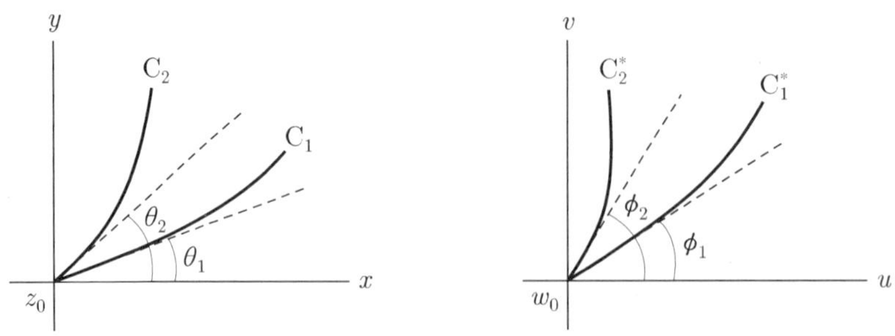


(a) $z$ 공간 (b) $w$ 공간

$\alpha \neq 0$이면 예 3.9 (b)에 의해 식 (*1)은 다음이 된다.

$$\lim_{w \to w_0} \arg[\triangle w] - \lim_{z \to z_0} \arg[\triangle z] = \alpha$$

이것은 경로에 무관하므로

$$C_1(C_1^*)\text{을 따라 접근 : } \phi_1 - \theta_1 = \alpha$$

$$C_2(C_2^*)\text{을 따라 접근 : } \phi_2 - \theta_2 = \alpha$$

이고 정리하면 다음이 된다.

$$\phi_2 - \phi_1 = \theta_2 - \theta_1 \ (\text{등각})$$

---

### 예 16.8

(a) $z = re^{i\theta}$, $w = Re^{i\phi}$로 두고 $z$ 공간을 $w = z^2$ 공간으로 사상하라.

(b) 등각사상인가?

**풀이** (a) $w = z^2 = r^2 e^{2i\theta}$이므로 $R = r^2$이고 $\phi = 2\theta$이다. 따라서 $z$ 공간에서 원점이 중심인 반지름이 $r$인 원은 $w$ 공간에서는 중심이 원점이고 반지름이 $r^2$인 원으로 사상된다.

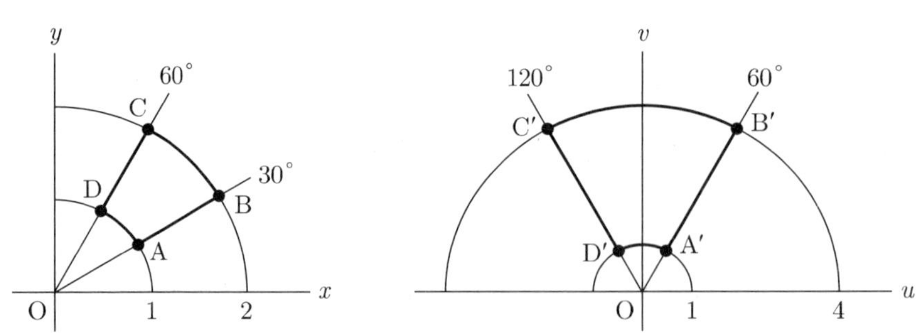

(b) 그림은 $1 \le |z| \le 2$이고 $\pi/6 \le \theta \le \pi/3$인 영역에서 $1 \le |w| \le 4$이고 $\pi/3 \le \phi \le 2\pi/3$인 영역으로의 사상을 나타낸다. $z$ 공간의 A, B, C, D 네 지점에서 두 직선(접선)의 교차선은 수직이고 $w$ 공간의 A′, B′, C′, D′ 네 지점에서 두 직선(접선)의 교차선도 수직이므로 $f'(z) = 0$인 $z = 0$ 지점을 제외하면 등각사상이다. $z$ 공간의 $z = 0$에서는 두 직선의 교각이 $\pi/6$이고 대응하는 $w$ 공간에서는 $\pi/3$이므로 등각이 아니다.

---

극좌표계에서는 $z = re^{i\theta}$이므로 다음의 함수는 $\theta_0$만큼 회전시키고 $a$배 확대한 후 $z_0$만큼 이동시키는 사상이다($a$는 실수).

$$w = f(z) = a\,e^{i\theta_0}z + z_0 = are^{i(\theta_0 + \theta)} + z_0 \tag{16.13}$$

### 예 16.9

(a) $|z| < 1$을 $|w - i| < 1/2$로 사상시키는 함수를 구하라.

(b) $-1 \le y \le 1$(수평 띠)를 $1 \le u \le 3$(수직 띠)로 사상시키는 함수를 구하라.

**풀이** (a) $f(z) = z/2 + i$ : 반지름을 $1/2$로 축소하고 중심을 $i$만큼 이동

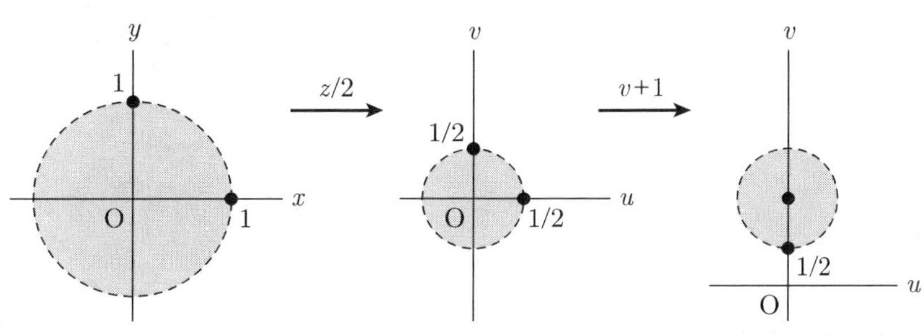


(b) $f(z) = e^{i\pi/2}z + 2 = iz + 2$ : $\pi/2$ 회전 후 2만큼 이동

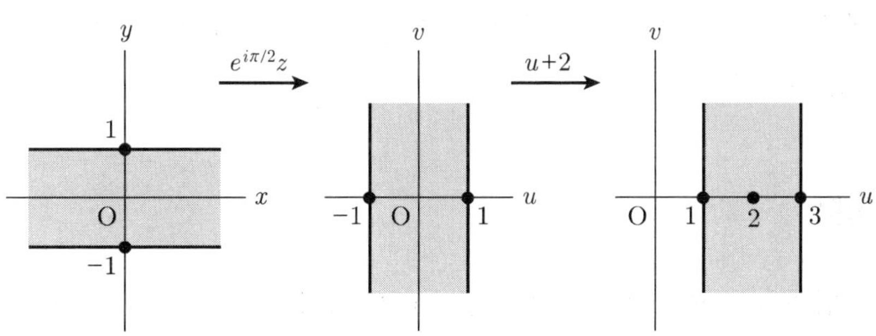


---

**예 16.10**

$f(z)=1/z$에 의해 $u=a$와 $v=b$로 사상되는 $z$ 공간의 곡선을 구하라.

**풀이**

$$f(z)=\frac{1}{z}=\frac{1}{x+iy}\cdot\frac{x-iy}{x-iy}=u+iv,\ u=\frac{x}{x^2+y^2},\ v=\frac{-y}{x^2+y^2}$$

$$u=a=\frac{x}{x^2+y^2}\ \Rightarrow \left(x-\frac{1}{2a}\right)^2+y^2=\left(\frac{1}{2a}\right)^2 \ : \text{원}$$

$$v=b=\frac{-y}{x^2+y^2}\ \Rightarrow x^2+\left(y+\frac{1}{2b}\right)^2=\left(\frac{1}{2b}\right)^2 \ : \text{원}$$

예를 들어, $a=\pm 1/2$, $b=\pm 1/2$인 경우는 다음과 같다.

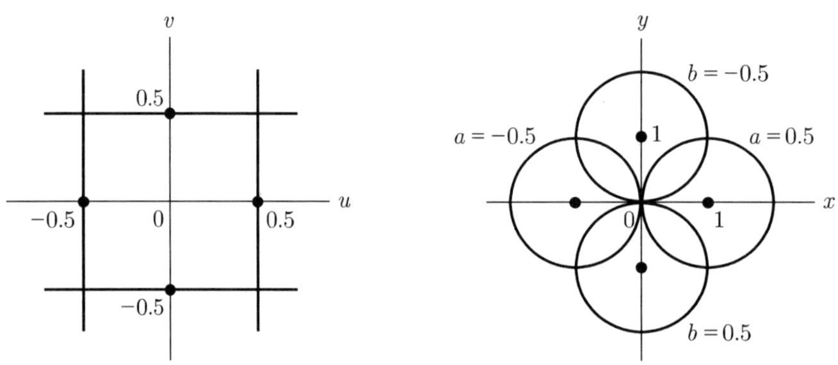


## 16.2 코시의 정리

이 절에서는 복소선적분을 소개한 후 복소적분에서 중요한 역할을 하는 코시(Cauchy)의 정리와 코시의 적분공식을 다룬다.

### (1) 복소 선적분

복소공간 내의 임의의 경로(contour 또는 path) C 위의 적분은 실함수 적분을 쪼개는 것과 같이 다음과 같이 분리할 수 있다.

$$\int_C f(z)\,dz = \int_C (u+iv)(dx+i\,dy)$$
$$= \int_C (u\,dx - v\,dy) + i\int_C (v\,dx + u\,dy) \qquad (16.14)$$

출발점과 종착점이 같은 적분을 폐경로 적분(closed contour integral)이라 하고

$$\oint_C f(z)\,dz \ (\text{폐경로 적분}) \qquad (16.15)$$

로 나타낸다. 그림 16.1과 같이 폐경로의 방향이 반시계 반향이면 +방향, 시계방향이면 −방향으로 정의하고 그림 16.2와 같이 C 안의 점들이 자기들끼리만 연결되고 C의 수축에 따라 하나의 점으로 수축될 때 C 안의 영역을 단순 연결영역이라 하고 그렇지 않으면 다중 연결영역이라 한다.

**그림 16.1** 폐경로의 방향

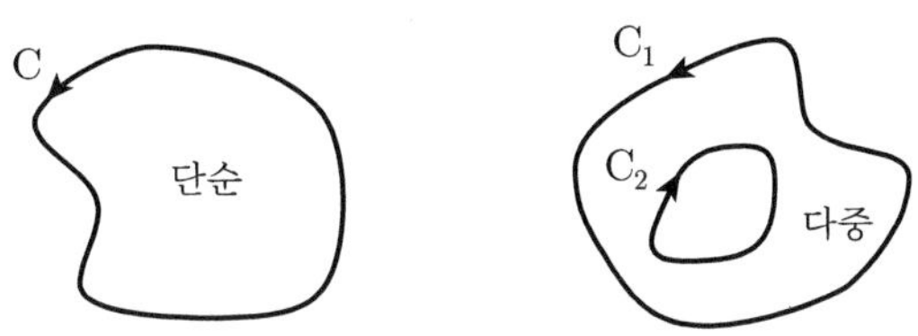


**그림 16.2** 폐경로의 영역

$f(z)$가 해석적이고 원시함수가 $F(z)$ 즉, $F'(z)=f(z)$이면 실함수 적분과 마찬가지로 다음과 같이 적분한다.

$$\int_{z_1}^{z_2} f(z)\,dz = F(z_2) - F(z_1) \qquad (16.16)$$

**예 16.11**

다음 적분을 계산하라. (c)와 (d)의 C는 그림의 경로이다.

(a) $\displaystyle\int_i^{1+i} z\,dz$ (b) $\displaystyle\int_C \frac{dz}{8i+z^2}$, C : $0 < y = x < \infty$

(c) $\displaystyle\int_C |z|^2\,dz$ (d) $\displaystyle\oint_C x\,dz$

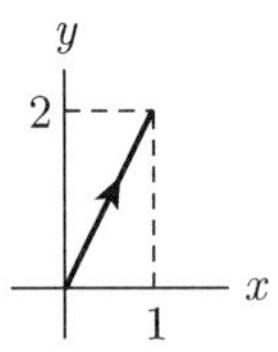


(c)

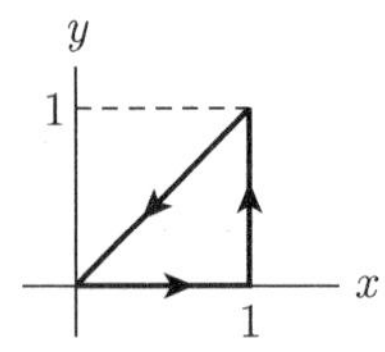


(d)

**풀이**

(a) $\displaystyle\int_i^{1+i} z\,dz = \left[\frac{z^2}{2}\right]_i^{1+i} = \frac{1}{2}\left[(1+i)^2 - i^2\right] = \frac{1}{2} + i$

(b) $\displaystyle\int_C \frac{dz}{8i+z^2} = \int_C \frac{dx+i\,dx}{8i+(x+ix)^2} = \int_0^\infty \frac{1+i}{8i+2ix^2}\,dx$

$$= \frac{1-i}{2}\int_0^\infty \frac{dx}{2^2+x^2} = \frac{1-i}{4}\left[\tan^{-1}\left(\frac{x}{2}\right)\right]_0^\infty = \frac{\pi(1-i)}{8}$$

(c) $y = 2x,\quad 0 \le x \le 1 \ \Rightarrow\ \displaystyle\int_C |z|^2 dz = \int_C (x^2+y^2)(dx+i\,dy)$

$$= \int_0^1 5x^2 dx(1+2i) = \frac{5}{3}(1+2i)$$

(d) $\displaystyle\oint_C x\,dz = \int_0^1 x\,dx + i\int_0^1 1\cdot dy + \int_1^0 x(1+i)\,dx = \frac{i}{2}$

---

### (2) 매개변수 적분

경로 C가 $a \le t \le b$의 매개변수 $t$에 대해 $x = x(t)$, $y = y(t)$로 주어지는 매끄러운 곡선일 때는 다음과 같이 적분한다. 매끄러운 곡선은 $z(t)$가 미분가능하고 그것의 도함수가 연속인 곡선을 의미한다. $\dot{z} = dz/dt$이다.

**매개변수 적분**

$$\int_C f(z)\,dz = \int_a^b f(z)\,\dot{z}\,dt \tag{16.17}$$

**증명**

$f(z) = u + iv$, $z = x + iy$, $dz = dx + i\,dy$ 이므로

$$\int_C f(z)\,dz = \int_C (u\,dx - v\,dy) + i\int_C (v\,dx + u\,dy)$$

이고 $dx=\dot{x}\,dt$, $dy=\dot{y}\,dt$이므로 다음과 같다.

$$\begin{aligned}\int_C f(z)dz &= \int_C (u\dot{x}-v\dot{y})dt + i\int_C (v\dot{x}+u\dot{y})dt \\ &= \int_a^b (u+iv)(\dot{x}+i\dot{y})dt = \int_a^b f(z)\dot{z}\,dt\end{aligned}$$

---

### 예 16.12

다음 적분들을 계산하라.

(a) $\int_C \bar{z}\,dz$, $\mathrm{C} : x=3t,\ y=t^2,\ -1\le t\le 4$

(b) $\int_C (z+3)\,dz$, $\mathrm{C} : x=2t,\ y=4t-1,\ 1\le t\le 3$

(c) $\oint_C \frac{1}{z}\,dz$, $\mathrm{C} : x=\cos t,\ y=\sin t,\ 0\le t\le 2\pi$ (반시계방향)

**풀이** (a) $z=3t+it^2$, $\dot{z}=3+2it$ :

$$\begin{aligned}\int_C \bar{z}\,dz &= \int_{-1}^{4}(3t-it^2)(3+2it)\,dt \\ &= \int_{-1}^{4}(2t^3+9t)\,dt + i\int_{-1}^{4}3t^2\,dt = 195+65i\end{aligned}$$

(b) $\dot{z}=2+4i$ :

$$\begin{aligned}\int_C (z+3)\,dz &= \int_1^3 (x+3+iy)(2+4i)\,dt = (2+4i)\int_1^3(2t+3+4it-i)\,dt \\ &= (2+4i)\left[t^2+3t+2it^2-it\right]_1^3 = (2+4i)(14+14i) = -28+84i\end{aligned}$$

(c) $z=\cos t+i\sin t=e^{it}$, $\dot{z}=ie^{it}$ :

$$\oint_C \frac{1}{z}\,dz = \int_0^{2\pi} e^{-it}\,i\,e^{it}\,dt = 2\pi i$$

---

비해석함수인 경우 식 (16.16)이 성립 안하므로 식 (16.17)을 사용해야 한다. 이 경우 적분은 양 끝점뿐만 아니라 경로에도 의존한다. 다음 예에서 확인할 수 있다.

## 예 16.13

비해석적인 함수인 $f(z)=x$에 대해(연습문제 [16.4] (a)) 그림의 경로 O에서 P까지 다음 적분을 계산하라.

(a) $\displaystyle\int_{C_1} x\,dz$

(b) $\displaystyle\int_{C_2} x\,dz$

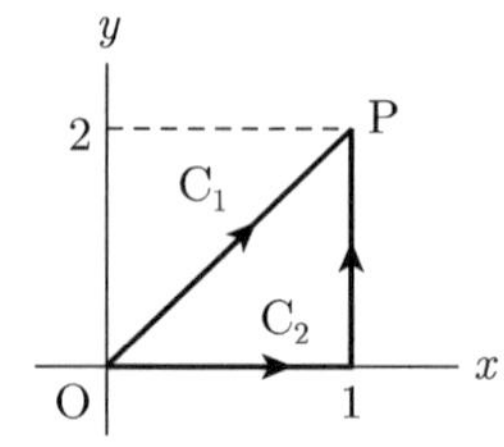


**풀이** (a) $C_1$은 $z(t)=t+2it\,(0\le t\le 1)$로 두면 $\dot{z}=1+2i$, $f(z)=x=t$이므로 다음과 같다.

$$\int_{C_1} x\,dz=\int_0^1 t(1+2i)\,dt=\frac{1}{2}+i$$

(b) 수평 부분($C_{21}$)과 수직 부분($C_{22}$)으로 분리하면

$$C_{21}\ :\ z=t\,(0\le t\le 1),\quad \dot{z}=1,\quad f(z)=x=t$$

$$C_{22}\ :\ z=1+it\ \ (0\le t\le 2),\quad \dot{z}=i,\quad f(z)=x=1$$

이므로 다음과 같이 (a)와는 다르다.

$$\int_{C_2} x\,dz=\int_0^1 t\,dt+\int_0^2 1\cdot i\,dt=\frac{1}{2}+2i$$

### (3) 코시의 정리

$f(z)$가 단순 폐경로 C 위와 내부에서 해석적이면 다음의 코시(Cauchy)의 정리를 만족한다.

**코시 정리**

$$\oint_C f(z)\,dz=0 \tag{16.18}$$

**증명**

그린 정리 [식 (12.29)]

$$\oint_C (P\,dx+Q\,dy)=\iint_S\left(\frac{\partial Q}{\partial x}-\frac{\partial P}{\partial y}\right)dx\,dy$$

를 식 (16.14)에 적용하면 다음과 같이 증명된다. S는 폐경로 C로 둘러싸인 면이고 마지막 단계에서는 식 (16.5)을 적용했다.

$$\oint_{C} f(z)\,dz = -\iint_{S}\left(\frac{\partial v}{\partial x}+\frac{\partial u}{\partial y}\right)dx\,dy$$
$$+\,i\iint_{S}\left(\frac{\partial u}{\partial x}-\frac{\partial v}{\partial y}\right)dx\,dy = 0$$

$f(z)$가 단순 폐경로 C 위와 내부에서 해석적이면 내부의 임의의 지점 $z_0$에 대해서 다음의 코시의 적분공식(Cauchy's integral formula)이 성립한다. $f^{(k)}(z_0)$는 $z_0$에서 $f(z)$의 $k$차 미분계수이다.

**코시의 적분공식**

$$\oint_{C}\frac{f(z)}{(z-z_0)^{k+1}}\,dz = \frac{2\pi i}{k!}f^{(k)}(z_0) \tag{16.19}$$

**증명**

(i) $k=0$일 때 : $z_0$를 둘러싸는 작은 원 경로(반지름 $r$, 방향 $-$) $\overline{C}$를 그리고 그림과 같이 폐경로 C(이것은 원이 아니어도 상관없음)와 무한히 좁은 왕복 경로를 통해 연결하면 왕복경로(위, 아래 화살표)를 따라 $k=0$인 (16.19)를 계산한 값은 0이다(해석적인 영역에서 적분 경로가 반대). $C+\overline{C}$ 영역(C와 $\overline{C}$로 둘러싸인 영역)은 $z_0$를 포함하지 않아 $f(z)/(z-z_0)$가 해석적인 영역이므로 코시의 정리에 의해 다음이 된다.

$$0 = \oint_{C+\overline{C}}\frac{f(z)}{z-z_0}\,dz$$
$$= \oint_{C}\frac{f(z)}{z-z_0}\,dz + \oint_{\overline{C}}\frac{f(z^*)}{z^*-z_0}\,dz^*$$

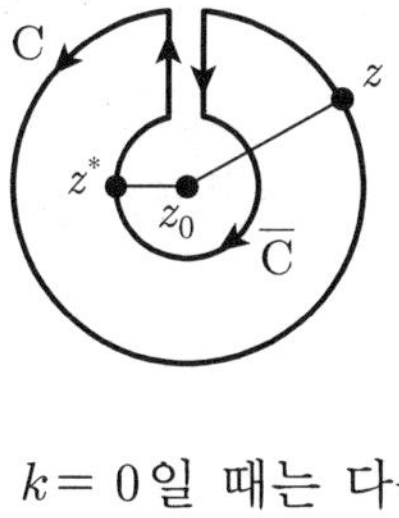


$z^*-z_0=re^{i\theta}$로 두면 $dz^*=ire^{i\theta}d\theta$이므로 $r\to 0$의 극한을 취하면 $k=0$일 때는 다음과 같이 성립한다.

$$\oint_{C}\frac{f(z)}{z-z_0}\,dz = -\lim_{r\to 0}\oint_{\overline{C}}\frac{f(z^*)}{z^*-z_0}\,dz^*$$
$$= -\lim_{r\to 0}\oint_{2\pi}^{0}\frac{f\left(z_0+r^{i\theta}\right)}{re^{i\theta}}\,ire^{i\theta}d\theta$$
$$= -f(z_0)\int_{2\pi}^{0} i\,d\theta = 2\pi i f(z_0)$$

(ii) $k \geq 1$일 때 : $k=0$일 때의 결과를 사용하면 $k=1$일 때는

$$f'(z_0) = \lim_{\triangle z \to 0} \frac{1}{\triangle z}[f(z_0 + \triangle z) - f(z_0)]$$
$$= \lim_{\triangle z \to 0} \frac{1}{2\pi i \triangle z}\left[\oint_C \frac{f(z)dz}{z-(z_0+\triangle z)} - \oint_C \frac{f(z)dz}{z-z_0}\right]$$
$$= \lim_{\triangle z \to 0} \frac{1}{2\pi i}\oint_C \frac{f(z)dz}{[z-(z_0+\triangle z)](z-z_0)} = \frac{1}{2\pi i}\oint_C \frac{f(z)dz}{(z-z_0)^2}$$

이므로 성립하고 $k=2$일 때도 $k=1$일 때의 결과를 사용하면

$$f''(z_0) = \lim_{\triangle z \to 0} \frac{1}{\triangle z}[f'(z_0 + \triangle z) - f'(z_0)]$$
$$= \lim_{\triangle z \to 0} \frac{1}{2\pi i \triangle z}\left[\oint_C \frac{f(z)dz}{\{z-(z_0+\triangle z)\}^2} - \oint_C \frac{f(z)dz}{(z-z_0)^2}\right]$$
$$= \lim_{\triangle z \to 0} \frac{1}{2\pi i \triangle z}\oint_C \frac{2(z-z_0)\triangle z f(z)dz}{\{(z-z_0)^2 - 2(z-z_0)\triangle z\}(z-z_0)^2}$$

로부터 다음과 같이 성립한다.

$$\oint_C \frac{f(z)dz}{(z-z_0)^3} = \frac{2\pi i}{2}f''(z_0)$$

같은 방법으로 계속 계산하면 $k \geq 3$일 때도 증명이 된다.

---

### 예 16.14

(a) $f(z)$가 해석적일 때 출발점과 종점이 같은 두 경로 $C_1$과 $C_2$에 대한 적분은 같음을 증명하라.

(b) 두 폐경로 $C_1$과 $C_2$ 사이의 영역($C_1$과 $C_2$ 포함)에서 해석적인 함수 $f(z)$에 대해 다음이 성립함을 증명하라.

$$\oint_{C_1} f(z)\,dz = \oint_{C_2} f(z)\,dz$$

**풀이** (a) $\overline{C}_2 = -C_2$, $C = C_1 + \overline{C}_2$에 대해

$$\oint_C f(z)\,dz = \int_{C_1} f(z)\,dz + \int_{\overline{C}_2} f(z)\,dz = 0$$

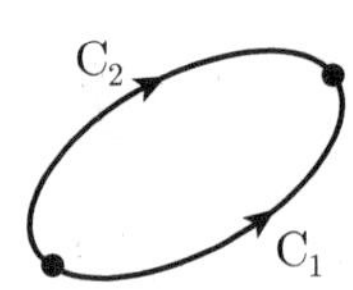

이므로 다음과 같이 증명된다.

$$\int_{C_1} f(z)\,dz = -\int_{\overline{C}_2} f(z)\,dz = \int_{C_2} f(z)\,dz$$

(b) 그림과 같이 $C_1$과 $\overline{C}_2 = -C_2$를 잇는 좁은 왕복경로를 도입하면

$$\oint_{C_1} f(z)\,dz + \oint_{\overline{C}_2} f(z)\,dz = 0$$

이므로 다음과 같이 증명된다.

$$\oint_{C_1} f(z)\,dz = -\oint_{\overline{C}_2} f(z)\,dz = \oint_{C_2} f(z)\,dz$$

---

**예 16.15**

다음 적분들을 계산하라. (폐경로는 반시계 방향)

(a) $\oint_C \left(\frac{3}{2z-1} + \frac{2}{z+3}\right) dz$, $\quad C : |z-1| = 3$

(b) $\oint_C \frac{5z+7}{z^2+2z-3}\,dz$, $\quad C : |z-1| = 3$

(c) $\oint_C \frac{\sin z}{z-\pi/2}\,dz$, $\quad C : |z| = 1$

(d) (c)에서 C가 $|z| = 2$일 때

**풀이** (a) C가 $z = -3$을 포함 안함

$$\oint_C \left(\frac{3}{2z-1} + \frac{2}{z+3}\right) dz = \frac{3}{2}\oint_C \frac{1}{z-1/2}\,dz = \frac{3}{2}\cdot 2\pi i = 3\pi i$$

(b) C가 $z = -3$을 포함 안함

$$\oint_C \frac{5z+7}{z^2+2z-3}\,dz = 3\oint_C \frac{dz}{z-1} + 2\oint_C \frac{dz}{z+3} = 3\cdot 2\pi i = 6\pi i$$

(c) C가 $z = \pi/2(>1)$을 포함 안하므로 답은 0

(d) $\oint_C \frac{\sin z}{z-\pi/2}\,dz = 2\pi i \sin\left(\frac{\pi}{2}\right) = 2\pi i$

---

**예 16.16**

다음 적분들을 계산하라.

(a) $\oint_C \frac{1}{(z-z_0)^n}\,dz \ (n=1,\ 2),\quad C : z_0$를 포함하는 단순 폐경로

(b) $\oint_C \frac{\cos(2z)}{z^5}\,dz,\quad C : |z|=1$

(c) $\oint_C \frac{z+1}{z^4+4z^3}\,dz,\quad C : |z|=1$

**풀이** (a) $\oint_C \frac{1}{(z-z_0)}\,dz = 2\pi i,\quad \oint_C \frac{1}{(z-z_0)^2}\,dz = 2\pi i\left[\frac{d}{dz}(1)\right]_{z=0} = 0$

(b) $\oint_C \frac{\cos(2z)}{z^5}\,dz = \frac{2\pi i}{4!}\left[\frac{d^4}{dz^4}\cos(2z)\right]_{z=0} = \frac{2\pi i}{4!}\,2^4(-1)^2 = \frac{4\pi i}{3}$

(c) C가 $z=-4$를 포함 안함

$$\oint_C \frac{z+1}{z^4+4z^3}\,dz = \oint_C \frac{(z+1)/(z+4)}{z^3}\,dz = \frac{2\pi i}{2!}\left[\frac{d^2}{dz^2}\left(\frac{z+1}{z+4}\right)\right]_{z=0}$$
$$= \pi i\left[\frac{d}{dz}\left\{\frac{z+4-z-1}{(z+4)^2}\right\}\right]_{z=0} = 3\pi i\left[\frac{-2}{(z+4)^3}\right]_{z=0} = -\frac{3\pi i}{32}$$

## 16.3 복소 급수전개

여기서는 복소함수를 해석적인 영역에서 무한급수로 전개하는 방법을 다룬다. 폐곡선 C의 방향은 반시계 방향으로 정하고 $\overline{C}$의 경로는 C와 같고 방향은 반대(시계 방향)이다. 여기서는 편의상 C를 원궤도로 선택하지만 해석적인 영역에서는 일반적으로 다른 모양이어도 된다.

**준비**

$|z|<1$인 경우 $(1-z)^{-1}$를

$$\frac{1}{1-z} = 1+\frac{z}{1-z} = 1+z\left(1+\frac{z}{1-z}\right)$$
$$= 1+z+z^2\left(1+\frac{z}{1-z}\right) = 1+z+z^2+z^3+\cdots \tag{16.20}$$

로 전개하면 다음과 같다.

(a) $|z^* - z_0| > |z - z_0|$일 때

$$\frac{1}{z^* - z} = \frac{1}{z^* - z_0}\left(1 - \frac{z - z_0}{z^* - z_0}\right)^{-1}$$

$$= \frac{1}{z^* - z_0}\left[1 + \frac{z - z_0}{z^* - z_0} + \left(\frac{z - z_0}{z^* - z_0}\right)^2 + \cdots\right] \quad (16.21a)$$

(b) $|z^* - z_0| < |z - z_0|$일 때

$$\frac{1}{z - z^*} = \frac{1}{z - z_0}\left(1 - \frac{z^* - z_0}{z - z_0}\right)^{-1}$$

$$= \frac{1}{z - z_0}\left[1 + \frac{z^* - z_0}{z - z_0} + \left(\frac{z^* - z_0}{z - z_0}\right)^2 + \cdots\right] \quad (16.21b)$$

### (1) 로랑 급수전개

$z_0$를 중심으로 하는 원 $C_1$ 위와 그 안에 있는 동심원 $C_2$ 위 그리고 두 원 사이의 모든 점 $z$에서 해석적인 함수 $f(z)$는 다음과 같이 전개할 수 있다. 이것을 로랑(Laurent) 급수전개라 한다.

**로랑 급수전개**

$$f(z) = \sum_{m=0}^{\infty} a_m (z - z_0)^m + \sum_{n=1}^{\infty} \frac{b_n}{(z - z_0)^n} \quad (16.22)$$

= **해석부**(analytic part) + **주치부**(principal part)

$a_m$과 $b_n$은 다음과 같다.

$$a_m = \frac{1}{2\pi i}\oint_{C_1} \frac{f(z^*)\,dz^*}{(z^* - z_0)^{m+1}} = \frac{f^{(m)}(z_0)}{m!} \quad (16.23)$$

$$b_n = \frac{1}{2\pi i}\oint_{C_2} (z^* - z_0)^{n-1} f(z^*)\,dz^* \quad (16.24)$$

$z^*$는 $a_m$에서는 $C_1$ 위에 있고 $b_n$에서는 $C_2$ 위에 있다. 모든 $b_n$이 0이면 $f(z)$는 $z=z_0$에서 해석적이고 $z=z_0$는 정칙점(regular point)이 된다.

**증명**

그림과 같이 경로 $C_2$를 반대로 그린 경로를 $\overline{C}_2$라 하고 $C_1$과 $\overline{C}_2$를 연결하는 무한히 좁은 간격의 왕복 경로를 그리면 $C_1+\overline{C}_2$ 영역은 해석적인 영역이 된다.

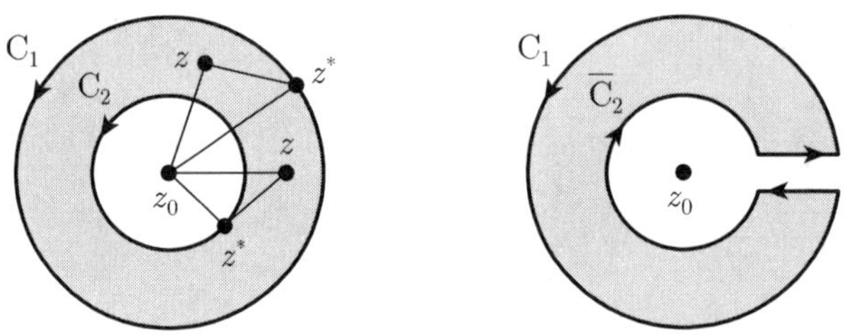


따라서 $C_1+\overline{C}_2$ 위의 $z^*$와 내부의 $z$에 대해 식 (16.19)을 적용하고 구간을 분리하면 다음이 된다.

$$2\pi i f(z)=\oint_{C_1+\overline{C}_2}\frac{f(z^*)}{z^*-z}dz^*=\oint_{C_1}+\oint_{\overline{C}_2}=\oint_{C_1}-\oint_{C_2}$$

$$=\oint_{C_1}\frac{f(z^*)}{z^*-z}dz^*+\oint_{C_2}\frac{f(z^*)}{z-z^*}dz^*$$

첫 째 항에서는 $|z^*-z_0|>|z-z_0|$이고 둘째 항에서는 $|z^*-z_0|<|z-z_0|$이므로 (16.21)로부터 다음이 된다.

$$2\pi i f(z)=\oint_{C_1}f(z^*)dz^*\left[\frac{1}{z^*-z_0}+\frac{z-z_0}{(z^*-z_0)^2}+\frac{(z-z_0)^2}{(z^*-z_0)^3}+\cdots\right]$$

$$+\oint_{C_2}f(z^*)dz^*\left[\frac{1}{z-z_0}+\frac{z^*-z_0}{(z-z_0)^2}+\frac{(z^*-z_0)^2}{(z-z_0)^3}+\cdots\right]$$

따라서 코시의 적분공식[식 (16.19)]을 적용하면 다음과 같이 증명된다.

$$f(z)=f(z_0)+(z-z_0)f'(z_0)+(z-z_0)^2\frac{f''(z_0)}{2!}+\cdots$$

$$+\frac{1}{2\pi i}\left[\frac{1}{z-z_0}\oint_{C_2}f(z^*)dz^*\right.$$

$$\left.+\frac{1}{(z-z_0)^2}\oint_{C_2}(z^*-z_0)f(z^*)dz^*+\cdots\right]$$

식 (16.22)의 수렴구간은 실수 급수의 비판정법(ratio test)을 적용하여 구할 수 있다(7.2절). 이것은 급수 $\sum_{k=1} z_k$에 대해 다음과 같고 $L=1$일 때는 다른 방법을 적용해야한다. 수렴구간 안에서의 식 (16.22)을 유효 로랑급수라 한다.

$$\lim_{n\to\infty}\left|\frac{z_{n+1}}{z_n}\right| = L\begin{cases} <1\,(\text{수렴}) \\ >1\,(\text{발산}) \\ =1\,(\text{알 수 없음}) \end{cases} \tag{16.25}$$

### 예 16.17

다음 급수의 수렴구간을 구하라.

$$f(z) = 1 + \frac{z}{2} + \frac{z^2}{4} + \cdots + \left(\frac{z}{2}\right)^n + \cdots$$
$$+ \frac{2}{z} + 4\left[\frac{1}{z^2} - \frac{1}{z^3} + \cdots + \frac{(-1)^n}{z^n} + \cdots\right]$$

**풀이**

$$\text{첫 항}: \lim_{n\to\infty}\left|\frac{(z/2)^{n+1}}{(z/2)^n}\right| = \left|\frac{z}{2}\right| < 1 \Rightarrow |z| < 2$$

$$\text{둘째 항}: \lim_{n\to\infty}\left|\frac{1/z^{n+1}}{1/z^n}\right| = \left|\frac{1}{z}\right| < 1 \Rightarrow |z| > 1$$

이므로 수렴 구간은 $1 < |z| < 2$이고 이것은 $z = 0$ 을 포함하지 않는다.

### 예 16.18

다음 함수들의 유효 로랑급수들을 구하라.

(a) $\dfrac{1}{1-z}$　　(b) $\dfrac{1}{1-z} + \dfrac{1}{2-z}$

**풀이**

(a) $|z| < 1$ : $\dfrac{1}{1-z} = 1 + z + z^2 + z^3 + \cdots = \sum_{m=0} z^m$

$|z| > 1$ : $\dfrac{1}{1-z} = \dfrac{-1/z}{1-1/z} = -\dfrac{1}{z}\left(1 + \dfrac{1}{z} + \dfrac{1}{z^2} + \cdots\right)$

(b) $\dfrac{1}{2-z} = \dfrac{1/2}{1-z/2} = \dfrac{1}{2}\left[1 + \dfrac{z}{2} + \left(\dfrac{z}{2}\right)^2 + \cdots\right]$ : $|z| < 2$

$\dfrac{1}{2-z} = \dfrac{-1/z}{1-2/z} = -\dfrac{1}{z}\left[1 + \dfrac{2}{z} + \left(\dfrac{2}{z}\right)^2 + \cdots\right]$ : $|z| > 2$

[답] $|z| < 1$ : $\sum_{m=0} z^m + \dfrac{1}{2}\sum_{n=0}\left(\dfrac{z}{2}\right)^n$

$$1<|z|<2 \ : \ -\frac{1}{z}\sum_{m=0}\left(\frac{1}{z}\right)^m+\frac{1}{2}\sum_{n=0}\left(\frac{z}{2}\right)^n$$

$$|z|>2 \ : \ -\frac{1}{z}\sum_{m=0}\left(\frac{1}{z}\right)^m-\frac{1}{z}\sum_{n=0}\left(\frac{2}{z}\right)^n$$

### (2) 테일러 급수전개

식 (16.22)에서 $f(z)$가 $C_2$ 안에서도 해석적이면 $f(z)$는 $C_1$ 위와 안에서 해석적이므로 코시의 정리 [식 (16.18)]에 의해 식 (16.24)의 $b_n=0$이 되고 해석부만 남는다. 이것을 테일러 급수전개라 하고 $z_0=0$이면 매클로린(Maclaurin) 급수라 한다.

**테일러 급수전개**

$$f(z)=\sum_{m=0}^{\infty}\frac{(z-z_0)^m}{m!}f^{(m)}(z_0) \tag{16.26}$$

: 해석적인 영역 안의 점 $z_0$에서 $f(z)$의 테일러 급수전개

전 영역에서 수렴하는 대표적인 초월함수의 매클로린 급수전개는 다음과 같다.

$$e^z=\sum_{m=0}^{\infty}\frac{z^m}{m!}=1+\frac{z}{1!}+\frac{z^2}{2!}+\frac{z^3}{3!}+\cdots \tag{16.27}$$

$$\cos z=\sum_{m=0}^{\infty}(-1)^m\frac{z^{2m}}{(2m)!}=1-\frac{z^2}{2!}+\frac{z^4}{4!}-\frac{z^6}{6!}+\cdots \tag{16.28}$$

$$\sin z=\sum_{m=0}^{\infty}(-1)^m\frac{z^{2m+1}}{(2m+1)!}=z-\frac{z^3}{3!}+\frac{z^5}{5!}-\frac{z^7}{7!}+\cdots \tag{16.29}$$

**증명**

(i) $f(z)=e^z=f'(z)=f''(z)=f'''(z)=\cdots$

$$\lim_{n\to\infty}\left|\frac{z^{n+1}/(n+1)!}{z^n/n!}\right|=\lim_{n\to\infty}\frac{z}{n+1}=0$$

(ii) $(\cos z)'=-\sin z,\quad (\cos z)''=-\cos z,\quad (\cos z)'''=\sin z,\quad \cdots$

$$\cos 0=1,\quad (\cos z)'_0=0,\quad (\cos z)''_0=-1,\quad (\cos z)'''_0=0,\quad \cdots$$

$$\lim_{n\to\infty}\left|\frac{z^{2n+2}/(2n+2)!}{z^{2n}/(2n)!}\right|=\lim_{n\to\infty}\frac{z^2}{(2n+2)(2n+1)}=0$$

(iii) $(\sin z)'=\cos z,\quad (\sin z)''=-\sin z,\quad (\sin z)'''=-\cos z,\quad \cdots$

$$\sin 0=0,\ (\sin z)'_0=1,\quad (\sin z)''_0=0,\quad (\sin z)'''_0=-1,\quad \cdots$$

$$\lim_{n\to\infty}\left|\frac{z^{2n+3}/(2n+3)!}{z^{2n+1}/(2n+1)!}\right|=\lim_{n\to\infty}\frac{z^2}{(2n+3)(2n+2)}=0$$

---

## 예 16.19

(a) $\mathrm{Ln}(1+z)$의 매클로린 급수를 구하고 수렴구간을 구하라.

(b) $f(z)=1/z$을 $z_0=1$에서 테일러 급수로 전개하라.

(c) $f(z)=e^z$를 $z_0=2i$에서 테일러 급수로 전개하라.

**풀이** (a) $[\mathrm{Ln}(1+z)]'=\dfrac{1}{1+z},\qquad [\mathrm{Ln}(1+z)]''=-\dfrac{1}{(1+z)^2}$

$$[\mathrm{Ln}(1+z)]'''=\frac{2!}{(1+z)^3},\qquad [\mathrm{Ln}(1+z)]''''=\frac{-(3!)}{(1+z)^4},\quad \cdots$$

$$\mathrm{Ln}(1+z)=\sum_{m=0}\frac{z^m}{m!}f^{(m)}(0)=z-\frac{z^2}{2}+\frac{z^3}{3}-\cdots$$

$$\lim_{n\to\infty}\left|\frac{z^{n+1}/(n+1)}{z^n/n}\right|=|z|<1$$ 일 때 수렴

(b) $f'(z)=-\dfrac{1}{z^2},\ f''(z)=\dfrac{2!}{z^3},\ f'''(z)=-\dfrac{3!}{z^4},\ \cdots$

$$f(z)=\sum_{m=0}^{\infty}\frac{(z-z_0)^m}{m!}f^{(m)}(z_0)=\sum_{m=0}(-1)^m(z-1)^m$$

(c) $f(z)=f'(z)=f''(z)=\cdots=e^z$

$$f(z)=\sum_{m=0}^{\infty}\frac{(z-z_0)^m}{m!}f^{(m)}(z_0)=e^{2i}\sum_{m=0}\frac{(z-2i)^m}{m!}$$

---

## 16.4 유수정리와 실함수 적분

이 절에서는 복소함수의 특이점, 유수, 유수정리를 다룬 후 복소적분을 사용하여 실함수 적분을 계산하는 방법을 다룬다.

### (1) 특이점과 유수

$f(z)$가 $z_0$에서 해석적이 아닐 때 $z_0$를 $f(z)$의 특이점(singularity)라 하고 $z_0$ 근방에 다른 특이점이 없을 때 $z_0$를 고립 특이점(isolated singularity)이라 한다. 예를 들어, $\tan z$는 $z = \pm\pi/2$, $\pm 3\pi/2$, $\cdots$에서 고립 특이점을 갖고 $\tan(1/z)$는 $z = 0$에서 비고립 특이점을 갖는다. 함수 $f(z)$의 고립 특이점 $z_0$ 근방에서의 값은 식 (16.22)로부터 식 (16.30)과 같이 로랑급수로 전개할 수 있다.

$$
\begin{aligned}
f(z) &= \text{해석부} + \text{주치부} \\
&= \sum_{n=0}^{\infty} a_n (z-z_0)^n + \sum_{n=1}^{m} \frac{b_n}{(z-z_0)^n}
\end{aligned}
\tag{16.30}
$$

여기서 $1/(z-z_0)$의 계수 $b_1$을 $z_0$에서의 유수(residue)라 한다. 만약 주치부에 있는 음의 멱(power)의 최댓값 $m$이 무한대일 때 $z_0$을 진성 특이점(essential singularity), $m = 1$일 때 $z_0$을 단순극(single pole), $m$이 유한할 때 $z_0$을 $m$ 위의 극(m−th order pole)이라 한다.

**예 16.20**

$f(z) = 3(z-3)^2 + \dfrac{5}{z-2} + \dfrac{3}{(z-2)^2}$일 때

(a) $z = 2$는 어떤 특이점인가?

(b) $z = 2$와 $z = 3$에서의 유수를 구하라.

**풀이** (a) $m = 2$ (2 위의 극)

(b) $z = 2$의 유수는 5이고 $z = 3$의 유수는 0이다.

---

$z_0$가 식 (16.30)과 같이 주어지는 고립 특이점이면 $\lim_{z \to z_0} |f(z)| = \infty$이고 해석함수 $g(z)$가 $g(z_0) = 0$, $g'(z_0) = 0$, $\cdots$, $g^{(n-1)}(z_0) = 0$이지만 $g^{(n)}(z_0) \neq 0$이면 $z_0$는 $g(z)$의 $n$ 위의 영점(zero)이라 한다. 이 경우 $f(z) = 1/g(z)$는 $n$ 위의 극이 된다.

**예 16.21**

$f(z)=\dfrac{1}{g(z)}=\dfrac{1}{(z-2)^2}$일 때 $z=2$의 영점과 극을 판별하고 유수를 구하라.

**풀이** $g(z)=(z-2)^2$, $g'(z)=2(z-2)$, $g''(z)=2$로부터

$$g(2)=g'(2)=0,\ g''(2)=2\neq 0$$

이므로 $z=2$는 $g(z)$의 2 위의 영점이고 $f(z)$의 2 위의 극이다. 유수는 0이다.

### (2) 유수 구하기

$z_0$가 $f(z)$의 $m$ 위의 극이면 $z=z_0$에서의 유수는 다음과 같다. 위 첨자 $(m-1)$은 $(m-1)$차 도함수를 의미한다.

**유수 구하기**

$$b_1=\frac{1}{(m-1)!}\lim_{z\to z_0}\left[(z-z_0)^m f(z)\right]^{(m-1)} \tag{16.31}$$

**증명**

식 (16.30)의 양변에 $(z-z_0)^m$을 곱하면

$$(z-z_0)^m f(z)=\sum_{n=0}^{\infty}a_n(z-z_0)^{m+n}+\sum_{n=1}^{m}b_n(z-z_0)^{m-n}$$

이 되고 이것을 $(m-1)$번 미분하고 $z\to z_0$를 취하면 다음과 같다.

$$\lim_{z\to z_0}\left[(z-z_0)^m f(z)\right]^{(m-1)}=0+b_1(m-1)!+0$$

**예 16.22**

$f(z)$가 $f(z)=p(z)/q(z)$의 형태일 때 $p(z_0)\neq 0$이고 $q(z)$가 단순 영점 즉, $f(z)$에는 단순극만 있을 때 유수는 다음과 같음을 증명하라.

$$b_1=\lim_{z\to z_0}\frac{p(z)}{q'(z_0)} \tag{16.32}$$

**풀이** $z=z_0$에서 $q(z)$를 테일러급수로 전개하면

$$q(z)=q(z_0)+(z-z_0)q'(z_0)+\frac{(z-z_0)^2}{2!}q''(z_0)+\cdots \qquad (*1)$$

이고 $q(z_0)=0$이다. 한편, 식 (16.31)에서 $m=1$이면

$$b_1=\lim_{z\to z_0}(z-z_0)f(z)$$

이므로 여기에 식 (*1)을 대입하면 다음과 같다.

$$\begin{aligned}b_1&=\lim_{z\to z_0}\frac{(z-z_0)p(z)}{(z-z_0)[q'(z_0)+(z-z_0)q''(z_0)/2!+\cdots]}\\&=\lim_{z\to z_0}\frac{p(z)}{q'(z_0)}\end{aligned}$$

---

**예 16.23**

(a) $f(z)=\dfrac{5z+i}{z(z^2+1)}$의 $z_0=i$에서의 유수를 구하라.

(b) $f(z)=\dfrac{5z}{(z+4)(z-1)^2}$의 모든 유수들을 구하라.

**풀이** (a) $f(z)=\dfrac{5z+i}{z(z+i)(z-i)}$

(16.31) : $b_1=\lim\limits_{z\to i}(z-i)f(z)=\dfrac{5i+i}{i(i+i)}=-3i$

(16.32) : $b_1=\lim\limits_{z\to i}\dfrac{p(z)}{q'(z)}=\lim\limits_{z\to i}\dfrac{5z+i}{3z^2+1}=-3i$

(b) $b_1(-4)=\lim\limits_{z\to -4}(z+4)f(z)=\lim\limits_{z\to -4}\dfrac{5z}{(z-1)^2}=-0.8$

$$\begin{aligned}b_1(1)&=\lim_{z\to 1}\frac{d}{dz}[(z-1)^2f(z)]=\lim_{z\to 1}\frac{d}{dz}\left(\frac{5z}{z+4}\right)\\&=\lim_{z\to 1}\frac{5(z+4)-5z}{(z+4)^2}=0.8\end{aligned}$$

---

## (3) 유수 정리

$f(z)$가 반시계 방향의 폐경로 C 안의 특이점 $z_0$를 제외하고 C 위와 안에서 해석적일 때 식 (16.24)에

서 $n=1$을 대입하면 다음과 같다. 이것을 유수정리(residue theorem)라 한다.

**유수정리**

$$\oint_C f(z)\,dz = 2\pi i \sum b_1 \tag{16.33}$$

$\sum b_1$은 $z_0$가 여러 개일 때 $z=z_0$에서의 유수의 합을 의미하고 $\sum b_1 = 0$이면 식 (16.18)의 코시의 정리가 된다.

**예 16.24**

예 16.23 (b)의 $f(z)$에 대해 $\oint_C f(z)\,dz$를 계산하라.

**풀이** C가 $z_0=1,\ -4$를 포함하지 않으면 0, $z_0=1$, $z_0=-4$ 중 하나만 포함하면

$$\oint_C f(z)\,dz = 2\pi i b_1(1) = \frac{8\pi i}{5}$$

$$\oint_C f(z)\,dz = 2\pi i b_1(-4) = -\frac{8\pi i}{5}$$

이고 $z_0=1,\ -4$ 둘 다 포함하면 이 둘의 합이므로 0이다.

### (4) 실함수 적분

유수정리는 다음과 같은 실함수 적분을 계산하는데 응용할 수 있다.

$$I=\int_{-\infty}^{\infty} f(x)\,dx \tag{16.34}$$

여기서 다음의 조건이 충족되어야 한다.

(1) $f(x)$는 $f(x)=p(x)/q(x)$ 형태의 유리 실함수이어야 한다.
(2) $g(x)=0$의 실수근은 없다.
(3) $g(x)$의 차수는 $p(x)$의 차수보다 2차 이상 높다.

이 조건이 만족되면 식 (16.34)의 적분은 다음과 같이 주어진다.

**실함수 적분**

$$\int_{-\infty}^{\infty} f(x)\,dx = 2\pi i \sum b_1 \tag{16.35}$$

$b_1$ : 상반평면내에서 $f(z)$의 유수

**증명**

폐경로 C를 그림과 같이 상반원 경로로 선택하면 적분구간을 다음과 같이 쪼갤 수 있고 좌변은 유수정리로부터 $2\pi i \sum b_1$이다.

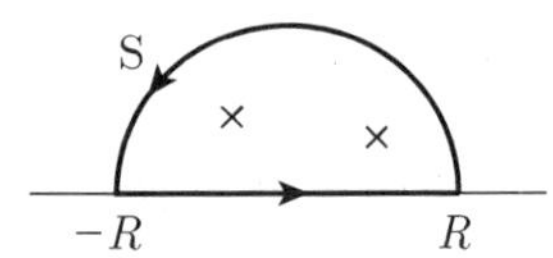


$$\oint_C f(z)\,dz = \int_{-R}^{R} f(x)\,dx + \int_S f(z)\,dz$$

우변 둘째 항은 $z = Re^{i\theta}$로 선택하면 $q(z)$의 차수가 $p(z)$의 차수보다 2차 이상 크므로 적당히 큰 상수 $\alpha$에 대해 $|p(z)/q(z)|$의 최댓값은 $\alpha/R^2$이고 반원호의 길이는 $\pi R$이므로 $R \to \infty$일 때 다음과 같이 0이다.

$$\lim_{R\to\infty}\left|\int_S f(z)\,dz\right| = \lim_{R\to\infty}\left|\int_S \frac{p(z)}{q(z)}\,dz\right|$$
$$\le \lim_{R\to\infty}\left|\frac{\alpha}{R^2}\pi R\right| \to 0$$

**예 16.25**

복소적분을 사용하여 적분 $I = \int_{-\infty}^{\infty} \frac{dx}{x^2 + a^2}$를 계산하고($a$는 실상수) 직접 계산한 값과 비교하라.

**풀이** 조건 (1), (2), (3)을 모두 만족하므로 식 (16.35)를 적용할 수 있다. 피적분 함수를 복소수 함수로 나타내면

$$f(z) = \frac{1}{z^2 + a^2} = \frac{1}{(z - ai)(z + ai)}$$

이므로 특이점과 유수는 다음과 같다.

$$z_0 = ai,\ \ b_1 = \lim_{z\to ai} \frac{1}{z + ai} = \frac{1}{2ai}$$

$$z_0 = -ai,\ b_1 = \lim_{z\to -ai} \frac{1}{z-ai} = -\frac{1}{2ai}$$

따라서 $z_0 = -ai$ 는 하반부에 있으므로 버리면 결과는 다음과 같다.

$$I = \int_{-\infty}^{\infty} \frac{dx}{x^2+a^2} = 2\pi i \sum b_1 = \frac{2\pi i}{2ai} = \frac{\pi}{a}$$

삼각적분법을 사용하여 직접 계산하면 다음과 같이 결과는 같다.

$$I = \int_{-\infty}^{\infty} \frac{dx}{x^2+a^2} = 2\left[\frac{1}{a}\tan^{-1}\left(\frac{x}{a}\right)\right]_0^{\infty} = \frac{\pi}{a}$$

### (5) 삼각함수 적분

실함수 적분이 $\cos\theta$나 $\sin\theta$를 포함하는 다음의 적분을 고려한다.

$$I = \int_0^{2\pi} f(\cos\theta,\ \sin\theta)\,d\theta \tag{16.36}$$

반지름이 1인 단위 원을 C로 선택하면

$$z = e^{i\theta} = \cos\theta + i\sin\theta,\quad z^{-1} = e^{-i\theta} = \cos\theta - i\sin\theta$$

$$\cos\theta = \frac{1}{2}\left(z+\frac{1}{z}\right),\quad \sin\theta = \frac{1}{2i}\left(z-\frac{1}{z}\right),\quad d\theta = \frac{1}{iz}dz \tag{16.37}$$

이므로 식 (16.36)은 다음과 같이 복소적분으로 변환할 수 있다.

$$I = \oint_C f(z)\frac{dz}{iz} \tag{16.38}$$

**예 16.26**

복소적분을 사용하여 적분 $I = \int_0^{2\pi} \frac{d\theta}{\sqrt{2}-\cos\theta}$ 를 계산하라.

**풀이** $z$의 함수로 고치면

$$I = \frac{1}{i}\oint_C \frac{1}{\sqrt{2}-(z+z^{-1})/2}\cdot\frac{dz}{z} = 2i\oint_C \frac{1}{z^2-2\sqrt{2}z+1}dz$$

$$= 2i\oint_C \frac{dz}{[z-(\sqrt{2}+1)][z-(\sqrt{2}-1)]}$$

이므로 특이점과 유수는

$$z_0 = \sqrt{2} - 1, \quad b_1 = \lim_{z \to \sqrt{2}-1} \frac{1}{z - (\sqrt{2}+1)} = -\frac{1}{2}$$

$$z_0 = \sqrt{2} + 1, \quad b_1 = \lim_{z \to \sqrt{2}+1} \frac{1}{z - (\sqrt{2}-1)} = \frac{1}{2}$$

이다. 따라서 $z_0 = \sqrt{2}+1$은 단위원 밖에 있으므로 버리면 결과는 다음과 같다.

$$I = 2i(2\pi i)\sum b_1 = 2\pi$$

## (6) 푸리에 적분

$a > 0$일 때 $\cos(ax)$와 $\sin(ax)$를 포함하는 적분은 다음과 같이 계산한다.

$$\int_{-\infty}^{\infty} f(x)\cos(ax)\,dx = -2\pi \sum \mathrm{Im}\left[b_1\{f(z)e^{iaz}\}\right] \tag{16.39}$$

$$\int_{-\infty}^{\infty} f(x)\sin(ax)\,dx = 2\pi \sum \mathrm{Re}\left[b_1\{f(z)e^{iaz}\}\right] \tag{16.40}$$

여기서 Re는 실수부분(real part of), Im은 허수부분(imaginary part of)을 의미하고 $\sum b_1$은 상반평면에 있는 유수들의 합이다.

**증명**

식 (16.35)의 증명과 같이 반지름이 $R$인 반원을 고려하면

$$\oint f(z)e^{iaz}dz = \int_{-R}^{R} f(x)e^{iax}dx + \int_S f(z)e^{iaz}dz \tag{*1}$$

이고 $|e^{iaz}| = |e^{ia(x+iy)}| = |e^{iax}| \cdot |e^{-ay}| = e^{-ay} \le 1$이므로

$$|f(z)e^{iaz}| \le |f(z)| \cdot |e^{iaz}| \le |f(z)|$$

이다. 따라서 $R \to \infty$일 때

$$\int_S |f(z)e^{iaz}|dz \le \int_S |f(z)|dz = 0$$

이므로 식 (*1)로부터

$$\int_{-\infty}^{\infty} f(x)\, e^{iax}\, dx = \oint f(z)\, e^{iaz}\, dz = 2\pi i b_1 \{f(z)\, e^{iaz}\}$$

이 되고 $e^{iaz} = \cos(az) + i\sin(az)$을 고려하면 결과가 된다.

---

**예 16.27**

$a > 0$, $k > 0$에 대해 다음을 계산하라.

(a) $\displaystyle\int_{-\infty}^{\infty} \frac{\cos(ax)}{x^2 + k^2}\, dx$ (b) $\displaystyle\int_{-\infty}^{\infty} \frac{\sin(ax)}{x^2 + k^2}\, dx$

**풀이** $b_1\left\{\dfrac{e^{iaz}}{z^2 + k^2}\right\} = b_1\left\{\dfrac{e^{iaz}}{(z+ik)(z-ik)}\right\} = \dfrac{e^{iaik}}{2ik} = -i\,\dfrac{e^{-ak}}{2k}$

(a) $\displaystyle\int_{-\infty}^{\infty} \frac{\cos(ax)}{x^2 + k^2}\, dx = -2\pi\left(-\frac{e^{-ak}}{2k}\right) = \frac{\pi}{k}\, e^{-ak}$

(b) $\displaystyle\int_{-\infty}^{\infty} \frac{\sin(ax)}{x^2 + k^2}\, dx = 0$

---

### (7) 코시의 주값

$f(x)$가 $x = c$에서 발산할 때 $a < c < b$에 대해

$$\lim_{\epsilon \to 0} \int_{a}^{c-\epsilon} f(x)\, dx + \lim_{\epsilon \to 0} \int_{c+\epsilon}^{b} f(x)\, dx \tag{16.41}$$

은 각 항의 극한값이 존재하지 않아도 전체 극한값이 존재하면 적분 $\int_a^b f(x)\, dx$이고 코시(Cauchy) 주값(principal value : PV)이라 한다.

$$\mathrm{PV}\left[\int_a^b f(x)\, dx\right] = \lim_{\epsilon \to 0} \int_{a}^{c-\epsilon} f(x)\, dx + \lim_{\epsilon \to 0} \int_{c+\epsilon}^{b} f(x)\, dx \tag{16.42}$$

이것은 6.2절의 이상적분과 같고 여기서는 식 (16.42)을 복소함수로 구하는 것을 다룬다. $f(z)$가 실수축 상의 한 점 $z = c$에서 단순극을 갖는 경우 그림의 경로 C(반원)와 $f(z)$의 유수 $b_1$에 대해 다음과 같다.

$$\lim_{r \to 0} \int_{\mathrm{C}} f(z)\, dz = \pi i\, b_1 \tag{16.43}$$

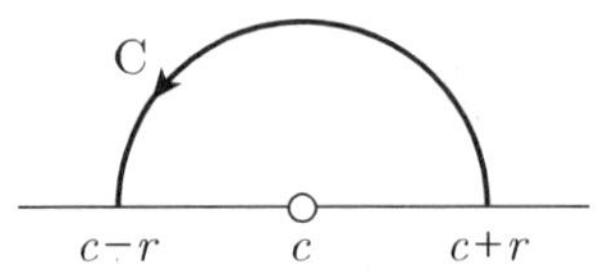


**그림 16.3** 식 (16.43)

**증명**

$f(z)$가 $z=c$에서 단순극을 갖는 경우 로랑급수는 다음과 같다.

$$f(z)=\frac{b_1}{z-c}+g(z)$$

$g(z)$는 반원과 $x$축 사이에서 해석적인 함수이다. 따라서 $z=c+re^{i\theta}$로 두면

$$\int_{\mathrm{C}} f(z)\,dz=\int_0^{\pi}\frac{b_1}{re^{i\theta}}\,ire^{i\theta}d\theta+\int_{\mathrm{C}} g(z)\,dz$$

이고 두 번째 항은 반원상에서 $g(z)$의 최댓값을 $M$이라 하면

$$\int_{\mathrm{C}} g(z)\,dz\le M\pi r$$

이므로 $r\to 0$일 때 0이다.

따라서 식 (16.42)는 다음이 된다.

$$\mathrm{PV}\int_{-\infty}^{\infty} f(x)\,dx=2\pi i\sum b_1+\pi i\sum b_{1x} \qquad (16.44)$$

$\sum b_1$은 상반평면에 있는 유수들의 합이고 $\sum b_{1x}$는 실수축 위에 있는 유수들의 합이다.

**증명**

그림과 같이 폐경로 C를 네 구간으로 쪼개면 다음과 같다.

$$\oint_{\mathrm{C}} f(z)\,dz=\int_{\mathrm{S}} f(z)\,dz+\int_{-R}^{c-r} f(z)\,dz+\int_{c+r}^{R} f(z)\,dz+\int_{\mathrm{C}'} f(z)\,dz \qquad (*1)$$

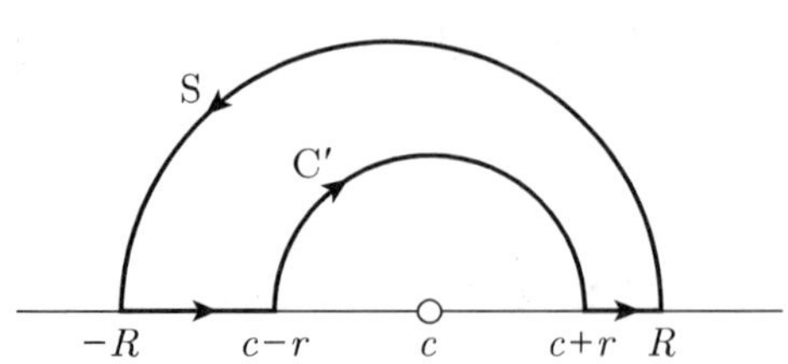

$R \to \infty$이면 식 (16.35)의 증명에 의해 식 (*1)의 우변 첫 항은 0이므로 다음과 같다.

$$\begin{aligned} \mathrm{PV}\int_{-\infty}^{\infty} f(x)\,dx &= \int_{-\infty}^{c-r} f(x)\,dx + \int_{c+r}^{\infty} f(x)\,dx \\ &= \oint_{\mathrm{C}} f(z)\,dz - \int_{\mathrm{C}'} f(z)\,dz \end{aligned}$$

우변 첫 항은 C가 $z = c$를 포함하지 않으므로 식 (16.35)에 의해 식 (16.44)의 첫 항이 되고 $r \to 0$이면 둘째 항 적분은 경로 C′이 그림 16.3의 C와 반대이므로 $-\pi i \sum b_{1x}$이다.

---

### 예 16.28

적분 $\displaystyle\int_{-\infty}^{\infty} \frac{dx}{x^4 - 1}$를 계산하라.

**풀이**

$$\begin{aligned} \int_{-\infty}^{\infty} \frac{dx}{x^4-1} &= \int_{-\infty}^{\infty} \frac{dx}{(x-1)(x+1)(x-i)(x+i)} \\ &= 2\pi i \left[\frac{1}{4z^3}\right]_{z=i} + \pi i \left\{\left[\frac{1}{4z^3}\right]_{z=1} + \left[\frac{1}{4z^3}\right]_{z=-1}\right\} \\ &= 2\pi i \left(\frac{1}{4i^3}\right) + \pi i \left(\frac{1}{4} - \frac{1}{4}\right) = -\frac{\pi}{2} \end{aligned}$$

---

## 16.5 연습문제

### 16.1 해석함수

**[16.1]** (a) $f(z) = z^2 - 4z = u + iv$에서 $u$와 $v$를 구하라.

(b) $f(z) = z^3$이 CR 조건을 만족하는지 조사하라.

(c) $f(z) = z \cdot \bar{z}$이 CR 조건을 만족하는지 조사하라.

**[16.2]** 극좌표계를 사용하여 $f(z) = z + 1/z$이 CR 조건을 만족함을 증명하라.

**[16.3]** $w = f(z) = 1/z$의 도함수를 (a) 식 (16.3)과 (b) 식 (16.6)을 사용하여 구하라.

**[16.4]** (a) $f(z) = x$는 비해석적임을 증명하라.

(b) $f(z) = 3x - y + i(ax + by)$이 해석적이기 위한 $a$와 $b$를 구하라.

**[16.5]** 다음 함수들의 공액조화함수들을 구하라.

(a) $u(x, y) = x^3 - 3xy^2 - 5y$ (b) $u(x, y) = \ln(x^2 + y^2)$

(c) $u(x, y) = e^{5x}\cos(5y)$

**[16.6]** 다음 값들을 계산하라.

(a) $\ln(-2)$ (b) $\ln i$ (c) $\ln(-1-i)$

**[16.7]** $e^z = \sqrt{3} + i$의 해를 구하라.

**[16.8]** (a) $\cos z$와 (b) $\sin z$를 $u + iv$ 형태로 쓰고 해석함수임을 증명하라.

**[16.9]** 다음을 증명하라.

(a) $\sinh z = -i\sin(iz)$ (b) $\cosh z = \cos(iz)$

**[16.10]** 다음을 증명하라.

(a) $\overline{\sin z} = \sin \bar{z}$ (b) $\overline{\cos z} = \cos \bar{z}$

**[16.11]** 역삼각함수들은 다음과 같음을 증명하라.

(a) $\sin^{-1}z = -i\ln\left[iz + (1-z^2)^{1/2}\right]$

(b) $\cos^{-1}z = -i\ln\left[z + i(1-z^2)^{1/2}\right]$

(c) $\tan^{-1}z = \dfrac{1}{2i}\ln\left(\dfrac{1+z}{1-z}\right)$

**[16.12]** 예 16.8에서 (a) $x = a$ (상수)와 (b) $y = b$ (상수)을 $w$ 공간으로 사상하라.

**[16.13]** 예 16.8에서 $u = a$ (상수)와 $v = b$ (상수)를 $z$ 공간으로 사상하라.

**[16.14]** $w = z + 2 - i$으로 사상한다.

(a) $z$ 공간의 다음 네 지점을 $w$ 공간으로 사상하라.

$$z_1 = 2+i,\ z_2 = 3+i,\ z_3 = 3+3i,\ z_4 = 2+3i$$

(b) 등각사상인가?

(c) 일반적으로 $w = az + b$로 사상하면 어떤 그림이 될까?

**[16.15]** $w = 2iz$으로 사상한다.

(a) 어떤 사상인가?

(b) 오른쪽 그림의 ABCD 영역을 사상하라.

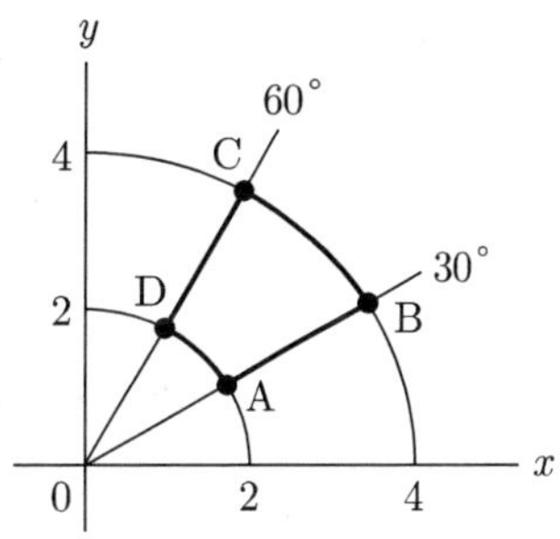


**[16.16]** 주어진 영역을 $w = e^z$로 사상하라.

**[16.17]** $z = x + iy$ 공간에서 $x = a$ (상수)인 직선과 $y = b$ (상수)인 직선은 $w = \sin z$에 의해 어떻게 사상되는가?

## 16.2 코시의 정리

[16.18] 다음 적분들을 계산하라.

(a) $\int_0^{1+i} z^2\, dz$  (b) $\int_{-\pi i}^{\pi i} \cos z\, dz$

(c) $\int_C (x^2 + iy^3)\, dz$, C: $z = 1$에서 $z = i$의 직선

[16.19] 경로 C가 그림과 같이 주어질 때 $\oint_C z^2\, dz$를 계산하라.

(a)

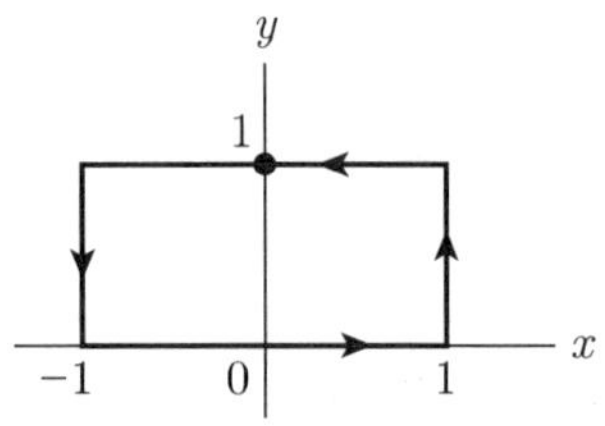


(b)

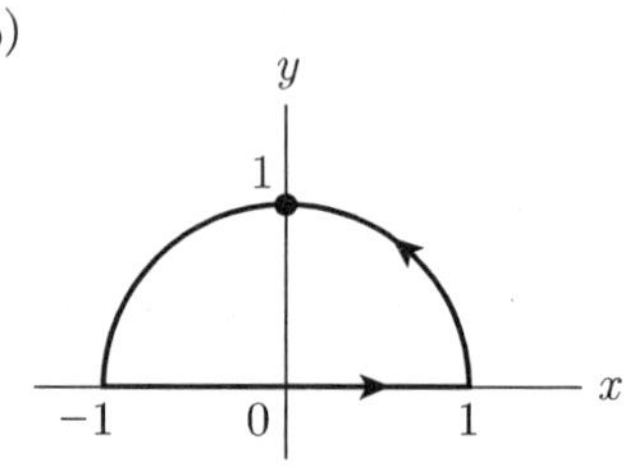


[16.20] 다음 적분들을 매개변수 방법으로 구하라.

(a) $\int_C z^2 dz$, $z(t) = 3t + 2it$, $-2 \le t \le 2$

(b) $\oint_C \frac{1+z}{z}\, dz$, C : 원점이 중심에 있는 반지름이 1인 오른쪽 반원

(c) $\int_C \bar{z}\, dz$, C : $y = x^2$을 따라 0에서 $1+i$까지의 포물선

[16.21] C가 $|z - z_0| = r$인 반시계 방향의 원일 때 다음을 증명하라.

$$\oint_C (z - z_0)^m dz = \begin{cases} 2\pi i & (m = -1) \\ 0 & (m \ne -1 \text{인 정수}) \end{cases}$$

[16.22] 곡선 C의 길이가 $L$이고 곡선상의 모든 $z$에 대해 $M \ge |f(z)|$일 때 다음을 증명하라. 이것을 상한정리라 한다.

$$\left| \int_C f(z)\, dz \right| \le ML$$

[16.23] 다음 적분들을 계산하라.

(a) $\oint_C \frac{z^2 - 4z + 4}{z + i}\, dz$, C : $|z| = 2$

(b) $\oint_C \frac{z}{z^2+9}\,dz$,  C : $|z-2i|=4$

**[16.24]** 경로 C가 다음과 같을 때 적분 $\oint_C \frac{z^2}{z^4-1}\,dz$를 계산하라.

(a) $|z+1|=1$  (b) $|z+i|=1$  (c) $|z|=1/2$

**[16.25]** 다음 적분들을 계산하라.

(a) $\oint_C \frac{e^{3z}}{z-\ln 2}\,dz$, C : $|z|=3$

(b) $\oint_C \frac{e^{3z}}{(z-\ln 2)^4}\,dz$, C : $|z|=3$

(c) $\oint_C \frac{e^{-2z}}{z^4}\,dz$, C : $|z-1|=3$

(d) $\oint_C \frac{z+2}{z^2(z-1-i)}\,dz$, C : $|z|=1$

(e) $\oint_C \frac{z+2}{z^2(z-1-i)}\,dz$, C : $|z-1-i|=1$

## 16.3 복소 급수전개

**[16.26]** 다음 함수를 유효 로랑급수로 전개하라.

$$f(z)=\frac{12}{z(2-z)(1+z)}$$

**[16.27]** $1/z(z-1)$의 (a) $0<|z-1|<1$ (b) $1<|z-1|$에서 유효 로랑급수를 구하라.

**[16.28]** $1/z^2(z+1)^2$의 (a) $0<|z|<1$ (b) $1<|z|$에서 유효 로랑급수를 구하라.

**[16.29]** $e^z/(z-1)$의 $0<|z-1|$에서 유효 로랑급수를 구하라.

**[16.30]** 다음 함수들의 매클로린 급수들을 구하라.

(a) $\frac{1}{(1-z)^2}$  (b) $\mathrm{Ln}\left(\frac{1+z}{1-z}\right)$

[16.31] 다음 함수들을 주어진 점에서 테일러 급수들로 전개하라.

(a) $f(z)=\dfrac{1}{3-z}$,  $z=2i$  (b) $f(z)=\cos z$,  $z=\dfrac{\pi}{4}$

## 16.4 유수정리와 실함수 적분

[16.320] 다음 함수들의 유수들을 구하라.

(a) $e^{z}$  (b) $\dfrac{e^{z}}{z^{3}}$  (c) $e^{1/z}$  (d) $\dfrac{e^{z}}{z-1}$

[16.33] 다음 함수들의 유수들을 구하라.

(a) $f(z)=\dfrac{z}{(2z+1)(5-z)}$  (b) $f(z)=\dfrac{1}{z^{4}+1}$

(c) $f(z)=\dfrac{z\sin z}{(z-\pi)^{3}}$  (d) $f(z)=\dfrac{\sin z}{1-z^{4}}$

[16.34] 주어진 경로 C들에 대해 다음 적분들을 계산하라.

(a) $\oint_{C}\dfrac{2z+6}{z^{2}+4}\,dz$, C : $|z-i|=2$  (b) $\oint_{C}\dfrac{1}{z^{3}-z^{4}}\,dz$, C : $|z|=\dfrac{1}{2}$

(c) $\oint_{C}\dfrac{e^{z}}{z^{4}+5z^{3}}\,dz$, C : $|z|=2$  (d) $\oint_{C}\dfrac{\sin z}{z^{4}}\,dz$, C : $|z|=1$

[16.35] 다음 적분들을 계산하라.

(a) $I=\displaystyle\int_{0}^{\infty}\frac{1}{1+x^{4}}\,dx$  (b) $I=\displaystyle\int_{-\infty}^{\infty}\frac{dx}{1+x^{6}}$

(c) $I=\displaystyle\int_{-\infty}^{\infty}\frac{x^{2}-1}{x^{4}+5x^{2}+4}\,dx$  (d) $I=\displaystyle\int_{-\infty}^{\infty}\frac{dx}{(1+x^{2})^{3}}$

(e) $I=\displaystyle\int_{-\infty}^{\infty}\frac{dx}{(x^{2}+1)(x^{2}+9)}$

[16.36] 다음 적분들을 계산하라.

(a) $\displaystyle\int_{0}^{\pi}\frac{d\theta}{5+4\cos\theta}$  (b) $\displaystyle\int_{0}^{2\pi}\frac{1+\sin\theta}{3+\cos\theta}\,d\theta$  (c) $\displaystyle\int_{0}^{2\pi}\frac{\cos\theta}{3+\sin\theta}\,d\theta$

**[16.37]** 다음 적분들을 계산하라.

(a) $\displaystyle\int_{-\infty}^{\infty} \frac{\cos x}{x(x^2-2x+2)}\,dx$　　　　(b) $\displaystyle\int_{-\infty}^{\infty} \frac{\sin x}{x(x^2-2x+2)}\,dx$

**[16.38]** 다음 적분들을 계산하라.

(a) $\displaystyle\int_{-\infty}^{\infty} \frac{\sin x}{x}\,dx$　　　　(b) $\displaystyle\int_{-\infty}^{\infty} \frac{1}{x^2-ix}\,dx$　　　　(c) $\displaystyle\int_{-\infty}^{\infty} \frac{x}{x^3-8}\,dx$

# 보충 G 복소함수의 응용

여기서는 정전기장, 열류, 유체흐름 등에서 나타나는 퍼텐셜과 역선의 관계를 알아내는데 복소함수를 적용하는 방법을 소개한다.

## (1) 복소 퍼텐셜

공학문제는 다음 라플라스(Laplace) 방정식의 해인 퍼텐셜(potential) 함수 $\phi$를 구해야 하는 경우가 많다.

$$\nabla^2\phi = 0 \tag{G.1}$$

예를 들어, 전하가 없는 공간에서의 전기퍼텐셜은 이 식을 만족한다. 식 (G.1)은 일반적으로 3차원 공간에서 다루어지지만 한 좌표축 예를 들어, $z$ 축에 독립인 경우에는 2차원 공간이 되므로 이 장에서 다룬 복소함수론을 적용하여 해를 구할 수 있다. 2차원 직각좌표계에서 식 (G.1)은 다음과 같다.

$$\frac{\partial^2\phi}{\partial x^2} + \frac{\partial^2\phi}{\partial y^2} = 0 \tag{G.2}$$

복소평면에서 퍼텐셜함수를 $\phi(x, y)$라 하고 이것에 수직인 역선(line of force) 함수를 $\psi(x, y)$라 하면 등퍼텐셜선(3차원에서는 등퍼텐셜 면)은 $\phi =$ (일정)인 선이고 역선은 이에 수직인 $\psi =$ (일정)인 선이 된다.

$$\text{등퍼텐셜선의 식} : \phi = C_1 \ (\text{상수}) \tag{G.3}$$

$$\text{역선의 식} : \psi = C_2 \ (\text{상수}) \tag{G.4}$$

정전기학에서 $\phi$가 전기퍼텐셜이면 $\phi$의 기울기 $\nabla\phi$에 $-$를 붙인 것은 전기장이므로 역선함수는 전기장 방향이 된다.

**예 G.1**

$\phi$의 기울기 $\nabla\phi$와 $\psi$의 기울기 $\nabla\psi$는 수직임을 증명하라.

**풀이** 식 (12.22)에 의해 $\nabla\phi$는 $\phi = C_1$에 수직, $\nabla\psi$는 $\psi = C_2$에 수직이고 $\phi = C_1$과 $\psi = C_2$는 수직이므로 $\nabla\phi$와 $\nabla\psi$는 수직이다.

식 (G.3)과 (G.4)로부터 다음과 같이 해석적인 복소퍼텐셜(complex potential) $\Omega(z)$를 정의할 수 있다. [$\phi =$ (상수)와 $\psi =$ (상수)는 수직.]

$$\Omega(z) = \phi + i\psi \tag{G.5}$$

**증명**

$\nabla\phi$와 $\nabla\psi$는 수직이므로

$$\begin{aligned} 0 = \nabla\phi \cdot \nabla\psi &= \left(\hat{\mathbf{x}}\frac{\partial\phi}{\partial x} + \hat{\mathbf{y}}\frac{\partial\phi}{\partial y}\right) \cdot \left(\hat{\mathbf{x}}\frac{\partial\psi}{\partial x} + \hat{\mathbf{y}}\frac{\partial\psi}{\partial y}\right) \\ &= \frac{\partial\phi}{\partial x} \cdot \frac{\partial\psi}{\partial x} + \frac{\partial\phi}{\partial y} \cdot \frac{\partial\psi}{\partial y} \end{aligned}$$

이고, 이것이 항상 0이 되기 위해서는 다음이 성립해야 한다.

$$\frac{\partial\psi}{\partial x} = -\frac{\partial\phi}{\partial y}, \qquad \frac{\partial\psi}{\partial y} = \frac{\partial\phi}{\partial x} \tag{G.6}$$

이것은 식 (16.5)를 만족하므로 $\Omega(z)$는 해석함수이고 $\phi$와 $\psi$는 조화함수이다.

공학에서 다루는 $\phi$와 $\psi$의 예는 다음과 같다.

| | $\phi$ | $\psi$ |
|---|---|---|
| 정전기학 | 전기퍼텐셜 | 역선함수 |
| 열전도 | 열퍼텐셜 | 열흐름함수 |
| 유체역학 | 속도퍼텐셜 | 흐름함수 |

## (2) 정전기장

$\Omega(z)$의 도함수에 복소공액을 취하고 $-$를 취한 것은 정전기장 $\mathbf{E}$이다.

$$\mathbf{E} = -\overline{\Omega'(z)} \tag{G.7}$$

**설명**

식 (16.6)과 식 (G.6)으로부터 식 (G.5)의 미분은

$$\Omega'(z) = \frac{\partial\phi}{\partial x} + i\frac{\partial\psi}{\partial x} = \frac{\partial\phi}{\partial x} - i\frac{\partial\phi}{\partial y}$$

이므로 다음과 같다.

$$\overline{\Omega'(z)} = \frac{\partial \phi}{\partial x} + i\frac{\partial \phi}{\partial y} = \nabla \phi$$

따라서 이것을 식 (G.7)에 대입하면 전자기학에서의 전기장과 퍼텐셜 사이의 관계식인 $\mathbf{E} = -\nabla\phi$가 된다.

---

**예 G.2**

두 무한 평행판(복소평면에서는 평행선)을 그림과 같이 같은 크기의 양전하와 음전하로 대전시켜 각각의 퍼텐셜함수가 $\phi_1$과 $\phi_2$가 되게 하였다.

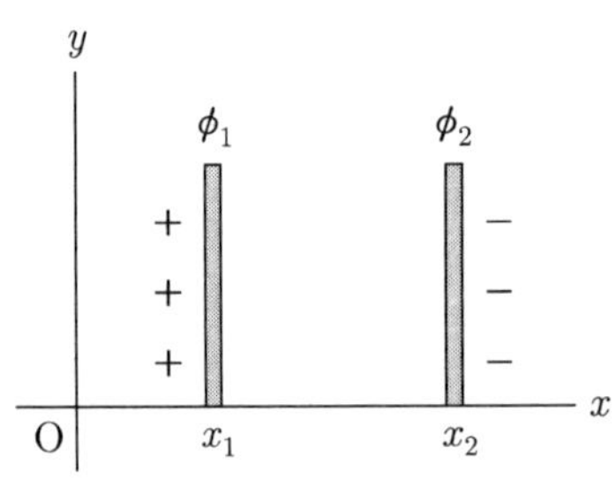


(a) 전자기학에 의하면 퍼텐셜함수는 다음의 푸아송 방정식을 만족한다.

$$\nabla^2\phi = \frac{\rho}{\epsilon} \tag{G.8}$$

여기서 $\rho$는 전하밀도이고 $\epsilon$은 유전체의 유전율(상수)이다. 평행판 사이에서의 퍼텐셜 함수를 구하라.

(b) 역선함수 $\psi$와 복소퍼텐셜을 구하라.

(c) $x_1 = 0\,[\mathrm{m}]$, $x_2 = 10\,[\mathrm{m}]$이고 $\phi_1 = 3\,[\mathrm{V}]$, $\phi_2 = 0\,[\mathrm{V}]$일 때 복소퍼텐셜을 구하라.

**풀이** (a) 판 사이에서는 $\rho = 0$이고 $x$ 의존성만 있으므로 식 (G.8)과 그것의 해는 다음과 같다.

$$\frac{d^2\phi}{dx^2} = 0 \;\Rightarrow\; \phi = ax + b$$

여기에 경계조건 $\phi(x_1) = \phi_1$, $\phi(x_2) = \phi_2$를 고려하면

$$\phi_1 = ax_1 + b, \quad \phi_2 = ax_2 + b$$

이므로 두 상수는 다음과 같다.

$$a = \frac{\phi_2 - \phi_1}{x_2 - x_1}, \quad b = \frac{x_2\phi_1 - x_1\phi_2}{x_2 - x_1}$$

(b) $\psi$는 $\phi$의 공액 조화함수이므로 식 (G.6)의 둘째 식으로부터

$$\frac{\partial \psi}{\partial y} = \frac{\partial \phi}{\partial x} = a \Rightarrow \psi = ay + f(x)$$

이고 이것을 식 (G.6)의 첫째 식에 대입하면

$$\frac{\partial \psi}{\partial x} = \frac{\partial f(x)}{\partial x} = -\frac{\partial \phi}{\partial y} = 0$$

로부터 $f(x)$는 상수$(c)$이므로 $\psi = ay + c$이고 $\Omega$는 다음과 같다.

$$\Omega(z) = \phi + i\psi = a(x + iy) + (b + ic) = az + b + ic$$

(c) $a = \dfrac{\phi_2 - \phi_1}{x_2 - x_1} = \dfrac{0-3}{10-0} = -0.3$

$b = \dfrac{x_2\phi_1 - x_1\phi_2}{x_2 - x_1} = \dfrac{10\times 3 - 0\times 0}{10-0} = 3$

$\phi = ax + b = 3 - 0.3x\,[\mathrm{V}]$, $\psi = ay + c = -0.3y + c\,[\mathrm{V}]$

$\Omega(z) = -0.3z + 3 + ic\,[\mathrm{V}]$

## 예 G.3

점전하에서 거리 $r$ 떨어진 지점에서의 퍼텐셜 함수 $\phi$를 구한다. 이 점전하는 복소공간에서는 점이지만 3차원 공간에서는 선전하이다.

(a) 극좌표계에서 $(r, \theta)$인 지점 P에서의 퍼텐셜함수를 구하라.

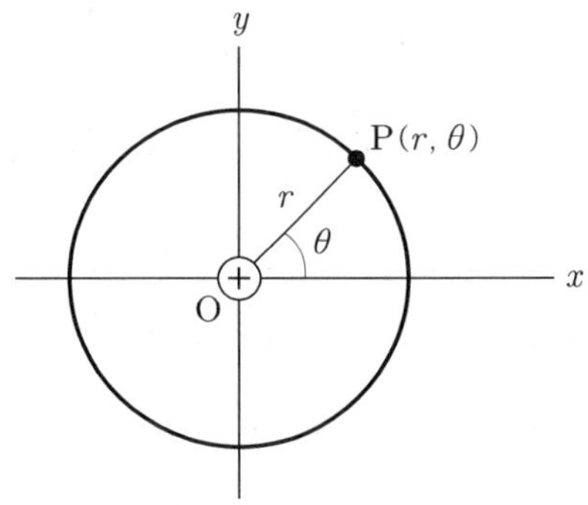


(b) 복소퍼텐셜을 구하라.

(c) $z = z_1$에 있는 생성원(세기 $k_1$)과 $z = z_2$에 있는 소멸부(세기 $-k_2$)에 의한 복소퍼텐셜을 구하라.

**풀이** (a) 식 (E.12)에서 $z$ 성분을 제외하고 $\rho \to r$, $\phi \to \theta$로 두면 2차원 극좌표계에서의 라플라시안은 다음과 같다.

$$\nabla^2 \phi = \frac{1}{r} \cdot \frac{\partial}{\partial r}\left(r \frac{\partial \phi}{\partial r}\right) + \frac{1}{r^2} \cdot \frac{\partial^2 \phi}{\partial \theta^2} \tag{*1}$$

$\phi$가 $\theta$에 독립이므로 마지막 항은 0이다. 따라서 식 (*1)은

$$\frac{d^2 \phi}{dr^2} + \frac{1}{r} \cdot \frac{d\phi}{dr} = 0 \tag{*2}$$

이 되고 이것의 해를 구하기 위해 $u \equiv d\phi/dr$로 두면 식 (*2)는

$$\frac{du}{dr} + \frac{1}{r} u = 0 \Rightarrow \frac{1}{u}\, du + \frac{1}{r}\, dr = 0$$

이므로 적분하면 $\ln u + \ln r \equiv \ln k$ 즉, $u = k/r$ ($k$ : 적분상수)이다. 따라서 결과는 다음과 같다($a$ : 적분상수).

$$\phi = \int d\phi = \int u\, dr = \int \frac{k}{r}\, dr = k \ln r + a$$

(b) $r = \sqrt{x^2 + y^2}$ 으로부터 $\phi = \frac{k}{2} \ln(x^2 + y^2) + a$이므로 역선함수 $\psi$는 식 (G.6)의 둘째 식으로부터

$$\frac{\partial \psi}{\partial y} = \frac{\partial \phi}{\partial x} = \frac{kx}{x^2 + y^2}$$

이고 $v \equiv y/x$, $dy = x\, dv$로 두고 적분하면 다음과 같다.

$$\begin{aligned} \psi &= \int d\psi = k \int \frac{x\, dy}{x^2 + y^2} \\ &= k \int \frac{dv}{1 + v^2} = k \tan^{-1} v + b \end{aligned}$$

($b$ : 적분상수)

극좌표계에서 $\tan\theta = y/x = v$이므로 $\psi = k\theta + b$가 되고 복소퍼텐셜은 다음과 같다.

$$\Omega(z) = \phi + i\psi = k \ln r + ik\theta + (a + ib) = k \ln z + c$$

여기서 $c = a + ib$이고 마지막 등식은 식 (16.10)을 고려했다.

(c) $\Omega(z) = k_1 \ln(z - z_1) - k_2 \ln(z - z_2)$ (상수 생략) (G.9)

### (3) 등각사상의 응용

복잡한 구조를 간단한 구조로 바꾸는데 등각사상이 이용된다. 등각사상에 의해 사상된 그림과 원래 그림은 두 직선 사이의 각이 같으므로 등퍼텐셜선과 역선 사이의 각이 90° 인 것은 유지된다.

**예 G.4**

다음 함수는 $z$ 공간의 비동심 원통(2차원 복소공간에서는 비동심원)을 $w$ 공간의 동심원통(2차원 복소공간에서는 동심원)으로 사상한다.

$$w=\frac{2z-1}{z-2}$$

(a) $|z|=1$인 동심원은 $|w|=1$원으로 사상됨을 증명하라.

(b) 다음 점들을 $w$ 공간으로 사상하라.

$$z=0\,(\mathrm{O}),\ z=0.8\,(\mathrm{B}),\ z=0.4+0.4i\,(\mathrm{A}),\ z=0.4-0.4i\,(\mathrm{D})$$

(c) $|z|=1$인 바깥쪽 원통$(\mathrm{C}_1)$과 (b)에 의해 주어지는 안쪽 원통$(\mathrm{C}_2)$의 전기퍼텐셜이 각각 $\phi_1=0$, $\phi_2=\phi_0$인 경우 $w$ 공간에서 $\mathrm{C}_1$과 $\mathrm{C}_2$ 사이의 영역에서 전기퍼텐셜을 구하라.

(d) $z$ 공간에서 퍼텐셜을 구하라.

**풀이** (a) $|2z-1|=|2z-zz^*|=|z|\cdot|2-z^*|=|2-z|=|z-2|$

(b) $\mathrm{O}\ :\ w=0.5\,(\mathrm{O}'),\quad \mathrm{B}\ :\ w=\dfrac{2\times 0.8-1}{0.8-2}=-0.5\,(\mathrm{B}')$

$$\mathrm{A}\ :\ w=\frac{2(0.4+0.4i)-1}{0.4+0.4i-2}=\frac{-1+4i}{-8+2i}\cdot\frac{-8-2i}{-8-2i}=\frac{8-15i}{34}\,(\mathrm{A}')$$

$$\mathrm{D}\ :\ w=\frac{2(0.4-0.4i)-1}{0.4-0.4i-2}=\frac{-1-4i}{-8-2i}\cdot\frac{-8+2i}{-8+2i}=\frac{8+15i}{34}\,(\mathrm{D}')$$

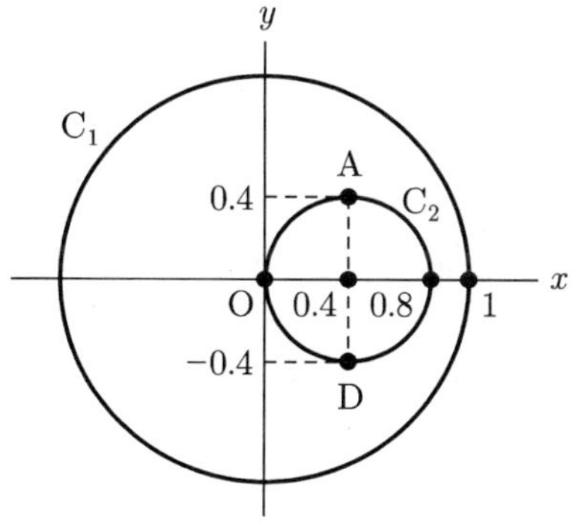


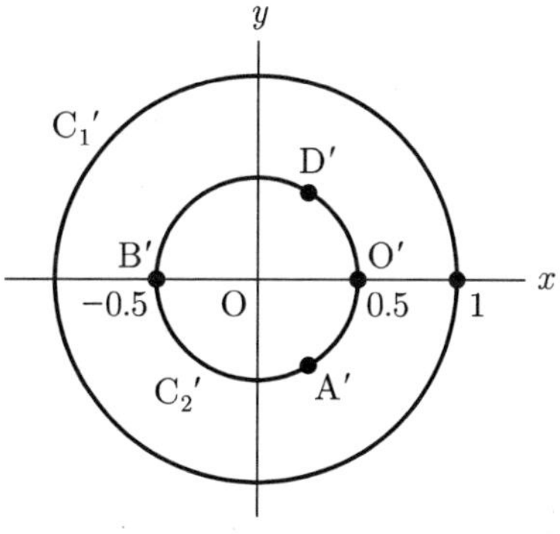


(c) $|w|=1\ :\ \phi=0,\quad |w|=1/2\ :\ \phi=\phi_0$

식 (G.9)의 윗 식 : $\phi(u,\,v)=k\ln w$, $c=0$으로 선택

$$\phi_0 = k\ln\left(\frac{1}{2}\right) \Rightarrow k = -\frac{\phi_0}{\ln 2},\quad \phi(u,\ v) = -\frac{\phi_0}{\ln 2}\ln w$$

(d) $\phi(x,\ y) = k\ln\left(\frac{2z-1}{z-2}\right) = -\frac{\phi_0}{\ln 2}\ln\left(\frac{2z-1}{z-2}\right)$

## (4) 영상법

접지(전기퍼텐셜 0)된 도체 근방에 있는 전하 $Q$는 그림 G.1과 같이 도체가 없을 때의 영상전하(image charge) $-Q$와 쌍을 이룬 것으로 다룰 수 있고 이 때 등각사상이 응용된다.

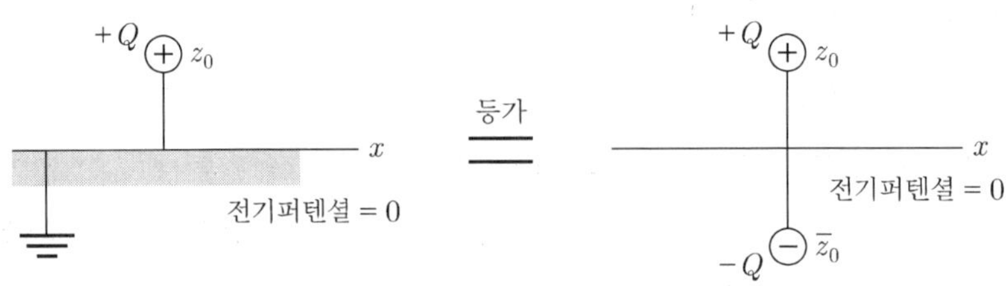


**그림 G.1** 영상법

**증명**

그림 G.1의 오른쪽 그림에서 임의의 위치 $z$에서의 복소퍼텐셜은 예 G.3으로부터

$$\Omega(z) = k\ln(z-z_0) - k\ln(z-\bar{z}_0) = k\ln\left(\frac{z-z_0}{z-\bar{z}_0}\right)$$

이고 $x$축 상의 임의의 지점 $z=x$에서는

$$\Omega(x) = k\ln\left(\frac{x-z_0}{x-\bar{z}_0}\right),\quad \bar{\Omega}(x) = k\ln\left(\frac{x-\bar{z}_0}{x-z_0}\right)$$

이므로 $\Omega(x) = -\bar{\Omega}(x)$이다. 이것은 $x$ 축상에서 $\Omega(z)$의 실수부분은 0을 의미하므로 $\phi = \mathrm{Re}(\Omega) = 0$을 만족한다.

**예 G.5**

그림과 같이 간격이 $a$인 접지되어 있는 두 개의 무한 평행 금속판 사이에 전하 $+Q$ 의 점전하가 있다. (점전하는 실제 3차원 공간에서는 지면에 수직인 선전하)

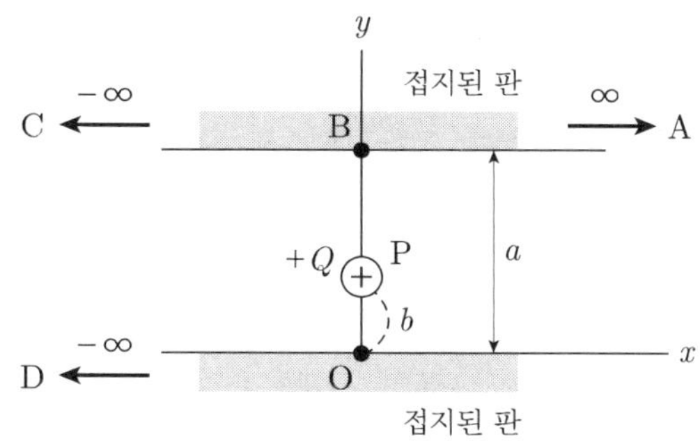


(a) 그림에 주어진 점들을 $w = e^{\pi z/a}$로 등각사상하라.

(b) 영상법을 사용하여 $w$ 공간에서의 복소퍼텐셜을 구하라.

(c) $z$ 공간에서 퍼텐셜을 구하라.

**풀이** (a) $w = e^{\pi x/a} e^{i\pi y/a}$

| | A | B | C | D | O | P |
|---|---|---|---|---|---|---|
| $z$ 공간 | $\infty + ia$ | $ia$ | $-\infty + ia$ | $-\infty$ | 0 | $ib$ |
| | A′ | B′ | C′ | D′ | O′ | P′ |
| $w$ 공간 | $-\infty$ | $-1$ | 0 | 0 | 1 | $e^{i\pi b/a}$ |

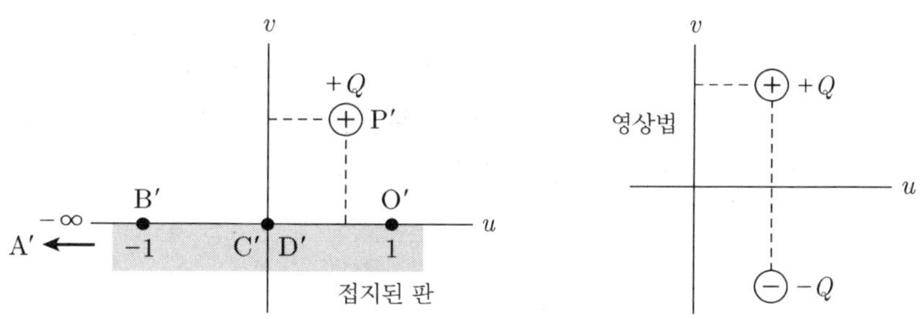


이 구조에서는 위쪽의 접지된 도체판은 없다. 따라서 아래쪽 접지된 도체판과 전하 $Q$만 있는 구조가 되므로 영상법을 적용할 수 있다.

(b) 오른쪽 그림과 같이 영상전하를 도입하면 예 G.3으로부터 다음과 같다.

$$\Omega(w) = k \ln\left(\frac{w - w_0}{w - \overline{w}_0}\right) = k \ln\left(\frac{w - e^{i\pi b/a}}{w - e^{-i\pi b/a}}\right)$$

(c) $w = e^{\pi z/a}$ : $\Omega(z) = k \ln\left(\dfrac{e^{\pi z/a} - e^{i\pi b/a}}{e^{\pi z/a} - e^{-i\pi b/a}}\right)$

## (5) 열전도

정상상태($\partial U/\partial t = 0$)인 경우 온도 $U$는 2차원인 경우 식 (14.7)로부터 다음의 라플라스방정식을 만족한다.

$$\frac{\partial^2 U}{\partial x^2} + \frac{\partial^2 U}{\partial y^2} = 0 \tag{G.10}$$

$U(x, y)$를 복소함수로 다룰 때는 열퍼텐셜(heat potential)이라 부르고 이것의 복소공액함수를 열흐름함수 $V(x, y)$로 두면 식 (G.6)에 의해 ($\phi \to U$, $\psi \to V$)

$$\frac{\partial V}{\partial y} = \frac{\partial U}{\partial x} \tag{G.11}$$

이고 복소 열퍼텐셜은

$$\Omega(z) = U(x, y) + iV(x, y) \tag{G.12}$$

로 정의한다. $U(x, y) =$ (상수)인 곡선을 등온선(isotherm)이라 부르고 이것에 수직인 $V(x, y) =$ (상수)인 곡선을 열흐름선(heat flow line)이라 한다.

**예 G.6**

그림과 같이 $x = 0$에 놓여있는 온도가 0℃로 일정한 무한 평판과 $x = d$에 나란하게 놓여있는 온도가 100℃인 무한 평판 사이의 정상상태의 온도를 구하라.

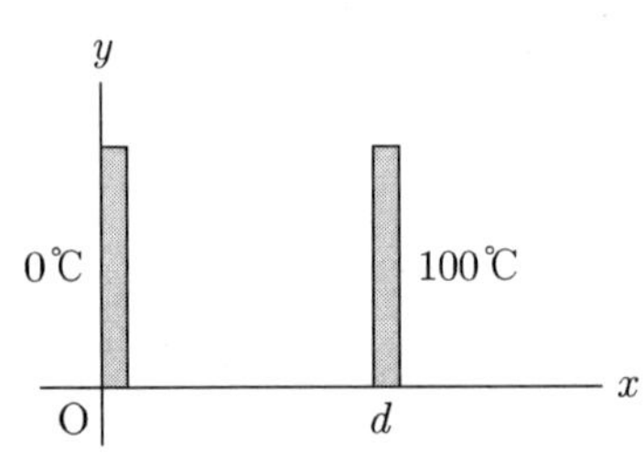


**풀이** 무한 평판이므로 $y$ 의존성이 없다. 따라서 식 (G.10)으로부터 $d^2U/dx^2 = 0$의 해는

$$U(x) = ax + b$$

이고, 주어진 조건으로부터 $0 = b$, $100 = ad$이므로 다음이 된다.

$$U(x) = \frac{100}{d}x$$

따라서 식 (G.11)로부터 $V(y) = 100y/d$이므로 복소퍼텐셜은

$$\Omega(z)=\frac{100}{d}x+i\frac{100}{d}y=\frac{100}{d}z$$

이고 열은 $V(y)=$ (상수) 즉, $y=$ (상수)인 선을 따라 왼쪽으로 흐른다.

### (6) 유체역학

$x$ 방향의 속도 성분이 $v_x$이고 $y$ 방향의 속도 성분이 $v_y$인 2차원에서 유체의 속도 $\mathbf{v}$는 복소함수로는 다음과 같이 나타낸다.

$$\mathbf{v}=v_x+iv_y \tag{G.13}$$

$\mathbf{v}$는 위치의 시간에 대한 미분이므로 유체가 흐르는 경로(흐름선 streamline)에 접선방향이다. 식 (G.13)은 복소함수이지만 벡터량이므로 벡터표시로 나타낸다.

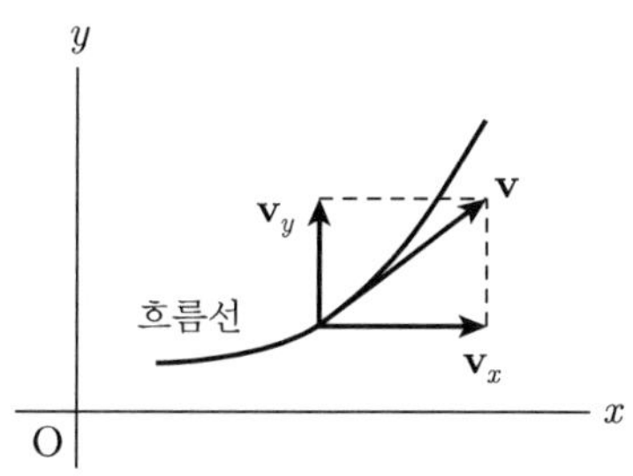


**그림 G.2** 유체의 흐름

식 (12.24)로부터 $\nabla\cdot\mathbf{v}=0$인 유체를 비발산성 또는 비압축성(incompressible) 유체라 하고 식 (12.25)로부터 $\nabla\times\mathbf{v}=0$인 유체를 비회전성(irrotational) 유체라 한다. 2차원에서는 다음과 같다.

$$\frac{\partial v_x}{\partial x}+\frac{\partial v_y}{\partial y}=0 \text{ (비압축성 유체)} \tag{G.14}$$

$$\frac{\partial v_y}{\partial x}-\frac{\partial v_x}{\partial y}=0 \text{ (비회전성 유체)} \tag{G.15}$$

유체의 흐름을 복소함수로 다루기 위해 해석함수인 복소퍼텐셜을 다음과 같이 정의한다.

$$\Omega(z)=\phi(x,\ y)+i\psi(x,\ y) \tag{G.16}$$

$\psi(x,\ y)$는 흐름함수(stream function)라 하고 $\phi(x,\ y)$는 속도퍼텐셜(velocity function)이라 한

다. $\phi(x, y) =$ (상수)인 곡선은 등퍼텐셜선(equipotential line)이고 $\phi(x, y)$는 다음을 만족한다[식 (16.5)].

$$v_x = \frac{\partial \phi}{\partial x} = \frac{\partial \psi}{\partial y}, \qquad v_y = \frac{\partial \phi}{\partial y} = -\frac{\partial \psi}{\partial x} \tag{G.17}$$

흐름선은 $\psi(x, y) =$ (상수)에 의해 주어지고 속도는 다음과 같다.

$$\mathbf{v} = \overline{\Omega'(z)} \tag{G.18}$$

**증명**

$xy$ 평면에서의 식 (12.23) $\nabla\phi = \hat{\mathbf{x}}(\partial\phi/\partial x) + \hat{\mathbf{y}}(\partial\phi/\partial y)$는 $\phi =$ (상수)인 곡선에 수직이고 $\mathbf{v}$ 방향이다. 식 (G.16)에서 $\psi =$ (상수)는 $\phi$에 수직이므로 흐름선이다. 식 (G.16)을 미분하고 식 (G.17)을 고려하면

$$\Omega'(z) = \frac{\partial \phi}{\partial x} + i\frac{\partial \psi}{\partial x} = \frac{\partial \phi}{\partial x} - i\frac{\partial \phi}{\partial y}$$

이므로 복소공액을 취하면 다음과 같다.

$$\overline{\Omega}'(z) = \frac{\partial \phi}{\partial x} + i\frac{\partial \phi}{\partial y} = \mathbf{v}$$

식 (G.17)를 식 (G.14)와 (G.15)에 대입하면 $\phi$와 $\psi$는 다음과 같이 라플라스 방정식을 만족한다.

$$\frac{\partial^2 \phi}{\partial x^2} + \frac{\partial^2 \phi}{\partial y^2} = 0, \qquad \frac{\partial^2 \psi}{\partial x^2} + \frac{\partial^2 \psi}{\partial y^2} = 0 \tag{G.19}$$

**예 G.7**

(a) 속도가 $\mathbf{v} = a\hat{\mathbf{x}}$로 일정한 흐름인 경우 복소퍼텐셜과 흐름선을 구하라.

(b) 그림과 같이 모퉁이를 도는 유체인 경우 $y \propto 1/x$이고 흐름선은 $\psi =$ 상수이므로 $\psi = axy$로 가정할 수 있다. 복소퍼텐셜을 구하라.

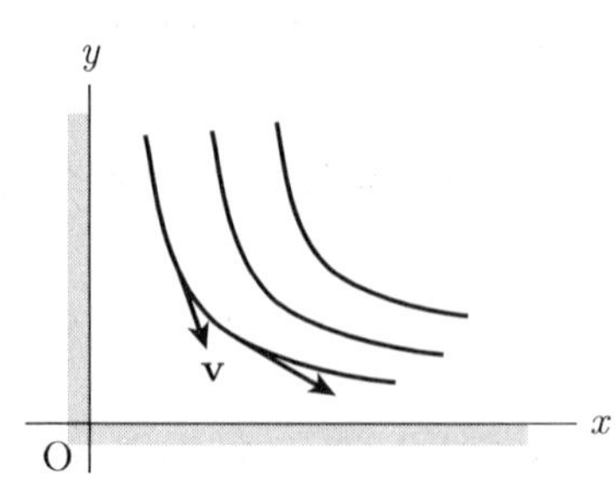

**풀이** (a) 식 (G.17)로부터 $\phi = ax$, $\psi = ay$이므로

$$\Omega(z) = ax + iay = az$$

이고 흐름선은 $ay = c$(상수)인 수평선이다.

(b) 식 (G.17)의 첫 식으로부터 $\partial\phi/\partial x = \partial\psi/\partial y = ax$이므로

$$\phi = \frac{1}{2}ax^2 + g(y), \quad \frac{\partial\phi}{\partial y} = \frac{\partial g}{\partial y} \tag{*1}$$

이고 식 (G.17)의 둘째 식으로부터 $\partial\phi/\partial y = -\partial\psi/\partial x = -ay$이므로

$$\phi = -\frac{1}{2}ay^2 + f(x) \tag{*2}$$

이다. 따라서 식 (*1)과 (*2)를 비교하면 $f(x) = ax^2/2$이므로 $\phi$와 복소퍼텐셜은 다음과 같다.

$$\phi = \frac{1}{2}ax^2 - \frac{1}{a}ay^2$$

$$\Omega(z) = \frac{1}{2}a(x^2 - y^2) + iaxy = \frac{1}{2}az^2$$

---

## (7) 푸아송 적분공식

퍼텐셜을 구하는 한 방법인 푸아송(Poisson) 적분공식을 소개한다. C와 C 내부에서 해석적인 함수 $f(z)$에 대해 $k=0$일 때 코시의 적분공식[식 (16.19)]은 다음과 같다.

$$f(z) = \frac{1}{2\pi i}\oint_C \frac{f(z_c)}{z_c - z}\,dz_c \tag{G.20}$$

여기서 $z_c = Re^{i\alpha}\,(0 \le \alpha \le 2\pi)$는 C 상에 있고 $z = re^{i\theta}(r < R,\ 0 \le \theta \le 2\pi)$는 C 내부에 있다. $f(z)$를

$$f(z) = \phi(r, \theta) + i\psi(r, \theta) \tag{G.21}$$

로 두면 푸아송의 적분공식은 다음과 같다.

**푸아송의 적분공식**

$$\phi(r, \theta) = a_0 + \sum_{n=1}^{\infty}\left(\frac{r}{R}\right)^n [a_n\cos(n\theta) + b_n\sin(n\theta)] \tag{G.22}$$

여기서 계수들은 다음과 같이 정의된다.

$$a_0 = \frac{1}{2\pi}\int_0^{2\pi} \phi(R,\ \alpha)\, d\alpha \tag{G.23a}$$

$$a_n = \frac{1}{\pi}\int_0^{2\pi} \phi(R,\ \alpha)\cos(n\alpha)\, d\alpha \tag{G.23b}$$

$$b_n = \frac{1}{\pi}\int_0^{2\pi} \phi(R,\ \alpha)\sin(n\alpha)\, d\alpha \tag{G.23c}$$

**증명**

$dz_c = Rie^{i\alpha}d\alpha = iz_c\, d\alpha$이므로 식 (G.20)은 다음과 같다.

$$f(z) = \frac{1}{2\pi}\int_0^{2\pi} f(z_c)\frac{z_c}{z_c - z}\, d\alpha \tag{*1}$$

$z_o \equiv z_c\bar{z}_c / \bar{z} = R^2/\bar{z}$로 선택하면 $|z_o| = R^2/|z| = R^2/r > R$이므로 $z_o$는 C 외부에 있고 식 (16.18)로부터

$$\begin{aligned} 0 &= \frac{1}{2\pi}\int_0^{2\pi} f(z_c)\frac{z_c}{z_c - z_o}\, d\alpha \\ &= \frac{1}{2\pi}\int_0^{2\pi} f(z_c)\frac{z_c}{z_c - z_c\bar{z}_c/\bar{z}}\, d\alpha \\ &= \frac{1}{2\pi}\int_0^{2\pi} f(z_c)\frac{\bar{z}}{\bar{z} - \bar{z}_c}\, d\alpha \end{aligned} \tag{*2}$$

이다. 한편,

$$\frac{z_c}{z_c - z} - \frac{\bar{z}}{\bar{z} - \bar{z}_c} = \frac{z_c\bar{z}_c - z\bar{z}}{(z_c - z)(\bar{z}_c - \bar{z})} \tag{*3}$$

이므로 식 (*1)에서 식 (*2)를 빼면

$$f(z) = \frac{1}{2\pi}\int_0^{2\pi} f(z_c)\frac{z_c\bar{z}_c - z\bar{z}}{(z_c - z)(\bar{z}_c - \bar{z})}\, d\alpha \tag{*4}$$

이 되고

$$\frac{z_c + z}{z_c - z} = \frac{z_c + z}{z_c - z}\cdot\frac{\bar{z}_c - \bar{z}}{\bar{z}_c - \bar{z}} = \frac{z_c\bar{z}_c - z\bar{z} - z_c\bar{z} + z\bar{z}_c}{|z_c - z|^2} \tag{*5}$$

에서 $z_c\bar{z}_c - z\bar{z} = |z_c|^2 - |z|^2$는 실수이고 $-z_c\bar{z} + z\bar{z}_c = 2i\,\mathrm{Im}(z\bar{z}_c)$는 순허수이므로 식 (*3)은

식 (*5)의 실수부분이다. 따라서 식 (*4)는

$$f(z) = \frac{1}{2\pi}\int_0^{2\pi} f(z_c)\,\mathrm{Re}\left[\frac{z_c + z}{z_c - z}\right] d\alpha \tag{*6}$$

이고 $|z/z_c| < 1$이므로 식 (16.20)으로부터

$$\frac{z_c + z}{z_c - z} = \frac{1 + (z/z_c)}{1 - (z/z_c)} = \left(1 + \frac{z}{z_c}\right)\sum_{n=0}^{\infty}\left(\frac{z}{z_c}\right)^n$$
$$= 1 + \sum_{n=1}^{\infty}\left(\frac{z}{z_c}\right)^n + \sum_{n=0}^{\infty}\left(\frac{z}{z_c}\right)^{n+1} = 1 + 2\sum_{n=1}^{\infty}\left(\frac{z}{z_c}\right)^n$$

이다. 따라서 식 (7.18)로부터

$$\mathrm{Re}\left(\frac{z}{z_c}\right)^n = \mathrm{Re}\left[\frac{r^n}{R^n}e^{in(\theta-\alpha)}\right] = \left(\frac{r}{R}\right)^n \cos(n\theta - n\alpha)$$

이므로 식 (*6)은 다음이 된다.

$$f(z) = \frac{1}{2\pi}\int_0^{2\pi} f(z_c)\,d\alpha$$
$$+ \frac{1}{\pi}\sum_{n=1}^{\infty}\left(\frac{r}{R}\right)^n \int_0^{2\pi} f(z_c)$$
$$\times [\cos(n\theta)\cdot\cos(n\alpha) + \sin(n\theta)\cdot\sin(n\alpha)]\,d\alpha$$

이것의 실수부분은 식 (G.21)를 고려하면 다음과 같다.

$$\phi(r,\ \theta) = \frac{1}{2\pi}\int_0^{2\pi}\phi(R,\ \alpha)\,d\alpha$$
$$+ \frac{1}{\pi}\sum_{n=1}^{\infty}\left(\frac{r}{R}\right)^n \int_0^{2\pi}\phi(R,\ \alpha)$$
$$\times [\cos(n\theta)\cdot\cos(n\alpha) + \sin(n\theta)\cdot\sin(n\alpha)]\,d\alpha$$

---

### 예 G.8

$\phi(1,\ \theta)$가 다음과 같을 때 단위 원판에서의 퍼텐셜 $\phi(r,\ \theta)$를 구하라.

(a) $\phi(1,\ \theta) = \theta$ (b) $\phi(1,\ \theta) = \sin\theta$

**풀이** (a) $a_0 = \dfrac{1}{2\pi}\displaystyle\int_0^{2\pi}\alpha\,d\alpha = \alpha,\quad a_n = \dfrac{1}{\pi}\displaystyle\int_0^{2\pi}\alpha\cos(n\alpha)\,d\alpha = 0$

$$b_n = \frac{1}{\pi}\int_0^{2\pi}\alpha\sin(n\alpha)\,d\alpha = -\frac{2}{n}$$

$$\Rightarrow \phi(r,\ \theta) = \alpha - \sum_{n=1}^{\infty} \frac{2r^n}{n} \sin(n\theta)$$

(b) $a_0 = \dfrac{1}{2\pi}\displaystyle\int_0^{2\pi} \sin\alpha \, d\alpha = 0, \quad a_n = \dfrac{1}{\pi}\displaystyle\int_0^{2\pi} \sin\alpha \cdot \cos(n\alpha)\, d\alpha = 0$

$$b_n = \frac{1}{\pi}\int_0^{2\pi} \sin\alpha \cdot \sin(n\alpha)\, d\alpha = \delta_{n,1}$$

$$\Rightarrow \phi(r,\ \theta) = r\sin\theta$$

---

### 예 G.9

$C(|z| = R)$에서의 퍼텐셜이 $\phi(R,\ \theta)$일 때 C 내부$(|z| < R)$에서의 퍼텐셜은 다음과 같음을 증명하라.

$$\phi(r,\ \theta) = \frac{1}{2\pi}\int_0^{2\pi} \phi(R,\ \alpha) \frac{R^2 - r^2}{R^2 - 2Rr\cos(\theta - \alpha) + r^2}\, d\alpha$$

**풀이** $z_c = Re^{i\alpha}$, $z = re^{i\theta}$이므로 식 (G.22) 증명 식 (*4)로부터 다음과 같다.

$$\begin{aligned} f(z) &= \frac{1}{2\pi}\int_0^{2\pi} f(z_c) \frac{z_c \bar{z}_c - z\bar{z}}{(z_c - z)(\bar{z}_c - \bar{z})}\, d\alpha \\ &= \frac{1}{2\pi}\int_0^{2\pi} f(z_c) \frac{R^2 - r^2}{(Re^{i\alpha} - re^{i\theta})(Re^{-i\alpha} - re^{-i\theta})}\, d\alpha \\ &= \frac{1}{2\pi}\int_0^{2\pi} f(z_c) \frac{R^2 - r^2}{R^2 - 2Rr\cos(\theta - \alpha) + r^2}\, d\alpha \end{aligned}$$

---

## 보충 문제

**[G.1]** $z = c$에 생성원이 있고 $z = -c$에 같은 세기의 소멸부가 있다.

(a) 복소퍼텐셜을 구하라.

(b) 등퍼텐셜선과 역선을 구하라.

**[G.2]** $w = \dfrac{1+z}{1-z}$로 사상한다.

(a) 다음의 점들과 곡선들은 $w = u + iv$에 어떻게 사상되는가?

$$z = \pm 1, \quad z = \pm i, \quad z = \pm i/2, \quad z = 0$$

(b) 퍼텐셜이 2 V, $-2$ V인 두 반원판이 있다. (a)를 이용하여 반원판 사이의 등퍼텐셜선들을 $w$ 공간으로 사상하라.

**[G.3]** 500℃ 로 가열된 반지름이 1 m 인 원통형 막대를 온도가 20℃ 인 반지름이 10 m 인 원통이 둘러싸고 있다.

(a) 평형상태에서 원통 사이의 온도를 구하라.

(b) 복소퍼텐셜과 열흐름선을 구하라.

**[G.4]** 다음과 같은 복소퍼텐셜을 고려한다.

$$\Omega(z) = \phi(x, y) + i\psi(x, y) = z + 1/z$$

속도를 구하고 흐름선을 구하라.

**[G.5]** $\phi(1, \theta)$가 다음과 같을 때 단위 원판에서의 퍼텐셜 $\phi(r, \theta)$를 구하라.

(a) $\phi(1, \theta) = 2 - \cos\theta$

(b) $\phi(1, \theta) = \cos^2\theta$

(c) $\phi(1, \theta) = 1\,(0 < \theta < \pi),\ 0\,(\pi < \theta < 2\pi)$

# 연습문제 해답

## 제1장 함수와 곡선

**[1.1]** (a) 정의역 : $x \geq 2$인 실수, 치역 : $y \geq 0$인 실수

(b) 정의역 : $x \neq 0, 1$인 실수, 치역 : $y \neq \pm\infty$인 실수

**[1.2]** (a) $x + \sqrt{x-1}$, 정의역 : $x \geq 1$인 실수

(b) $\sqrt{x^2 + x}$, 정의역 : $x \leq -1$, $x \geq 0$인 실수

**[1.3]** (a) $\sqrt[4]{2-x}$, 정의역 : $x \leq 2$인 실수

(b) $\sqrt{2-\sqrt{x}}$, 정의역 : $0 \leq x \leq 4$인 실수

(c) $\sqrt{2-\sqrt{2-x}}$, 정의역 : $-2 \leq x \leq 2$인 실수

**[1.4]** (a) $\dfrac{(x-2)^3}{(x-2)^3+1}$

(b) $f(x) = \sqrt{x}$, $g(x) = x-1$, $h(x) = \sqrt{x}$

**[1.5]** (a) $y = f^{-1}(x) = \sqrt{x-1}$

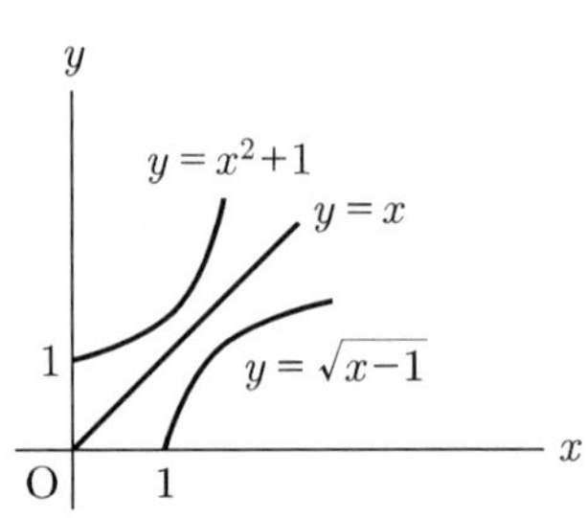


(b) $y = f^{-1}(x) = (x-2)^2 + 1$

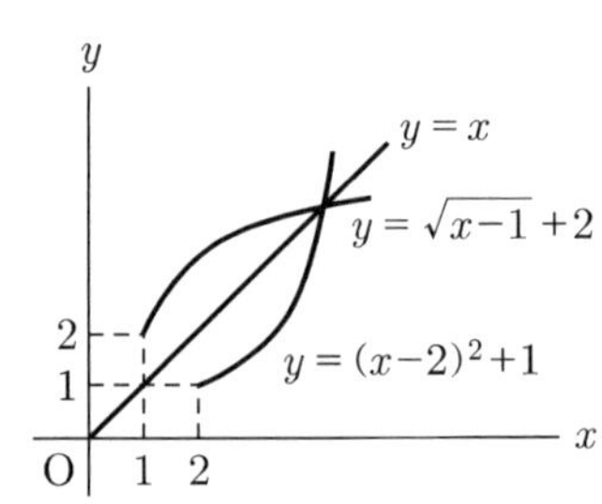


**[1.6]** (a) 위로 볼록, 꼭지 : (1, 1)

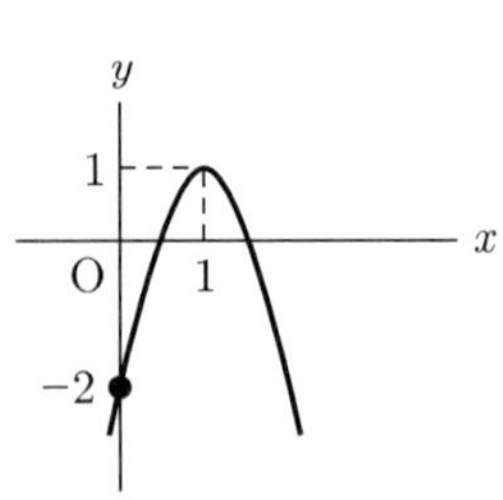


(b) $y = 2(x+1)^2 - 2$

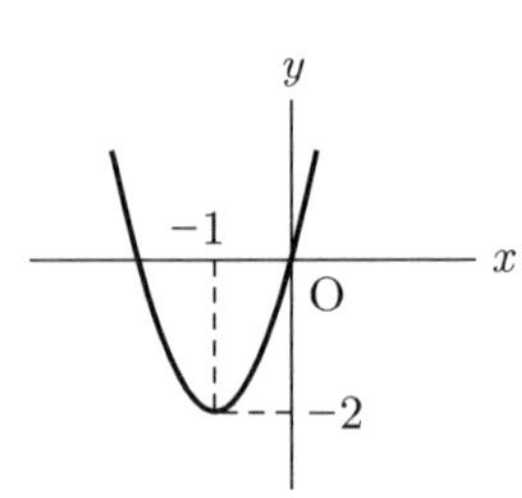


**[1.7]** (a) 꼭지점 : $(0, \pm b)$, $c = \pm\sqrt{b^2 - a^2}$

(b) $a=3,\ b=2,\ c=\pm\sqrt{3^2+2^2}=\pm\sqrt{13}$, 중심 : $(4,\ 1)$

꼭지점 : $x=4,\ y=4,\ -2$, 점근선 : $y=f_{\pm}(x)=\pm 3(x-4)/2+1$

$b_1=\sqrt{45}+1,\ b_2=-\sqrt{45}+1,\ c_1=1+\sqrt{13},\ c_2=1-\sqrt{13}$

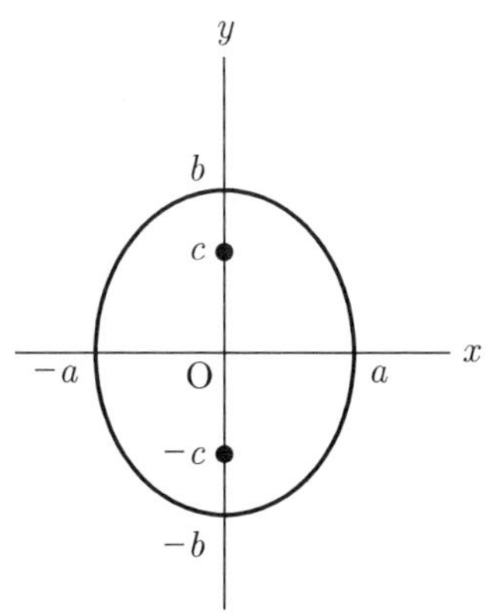


(a)

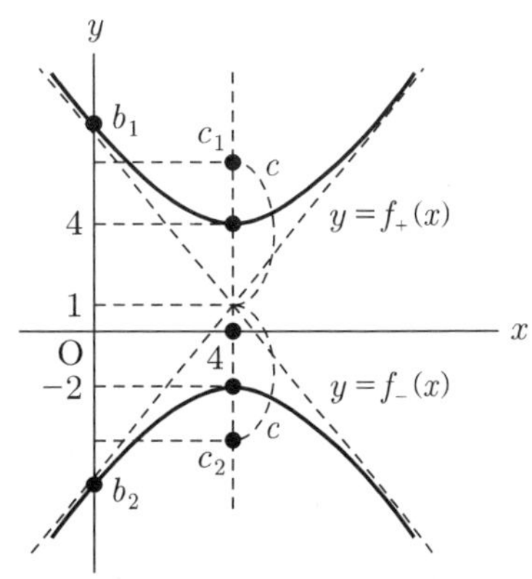


(b)

[1.8] (a) $y=\dfrac{1}{x}-2\ (x\neq 0)$ (b) $x\geq -3$

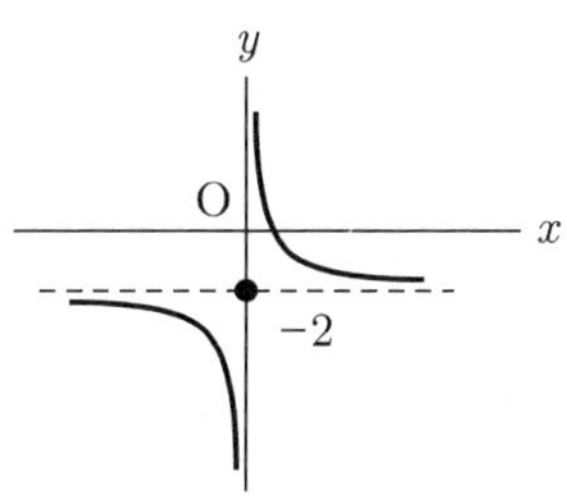


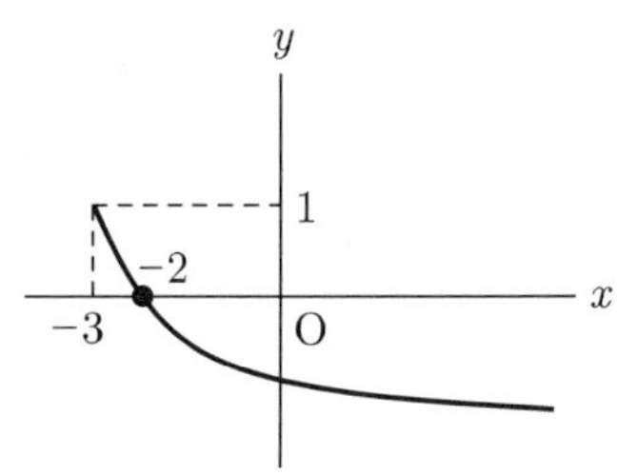


## 제2장 초월함수

[2.1] 예 2.1 그림 참고.

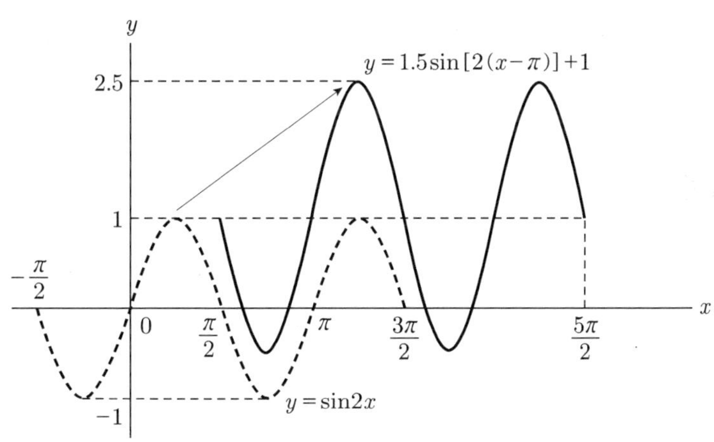

**[2.2]** $A = 40\sin\theta + 8\sqrt{3}\cos\theta$

**[2.3]** (a) 식 (2.3), (2.4) (b) 그림 2.1, 피타고라스의 정리

**[2.4]** $\cos\alpha = 4/5$, $\sin\alpha = 3/5$

**[2.5]** (a) 삼각공식 (b) $A$ 로 나누고 곱합 (c) $120^\circ$

**[2.6]** (a) $x = \frac{\pi}{3}, \frac{5\pi}{3}$ (b) $x - \frac{\pi}{6} = \frac{\pi}{4}, \frac{3\pi}{4}$ (c) $x = \frac{\pi}{6}$, $y = \frac{\pi}{6}$

**[2.7]** $\sqrt{3}/2$

**[2.8]** (a) $\pi/4$ (b) $3\pi/4$ (c) 0

**[2.9]** (a) $\alpha \equiv \sin^{-1}x$, $\beta \equiv \cos^{-1}x$ (b) $\cos^{-1}x \equiv \theta$ (c) $y \equiv \sin^{-1}(-x)$

**[2.10]** (a) $\log_3 2$ (b) $-5/8$ (c) $e^3 - 5$ (d) $\ln 7 - 4$
(e) $0$, $\log_3 2$ (f) 5 (g) $y = 1$, $x = 10$

**[2.11]** (a) $-2$ (b) $x > \log_2 3$ (c) $x > \log 3/\log 2$ (d) $1 < x < 100$

**[2.12]** (a) $\log_5 \sqrt[3]{5} > \log_5 \sqrt[7]{25}$ (b) $\log_{0.2} \sqrt[3]{3} > \log_{0.2} \sqrt[4]{9}$

**[2.13]** (a) $0 < x < 3$ (b) $x > \sqrt{6}$ (c) $0.1 < x < 100$ (d) $1 < x < 5$

**[2.14]** (a) $\sqrt{5}/3$ (b) 쌍곡선 함수의 정의

**[2.15]** (a) $y \equiv \sinh^{-1}x \Rightarrow x = \sinh y = \left(e^y - e^{-y}\right)/2$
(c) $y \equiv \tanh^{-1}x \Rightarrow x = \tanh y = \dfrac{e^y - e^{-y}}{e^y + e^{-y}}$
(f) $y \equiv \operatorname{csch}^{-1}x \Rightarrow x = \operatorname{csch} y = 2/\left(e^y - e^{-y}\right)$

## 제3장 벡터와 복소수

**[3.1]** (a) $(x-1)^2 + y^2 = 1$ (b) $y = 2x^2 - 1$, $-1 \le x \le 1$

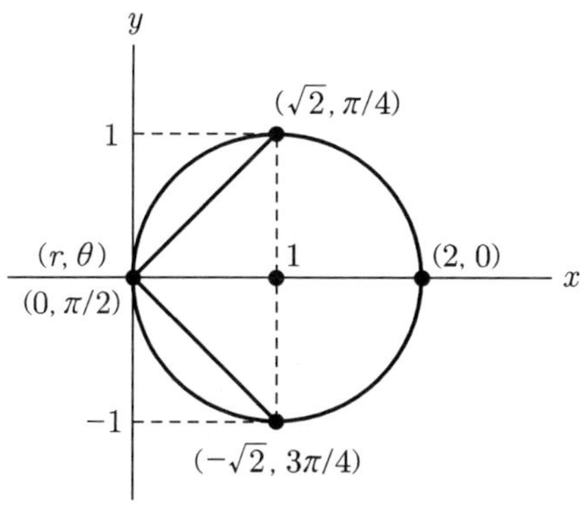


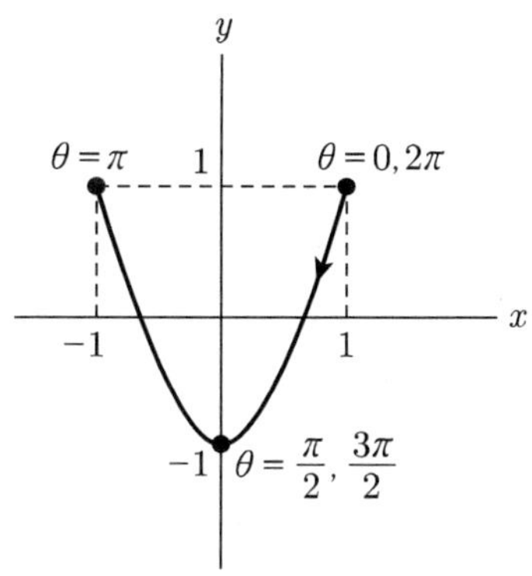


**[3.2]** (a) 식 (3.19) (b) $a = \frac{4}{9}$, $b = -\frac{1}{3}$

(c) $\hat{\mathbf{n}} = \frac{-3\hat{\mathbf{x}} - 2\hat{\mathbf{y}} - 5\hat{\mathbf{z}}}{\sqrt{(-3)^2 + (-2)^2 + (-5)^2}}$

**[3.3]** (a) $|\mathbf{A}| = \sqrt{1^2 + 2^2 + 2^2} = 3$, $\cos\alpha = \frac{1}{3}$, $\cos\beta = \frac{2}{3}$, $\cos\gamma = \frac{2}{3}$

(b) $-\frac{3}{7}\hat{\mathbf{x}} + \frac{9}{14}\hat{\mathbf{y}} + \frac{3}{14}\hat{\mathbf{z}}$

(c) $\mathbf{B}_{\parallel} = \frac{3}{2}\hat{\mathbf{x}} - \frac{1}{2}\hat{\mathbf{y}}$, $\mathbf{B}_{\perp} = \frac{1}{2}\hat{\mathbf{x}} + \frac{3}{2}\hat{\mathbf{y}} - 3\hat{\mathbf{z}}$

**[3.4]** (a) $12 + 5i$ (b) $-i$

**[3.5]** 예 3.5 : $z_1 \to z_1 + z_2$, $z_2 \to -z_2$

**[3.6]** (a) $3 + 3i$ (b) $-5 + 2i$ (c) $-7/17 - (11/17)i$

**[3.7]** (a) $a/(a^2 + b^2)$ (b) $-2b - 4$ (c) $\sqrt{(a-1)^2 + (3-b)^2}$

**[3.8]** (a) $z = 2[\cos(\pi/6) + i\sin(\pi/6)]$

(b) $z = x + iy = (-1 + i)/\sqrt{2}$ (c) $x = y = 1$ 또는 $x = y = -1$

**[3.9]** (a) $w_0 = 2$, $w_1 = -1 + \sqrt{3}\,i$, $w_2 = -1 - \sqrt{3}\,i$

(b) $w_0 = \frac{\sqrt{2}}{2} + \frac{\sqrt{2}}{2}i$, $w_1 = -\frac{\sqrt{2}}{2} - \frac{\sqrt{2}}{2}i$

(c) $w_0 = \frac{\sqrt{2}}{2} + i\frac{\sqrt{6}}{2}$, $w_1 = -\frac{\sqrt{2}}{2} - i\frac{\sqrt{6}}{2}$

(d) $w = 2^{1/6}\left[\cos\left(\frac{\pi/4 + 2m\pi}{3}\right) + i\sin\left(\frac{\pi/4 + 2m\pi}{3}\right)\right]$ $(m = 0, 1, 2)$

[3.10] (c) $\mathrm{Re}\left(\frac{2}{z}\right)=\mathrm{Re}\left(\frac{2}{x+iy}\right)=2\,\mathrm{Re}\left(\frac{x-iy}{x^2+y^2}\right)=\frac{2x}{x^2+y^2}<1$

$x^2-2x+y^2>0 \Rightarrow (x-1)^2+y^2>1^2$

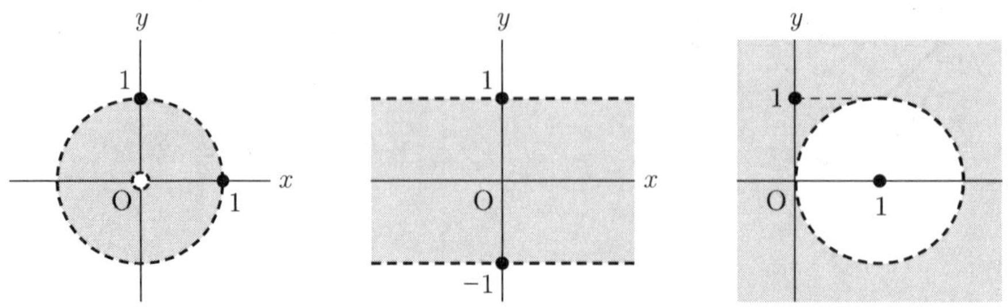


(a) (b) (c)

## 제4장 극한과 연속

[4.1] (a) $\frac{1}{2}$ (b) $\pm 5$ (극한값 존재 안함) (c) $\sqrt{6}$ (d) $\frac{1}{4}$ (e) $-\frac{1}{4\sqrt{2}}$

[4.2] (a) 1 (b) 0 (c) 2 (d) $\cos\alpha$ (e) $-\pi$

[4.3] (a) $\beta=0,\ \alpha=1/2$ (b) $\beta=0,\ \alpha=1$ (c) $\alpha=-2,\ \beta=\pi$

[4.4] (a) $e^2$ (b) $[\log_a(1+x)]/x=\log_a(1+x)^{1/x}$ (c) $\alpha=1,\ \beta=1$

[4.5] (a) $x=1,-2$에서 불연속 (b) $1\le x<3$인 실수 구간에서 연속

(c) $x=1$를 제외한 $x\ge 0$인 실수 구간에서 연속

[4.6] (a) $x\ne 0$일 때 연속 (b) $x>5$일 때 연속

[4.7] (a) $f(x)\equiv \log x+x-2,\ f(1)=-1<0,\ f(2)=\log 2>0$

중간값 정리 : $f(x)=0$인 $x$ 존재.

(b) 3 (c) $\log_2(2x/3)$

## 제5장 미분

[5.1] $y=-x/3+2$

[5.2] (a) 0 (b) 4 (c) $2(a-b)$

**[5.3]** (a) $12x^5 + 3/2\sqrt{x}$ (b) $-8(-2x+3)^3$ (c) $5x^4 + 3x^2 + 2x$

(d) $\dfrac{-3x}{\sqrt{(x^2+3)^5}}$ (e) $-\dfrac{1}{4x\sqrt{x+\sqrt{x}}}$

**[5.4]** (a) $\dfrac{x^2-3y}{3x-y^2}$ (b) $= \dfrac{1-xy^2}{x^2y+2}$

(c) $-\dfrac{\sqrt{y}}{\sqrt{x}}$ $(x \neq 0)$ (d) $\dfrac{dy}{dx} = \dfrac{2\sqrt{y^2+y+1}}{2y+1}$ $\left(y \neq -\dfrac{1}{2}\right)$

**[5.5]** $1 + kx$

**[5.6]** (a) $\dfrac{x_1^2}{a^2} + \dfrac{y_1^2}{b^2} = 1$ (b) $\dfrac{2\sqrt{5}}{3}$

**[5.7]** (a)

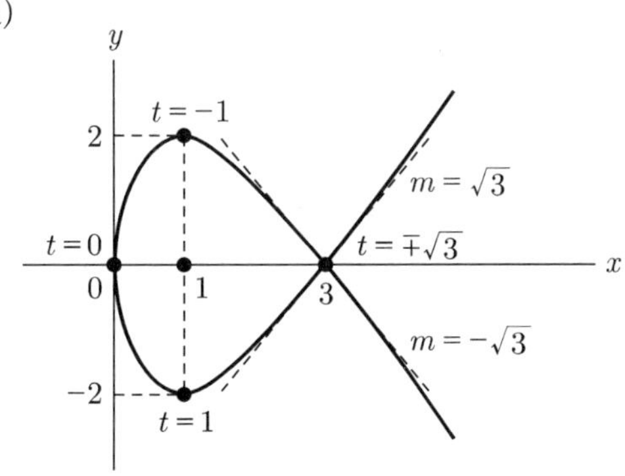


(b) $\pm\sqrt{3}$

**[5.8]** (a) a : $\theta = 3\pi/2, 7\pi/2, \cdots$

b : $\theta = 0, \pi, 2\pi, \cdots$

c : $\theta = \pi/2, 5\pi/2, \cdots$

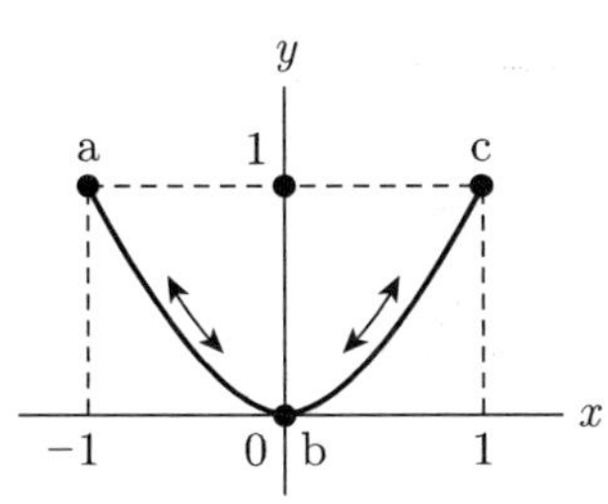


(b)

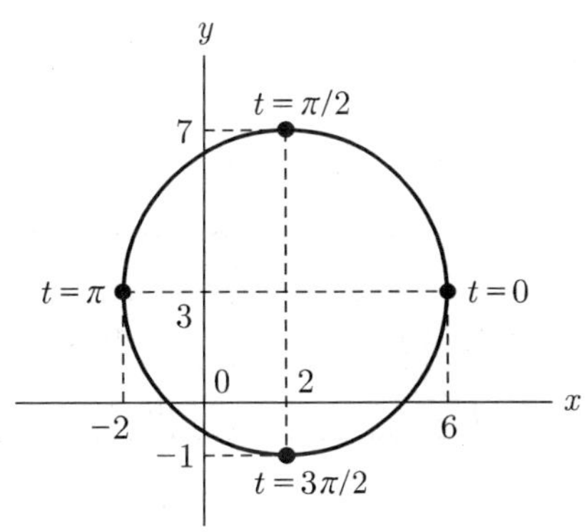


**[5.9]** (a) $\cos^2 x - \sin^2 x$ (b) $(2x+1)\cos(x^2+x)$

(c) $\dfrac{2}{(x+1)^2}\cos\left(\dfrac{2x}{x+1}\right)$ (d) $-2\cos(2x)\cdot\sec^2[3-\sin(2x)]$

(e) $\dfrac{\cos x}{2\sqrt{1+\sin x}}$ (f) $-\sin x \cdot \cos(\cos x)$

**[5.10]** (a) $\dfrac{y^2\sin x+\cos(x+y)}{2y\cos x-\cos(x+y)}$ (b) $-\dfrac{y\cos(xy)+\sin(x+y)}{x\cos(xy)+\sin(x+y)}$

**[5.11]** $f(x)\equiv\tan^{-1}x+\cot^{-1}x$ 미분

**[5.12]** (a) $y=(\sqrt{2}+1)x-[(\sqrt{2}+1)\pi/4-2]$ (b) 0

**[5.13]** (a) $\dfrac{2}{\sqrt{1-(2x+1)^2}}$ (b) $\dfrac{-4x}{\sqrt{1-(2x^2)^2}}$ (c) $\dfrac{2\sec^{-1}x}{x\sqrt{x^2-1}}$

**[5.14]** (a) $a^{\sin x}\ln a\cdot\cos x$ (b) $\dfrac{1-x\ln 3}{3^x}$ (c) $\dfrac{1}{2x\sqrt{\ln x}}$ (d) $\dfrac{1}{\sqrt{x^2+1}}$

(e) $\dfrac{\sec^2x}{\tan x\cdot\log a}$ (f) $\dfrac{3(\ln x)^2}{x}$ (g) $\dfrac{\cos x}{\sin x}$ (h) $\dfrac{1}{x\sqrt{1-(\ln x)^2}}$

**[5.15]** (a) $x^{\sin x}\left[\cos x\cdot\ln x+\dfrac{\sin x}{x}\right]$ (b) $-\sin x[1+\ln(\cos x)](\cos x)^{\cos x}$

**[5.16]** (a) $2e^x\cos x$ (b) $6x\ln x+5x$

**[5.17]** (a) $x$ (b) 1 (c) $x$ (d) $1+kx$

**[5.18]** $\alpha=-e,\ \beta=-1$

**[5.19]** (a) $\dfrac{1+\sqrt{7}}{3}$ (b) $\dfrac{9}{4}$ (c) $e-1$

**[5.20]** (a) 감소함수 (b) 증가함수 (c) 증가함수 (d) 감소함수

**[5.21]** (a) $f'(x)=-6x^2-6x+12=-6(x+2)(x-1)$

| $x$ | $\cdots$ | $-2$ | $\cdots$ | 1 | $\cdots$ |
|---|---|---|---|---|---|
| $f'(x)$ | $-$ | 0 | $+$ | 0 | $-$ |
| $f(x)$ | ↘ | $-15$ (극소) | ↗ | 12 (극대) | ↘ |

(b) $f'(x)=\dfrac{5}{3}x^{2/3}-3\dfrac{2}{3}x^{-1/3}=\dfrac{5x-6}{3x^{1/3}}$

| $x$ | $\cdots$ | 0 | $\cdots$ | $6/5$ | $\cdots$ |
|---|---|---|---|---|---|
| $f'(x)$ | $+$ | 존재안함 | $-$ | 0 | $+$ |
| $f(x)$ | ↗ | 0 (극대) | ↘ | $(6/5)^{5/3}-3(6/5)^{2/3}$(극소) | ↗ |

(c) $f'(x) = -\sin x + \cos x$

| $x$ | $\cdots$ | $\pi/4$ | $\cdots$ | $5\pi/4$ | $\cdots$ |
|---|---|---|---|---|---|
| $f'(x)$ | + | 0 | − | 0 | + |
| $f(x)$ | ↗ | $\sqrt{2}$ (극대) | ↘ | $-\sqrt{2}$ (극소) | ↗ |

(d) $f'(x) = \dfrac{4x(x+2) - 2x^2}{(x+2)^2} = \dfrac{2x(x+4)}{(x+2)^2}$

| $x$ | $\cdots$ | $-4$ | $\cdots$ | $-2$ | $\cdots$ | 0 | $\cdots$ |
|---|---|---|---|---|---|---|---|
| $f'(x)$ | + | 0 | − | 존재안함 | − | 0 | + |
| $f(x)$ | ↗ | −16 (극대) | ↘ | 존재안함 | ↘ | 0 (극소) | ↗ |

**[5.22]** (a) $\alpha = 1$, $\beta = \sqrt{3}$

(b) $f(x) = x - \cos x$, $f(0) = -1 < 0$, $f(\pi/2) = \pi/2 > 0$

$f'(x) = 1 + \sin x > 0 \Rightarrow f(x) = 0$를 만족하는 $x$는 1개.

**[5.23]** (a) $f(0) = 0$, $f(\pi/3) = \pi/3 - \sqrt{3}$ (최소)

$f(5\pi/3) = 5\pi/3 + \sqrt{3}$ (최대), $f(2\pi) = 2\pi$

(b) $f(0.2) = 5.2$ (최대), $f(1) = 2$ (최소), $f(2) = 2.5$

**[5.24]** (a) $f''(0) = 0$ : 알 수 없음. $x = 0$은 변곡점

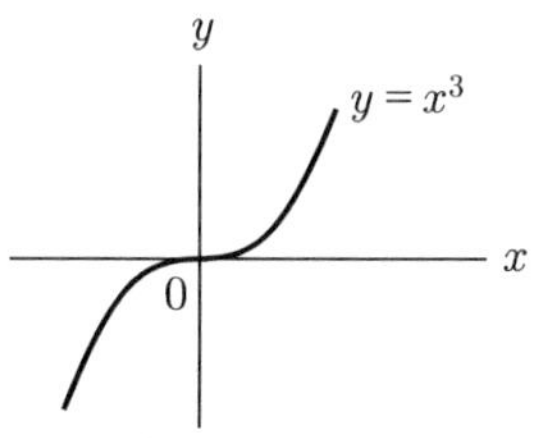


(a)

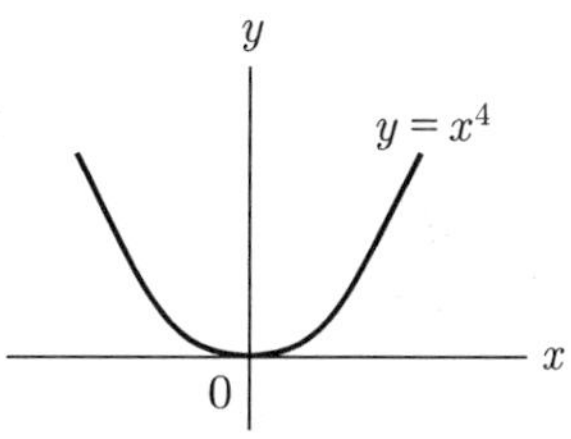


(b)

(b) $f''(0) = 0$ : 알 수 없음, $x = 0$은 극소점

(c) $f(3\pi/4) = e^{3\pi/4}/\sqrt{2}$ : 극대, $f(7\pi/4) = -e^{7\pi/4}/\sqrt{2}$ : 극소

**[5.25]** (a) 0 (b) 0 (c) 1/6 (d) 1 (e) 1 (f) 1 (g) 1/2

**[5.26]** (a) $h = 2r$ (b) $v = Hv_0/(H-h)$ (c) $x = 2R/3$

**[5.27]** (e) $\dfrac{d\coth x}{dx} = \dfrac{d}{dx}\left(\dfrac{\cosh x}{\sinh x}\right) = \dfrac{\sinh^2 x - \cosh^2 x}{\sinh^2 x} = -\operatorname{csch}^2 x$

(f) $\dfrac{d\,\mathrm{csch}\,x}{dx} = \dfrac{d}{dx}\left(\dfrac{2}{e^{x}-e^{-x}}\right) = -2\dfrac{e^{x}+e^{-x}}{(e^{x}-e^{-x})^{2}} = -\mathrm{csch}\,x \cdot \coth x$

**[5.28]** $h(x) = f(x) - f(a) - \dfrac{f(b)-f(a)}{b-a}(x-a) \Rightarrow h(a) = h(b) = 0$

$h'(x) = f'(x) - \dfrac{f(b)-f(a)}{b-a}$

⇒ 롤의 정리에 의해 $h'(c) = 0$를 만족하는 $c$ 존재.

**[5.29]** $-48x^2/y^7$

**[5.30]** 연습문제 [2.15]을 사용

**[5.31]** (a) $-1$ (b) $\theta = \pi/6,\ 5\pi/6,\ 3\pi/2$

**[5.32]** (a) $\mathbf{v} = \lim_{\Delta t \to 0} \dfrac{\Delta \mathbf{r}}{\Delta t}$

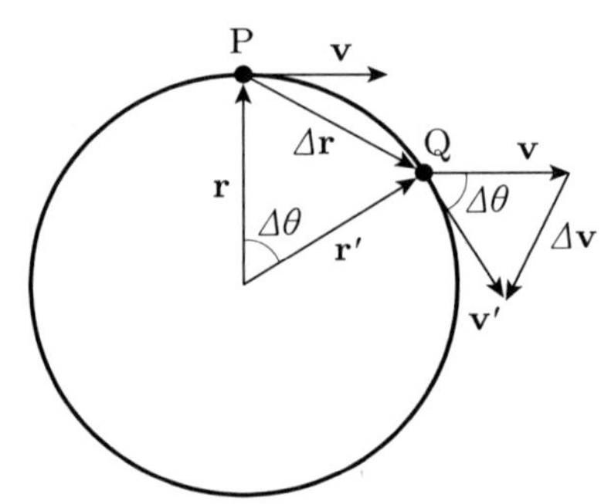


$\Delta t \to 0 \Rightarrow \Delta\theta \to 0$

$\mathbf{v}$는 $\mathbf{r}$에 수직

(원의 접선방향)

(b) $\dfrac{v^2}{r}$ (구심가속도)

$\Delta\mathbf{v}$ 방향

(원의 중심방향)

**[5.30]** (a) $\mathbf{r} = r\hat{\mathbf{r}}$, $\hat{\mathbf{r}} = \cos\theta\,\hat{\mathbf{x}} + \sin\theta\,\hat{\mathbf{y}}$, $\hat{\boldsymbol{\theta}} = -\sin\theta\,\hat{\mathbf{x}} + \cos\theta\,\hat{\mathbf{y}}$

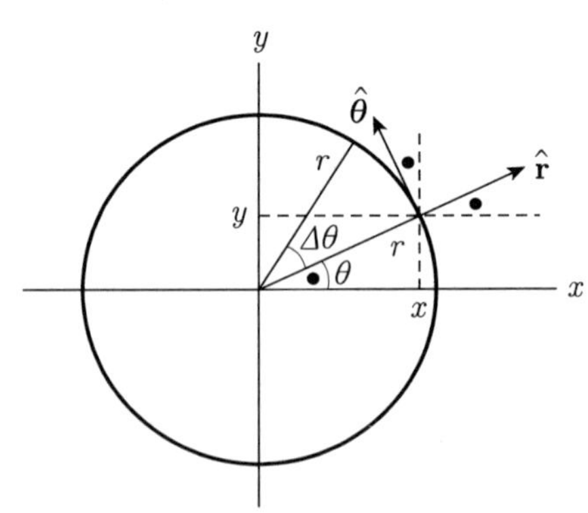


$\dfrac{d\hat{\mathbf{r}}}{dt} = \dot{\theta}\,\hat{\boldsymbol{\theta}}$, $\dfrac{d\hat{\boldsymbol{\theta}}}{dt} = -\dot{\theta}\,\hat{\mathbf{r}}$

$\dot{\theta} = d\theta/dt = \omega$ (각속도)

$\dot{r} = \dfrac{dr}{dt}$, $\ddot{r} \equiv \dfrac{d^2 r}{dt^2}$

$\ddot{\theta} = \dot{\omega} = \dfrac{d^2\theta}{dt^2} \equiv \alpha$ (각가속도)

$\mathbf{v} = \dot{r}\,\hat{\mathbf{r}} + r\omega\,\hat{\boldsymbol{\theta}}$

$\mathbf{a} = (\ddot{\mathrm{r}} - \mathrm{r}\,\omega^2)\,\hat{\mathbf{r}} + (2\omega\dot{\mathrm{r}} + \mathrm{r}\,\alpha)\,\hat{\boldsymbol{\theta}}$

(b) $\mathbf{v} = v\,\hat{\boldsymbol{\theta}}$ (접선방향), $v = r\omega$

$\mathbf{a} = \mathbf{a}_c + \mathbf{a}_t$, $\mathbf{a}_c = -r\omega^2\hat{\mathbf{r}}$ (구심가속도), $\mathbf{a}_t = r\alpha\,\hat{\boldsymbol{\theta}}$ (접선가속도)

등속원운동 ; $\alpha = d\omega/dt = 0$

## 제6장 적분

**[6.1]** (a) $\frac{1}{3}x^3+\frac{1}{2}x^2+x$ (b) $\frac{x}{2}+\frac{\sin(2x)}{4}$ (c) $\frac{1}{3}(1+\sin x)^3$

(d) $\frac{1}{2}(\ln x)^2$ (e) $-\frac{4}{3}(2-x)^{3/2}+\frac{2}{5}(2-x)^{5/2}$

(f) $\frac{1}{2}\sin^{-1}(x^2)$ (g) $\frac{1}{202}(x^2+1)^{101}$ (h) $\frac{2}{3}(x+2)^{3/2}-4(x+2)^{1/2}$

(i) $\frac{2}{3}(x+1)^{3/2}-x$ (j) $\frac{2}{5}(1-x)^{5/2}-\frac{2}{3}(1-x)^{3/2}$

(k) $\tan^{-1}(e^x)$ (l) $\frac{1}{2}\sin^{-1}(x^2)$ (m) $\frac{1}{3a}\sin^3(ax)$

**[6.2]** (a) $-x^2\cos x+2x\sin x+2\cos x$ (b) $-\frac{1}{5}e^{2x}\cos x+\frac{2}{5}e^{2x}\sin x$

(c) $\frac{1}{2}(\sec x\cdot\tan x+\ln|\sec x+\tan x|)$ (d) $x\tan^{-1}x-\frac{1}{2}\ln(1+x^2)$

(e) $x(\ln x)^2-2(x\ln x-x)$

**[6.3]** (a) $-\frac{\sqrt{9-x^2}}{x}-\sin^{-1}\left(\frac{x}{3}\right)$ (b) $\sqrt{x^2-25}-5\sec^{-1}(x/5)$

(c) $\sqrt{x^2+2x+2}$ (d) $-\frac{\sqrt{1-x^2}}{x}+c$ (e) $\frac{x}{9\sqrt{9+x^2}}$

**[6.4]** (a) $\frac{1}{3}(\ln|x-1|-\ln|x+2|)$

(b) $\ln(x^2+1)+\tan^{-1}x-2\ln|x-1|-\frac{1}{x-1}$

(c) $x^2+\frac{3}{2}\ln|x-4|-\frac{1}{2}\ln|x+2|$

(d) $\ln|x|+\frac{1}{2}\ln(x^2+4)-\frac{1}{2}\tan^{-1}\left(\frac{x}{2}\right)$

**[6.5]** (a) $2\sqrt{x+4}+2\ln\left|\frac{\sqrt{x+4}-2}{\sqrt{x+4}+2}\right|$

(b) $\ln|x+\sqrt{x-1}|-\frac{2}{\sqrt{3}}\tan^{-1}\left(\frac{2\sqrt{x-1}+1}{\sqrt{3}}\right)$

(c) $x-\frac{4}{5}x^{5/4}$

(d) $\frac{1}{\sqrt{2}}\ln\left|\frac{\sqrt{2}-1+\tan(x/2)}{\sqrt{2}+1-\tan(x/2)}\right|$

**[6.6]** (a) $\frac{1}{2}$ (b) $0$ (c) $\frac{1}{2}\ln 2$ (d) $\ln\left(\frac{4}{3}\right)$

(e) $1-e^{-2}$ (f) $\frac{8\ln 2}{3}-\frac{7}{9}$

**[6.7]** $1-\frac{1}{\sqrt{3}}$

**[6.8]** (a) $2x\sqrt{x^4+1}-2\sqrt{4x^2+1}$ (b) $4x^3\sec(x^4)$

**[6.9]** (a) $\infty$ (b) $\infty$ (c) $0$ (d) $-1$

**[6.10]** (a) 수렴 (b) 발산

**[6.11]** (a) $\frac{23}{3}$ (b) $\frac{5}{6}$ (c) $2\sqrt{2}-2$ (d) $\frac{9}{2}$ (e) $18$

**[6.12]** $\frac{v_0^2}{2g}$

**[6.13]** $\frac{1}{2}k\left(x_2^2-x_1^2\right)$

**[6.14]** (a) $\frac{a^3}{3}$ (b) $\frac{7\pi}{6}$ (c) $\frac{4\pi}{3}R^3$ (d) $\frac{4\pi}{5}$

**[6.15]** $L=\frac{1}{4}\left(2\sqrt{5}+\ln|2+\sqrt{5}|\right)$

## 제7장 무한급수

**[7.1]** (a) $\frac{n}{n+1}\ (n=1,2,3,\cdots)$ (b) $(-1)^n\frac{n+1}{3^n}\ (n=1,2,3,\cdots)$

**[7.2]** (a) $\infty$ (b) $0$ (c) $0$ (d) $0$ (e) $1$ (f) $e^2$

**[7.3]** (a) 감소수열 (b) 증가수열

**[7.4]** $\sqrt{3}$

**[7.5]** (a) $\frac{a(1+r)\left[(1+r)^n-1\right]}{r}$ (b) $\frac{a\left[(1+r)^n-1\right]}{r}$

**[7.6]** $(k+1)^3-k^3=3k^2+3k+1$. $k=1$, $k=2$, $\cdots$, $k=n$ 항 더함

**[7.7]** (a) $\dfrac{3n^2+5n}{4(n+1)(n+2)}$ (b) $\dfrac{2n-1}{4}3^{n+1}+\dfrac{3}{4}$ (c) $2(1-2^n)+1+(2n-1)2^n$

**[7.8]** (a) 수렴 (b) 발산 (c) 절대수렴 (d) 수렴 (e) 수렴

**[7.9]** (a) 수렴 (b) 발산 (c) 알 수 없음 (d) 수렴

**[7.10]** (a) 수렴 (b) 수렴 (c) 발산 (d) 수렴

**[7.11]** (a) $-3<x<-1$ (b) $|x|<1$ (c) $|x|<1$ (d) 모든 $x$

**[7.12]** (a) $\dfrac{1}{2}$ (b) $-\dfrac{1}{x}\left(1+\dfrac{1}{x}+\dfrac{1}{x^2}+\cdots\right)$

**[7.13]** (a) $\dfrac{\pi}{4}$ (b) 1

## 제8장 다변수 함수

**[8.1]** (a) 직선 $y=-x-2$ 위에 있는 $x=2$를 제외한 평면

(b) $x=y^2+1$ 왼쪽에 있는 영역 (c) 반지름이 5인 구와 내부

**[8.2]** (a) $x=0$ : $\dfrac{y^2}{4}+\dfrac{z^2}{2}=1$ (타원), $y=0$ : $\dfrac{x^2}{9}+\dfrac{z^2}{2}=1$ (타원)

$z=0$ : $\dfrac{x^2}{9}+\dfrac{y^2}{4}=1$ (타원) $\Rightarrow$ 타원체

(b) $x=0$ : $z=y^2$ (포물선), $y=0$ : $z=x^2$ (포물선) $\Rightarrow$ 포물면

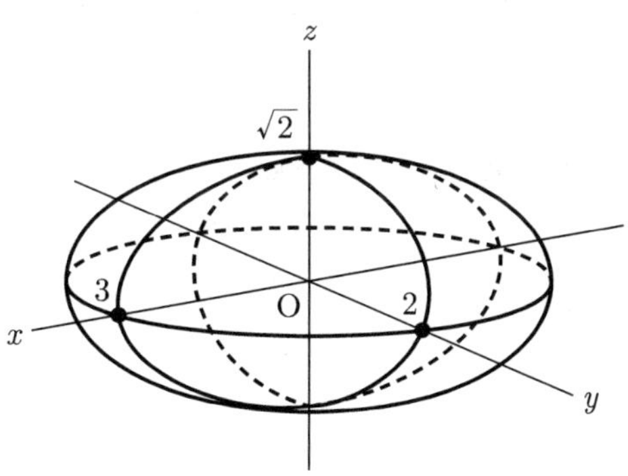


(a) $\dfrac{x^2}{9}+\dfrac{y^2}{4}+\dfrac{z^2}{2}=1$

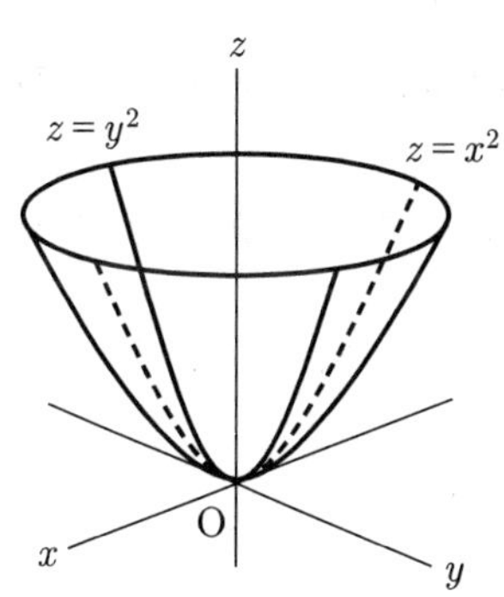


(b) $z=x^2+y^2$

**[8.3]** (a) $\dfrac{x^2}{c-1}+\dfrac{y^2}{(c-1)/4}=1$ : 타원 $(c>1)$

(b) 반지름이 $\sqrt{25-c^2}$ 인 원 $(c<\sqrt{25})$

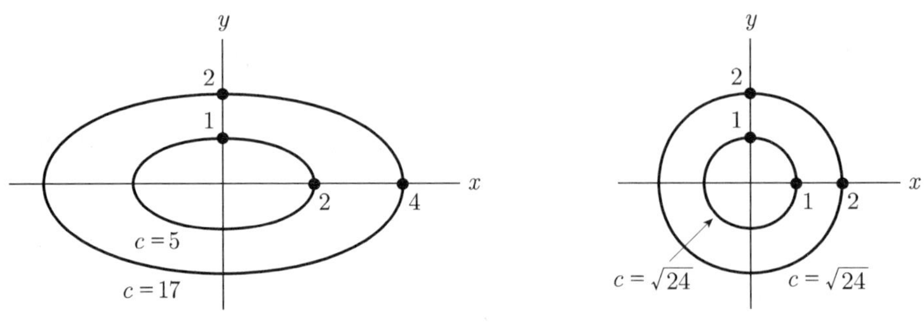


(a) (b)

**[8.4]** (a) 극한값 존재 안함 (b) 극한값 존재 안함

(c) 0 (d) 극한값 존재 안함

**[8.5]** 모든 $x$

**[8.6]** (a) $\sin(xy)+xy\cos(xy)$ (b) $\cos\left(\dfrac{x}{2+y}\right)\cdot\dfrac{-x}{(2+y)^2}$

(c) $\dfrac{3}{8}x^{-1/2}y^{1/2}z^{-1/2}$ (d) $-\dfrac{x^2+2yz}{z^2+2xy}$ (e) $3x^2$

**[8.7]** (a) $\dfrac{\partial z}{\partial t}=4t\quad\dfrac{\partial z}{\partial s}=4s$

(b) $(2xy+y^2)\,2\cos(2t)+(x^2+2xy)(-\sin t)$ (c) $\dfrac{1}{s}+4t+4z$

**[8.8]** (a) $df=(2x+y)dx+(x-2y)\,dy$ (b) $df=\sin y\,dx+x\cos y\,dy$

(c) $df=e^y\,dx+xe^y\,dy$

**[8.9]** 같은 크기의 높이 변화보다 반지름 변화에 4배 빨리 변한다.

**[8.10]** $x=y=3,\ z=3/2$

**[8.11]** 279

**[8.12]** $\pi/2$

**[8.13]** $1/4$

[8.14] (a) $16\pi/5$ (b) $32\pi/5$

[8.15] $4\pi/3$

[8.16] $x_{\text{cm}} = 0,\ y_{\text{cm}} = h/3$

[8.17] (a) $3h/4$ (b) $3Mh^2/10$

[8.18] (a) $MR^2$ (b) $MR^2/2$ (c) $I_x = I_y = MR^2/4$ (d) $2MR^2/5$

[8.19] $\int_a^x \frac{\partial}{\partial y} g(u, y)\,du$ 고려

[8.20] $f(x, y) = f(a, b) + A_1(x-a) + B_1(y-b) + A_2(x-a)^2$
$\qquad + B_2(y-b)^2 + C_1(x-a)(y-b) + \cdots$

[8.21] (a) $2x + 4x^3 + 4xy^2$ (b) $0$

[8.22] (a) $2x + \cos(x+y)$ (b) $\left(\frac{\partial x}{\partial r}\right)_\theta = \cos\theta,\ \left(\frac{\partial r}{\partial x}\right)_y = \frac{x}{r}$

(c) $dz = \left(\frac{\partial z}{\partial x}\right)_y dx + \left(\frac{\partial z}{\partial y}\right)_x dy$

## 제9장 상미분방정식

[9.1] (a) $y' = y/x$ (b) $y' = 2y/x$ (c) $y'' = y'/x$
(d) $y' = y$ (e) $y' = 2\cos(2x)$

[9.2] (a) $y = -\frac{1}{2}e^{-2x} + c$ (b) $y = \ln|\sin x| + c$ (c) $y = \ln\left|\frac{x-1}{x}\right| + c$

(d) $x^3y^2 = c$ (e) $y = \tan\left(\frac{x^2}{2} + x + c\right)$ (f) $\sin y = ce^{-x}$

[9.3] (a) $y = (x+c)e^{2x}$ (b) $y = \frac{2x+c}{x}$ (c) $y = \frac{1}{x}(-\cos x + c)$

(d) $y = ce^{-3x^2} - 3$ (e) $y = ce^{-2x} + \frac{1}{5}(2\cos x + \sin x)$

[9.4] (a) $y = x\tan(y+c)$ (b) $x^2y = c$ (c) $xy = c - 4x$

**[9.5]** (a) $y = 2e^{x^2}$ (b) $y = x\ln x + x$ (c) $y = 2\sin x$

**[9.6]** (a) $y = cx$ (b) $y = c\sin 2x$ (c) $ye^x + y^2 = c$

(d) $\frac{y^2}{2}(1-x^2) - \frac{1}{2}\cos^2 x = c$

**[9.7]** (a) $y^2 = \frac{1}{2} - x + ce^{-2x}$ (b) $\frac{1}{y^3} = -2x - 1 + ce^x$

(c) $y^2 = \frac{1}{2}xe^x + cxe^{-x}$

**[9.8]** (a) $x\ln|x| + y = cx$ (b) $(x-y)\ln|x-y| = c(x-y) + y$

(c) $y^3 + 3x^3\ln|x| = 3cx^3$

**[9.9]** (a) $\left(x - \frac{c}{2}\right)^2 + y^2 = \frac{c^2}{4}$ (b) $4x + 8y + \ln|4x - 8y + 11| + c = 0$

**[9.10]** (a) $T = T_O + ce^{-Kt}$ (b) $T = 30 + 20e^{-Kt}$, $T(\infty) = 30$ ℃

**[9.11]** (a) $6.5 \times 10^{-31}$ [g] (b) $4.1 \times 10^9$ [y] (c) $I(x) = I_0 e^{-kx}$

(d) 870 [y] (e) $2^{10}N_0$

**[9.12]** (a) 감염자수의 증가율은 환자수와 비감염자수에 비례한다고 가정

(b) $x(t) = \frac{x_0}{x_0 + (1-x_0)e^{-\beta t}}$, $x(\infty) = 1$

**[9.13]** $\frac{\lambda_1 N_0}{\lambda_2 - \lambda_1}\left(e^{-\lambda_1 t} - e^{-\lambda_2 t}\right)$

**[9.14]** (a) $v(t) = v_0 + a_0 t$ (b) $x(t) = x_0 + v_0 t + \frac{1}{2}a_0 t^2$ (c) 70 m/s

**[9.15]** $v(t) = \frac{1}{k}\left[F - (F - kv_0)e^{-kt/m}\right]$

**[9.16]** (a) $v(t) = \sqrt{\frac{g}{k}}\tan(\theta - \sqrt{gk}\,t)$ (b) $h = \frac{1}{2k}\ln\left(\frac{g + kv_0^2}{g}\right)$

**[9.17]** (a) $q(t) = CV\left(1 - e^{-t/\tau_C}\right)$, $i(t) = \frac{V}{R}e^{-t/\tau_C}$

(b) $q(t) = CVe^{-t/\tau_C}$, $i(t) = (V/R)e^{-t/\tau_C}$

(c) $i(t) = c\,e^{-t/RC} + \dfrac{\omega C V_0}{\sqrt{1+R^2C^2\omega^2}}\sin(\omega t + \delta),\ \delta = \tan^{-1}\left(\dfrac{1}{\omega RC}\right)$

**[9.18]** (a) $i(t) = I_{\max}\left(1 - e^{-t/\tau_L}\right),\ I_{\max} = V/R$

(b) $i = I_{\max}\, e^{-t/\tau_L}$

(c) $i(t) = I_{\max}\, e^{-Rt/L} + \dfrac{V_0}{\sqrt{R^2+\omega^2L^2}}\sin(\omega t - \delta),\ \delta = \tan^{-1}\left(\dfrac{\omega L}{R}\right)$

**[9.19]** $i_1 = c\,e^{-t/6} + 6,\ i_2 = -\dfrac{1}{2}c\,e^{-t/6},\ i_3 = \dfrac{3}{2}c\,e^{-t/6} + 6$

**[9.20]** $i(t) = \dfrac{V}{R_1}\left(1 - e^{-Rt/L}\right)$

**[9.21]** (a) $y_{\mathrm{h}} = c_1 e^{-x} + c_2 e^{-3x},\ y_{\mathrm{p}} = 1.6\sin(2x) - 0.2\cos(2x)$

(b) $y_{\mathrm{h}} = (c_1 + c_2 x)e^{-x},\ y_{\mathrm{p}} = 3\cos(3x) + 4\sin(3x)$

**[9.22]** (a) $y_{\mathrm{p}} = 2x^2 - 6x + 7$ (b) $y_{\mathrm{p}} = -\dfrac{4}{3}x + \dfrac{23}{9} - 2x\,e^{2x} - \dfrac{4}{3}e^{2x}$

**[9.23]** (a) $y = -\dfrac{\sqrt{6}}{3}c_1 e^{-\sqrt{6}t} + \dfrac{\sqrt{6}}{3}c_2 e^{\sqrt{6}t}$

(b) $y = (c_1 - c_2 + c_2 t)e^t$ (c) $y = c_1\sin t - c_2\cos t + t - 1$

**[9.24]** $x = (1-t)e^{-3t+3},\quad y = (-1+2t)e^{-3t+3}$

**[9.25]** (a) $x = c_1 e^{2t} + c_2 e^{3t},\quad y = c_1 e^{2t} + c_2 e^{3t}/2$

(b) $y = c_1 e^{2t} + c_2 e^{-3t},\quad x = -2c_1 e^{2t} - c_2 e^{-3t}/3$

**[9.26]** (a) $x_{\mathrm{h}} = e^{-3t}(c_1\sin t + c_2\cos t),\ x_{\mathrm{p}} = [100\sin(4t) - 25\cos(4t)]/100$

(b) $I_{\mathrm{h}} = e^{-t}(c_1\cos t + c_2\sin t),\ I_{\mathrm{p}} = \cos t + 2\sin t$

**[9.27]** $I(t) = 60\sin(2t) - 30\sin t$

**[9.28]** $x_{\mathrm{h}} = e^{-t}(c_1\sin t + c_2\cos t),\ x_{\mathrm{p}} = 2\sin t$

**[9.29]** (a) $x(t) = \dfrac{f_0}{\omega_0\left(\omega_0^2 - \omega^2\right)}\left[-\omega\sin(\omega_0 t) + \omega_0\sin(\omega t)\right]$

(b) $\lim_{\omega \to \omega_0} x(t) = \dfrac{f_0}{2\omega_0^2}\sin(\omega_0 t) - \dfrac{f_0}{2\omega_0} t\cos(\omega_0 t)$ (*1)

$t$가 증가하면 증가. 식 (*1)의 미분= 0일 때 $t = n\pi/\omega_0$에서 크기가 부분적으로 최대. 구동진동수 $\omega$와 자연진동수 $\omega_0$가 같을 때 힘이 누적되어 나타나는 공명현상

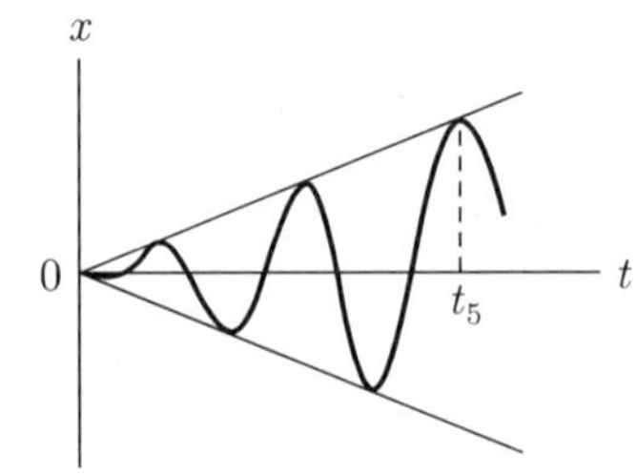


[C.1] $y_2 = x^2 \ln x$

[C.2] (a) $y_p = -x(1-\ln x)e^{2x}$ (b) $y_p = -\cos x\, e^{-x}$

[C.3] (a) $y = c_1 x^{-1/2} + c_2 x^{-1/2}\ln x$

(b) $y = c_1 x\cos(\ln x) + c_2 x\sin(\ln x)$ (c) $y_p = 2x^2 e^x - 2xe^x$

[C.4] (a) $y = \dfrac{1}{c_1^2}\ln(c_1 x + 1) - \dfrac{x}{c_1} + c_2$ (b) $\dfrac{y^3}{3} - c_1 y = x + c_2$

## 제10장 라플라스 변환

[10.1] (a) $\dfrac{1}{s} + \dfrac{e^{-s}}{s^2} - \dfrac{1}{s^2}$ (b) $\dfrac{1}{s} + \dfrac{2}{s^2} + \dfrac{2}{s^3}$ (c) $\dfrac{s^2-1}{(s^2+1)^2}$

(d) $\dfrac{2}{s^2+4^2}$ (e) $\dfrac{1}{s} + \dfrac{2}{s-2} + \dfrac{1}{s-4}$ (f) $\dfrac{1}{s^2-2s}$

[10.2] (a) $t^3 e^{3t}$ (b) $e^{-3t}\sin(2t)$

(c) $e^{-t}\cos(2t) - \dfrac{1}{2}e^{-t}\sin(2t)$ (d) $1 + 3t + \dfrac{3t^2}{2} + \dfrac{t^3}{6}$

[10.3] (a) $e^{-s}\left(\dfrac{1}{s^2} + \dfrac{1}{s}\right)$ (b) $e^{-s}\left(\dfrac{2}{s^3} + \dfrac{2}{s^2} + \dfrac{1}{s}\right)$

(c) $\dfrac{e^{-3s-6}}{s+2}$ (d) $\dfrac{se^{-\pi s}}{s^2+4}$

[10.4] (a) $\dfrac{1}{2}(t-3)^2 u(t-3)$ (b) $\cos[\pi(t-2)]\,u(t-2)$

(c) $e^{-(t-2\pi)}\sin(t-2\pi)u(t-2\pi)$

**[10.5]** (a) $\dfrac{e^{-as}}{ks}(1-e^{-ks})$ (b) $e^{-as}$

**[10.6]** (a) $\mathrm{LT}\,[f(t)u(t-a)] = \int_a^{\infty} e^{-st} f(t)\,dt$ (b) $-\dfrac{s}{s^2+1}e^{-\pi s}$

**[10.7]** (a) $\dfrac{2}{s(s^2+4)}$ (b) $\dfrac{4s}{(s^2+4)^2}$ (c) $\dfrac{1}{(s-1)s^2}$

**[10.8]** (a) $\dfrac{s^2-9}{(s^2+9)^2}$ (b) $\dfrac{6s^2+2}{(s^2-1)^3}$ (c) $\dfrac{6s-12}{[(s-2)^2+9]^2}$ (d) $\dfrac{3s^2+1}{s^2(s^2+1)^2}$

**[10.9]** (a) $tf(t) = t\cos(\omega t)$ (b) $t\sin(\omega t)$

(c) $t\cosh(at)$ (d) $\dfrac{2}{t}\,[1-\cos(at)]$

**[10.10]** (a) $\dfrac{3}{2^2+9}$ (b) $\dfrac{\pi}{2}-\tan^{-1}\left(\dfrac{3}{2}\right)$

**[10.11]** (a) $\dfrac{6}{s^5}$ (b) $\dfrac{s-1}{(s+1)[(s-1)^2+1]}$

(c) $\dfrac{\sin\omega t-\omega t\cos\omega t}{2\omega^3}$ (d) $\dfrac{1}{a^2}(e^{at}-at-1)$

**[10.12]** (a) $\dfrac{A}{s}\cdot\dfrac{1-e^{-as}}{1-e^{-sT}}$ (b) $\dfrac{1}{s^2}\tanh\left(\dfrac{as}{2}\right)$

(c) $\dfrac{\omega}{(1-e^{-\pi s/\omega})(s^2+\omega^2)}$ (d) $\dfrac{1}{s^2}-\dfrac{1}{s^2}e^{-s}-\dfrac{1}{s}e^{-4s}$

**[10.13]** (a) $\dfrac{1}{a-b}(ae^{at}-be^{bt})$ (b) $t-\sin t$ (c) $3\sin(2t)-2\cos(2t)$

**[10.14]** (a) $y(t) = -e^{2t}+2e^{3t}$ (b) $y(t) = \dfrac{1}{10}e^{4t}+\dfrac{19}{10}e^{-6t}$

(c) $y(t) = 2e^{-4t}+te^{-4t}$ (d) $y(t) = 8e^{-3t}+3\sin(2t)-2\cos(2t)$

(e) $y(t) = -\dfrac{1}{2}e^{-t}+\dfrac{1}{2}\cos t-\dfrac{1}{2}t\cos t+\dfrac{1}{2}t\sin t$

**[10.15]** (a) $y(t) = 5e^{-t}-2e^{-3t}$ (b) $y(t) = e^{-t}\,[2\cos(2t)-\sin(2t)]$

(c) $y(t) = e^{-t}+2te^{-t}$ (d) $y(t) = -\dfrac{3}{2}e^{3t}\sin(2t)$

(e) $y(t)=\frac{4}{3}e^{-t}-\frac{1}{3}e^{-4t}$

**[10.16]** (a) $y(t)=\frac{1}{4}\sin(4t)+\frac{1}{8}t\sin(4t)$ (b) $y(t)=5te^{t}+\frac{1}{2}t^{2}e^{t}$

(c) $y(t)=\frac{1}{30}e^{-4t}+\frac{25}{6}e^{2t}-\frac{16}{5}e^{t}$ (d) $y(t)=\frac{1}{9}t+\frac{2}{27}-\frac{2}{27}e^{3t}+\frac{10}{9}te^{3t}$

(e) $y(t)=\frac{1}{2}-\frac{1}{2}e^{t}\cos t+\frac{1}{2}e^{t}\sin t$ (f) $y(t)=2e^{3t}+\frac{t^{4}}{12}e^{3t}$

(g) $y(t)=\cos t-\frac{1}{2}\sin t-\frac{1}{2}t\cos t$

**[10.17]** (a) $y(t)=(e-1)e^{-t}+(e+1)te^{-t}$ (b) $y(t)=2t+\cos t-\sin t$

**[10.18]** (a) $y(t)=f(t-2)u(t-2)=e^{3(t-2)}u(t-2)$

(b) $y(t)=\sin t+\sin t\cdot u(t-2\pi)$

(c) $y(t)=\sin t\ (0<t<\pi),\ 0\ (\pi<t<2\pi),\ -\sin t\ (t>2\pi)$

**[10.19]** (a) $x(t)=\frac{1}{3}e^{t}-\frac{1}{3}e^{-2t},\ y(t)=\frac{1}{3}e^{-2t}+\frac{2}{3}e^{t}$

(b) $x(t)=-\cos(3t)-\frac{5}{3}\sin(3t),\ y(t)=2\cos(3t)-\frac{7}{3}\sin(3t)$

(c) $x(t)=-\frac{1}{2}-2e^{3t}+\frac{5}{2}e^{2t},\ y(t)=\frac{8}{3}e^{3t}-\frac{5}{2}e^{2t}-\frac{1}{6}$

(d) $x(t)=\sin t+\cos t-1-u(t-1)[\sin(t-1)+\cos(t-1)-1]$

$y(t)=1-\cos t+\sin t-u(t-1)[1-\cos(t-1)+\sin(t-1)]$

**[10.20]** (a) $x(t)=\sin t+\cos(2t),\ y(t)=\sin t-\cos(2t)$

(b) $x(t)=1+t+\frac{1}{2}t^{2}-e^{-t},\ y(t)=-\frac{1}{3}+\frac{1}{3}e^{-t}+\frac{1}{3}te^{-t}$

(c) $y(t)=e^{2t},\ x(t)=e^{2t}+e^{t}$

**[10.21]** (a) $f(t)=\cos t+\sin t$ (b) $f(t)=-\frac{1}{8}e^{-t}+e^{t}\left(\frac{1}{8}+\frac{3t}{4}+\frac{t^{2}}{4}\right)$

(c) $f(t)=\frac{2}{5}t+\frac{8}{5\sqrt{5}}\sin(\sqrt{5}\,t)$ (d) $y(t)=\sin t$

(e) $f(t)=3t^{2}-t^{3}+1-2e^{-t}$

(f) $f(t)=\frac{3}{8}e^{2t}+\frac{1}{8}e^{-2t}+\frac{1}{2}\cos(2t)+\frac{1}{4}\sin(2t)$

(g) $y(t)=te^{-3t}$

**[10.22]** $x(t) = \frac{3}{2}\sin(2t) - \sin(3t)$

**[10.23]** (a) $x(t) = \frac{F_0/m}{p^2 - k/m}\left[\frac{p}{\sqrt{k/m}}\sin\left(\sqrt{\frac{k}{m}}\,t\right) - \sin(pt)\right]$

(b) $x(t) = \sin t + \sin(t - 2\pi)u(t - 2\pi)$

(c) $x(t) = \frac{1}{2}\left(1 - e^{-2t}\right) + \frac{1}{2}\left[1 - e^{-2(t-1)}\right]u(t-1)$

**[10.24]** (a) $I(t) = \frac{E}{R}\left(1 - e^{-Rt/L}\right)$ (b) $q(t) = CE\left(1 - e^{-t/RC}\right)$

(c) $q(t) = (E/L)\left[1 - e^{-t}(1+t)\right]$

**[10.25]** (a) $q(t) = \frac{1}{3}\left[\sin t - \frac{1}{2}\sin(2t)\right]$

(b) $q(t) = \frac{1}{8}\left[\sin(2t) - 2t\cos(2t)\right]$

(c) $I(t) = 1 - e^{-10t} - 10t\,e^{-10t} - u(t-1)$

$+ e^{-10(t-1)}u(t-1) - 90(t-1)\,e^{-10(t-1)}u(t-1)$

**[10.26]** (a) $I(t) = 9\left(e^{-t/5} - 1\right) + 2t$

(b) $q(t) = \frac{2}{5}u(t-3) - \frac{2}{5}e^{-5(t-3)}u(t-3)$

**[10.27]** $I_2(t) = \frac{100}{9}\left(1 - e^{-900t}\right)$, $I_3(t) = \frac{80}{9}\left(1 - e^{-900t}\right)$

$I_1(t) = I_2 + I_3 = 20\left(1 - e^{-900t}\right)$

## 제11장 행렬

**[11.1]** (a) $-36$ (b) $\begin{pmatrix} -2 & 5 & -3 \\ -8 & 17 & -10 \\ 5 & -10 & 6 \end{pmatrix}$ (c) $\frac{1}{a^2+b^2}\begin{pmatrix} a & -bc & b \\ 0 & a^2+b^2 & 0 \\ -b & -ac & a \end{pmatrix}$

**[11.2]** (a) $x_1 = 10$, $x_2 = -3$, $x_3 = 5$ (b) $x_1 = -3$, $x_2 = 6$, $x_3 = 4$

(c) $x = 2$, $y = -3$, $z = 8$

**[11.3]** $I_1 = \frac{18}{25}$, $I_2 = \frac{6}{25}$, $I_3 = \frac{12}{25}$

**[11.4]** $I_1 = \dfrac{R_1 + R_2}{R_1 R_2} E,\ I_2 = \dfrac{E}{R_1},\ I_3 = \dfrac{E}{R_2}$

**[11.5]** $I_1 = 30/16,\ I_2 = 35/16,\ I_3 = -5/16$

**[11.6]** $A^{-1} = \begin{pmatrix} 4/9 & 7/9 & -2/9 \\ 7/9 & 10/9 & 1/9 \\ -2/9 & 1/9 & 1/9 \end{pmatrix},\quad \begin{pmatrix} x_1 \\ x_2 \\ x_3 \end{pmatrix} = \begin{pmatrix} 3 \\ 1 \\ -2 \end{pmatrix}$

**[11.7]** $x_1 = 3,\ x_2 = 1,\ x_3 = -2$

**[11.8]** (a) $\lambda = 2 \ :\ \mathbf{K}_1 = \begin{pmatrix} 1 \\ 2 \end{pmatrix},\ \lambda = -2 \ :\ \mathbf{K}_2 = \begin{pmatrix} 1 \\ -2 \end{pmatrix}$

(b) $\lambda = -2 \ :\ \mathbf{K}_1 = \begin{pmatrix} 1 \\ -2 \end{pmatrix},\quad \lambda = 3 \ :\ \mathbf{K}_2 = \begin{pmatrix} 2 \\ 1 \end{pmatrix}$

(c) $\lambda = -4$ (중근) $:\ \mathbf{K}_1 = \begin{pmatrix} 1 \\ -4 \end{pmatrix}$

**[11.9]** (a) $\lambda_1 = 1 \ :\ \mathbf{K}_1 = \dfrac{1}{\sqrt{2}} \begin{pmatrix} 1 \\ 0 \\ -1 \end{pmatrix},\ \lambda_2 = 2 \ :\ \mathbf{K}_2 = \dfrac{1}{\sqrt{3}} \begin{pmatrix} 1 \\ -1 \\ -1 \end{pmatrix}$

$\lambda_3 = -1 \ :\ \mathbf{K}_3 = \dfrac{1}{\sqrt{54}} \begin{pmatrix} 1 \\ 2 \\ -7 \end{pmatrix}$

(b) $\lambda_1 = 4 \ :\ \mathbf{K}_1 = \begin{pmatrix} 2 \\ 1 \\ 3 \end{pmatrix},\ \lambda_2 = 2 \ :\ \mathbf{K}_2 = \begin{pmatrix} 0 \\ -3 \\ 1 \end{pmatrix}$

$\lambda_3 = -3 \ :\ \mathbf{K}_3 = \begin{pmatrix} 5 \\ -1 \\ -3 \end{pmatrix}$

(c) $\lambda = -2$ (3중근) $:\ K_{11} = 0,\ K_{21} = 0,\ K_{31} = 1$

**[11.10]** $A = RDR^{-1} = RDR^{\mathrm{T}}$

**[11.12]** (a) $\mathbf{K}_1 = \dfrac{1}{\sqrt{3}} \begin{pmatrix} 1 \\ 1 \\ 1 \end{pmatrix},\ \mathbf{K}_2 = \dfrac{1}{\sqrt{6}} \begin{pmatrix} -2 \\ 1 \\ 1 \end{pmatrix},\ \mathbf{K}_3 = \dfrac{1}{\sqrt{2}} \begin{pmatrix} 0 \\ 1 \\ -1 \end{pmatrix}$

(b) $\mathbf{K}_1 = \dfrac{1}{\sqrt{2}} \begin{pmatrix} 1 \\ -1 \\ 0 \end{pmatrix},\ \mathbf{K}_2 = \dfrac{1}{\sqrt{2}} \begin{pmatrix} 1 \\ 1 \\ 0 \end{pmatrix},\ \mathbf{K}_3 = \begin{pmatrix} 0 \\ 0 \\ 1 \end{pmatrix}$

**[11.13]** (a) $\begin{pmatrix} 0 \\ \sqrt{2} \\ 1 \end{pmatrix}$ (b) $\begin{pmatrix} \sqrt{2} \\ 0 \\ 1 \end{pmatrix}$

**[11.14]** $\begin{pmatrix} a \\ b \end{pmatrix} = \begin{pmatrix} 1.1 \\ 0.5 \end{pmatrix}$

**[11.15]** $\mathbf{X}^{(n)} = \dfrac{1}{3}\begin{pmatrix} 1+2(-0.5)^n & 2-2(-0.5)^n \\ 1-(-0.5)^n & 2+(-0.5)^n \end{pmatrix}\begin{pmatrix} x_1^{(0)} \\ x_2^{(0)} \end{pmatrix}$

$\mathbf{X}^{(\infty)} = \dfrac{1}{3}\begin{pmatrix} x_1^{(0)} + 2x_2^{(0)} \\ x_1^{(0)} + 2x_2^{(0)} \end{pmatrix}$

**[11.16]** 기혼녀 $=4334$ 명, 미혼녀 $=1657$ 명

**[11.17]** (a) $\begin{pmatrix} x_1 \\ x_2 \end{pmatrix} = \begin{pmatrix} 2c_1 + c_2 e^{3t} \\ c_1 + 2c_2 e^{3t} \end{pmatrix}$ (b) $\begin{pmatrix} x_1 \\ x_2 \end{pmatrix} = \begin{pmatrix} 4t + 2c_1 + c_2 e^{3t} + 1/3 \\ 2t + c_1 + 2c_2 e^{3t} + 2/3 \end{pmatrix}$

**[11.18]** (a) $\begin{pmatrix} x_1 \\ x_2 \end{pmatrix} = \begin{pmatrix} c_1 e^t - c_2 e^{-t} - 2t \\ c_1 e^t + c_2 e^{-t} - 2 \end{pmatrix}$ (b) $\begin{pmatrix} x_1 \\ x_2 \end{pmatrix} = \begin{pmatrix} c_1 e^t + c_2 e^{6t} \\ -c_1 e^t + c_2 e^{6t}/4 \end{pmatrix}$

(c) $\begin{pmatrix} x_1 \\ x_2 \end{pmatrix} = \dfrac{1}{2}\begin{pmatrix} \sin t - \cos t + c_1 \\ \sin t + \cos t + c_2 \end{pmatrix}$

**[11.19]** $\begin{pmatrix} x_1 \\ x_2 \\ x_3 \end{pmatrix} = c_1 \begin{pmatrix} 1 \\ 0 \\ 1 \end{pmatrix} e^{-3t} + c_2 \begin{pmatrix} 10 \\ -1 \\ 1 \end{pmatrix} e^{-4t} + c_3 \begin{pmatrix} 1 \\ 8 \\ 1 \end{pmatrix} e^{5t}$

**[11.20]** (a) $\lambda_1 = -12 \;:\; \mathbf{K}_1 = \dfrac{1}{\sqrt{10}}\begin{pmatrix} 3 \\ -1 \end{pmatrix}$, $\lambda_2 = -2 \;:\; \mathbf{K}_2 = \dfrac{1}{\sqrt{10}}\begin{pmatrix} 1 \\ 3 \end{pmatrix}$

(b) $\begin{pmatrix} \widetilde{I}_1 \\ \widetilde{I}_2 \end{pmatrix} = \begin{pmatrix} c_1 e^{-12t} + \dfrac{30\sqrt{10}}{145}(12\sin t - \cos t) \\ c_2 e^{-2t} + 2\sqrt{10}(2\sin t - \cos t) \end{pmatrix}$

(c) $\begin{pmatrix} I_1 \\ I_2 \end{pmatrix} = \dfrac{1}{\sqrt{10}}\begin{pmatrix} 3 & 1 \\ -1 & 3 \end{pmatrix}\begin{pmatrix} \widetilde{I}_1 \\ \widetilde{I}_2 \end{pmatrix}$

**[11.21]** (a) $\lambda = \dfrac{-1 \pm i}{2}$, $R = \begin{pmatrix} i & 1 \\ 1 & i \end{pmatrix}$

(b) $\widetilde{I}_1 = c_1 e^{-t/2}\left[\cos\left(\dfrac{t}{2}\right) + i\sin\left(\dfrac{t}{2}\right)\right] + \dfrac{1-i}{2}E$

$\tilde{q} = c_2 e^{-t/2}\left[\cos\left(\dfrac{t}{2}\right) - i\sin\left(\dfrac{t}{2}\right)\right] + \dfrac{(1-i)E}{2}$

(c) $\begin{pmatrix} I_1 \\ q \end{pmatrix} = \begin{pmatrix} i\widetilde{I}_1 + \tilde{q} \\ \widetilde{I}_1 + i\tilde{q} \end{pmatrix}$ $I_3 = \dfrac{dq}{dt}$, $I_2 = I_1 - I_3$

**[D.1]** (a) $\begin{pmatrix} x_1 \\ x_2 \end{pmatrix} = c_1 \begin{pmatrix} 1 \\ 2 \end{pmatrix} e^{5t} + c_2 \begin{pmatrix} 1 \\ -1 \end{pmatrix} e^{-1t}$

(b) $\begin{pmatrix} x_1 \\ x_2 \\ x_3 \end{pmatrix} = c_1 \begin{pmatrix} 1 \\ 0 \\ 0 \end{pmatrix} e^{t} + c_2 \begin{pmatrix} 2 \\ 3 \\ 1 \end{pmatrix} e^{2t} + c_3 \begin{pmatrix} 1 \\ 0 \\ 2 \end{pmatrix} e^{-t}$

**[D.2]** (a) $\begin{pmatrix} x_1 \\ x_2 \end{pmatrix} = c_1 \begin{pmatrix} 3 \\ 1 \end{pmatrix} e^{-3t} + c_2 \left[ \begin{pmatrix} 3 \\ 1 \end{pmatrix} t + \begin{pmatrix} 1/2 \\ 0 \end{pmatrix} \right] e^{-3t}$

(b) $\begin{pmatrix} x_1 \\ x_2 \end{pmatrix} = c_1 \begin{pmatrix} 2 \\ 1 \end{pmatrix} e^{5t} + c_2 \left[ \begin{pmatrix} 2 \\ 1 \end{pmatrix} t + \begin{pmatrix} 1 \\ 1 \end{pmatrix} \right] e^{5t}$

**[D.3]** (a) $\begin{pmatrix} x_1 \\ x_2 \\ x_3 \end{pmatrix} = c_1 \begin{pmatrix} 1 \\ 1 \\ 1 \end{pmatrix} e^{t} + c_2 \begin{pmatrix} 1 \\ 1 \\ 0 \end{pmatrix} e^{2t} + c_3 \begin{pmatrix} 1 \\ 0 \\ 1 \end{pmatrix} e^{2t}$

(b) $\begin{pmatrix} x_1 \\ x_2 \\ x_3 \end{pmatrix} = c_1 \begin{pmatrix} 0 \\ 1 \\ 1 \end{pmatrix} e^{t} + c_2 \left[ \begin{pmatrix} 0 \\ 1 \\ 1 \end{pmatrix} t + \begin{pmatrix} 0 \\ 1 \\ 0 \end{pmatrix} \right] e^{t} + c_3 \left[ \begin{pmatrix} 0 \\ 1 \\ 1 \end{pmatrix} \frac{t^2}{2} + \begin{pmatrix} 0 \\ 1 \\ 0 \end{pmatrix} t + \begin{pmatrix} 1/2 \\ 0 \\ 0 \end{pmatrix} \right] e^{t}$

**[D.4]** (a) $\begin{pmatrix} x_1 \\ x_2 \end{pmatrix} = c \begin{pmatrix} 2\cos(2t) - 2\sin(2t) \\ -\cos(2t) \end{pmatrix} + c' \begin{pmatrix} 2\cos(2t) + 2\sin(2t) \\ -\sin(2t) \end{pmatrix}$

초기조건 : $2 = 2c + 2c'$, $-1 = -c \Rightarrow c = 1$, $c' = 0$

(b) $\begin{pmatrix} x_1 \\ x_2 \\ x_3 \end{pmatrix} = \left[ c_1 \begin{pmatrix} 0 \\ 2 \\ 1 \end{pmatrix} + c_2' \begin{pmatrix} \sin t \\ \cos t \\ \cos t \end{pmatrix} + c_3' \begin{pmatrix} \cos t \\ -\sin t \\ -\sin t \end{pmatrix} \right] e^{t}$

초기조건 : $c_3' = 1$, $c_1 = -1$, $c_2' = 1$

## 제12장 벡터 해석

**[12.1]** (a) $\mathbf{v}(t) = -a\omega \sin(\omega t)\,\hat{\mathbf{x}} + a\omega \cos(\omega t)\,\hat{\mathbf{y}}$

$\mathbf{a}(t) = -a\omega^2 \cos(\omega t)\,\hat{\mathbf{x}} - a\omega^2 \sin(\omega t)\,\hat{\mathbf{y}}$

$\mathbf{r}(t) \cdot \mathbf{v}(t) = 0$ : 수직 (속도는 접선 방향)

$\mathbf{a}(t) = -\omega^2 \mathbf{r}(t)$ : (−) 가속도는 원의 중심 방향

(b) $\hat{\mathbf{t}} = -\frac{\sin t}{\sqrt{2}}\,\hat{\mathbf{x}} + \frac{\cos t}{\sqrt{2}}\,\hat{\mathbf{y}} + \frac{1}{\sqrt{2}}\,\hat{\mathbf{z}}$

**[12.2]** $W = 4$

**[12.3]** 식 (12.2), (12.12)

**[12.4]** $3\pi$

**[12.5]** (a) $\dfrac{\cos t - \sin t}{\sqrt{2}}\hat{\mathbf{x}} + \dfrac{\sin t + \cos t}{\sqrt{2}}\hat{\mathbf{y}}$

(b) $-\dfrac{\sin t + \cos t}{\sqrt{2}}\hat{\mathbf{x}} + \dfrac{\cos t - \sin t}{\sqrt{2}}\hat{\mathbf{y}}$ (c) $\hat{\mathbf{z}}$ (d) $\dfrac{1}{\sqrt{2}}e^{-t}$

**[12.6]** $-1$

**[12.7]** 최대 변화율 : $\sqrt{5}$, 방향 : $\dfrac{1}{\sqrt{5}}\hat{\mathbf{x}} + \dfrac{1}{\sqrt{5}}\hat{\mathbf{y}}$

**[12.8]** (a) $-\dfrac{\hat{\mathbf{u}}}{u^2}$ (b) $\dfrac{\hat{\mathbf{u}}}{u^2}$

**[12.9]** (a) $\nabla\left(\dfrac{f}{g}\right) = \hat{\mathbf{x}}\dfrac{\partial}{\partial x}\left(\dfrac{f}{g}\right) + \hat{\mathbf{y}}\dfrac{\partial}{\partial y}\left(\dfrac{f}{g}\right) + \hat{\mathbf{z}}\dfrac{\partial}{\partial z}\left(\dfrac{f}{g}\right)$

(b) 식 (12.20), (a) (c) 식 (12.21), (a)

**[12.10]** (a) $x$ 성분 : $\dfrac{\partial}{\partial y}(\nabla\times\mathbf{A})_z - \dfrac{\partial}{\partial z}(\nabla\times\mathbf{A})_y = \dfrac{\partial}{\partial x}(\nabla\cdot\mathbf{A}) - \nabla^2 A_x$

(b) 좌변 $= \dfrac{\partial}{\partial x}(A_y B_z - A_z B_y) + \dfrac{\partial}{\partial y}(A_z B_x - A_x B_z)$

$+ \dfrac{\partial}{\partial z}(A_x B_y - A_y B_x) = \mathbf{B}\cdot(\nabla\times\mathbf{A}) - \mathbf{A}\cdot(\nabla\times\mathbf{B})$

**[12.11]** (a) $x$ 성분 : $\dfrac{\partial}{\partial x}(A_x B_x + A_y B_y + A_z B_z) = \dfrac{\partial}{\partial x}(\mathbf{A}\cdot\mathbf{B})$

(b) $x$ 성분 : $\dfrac{\partial}{\partial y}(A_x B_y - A_y B_x) - \dfrac{\partial}{\partial z}(A_z B_x - A_x B_z) = \nabla_y(\mathbf{A}\times\mathbf{B})_z - \nabla_z(\mathbf{A}\times\mathbf{B})_y$

**[12.12]** (d) 예 12.11의 (b), 예 12.12의 (a)

**[12.13]** (a) $2xy^3 + 8x^5yz - 6y^4z^5$

(b) $(-4y^3z^6 - 4x^5y^2)\hat{\mathbf{x}} - 4z^3\hat{\mathbf{y}} + (20x^4y^2z - 3x^2y^2)\hat{\mathbf{z}}$

**[12.14]** $\dfrac{x\hat{\mathbf{x}} + y\hat{\mathbf{y}} + z\hat{\mathbf{z}}}{R}$

**[12.15]** $-4\pi$

**[12.16]** 14/3

**[12.17]** $\iiint_R (\nabla\cdot\mathbf{A})\,dv = \oint\!\!\oint_S \mathbf{A}\cdot d\mathbf{a} = abc(a+b)$

[12.18] $\iint_R (\nabla \times \mathbf{A}) \cdot d\mathbf{a} = \oint_C \mathbf{A} \cdot d\mathbf{l} = -\frac{a^3}{3}$

[12.19] $\oint_C \mathbf{A} \cdot d\mathbf{l} = \iint_R (\nabla \times \mathbf{A}) \cdot d\mathbf{a} = \frac{\pi R^2}{4}$

[12.20] $\oiint_S \mathbf{A} \cdot d\mathbf{a} = \iiint_D (\nabla \cdot \mathbf{A})\, dv = \frac{4\pi R^3}{3}$

[12.21] (a) $\frac{100}{3}$ (b) $-\frac{5}{6}$

[12.22] (a) $\nabla \times \mathbf{F} = 0$ (b) $U(x, y, z) = x^2 y - x z^3 - z + c$

[E.3] (a) 10 (b) 0 (c) $6r\cos\theta - \sin\phi$

## 제13장 푸리에 방법

[13.1] (a) $\cos A \sin B = \frac{1}{2}\{\sin(A+B) - \sin(A-B)\}$

(b) $\cos A \cos B = \frac{1}{2}\{\cos(A+B) + \cos(A-B)\}$

(c) $\sin A \sin B = -\frac{1}{2}\{\cos(A+B) - \cos(A-B)\}$

[13.2] $\frac{1}{2} + \sum_{n=1}^{\infty} \frac{2}{n\pi} \sin\left(\frac{n\pi}{2}\right) \cos\left(\frac{n\pi x}{2}\right)$

[13.3] (a) $\frac{3}{2} - \sum_{n=1}^{\infty} \frac{1}{n\pi} \sin(2n\pi x)$

(b) $\frac{\pi}{4} + \sum_{n=1}^{\infty} \left[\frac{1}{n^2\pi}\{1-(-1)^n\}\cos(nt) + \frac{1}{n}\sin(nt)\right]$

[13.4] (a) $1 - \sum_{n=1}^{\infty} \frac{2}{n\pi} \sin(2n\pi t)$ (b) $\pi - \sum_{n=1}^{\infty} \frac{2}{n} \cos(n\pi)\sin(nt)$

[13.5] (a) $a + \frac{bp}{2} - \sum_{n=1}^{\infty} \frac{bp}{n\pi} \sin\left(\frac{2n\pi t}{p}\right)$ (b) $\frac{2}{\pi} + \sum_{n=1}^{\infty} \frac{4}{\pi(1-4n^2)} \cos(2nt)$

[13.6] $\frac{f_0}{\pi} + \frac{f_0}{2}\sin(\omega t) - \frac{2f_0}{\pi}\left[\frac{1}{1\cdot 3}\cos(2\omega t) + \frac{1}{3\cdot 5}\cos(4\omega t) + \cdots\right]$

[13.7] (a) $\sum_{n=-\infty}^{\infty} \frac{1-(-1)^n}{n\pi i} e^{in\pi x/2}$ (b) $\frac{e^{\pi}-e^{-\pi}}{2\pi} \sum_{n=-\infty}^{\infty} (-1)^n \frac{e^{inx}}{in+1}$

[13.8] (a) $\sqrt{\frac{2}{\pi}}\left[\frac{2}{\omega}\sin(2\omega)+\frac{1}{\omega^2}\cos(2\omega)-\frac{1}{\omega^2}\right]$

(b) $\sqrt{\frac{2}{\pi}}\left[-\frac{2}{\omega}\cos(2\omega)+\frac{1}{\omega^2}\sin(2\omega)\right]$

[13.9] (a) $\sqrt{\frac{2}{\pi}}\cdot\frac{3}{3^2+\omega^2}$ (b) $\sqrt{\frac{2}{\pi}}\,[(2-\omega^2)\cos\omega+2\omega\sin\omega-2]\,\frac{1}{\omega^3}$

[13.10] (a) $\frac{1}{\sqrt{2\pi}}\cdot\frac{1}{2+i\omega}$ (b) $\frac{1}{\sqrt{2\pi}}\cdot\frac{(1+2i\omega)e^{-2i\omega}-1}{\omega^2}$

[13.11] (a) $\sqrt{\frac{2}{\pi}}\,\frac{3}{3^2+\omega^2}$ (b) $-\frac{i\omega}{2\sqrt{2}}e^{-\omega^2/4}$

## 제14장 편미분방정식

[14.1] (a) $U(x, y)=B(xy)^A$ (b) $U(x, y)=Ce^{x^2/2+px}e^{y^2/2-py}$

[14.2] (a) $U(x, t)=\sum_{n=1}^{\infty} S_n \sin\left(\frac{n\pi}{2}x\right)\exp\left(-\frac{n^2\pi^2}{4}t\right),\ S_n=\sin\left(\frac{n\pi}{2}\right)$

(b) $U(x, t)=\sum_{n=1}^{\infty} S_n \sin\left(\frac{n\pi}{L}x\right)\exp\left(-\frac{n^2\pi^2}{a^2L^2}t\right),\ S_n=-\frac{2cL}{n\pi}\cos(n\pi)$

(c) $U(x, t)=\sum_{n=1}^{\infty} S_n \sin\left(\frac{n\pi}{4}x\right)\exp\left(-\frac{n^2\pi^2}{16}t\right),\ S_n=\frac{1}{2}\left(\frac{4}{n\pi}\right)^2\sin\left(\frac{n\pi}{2}\right)$

[14.3] $U(x, t)=\sum_{n=0}^{\infty} S_n \cos\left(\frac{n\pi}{L}x\right)\exp\left(-\frac{n^2c^2\pi^2}{L^2}t\right),\ S_n=\frac{2}{L}\int_0^L f(x)\cos\left(\frac{n\pi}{L}x\right)dx$

[14.4] $U(x, t)=\sum_{n=1}^{\infty} S_n \sin\left(\frac{n\pi}{d}x\right)\exp\left(-\frac{n^2c^2\pi^2}{d^2}t\right),\ S_n=\frac{200}{n\pi}(-1)^{n-1}$

[14.5] $\frac{8h}{\pi^2}\left[\sin\left(\frac{\pi x}{L}\right)\cos\left(\frac{c\pi t}{L}\right)-\frac{1}{9}\sin\left(\frac{3\pi x}{L}\right)\cos\left(\frac{3c\pi t}{L}\right)+\cdots\right]$

[14.6] (a) $U(x, t)=\sum_{n=1}^{\infty} S_n \sin(p_n x)\cos(cp_n t),\ S_n=\frac{2}{L}\int_0^L f(x)\sin(p_n x)\,dx$

(b) $S_n = \dfrac{8L(-1)^{n+1}}{(2n-1)^2\pi^2}$

**[14.7]** (a) $U(x,\ t) = \left(t - \dfrac{x^2}{2}\right)u\left(t - \dfrac{x^2}{2}\right)$ (b) $U(x,\ t) = 3(t-x)^2 u(t-x)$

(c) $U(x,\ t) = -(t-x^2)u(t-x^2) + t + 1$

**[14.8]** (a) $U(x,\ t) = \dfrac{1}{2}[f(x+ct) + f(x-ct)]$

(b) $U(x,\ t) = \dfrac{1}{\sqrt{1+4kt}}\, e^{-x^2/(1+4kt)}$

**[14.9]** (a) $U(x,\ t) = A\cos\left(\dfrac{akt}{b} - kx\right)$ (b) $U(x,\ t) = A\cos\left[k\left(x - \dfrac{at}{b}\right)\right]$

**[F.1]** $U(x,\ y) = \displaystyle\sum_{n=\text{odd}} \frac{400}{n\pi\sinh(2n\pi)} \sinh[n\pi(2-y)]\sin(n\pi x)$

**[F.2]** $U(x,\ y) = \displaystyle\sum_{n=1}^{\infty}\left[S_n\cosh\left(\frac{n\pi y}{L_x}\right) + \overline{S}_n\sinh\left(\frac{n\pi y}{L_x}\right)\right]\sin\left(\frac{n\pi x}{L_x}\right)$

$S_n = \dfrac{2}{L_x}\displaystyle\int_0^{L_x} f(x)\sin\left(\frac{n\pi x}{L_x}\right)dx$

$\overline{S}_n = \dfrac{1}{\sinh(n\pi L_y/L_x)}\left[\dfrac{2}{L_x}\displaystyle\int_0^{L_x} g(x)\sin\left(\frac{n\pi x}{L_x}\right)dx - S_n\cosh\left(\frac{n\pi L_y}{L_x}\right)\right]$

**[F.3]** $U(x,\ y,\ t) = \displaystyle\sum_{n=1,\ m=1}^{\infty}\sum^{\infty} S_{nm}\sin\left(\frac{n\pi x}{L_x}\right)\sin\left(\frac{m\pi y}{L_y}\right)\exp\left[-\alpha\left\{\left(\frac{n\pi}{L_x}\right)^2 + \left(\frac{m\pi}{L_y}\right)^2\right\}\right]$

$S_{nm} = \dfrac{4}{L_x L_y}\displaystyle\int_0^{L_x}\int_0^{L_y} f(x,\ y)\sin\left(\frac{n\pi x}{L_x}\right)\sin\left(\frac{m\pi y}{L_y}\right)dx\,dy$

**[F.4]** $V_{\text{out}} = -\dfrac{B_o}{r}$, $V_{\text{in}} = \dfrac{\rho_0}{6}(a^2 - r^2) - \dfrac{B_o}{a}$

## 제15장 미분방정식의 급수해 방법

**[15.1]** (a) $y = a_0(1+x)$ (b) $y = a_0 e^{-2x}$ (c) $y = a_1 x + x^2$

(d) $y = a_0\cos x + a_1\sin x - \dfrac{1}{2}\sin(3x)$

(e) $y = A\cos(3x) + B\sin(3x)$

(f) $y = a_0\left(1 - \frac{x^2}{2} + \frac{x^4}{12} \mp \cdots\right) + a_1\left(x - \frac{x^3}{6} + \frac{x^5}{30} \mp \cdots\right)$

(g) $y = a_0 + a_1 x - a_0 x^2$

**[15.2]** (a) $y_1 = a_0 x^{3/2}\left(1 - \frac{2}{5}x + \frac{2}{35}x^2 + \cdots\right)$

$y_2 = A_0\left(1 + 2x - 2x^2 + \frac{4}{9}x^3 + \cdots\right)$

(b) $y_1 = a_0 x^{1/2}\sum_{m=0}^{\infty}\frac{(-1)^m}{2^m\, m!}x^m,\ x \geq 0$

$y_2 = A_0 + A_0\sum_{n=1}^{\infty}\frac{(-1)^n}{1\cdot 3\cdot 5\cdots(2n-1)}x^n\ :\ |x| < \infty$

(c) $y_1 = a_0\sin\sqrt{x},\ y_2 = A_0\cos\sqrt{x}$

(d) $y_1 = a_0 e^x,\ y_2 = -\frac{1}{a_0}\frac{e^x}{x}$

(e) $y_1 = a_0\sum_{m=0}^{\infty}\frac{4^m}{(m!)^2}x^m,\quad y_2 = y_1\ln x + \sum_{m=1}^{\infty}A_m x^m$

$A_1 = -8a_0,\ A_2 = -12a_0$

(f) $y_1 = a_0\sum_{m=0}^{\infty}\frac{2}{m!(m+2)!}x^m,\quad y_2 = c\,y_1\ln x + \sum_{m=0}^{\infty}A_m x^{m-2}$

$A_1 = -A_0,\quad A_1 = 2c\,a_0,\quad 4c\,a_0/3 + 3A_3 - A_2 = 0$

**[15.3]** $\frac{3}{2}P_1(x) - \frac{7}{8}P_3(x) + \frac{11}{16}P_6(x) \mp \cdots$

**[15.4]** $\frac{1}{r}\sum_{n=0}^{\infty}P_n(\cos\theta)\left(\frac{r'}{r}\right)^n$

**[15.5]** $c_1 J_3(2x) + c_2 N_3(2x)$

## 第16장 복소함수

**[16.1]** (a) $u = x^2 - y^2 - 4x,\ v = 2xy - 4y$ (b) 만족 (c) 만족 안함

**[16.2]** 예 16.3

**[16.3]** $-1/z^2$

**[16.4]** (b) $a=1,\ b=3$

**[16.5]** (a) $v(x,\ y)=3x^2y-y^3+5x+c$ (b) $v(x,\ y)=2\tan^{-1}(y/x)+c$

(c) $v(x,\ y)=e^{5x}\sin(5y)+c$

**[16.6]** (a) $0.693+i(\pi+2n\pi)$ (b) $i(\pi/2+2n\pi)$ (c) $0.347+i(5\pi/4+2n\pi)$

**[16.7]** $z=\ln 2+i(\pi/6+2n\pi)$

**[16.8]** (a) $\cos x\cdot\cosh y-i\sin x\cdot\sinh y$ (b) $\sin x\cdot\cosh y+i\cos x\cdot\sinh y$

**[16.9]** (a) $\sinh z=\dfrac{i}{2i}\left[e^{-i(iz)}-e^{i(iz)}\right]$ (b) $\cosh z=\dfrac{1}{2}\left[e^{-i(iz)}+e^{i(iz)}\right]$

**[16.10]** (a) $\overline{\sin z}=-\dfrac{1}{2i}\left(e^{-i\bar{z}}-e^{i\bar{z}}\right)$ (b) $\overline{\cos z}=\dfrac{1}{2}\left(e^{-i\bar{z}}+e^{i\bar{z}}\right)$

**[16.11]** (a) $w=\sin^{-1}z$ (b) $w=\cos^{-1}z$ (c) $w=\tan^{-1}z$

**[16.12]** (a) $u=4-v^2/16$ (b) $u=v^2/16-4$

**[16.13]** $a=x^2-y^2$ : 쌍곡선, $b=2xy$ : 쌍곡선

**[16.14]** (a) $w_1=4,\ w_2=5,\ w_3=5+2i,\ w_4=4+2i$

(b) 등각사상 (c) $a$배 확대되고 $b$ 만큼 이동

**[16.15]** (a) $\dfrac{\partial u}{\partial x}=\dfrac{\partial v}{\partial y}=0,\quad \dfrac{\partial u}{\partial y}=-\dfrac{\partial v}{\partial x}=-2$ : 등각사상

(b) $w=2re^{i(\theta+\pi/2)}$ : 2배 확대되고 $\pi/2$ 회전

**[16.16]** $w=e^z=e^x(\cos y+i\sin y)$

$x=a$(상수) : $w=e^a(\cos y+i\sin y)$

$y=b$(상수) : $w=e^x(\cos b+i\sin b)$

(a)

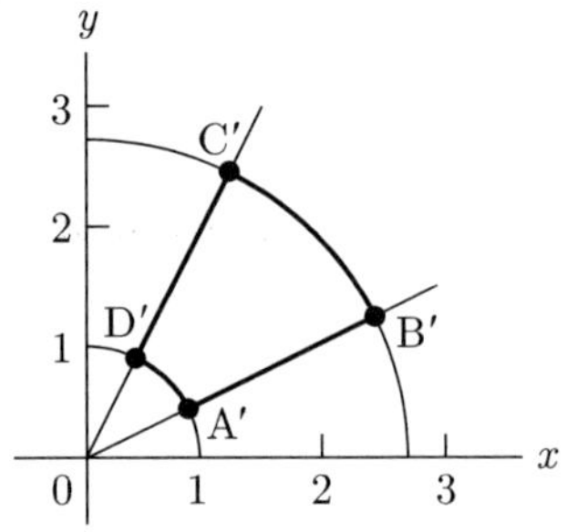


(b)

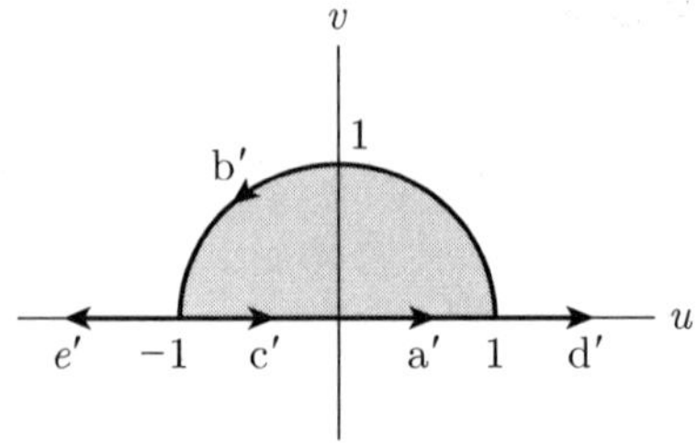

**[16.17]** $x=a$ : $\dfrac{u^2}{\sin^2 a}-\dfrac{v^2}{\cos^2 a}=1$ : 쌍곡선

$y=b$ : $\dfrac{u^2}{\cosh^2 b}+\dfrac{v^2}{\sinh^2 b}=1$ : 타원

**[16.18]** (a) $-\dfrac{2}{3}(1-i)$ (b) $2i\sinh\pi$ (c) $-\dfrac{7}{12}+\dfrac{1}{12}i$

**[16.19]** (a) 0 (b) 0

**[16.20]** (a) $-48+\dfrac{736}{3}i$ (b) $(2+\pi)i$ (c) $1+\dfrac{1}{3}i$

**[16.21]** $z(t)\equiv z_0+re^{it}$

**[16.22]** 구분구적법

**[16.23]** (a) $2\pi i(3+4i)$ (b) $\oint_C \dfrac{z}{z^2+9}dz\pi i$

**[16.24]** (a) $-\pi i/2$ (b) $-\pi/2$ (c) 0

**[16.25]** (a) $6\pi i$ (b) $72\pi i$ (c) $-8\pi i/3$

(d) $-\pi(3+i)$ (e) $\pi(3+i)$

**[16.26]** (i) $0<|z|<1$ : $\dfrac{4}{z}(1-z+z^2-z^3+\cdots)+\dfrac{2}{z}\left[1+\dfrac{z}{2}+\left(\dfrac{z}{2}\right)^2+\left(\dfrac{z}{2}\right)^3+\cdots\right]$

(ii) $1<|z|<2$ : $4\left[\dfrac{1}{z^2}-\dfrac{1}{z^3}+\cdots+\dfrac{(-1)^n}{z^n}+\cdots\right]+\dfrac{2}{z}\left[1+\dfrac{z}{2}+\left(\dfrac{z}{2}\right)^2+\cdots\right]$

(iii) $|z|>2$ : $-\dfrac{12}{z^3}\left(1+\dfrac{1}{z}+\dfrac{3}{z^2}+\dfrac{5}{z^3}+\cdots\right)$

**[16.27]** (a) $\dfrac{1}{z-1}-[1-(z-1)+(z-1)^2-\cdots]$

(b) $\dfrac{1}{(z-1)^2}\left[1-\dfrac{1}{z-1}+\dfrac{1}{(z-1)^2}-\cdots\right]$

**[16.28]** (a) $\dfrac{1}{z^2}(1-2z+3z^2-\cdots)$ (b) $\dfrac{1}{z^2}\left(\dfrac{1}{z^2}-\dfrac{2}{z^3}+\dfrac{3}{z^4}+\cdots\right)$

**[16.29]** $\dfrac{e}{z-1}+e+\dfrac{e(z-1)}{2!}+\dfrac{e(z-1)^2}{3!}+\cdots$

**[16.30]** (a) $\sum_{m=1} m z^{m-1}$ (b) $2\left(z+\frac{z^3}{3}+\frac{z^5}{5}+\cdots\right)$

**[16.31]** (a) $\sum_{m=0}\frac{(z-2i)^m}{(3-2i)^{m+1}}$

(b) $\frac{\sqrt{2}}{2}-\frac{\sqrt{2}}{2\cdot 1!}\left(z-\frac{\pi}{4}\right)-\frac{\sqrt{2}}{2\cdot 2!}\left(z-\frac{\pi}{4}\right)^2+\frac{\sqrt{2}}{2\cdot 3!}\left(z-\frac{\pi}{4}\right)^3-\cdots$

**[16.32]** (a) 0 (b) 1/2 (c) 1 (d) $e$

**[16.33]** (a) $b_1\left(-\frac{1}{2}\right)=-\frac{1}{22}$, $b_1(5)=-\frac{5}{11}$

(b) $b_1\left(e^{i\pi/4}\right)=\frac{1}{4}e^{-3\pi i/4}$. $b_1\left(e^{3i\pi/4}\right)=\frac{1}{4}e^{-9\pi i/4}$

$b_1\left(e^{5i\pi/4}\right)=\frac{1}{4}e^{-15\pi i/4}$, $b_1\left(e^{7i\pi/4}\right)=\frac{1}{4}e^{-21\pi i/4}$

(c) $b_1(\pi)=-1$

(d) $b_1(-i)=-\frac{\sin(-i)}{4(-i)^3}=b_1(i)$, $b_1(1)=-\frac{\sin 1}{4}=b_1(-1)$

**[16.34]** (a) $\pi(3+2i)$ (b) $2\pi i$ (c) $\frac{17\pi}{125}i$ (d) $-\frac{\pi i}{3}$

**[16.35]** (a) $\frac{\pi}{2\sqrt{2}}$ (b) $\frac{2\pi}{3}$ (c) $\frac{\pi}{6}$ (d) $\frac{3\pi}{8}$ (e) $\frac{\pi}{12}$

**[16.36]** (a) $\frac{2\pi}{3}$ (b) $-2\pi i\left\{\left[\frac{z^2+2iz-1}{3z^2+12z+1}\right]_{z=-3+\sqrt{8}}+\left[\frac{z^2+2iz-1}{z^2+6z+1}\right]_{z=0}\right\}$

(c) $2\pi i\left\{\left[\frac{z^2+1}{3z^2+12iz-1}\right]_{z=-3i+\sqrt{8}i}+\left[\frac{z^2+1}{z^2+6iz-1}\right]_{z=0}\right\}$

**[16.37]** (a) $\frac{\pi}{2}e^{-1}(\cos 1+\sin 1)$ (b) $\frac{\pi}{2}e^{-1}(\sin 1-\cos 1)+\frac{\pi}{2}$

**[16.38]** (a) $\pi$ (b) $\pi$ (c) $\frac{\pi}{2\sqrt{3}}$

**[G.1]** (a) $\Omega(z)=k\ln\left(\frac{z-c}{z+c}\right)$

(b) 역선 : $x^2+(y-cb)^2=c^2(1+b^2)$ 등퍼텐셜선 : $u^2+v^2=$ (상수)

**[G.2]** (a) $w=\infty$, 0, $i$, $-i$, $0.6+0.8i$, $0.6-0.8i$

(b)

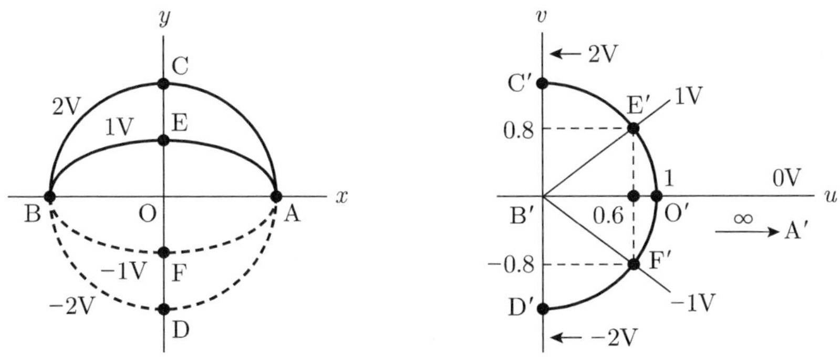


**[G.3]** (a) $U(x,\ y) = -208 \ln r + 500$ (b) $\Omega(z) = k \ln z + b + ic$

**[G.4]** $v_x = 1 - \dfrac{1}{r^2}\cos(2\theta),\quad v_y = -\dfrac{1}{r^2}\sin(2\theta)$

**[G.5]** (a) $\phi(r,\ \theta) = 2 - r\cos\theta$ (b) $\phi(r,\ \theta) = \dfrac{1}{2} + \dfrac{r^2}{2}\cos(2\theta)$

(c) $\phi(r,\ \theta) = \dfrac{1}{2} + \sum_{n=\text{odd}}^{\infty} \dfrac{2rn}{n\pi}\sin(n\theta)$

# 찾아보기

## ㅇ

### ㅈ

### 기타

# 포인트 공학수학

초판 1쇄 인쇄 | 2025년 1월 10일
초판 1쇄 발행 | 2025년 1월 15일

지은이 | 강 남 룡
펴낸이 | 조 승 식
펴낸곳 | (주)도서출판 북스힐

등 록 | 1998년 7월 28일 제 22-457호
주 소 | 서울시 강북구 한천로 153길 17
전 화 | (02) 994-0071
팩 스 | (02) 994-0073

홈페이지 | www.bookshill.com
이메일 | bookshill@bookshill.com

정가 26,000원

ISBN 979-11-5971-646-1

Published by bookshill, Inc. Printed in Korea.